民國建築工程期刊匯編

MINGUO JIANZHU GONGCHENG QIKAN HUIBIAN

48

《民國建築工程期刊匯編》編寫組 編

广西师范大学出版社
GUANGXI NORMAL UNIVERSITY PRESS
·桂林·

第四十八册目録

建築月刊

建築月刊

第四卷
第六期
VOL. 4
NO. 6

50 CENTS

The BUILDER

欲防木材受白蟻與別種昆蟲之侵害，乾腐，以及機體朽壞。必須用護木水治之。惟護木水如係揮發性者。則其所爲之塗治，必須時加復施。且亦未必常能防止其毀壞之不生也。「阿脫拉司A」護木水，係非揮發性。故其塗治之效力，足以及於久遠。無需重新塗施。除對於上述種種毀壞之作用，能爲充分之保障外。又能確爲木材增加禦火性。較之未治過者，成效足有四倍之多。其在中華方面，凡用「阿脫拉司A」護木水因得防止火災之鉅大損失者。事例具在。不可勝數。

「阿脫拉司A」護木水治過之木材。歷經正式試驗，證明所言效益之不爽。此項試驗報告書，承索卽寄。

標準式「阿脫拉司A」護木水，無色無臭。凡欲保持天然木色，或備後來上蠟，髹漆，或加凡立水之木材木器。均適用之。此外並備有一種褐色者。

英國愛立士阿脫拉司防腐劑有限公司製造

香港中國澳門現貨總經售處 孔士洋行 上海四川路一一〇號 上海郵政信箱一一七九號

漢口 天津 香港 廣州 孔士洋行 亦有現貨出售

備有說明書承索卽奉

ATLAS·A

Powerful WOOD PRESERVATIVE

(三)

凌陳記人造石廠

專造各種顏色人造石

堅固耐用　光彩永久

定價廉 … . 工程速

倘蒙惠顧　毋任歡迎

廠址……………………上海閘北談家橋

凌陳記事務所 同孚路大中里162號 / 西安路永安里8號 電話 34854 / 52518

本廠承造工程略舉列後

上海南京路大新公司全部人造石工程
上海四馬路五洲藥房人造石工程
上海四馬路中央飯店人造石工程
九江牯嶺廬山蔣委員長住宅人造石工程
北平前門外亨得利鐘表行

南昌飛機場　南京中孚銀行
甯波四明電話公司　杭州張公館
蘇州中和銀行　常州馬公館
上海永安公司　上海杜鏞先生公館

歷造工程數百餘處不及備載

廠主兼總經理
凌炳泉

Manager
LING PING CHUAN

Experts in all types of

TERRAZZO WORK

LING CHENG KEE

Lane 214, 162 Dah Chung Lee, Yates Road.

Phone 34854

全球建築師

對於現代大廈均用現代金屬

圖示上海靜安寺路國際大飯店下四行儲蓄會之正門，經鄔達克建築師證明，係用鋁合金所製。

鋁之外部用途之一

樸素明亮之建築物上。裝用鋁合金之窗嵌版。至爲悅目。蓋此種輕巧嵌板。除其美術價值外。對於建造之成本。亦可省費多多。採用適度之鋁合金。可兼調和與實用，堅韌與輕巧而有之。不致汚及四圍材料之顏色。鋁之外部用途。可謂無窮。除其耀然之光輝外。復不坼裂。不翹曲。不分離。其抵抗寒暑與銹蝕之特質。已成確然之事實。惟於此有甚重要者。即選用適度之鋁合金是也。本公司當欣然貢獻一臂之助焉。

ALUMINIUM UNION LIMITED

請用鋁以爲隨意之設計

鋁爲有韌性之金屬。最合建築家與營造家之需。鋁能範鑄，能捲起，能壓鑄，能輾捲，能抽細，能釘合，能用火管鍛接或局部鍛合。故能適應種種創造的設計之需要。凡欲得實用材料以實現藝術化之想像者。鋁之爲用，可謂無窮。

鋁之其他用途

▲內部用 欄杆 坐椅 花沿條
門 桌 電器附件 階上方眼格
升降機門及飾件 扶手 銘刻嵌扳
電燈附件 窗柱 旋梯柱 壁柱
吊飾物 暖氣管

▲外部用途 噴水器 籬柵 旗杆脚
大門 繫舟樁 拱側 市招 屋
頂蓋索 造像 窗框

鋁能表示現代設計之秀雅與氣勢

歡迎垂詢詳情

鋁業有限公司

上海北京路二號

上海郵政信箱一四三五號

如圖爲上海國際大飯店之扶梯欄杆，係鋁合金所製。

(一)

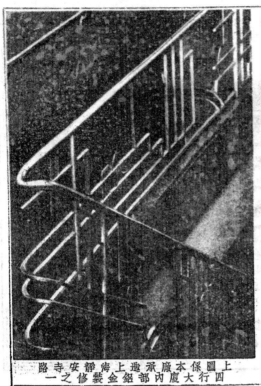

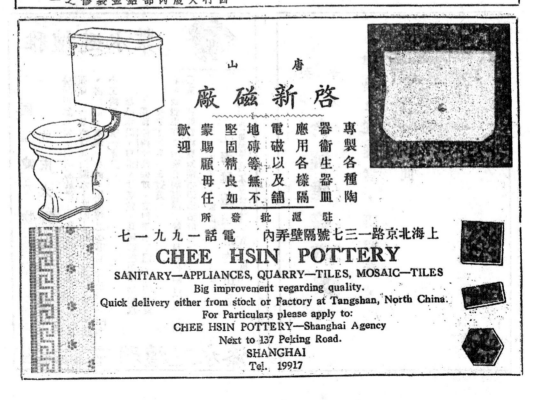

Armstrong Products

For Floors

ACCOTILE RUBBER TILE
CORK TILE LINOTILE
LINOLEUM

For Walls

LINOWALL
A decorative and durable wall covering.
Distinctive designs for every type of interior.

Masonite Products

1. TEMPERED PRESDWOOD for Furniture, Concrete form, Floors, Wall Panneling, Cabinet Making, etc.
2. STANDARD PRESDWOOD for all Interior Walls & Ceilings.
3. QUARTER BOARD for Walls and Ceilings.
4. INSULATION BOARD for Interior Finishes, insulation and sound absorption.

本行經售：一

雅氏含土瀝青地磚
雅氏橡皮地磚
雅氏軟木地磚
雅氏油牆毯
雅氏油地氈

本行經售各種用於牆壁及地板之材料，美觀耐久，各式俱備，設計新穎，不同凡響，如蒙採用，定能滿意。

(1) 美生油板 可作家具，水泥殼子，地板，牆壁及衣櫥之用。
(2) 美生光板 用於內牆及平頂
(3) 美生二分板 用於牆壁及平頂
(4) 美生隔絕板 用於內牆，以隔絕聲響。

經久耐用・經濟美觀
備有大批現貨
如蒙委託估價或索取樣品概不取費

Durable, Artistic, Economical.
Estimates and Samples given without obligation.
Skillful workmanship and under Foreign Supervision.
Stock Carried.

EXCLUSIVE AGENTS:--
獨家經理

GETZ BROS. & CO.

美商吉時洋行

66 Nanking Road .... Tel. 16851-3
南京路六十六號 電話一六八五一至三

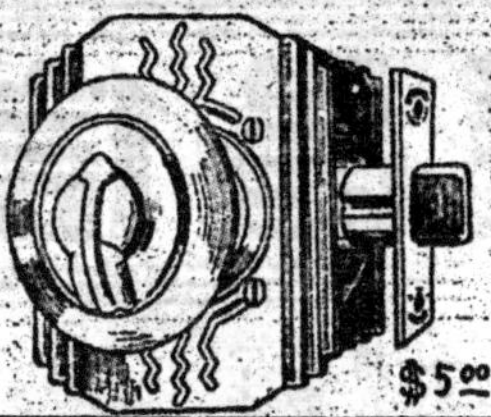

$5.00
929式箭牌雙用保險門鎖

$3.40
浴間式箭牌雙用保險門鎖

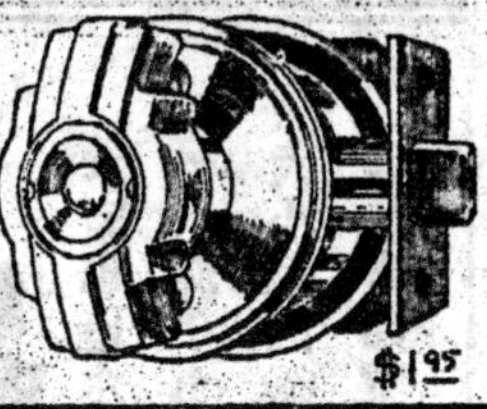

909式無名牌彈子兩用門鎖
$1.95

蟠龍式
計劃中之新出品

箭牌雙用保險門鎖

實業部公告特准專利品

國立中央研究院 檢驗證明

1. 門鎖在^{N}x之數範圍內，鑰匙之齒形各鎖不同。
2. 能使構造簡單而收減低成本之效，故售價廉。
3. 各部平均堅固，能於耐久，且不致驟然損壞。
4. 防止水之侵入，及防銹爛頗能顧及。

流線式 計劃中之新出品

$3.20 $3.40
919式箭牌雙用保險門鎖

總經理
上海北京路三五六號
電話九一九七四

豐源行

$10.00
939式箭牌雙用保險門鎖

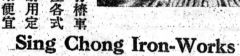

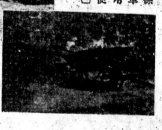

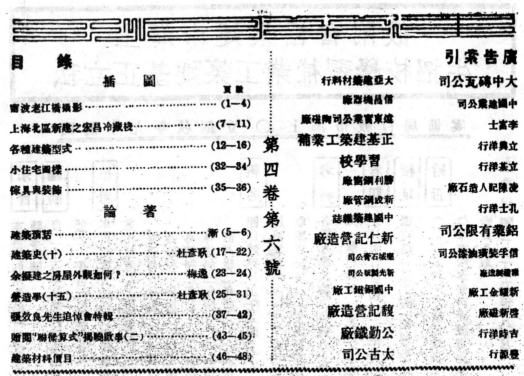

目錄

第四卷第六號

插圖

頁數

論著

廣告索引

上海市建築協會附設
私立正基建築工業補習學校招生

民國十九年秋創立○上海市教育局備案

宗旨 本校以利用業餘時間進修工程學識培養專門人才爲宗旨（授課時間每晚七時至九時）

編制 自二十五年秋季起更改編制爲普通科一年專修科四年（普通科專爲程度較低之入學者而設修習及格升入專修科一年級肄業）

招考 本屆招考普通科一年級專修科一二三年級及舊制高級二年級（專四及高三並不招考）各級投考程度如左：

普通科一年級	高級小學畢業或具同等學力者（免試）
專修科一年級	初級中學肄業或具同等學力者
專修科二年級	初級中學畢業或具同等學力者
專修科三年級	高級中學工科肄業或具同等學力者
前高級二年級	高級中學工科畢業或具同等學力者

報名 即日起每日上午九時至下午五時親至南京路大陸商場六樓六二〇號上海市建築協會內本校辦事處填寫報名單隨付手續費一元（錄取與否概不發還）領取應考証憑証於指定日期到校應試

考科 各級入學試驗之科目　（專一）英文・算術　（專二）英文・幾何　（專三）英文・解析幾何　（高二）物理・微分

考期 九月六日（星期日）上午九時起在本校舉行（九月六日以後隨到隨考　九月二十六日停止入學）

校址 派克路一三二弄（協和里）四號

附告 （一）普通科一年級照章得免試入學投考其他各年級者必須經過入學試驗

（二）本校章程可向派克路本校或大陸商場上海市建築協會內本校辦事處函索或面取

中華民國二十五年八月　日　校長　湯景賢

最近落成之甯波老江橋正視圖（又名老浮橋 現改名靈橋）

The front view of Loo Kiang Bridge, Ningpo, China.

甯波老江橋側面圖

The side view of Loo Kiang Bridge, Ningpo, China.

1

24007

甯波老江橋建築情形之一

View of the Loo Kiang Bridge showing construction in progress.

甯波老江橋建築情形之二

View of the Loo Kiang Bridge showing construction in progress

View of the Loo Kiang Bridge showing construction in progress.

View of the Loo Kiang Bridge showing construction in progress.

(上) 甯波老江橋建築情形之三

(下) 甯波老江橋建築情形之四

24009

甯波老江橋建築情形之五

View of the Loo Kiang Bridge showing construction in progress.

甯波老江橋橋底攝影

The Bottom of the Loo Kiang Bridge.

建築瑣話

漸

「從心的建設到物的建設」，本會在創立時，便有這口號。意在希望建築界內的建築師，工程師，營造廠以及其他從事建築者，先把心地建設得光明磊落，然後再達到物的建設途徑。但在現社會惡劣環境的核心裏，要求心地光明，不啻緣木求魚，等於夢囈。故建築界內齷齪的消息，不斷地吹到著者的耳鼓。本想緘默不言，坐觀其「變」；後思若不揭發，聽那烏天黑地消長下去，將不知伊於何底！這亦如骨鯁在喉，有不能不已於言者。大智大勇之輩，如果見到此文，知所懺改，則又爲著者所馨香禱祝矣。

受業主委託後，預伏暗線，招營造廠投標。迨開標後，標賬自九十萬以至五十八萬，而最小者突減至三十九萬元。在不知底蘊者，以爲如此小賬，如何可做。不知其於標賬之中，批明有許多建築不在賬內，所謂預伏暗線者，其計遂售。以後逐漸再加，竟亦加至七十萬元之間。設計者索酬五萬三千元，營造廠復出賣設計者，斬不予酬，於是索酬者略使手段，促使該廠不得不俯首就範。不知該廠亦復多狡，竟將事實直告業主代理人，代理人主張付酬，惟不可給付現欵，而付票據。在未付之前，將票據先行攝影保存，以應付目前之糾纏，俟工程至相當程度，翻案有據。詎索酬者不知有計，得票欣喜萬狀，惟係票據，故大費躊躇。將票據轉輾經過許多收付，隨後方落索酬者手，以爲得計。

工程已至相當程度矣，一日，當業主代理人設計者營造廠畢集之候，營造廠提議向設計者要回前次商借之五萬三千元。設計者初尙抵賴，經不得業主代理人作證，將證據一一提出，於是設計者遂窘態畢露，手足無措。幸彼叔父係爲一有來歷者，故亦不便將他過分爲難，只要交回五萬三千元，餘都不問。

× × × × ×

中國建築師學會，在二十三年九月七日等日，於各報刊登啟事廣告，略謂「查本會各會員事務所遇有工程招標，概不向營造廠索取手續費。所有押圖費亦於開標後發還……」

照這段啟事看來，凡屬中國建築師學會的會員，當不向營造廠索取手續費矣。但事有出於不然者，雖擔任該會重要職員之建築事務所，亦有向營造廠索手續費者，甯不奇特。按建築師之招營造廠投標，要索手續費的不當，本刊四卷四五兩期「營造廠之自覺」一文中，已明白言之。因爲建築師處於業主與營造廠之間的公正人地位，其理解宜如何清楚，態度應如何公正嚴明，他的一言一行，實有舉足輕重之勢。

但最近又有一處工程，初由建築師函邀本市甲種登記的營造廠，前往投標，投標者須繳保證金五千元，圖樣費二十元。迨開標後，業主不依習慣，濫引招標簡章「業主不受採納最低或任何標賬之約束」之一欵，竟棄七家小賬，而採取與該業主素有往來的中賬一標。查該中賬與最低標價相較，高出有四萬五千五百餘元之多。業主顧出高價，自是無從强其接受低標。然其招標手續，實欠妥愼，而有頗多非議之處。因爲已由建築師函邀營造廠開標於前，復令每一投標者繳納保證金五千元，又圖樣費二十元，可見事前處置，很爲愼重。而應標者亦各抱得標的希望而來，所以也不惜籌措保證金繳納圖樣費，領取圖樣及說明書。窮日累夜，於炎暑逼人之候，詳密估計着造價。迨開標後如因標價較諸他人爲高，自然死心塌地收回保證金，犧牲保證金之利息及圖樣費，自無怨言。若最低之標，因爲信用經驗欠足，或標價太低與細賬不符，改採次低標外，自有得標希望。今逕不依這常軌，而予素有往來或事先已有接洽的高標，使不知底蘊者白白犧牲了無謂的金錢與精神，事實上幾等於受欺，復於其營業信譽上受一打擊。所以理解清楚，確係公正不偏的建築師，對此業主如此措置，當有其公正的表示。不謂其一順業主之意，復將投標者列成一表，詳註各家所開的標價，並申明由業主採定某一標賬，毫不考慮到得標以下的各家，其中身家資望經驗十百倍於得標者，因此逕使失標者難堪到怎樣地步？

× × × × ×

建築師者，自視其地位應如何清高，著者已屢言之。然卑恭奴顏地對着業主者，仍大有人在。例如最近一建築師致書營造廠，內有「奉業主諭………」句，實非笑話！又如嘗有建築師與業主代理人至營造地閱看工程，正値車送木材進場，代理人問此係何物，建築師答以洋松，代理人復操英語曰：Are you sure？意卽確係洋松乎？建築師竟抖率無詞以答，拘束之態，至堪發噱。

中國建築展覽會閉會時，曾具呈行政院，內有凡建築之能用國貨材料者，應盡量採用之一項，旋經行政院批復照行在案，建築師自宜注意及之。於規訂建築說明書時，宜如何酌採國貨材料，若鋼筋混凝之殼子板，係臨時性質者，國貨板材自可採用，惟其長度有不足時，只得改採舶來品代之。今有建築師視國產板材如仇寇，已於說明書中規訂殼子板統用洋松，而見營造廠購進本松板，運進營造地後，隨卽致書營造廠勒令卽行運出，初不問此項本松板作何用途，遽於信中指說冒充洋松殼子板，須卽車出等語云云。這因爲建築師在說明書中已規定殼子板應用洋松，但不知營造廠購進本松板，尙有其他用途，如木匠作凳，踏脚板，脚手板，工人搭舖等等；若一見運進本松板，便指充作洋松殼子板之用，措置之冒失，有如此者。

× × × × ×

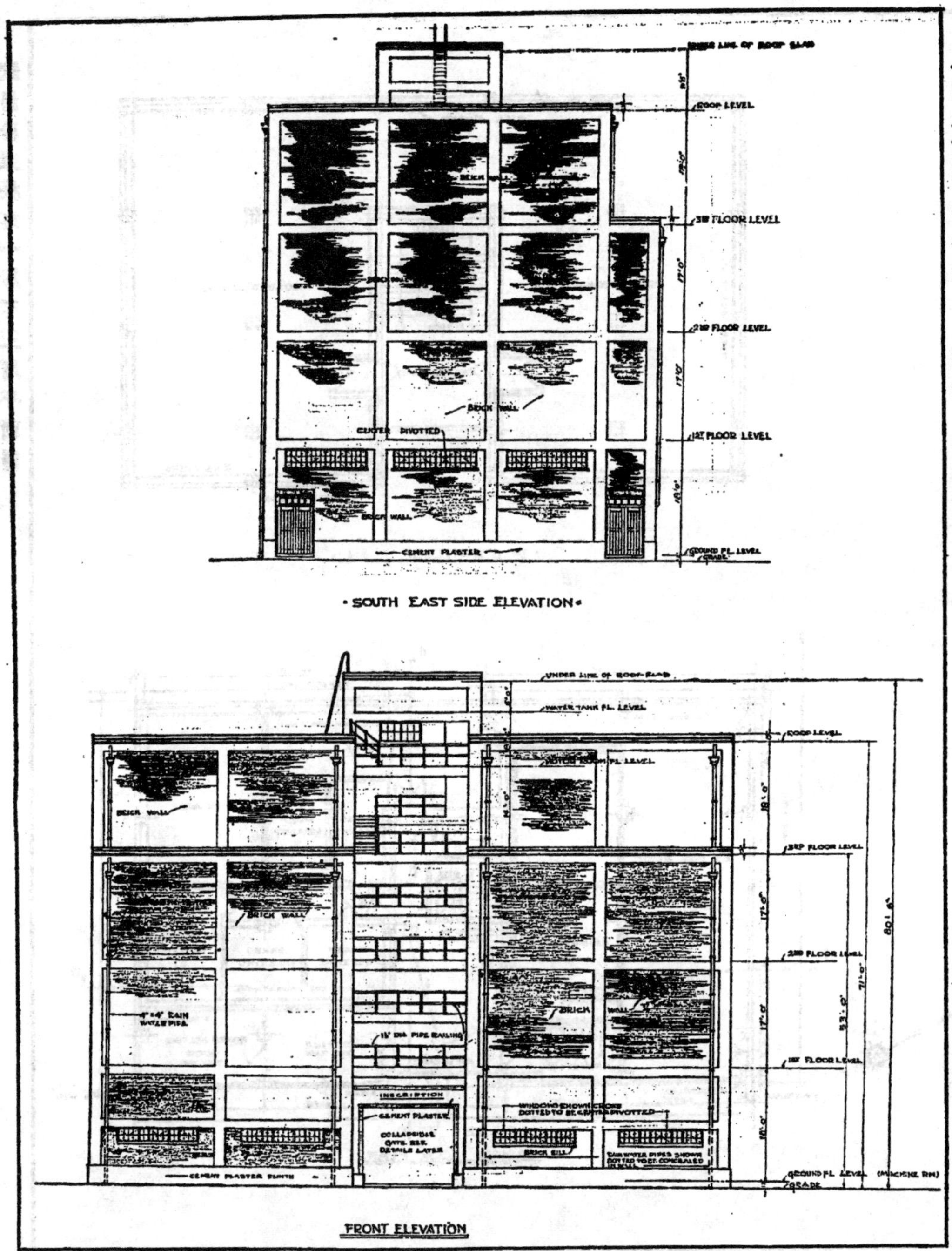

上海北區新建之宏昌冷藏棧 立面圖

方瑞記營造廠承造

New cold storage building for the Hong Chong Cold Storage Co., North District, Shanghai.

C. John, Architect.
Fong Saey Kee, Contractors.

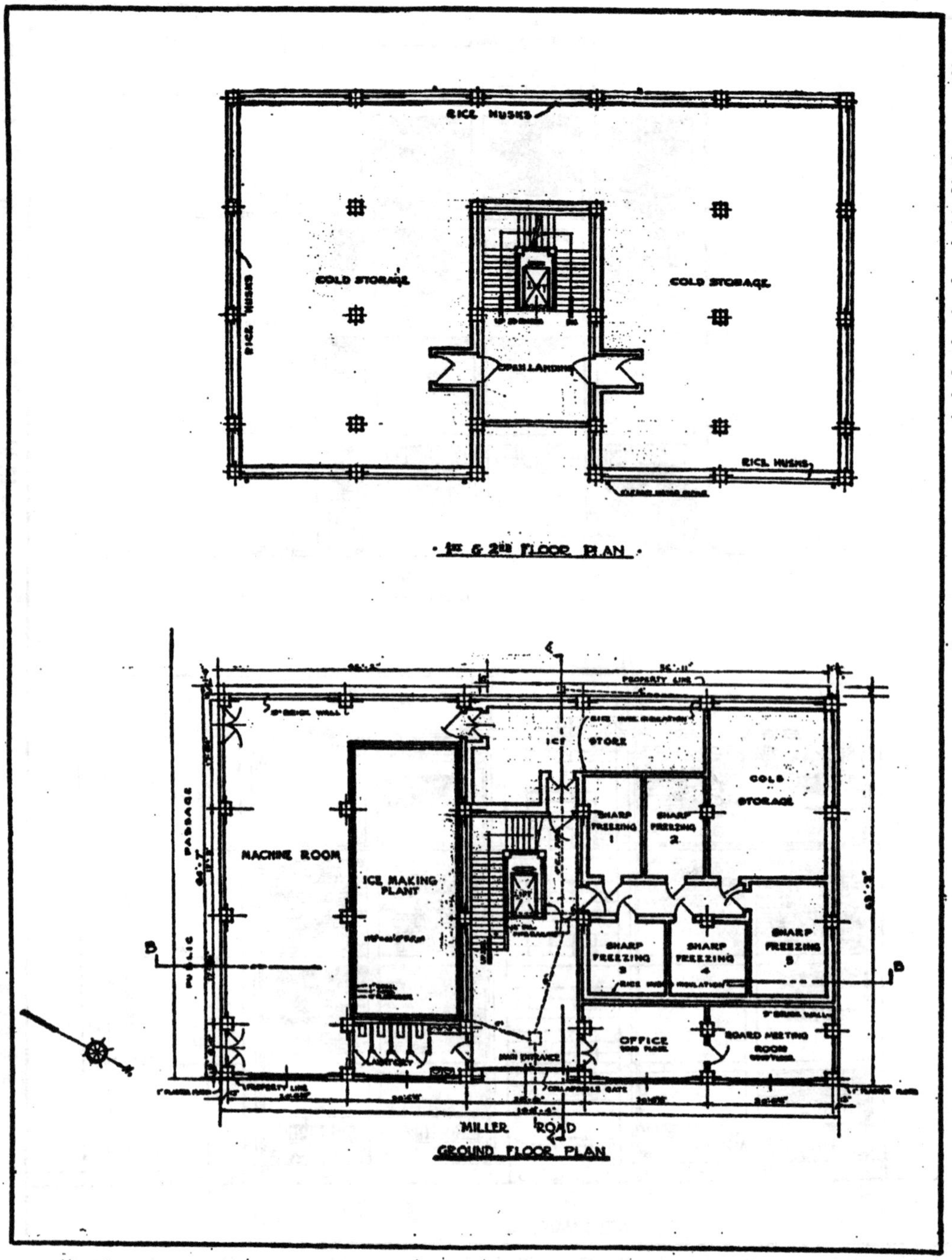

宏昌冷藏棧第一層至三層平面圖

New cold storage building for The Hong Chong Cold Storage Co.

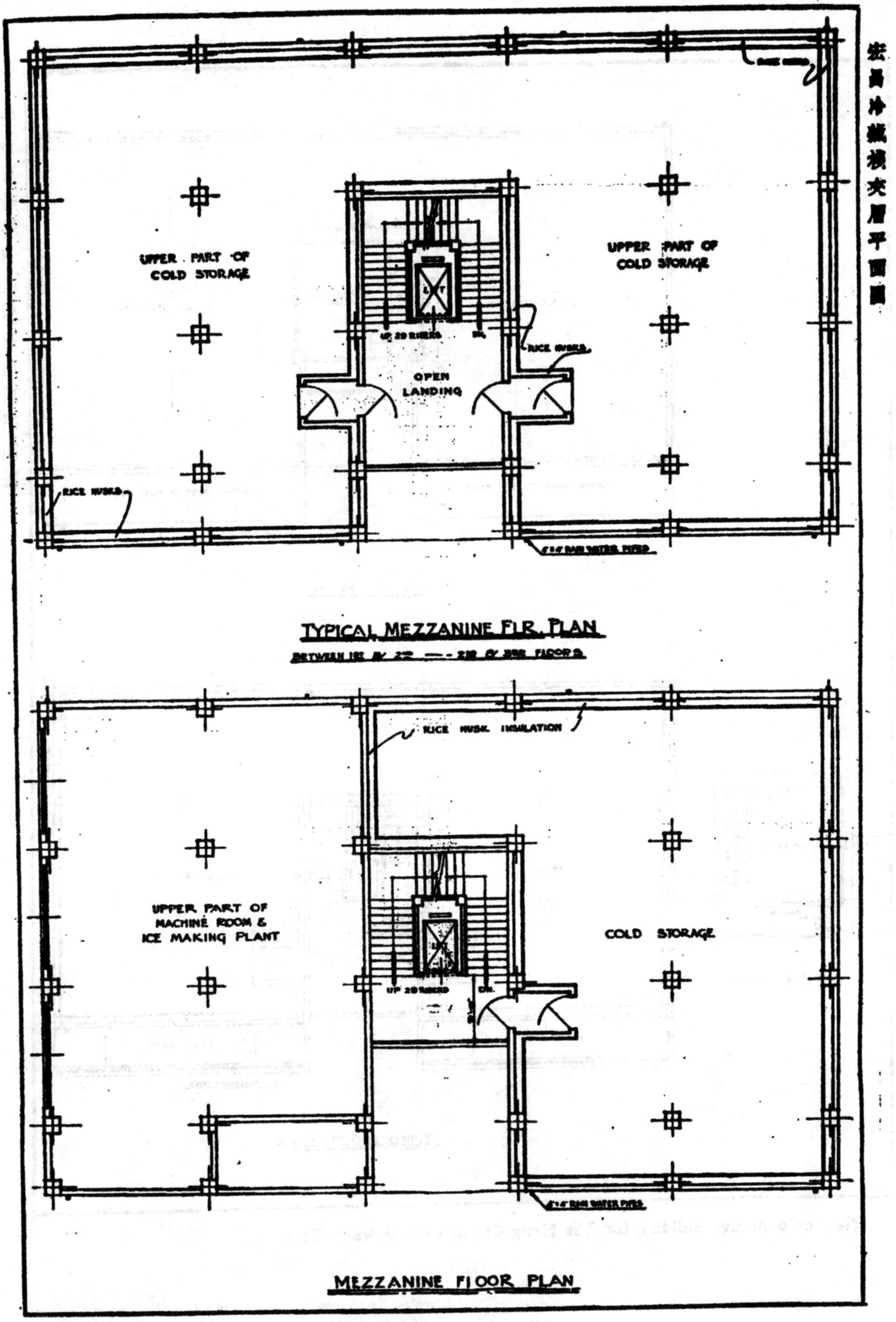

New cold storage building for The Hong Chong Cold Storage Co.

24015

宏昌冷藏棧第四層及屋頂平面圖

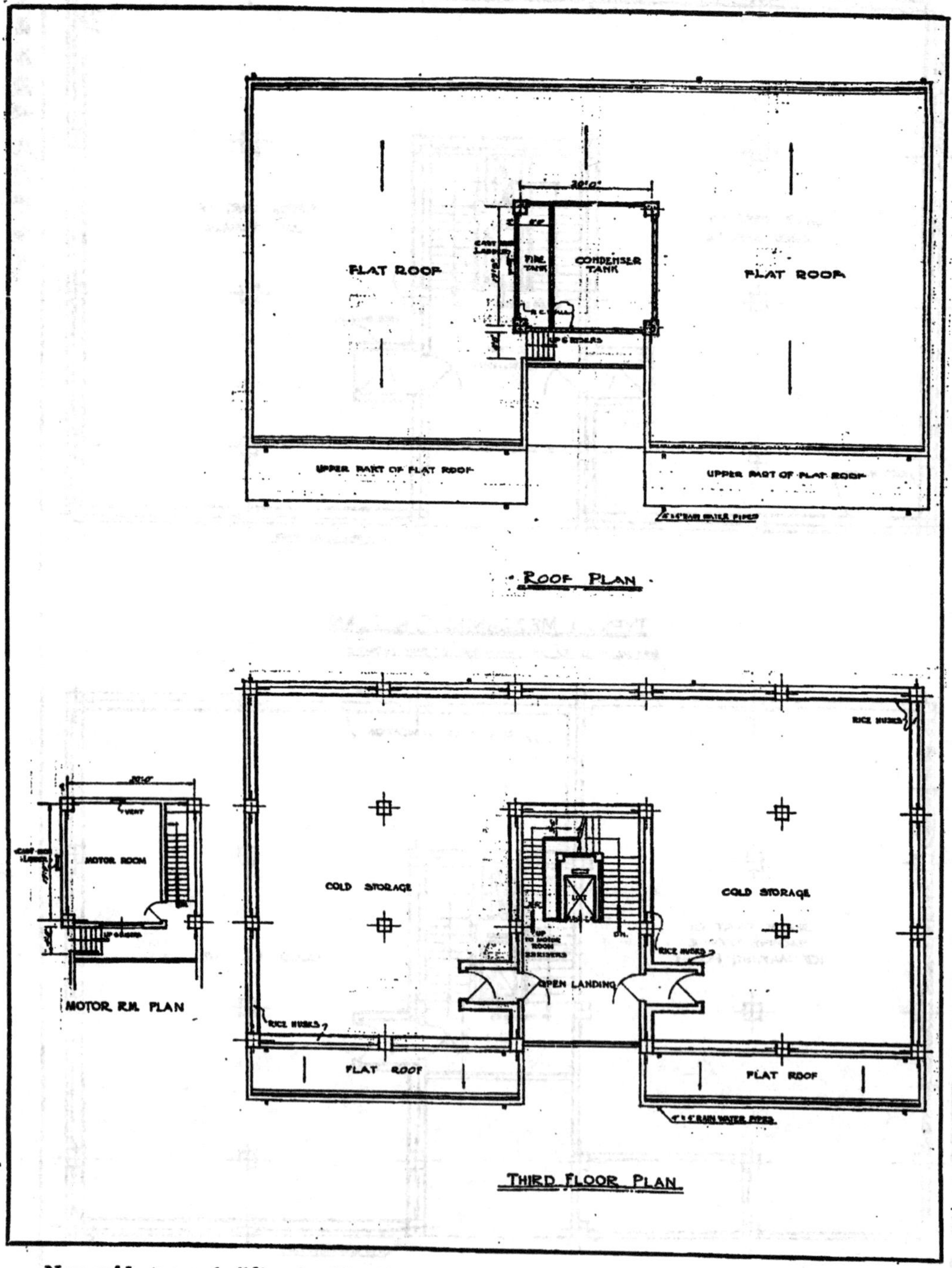

New cold storage building for The Hong Chong Cold Storage Co.

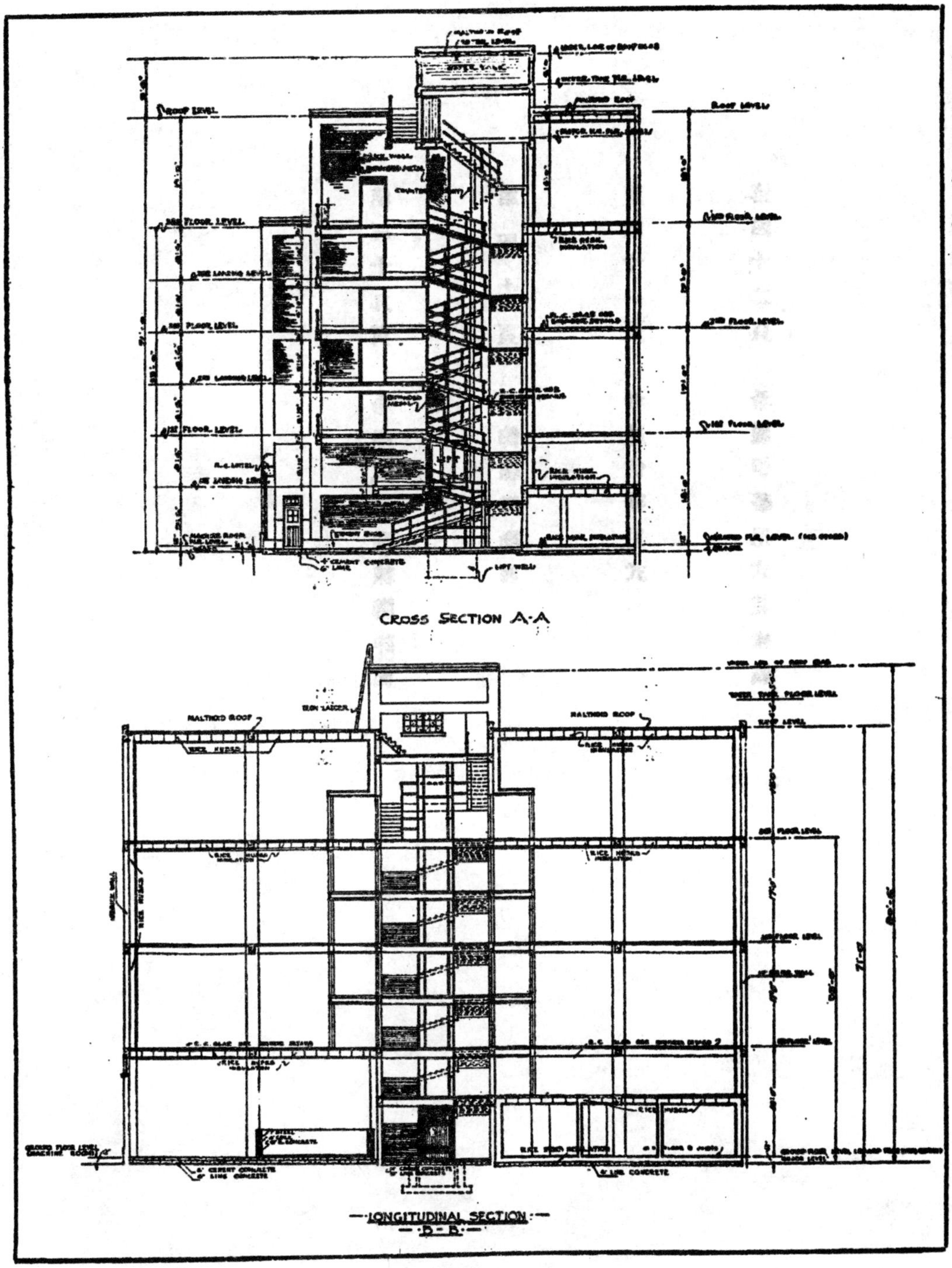

宏昌冷藏棧剖面圖

New cold storage building for The Hong Chong Cold Storage Co.

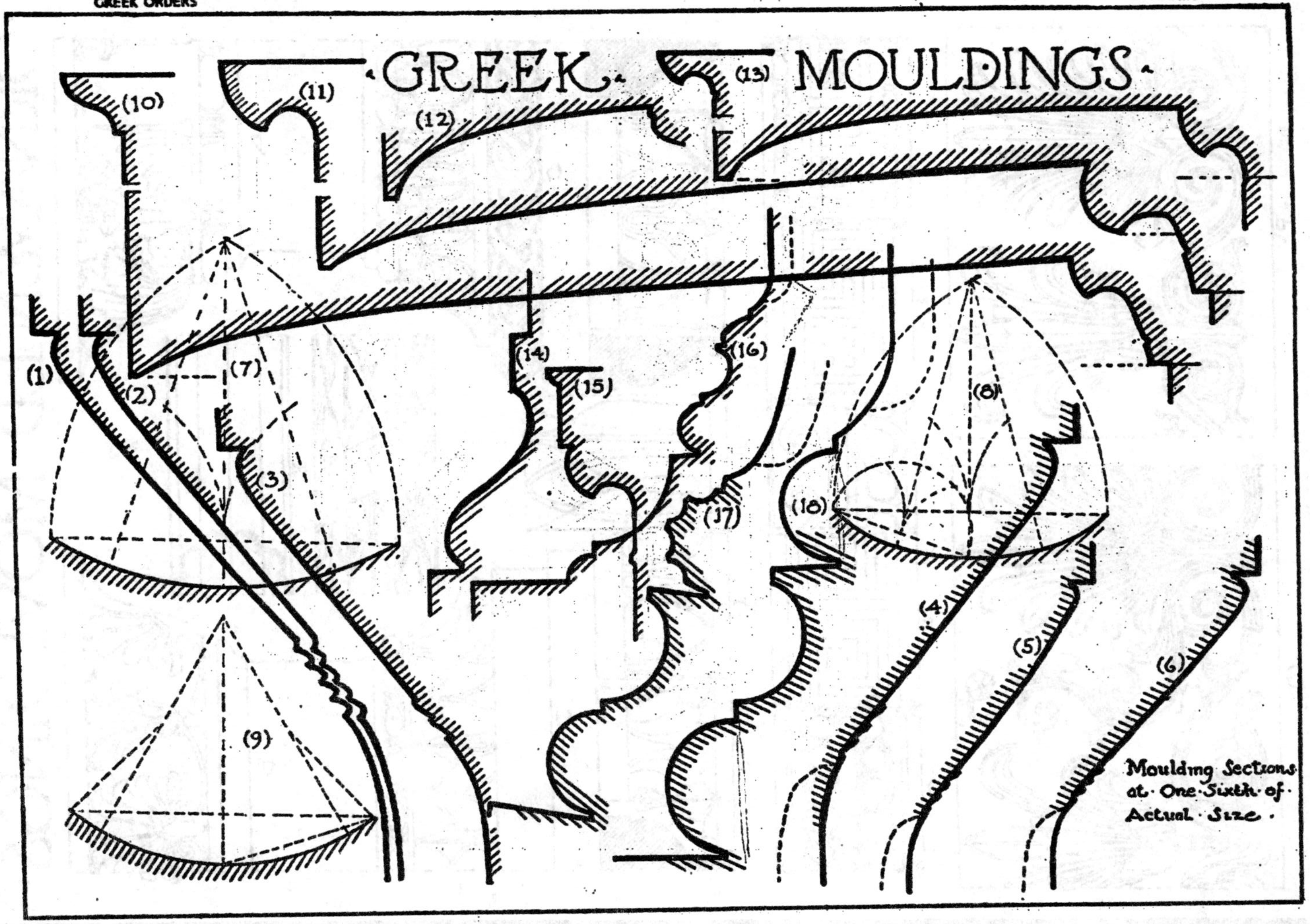
GREEK MOULDINGS
(1)
(2)
(3)
(4)
(5)
(6)
(7)
(8)
(9)
(10)
(11)
(12)
(13)
(14)
(15)
(16)
(17)
(18)
Moulding Sections at One Sixth of Actual Size

ORNAMENTED MOULDINGS

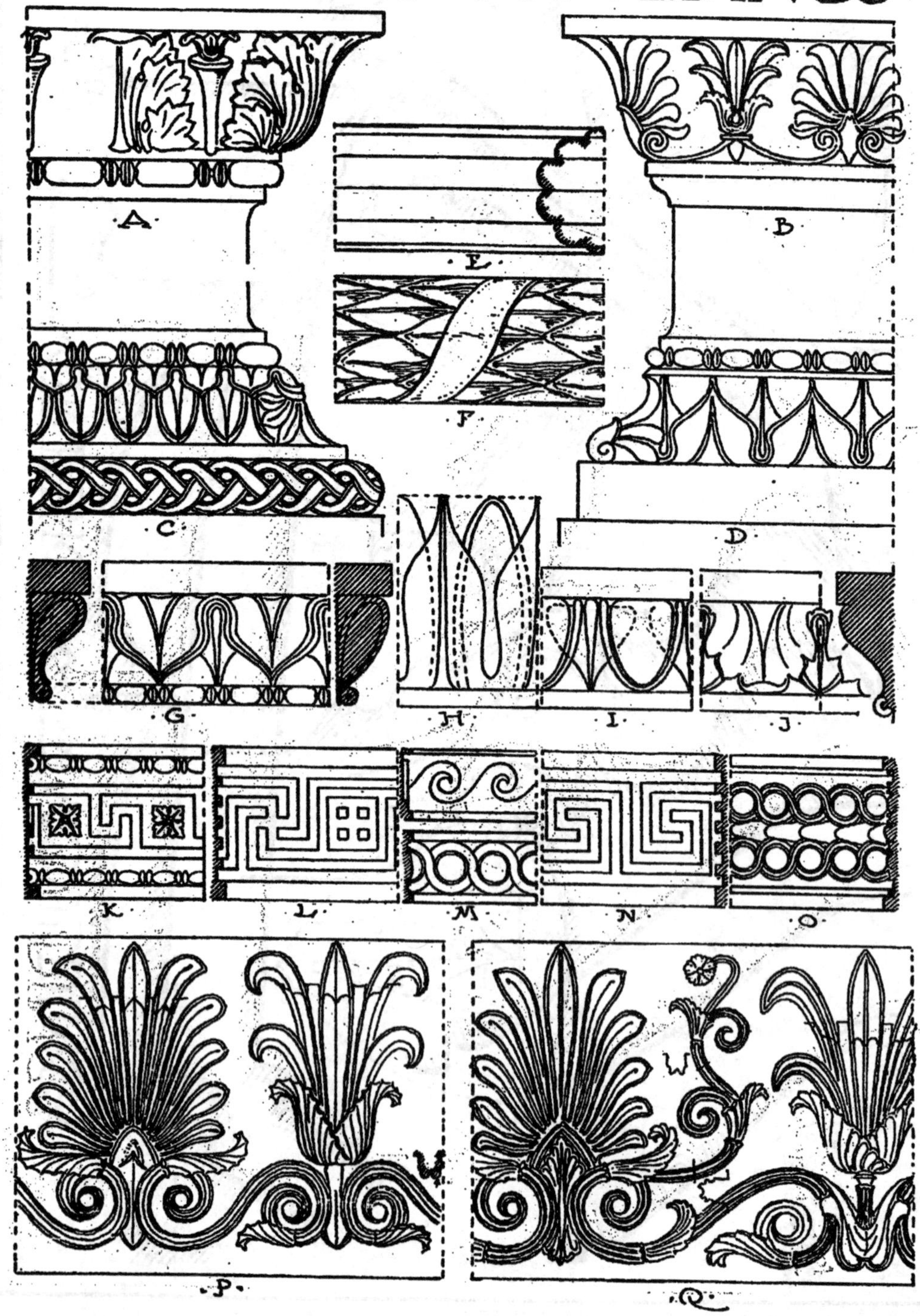

24020

GREEK IONIC ORDER

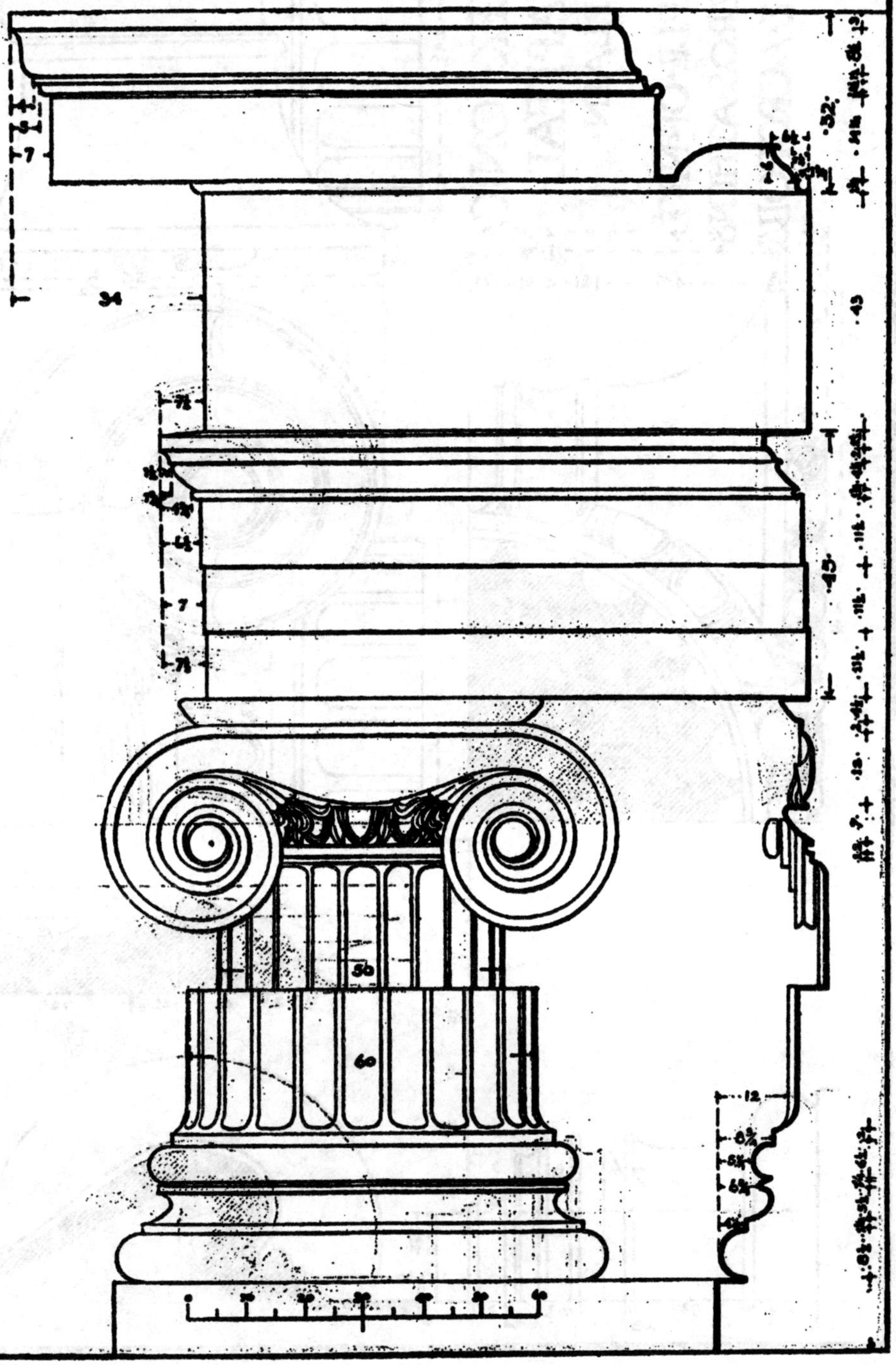

24021

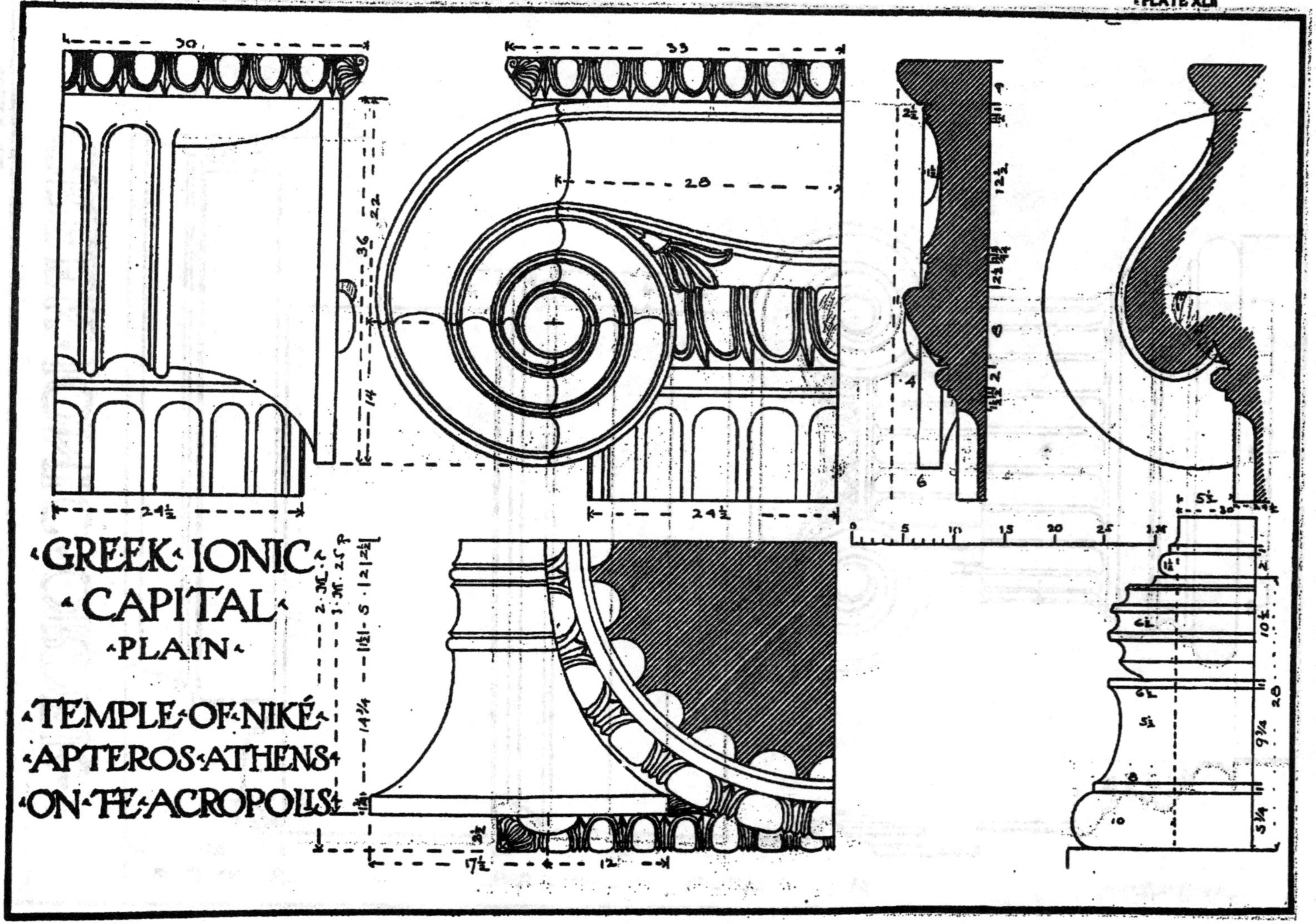
GREEK IONIC
CAPITAL
PLAIN
TEMPLE OF NIKÉ
APTEROS ATHENS
ON THE ACROPOLIS

建築史（十）

杜彥耿譯

羅馬建築（續）

一六六、潘沛依住屋　關於潘沛依市私人之住宅建築，於臨街去處而爲富人斥資經營者，如潘錏(Pansa)之宅邸，是屋沿街店面六間，中間闢門房，經儀門，兩邊廂房，如一〇二圖。此著名之住宅，其內部之部序，足

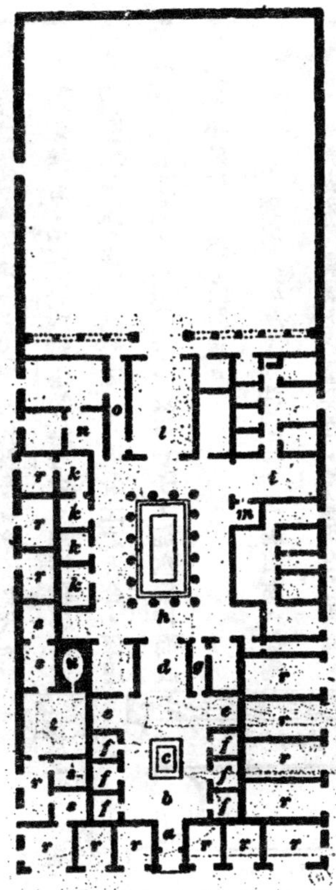

〔附圖一〇二〕

以代表當時住宅建築之大概。進儀門a曰Ostium，長方形之天井b曰atrium，中間一個水池c曰Compluvium，用資接受雨水，穿天井，對面三間房屋，其中央一間d曰tablinum，係保藏文契，家屬職銜及其成功等之紀載者。兩端二小廂房e曰alae與中央之一間，陳置家譜及先人之偶像等。

一六七、小廳接室f，位於天井之兩邊，備衖g曰fauces，設於中央正間之一邊或兩邊，藉以貫通後天井h、繞以列柱式之柱子。柱子之式原本希臘與裂，較諸前面天井，更爲精緻；柱巔加壓沿牆，牆上有時砌空，用植花卉，庭心鑿池，池邊並栽棕樹。i爲膳室，k爲臥室，l爲起居室，m爲接待室，以及其他房屋之建於列柱式庭心之四週。由此復經備衖。而通入園圃p。繞於屋之前面及側面者爲店面r，貯藏室s及烘房t與灶房u。

一六八、後期之羅馬私宅　羅馬之私人住宅，本祇一層，後遂加上一層或數層；自下層以達上層臥室之梯，殊爲狹小。此等房間之光線，係藉闢於臨街或自天井之窗戶透進。富皇典麗之私宅中，廳堂之佈置，不祇一處，且均寬大。他如圖書室，藏書室，禮拜堂，精緻之浴室以及其他各室，頗稱完備。廚房毘連伙食室及烘焙麵包房，普通置於列柱式天井之底端，房屋與後面園圃之間，爲寬大之穿廊。富有之羅馬人，精構其私宅者，有以雲石爲柱，瑪賽克甃地，及名貴之雕像，陳列室中。室中牆壁，不惜施以油畫，繪神話所傳之仙像及歷史人物故事等作品。

房屋之詳解

地盤，牆垣；屋頂及裝飾

一六九、地盤　羅馬房屋之地盤式樣，普通不外正方，長方，橢圓或圓形，洎後此單純之式樣，漸行消滅；其豪奢之公共及私人房屋建築，遂隨之勃興；此等作品，

莫不慘澹經營，極盡巧思之能事。舉凡宮殿，廟宇，住宅，公會堂，公共浴場，鬪獸場，戲院，紀念建築物，坟墓，水道，橋梁等之地盤，無不爲鈎心鬥角之成功作品。每一式類之建築，均能切合實用，更兼不落希臘用石過梁之窠臼。利用法圈搆築屋頂，並使寬大之面積中間，不用柱子或磙子支撑。

一七〇、牆垣 古時羅馬房屋之牆垣，平常咸用長方形之實磚築砌，或用混凝土內襯，外砌磚或石面。

灰沙於古代引用極早，惟並非用作凝結材料，乃用以舖砌磚石，使灰縫平勻。以後卽將此不切實用之灰沙取消；而將石之平縫與頭縫，使之緊密無隙者。當共和時代及早期帝國時代，每一石與石之接合，用錠筍或鐵搭等鈎合之。早期羅馬時代，採用混凝土爲重要建築材料之一。混凝土之拌合，係用火山灰造與石灰製成之堅强水泥及以石子，加水混拌而成，用之澆搗牆垣，磙子或屋頂。

一七一、磚 磚之用於牆上或法圈者，均屬出面，係爲觀瞻而設，極少擔荷構築上之重要性；獨牆角上之角磚，爲特別煉製者。羅馬磚之形體，有三角形者，只於出面部份爲磚，而後背則膠合於混凝土中。羅馬建築中之偉大之建築技能與工程之奧巧，內合蘊堅固及特久之方法。每一重要之牆壁或磙子，類皆堅實一體，十分安全。

一七二、屋頂 羅馬搆築屋頂之法：凡於寬大面積之上，架設屋頂，則用混凝土澆搗圓形屋頂。圓球形之屋頂，爲羅馬建築所習用者；抑亦爲羅馬建築其有之特殊點。此外凡私人住宅，長方形之廟宇及公會堂，則有用木構架坡斜形之屋頂。然欲求其經久，則非用法圈搆成之圓屋頂莫屬也。

一七三、空堂 跨越空堂，普通全用法圈；惟用希臘柱子及台口等法則，每感跨度不能過大，蓋缺乏相當巨大之過梁石也。但羅馬建築，善於利用法圈，舉凡門堂，窗堂及連環圈，均甚高大；僅狹小之空堂，方用過梁。

一七四、線脚 羅馬建築之線脚，祇以弧線搆成，不若希臘之乖巧與精密，可以第六十圖與一〇三圖相比較。例如一〇三圖(c)腕脯線較諸希臘突出爲多。而(g)之泥水線實爲圓周四分之一，上畫一條方線。(f)則係半圓或橢圓。線脚上之雕飾，雖係摹倣希臘，然不及希臘之雅潔遠甚。

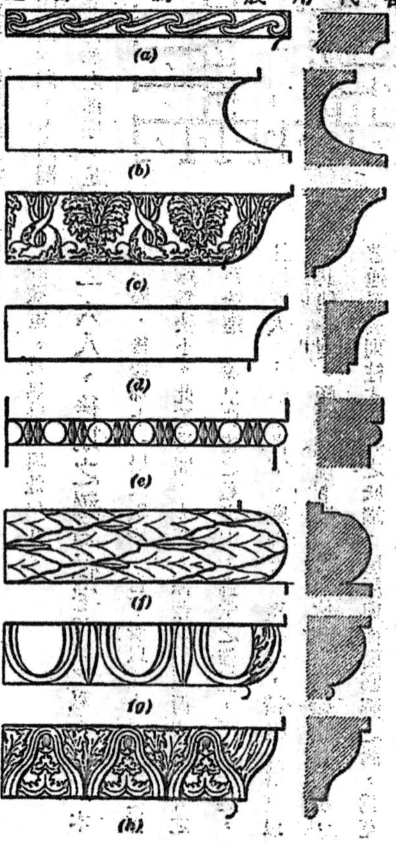

[附圖一〇三]

24024

一七五、羅馬典型之詳解 羅馬建築，有五種法度。每一種可分下列數點主要部份：(a)墩子；(b)柱子；(c)台口。每一上述之部，復分三個部典如下：

墩子：(1)坐盤；(2)幹身；(3)帽盤。

柱子：(1)坐盤；(2)柱身；(3)花帽頭。

台口：(1)門頭線；(2)壁線；(3)台口線。

一七六、柱子 柱子之名稱與其權衡，隨台口之式別，互為呼應者，共分五種，如一〇四圖；在此圖中A德斯金式，B陶立克式，C伊華尼式，D柯蘭新式，E混合式。每種式類之權衡，見第一表。表中所列之直徑，為柱身最大之部份，亦即為坐於坐盤之根端也。

第一表

羅馬法則之權衡表

名稱	包括坐盤與花帽頭之高度，直徑	台口高度，直徑	台口高度與柱子高度之折合
德斯金	7	1¾	¼
陶立克	8	2	¼
伊華尼	9	1⅘	⅕
柯蘭新	10	2	⅕
混合式	10	2	⅙

台口與柱子之比高，經意大利建築師班爛亭氏所定者如下：

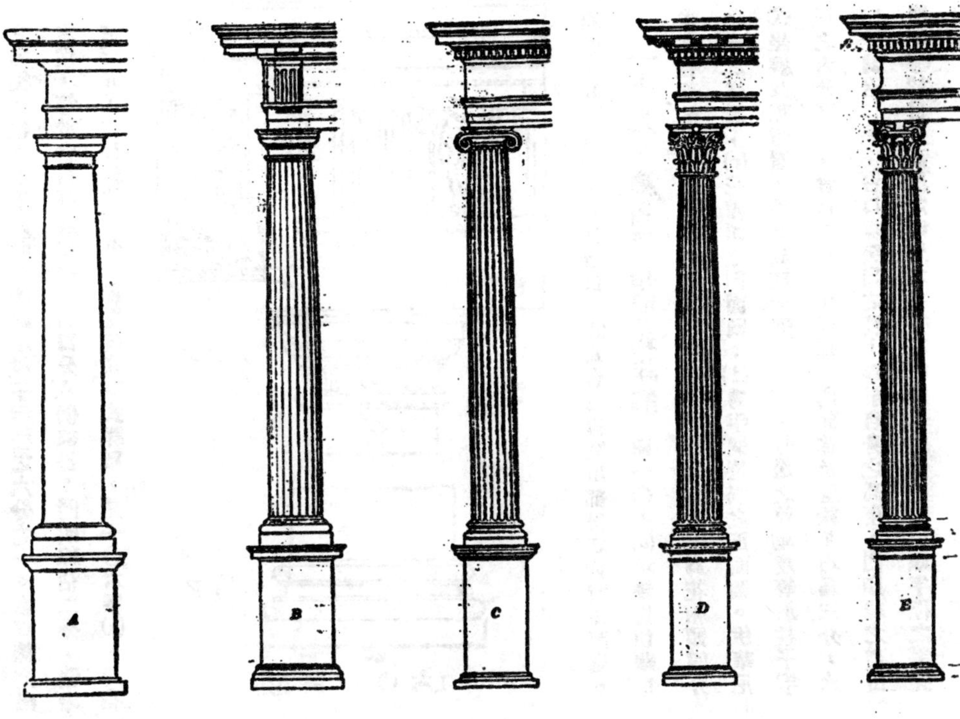

【附圖一〇四】

24025

德斯金與陶立克式台口之高，等於柱之高度四分之一
伊華尼，柯蘭新及混合式台口之高，等於柱子高度之五分之一
關於柱下礅子之高度，等於柱子及台口兩者相合之高度之四分之一

一七七、德斯金式詳解

德斯金式見一〇五圖，a為花帽頭，b為台口，c為坐盤。德斯金式花帽頭及坐盤之高，等於柱子對徑之半。花帽頭突出之度，等於柱子最小部份對徑四分之一。坐盤突出之度，等於柱子大頭對徑之三分之一。台口部份，復可分作七分：門頭線佔二分，壁線佔二分，餘則為台口線。門頭線方線突出之度，等於門頭線高度六分之一。

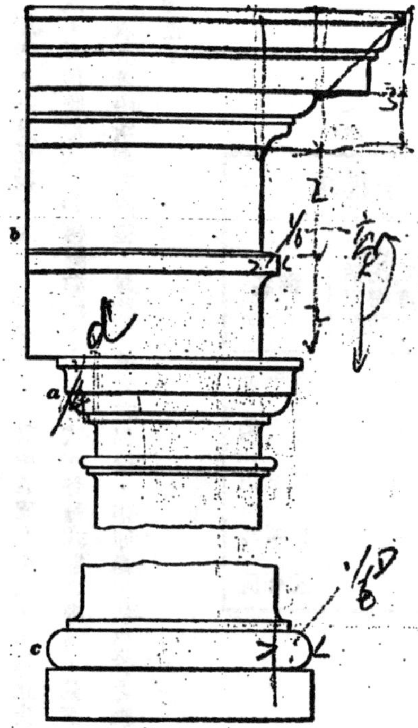
〔附圖一〇五〕

一七八、羅馬陶立克式詳解

坐盤與花帽頭之高度，各等於柱子對徑之半。坐盤突出之度，每邊各等於柱子對徑一半之三分之一。花帽頭突出之度，等於柱子小頭對徑之四分之一。柱子上端之對徑，較之下端大頭每邊減小柱子半徑之六分之一。台口線突出之度，等於台口高度之半。台口分八個部份：門頭線佔二分，壁線佔三分，台口線佔三分。羅馬陶立克式詳圖，見一〇六圖(a)，為花帽頭，b為坐盤，c為台口，(d)為台口線突出部份之仰視平面圖。

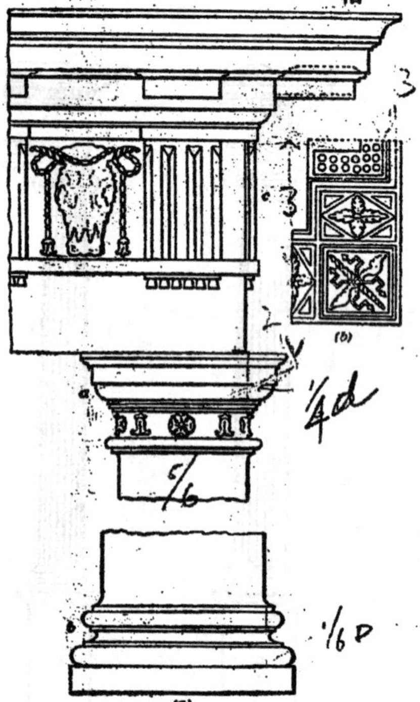
〔附圖一〇六〕

一七九、羅馬伊華尼式詳解

圖一〇七(a)示羅馬伊華尼式之各部份：a為台口，b為花帽頭，c為坐盤；(b)為花帽頭四分之一之詳圖；(c)花帽頭之剖面圖；(d)為半個捲渦之正面圖。伊華尼式坐盤及花帽頭，各等於柱子對徑之半，每邊之收縮度等於柱子半徑之六分之一。台口之高分作五部：門頭線及壁線平均為三分，餘二分為台口線；台口線突出之度，等於自身之高度。門頭線之突出度則等於自身高度之四分之一。花帽頭每邊依柱子小頭半徑之半突出。

24026

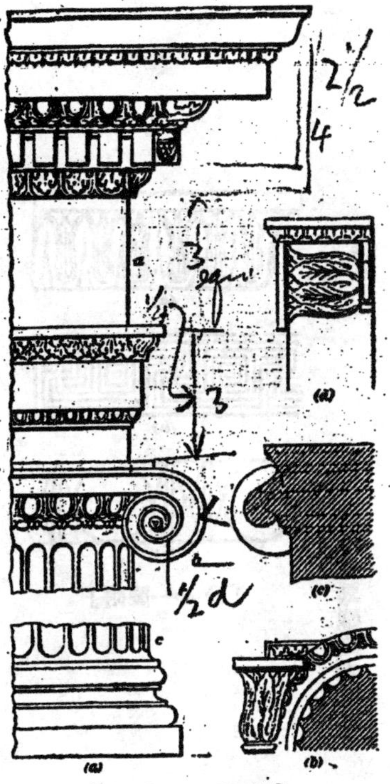

[附圖一〇七]

滿希臘樸素雄偉之陶立克式法則，欲加以改革，俾適應彼等之需要；乃增一坐盤，普通係一方盤，上冠坐盤圓緣，致將希臘本有之樸素美姿消損。羅馬人之改革伊華尼式花帽頭，亦不工巧；惟柯蘭新式花帽頭，則彼加反葉及美飾，仍不失其本來之優點與美觀，故遂成為羅馬國之法則矣。混合式花帽頭係由柯蘭新及伊華尼兩者湊合而成。

一八二、裝飾 藉資點綴之線脚飾條，大部脫胎於希臘線脚。雕像則全由於古代名貴之石膏美術，古銅，瑪賽克，鑲

一八〇、羅馬柯蘭新及混合式詳解 羅馬柯蘭新式見一〇八圖：(a)為台口，(b)為坐盤線脚，(c)為柯蘭新式花帽頭，(d)示花帽頭反葉。依照花帽頭坐線斜上至捲渦之線之範圍突出之。圖一〇八(e)示半個花帽頭之仰視平面圖；(f)為台口線突出部份之仰視平面圖，(g)為柯蘭新古式柱子坐盤，而為羅馬人所習用者。

混合式見一〇九圖：a為台口，b為花帽頭，c為坐盤。混合式與柯蘭新式花帽頭之高度，等於柱子對徑一又六分之一之高，其他部份之權衡，一如伊華尼式。

一八一、希臘法則之變更 羅馬因不

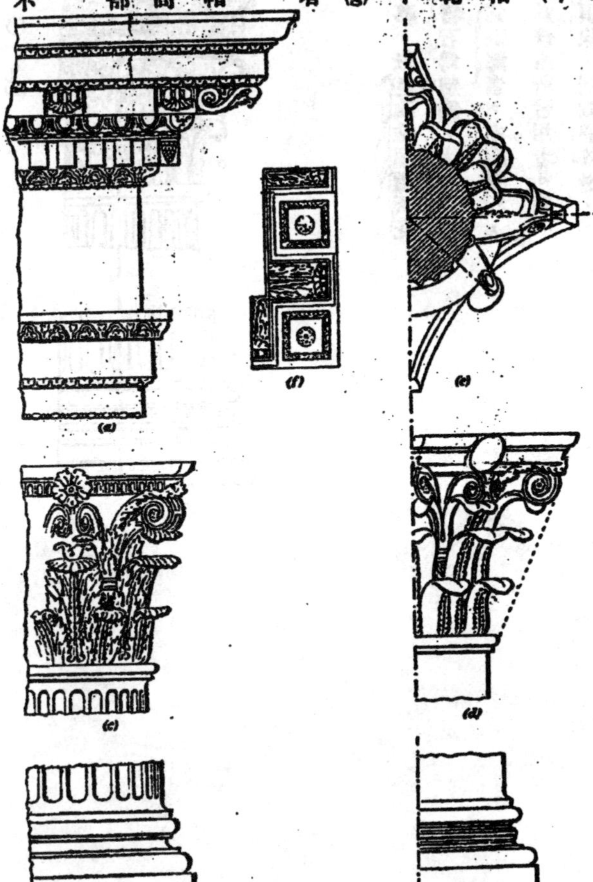

[附圖一〇八]

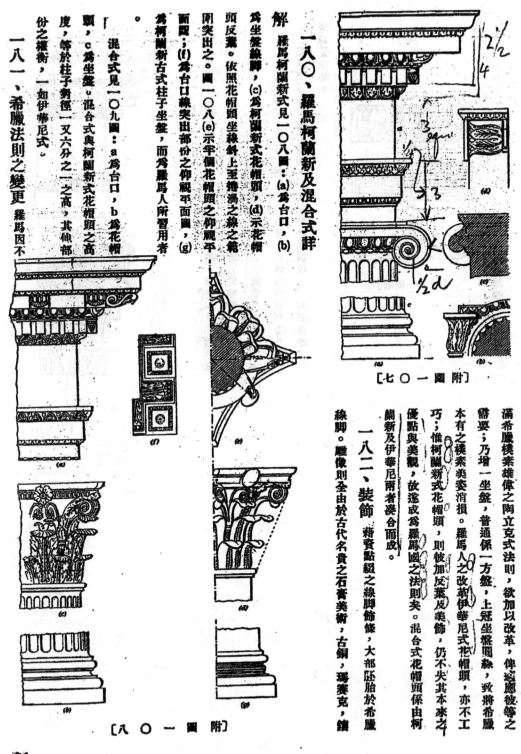

嵌雲石等項。羅馬建築採用粉灰製之飾物殊夥。以色油飾圓頂天花，殊屬普遍。紀念建築之內牆，有用昂貴之雲石爲牆飾，大都分鑲成浜子塊格。希臘反葉飾之爲羅馬採用，作爲裝飾者，亦頗盛行，如一〇九圖。懸花，葉飾，美飾及假面飾，爲普通所習用者。圖一一〇爲羅馬標準裝飾之數類，(a)爲雕飾之樸頂線，(b)爲迴紋邊，(c)爲其盤珠飾。

〔附圖一〇九〕

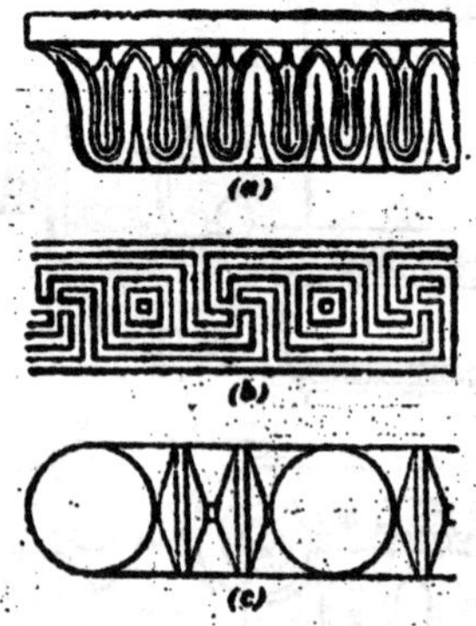

〔附圖一一〇〕

（羅馬建築未完）

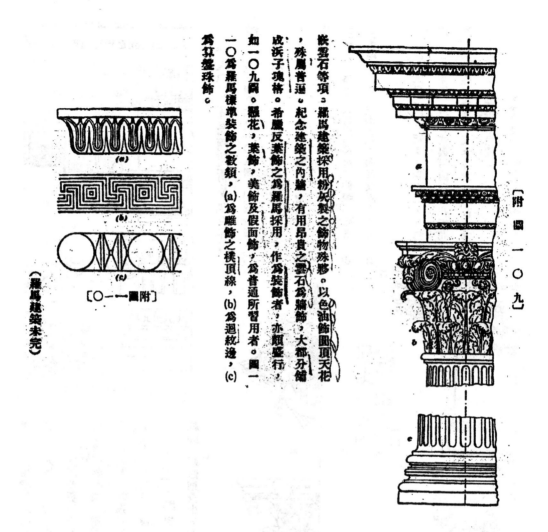

余擬建之新屋外觀如何？

梅逸 譯

——業主們依下列方法逐步繪出，即能得一圓滿的答覆。——

業主們非均能諳視藍圖樣的，從不同的平面和立面圖，未必能串連想到整個房屋的外觀。對於房屋有不滿意處，直待建築將成才能發現，此時再加改善，既與造價有關，或者就根本不能辦到的。

本文之意，使按簡易之透視學，即可求得擬建房屋之外觀，厯厯如觀照片。但依法製成之圖樣，初僅能窺得全屋之骨幹及各門窗之方位，至於簷口及門窗外框裝飾等項，則需有相當之經驗，始克鈎描如畫；此外再配上些風景，如甬道，樹木，人，畜等，則更臻美善了。

設已得到房屋之藍圖，（通常習用比例尺大約為 1/4"=1'-0"）可找紙一方，長寬使稍大於 20"×26"，妥爲釘於圖板，再依照下列步驟繪製：

第一步：在圖紙中央，由上至下畫一垂直線。

第二步：從藍圖上描繪房屋平面圖之內外牆，左側面及正面，（如圖一）並將各部門窗按比例抄出，佈置於圖紙之上方，使其下房角A在中線上。

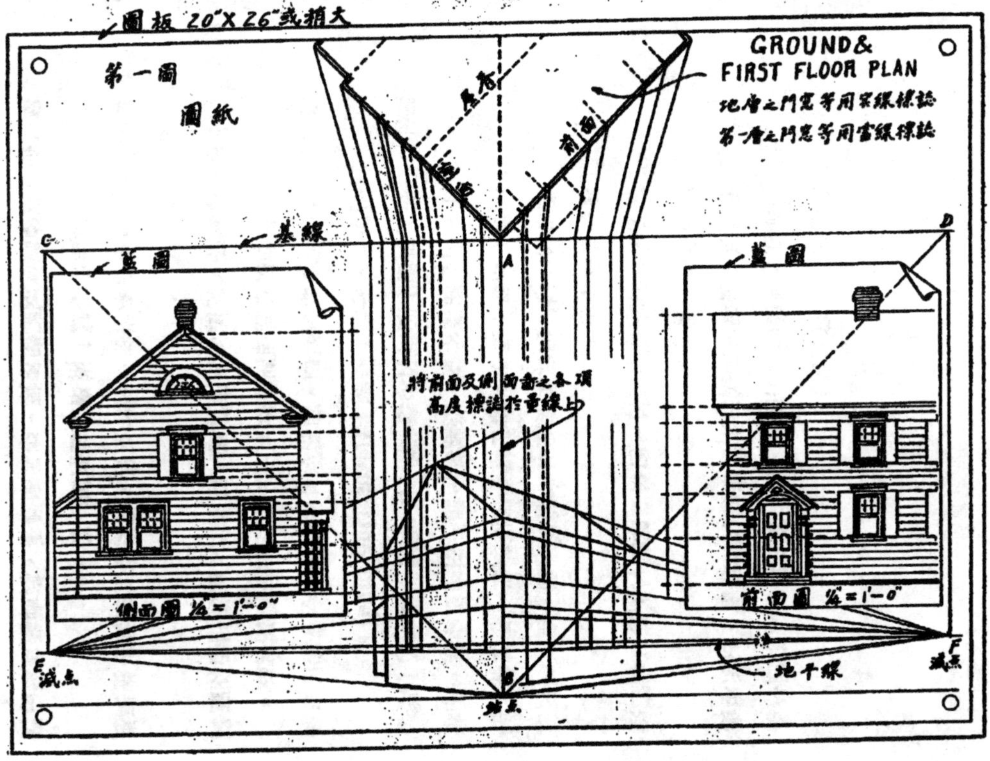

24029

第三步：由A點畫一水平線連圖紙左右端謂之「基線」(Base line)。

第四步：由A點線垂直線向下量五十呎(在¼"=1'-0"比例約合十二英吋半)得B點，謂之「景點」(Point of sight)或「站點」(Station point)，由B點再畫一水平線得「景線」，(Line of sight)。

第五步：在B點上一小距離(表示眼之水平)畫一水平線，名爲「地平線」(Horizon Line)。

第六步：由「站點」B分畫二45°直線，連「基線」得C及D點。

第二圖

第七步：由C及D點向下畫垂直線，交於「地平線」，得E及F兩點，名爲「滅點」(Vanishing point)，卽根據此兩點求透視畫。

第八步：由各房角及門窗各部，分別畫直線，使皆趨集於B點，再將各線與「基線」相交處標淸。

第九步：由上條求得基線上之各交點，向下分別引若干垂直線。

第十步：將房屋之側面及正面豎圖，浮置於AB線左右空間處，並量取由地面至屋脊及上下門窗台度等處高度。

第十一步：將上條量得之高度，標注於AB線上，此線卽示最近之牆角，名爲「量線」(Measuring Line)。

第十二步：由「量線」所註之各點，分別引直線至關係之「滅點」，凡側面圖各線，悉連於E點，正面圖各線，連於F點(見第一圖)。再由基線向下投射，由前第八步所得之各點，其與量線引出各線之交點，卽所求透視圖之相當各點。

接連上法求得之各線點，卽求出房屋之外形，並門窗等之確定位置。

做照此法繪製，可求出任何房屋之骨幹圖。至於各部之詳樣，卽憑目力之觀察，當可繪出築成後房屋之透視圖矣。(見第二圖)

營造學

（十五）

杜彥耿

第三章

第一節　石作工程（續）

須彌座　即勒脚，亦曰堂，階基或台基，爲中國建築立面三主要部份之一，見三九八圖。

踏道　印係石階，每步高半呎，潤一呎，兩邊垂帶石。「營造法式」稱副子，又兩邊三角封頭曰象眼，見三九九圖。

鉤闌　即闌干，有實臺鉤闌與單鉤闌之分。依據「營造法式」，其名有八：曰欄檻，蘗，桱，牢，闌楯，柃，階檻及鉤闌。見四〇〇及四〇一圖。

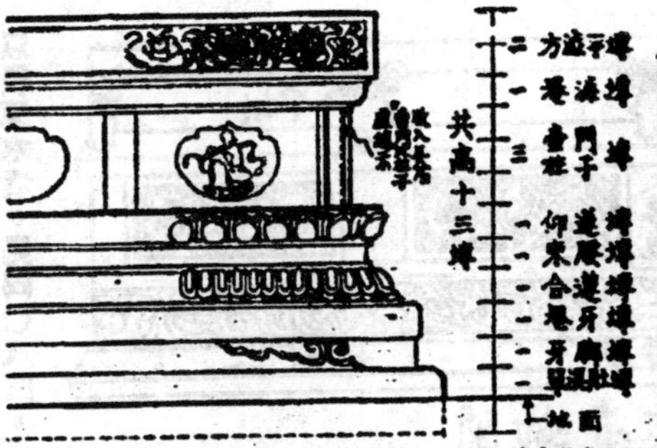

宋式須彌座

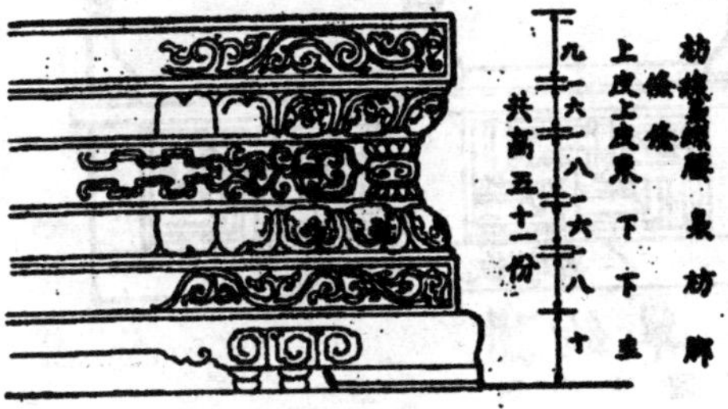

清式須彌座

三九八圖

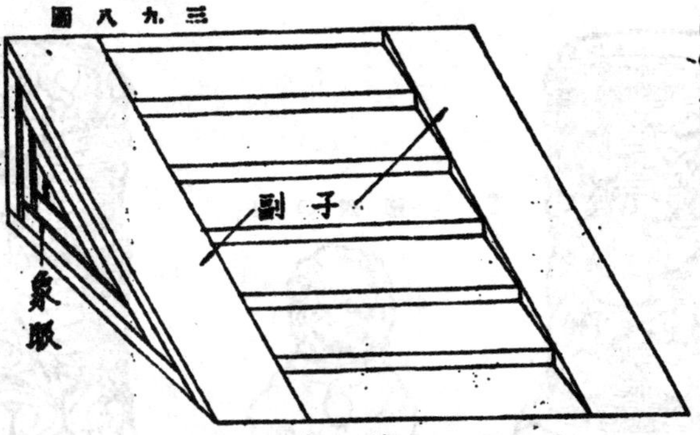

踏道

三九九圖

望柱　豎立於欄板中間之欄干柱，曰望柱。柱之形體，大抵爲正方；兩面出面部份做壓地，或即落堂，飛綠脚及雕刻花飾；柱頂並加頭子，其花樣殊爲繁夥，有雕龍鳳柱頭，雕鳳凰柱頭，雕獅柱頭，雲紋柱頭等等，見四〇二至四〇七圖。

角柱石　即督頭石，砌於階之轉角處，其用意及做法與督頭石同。見四〇八圖

腰線石　即勒脚拖泥石，乃蓋於勒脚之面之石條。其厚度普通依二塊磚之厚，並加灰縫。石之出面部份，其上口有鑿線脚或斜板

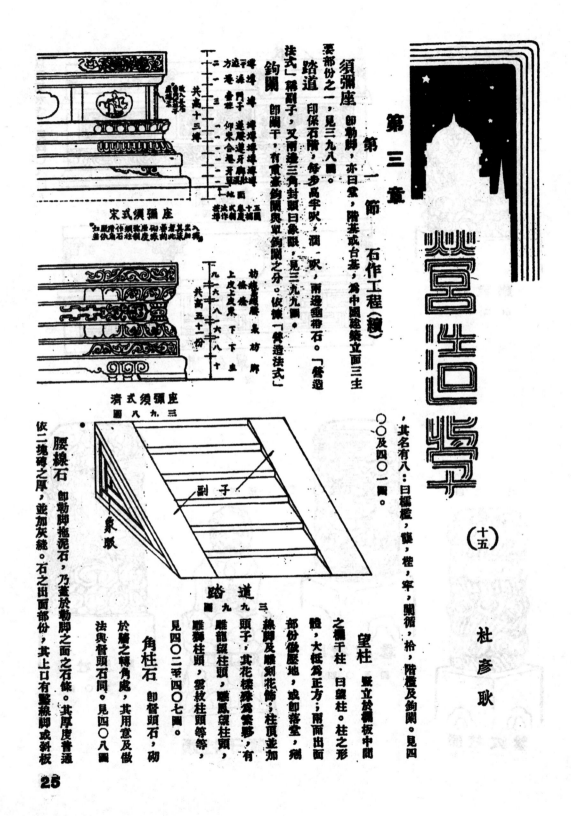

，以資滴水者。見四〇八圖。

雕龍柱頭

圖二〇四

重臺鉤闌

圖〇〇四

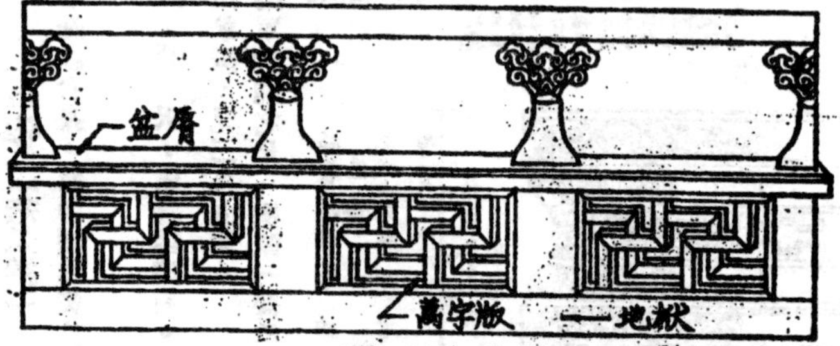

單鉤闌

圖一〇四

圖六〇四

雲紋柱頭

雲紋柱頭

圖五〇四

圖四〇四

獅子柱頭

雕鳳柱頭

圖三〇四

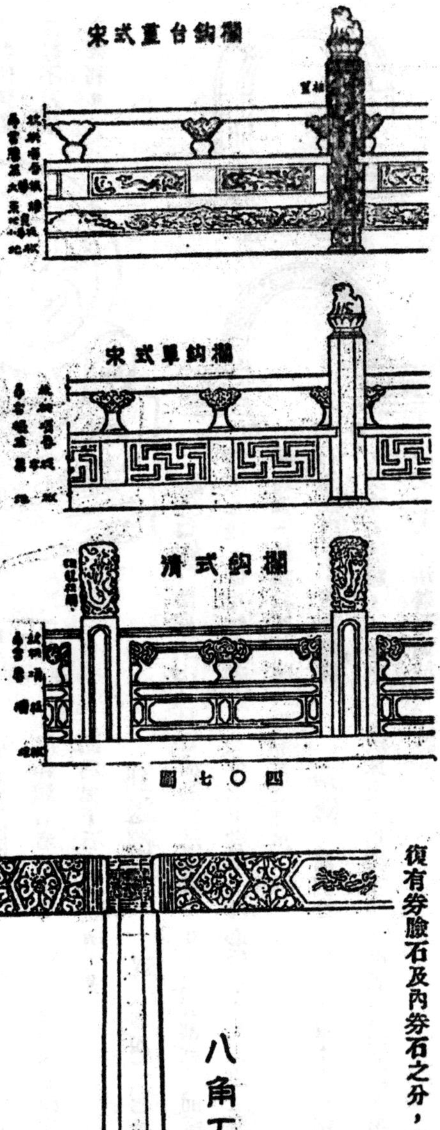

四〇七圖

挑檐石 石置於山牆之兩端，簷際錠牌之底，俾錠牌之挑砌坐於挑檐石上。如四〇八圖。

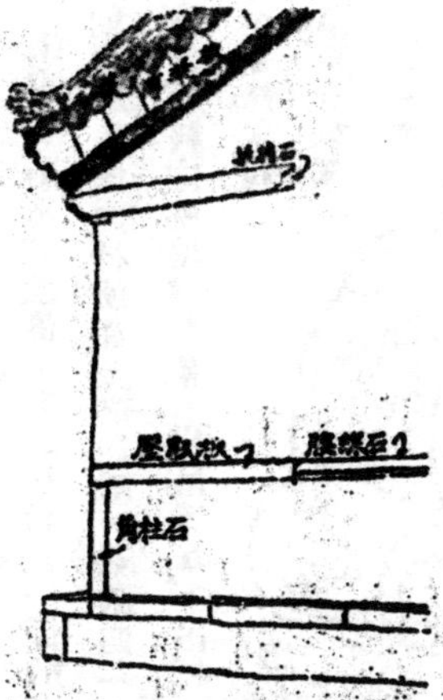

四〇八圖

石柱立於台基之上，屋簷之底之柱子，其形體有四方，八角以及雕刻蟠龍柱者。柱之高度約等於柱子根際對徑之七•五，而柱之上端則較下端為小，如四〇九及四一〇圖。

門枕石 大門轉軸下承托轉軸之石臼；兼作分隔大門兩旁之飾物者。如四一一圖。

抱鼓石 置於大門兩旁，及踏步兩旁垂帶石上者，如四一二圖。

圈石 與前述之拱砌法相同；惟名稱稍有異同者，如圈石為券石；券石復有券臉石及內券石之分，以及券之兩旁與券石相銜之

四〇九圖

四一〇圖

24033

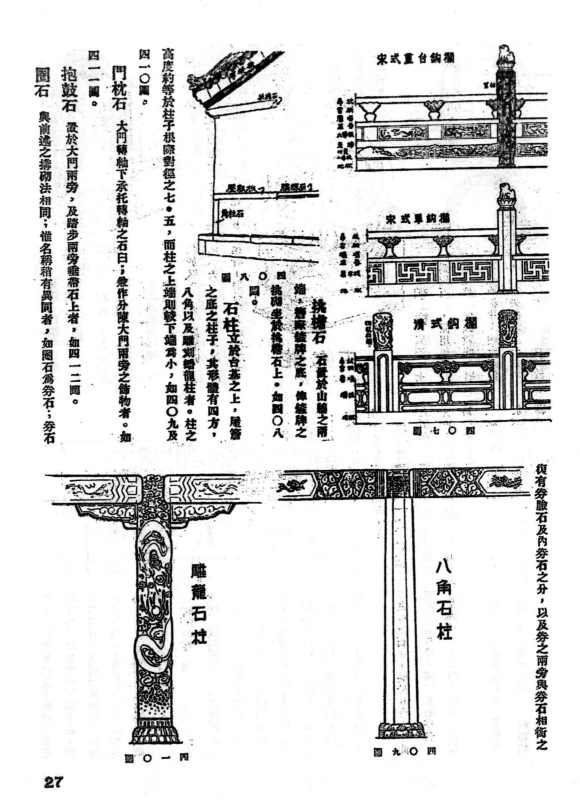

石牆，曰撞券石等，見四三至四一五圖。

石作工人用器

石工用具，大別之有手工與機器兩種，特製圖如下：

石枕門

圖四一一

吊機 石廠之設置，有二法焉。一係於廠之中央，置吊機，工房則繞於吊機之杆所能及之距離，如圖四一六之abcde爲工房，堆放石料之空地爲fg，以吊機h，吊杆i將石自場地吊送至工房中鋸床，復可吊裝舟車運出。另一式則利用輕便鐵道，然終不及吊機之便利。

抱鼓石

圖四一二

圖四一三

圖四一四

鋸石機 圖四一七爲鋸石機，係用無齒之鋼鋸條一條或數條，將石鋸成板片；機合鋸條，其來去抽鋸，一如木匠之鋸木。法將石擱於車上，而車在軌道上輸送。當鋸石之時，水自管中不停下注，同時頻將黃沙置於石之鋸縫，使水冲入鋸縫；迨將整塊之石鋸成片塊，則復由輸送車或吊機送至磨磐及割邊擦亮等手續之處。

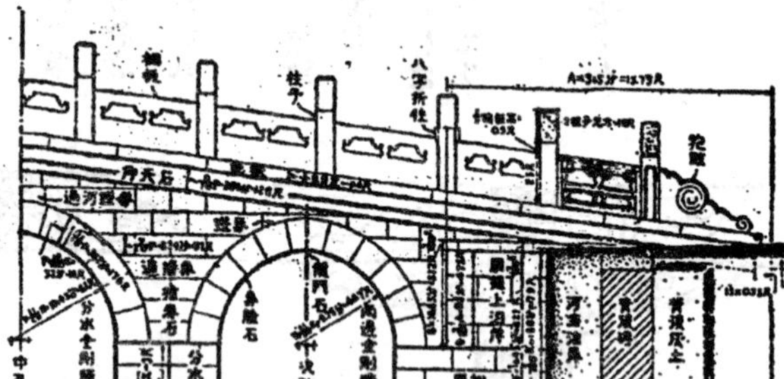

圖四一五

割邊機 圖四一九所示之割邊機，係用鋼製之銅盆鋸片a，邊沿裝以黑色鑽石，以代普通鋸齒，剖割石板b，石板則置於c車上，擱於d鋼架之上，可資往來滑動。圖中e係螺旋，俾將車緊絞於f鋼軌，不致走動。鋸片除鑲鑽石者外，有用較玉石爲硬之矽化炭者，其效用一如金鋼石；而爲現下石廠普通所用者。

割邊機之又一式（圖四二〇）此機之石a，裝於b台上；此台活動推送至鋸片c，以資割剖，而鋸片亦可藉d鋼架左右移動，又可上下啓落，隨心所欲。鋸片之上裝水管，用以噴射清水，俾減鋸片之熱度。

鉋機 圖四二一爲一鉋機：係一鐵床a置於基礎b上。石料放於床上，用楔塞住，庶石不致活動，遂用各種適合之鉋刀，琢製線脚。

24034

四一六圖

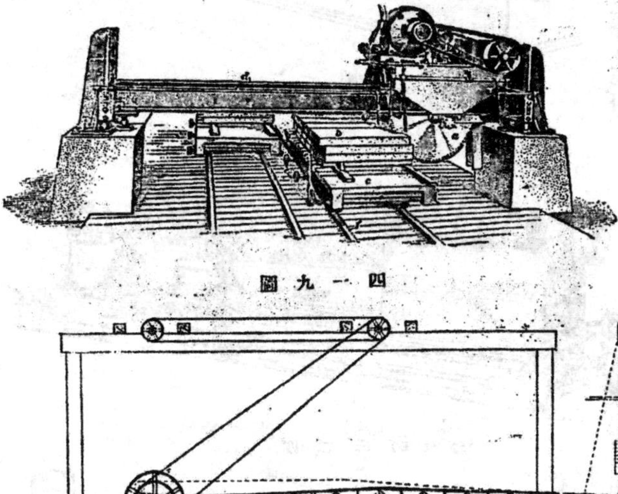

四一九圖

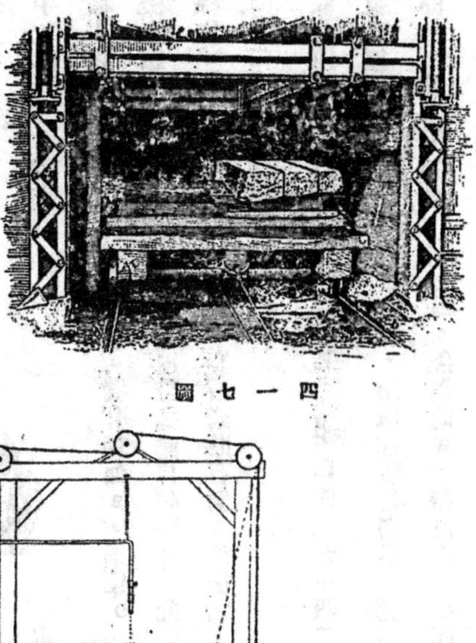

四一七圖

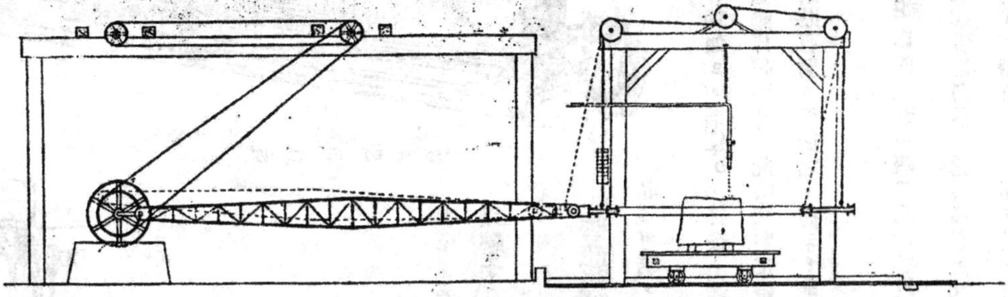

鋸石機側面圖

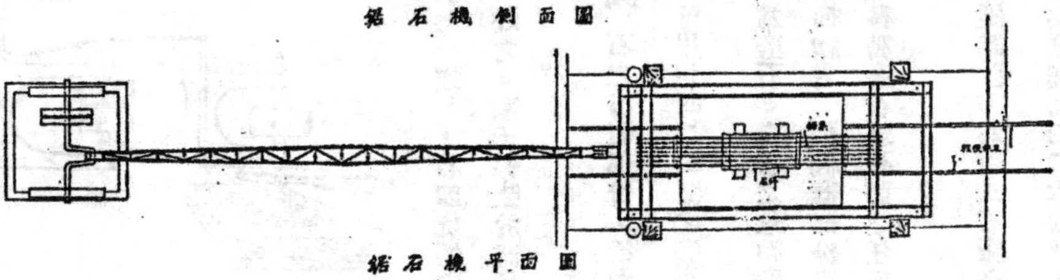

鋸石機平面圖

四一八圖

圖四二○

圖四二二

圖四二二示鉋車正在工作。石料a面上業已琢平。側面b亦經鑿子c斫平，石料d以鑿子e鑿其側面，又一同樣之鑿子鑿其面部。石藉f榫以榫住。

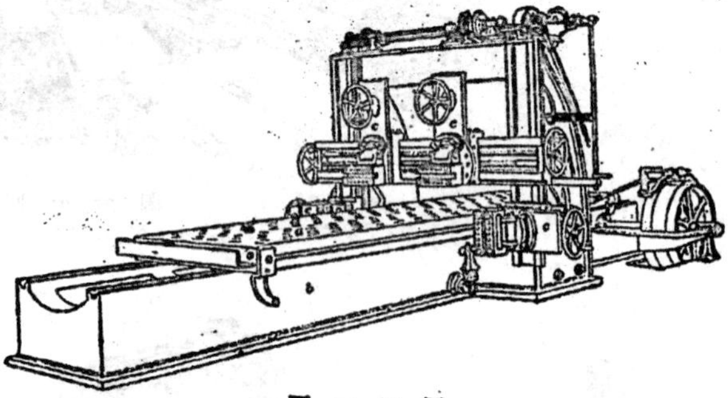

圖四二一

車柱機 圖四二三係用作車製圓柱，欄干或其他類似之石工之機。此機可製直徑四十四吋，長二十四呎之圓柱。法將石扣於一端a，及另一端b，石即旋轉滾動，以鑿子c鑿之。鑿子係裝於器柱d者。

圖四二三

磨礱機 石之出面部份，欲求其晶瑩可鑑，可用如四二四圖之磨礱機磨擦之。機有軸如a，搖梗b，搖梗下端爲磨石c；石之急轉磨擦，係藉皮帶拖動皮帶盤d。此圖未將皮帶描繪者，俾機器部份清晰易覽。磨石緊貼石面e磨礱之，搖手f可移動磨石至石面之任何部份。

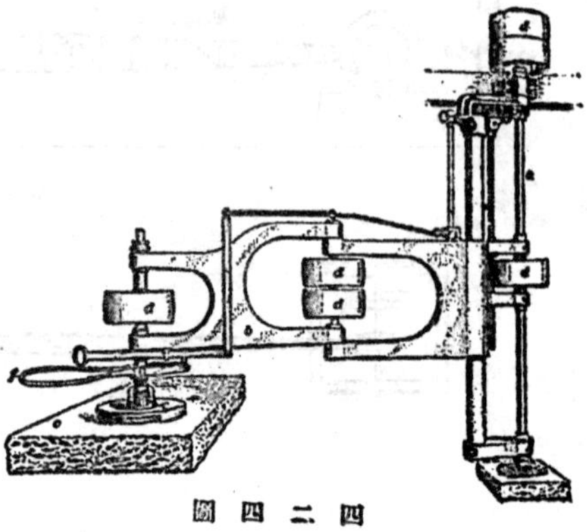

圖四二四

汽壓錐鑿 圖四二五至四二八之各汽壓錐鑿，爲新式石廠必備之設置，用以砟斫花崗石及雲石等者。汽壓錐鑿如四二六圖及四二七圖，含汽筒a，藉汽之迫壓而拽動，汽之輸送係經堅强之管b。

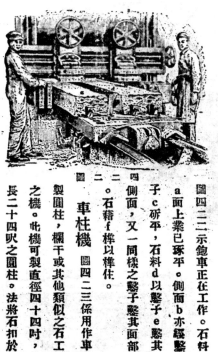

四二八圖

四二六圖

四二四圖

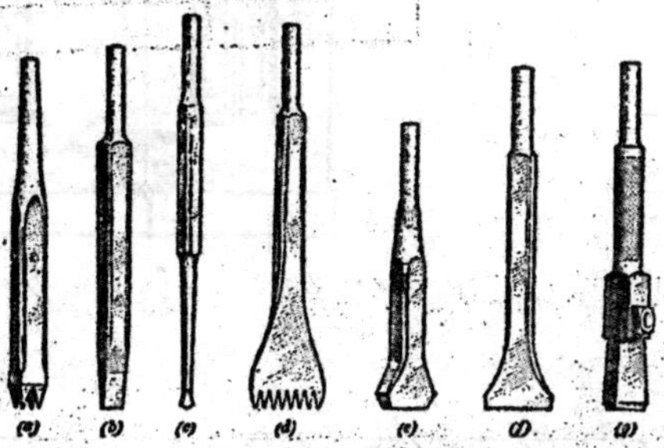

四二五圖

錐之式類頗多，見四二五圖，可選任何需要之一種，裝於管末汽管之上，斫砟極速，遠勝手工多多。

上述種種，均係製石之機器；至手工製石之工具，特再繪製如四二九圖。

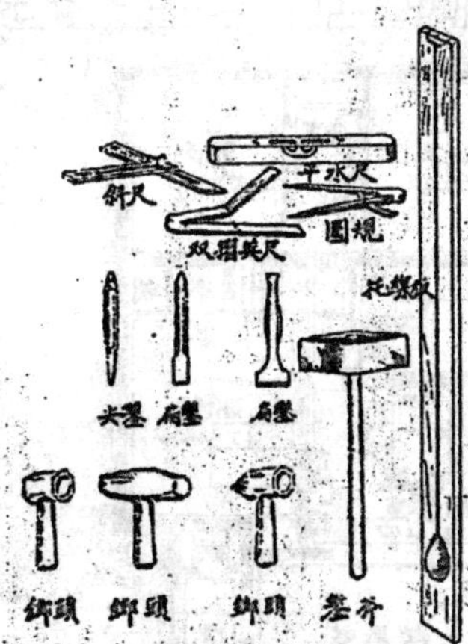

四二九圖

(待續)

24037

正立面圖

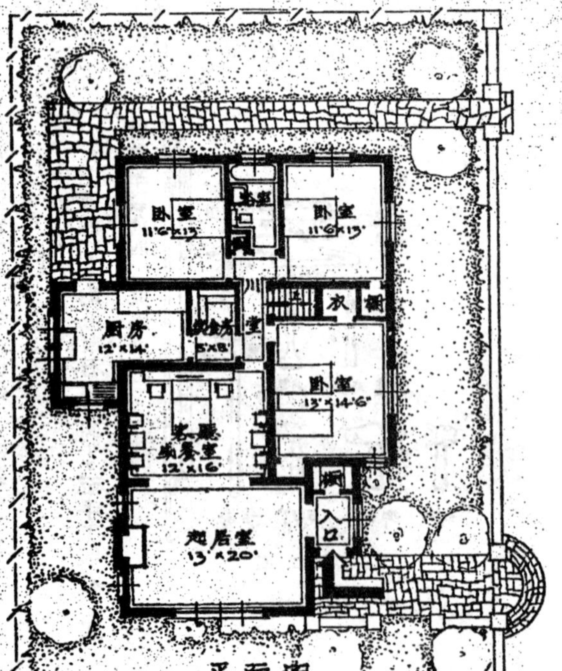

平面圖

這所房屋依據本刊四卷四期所刊小住宅的地盤，另作立面圖，作者原希冀依這地盤有更進步的立面圖，以供讀者參考。可是經了多時的參酌，非特沒有比前較佳的發現，反倒不及。不得已，乃還比較不十分壞的一幅刊佈，聊以塞責。下期當另起爐灶，計劃一種新的地盤和立面圖。

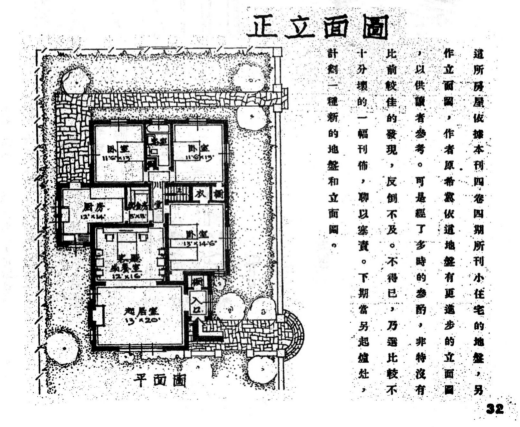

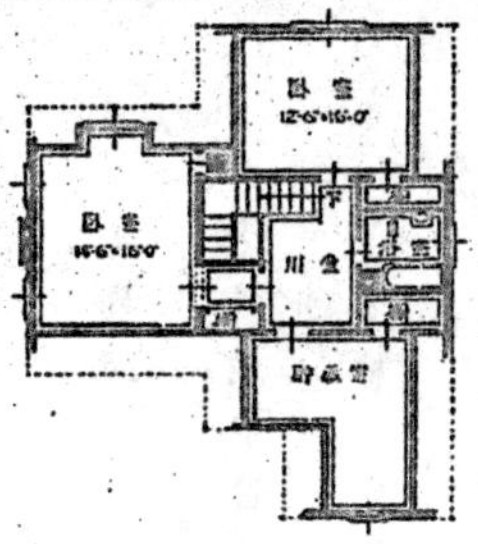

上層平面圖

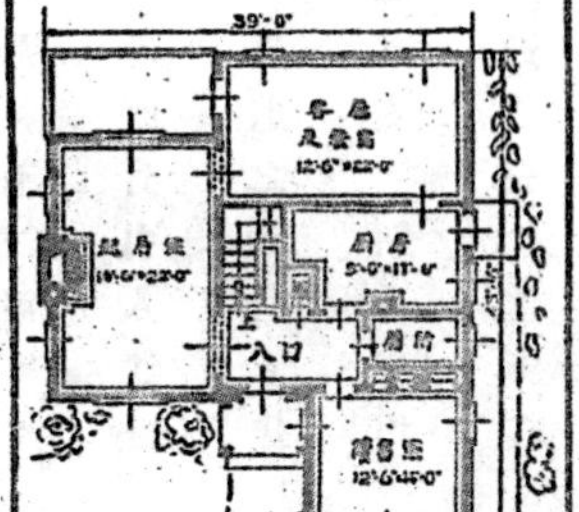

下層平面圖

幽 美 的 小 住 宅

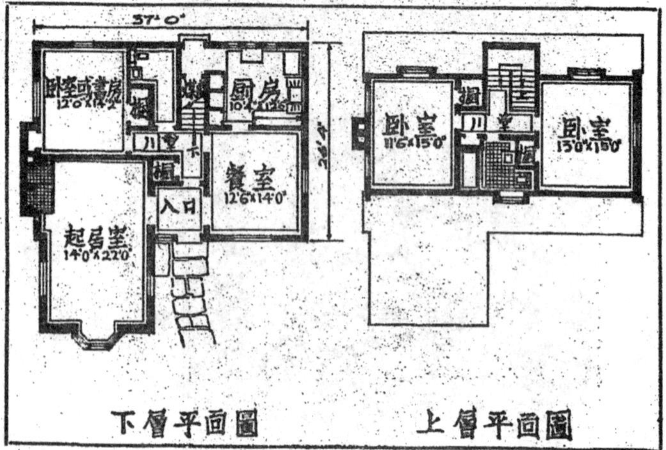

此小型之磚砌房屋，有三臥室，建築頗爲經濟。外面有引人注目之八角肚窗，入口處之大門，作V字形，使牆之配置，頗爲平均。下層有頗大之起居室，空氣與光線，兩俱充足。

傢具与裝飾

轉動自如有助研
讀之鋁合金製檯燈

〔上右〕黑雲石之桌面，支以銅架，其堅固一如長櫈。桌上之燈，用銅製或克羅米製。〔上左〕椅傍小櫥，係爲一收音器。各種校音機件，隱於面上，播音器藏於織物浜子之後。〔下右〕圖中之櫥，係楓木與巴西紅木所製，置於臥室之中，倍覺妍麗。〔下左〕此檯燈底盤係克羅米製，柱身係硬橡皮，上有蓋三層，則爲玻璃與金屬所製。

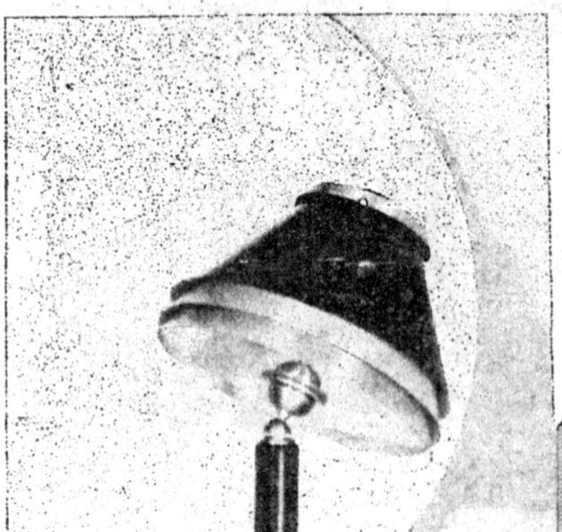

張效良先生追悼會特輯

主席團攝影

趙晉卿　徐怡銘　李大超　王曉籟　秦硯畦　張繼光　黃炎培　杜月笙　陳松齡

來賓演說時攝影

張效良先生追悼會特輯

行追悼禮時攝影

張效良先生追悼會紀詳

本會及營造廠業同業公會，木材業同業公會，浦東同鄉會等四團體聯合發起，上海市地方協會，律師公會，中華職業學校等共同參加之張效良先生追悼會，已於八月二十九日下午二時，在馬浪路二五三號通惠小學舉行，到張繼光、江裕生、郭樂、賈佛如、秦硯畦、杜月笙、屈映光、黃炎培、顧馨一、王曉籟、瞿紹伊、黃延芳、沈鈞儒、李大超、呂岳泉、黃涵之、顧福慶、黃警頑、沈聯芳、袁履登、陸伯鴻、蔡勁軍、蔡穎傑、及市教育局，市公用局，各慈善機關代表等千餘人。茲將會場情形及張先生經歷分誌如后；張先生為建築及木業兩界鉅子，關於先生之生前及死後，想亦讀者所樂覩歟。

禮堂一瞥

通惠小學門前，搭有松柏彩樓一座，並高懸橫額一方，上書「張效良先生追悼大會」。一入校門，即見另一高大之素色松柏彩樓，與該校兩中操場銜接，場址頗為宏敞，禮堂正中懸有張氏遺像，各界致送之輓聯，誄辭，花圈及幛軸等，懸置場之四週，形成一片白色。由上海貧兒院及上海孤兒院樂隊司奏哀樂，蓋該兩院深受張氏惠澤，而同表哀敬者也。

主席團及大會秩序

主席團為四團體主席委員及會長張繼光，陳松齡，徐怡銘，杜月笙，及李大超，王曉籟，黃炎培，趙晉卿，秦硯畦等九人，（見銅圖）三時正，舉行追悼，儀式如下：㈠主席團就位㈡全體肅立㈢奏樂㈣向黨國旗及總理遺像行最敬禮㈤奏哀樂㈥獻花㈦通惠小學全體學生唱追悼歌㈧行追悼禮㈨默哀㈩讀祭文⑪主席報告⑫演說⑬家屬答詞⑭奏哀樂⑮禮成。

張氏事略

首由主席張繼光致開會辭，繼由本會杜彥耿報告張氏生平事畧：略謂公為江蘇南匯人，於民元前三年，被推為水木公所董事，至民元前一年後，被推為董事長。迨民十九年秋，水木公所奉令改組為上海市營造廠業同業公會，仍推為主席委員，任期垂三十年，在此期內，經過六次水木工業要求增加工資風潮，公與張繼光先生暨各董事同業，奔波接洽，誠所謂任勞任怨，當仁不讓。其間有一次風潮最烈，當各董事在城內魯班殿開會，議加工人工資，數萬工人在殿外候訊時，警察局恐生事端，故亦派警八名，駐殿保護，由工人推派代表與各董事接洽時，因某一董事發言不愼，致觸衆工人

張效良先生追悼會特輯

怒，一聲叫喊，蜂擁攻入殿來，申言欲將該董事置死，八名警士，彈壓不住，遂欲開鎗，公卽趨前立於工人與警士之間，藉爲緩衝，阻止警士開鎗，而工人之攻勢越來越急，警士無法，只得向後退去，董事亦各避匿。迨魯班殿門攻破，工人入殿四處搜索反對增加工資之董事時，僅公一人與衆工人週旋。正在紛擾時，由龍華派來一營軍隊到場，始得平靜；時當局欲拘工人代表，亦經公極力解脫始免。民十七北伐軍抵滬，其時工潮洶湧，不待煩述，諒諸位均能明瞭當時之情境，建築工人，自不例外，亦起而罷工嚮應組工會，亦經公與繼光先生敉平，此後工人代表等輒呼張公與繼光先生爲老菩薩，一方固由於工人之諒解，然公之能出以至誠，感人以德，由此可見一斑。故自民國十七年以來，他業風潮迭起，獨建築業相安無事。其他手創之事業，如施診所，醫院醫貧病工人，建營造山莊，設義務學院等，造福同業，不勝枚舉。卽此處通惠小學，亦爲先生聯合同業江裕生，顧蘭洲諸先生手創。

當江浙戰起，內地難民紛逃滬埠，食宿無所，先生憫之，特發起收容所。時不三日，臨時之收容所棚舍，收容難民達二萬餘人。又如上海五卅慘案發生，全市罷市，建築工人亦欲響應參加。先生不憚辭費，剴切勸導工人萬勿罷工，蓋此舉適自食其害，初無損於彼帝國主義之凶燄也。況數十萬建築工人，一旦罷工，衣食失賴，不將滋亂乎？故遂竭誠勸止之。一方並派員資助學生總會，藉爲附和愛國運動之表示。並鑑於吾國缺乏對外言論宣傳，初擬特編英文報，刊行於世，後以茲事體大，非一朝一夕所能舉辦。故遂利用英文報紙之投函欄，鼓吹正義。民國二十年秋，全國水災慘重，特籌巨款賑災。該年又逢九一八事變，繼之以一二八滬戰之禍，於是担任造橋也，資助餉糈也，踴躍輸將，惟恐落後。本年春舉行吾國空前之中國建築展覽會於市中心區博物館，先生被推爲副會長。迨展覽會期滿，鄙人曾趨謁先生，猶與談結束展覽會事。不圖數日之後，突聞噩耗，不亦痛哉！總論先生一生樂善好施，和平處事，至誠待人。然先生之美德，不能邀同業之諒解，至今同業間之相互傾軋，圖謀私利，不顧公益者，比比皆是，先生殆覽時傷懷，折其壽年乎？倘望同仁體念先生之德，繼承先生之志，務使建築事業日益發揚光大，建築業者道義相礎，精進相期，則不難掃除一般已往對於本業奚落之觀念，共認爲領袖左右之實業也。惟欲繼先生之志，首重鑄植後進人材，故籌設工業職業學校，以爲作育人才永資紀念之舉，實爲當務之急，望仰慕先生之事業人格者，有以成立之。

報告畢，繼由黃炎培王曉籟兩先生演說，演辭如下：

黃炎培先生演辭

今日張效良先生追悼大會，各公團及個人爭先參加，情

張效良先生追悼會特輯

況熱烈；蓋張先生畢生事業人格，兩俱偉大，無人不受感動，宜其死後無人不惜也。有張先生同鄉浦東某老者，體素至健，突聞溘逝之訊，神經遽失常態，至今未愈，此種出自內心之至誠震悼，不能自持，殊爲難得，同時亦足見張先生生前感人之深也。

張先生畢生事業，已詳報告，及追悼大會特刊，但言辭及篇幅均屬有限，遺漏殊多也。余（黃先生自稱下做此）與張先生忝交二十餘載，每遇舉辦某種事業，無不與張先生有關，而受其精神上之督促與鼓勵，及物質上之援助，至誠待人，有不能不述及私交之一斑者，凡爲張先生之友者，若能將其畢生言行及所辦公益事業，詳爲彙錄；不難編成巨帙，奉爲處世立身接物待人之圭臬，則足補今日所報告及專載之遺漏也。

——張先生畢生努力從公，爲社會服務，死後受人盛大之紀念，蓋在昭示爲人須盡其人生的意義；切莫苟且虛度也。張先生生前明知此點，故嘗謂余曰，人生名利俱空，並無深義；惟盡其一分力量，爲公服務，使羣衆受其惠澤，目的即達。其人生觀即在此；亦余所敢代表說明者。試觀張先生耗其一生精力，爲公服務，其所舉辦之事；吾人若能乘此追悼會之機會，以張先生之精神是式；及時努力，則將來貢獻於國家社會，正亦未可輕覷也。

張先生之根本觀念非常清楚，分析所得，誠可謂爲偉人。余自國難問題日趨嚴重，深知國人心理之不當，亟思有以糾正，其道有七：(一)公正，(二)熱心，(三)切實，(四)和平，(五)精幹，(六)眼光遠大，(七)勇敢。而張先生則具上七點美德，並無缺憾，足稱完人焉！

最近愛多亞路浦東同鄉會新廈之成，張先生贊助之力不少。並主張在會所內建一「魯班廳」，蓋所以紀念水木業工人聚血汗而成者也。廳之建築費預計五萬元，張先生首捐五千元以爲倡。——初擬名之曰「毅廳」（先生諱毅），先生力加謙辭，始更今名。——今張先生未能親覩廳之落成而先逝，倍增無限感喟；吾人早日力促其成，亦紀念張先生之一道也。

張先生長公子畢業大同大學，學識兼富，今出而繼續主持先業，定能克紹箕裘。吾儕爲紀念張先生計，於公私方面更應時予匡助，使其事業日趨發展，則又爲責無傍貸者也。

王曉籟先生演辭

張先生生平對於公益事業，熱心異常；人格之偉大，可以誠摯樸實四字贈之。俗謂「活要健康，死須迅速」；張先生在未死前一天，余尚遇之於新雅（新亞？），握手言歡，爲狀至樂，不圖翌日遽爾溘逝，故吾人有不得不謹慎提防者，此非怕死，特怕未死前無所建樹耳！張先生軀體雖死，事業已成；吾人在未死之前，均應及時努力也。人生之異於禽獸者，惟有交友。交友之道，在生前必須以精誠純篤出之，死後再圖良晤，恐無及矣。張先生在生前立業交友，兩俱成功，足稱完人！余與張先生雖非同執一業，但聚首之機會甚多。彼不慕名利，不居首功。觀乎願行鎮建築無名英雄墓，墊欵多至數萬元，而每遇籌欵開會，則默據案席，怡然自若。友儕有仗義發言者，彼仍以謙遜之態度出之，即此一端，可概其餘也！

演說後，即由效良先生之姊丈朱吟江先生致謝詞，張壽庚張壽崧兩公子謹致答禮，禮成散會。

輓聯一斑

嵇忠許肇交，義俠永垂貨殖傳；鏐樊同僊去，英靈歸向大羅天。（吳鐵城）

貨殖傳中奇人，亦社會圭臬；建築界內鉅子，更儕輩師資（上海市建築協會）

殘編熟讀考工記，遺恨長留馬瀾橋。（上海市地方協會）

椿影風悲，音容宛在；鶴聲雲散，德音常存。（上海市營造廠業同業公會）

好義急公，為時之聖；盡心所事，吾慕其人。（李大超）

壯鄉里觀瞻，捐金錢，捐精神，如何大廈未成，僊遊已賦！為工商領袖，有智識，有膽略，太息哲人早萎，天道寧論！（浦東同鄉會）

24048

贈閱「聯樑算式」揭曉啓事(二)

本台贈閱"聯樑算式„懸徵錄取者八名，其台銜已披露上期本刊。玆續錄取二名，連前共計十名，俾符規定人數。並將續取者台銜及陸續收到之意見書，分別刊錄如下：

附續取者台銜一覽

姓　名	籍　貫	略　　歷	備　註
朱壽桐	浙江嘉善	國立交通大學土木工程學士 津浦鐵路工務處工務員	
鍾　森	河　北	國立同濟大學土木工程學士 北平同成工程司總工程師	

批評"聯樑算式"意見書彙輯

（三）原文見上期本刊

原著者附註

王君提出之商榷點，彌足珍貴，惜本書因體材不合，未能盡量收入，殊屬遺憾。除末段外，其他各點，或無關大旨，或已經更正，恕不詳註。至於末段之意義，殊欠明瞭，請商榷之：

查定支點之硬度無限大，施無論如何大之力率，支點決不轉動(Rotation) 及移滑 (Sliding)，誠然，惟其兩者俱全，方能產生力率，若有轉動而無移滑之旋支 (Hinged Support)；或有轉亦有移滑之動支，其支點力率均爲零，此義稍諳力學者，即可明瞭，毋庸引證。故疑"然則樑身內何能因此發生力率"之句，或非王君之原文。至本書第87，88兩頁各力率算式，請即以第87頁第一圖之$M_L = -M$及$M_R = O$ 爲例，著者讀書不多，"Cont. Framed of Reinforced Concrete"一書，尚未過目，故柱力比喻法之原理，不甚了然，現如用三力率定理(Theorem of three moments)證之如下：——

双動支單樑力率圖

$$M_O l_O + 2M_L(l_O + l) + M_R l + 6\frac{A_2\bar{x}_2}{l} = O \cdots\cdots\cdots\cdots (1)$$

$$M_L l + 2M_R(l + l_O') + M_O' l_O' + 6\frac{A_2\bar{x}_1}{l} + 6\frac{A_3\bar{x}_3}{l_O'} = O \cdots (2)$$

因$l_O, l_O', \bar{x}_O, \bar{x}_3$均爲零，故(1).(2)兩式，可化成如下

$$O+2M_L l+M_R l+O+6\frac{A_2\bar{x}_2}{l}=O \quad \cdots\cdots(3)$$

$$M_L l+2M_R l+O+6\frac{A_2\bar{x}_1}{l}+O=O \quad \cdots\cdots(4)$$

又因　$A_2=\frac{1}{2}Ml$; $\bar{x}_1=\frac{1}{3}l$; $\bar{x}_2=\frac{2}{3}l$

故以上列各值，代入(3)(4)兩式，可得

$$2M_L+M_R=-2M$$

$$M_L+2M_R=-M$$

由上兩式，可得$M_L=-M$,及$M_R=O$

本書對於算式問題，在著者之意，最關重要。王君爲提及該項問題之第一位，著者極歡迎此類問題之討論，特證明如上，藉作拋磚引玉之計。至如此證明，有無不合之處，尚請王君及諸先進不吝賜教是禱！

(四)　鍾　　森

胡工程師所著之"聯樑算式"一書，係用克勞氏力率分配法，推演各種聯樑，製成圖表，使讀者得到簡捷精確的計算方式。全書組織簡明，分類清楚，可稱佳著。

以上是我對於"聯樑算式"的總評；至於內容細項，係照原理歸納變數推演而成，不便再作普泛的批評。玆姑以運用本書所得到實用上的意見一種，寫在下面，以塞應徵之責而已。

聯樑支點負力率，自然比較支點間之正力率之值爲大。計算既求經濟與詳確，則應依照力率的需要，使樑身在支點處，高於在支點間；故聯樑宜有直線式或拋物線式之樑角設備，即德文所謂之voute是也。聯樑既有樑角，其每節樑身的安量，自不一致，且影響到力率的分配。所以我覺得本書，宜於擴充此篇，以便在實用時，得到充分的詳確。

關於聯樑與聯架有樑角設備的安量關係計算，德國Strassner所著之Neuere Methoden等書，論之頗詳；其所用之力率分配與克勞氏之力率分配法雖異，而出於一轍，故對於本書的擴充工作，不妨取來一作參攷。管見所及，不知當否，願向高明一商榷之。

原著者附註

鍾君提出之樑角(Haunch)問題，確屬聯樑問題之一。但鄙意此種問題，應在聯樑之理論上討論之；且影響於聯樑之力率者，猶不止樑角一種，他如聯樑之安量關係，甲斷面與乙斷面之鋼筋不同，則每節樑身之安量亦異，其力率亦遂受影響。又如各支點之寬度問題，按通常設計時所求之支點力率，其支點寬度均作刀口(Knife edge)論，但實際上支點寬度，不但與支點力率發生關係，即支點間之力率，亦不能毫無影響，例如支點 L 之力率，用刀口支點求出之負力率，如左

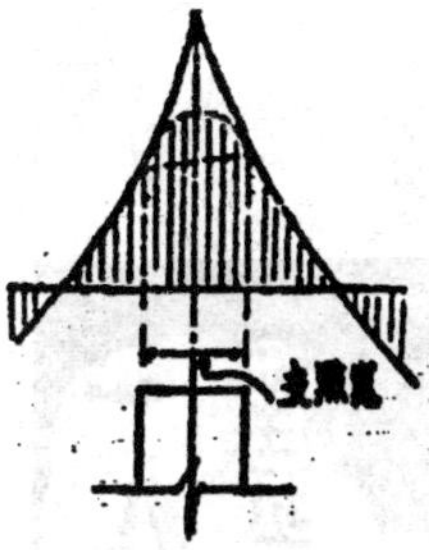

圖之實線所示；而實際上之支點力率，應成點線所示之形式。凡此種種問題，在普通計算上，均嫌手續太繁，略而勿計。若跨度巨大之橋樑工程上，則實有詳細計算之必要。深望鍾君或國內工程專家當編著研樑理論時，將以上各點，詳細列入，俾便學者作高深之研究何如？

從建築的基礎問題

談到建業防水粉

先總理的民生主義內，曾經告訴我們：人生四大問題，居住佔重要的一個。現在且把古代底穴居野處到近代底巨型建築，根據歷史上的考察，覺得因時代的需要，不知改變了幾多方式，來滿足各個願望。但是，我想大部份的心理，都注重在形式上的奇異，和外表的美觀，忽略了建築本身的基礎問題。如果我們要補救這種錯誤，讓我來介紹一種建業防水粉，建業防水粉的效用，專以和入水泥三合土內，即可防止一切滲漏發霉鬆動等弊病，致於牢固耐久，尤其餘事。無疑地，現代建築界公認為任何建築工程上的一種必需品。像上海浦東同鄉會，曹家花園，全國經濟委員會滬閩涇路工程局等大小百數十處工程，都採用此粉，足證此粉之成功。此粉備有樣品，歡迎試用，如有所需可問上海愛多亞路中滙銀行大樓二三二號中國建業公司。

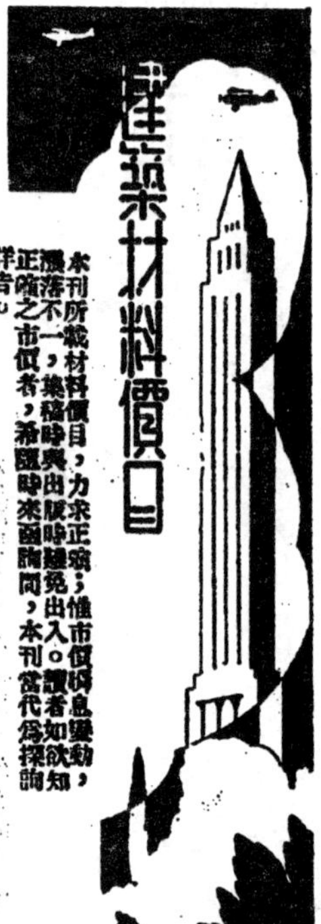

本刊所載材料價目，力求正確；惟市價瞬息變動，漲落不一，集稿時與出版時難免出入。讀者如欲知正確之市價者，希隨時來函詢問，本刊當代為探詢詳告。

磚瓦

（一）空心磚

十二寸方十寸六孔	每千洋二百十元
十二寸方九寸六孔	每千洋一百九十元
十二寸方八寸六孔	每千洋一百六十元
十二寸方六寸六孔	每千洋一百二十五元
十二寸方四寸四孔	每千洋八十元
十二寸方三寸三孔	每千洋六十五元
九寸二分方六寸六孔	每千洋六十五元
九寸二分方四寸半三孔	每千洋五十元
九寸二分方三寸三孔	每千洋四十元
四寸半方九寸二分四孔	每千洋三十二元
九寸二分四寸半三寸二孔	每千洋二十元
九寸三分·四寸半·三寸半·二孔	每千洋十九元
九寸三分·四寸半·二寸·二孔	每千洋十八元

（二）八角式樓板空心磚

十二寸方八寸八角四孔	每千洋一百八十元
十二寸方六寸八角三孔	每千洋一百三十五元
十二寸方四寸八角三孔	每千洋九十元

（三）深淺毛縫空心磚

十二寸方十寸六孔	每千洋三百三十五元
十二寸方八寸半六孔	每千洋二百八十九元
十二寸方八寸六孔	每千洋一百八十元
十二寸方六寸六孔	每千洋一百三十五元
十二寸方四寸四孔	每千洋九十元
十二寸方三寸三孔	每千洋七十二元
九寸三分方四寸半三孔	每千洋五十四元

（四）實心磚

九寸四寸三分二寸半	特等紅磚	每萬洋一百三十元
又	普通紅磚	每萬洋一百二十元
八寸半四寸一分二寸半	特等紅磚	每萬洋一百三十四元
又	普通紅磚	每萬洋一百十四元
十寸·五寸·二寸	特等紅磚	每萬洋一百二十元
又	普通紅磚	每萬洋一百十元
九寸四寸三分二寸	特等紅磚	每萬洋一百元
又	普通紅磚	每萬洋九十元
九寸四寸三分二寸三分	特等紅磚	每萬洋一百十元
又	普通紅磚	每萬洋一百元
九寸四寸三分二寸三分	拉縫紅磚	每萬洋一百六十元
十寸五寸二寸	特等青磚	每萬一百三十元
又	普通青磚	每萬洋一百二十元
九寸四寸三分二寸	特等青磚	每萬一百十元
又	普通青磚	每萬洋一百元
九寸四寸三分二寸三分	特等青磚	每萬一百二十元
又	普通青磚	每萬一百元

（以上統係外力）

（五）瓦

一號紅平瓦	每千洋五十五元
二號紅平瓦	每千洋五十元
三號紅平瓦	每千洋四十元
一號青平瓦	每千洋六十元
二號青平瓦	每千洋五十五元
三號青平瓦	每千洋四十五元
西班牙式紅瓦	每千洋四十五元
西班牙式青瓦	每千洋四十八元
英國式灣瓦	每千洋三十六元
古式元筒青瓦	每千洋六十元

（以上統係連力）

以上大中磚瓦公司出品

新三號青放	每萬洋五十三元
新三號老紅放	每萬洋六十三元

輕硬空心磚

		每塊重量
十二寸方十二寸四孔	每千洋二六八元	卅六磅
十二寸方十寸四孔	每千洋二三六元	廿六磅
十二寸方八寸二孔	每千洋一七七元	十九磅半
十二寸方六寸二孔	每千洋一三三元	十七磅
十二寸方四寸二孔	每千洋八十九元	十四磅

十二寸方三寸二孔	每千洋七十元 十半二磅
九寸三分方八寸三孔	每千洋九十三元 十二磅
九寸三分方六寸三孔	每千洋七十元 九磅半
九寸三分方四寸半三孔	每千洋五十四元 八磅三
九寸三分方三寸二孔	每千洋五十元 七磅三

硬磚

二寸三分四寸五分九寸半	每萬洋一〇五元 六磅
二寸三分四寸一分八寸半	每萬洋八十五元 四磅半

以上長城磚瓦公司出品

鋼條

四十尺四分普通花色	每噸一四〇元
四十尺五分普通花色	每噸一二六元
四十尺六分普通花色	每噸一三二元
四十尺七分普通花色	每噸一三六元
四十尺一寸普通花色	每噸一三六元
盤圓絲	每市擔六元六角

泥灰石子

象牌水泥	每桶洋六元三角
泰山水泥	每桶洋五元七角
馬牌水泥	每桶洋六元角元
拔灰	每擔洋一元二角
黃沙	每噸洋三元
石子	每噸洋三元半

木材

洋松 八尺至卅二尺再長照加	每千尺一百十元
一寸洋松	每千尺洋一百十二元
寸半洋松	每千尺洋一百十三元
洋松二寸光板	無市
四尺洋松條子	每萬根洋一百六十五元
一寸四寸洋松一號企口板	每千尺洋一百四十五元
一寸四寸洋松副頭號企口板	每千尺洋一百十元
一寸四寸洋松二號企口板	每千尺洋一百元
一寸六寸洋松一號企口板	每千尺洋一百廿元
一寸六寸洋松副頭號企口板	每千尺洋一百十五元
一寸六寸洋松二號企口板	每千尺洋一百元
一二五四寸洋松一號企口板	無市
一二五四寸洋松二號企口板	無市
一二五六寸洋松一號企口板	無市
一二五六寸洋松二號企口板	無市
柚木(頭號)僧帽牌	每千尺洋六百元
柚木(甲種)龍牌	每千尺洋三百五十元
柚木(乙種)龍牌	每千尺洋五百元
柚木(旗牌)	每千尺洋三百三十元
柚木(盾牌)	每千尺洋四百八十元
硬木	無市
硬木(火介方)	每千尺洋一百八十五元
柳安	每千尺洋一百九十元
紅板	每千尺洋一百六十元
抄板	每千尺洋一百八十元
十二尺六三寸八寸皖松	每千尺洋六十五元
十二尺二寸皖松	每千尺洋六十五元
一二五四寸柳安企口板	每千尺洋二百十元
一寸六寸柳安企口板	每千尺洋二百十元
一二五四寸企口紅板	無市
二寸一寸半建松片	市尺每千尺洋六十八元
九尺四分建松板	市尺每丈洋三元八角
九尺八分建松板	市尺每丈洋六元八角
六尺半五分青山板	市尺每丈洋三元五角

24053

本松毛板	市尺每塊洋三角
本松企口板	市尺每塊洋三角二分
六尺半二分杭松板	市尺每丈洋二元
七尺半二分圓松板	市尺每丈洋二元一角
六尺半八分皖松板	市尺每丈洋四元六角
九尺八分皖松板	市尺每丈洋五元六角
六尺半五分皖松板	市尺每丈洋四元二角
合松板	市尺每丈洋三元五角
七尺半四分坦戶板	市尺每丈洋二元六角
七尺半三分坦戶板	市尺每丈洋二元四角
六尺二分機鋸紅柳板	市尺每丈洋二元五角
六尺三分毛邊紅柳板	市尺每丈洋二元五角
六尺二分俄松板	市尺每丈洋二元六角
六尺半二分俄松板	市尺每丈洋二元八角
七尺半毛邊二分坦戶板	市尺每丈洋一元七角
六尺半五分機介杭松	市尺每丈洋四元二角
白松方	每千尺洋九十五元
紅松方	每千尺洋一百十五元
麻栗方	每千洋一百三十五元
啞克方	每千洋一百三十五元
俄麻栗板	每千尺洋一百四十元

五 金

(一) 釘

美方釘	每桶洋二十元〇九分
平頭釘	每桶洋二十元八角
中國貨元釘	每桶洋六元五角

(二) 牛毛毡及防水粉

五方紙牛毛毡	每捲洋二元八角
半號牛毛毡（馬牌）	每捲洋二元八角
一號牛毛毡（馬牌）	每捲洋三元九角
二號牛毛毡（馬牌）	每捲洋五元一角
三號牛毛毡（馬牌）	每捲洋七元
建業防水粉	每磅國幣三角

(三) 其他

鋼絲網（27"×96" 2¼lbs.）	每方洋四元
鋼版網（8'×12' 六分一寸半眼）	每張洋卅四元
水落鐵（每根長二十尺）	每千尺五十五元
牆角線（每根長十二尺）	每千尺九十五元
踏步鐵（每根長十尺或十二尺）	每千尺五十五元
鉛絲布（闊三尺長百尺）	每捲二十三元
綠鉛紗（同上）	每捲洋十七元
銅絲布（同上）	每捲四十元

水木作工價

木作（包工連飯）	每工洋六角三分
水作（同上）	每工洋六角
水木作（點工連飯）	每工洋八角五分

24054

中華郵政特准掛號認為新聞紙類

建築月刊
THE BUILDER.

內政部登記證警字第二五五四號

第四卷第六號

民國二十五年六月發行

刊務委員 陳松齡 江長庚 竺泉通
主編 杜彥耿
廣告 藍克生 (A. O. Lacson)
發行 上海市建築協會 南京路大陸商場六二〇號 電話 九二〇〇九
印刷 新光印書館 上海聖母院路聖達里三〇號 電話 七四六三五

定價

每月一冊 全年十二冊

訂閱辦法	價目	郵費 本埠	郵費 外埠及日本	郵費 香港澳門	郵費 國外
零售	五角	二分	五分	一角八分	三角
預定全年	五元	二角四分	六角	二元一角六分	三元六角

廣告刊例
Advertising Rates Per Issue

地位 Position	全面 Full Page	半面 Half Page	四分之一 One Quarter
底封面外面 Outside back cover.	七十五元 $75.00		
封面及底面之裏面 Inside front & back cover	六十元 $60.00	三十五元 $35.00	
封面裏面及底面裏面之對面 Opposite of inside front & back cover.	五十元 $50.00	三十元 $30.00	
普通地位 Ordinary page	四十五元 $45.00	三十元 $30.00	二十元 $20.00

小廣告 每期每格一寸高洋四元 三寸半闊
Classified Advertisements — $4.00 per column

廣告概用白紙黑墨印刷，倘須彩色，價目另議；鑄版彫刻，費用另加。
Adsigns, blocks to be charged extra. Advertisements inserted in two or more colors to be charged extra.

建築界的唯大貢獻！

新成鋼管電機製造廠股份有限公司

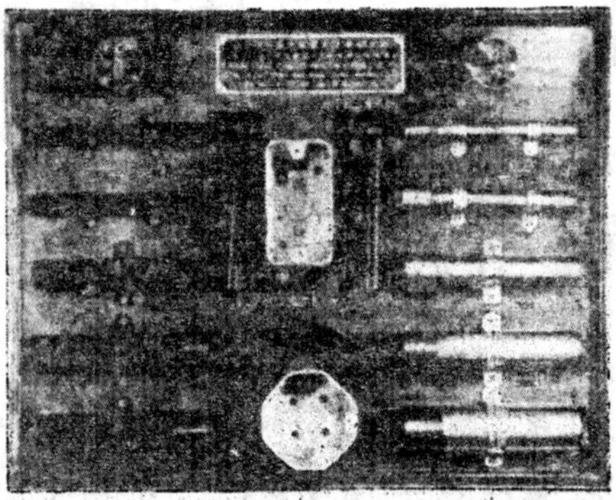

科學倡明萬象競爭我國建設方興未艾對於電氣建築所用物品向多採自舶來利權外溢數實堪驚本廠有鑒於斯精心研究設廠製造電氣應用大小黑白鋼管月灣開關箱燈頭箱等貢獻於建築界藉以聊盡國民天職挽囘利權而塞漏巵當此國難時期務望愛國諸君一致提倡實爲萬幸但敝廠出品曾經
實業部註册批准以及軍政各界中國工程師學會各建築師贊許風行全國質美價廉早已膾炙人口予以樂用現爲恐有魚目混珠起見特製版刊登千乞認明鋼鉗商標庶不致誤

廠址及事務所
上海閘北東橫浜路
德培里十八號
電話華界四一二哭

接洽處
利泰電料行
上海吳淞路壱五號
電話租界四四七九

附註
樣子及價目單
函索即寄

建築學術上之唯一刊物

中國建築

另售每期七角定閱全年十二册大洋七元

中國建築師學會編

本刊物係由著名建築師會員每期輪值主編供給圖樣稿件均是最新傑出之作品其餘如故宮之莊嚴富麗西式之摩天大廈無不一一選輯每憶秦築長城之工程偉大與夫阿房宮之窮極技巧燉煌石刻鬼斧神工是我國建築藝術上未必遜於泰西特以昔人精粹圖樣不肯傳示後人致湮沒不彰殊可惜也爲提倡東方文化發揚我國建築起見發行本刊期與各同志爲藝術上之探討取人之長舍己之短進步較易則本刊之不脛而走亦由來有自也

發行所中國建築雜誌社

地址上海甯波路四十號

SIN JIN KEE
CONSTRUCTION CO

新仁記營造廠

本廠承造一切大小鋼骨水泥房屋工程各項人員無不經驗丰富工作認真如蒙委託承造或估價不勝歡迎之至

本廠承造工程一斑

沙遜大廈——南京路
漢彌爾登大廈——江西路
都城飯店——江西路
百老滙大廈——北蘇州路

上海法租界
呂班路二百十六號A
電話八三三四三

24057

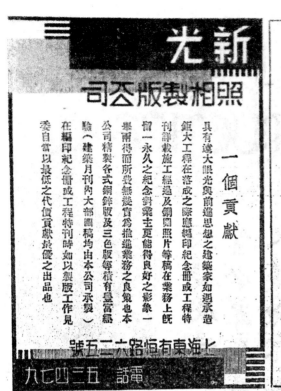

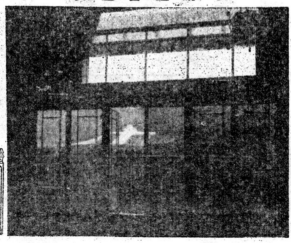

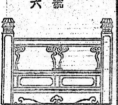

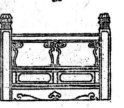

上海市建築協會出版建築工程書籍

地址：上海南京路大陸商場六二〇號

英華華英合解建築辭典

英華華英合解建築辭典，是「建築」之從業者，研究者，學習者之顧問，指示「名詞」，「術語」之疑義，解決「工程」「業務」之困難。為建築師，土木工程師，營造人員，土木專科學校教授及學生，公路建設人員及鐵路工程人員所必備。本書分英華及華英兩部，用上等銅版紙及道林紙精印，布面燙金裝釘，全書約五百餘面，收字近七千個，銅鋅版及三色版插圖六百餘幅。本書印刷清晰，解釋綦詳，誠建築工程界研考之良籍也。

▲每冊實價國幣拾元

(外埠寄費二角)

聯樑算式

聯樑為鋼筋混凝土工程中應用最廣之問題，計算聯樑各點之力率算式及理論，非學理深奧，手續繁冗，即掛一漏萬，及算式太簡，應用範圍太狹；遇複雜之問題，即無從援用。例如指數法之$M=\frac{1}{8}wl^2$，$M=\frac{1}{12}wl^2$等等算式，只限於等勻佈重，等硬度及各節全荷重等情形之下，若事實有一不符，錯誤立現，根本不能援用矣。

本書係建築工程師胡宏堯君採用最新發明之克勞氏力率分配法，按可能範圍內之荷重組合，一一列成簡式。任何種複雜及困難之問題無不可按式推算；即素之基本學理之技術人員，亦不難於短期內，明瞭全書演算之法。所需推算時間不及克勞氏原法十分之一。全書圖表居大半，多為各西書所未見者。用八十磅上等道林紙精印，約共三百餘面，6"×9"大小，布面燙金裝釘。

▲每冊實售國幣五元

(外埠另加寄費二角)

永光油漆
出品
厚漆
調合漆
凡立水
水牆粉
乾牆粉
地板蠟
其他花色繁多不勝備載
註冊商標
狗牌
牛牌
熊牌
羊牌
猴牌
特點
原料——多數購自歐美名廠
製造——聘請英國著名油漆專家督製
品質——優良並經各大建築師認與舶来品無異
定價——特别低廉
服務——凡遇有油漆工程發生困難問題本公司備有專家可供諮詢
上海永光油漆有限公司
總經理 太古公司 法租界外灘 電話八二〇二〇
瑪瑙石

建築月刊

第四卷
第七期
VOL. 4
NO. 7

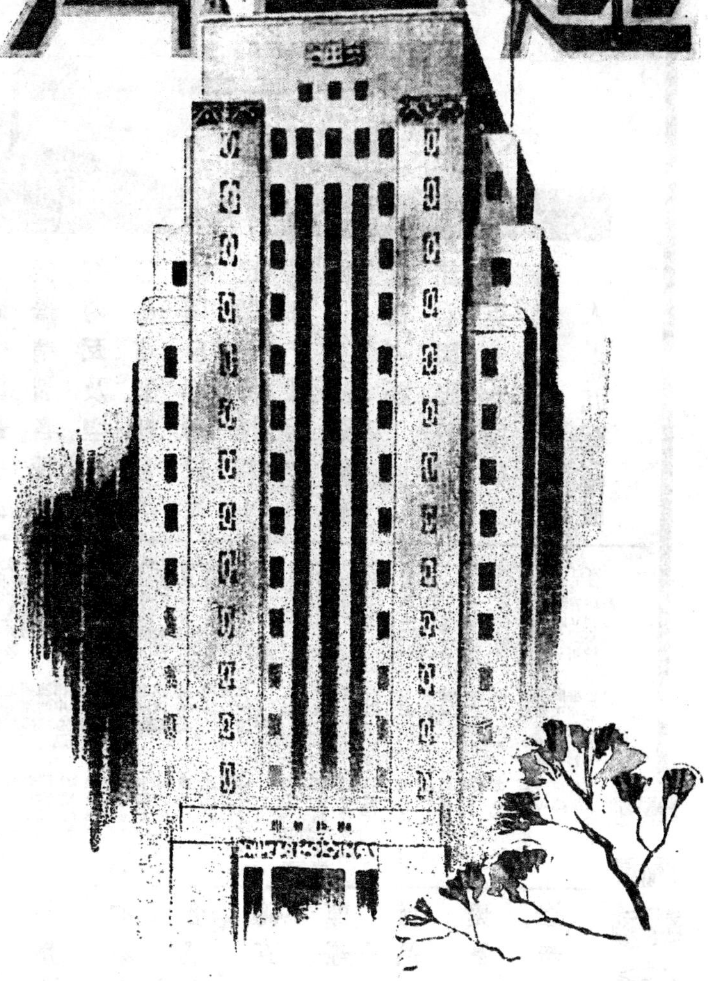

50 CENTS

"the BUILDER"

大中機製磚瓦股份有限公司

製造廠浦東南匯縣下沙鎮

本公司因鑒於建築事業日新月異材料選擇尤關重要特聘專門技師購置德國最新式機器精製各種青紅磚瓦及空心磚等品質堅韌色澤鮮明自應銷以來已蒙各界推爲上乘樂予採購茲略舉一二以資參攷其他惠顧諸君因限於篇幅不克一一備載諸希鑒諒是幸

大中磚瓦公司附啟

曾經購用敝公司出品各戶台銜列后：

本埠

國立中央實驗館	兆豐花園	和興公司承造
鹽業銀行	北京路	錩新泰記承造
開成造酸公司	軍工路	王錦記承造
中匯大廈	愛多亞路	久記承造
南成都路巡捕房	南成都路	新蓀記承造
四行念二層大樓	靜安寺路	馥記承造
工部局巡捕房	平涼路	新蓀記承造
申新第九廠	東京路	協盛承造
揚子飯店	雲南路	潘榮記承造
百老匯大廈	百老匯路	新仁記承造
雷斯德工藝學院	熙華德路	久泰錦記承造
博德運綫廠	定海路	創新承造
中央巡捕房	福州路	新申承造
中華書局總廠	澳門路	湯秀記承造
上海市立醫院	市中心區府南左路	陸根記承造
國立上海商學院	西體育會路	陸根記承造
建設大廈	福州路	陶桂記承造
永安公司新廠	南京路	陶桂記承造
怡和啤酒廠	定海路	創新承造
三菱銀行大廈	四川路	余洪記承造
明星公司有聲攝影場	楓林橋	自建
哈同大廈	拋球場路	陳永興承造
浦東同鄉會大廈	愛多亞路	新昇記承造
中國銀行	仁記路	陶桂記承造

外埠

金陵大學	南京	利源建築公司承造
航空學校	杭州	新金記康號承造
中國銀行	青島	錦生記承造
太古堆棧	廈門	嘀蘭治港公司承造
中央政治學校電政	南京	大昌公司承造
江蘇銀行	南京	鈕永記承造
中國國貨銀行	南京	成泰承造
永利硫酸錏廠	浦口卸甲甸	新金記康號承造
連雲港發電廠	海州	方記建築公司承造
國立戲劇研究院	南京	陸根記承造
天生港發電廠	南通天生港	自建
瓊州海關	廣東瓊州島	自建
江蘇省立蘇州女子師範學校	蘇州盤門新橋巷	自建

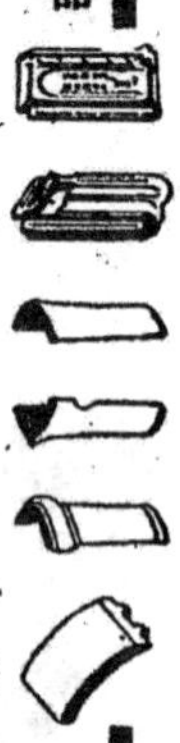

所出各品儲有大批現貨以備各界採用如蒙定製各色異樣磚瓦亦可照辦備有樣品如蒙索閱卽當送奉

駐滬批發所

上海英租界牛莊路七三一弄四號　電話九〇三一一

DAH CHUNG TILE & BRICK MAN'F WORKS.

Sales Dept. House No. 4, Lane 731, Newchwang Road, Shanghai.

TELEPHONE 90311

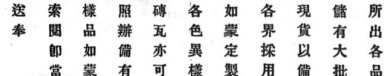

Introducing The Electric BOSCH *Drilling and Chiselling* HAMMER

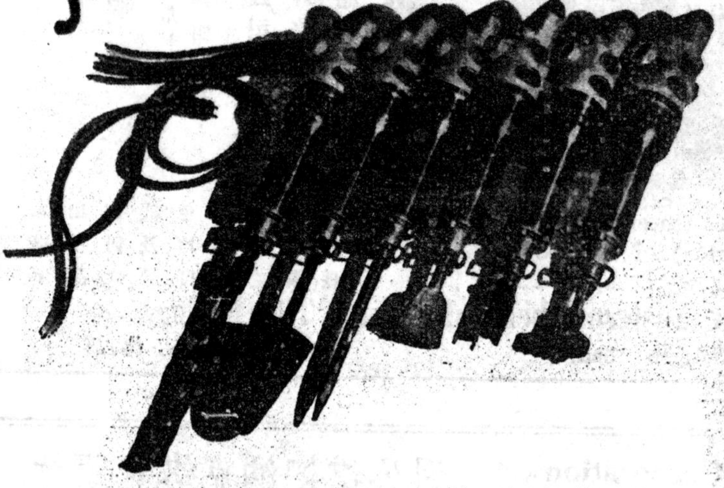

The only electric hammer that rotates automatically when used as a drill, and is converted into a fixed, non-rotating chiselling hammer simply by changing the tool. Light enough to be carried-yet so strongly built that it will stai,d up to **continuous** work on hard concrete.

For drilling granite, marble, basalt, syenite etc. special WIDIA drills are used with an output of 40 to 55mm per minute, at 28-30 mm diam.

The utility of the BOSCH Hammer for either drilling, chipping. chiselling, keying. stamping or roughening, quickly repays its cost many times over.

The picture below shows the building of the Olympic Stadion in Berlin wher eBOSCH Hammers were used in great numbers for drilling anchor holes for railings, balustrades etc., for keying pillars, for chiselling out holes for lamp standards, cables, pipes, girder supports.

介紹『波許』電氣鑽鑿機

此唯一電錐，任使用時旋轉自如，若欲將錐停止旋動，祗須將機一撥卽可。此機能在堅硬之水泥地上連續工作，而攜帶則又極輕便。若在花崗石，大理石，火成石，閃長石等處鑽鑿，則另備有特種「偉大錐」，直徑自二十八至三十公釐，每分鐘之鑽鑿量爲四十至五十五公釐。

此錐之功用，不論鑽鑿，斲碎，彫刻，搗鑿等，均可應付，代價甚微。右圖示本刷在柏林舉行之世界運動會會場，其間看台欄杆，柱石，燈柱，鉄索，管子，橫梁支柱等，大部均用此錐助理工作。

中國總經理

捷成洋行

上海漢口路一一〇號 電話一一五七四

Sole Agents:

JEBSEN & CO., Shanghai

110 Hankow Road Tel. 11574

General Representatives for China of Messrs. R. Bosch A.-G., Stuttgart.

24067

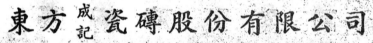

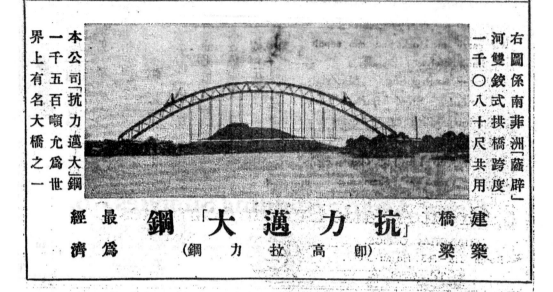

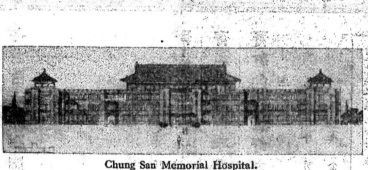

全球建築師均用鋁爲窗框或門框

由司各脫名建築師設計之英國劍橋大學新圖書館，其窗框全用鋁合金爲之。

窗框及房屋上其他部分。如用適度之鋁合金爲之。可收調和與實用，堅韌與輕巧耐久之益。而不致污及四圍之物料。鋁合金具有天然酸化面膜而經過適度之化學的鍛煉。雖能保持漆色。然並不需按時髹漆。

鋁之爲物，於美觀無敵外。又復貢獻種種利益。絕不拆裂。因其開展之時，可以回復其原來之廣袤。而毫不扭歪。因此得免翹曲與分裂之弊。又可抵抗天時與銹蝕之美質。且也鋁性溫柔。能製爲各種形式，顏色，與物品。於此有甚重要者。即須用適度之鋁合金是也。本公司研究部在同業中爲最大。甚願隨時貢獻一臂之助焉。

現代化之建築必需現代化之金屬

著名建築師在美國六處大廈中均用鋁其事實如下

(一)紐約市皇家大廈—所有市招，拱側，球飾，電梯門及飾件，均用鋁爲之，舟纜椿外包以鋁。飛簷亦用鋁鑄成。

(二)物克多無線電大廈—所有窗臺，客廳中之裝飾金屬物，外部裝飾金屬物，均用鋁爲之。

(三)芝加哥好望信託儲蓄銀行大樓—所有鋁刻嵌板及壁上金屬片，客廳門框，階上方眼格，走廊方眼格，郵箱，花樓欄杆，開支票檯，檯燈附件，日曆框，銀行中報告員之小口開，金庫屏風，銀行天井之大開，均用鋁爲之。

(四)米希干聯合實業銀行大樓—所有拱側，銀行業務間之窗戶，名字板，店招，街名，方眼格，旗杆脚，樓梯及花樓欄杆，均用鋁爲之。

(五)紐傑賽州夏嘯塔—所有拱側，檯，窗格，方眼格，窗格，市招，屏風，圖帶，階廊，客廳，電梯門，電燈附件，狹條，壁柱，均以鋁爲之。

(六)紐約克雷斯勒大樓—所有拱側，窗台，旗杆脚，門承軸，天窗，窗戶，通氣裝置，鸞欄杆，大牆屑石嵌板，出水管之口，均用鋁爲之。

左圖爲上海國際大飯店內通餐廳之正門，其門框及拉手，經鄔達克建築師證明，均保鋁合金所製。

須知鋁之爲物質輕而堅。能抵禦銹蝕。最適外部用途。至用於內部時。其新穎之美飾作用，與夫爲社會人士所樂用。均屬毫無問題。

鋁能表示現代設計之秀雅與氣勢

歡迎垂詢詳請

鋁業有限公司

上海北京路二號

上海郵政信箱一四三五號

ALUMINIUM UNION LIMITED

Union Commerciale Belge de Metallurgie, S.A.

No. 150 Kiukiang Road.

Telegraphic Address UCO.METAL-Shangha

Telephone 12197

UCOMETAL

上海九江路一五零號

敝社係比國七大鋼廠駐滬總分銷處經售全屬出品承造鋼鐵工程舉凡：

鐵路鋼軌　工業機械

電車鋼軌　電氣用品

各式橋樑　鋼窗材料

採礦工具　鋼條鋼板

等等無不應有盡有色色俱備如蒙　賜顧誠歡迎

電話一二一九七

比國鋼業聯合社

新耀金工廠

本廠承造工程之一斑

(1) 上海靜安寺路四行大廈全部鋁金裝修

(2) 上海大新公司鋁金裝修

(3) 上海市醫院市博物館市圖書館等鋁金裝修

(4) 南京大華戲院內部鋁金裝修

(5) 重慶川鹽銀行全部鋁金裝修

(6) 杭州中央飛機製造廠飛機上各種鋁金鑄件

上海平涼路一八四一號

電話五二二九五號

上圖係本廠承造上海靜安寺路四行大廈內部鋁金裝修之一

Specialists in **ALL KINDS OF METAL WORKS.**

Carry in stocks:-

ALL KINDS OF HARDWARE, LOCKS, ETC.

Manufacturers of:-

STEEL WINDOWS, DOORS, ETC.

— ESTIMATES FREE —

SOY CHONG

OFFICE: 259-261 Hankow Road. Tel 94460

BRANCH OFFICE: 667,669 Bubbling Well Road.

FACTORY: 243 Yates Road.

本號及製造廠開設上海業經五
十餘載專門製造大小建築輕重
五金用品如銅鐵門窗鎖鉸零件
舉凡建築上所需者無不齊備式
樣新穎物料堅固如蒙賜顧毋任
歡迎

瑞昌五金號銅鐵廠

營業所　上海漢口路二五九・二六一號　電話九四四六〇
上海靜安寺路六六七・六六九號　電話二一九六七

工廠　上海同孚路二四三號

SLOANE·BLABON

司隆百拉彭 印花油毛氈毯

此爲美國名廠之出品。今歸秀登第公司獨家行銷。中國經理則爲敝行。特設一部。專門爲客計劃估價及舖設。備有大宗現貨。花樣顏色。種類甚多。尺寸大小不一。

司隆百拉彭印花油毛氈毯。質細耐久。終年光潔。既省費。又美觀。室內舖用。遠勝毛織地毯。

美商 美和洋行

上海江西路二六一號

蔣金泰彩畫作

逕啓者本所因鑒於建築事業日新月異裝璜設計尤關重要本所特聘北平著名技師專門代客設計繪樣故宮殿式眞金彩畫蓋故有形藝復興和提倡中國故有文化如十點玉大點金邊金草金中墨三套花宋錦古錢壽字團龍團鳳團鶴漢瓦等繪就花色具全工作迅速可以限期完工前蒙實業部及鐵道部給于一等奬狀本所最近承包上海中國航空協會國立商學院大都會舞廳南京國民政府行政院教育部等工程兼而有之倘蒙賜顧竭誠歡迎

蔣金泰中國式彩畫作啓

上海北浙江路四〇二衖九號 南京洪武路三百十號

木材因白蟻及其他蠹木害蟲、乾腐、與機體朽壞而致之損失。一歲之中，不可勝計。白蟻之摧毀工作，至爲隱秘。故其所生之損害。在發見以前。往往程度已深。如欲獲得永遠之保護。祇有將木材及木器充分塗以「阿脫拉司A」護木水。

「阿脫拉司A」護木水行世已四十年。功能防止木材之蟲害、乾腐、及機體朽腐。據許多試驗及長期觀察之結果。木材之以「阿脫拉司A」護木水治過者。二十年後，仍然保持完固之情形。與最初治過者無異。並不需要重行塗治。

「阿脫拉司A」護木水非揮發性。故雖露置之，亦不失其護木之特性。該護木水有標準者。係無色亦無臭。凡欲保持天然木色，或備後來上蠟、髹漆、或加凡立水之木材木器。均適用之。此外並備有一種褐色者。

「阿脫拉司A」護木水足以增加木材之禦火性。較之未治過者。成效是有四倍之多。

英國 愛立士阿脫拉司防腐劑有限公司製造

香港 中國 澳門 現貨總經售處孔士洋行 上海四川路一一〇號 上海郵政信箱一一七九號

漢口 天津 香港 廣州 孔士洋行 亦有現貨出售

ATLAS·A

WOOD PRESERVATIVE

裝聽：分一加侖及五加侖兩種

備有說明書承索即奉 (一)

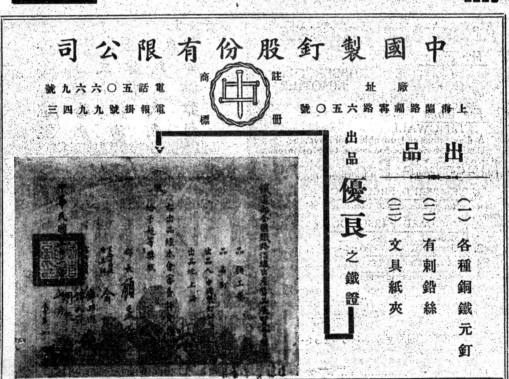

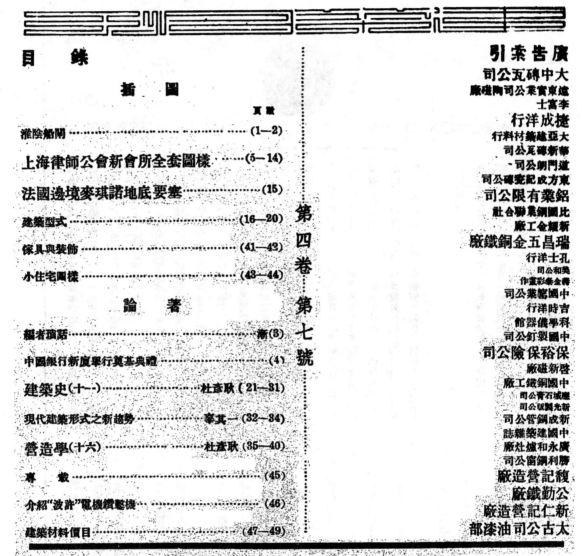

目錄

插圖

論著

第四卷第七號

廣告索引

24075

保裕保險公司

創立於西曆一八八〇年　資本一五三九〇九〇英鎊

本公司創立迄今已有五十餘年資本宏厚管理嚴密服務週到賠款迅速早蒙各界人士所信仰營業種類除水火保險外尚承保各種意外險謹將其性質與效用畧陳於後

團體職工意外傷害險

近年來各工廠商業機關及建築公司之工人職員於工作之際因意外事故之發生致受傷害或死亡者日復增多僱主每因此給付醫藥費及撫卹損失殊重團體職工意外傷害險即可使僱主以低廉之保費將其所有對於受僱職工此類給付責任在規定條件之下移交本公司負担職工之生計既得保障業主之負担復能減輕其設想之美備與夫服務之週到實爲吾人所不容忽視者也

個人意外傷害險

天有不測風雲人有旦夕禍福設吾人不幸遭遇意外傷害則生產能力頓受影響而支出費用額外增多精神上所受痛苦豈堪言喻個人意外傷害險者即生產能力之保障人生幸福之護符舉凡因意外傷害以致喪失生命折斷四肢以及雙目失明損失時間等均能得有賠償所需保費猶爲人人所能負担者

意外死亡險

此種保險全年保費僅十二元五角設被保人不幸因意外傷害以致喪失生命者即可有一萬元巨額賠款有人壽保險之功效而費用則較廉多矣

第三者責任險

吾人若因過失致傷害他人身體或損壞他人財物時依法須負損害賠償之責任此類賠償責任之成例頗多茲畧舉一二以表其義

承攬或建築工程之材料工具機件或架棚之下墜因而擊傷路人或損壞他人財物

磚瓦下墜致路人受傷或死亡

貨物墜自架鈎致傷害路人或損壞他人財物

上述之賠償責任時刻有發生之危險現可將此類責任保險費率極爲低廉

電梯險

高廈巨樓皆有電梯之設備意外事故之發生在所不免如司機失愼或吊線斷裂致電梯下墜因而害及梯內乘客此種意外發生後電梯所有人對被害之電梯乘客例須負賠償之責電梯險即可代業主負担此種賠償責任所需保費亦甚低廉

此外尚有他種損失或損壞等意外危險亦可保險如水災，風災，汽車，地震，竊盜，旅行時遺失行李等

欲明上述各種保險之詳情及費率請向本公司意外保險部詢問定當竭誠奉告也

南京路沙遜大廈三樓

電話一一四三〇

淮陰船閘
THE NEWLY COMPLETED LOCKS OF HUAIYIN, CHINA.

馥記營造廠承造
Voh Kee Construction Co., Contractors.

放水後之船閘閘室
The sluice is full of water.

馥記營造廠承造
Voh Kee Construction Co., Contractors.

堅厚之閘門
The Strong Gate.

編者瑣話

漸

一年一度的國慶紀念日，又在國人熱烈慶祝聲中消逝了！今年的國慶日，與往年有頗多不同之點，一爲國內統一，從玆上下一心，共謀中華民族的復興，同有着奮發自救的情緒；一因中國積弱已久，年來蓄意猛進，修明內政，努力建設。仍不能邀人鑑諒，依然認爲可侮可辱之民族。因此外力的威脅，抑且變本加厲。試觀各地的變端，如有着預定計劃以資藉口者，故其行動如出一轍般。況這出事亦有時間性，好像唱戲般開場，先來一段引，隨後引起大段的唱做，故明眼人自可觀透個中的底蘊。祇要我們自己充實準備，有恃無恐，臨時由他扮演任何鬼臉，毫不爲懼了！

提起準備，是要各方面有普遍性的發展，才不致有畸形的流弊。故建築界也逃不了要做準備的功夫。例如建築師工程師要不斷討論研究各種地底下的防禦工事。如機關鎗座炮座，指揮所永久障地等工程，俟有所得，將計劃呈獻政府採用。他如民房建築的改進，並築地下避難所等工事，庶人民不因時局緊張謠言遙起而紛紛遷家等的慌張舉動。將討論與研究的結果，公諸社會，俾私人及投資地產事業者有所參攷與採取。這是建築師工程師目下所最應注意的幾椿工作。

營造廠的準備工作，重在實際，故平時職工的編制要軍事化，俾有事時任憑政府的調遣，担任道路橋樑及防禦工事等的構築，不使驚惶星散。他如營造廠裏器械機件，無一非爲必要利器；如運貨卡車之改作軍用也，拌水泥機澆搗防禦工事也，吊機之起重軍需品也，發電機也，抽水帮浦也，及磚石沙木等，統可做作軍用。故望建築師工程師營造廠速行聯合起來，舉行國防會議，各盡國民的天職。不要致力於搬家與購換先令等消極的避難工作，而要積極的起來奮鬥，才對得住祖宗所傳給我們的中華民國！

× × × × × × × ×

宋子文演說時攝影

Corner stone of the new premises of The Bank of China laid by Mr. T. V. Soong.

中國銀行新廈
舉行奠基典禮

上海仁記路外灘正在建築中之中國銀行新廈，業於十月十日舉行奠基典禮，中外各界領袖，均到會觀禮。由該行總經理宋漢章主席，董事長宋子文夫婦親奠基石，聞新廈定明年底完工云。

開會儀式，殊為隆重，首由宋漢章致詞，旋即行奠基禮，由宋子文夫人安置紀念箱於基石之下，該箱內藏新廈圖樣及黃浦灘風景片，現行各種輔券，中行兌換券及全國中行行員名單等，繼由宋子文氏親奠基石，該石上鐫「中國銀行大廈奠基紀念」等字樣，禮畢，並由宋氏報告興建新廈之意義及感想，演詞甚長，茲摘錄有關建築之一段如下：

「…………（上略）數年以來，中國銀行已經感覺原有的房屋，狹隘不堪，設備簡陋；不過因為節省經費起見，勉強遷就，一年一年的遷延下去，直到舊屋實在不能將就，方決定建築新廈。至於新廈落成以後的外觀內容和設備，建築師已經在各報紙上發表了一篇文字，說得有聲有色；不過兄弟却有一句話，不能不代表中國銀行聲明，就是無論建築師那篇文字上說得如何冠冕堂皇，中國銀行並不是要修造一華麗的房屋，來表示我們資產的力量，我們唯一宗旨，是要增加我們工作的效率，和顧客的便利。至於裝飾門面的工夫，是我們所不願意做的，董事會將原來造價的預算，一再刪減至百分之五十，就可明瞭我們的用意。今天我們所當注意的，不是物質上的觀察，是精神上的意義。（下略）…………」

上海律師公會新會所

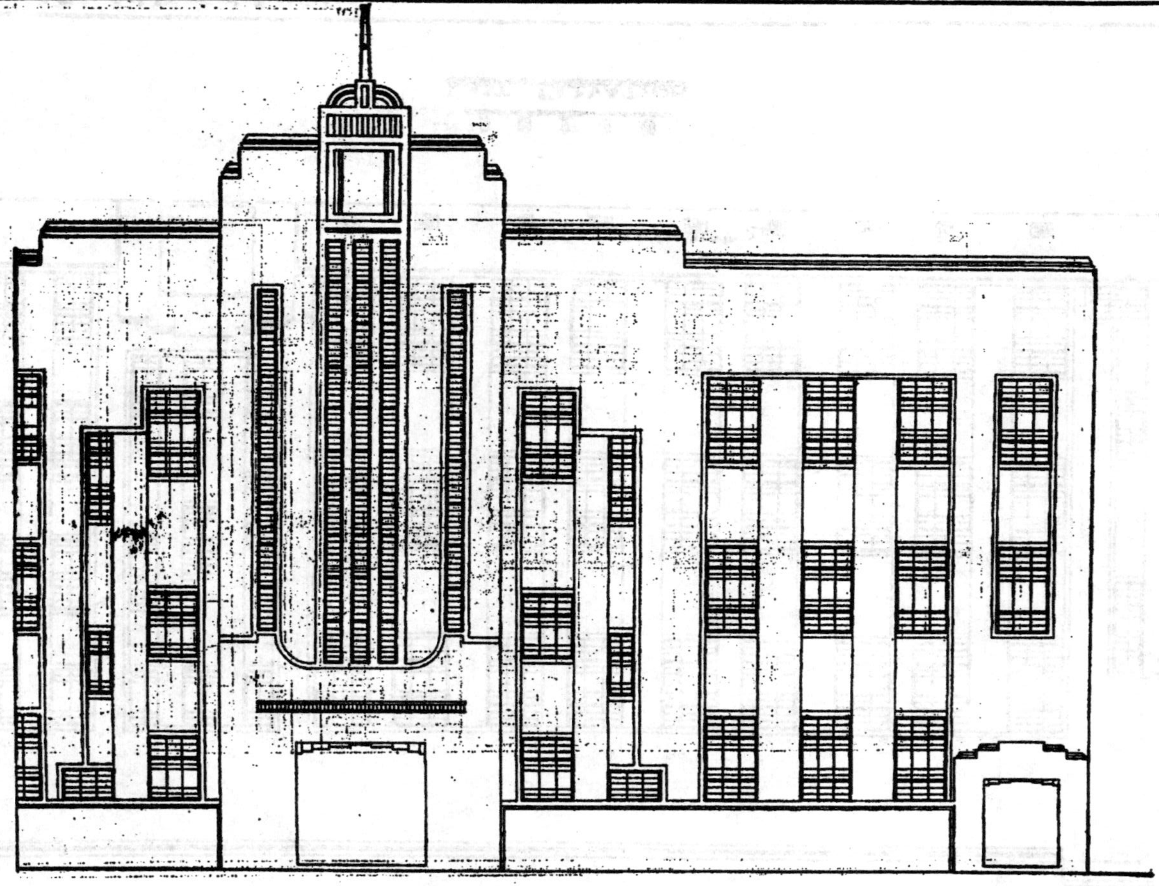

東北及北面立視圖

EAST NORTH & NORTH ELEVATION

The New Building of Shanghai Lawyers' Association.

廷中工程事務所設計

Ting Chung, Architects.

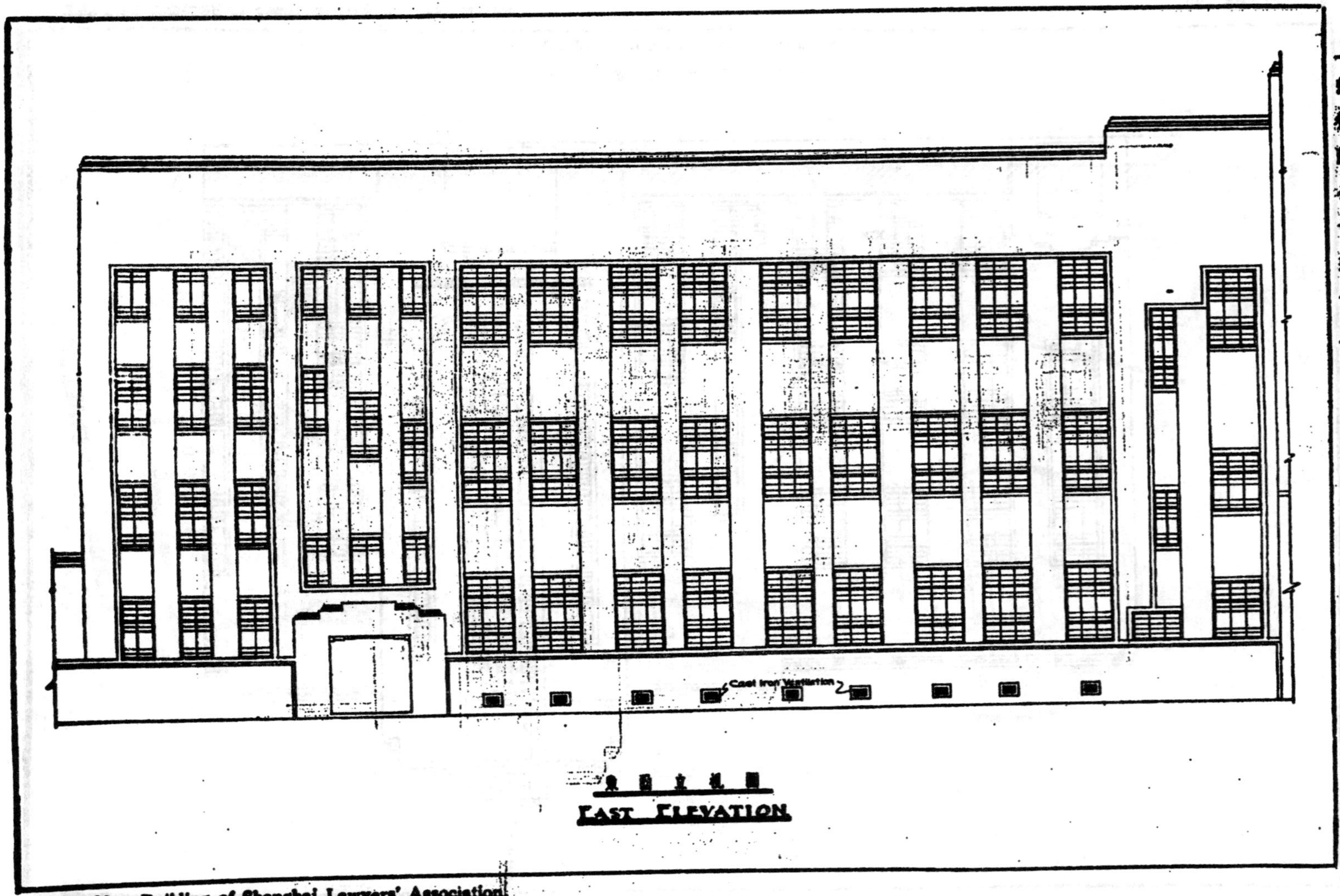

The New Building of Shanghai Lawyers' Association

上海律師公會新會所

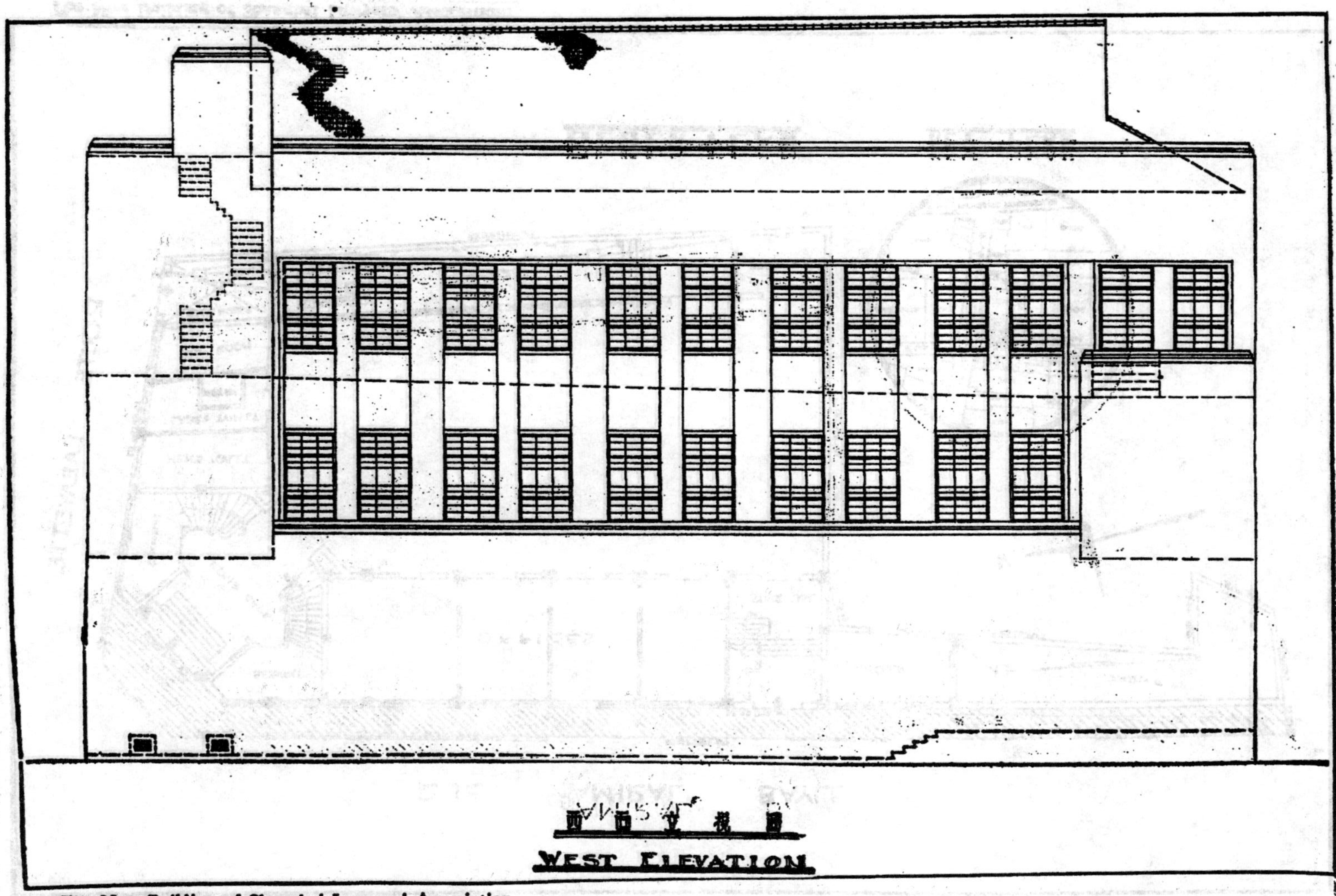

The New Building of Shanghai Lawyers' Association.

上海律師公會新會所建地盤圖

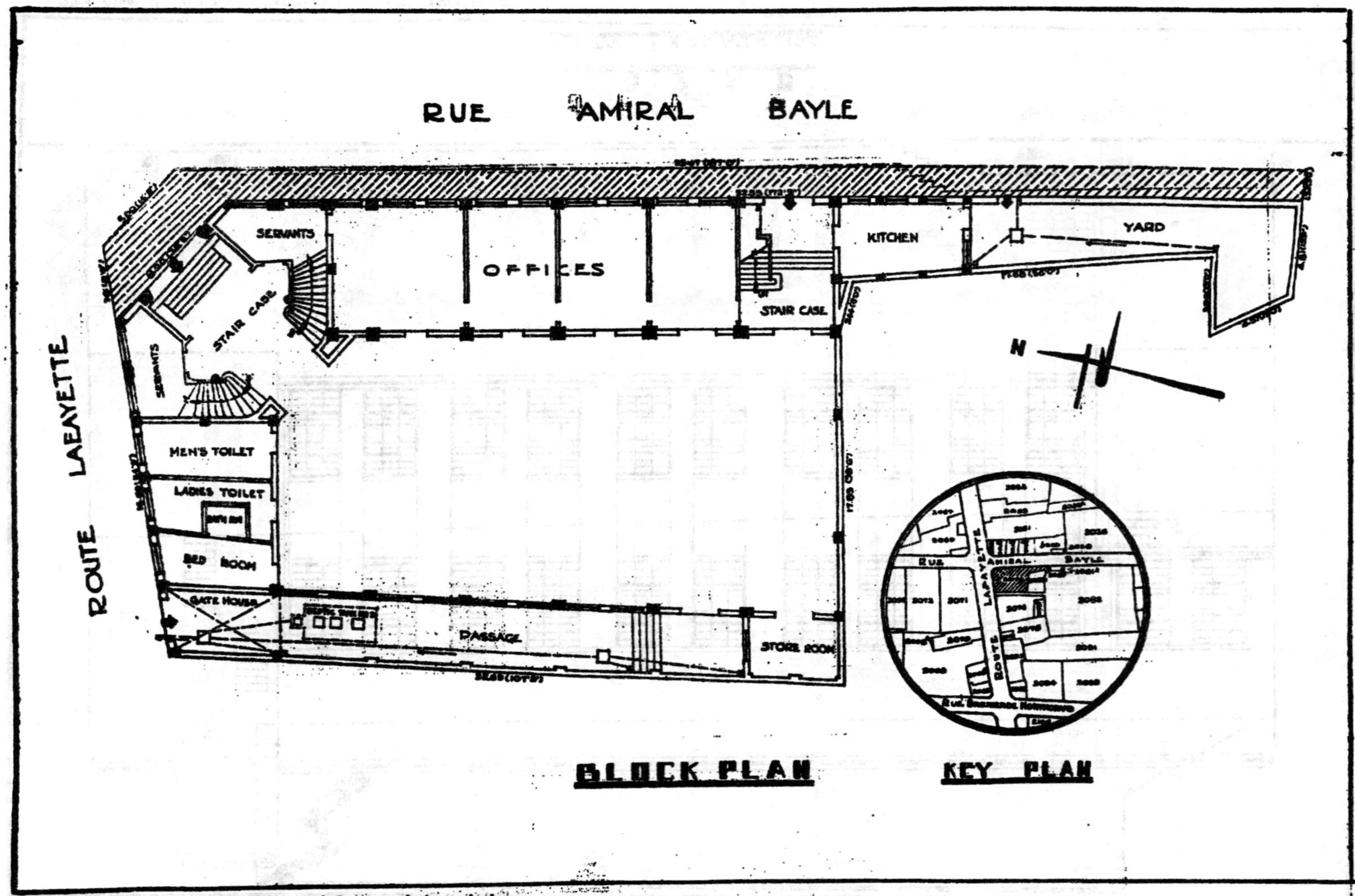

The New Building of Shanghai Lawyers' Association.

上海律師公會新會所

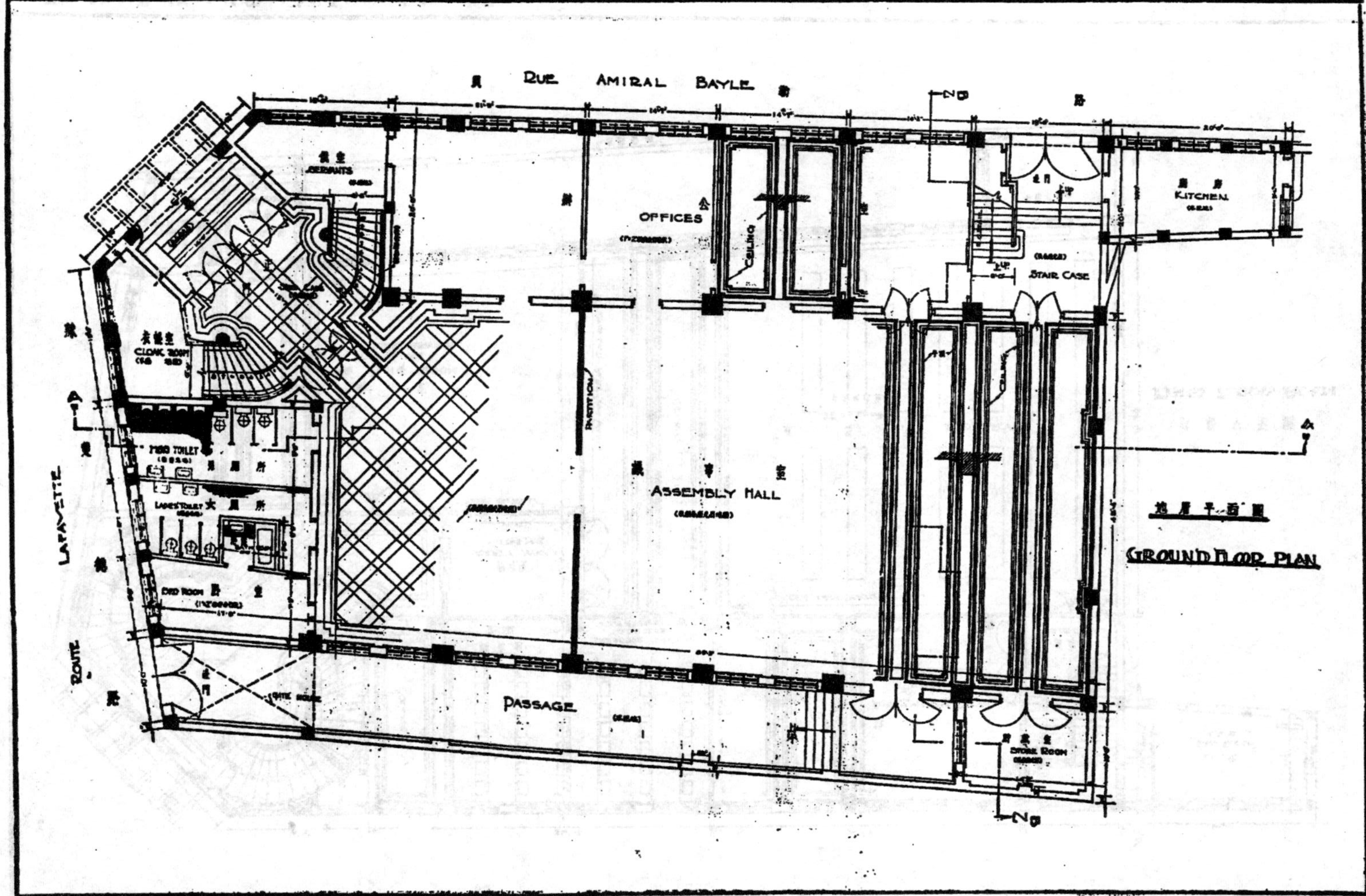

The New Building of Shanghai Lawyers' Association.

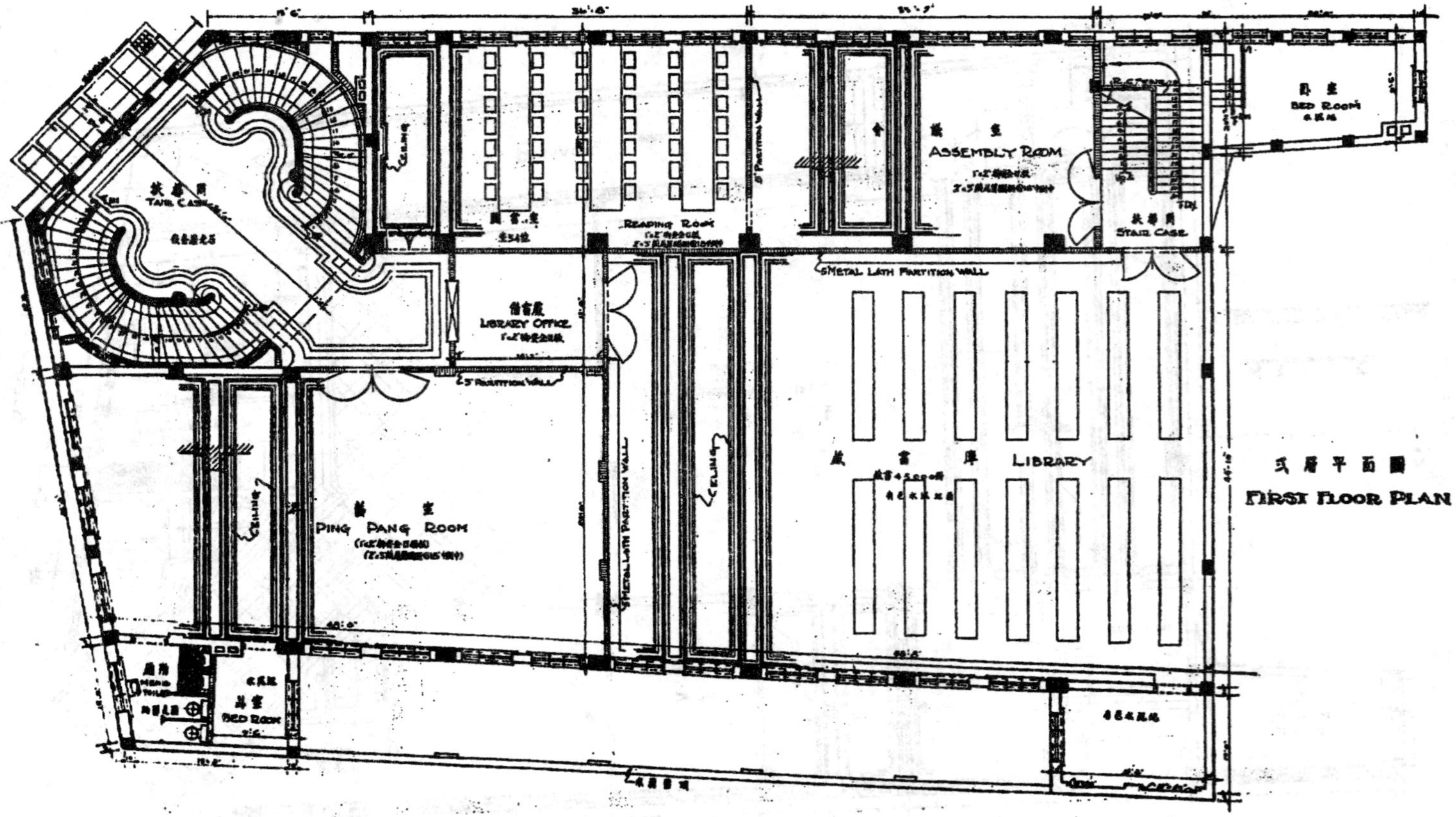

貳層平面圖
FIRST FLOOR PLAN

The New Building of Shanghai Lawyers' Association.

上海律師公會新會所

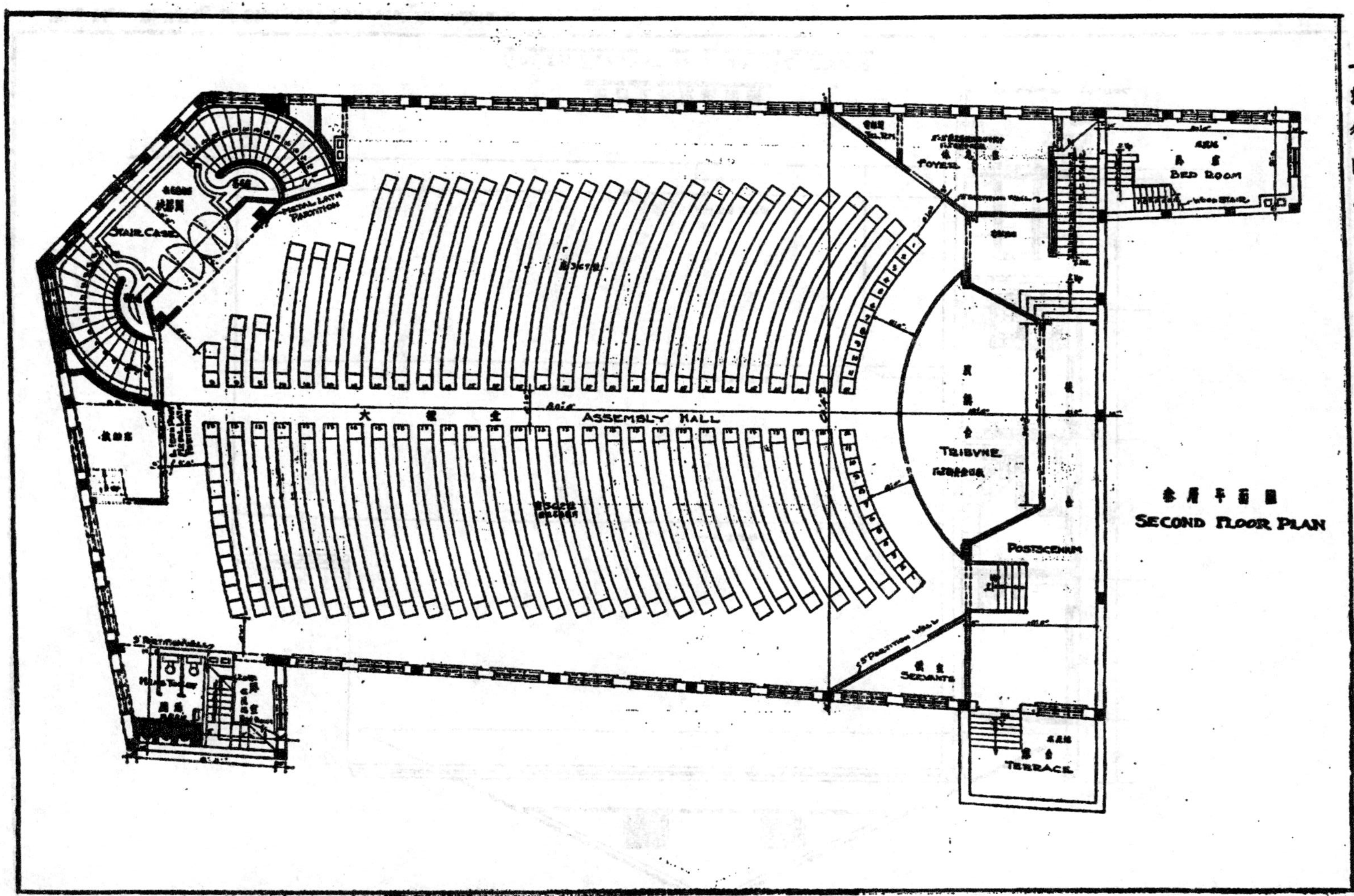

The New Building of Shanghai Lawyers' Association.

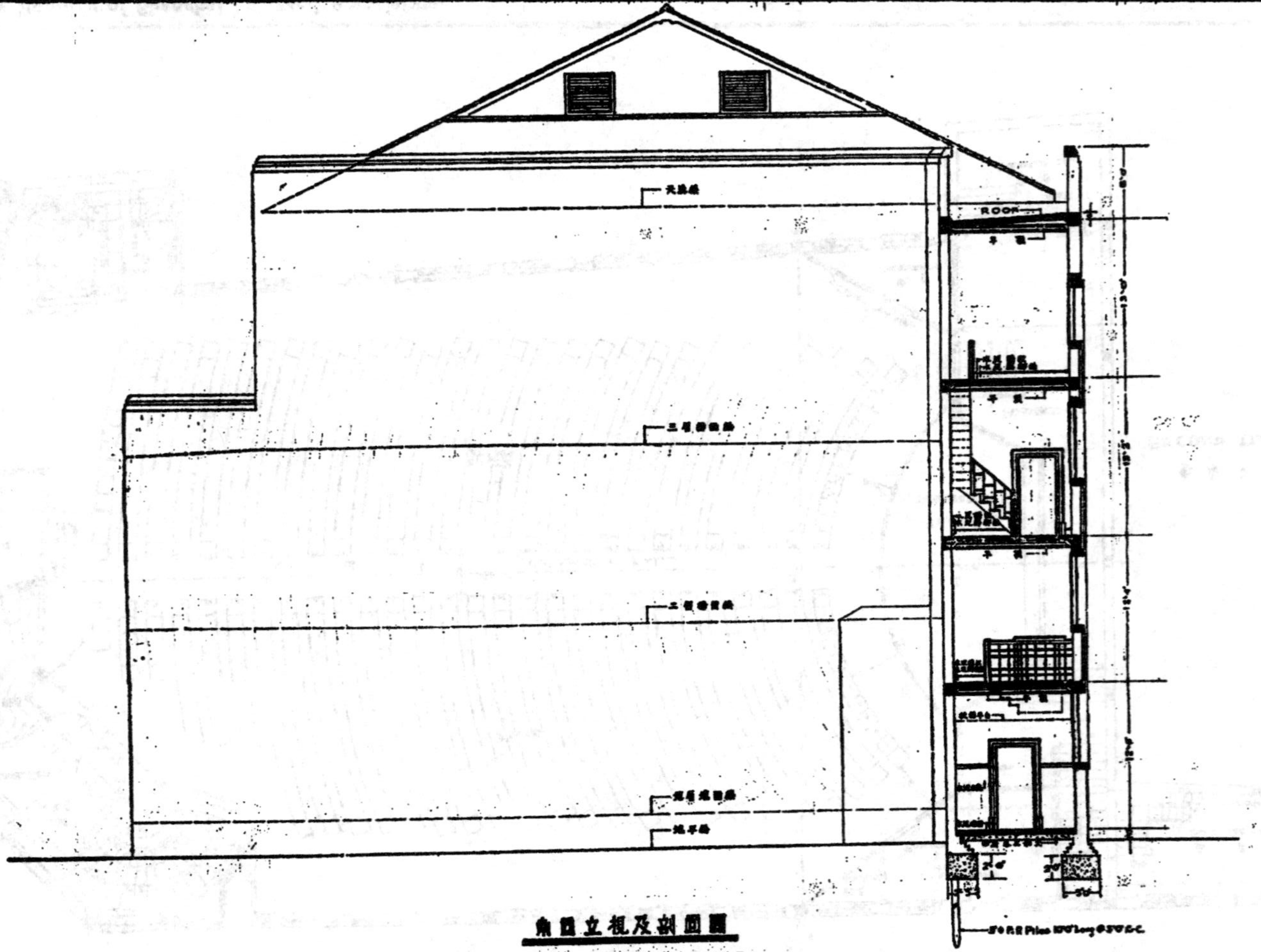

南面立視及剖面圖

SOUTH ELEVATION AND SECTION

The New Building of Shanghai Lawyers' Association.

上海律師公會新會所

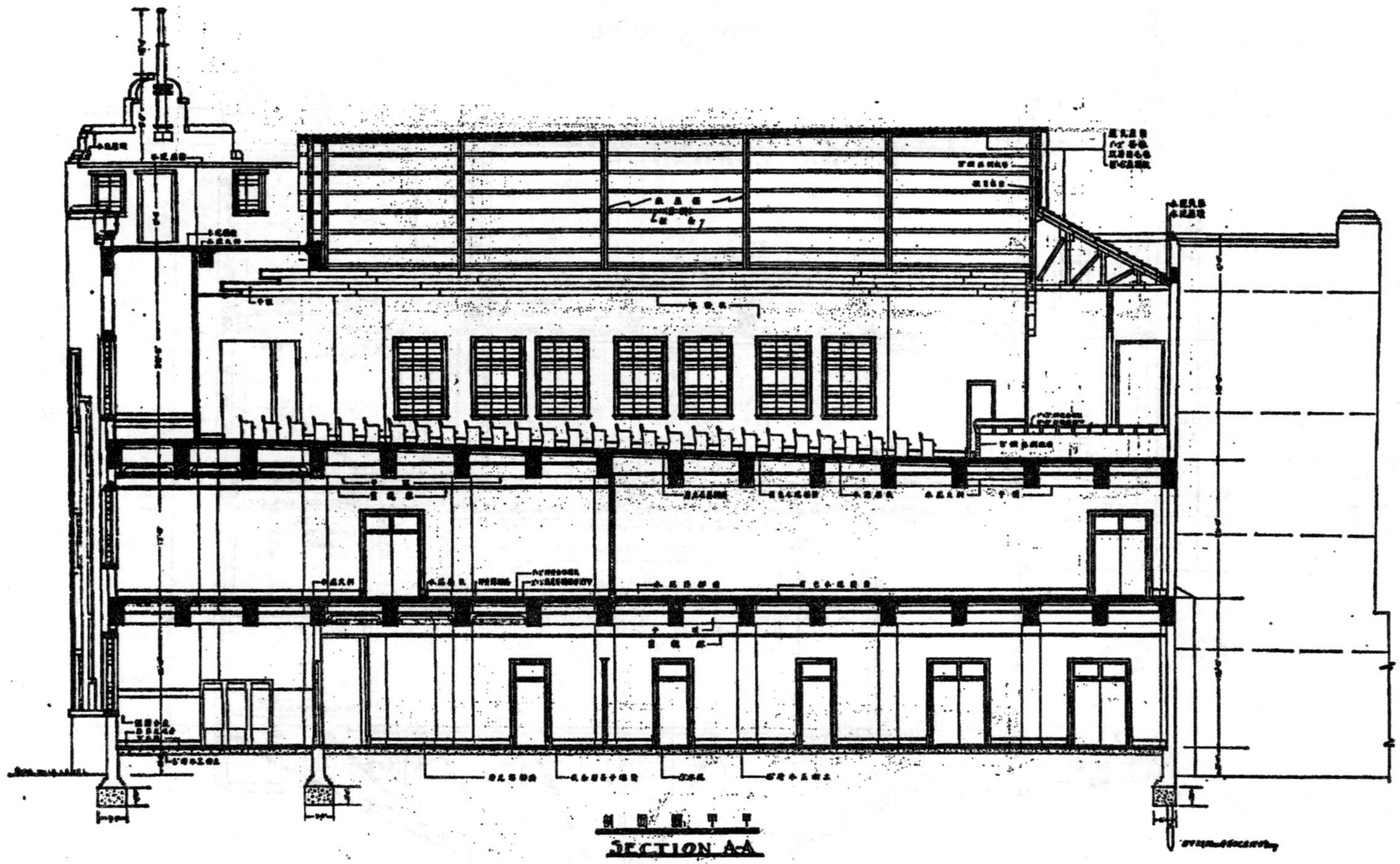

The New Building of Shanghai Lawyers' Association.

上海律師公會新會所

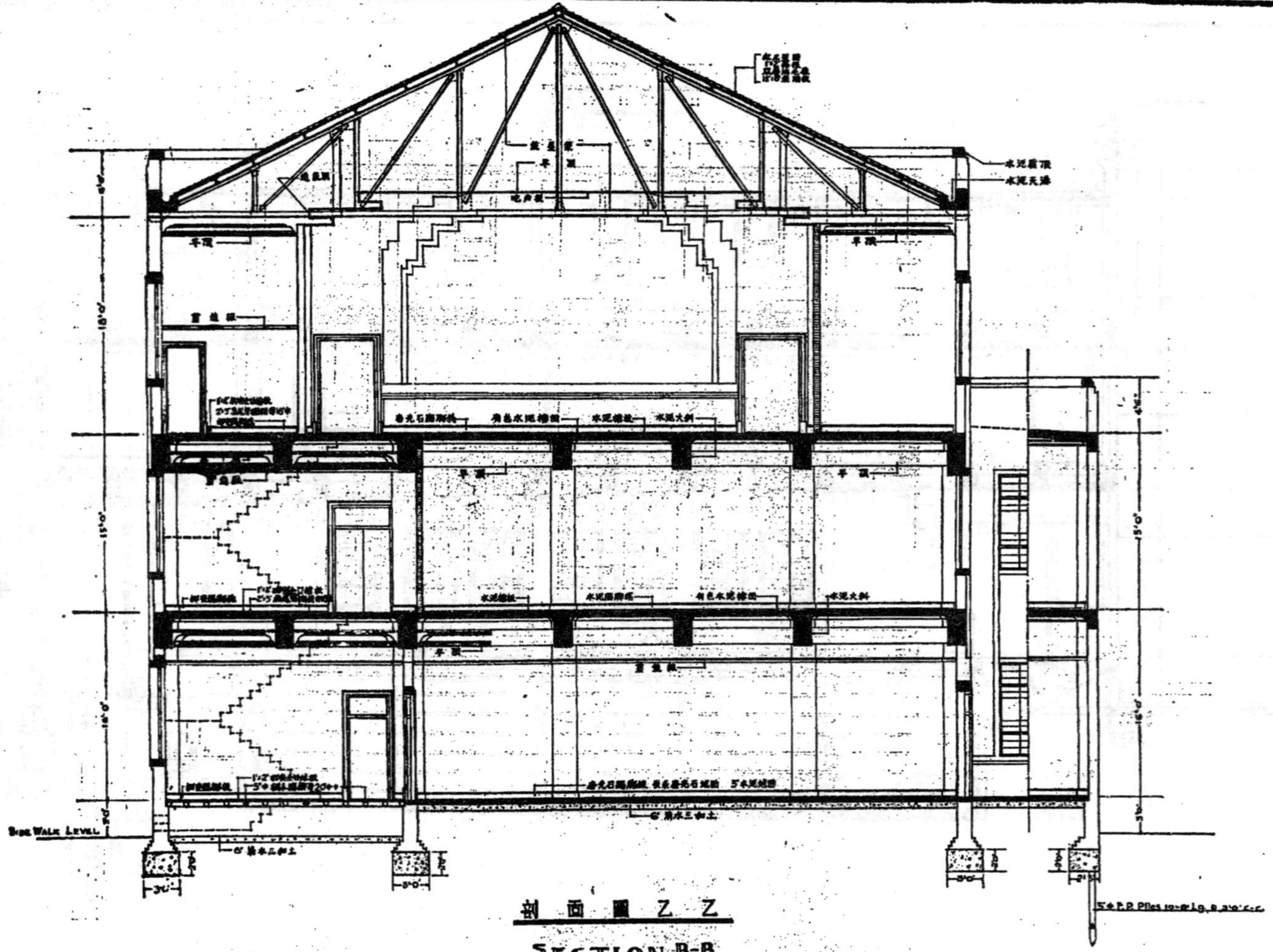

剖面圖ZZ

SECTION B-B

The New Building of Shanghai Lawyers' Association.

24090

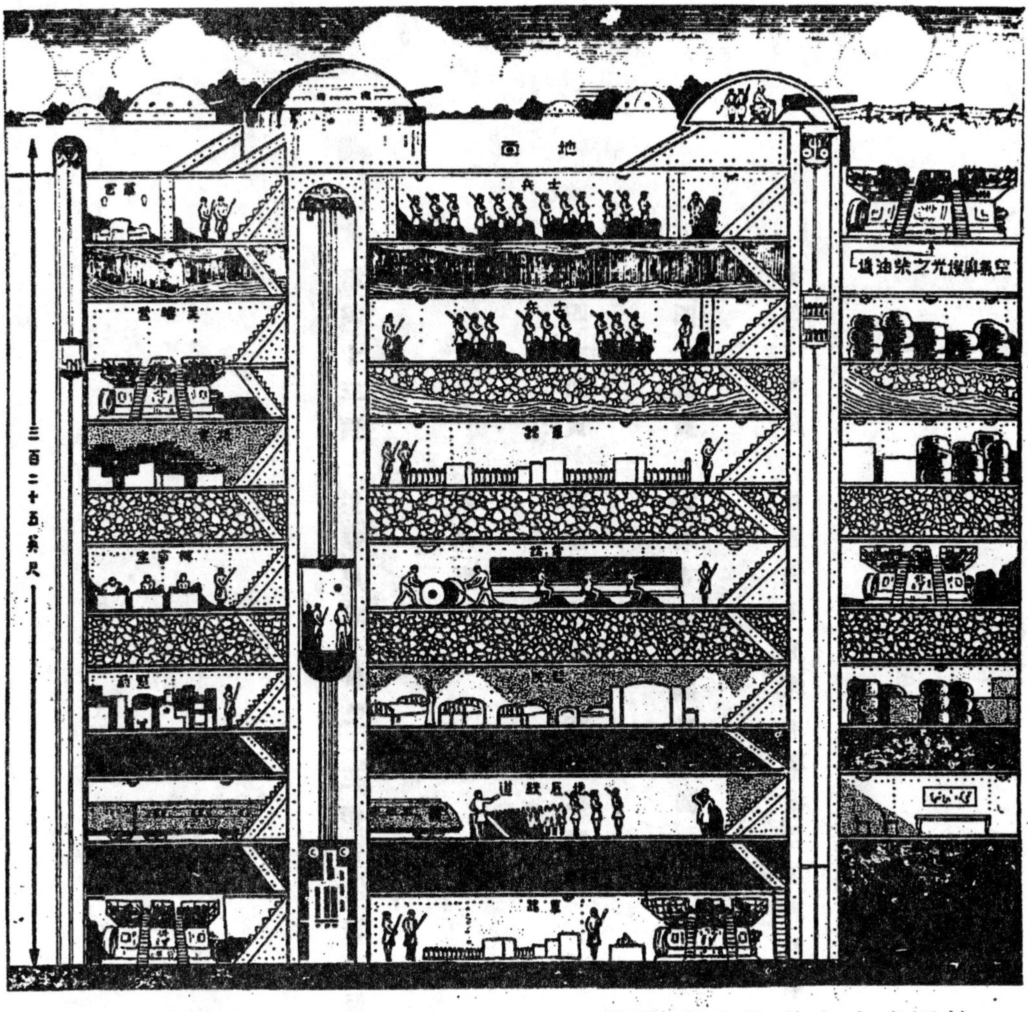

法國邊境麥琪諾地底要塞

此地底要塞實現與否，現尚未知，蓋此時尚爲一種建築計劃也。但吾人試觀地底佈置之完密謹嚴，不難想像將來戰爭之慘酷劇烈；而勝負之取決，亦將繫於此種地底要塞之能否持久應付，不被毀滅也！若落於敵人之手，則如人之窒息致死，整個樞紐，操縱於勁敵之掌握，全盤消散，可立而待矣！

第四十三頁　伊華尼式（裝飾）花帽頭—密湼發波利斯廟。

第四十四頁　密湼發波利斯廟之柱廊

第四十五頁　伊勒克提安廟詳解圖

第四十六頁　希臘伊華尼式—密湼發波利斯廟。

16

24092

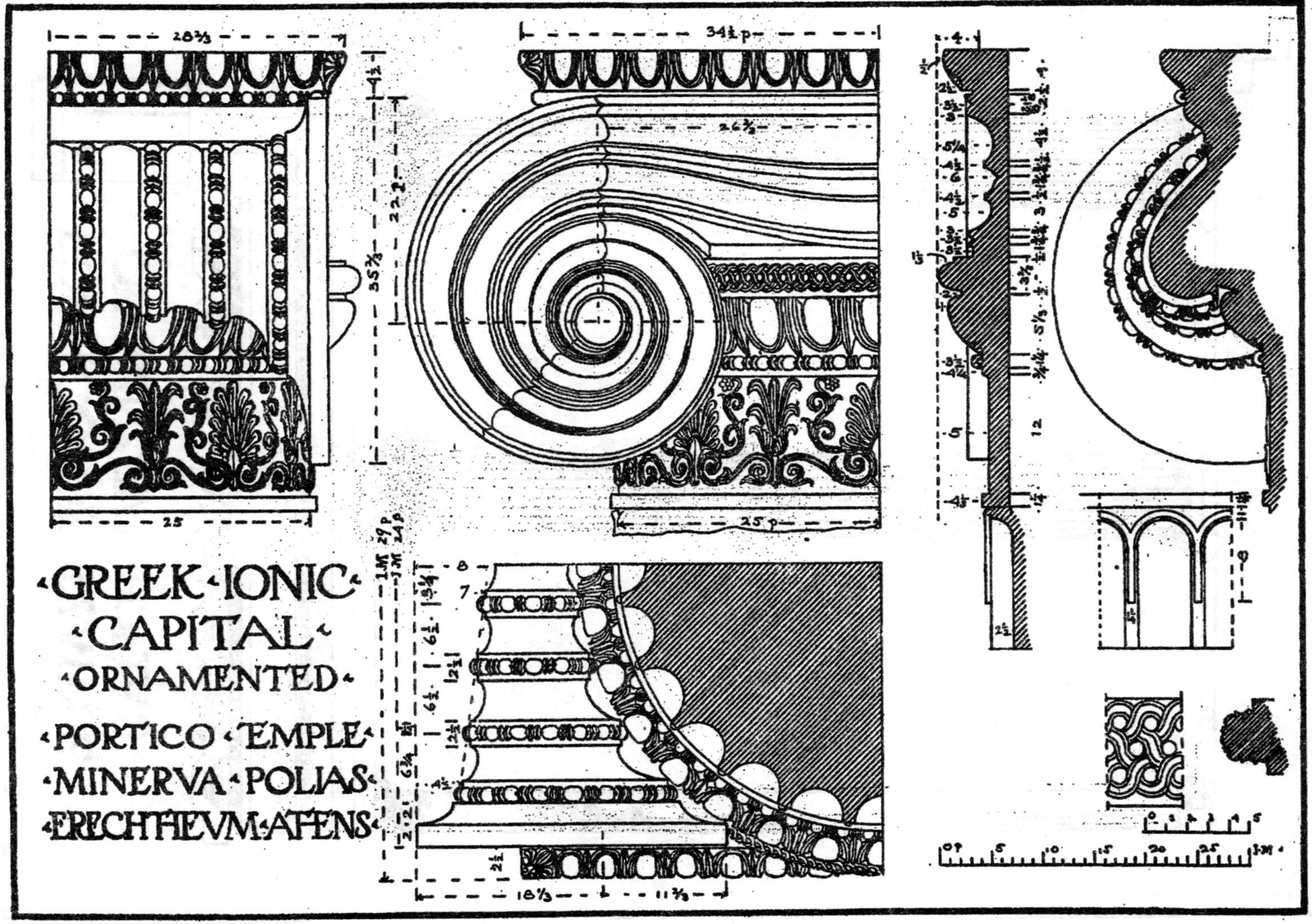
GREEK IONIC
CAPITAL
ORNAMENTED
PORTICO TEMPLE
MINERVA POLIAS
ERECHTHEUM ATHENS

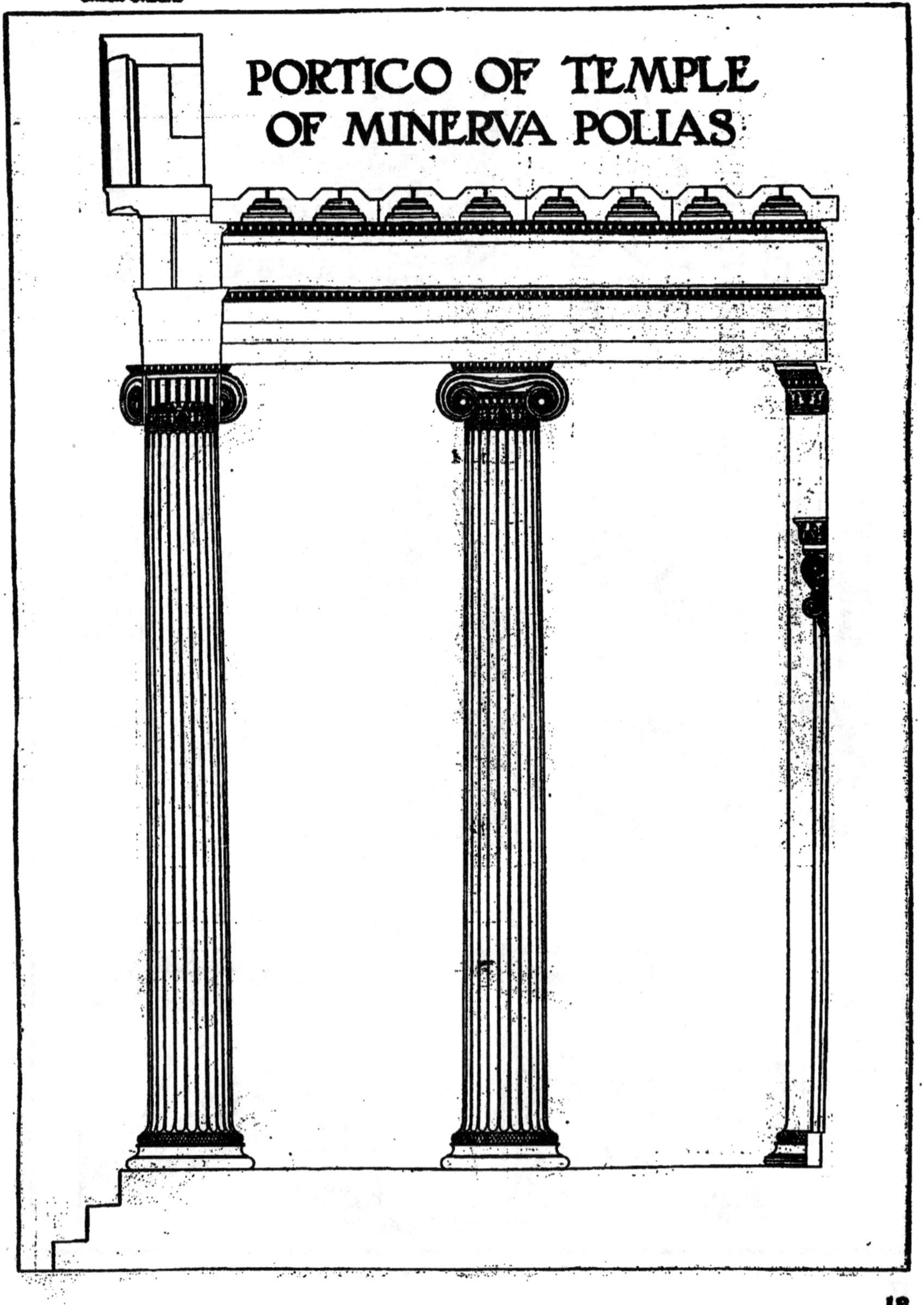

PORTICO OF TEMPLE OF MINERVA POLIAS

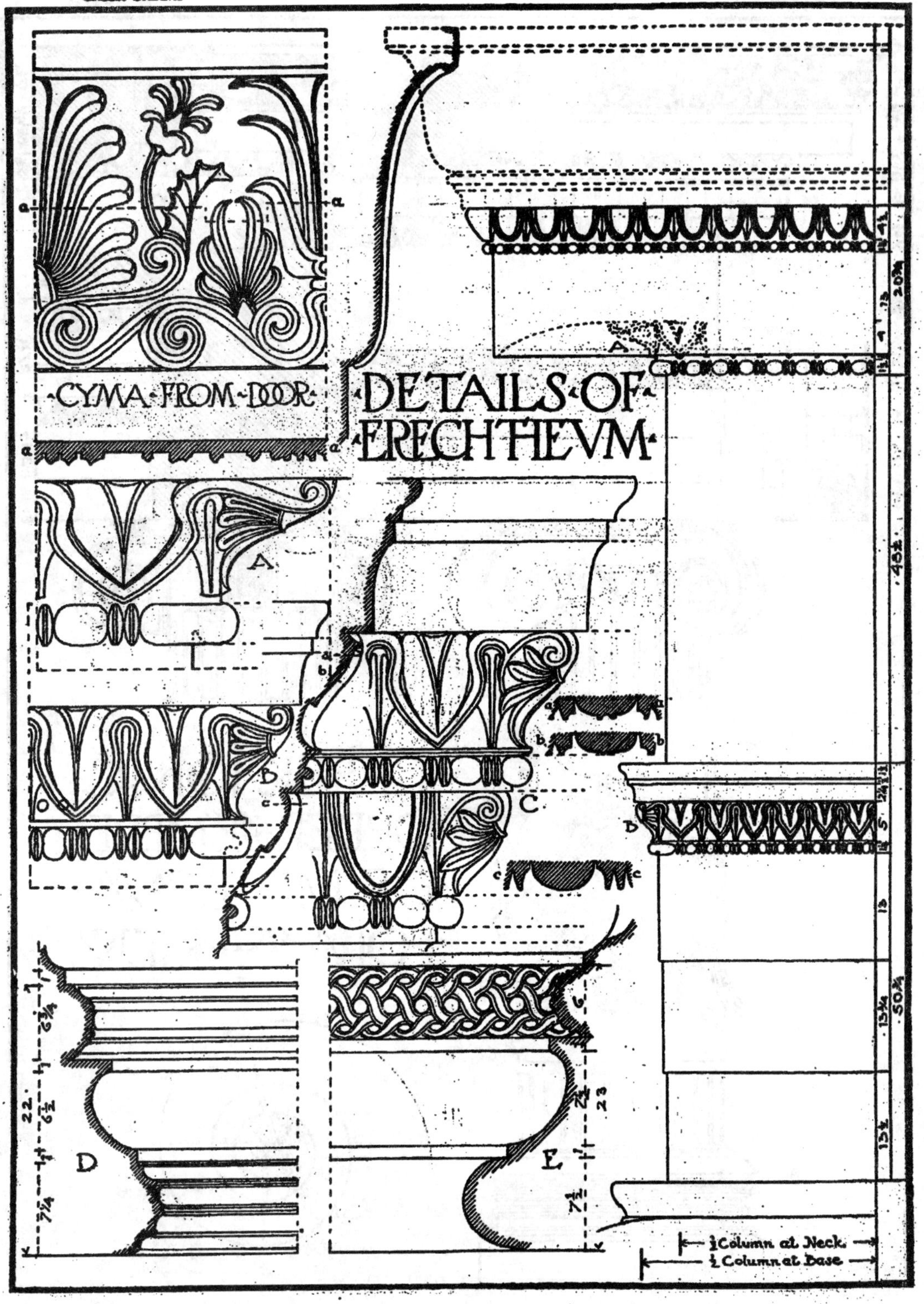
CYMA FROM DOOR
DETAILS OF ERECHTHEUM
A
B
C
D
E
½ Column at Neck
½ Column at Base

24095

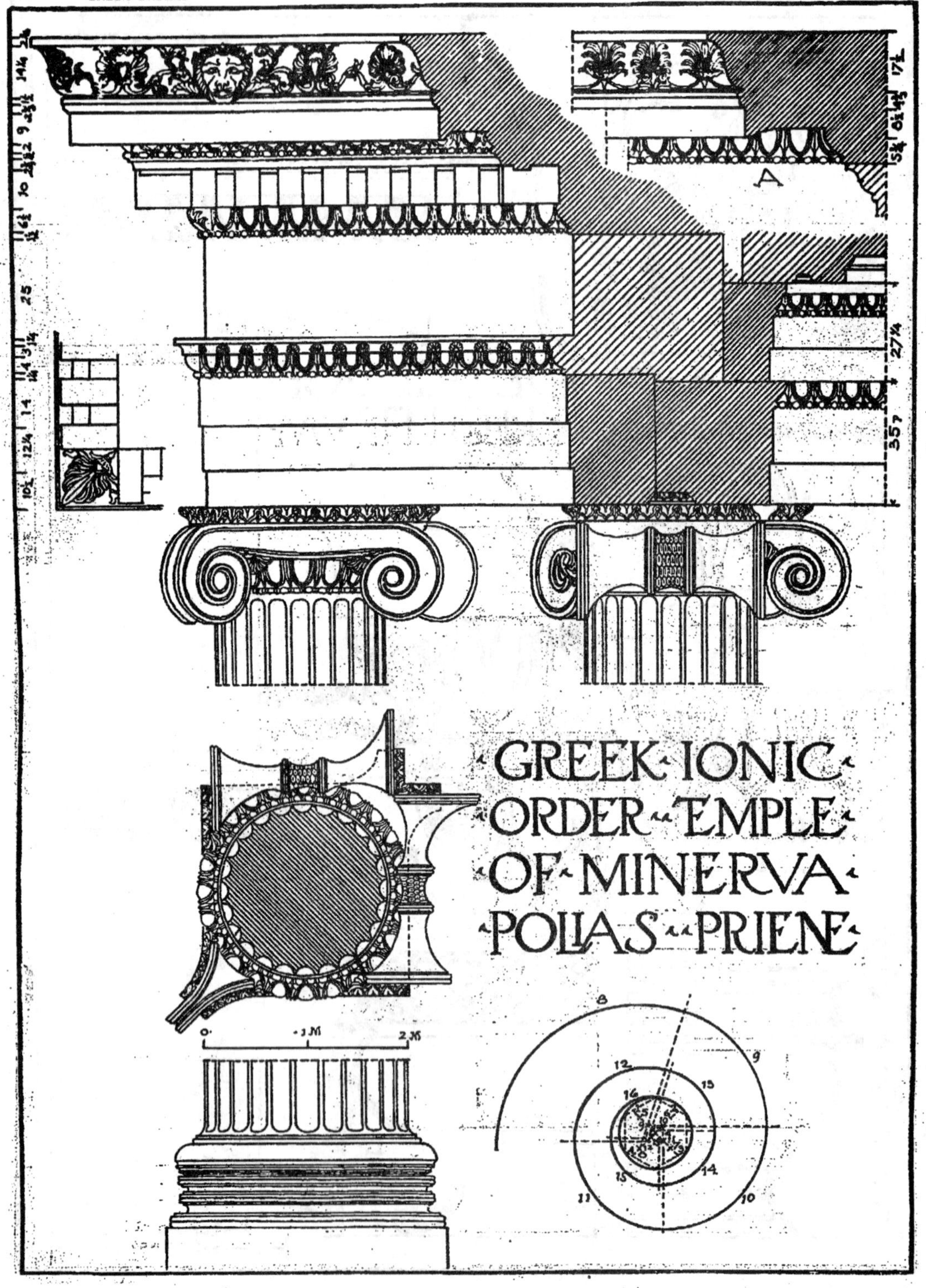
GREEK IONIC ORDER TEMPLE OF MINERVA POLIAS PRIENE
A
0 1 M 2 M

24096

建築史(十一)

杜彥耿譯

早期基督教建築

變易羅馬房屋爲教室

公會所與浸禮堂

一八三、公會所　當君士坦丁秉政之時，有二大特舉，足資稱道者：卽(a)自羅馬遷都君士坦丁堡，(b)定基督教爲國教。先是羅馬人士，對於各種宗教，均能相忍，無若何反響。然於君士坦丁決定變議以前，基督教深受政府要員之排斥，因恐基督教之勢力急進，有礙政治之安定故也。但有時基督教欲舉行何種教禮，假用公共場所，間雖亦獲當局之特別許可，然欲自建教堂，或改用舊屋，以作若輩奉行禮拜者，則絕不准許，早期之基督教，確爲當局監視奇嚴，故禮拜禱祝等，有在私人家宅或地窟中祕密行之者。迨君士坦丁保障基督教之令行，教禮遂得公開，民間之公會所亦得借作或久作教堂之用。蓋羅馬公會所之改成教堂，並不勉强，因會所中之大殿，兩廊及講臺等，頗適合教堂之用。此種簡單之設計，深具宗教意味；迄今尙無更佳之新構，引用於教會房屋；而羅馬式之公會所房屋圖案，常爲世界各地之基督教會，奉爲典型者。

一八四、普通教會建築，其地盤之設置，往往以狹長之面東西向，大殿設於前庭之後；庭前並有挑台，或卽前廊，此種式類之教堂，如羅馬聖克力門(St. Clemente)，見一一一圖(a)。楹廊或卽有屋面遮蓋之遊廊　其屋面置於外牆，內部繞於庭心四週者，爲連環空圈。東邊一帶空圈上，有屋面蓋護之廊，卽係楹廊，亦卽通達大殿之大門也。庭之中心，置有大盆，貯水以湧泉。經楹廊入大殿，殿形方正，以列柱分隔兩邊甬道，甬道高僅一層，光線自置於高處之窗堂透進，大殿則另有窗堂，亦闢於近平頂之牆端高處。大

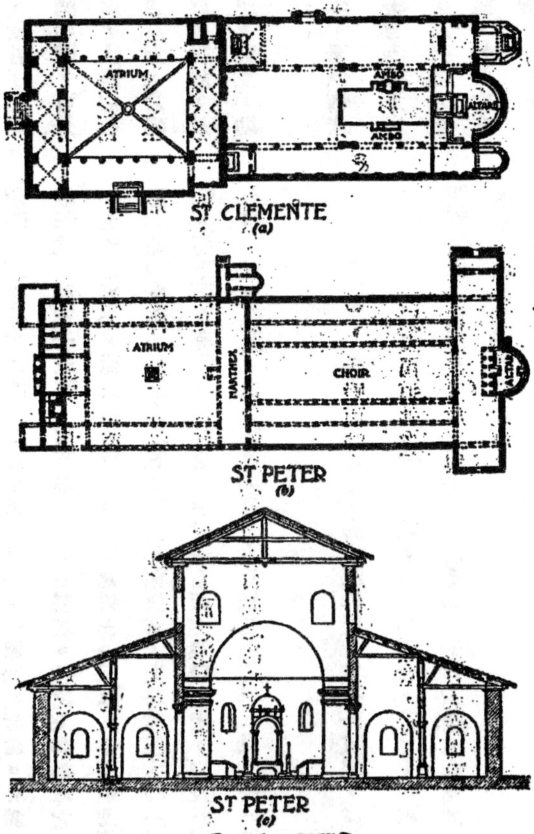

【附圖一一一】

殿與甬道之上，成爲木架屋面，並有平頂，卽天花。大殿柱子之頂，有時爲統長之台口，用代連環法圈。敎會堂中之祈禱步階，可分數個階段，如大殿北邊之甬道爲婦女席，南邊爲男子席，大殿之西邊一部爲懺悔者之席，其餘部份則爲敎友席。大殿之東有巨大之空圈內爲聖殿，或卽聖座，有壇略高起，壇前有短牆或屏風阻隔，於大殿及聖壇之間，左右有兩講壇。其他陳設如蠟扦架座，敎士，助敎及講師等之坐位。

一八五、在聖壇及大殿之間，空圈之下，有階焉，乃懺悔者匍匐懺悔之所也。聖器置於壇之中央，祭台之上，台後有半圓形之後殿，在東邊牆垣之末者，設置精美聖像，像下置椅，如長者之坐，繞於半圓形之牆際，左右復有小室，爲執行敎儀者之室，祭台之右，卽聖壇之北爲聖餐桌，其左爲聖衣室，或聖器貯藏所。於此敎中執事將聖器滌潔，俾資舉行敎中儀式。

一八六、當君士坦丁變政之後，基督敎在其保護之下，進展頗速，各處敎堂之建築，幾如春筍之怒苗，可謂盛極一時。君士坦丁並建聖約翰拉忒藍(St. John Lateran)及聖彼得(St. Peter)敎堂於羅馬。聖彼得堂見一一一圖(b)及(c)，於公元三三〇年時興工，與尼羅武場毘連。根據敎中之傳述：聖彼得者，因宗敎而犧牲之一人也。聖彼得堂之地盤，見一一一圖(b)，係依照尋常佈置，反一轉身；卽聖壇在西，前庭在東，庭爲四方形，四週列柱圍繞之。自東至西，包括橙廊計約二五六呎，自北至南約二〇六呎。大殿之正門，係由橙廊六扇大門通達。殿之內部，長二八八呎，濶二〇六呎，以四行列柱分出大殿及四行甬道，見一一一圖(c)剖面圖。柱爲古柯關新式，高三十五呎，用花崗石及雲石製之。柱之上爲雄偉之台口。大殿之牆上，闢圓頭窗戶，自地高起約一一三呎。平頂劃成藻井形，並加盛飾。柱之分隔裏甬道與外甬道者，其高度較大殿一帶爲低；而下面更有磚子承托之，與柱子上面之連環法圈，以及外面之台口，互相表裏，並使圈底之高與台口底之高相等，見一一一圖(c)。

一八七、大殿西端之壇，向南北伸展，寬五十五呎，高幾與大殿齊。大殿及甬道通至祭壇之處，有空圈五堂，高九十六呎；半圓形之後之高度及寬度，與空圈之高度同。壇自大殿地面高起，其兩邊有踏步爲懺悔者之席。

敎主之位，居聖壇之中，旁繞牧師高僧之位。正對空圈中央之後殿，在銀製之聖餐盤下者，爲高昂之祭桌。此下爲懺悔席，地下小禮拜堂內，有聖彼得之石棺。後殿之前，有雲石柱子十二根，分成兩行，上面台口，直立殿前，倍形壯穆。其原來之聖經臺佈置，現已不可稽考；但其伸出大殿若干距離，隆起之臺與分隔之欄干及圍屏，均屬必然。此項頗感興味之敎會，自君士坦丁建成之後，中間復經多次改變，迨十六世紀以來，方成現在聖彼得敎堂之狀態。

一八八、羅馬聖克力門敎堂，如一一一圖(a)，依然甚爲完好；聖經臺及聖壇之佈置，亦與早期無異。但其地盤之佈局，或爲第五世紀之產物；蓋在以前之建築，尚無此品類也。該敎堂內包括大殿及兩個甬道；而兩甬道之濶度，則不一致。自大殿劃出甬道，中間係以古伊華尼式柱子分隔之。甬道之末端，有兩個小禮拜堂之係後來添築者。遂經墊高起之地板，用雲石屏風遮避之。圖一一二為聖保羅(St. Paul)教堂之內部，大殿兩傍之柱子，為柯蘭新式，上繞半圓形之連環圈。甬道與大殿之平頂，咸係式樣美奐之木平頂。因首都之遷徙君士坦丁，故凡舊都中之公共建築物，以乏人修葺，日漸塌圮。迨羅馬帝國伸展東西二部勢力，時在公元三九五年，被哥德人及汪達兒族(Goths and Vandals)之內侵，至是舊帝國之元氣，喪失殆盡；而其西部之地位，尤感危急。故斯時羅馬教堂之建造，其材料柱子等，有取諸舊屋者，是亦不無非議也。

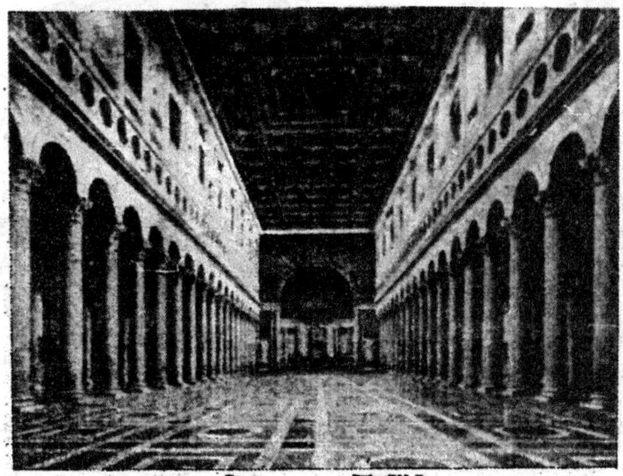

〔附圖一一二〕

一八九、浸禮堂者，附於教堂或相近教堂之處，在此堂中，舉行洗禮之儀式。原本舉行浸禮，在教堂前庭劃出一部為之，茲後遂另建浸禮堂矣。浸禮堂之構造，其平面幾皆圓形或多邊形，包括中間巨大之一部，光線則自高處窗戶透進，窗下有繞織列柱承托之。週繞列柱之中央，置洗禮盤，柱之外週為遊廊。早期之浸禮堂型範，可於羅馬聖約翰拉忒藍教堂見之。

（建築史第一編完）

卑辟丁建築

卑辟丁帝國之要點

地理，歷史及建築

一、地理　君士坦丁堡為卑辟丁帝國之東都（見圖一），係握據

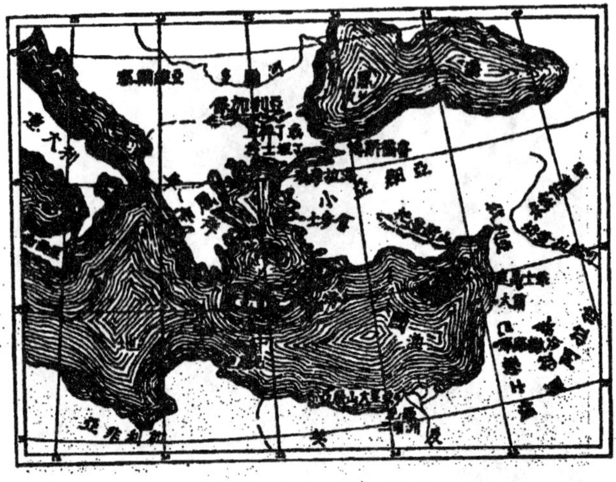

第一圖

希臘卑辟丁(Byzantium)城，而建於博斯福魯(Bosphorus)之岸，時為紀元前六六七年。其地勢既扼佔海口之衝要，復憑藉廣潤之港埠，故遂予羅馬帝國新都以控制商業之樞紐；而歐西商人之於帝國北部，尤為繁盛。

二、氣候　因建新都之傾向，與其天賦地勢之優越，加之出水便利及博斯福魯之氣流，故君士坦丁堡之氣候，確實裨益衛生。

三、宗教　人民均崇仰基督教，該教遂被定為帝國之國教；在君士坦丁堡區內，固極盛行。後以君士坦丁與羅馬兩地主教之齟齬，始有希臘與拉丁教會之分。

四、歷史及建築　當君士坦丁大帝之傾覆其最後之殘敵也，彼遂一躍而為羅馬一代雄君。因欲建一新都，俾利軍事政治之指揮，其地點必佳於古羅馬者，經帝選擇，最後決採卑辟丁，蓋其地面臨金角大灣，復扼航海之要道。其間與小亞細亞，敍利亞，色雷斯及馬其頓(Asia Minor, Syria, Thrace and Macedonia)間之航線，尤為繁複；故水陸交通，均皆薈萃於卑辟丁。倘欲召集帝國任何海陸人馬，誠有一呼百諾之慨！卑辟丁既握佔如是銅牆鐵壁之鞏固與險要，自不懼北部蠻族之侵襲矣。新都建設區域之劃定，公會所，教堂，宮殿，公共浴堂，競馬場等之地位，及其他許多公共建築之興建，悉依照羅馬之式樣與規訂。至公元三三〇年時，此城已發展至鼎盛時期，乃舉行慶禮，並經皇室勅令名其城為新羅馬；惟人民均依開闢此城者之名，名此城曰君士坦丁堡，或君士坦丁城。

五、君士坦丁堡之城市設計，係依照古羅馬之風度出之。其

界線包括七座山嶺之在金角灣及普洛逢替斯(Golden Horn and Propontis)間之半島，由此卽爲東界線之起點，地在卑辭丁舊城牆之外。

在卑辭丁東南界線佔地約一五〇英畝者，特闢爲宮禁之區，並將附近一帶民居拆卸，以容建築宏偉之宮闕，及廣大之御園。宮之西北，係一市集，乃一派極大舖砌之廣場，長一千呎，廣三百呎。宮之東邊一帶柱廊，係銜接皇族之宮院，元老院，公共浴場。宮之西爲競馬場，常舉行柔和之運動，所以替代劇烈之競鬬也。蓋劇烈之運動，爲基督教教規所不許者。

六、競馬場之北部，整個被王室佔作帝室勝利館。館中設位數百。咸係王之扈從；並砌短矮之分隔牆，每行中陳列戰利品中之戰車，並列三種紀念物，卽華表柱及三頭之龍蛇；此二物係在布拉的一役中，戰勝希臘後，埃及波舍尼阿斯 (Pausanias) 取自特爾斐(Delphi)，而貢獻陳列者。其餘爲方體之古銅柱。競馬場之牆，久已殘圮；但此三種紀念物，迄今仍竚立於土京，至土耳其人每呼此空地曰馬場者，蓋亦有自也。在競馬場之東牆，尙列有許多雕像及紀念物等，係爲歷代帝皇之勝蹟，逐漸加設者。競馬場之北，有偉大之聰神教堂，是爲君士坦丁所建而禮拜基督教者。公會場之西北，市界展開頗遠，於此亦有不少著稱之房屋，然終不及在帝室附近者之能引人耳。君士坦丁乘騎塑像，立於市長署前，亦爲君士坦丁城在中古末期時代之一名勝處。

七、公元三三七年，君士坦丁王駕崩，因其子姪之爭權，遂引起內戰，國土分裂，迨整個帝國之權力，歸入君士坦丁二世之掌握，戰爭始寢。至三七六年，羅馬帝國，復告崩裂，東部帝國爲未楞斯(Valens)所握；而未楞斯所統領之軍旅，又於亞德里雅那堡(Adrianople) 地方敗於哥德軍陣下；是役爲君士坦丁城自更名建設以來，遭受災殃之第一次。哥軍既蹂躪四鄉，繼又遶麾軍指君士坦丁城下，幸守軍人人奮勇，又藉碉壘之堅固，故哥軍雖屢施劇攻，而卒不得逞 遂退軍於色雷斯 (Thrace)，無復作掠奪君士坦丁堡之思矣。當公元五二七至五六五年，查士丁尼(Justinian)秉政之時，帝國國運之隆順，殆自君士坦丁後無以復加。緣帝國西部漸漸瓦解，而東部則仍鞏固，故查士丁尼遂興師向蠻軍消襲，既屋汪達爾(Vandal) 帝國於五三三年，復殲意大利之哥軍於五五三年，由是始恢復羅馬帝國東西兩大部，成完整之領土。惟因國內多年政治之隆替 語言文字遂亦蛻變不已；羅馬文之在君士坦丁，本屬盛極一時，今且消匿不彰，希臘文則崛起而代之矣。使用其祖國語言拉丁文者，查士丁尼實爲最後之一人；其後繼統者，對于希臘文之諳習，實較之拉丁文爲優矣．當公元四七六年，條頓蠻族佔有帝國西部之時，君士坦丁堡中，已擯拉丁族而併附於希臘。更有一時，幾以其美術文藝之深入，而宗爲國家之典範者。

八、因喜神學之研習與爭辯，是以帝國東部各派常鬧意見，互相傾軋，然以其能各致死力於藝術，實啓藝事之曙光。其間有一派曰破壞偶像派，若輩不許以神教畫或塑像，置於地上，蓋有失尊敬偶像之意也。有數君頗崇奉此派，如愛索立奥(Isaurian) 之利奥

(Leo)，爲信惑此派之最甚者。繼之以十字軍之反對迷信，遂有破壞大量藝術品之舉。公元八〇〇年，羅馬教皇利奥第三爲佛蘭克王查理曼(Charlemagne)加冕爲羅馬皇，並付皇以忠誠服務君士坦丁堡之重任，從此希臘遂爲羅馬教會所主宰。惟羅馬與君士坦丁兩教庭間常因意見不合，發生齟齬，中間雖屢經調停，以冀兩地基督教之和解，然卒無効果，終至公元一〇五四年，其各趨極端之態度，固持愈烈。至是羅馬教庭，卒毅然宣佈希臘基督教爲邪教。此爲希臘與羅馬教會分裂之「大分離」時期，然此種不幸事件之背景，於其謂爲宗教爭執，不若謂之政治爭執。蓋因於帝國東部，受土耳其之患，正極感困難之時，羅馬教皇不予援助故也。但不待歐洲文物感受極度威逼之際，而十字軍起矣。

九、於十一世紀時，比薩及熱那亞(Pisans and Genoese)人起而仇視基督教，後更統握地中海之權威；迨其在敍利亞根築海港後，熱那亞人復聯絡威尼斯，以奪君士坦丁堡之商業權；蓋其地西貫波斯，埃及，敍利亞及印度等，足以奪取博斯福魯(即君士坦丁港)；因此數區域，爲法蘭西，德國及意大利商人所樂就者也。

此種商業之掇奪，實予東帝國以稅收上之重大打擊。蓋帝國財富，咸依賴稅收，今既被奪，國勢乃衰，而十字軍遂攻取君士坦丁堡，並肆意刼掠之。公元一二〇四年十字軍經威尼斯之煽動，遂移其攻伐埃及蘇丹之目標，而轉犯基督教之古域——君士坦丁堡矣。當其侵入君士坦丁堡也，陳列於宮中之無數希臘典型式之美術作品，是皆爲君士坦丁及其繼承者所陸續收集，而點綴此城者；中有不少大名家作物如Heracles of Lysippus, The Great Hero of Samos及其他銅像等，悉爲若輩肆意破壞。尚有教堂中之祭壇屏欄，帝皇之墳墓等，亦均被燬滅無遺。十字軍推其領袖Balduir of Flanders爲東帝國之皇，而以此殘墟爲授皇治理之區。至公元一二六一年，此短促而不幸之一代拉丁帝國，遂告淪亡；然復之者希臘皇亦不能將此破碎沒落之帝國，再圖復興。至一四五三年穆赫墨德第二之時，土耳其蘇丹決心將君士坦丁爲政治中心，而乘其風雨飄搖之際，遂傾覆之。由是悠久之東帝國，僅爲歷史上之一名詞，其土地及政治，悉歸土耳其之掌握。

一〇、在卑祥丁帝國一千年中，屢禦強敵，北及阿之爾，都爾加疄及俄國，南及波斯，阿拉伯及土耳其；良以君士坦丁地位之鞏固，軍旅策動之多謀，及國庫之充實也。東帝國之地位，故能屹然不動，而歐洲其餘部份亦賴以安定也。君士坦丁堡，設有重衛，所以保護希臘無價之文書；當強敵逼境之時，希人乃攜古書逃避，是則大有助於十五世紀之文藝復興也。

卑祥丁建築之風格

十字形地盤及圓頂建築

十一、東方及希臘之影響——君士坦丁堡以其開闢者之關係，特於大街一帶，存留數處廟宇，以保持羅馬之色彩；因當建此新城之時，查無邪教之痕跡，故未被毀滅。但自三三〇年開闢君士坦丁堡，與五三二年查士丁尼建造聖索非亞(St. Sophia)教堂之兩世紀間，建築物之表現，常含東方與希臘之色調。當查士丁尼之時，又有一種新的藝術則列，蛻變而出者，爲卑祥丁建築；尤以帝室各大建築之含卑祥丁風格者，已達絕頂之盛况矣。

十二、十字形地盤教堂 此項建築，非特建於皇城之重要中心——如君士坦丁或耶路撒冷，其他遙遠偏僻之區如卡帕多細亞及愛索立亞(Cappadoria and Isauria)，亦有查士丁尼所建之教堂。其所建之聖維塔耳(St. Vitale)教堂在拉溫那 (Ravenna) 者，是爲彼方攻克此地後所建之偉大建築，蓋亦大好之卑祥丁教堂建築型範也。查士丁尼所建之許多教堂中，實以此堂之十字形地盤與巨大之圓頂爲嚆矢，而其佈局則追隨君士坦丁堡之聖索非亞教堂也。君士坦丁之紀念堂，於五三二年之役燬於火；惟被燬後不數旬，查士丁尼即著手籌劃恢復此堂之建築，是爲查士丁尼經營大建築之三；而此第三處教堂建築之地盤佈局，則不與以前相同。其式樣係倣希臘十字形之支配，即中央一個圓頂，東西兩邊二個半圓形，半個圓頂起自半圓形之牆垣。美麗之柱子，以古銅及雲石精搆之。此種內部裝飾，非爲查士丁尼建築時之工程，係由亞細亞與教寺中刼掠而來者。名貴之雲石，瑪賽克，鍍金之壁與鍍金之圓頂等，誠屬富皇與麗之建築，而此種式樣，尤爲東方各國建築教堂所奉爲圭臬者，直至今日，殊少改變。君士坦丁堡所建各教堂之建築，深受早期基督教建築之影響，茲又從而發展之，如圓頂之加於白雪理解教堂之上，遂引入西歐主教寺之穹窿頂建築。

十三、圓頂建築 卑祥丁式樣之圓頂建築，如第二圖。abcd爲方正之平面圖，上面係用圓頂覆蓋者，四面有四個半圓形之大法圈ekf，feg，等，支於礅子abcd之上；其三角之屑在e，f，g，h者，俾圓頂之冠置，其直徑適對abcd之四角。此半球形之物名曰「籠罩式」，在法圈圈頂相齊之處klmn，其平面已由正方幻成圓形式。籠罩式之圓頂，亦即冠架其上。有時圓頂不即在此脛際墳起，蓋先有一圓筒狀之脛，壁間闢有窗戶於此脛壁者，均名曰「鼓」。此項方底下空，上面籠罩圓頂之搆築，爲卑祥丁建築中特有之風格。於此更蛻變而發明不少圓形及半筒形等之冠頂，以應大建築中之結搆者，良能幻變多端，倍增富皇也。見三至五各圖。

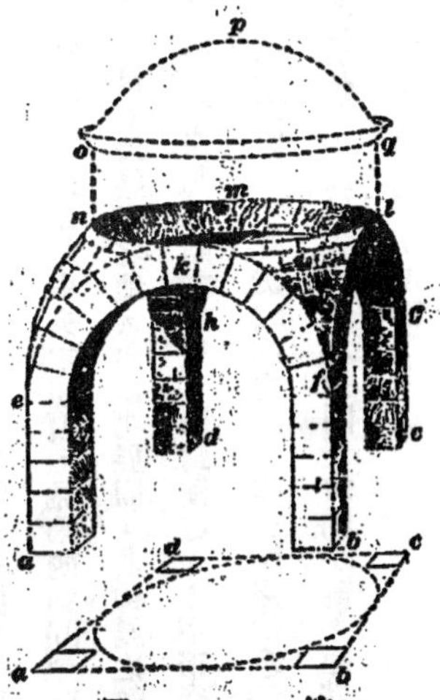

第二圖

建築則例

宗教建築

十四、聖索非亞教堂 當查士丁尼秉國之早期，君士坦丁宮中之聖索非亞教堂，曾經毀壞，而爲查士丁尼所重建者。此重建之教堂，尤爲世界有名之建築，亦即查士丁尼之第二大工程也。其設計之建築師：爲特剌利地方之安提密阿(Anthemius of Tralles)

第三圖

及米利都地方之伊沙度羅斯(Isodorus of Miletus)。此堂有名聖大索非亞(Santa Sophia)者，見第三圖，是爲早期教堂圓頂建築之表率，且亦爲教堂屋頂選用圓頂或木頂之區別也。聖索非亞之大圓頂，見第四圖(a)剖面圖，是爲籠罩式圓頂之蓋於半圓形法圈之上者

第四圖

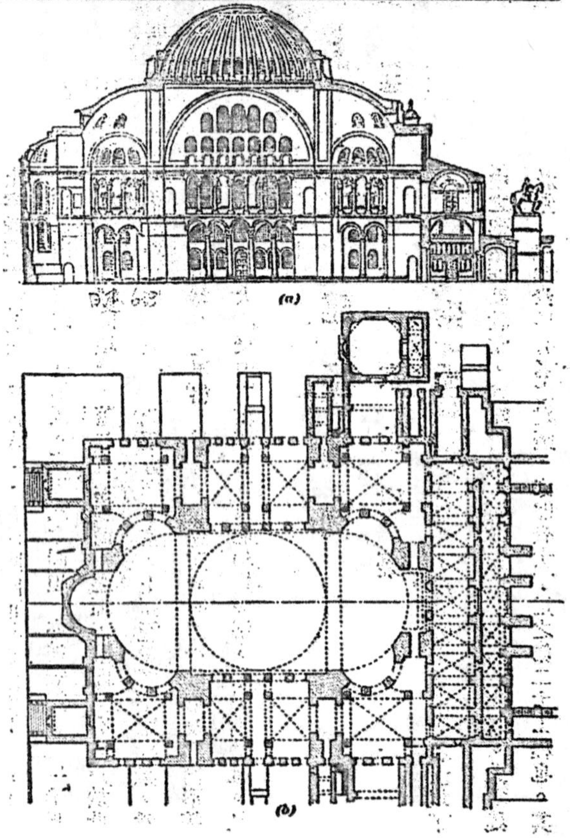

．下支四根巨大之方形礅子。圓頂脛際之對徑一〇七呎，高一七九呎，下面大殿一帶方地，由方地向東西兩面伸展作半圓形；而覆於此整方與半圓形上面之屋頂中間者，爲籠罩式圓頂，兩邊爲半圓形之頂，左右挾掖，拱托此中央之圓頂，見第四圖(b)平面圖，及第五圖內景圖。自中央整方之地，向南北展開，其伸展之勢與東西相同謂之十字式，而南北展開之部份，則爲甬道。十字形交叉之四角，更有半球形頂之處所，起於較低之處，俾大殿以連環法圈纏繞週圍，而殿成長方形。籠罩式圓頂之週圍，均闢小窗，而其地位適坐於台口線上者，見第四圖(a)剖面圖。

十五、聖維塔耳教堂 尙有一卓越之卑薛丁式建築，可資典攷者，在意大利之北部，地名拉溫那(Ravenna)有一八角形之敎堂，中央巨大之圓頂，係用木構架，而外面不若聖索非亞教堂圓頂之有外形，高僅二層，圓頂之週圍，繞以甬術。此即聖維塔耳教堂也，見第六圖(a)及(b)平面與剖面圖，及第七圖之內景圖。

第五圖

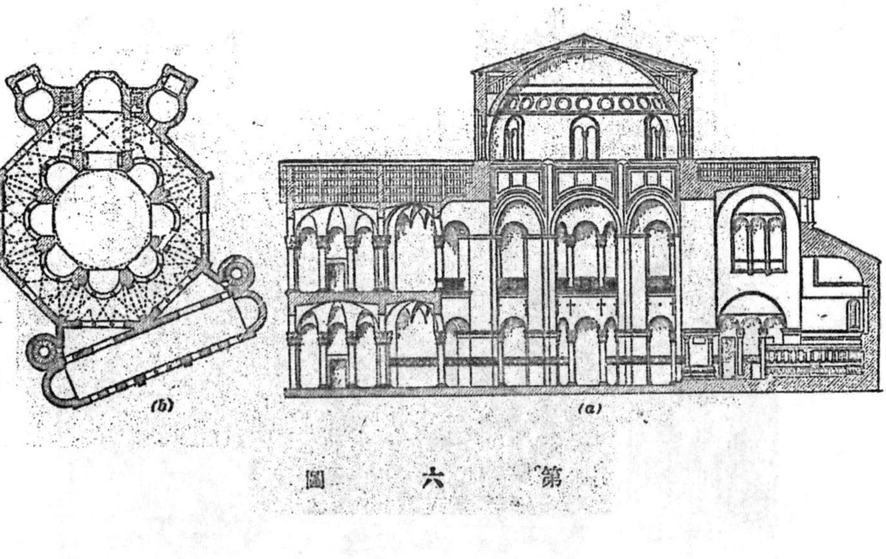

第六圖

十六、聖馬可(St. Mark)主教院 因君士坦丁與維納

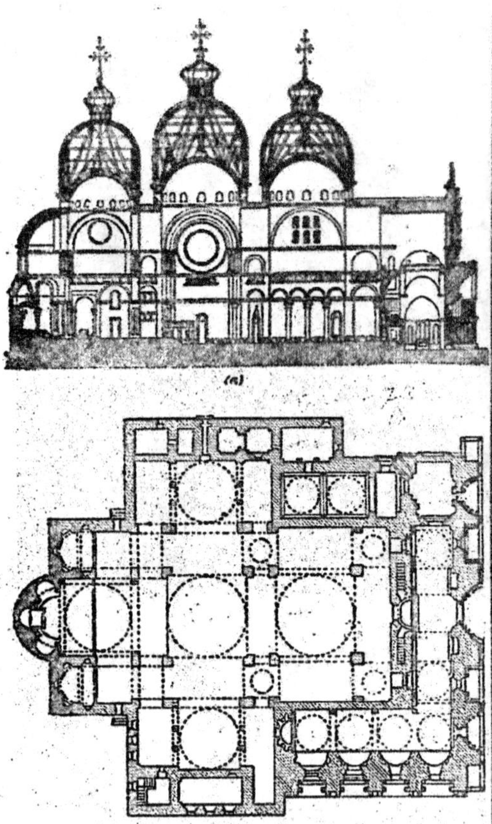

第九圖

第七圖

第八圖

斯(Venice)間之商業交通頻繁，遂將卑祥丁藝術，貫輸於維納斯地方，如著名之聖馬可主教院(見第八圖)，於九七六年被燬於火後所重建者，該院完成於一〇九六年，卽在多其微塔耳法利亞(Doge Vitale Falier)之時代也。此院之地盤，係依照希臘十字式者，見第九圖(b)地盤圖。共有五個大圓頂，卽中央一個，自中央分前後左右各一個，見第九圖(a)剖面圖。正面主要之出面部份，實爲內部工竣後多年始告完成者；其間分兩個時代，卽西面整個出面部份如下層五個門口等，及繼續向南北兩面告成。迨初次完成後，其外面曾經加以改易者，如奇巧木排之圓頂，以及其他等處，間有數處改成哥德式者。

此奇特建築之內部，若昂貴之瑪賽克，雲石舖地，古銅門，以及許多雕刻物，塑像等皆係出諸名手而爲不可多得之作品。且還有精緻之卑祥丁式雕飾，及純粹希臘式之藝術品等，誠屬琳瑯滿目，美不勝收。主教院之內部，見第十圖。

（待　續）

第十圖

現代建築形式之新趨勢

辛其一

名建築師沙爾立能氏(Eliel Saarinen)，曾運用其哲學之理論，對建築式樣作一分析曰：「在建築上產生一種新作風時，我人對之必有兩種心理：一爲贊同新者，即係前進之心理；一爲反對新者，即係保守之心理。但同時在兩者之間，尚有第三種心理的發現，即爲懷疑猶豫之心理是。由此種心理所發生之問題，則爲：此種新作風僅存於一時乎？抑將持之永久乎？

保守者之不能接受新潮流而加反對，因其生長於舊習慣中，固守舊章，不易變換。彼輩只知在傍觀看新的作風如何發展而已。其他反對者則因其已滿足其舊有的形式，惟恐新式樣之加以侵擾，固不能在其中發見優點也。余曾聞有作如此之論調者，謂將古代遺存之建築形式，加以模擬，以求適合於現時代，並由此中圖謀發展。然則此即所謂進化乎？將由何處推求我人建築式樣之承襲乎？若將古代建築加以追溯，我人將感極大困難，蓋因式樣繁多，目不暇接，實有無從選擇作爲臬圭之概！抑或將各種形式溶化，成爲一種混合式的建築，其取捨殊費考慮也。

在十九世紀中稱爲浪漫時期時，我人常見其一種奇異之建築形式，凡屬古典式羅馬式哥德式及各地之文藝復興式，均可見之。他如塔樓尖閣崗飾等物，均同時施用，模倣盛及一時。在式樣上，材料上及構造上，無非因襲模擬者也。

式樣之意義與理論既失，於是我人將提出問題曰：此即爲承襲乎？我人將以時代的建築置立於虛無之形式上乎？若我人必須承襲祖先之餘蔭，則應尋求希臘與哥德式建築之藝術，不斷創造時代的建築形式。

何謂建築的承襲？我人從希臘建築中所得知者有何？希臘人曾謂其建築承襲於埃及，埃及之建築具有兩重構造，即支持與壓重，亦即柱與梁是。我人亦曾採用此種原則，因其能適合於我人之目的也。埃及自有其基本的形式，我人若加採用，並不難事；不過勢必成爲一種虛僞，蓋藝術應表現其真實性也！

故我人應以自己之基本形式，發展自己之式樣。我人之建築數千年來受人贊賞者，即因其在形式上表現真實性也。此爲我人之勸告，且此即爲從我人藝術中所得到之承襲；在形式上與表現上均應真實，則將來的時代必能贊賞其偉績也。

哥德式建築師曾謂我人之承襲，係由古羅馬經過西羅馬與教會建築而來。我人接受羅馬之台階制度，因其能適合我人目的也。迨後在東方發現尖拱式建築，又加接受，因其適合我人之高旨也。但我人自有其基本形式，且此即爲統治我人之建築。試觀哥德之穹窿，以及高閣崇樓，石上重石，自基礎直達屋頂，整個的成爲一種合理組織。由此可以感覺材料中間之力量，並能隨力量之線紋，而被引起一種向上的注視。此在形式上爲真實，在構造上亦爲真實，故我人之建築，在後代必被贊賞也。此亦即爲我人在藝術上所得到之承襲也，

× × × × ×

時代之變遷，遂使我人之居住問題，藉科學之幫助，而更形複雜。蓋新材料與新構造法之發現，既日新月異，倘表現之有真實性者，則此建築形式亦必爲新者無疑。我人常感公民建築缺乏趣味化；故常任運用腦力，如何使公民建築之創造上發生趣味；俾於我人之事業有所資助，惟欲使人於其不瞭解之事業上，發生趣味，豈不難哉！

例如：有人問：「此屋爲何種式樣？」對曰：「此係意大利文藝復興式。」但此對於該人之意義印象，並無多大贊助。譬如後來渠又見另一種式樣之房屋，又經我人告其式樣，並將全部建築之歷史等告之，甚至將各種不同式樣之特性及其裝飾，均解析無遺。惟此任務實甚困難，蓋建築式樣之不同與其變化，既層出不窮，且有時必須連帶涉及各國帝后之名字及歷史等，情形之繁複，殆無有過於是者。

上述之問題既經解決，該人繼又問曰：「余現已能認識此屋爲意大利文藝復興式。然抑有疑者：蓋此屋之主人爲愛爾蘭人，建築師乃德人，承包商是丹麥人，而材料又全係美國出品，今稱爲意大利文藝復興式，何哉？」

答曰：「此無他，蓋此屋之所以爲意大利文藝復興式者，因建築師以此爲美麗之式樣也。」

該人繼又發奇特之論調曰：「然則，何謂美麗之式樣！夫所謂美麗之式樣者，正如一本書中僅有美麗的詞句，殊無意義也。」

我人對於此君之評語，一言以蔽之曰：渠對於建築可謂無興趣，根本不了解建築。因爲建築在形式之外，再想去尋求思想與理論，則勢所不可能矣。

今再以事實證明之：前曾於某報上見有一美國地屈脫 (Detroit) 城人，渠擬建房屋一所，並發表意見曰：「余擬將房屋造成西班牙文藝復興式；因此種式樣，在美國西部殊少人認識也。」

此殆即所謂理論也；然「建築中尋不出理論來」余早已言之矣。夫建築之有各種式樣，僅屬於裝璜的，空虛的，華飾的而已，於實際上則有何裨益哉！是以我人必須消滅所有式樣，因式樣能戕害有生命之建築，與有生命之藝術。

時至今日，建築藝術已被一種情趣的審美的裝飾觀念所吸收；其主旨無非摹倣過去各種式樣，草率採用華飾而任意施之於房屋本身，至其是否與內部相配合，則並不計慮及之。如此則將房屋有生命之組織，一變而爲無生命之外表裝璜而已。

我人試觀察一座房屋之構造，則奇妙之事，可謂層見迭出；如一根長石梁爲隱蔽之鋼柱所支承，亦有鋼骨混凝土梁與雲石石柱相連接。又見柱身用雲石，柱頭則又用有色灰泥做製成黃銅模樣，而上面則又承受狀如椽木製之線條。且柱子之豎立於地板上，本爲用以加強支重之表示，但在樓板下則又無支承，豈不怪哉！我人又見八吋鋼柱支承樓板及屋面，而用以輔持之伊華尼式石柱則反有四五呎直徑，且又毫不支承何物，而又阻礙光線之射入，並將室內面積減窄五呎。我人又見一所專門研究現代科學之大工業學校，其校舍係用鋼筋混凝土造成，外表包以人造石；但其設計則爲二千年前之式樣，豈不予盾哉！

此保形式主義，在過去十年中，所謂「時樣」之建築，有如我人所穿之衣服，大有花樣翻新，蛻變不已之概！惟時屆今日，「時樣」之末運已臨，何哉？試觀現代歐美各大城市，所謂現代建築，觸目皆是；至「現代」云者，非建築之本身也，乃設計者美其名以為「新」與「異」也。惟設計者之此種表現，未免膚淺，蓋若輩不利用新的材料，在構造上使之實用及經濟，而僅憑其經驗，濫用直線條及橫線條之窗櫺，黑色，白色或駁色之磚石，閃光之金屬，珍奇之木材與奇特之裝潢，僅僅堆砌成一種虛華之外表而已。

現代設計者喜將直柱的感覺表現在外表上，其實此等表面之柱子，自踵至頂，可謂毫無意義。在柱子之頂端，被施以華麗之裝飾於石或鐵筋混凝土；在窗與窗間，砌以華美之磚石或金屬鑲板，使其表現之形式為古代所無者。又如混凝土彩色磚及玻璃等施於房屋之各面，轉角處必用玻璃構造，入口處故作幽秘之式樣。上述種種，皆現代設計家所喜故弄玄虛者也。

在建築上，以鋼料，鋼筋混凝土，玻璃及金屬等新材料，施用於構造上，實現一種全新的房屋範式，但若輩並不遵循「創造藝術」——即古代形式主義之建築，其主要之目的僅在表現其正面之裝飾耳。

今日建築之原素，與昔已迥不相同；我人已驟入新時代之初期，憑我人之智力改革建築之時間與形式。然則新材料新生活以及人類與事業之進化，其影響於建築者究若何？此不過在構造上已採用新的材料，仍然利用數千年前之建築裝飾，改頭換面，造成一種新的房屋面具——即所謂「現代式」而已。至現代結構材料之是否對於我人設計創造銀行車站官舍貨棧及住宅等之新外觀時，有所贊助，是否能切合真實性？余敢曰：未也。若輩無非掩蔽建造房屋之目的，運用浪費之材料於式樣上，於忠實的房屋結構，則不之顧也。

× × × × ×

某處有一橡皮廠，係建於一千九百三十一年，外觀為埃及式，並飾以人首獅身之像，建築及其他裝飾，雖在半哩之外，亦能使人感及鋼鐵及玻璃之美麗；然不知於構造方面，則反受其混亂與極煩矣。

各種不同類之建築，如車站官舍銀行公寓貨棧及住宅等，其外觀均須表顯其固有之精神。通常各類房屋之外觀，多混雜不清，不能表現各個特性，徒摹倣希臘神廟式，羅馬宮殿式，哥德式或文藝復興式，甚至運用無謂之巨石或大理石柱，及笨拙之鐵筋混凝土作為華飾。此即所謂「現代式樣」，徒令識者感覺膚淺，而建築轉成虛偽矣。

總之，建築師腦中所存留之古典學藝，已至其末運！今後對於建築形式，僅須能表現其力量已滿足。至新材料之運用，必須於構造上有更新的發展方可。

營造學（十六）

杜彥耿

第四章

第一節 礅子及大料

定義 建築中橫平之材料，架於空堂之上、以之擔荷自上壓下之重量者，是謂大料；亦卽梁棟。此項大料，有平直者，亦有弓背形者；但其剖面，則殊爲繁劇。

分類 大料之分類，以用料別之，可分(a)木，(b)木，對接，分片並以螺旋鄒合，(c)合梁，(d)組立梁，(e)大梁之以生鐵，鋼或鋼筋混凝。梁用鋼製者，其斷面或由煅機拉出之擱柵，或用鋼板組合，而成函梁　格子梁等。

術語 關於鋼架大料等建築之術語，玆擇要錄之如下：

淨跨度 大料在礅子與礅子間之淨跨度。

有効跨度 大料架於兩柱之上，擱着於支柱之中對中，是謂有効跨度。此項大料長度之量核，以備計算之需。

深度 梁之深度，須有足夠之硬度以限制撓曲至四百分之一之長，但不能少於十二分之一之梁長。

闊度 此項濶度，往往依照擱置於大料上之物者，如牆之寬厚是。但或大料之兩旁無物夾制者，則其濶度自須獨立不傾。

荷重 包括大料本身之重量，與大料上負荷之重量。

承托面 大料下面擱着於支柱之部份。欲求承托之面積，可將材料之載重除以支持點之力卽得。其長度可將梁關除以求得之面積，惟須有適當之長度分佈於支持點之力爲宜。詳見礅子項。

嵌片 三角或圓嵌條，用以嵌於角鐵或生鐵大料中。普通三角嵌條於平行及垂直面成一三五度之角度；惟生鐵之內銳角則殊嫌弱點。

弓背形梁 梁自支持點起，逐漸向上挺起，俾梁受力不致發生撓曲。生鐵梁每十呎開濶需成弓背六分，鋼梁則每十呎需半吋。

梁之斷面 最經濟材料之應力抵抗，在理論上將大半之物體距離中性面之斷面，愈遠愈佳；實際上工形斷面能合乎上述條件。鐵板梁之凸緣用以抵抗撓應力，而梁腰則抵抗剪應力。普通生鐵梁與鑄鋼擱柵之腰，其抵抗剪力之面積較需要爲大，同時在計算力學時，應之慣性價值亦在其中，以求出梁之最大抵抗力。梁之一端固定，他端則並不固定者，謂之翹梁或懸梁；兩端均固定者曰梁。

設有外力壓載於一固定之梁上，則梁之上部爲壓力，下部爲拉力；而在中性面爲一假想之面，在此部份，壓力與拉力均等於零。

過　梁　梁之上端濶面，以之承托窗堂或門堂上之牆垣。梁普通成用木製，蓋木料出產既多，而又平整，能隨心將其鋸成所需要之跨度及載重式樣。長方形斷面之梁，在理不甚經濟，但實際亦極少費料。木料之採取，自以用樹之中心爲佳。梁之應力變化，我人必須注意者：(一)與長度相反，(二)闊度相對，及(三)深度之平方。是以在任何斷面面積，以深度深而闊度狹者爲佳。但實際上，爲避免梁向側面推弓起見，自須有相當之濶度，藉以保護其側面之不易屈曲。梁之側面倘無支撐，其闊與深之比例，通常爲六與十之比。擱柵中有剪刀固撐者，則其比例須較小四分之一。擱柵或椽子等之濶度限制，最小爲二吋。

木　梁　木梁所需之斷面尺寸，均宜用樹中心之木料；將其中心順深度而鋸之，使木料內部或中心易於乾燥與收縮，俾晒乾時可免去過份之收縮。同時亦須檢驗梁之內部各缺點。通常木料之接合，祇須將一端顛倒，沿樹中心之半面置於露面，再用螺旋絞搭，其距離約爲二呎。圖四三二及四三三爲八呎中距十五呎跨度之合梁，當外力每呎爲七十磅時，其最大撓曲爲四八〇分之一。倘梁之闊度較求得之任重面積之闊度爲小時。將梁之中間用木塊間隔，使之相等，見圖四三〇及四三一。

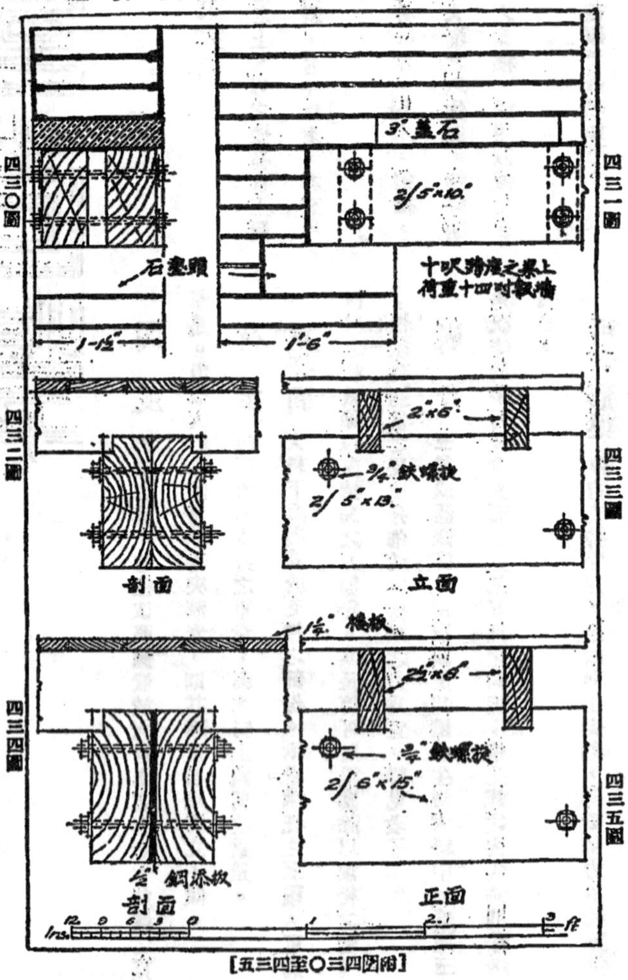

[附圖四三〇至四三五]

混合梁　當梁之任重不足時，須增加材料以襯之：(一)在兩木之間加添鋼或鐵板，或(二)另加架梁。

鐵合梁　安置於兩木之間，其深度與梁同，濶度則以補足梁之抵抗力爲準則；隨後將木與鐵板等三塊一同用螺旋紋緊。圖四三四及四三五係十呎中距二十呎跨度之鐵合梁，在每呎一百磅之外力時，其最大撓曲爲四八〇分之一。

架　梁　架梁用於長跨度或極深之深度等情形之下。在混合梁中木料抵抗壓力而鐵條或鐵螺旋則抵抗拉力。有時架之桿件均用木料爲之，在接合之處則用鋼鐵。

圖四三六至四四五示架梁之式樣及其大樣。自四四二至四四五圖爲花籃螺旋之式樣，用以糾正拉條之長短。

鋼筋混凝梁　梁之用混凝土製造中實鋼條者，混凝土抵禦梁之上半部壓力，鋼條則抵抗拉力。鋼筋混凝土之効用：(一)建造經濟，(二)能避火，(三)其不易生銹或腐蝕之功能，較之鋼或木有過之無不及。此種梁之設計，殊爲繁夥，容於另章詳述之。對於梁之結構，所須注意者，如拉鐵及剪力鐵之數量與安置，混凝土之質料與建造，及木売子之結搆等。鋼筋混凝梁之式樣，詳見下章樓板項。

生鐵梁　生鐵梁之式樣最佳者，允推工形斷面，其拉力之凸緣面積較諸壓力之凸緣，約大四倍至六倍。普通其深度爲十五分之一長，其壓力之凸緣，闊度自三十分之一至四十分之一長。

任何生鐵均逐漸加厚，每三呎之距離有一梁撑見四四九圖。

生鐵樑造說明　採用極佳之韌性灰色生鐵，質堅而潔者，在第二次鎔解中提出，俟其冷閉並自由凝結，則所製之模正確，而煉成之鐵自屬精巧矣。試驗之法：以一吋方之樣品，在等熱度之下，

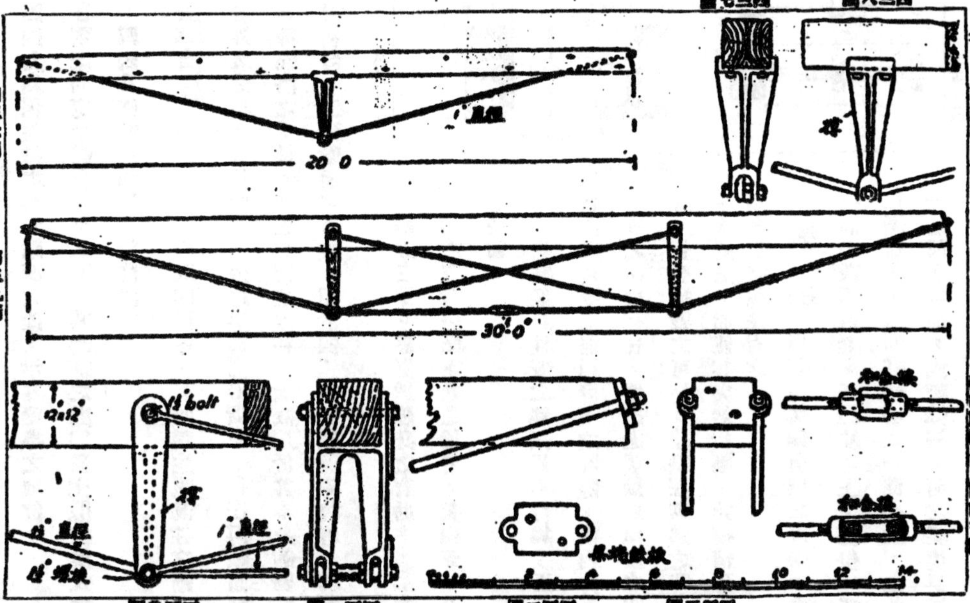

四三六圖　四三七圖　四三八圖　四三九圖　四四〇圖　四四一圖　四四二圖　四四三圖　四四四圖　四四五圖

金屬由砂模型中提出，用毛料在四呎六吋之淨跨度中央，能荷負五百磅集中重之外力爲佳。

尖銳之角乃暴露弱點之處，必須愼護之，或在各內角做圓或三角。

圖四四六及四四九示生鐵梁之剖面及立面之一部，支持在梁之一端，擱置於石墊頭上，其上部擔任壓力，下部則擔任拉力。

圖四四八及四四九示生鐵梁之兩端均爲固定者，在每個凸緣上有拉內力與壓內力之不同部份。合乎此種條件者，有下列二種式樣：(一)工形斷面，見四四九及四五〇圖；及(二)水落形斷面。後者用於蘇格蘭店面上之過梁，極爲廣泛，見四五〇圖。

四四九圖係生鐵水落形斷面之梁，示其梁擇之地位。

在兩端固定中間有載重之梁，其凸緣之處卽發生似波浪式之撓曲狀，四四八圖卽示相反之彎曲點。

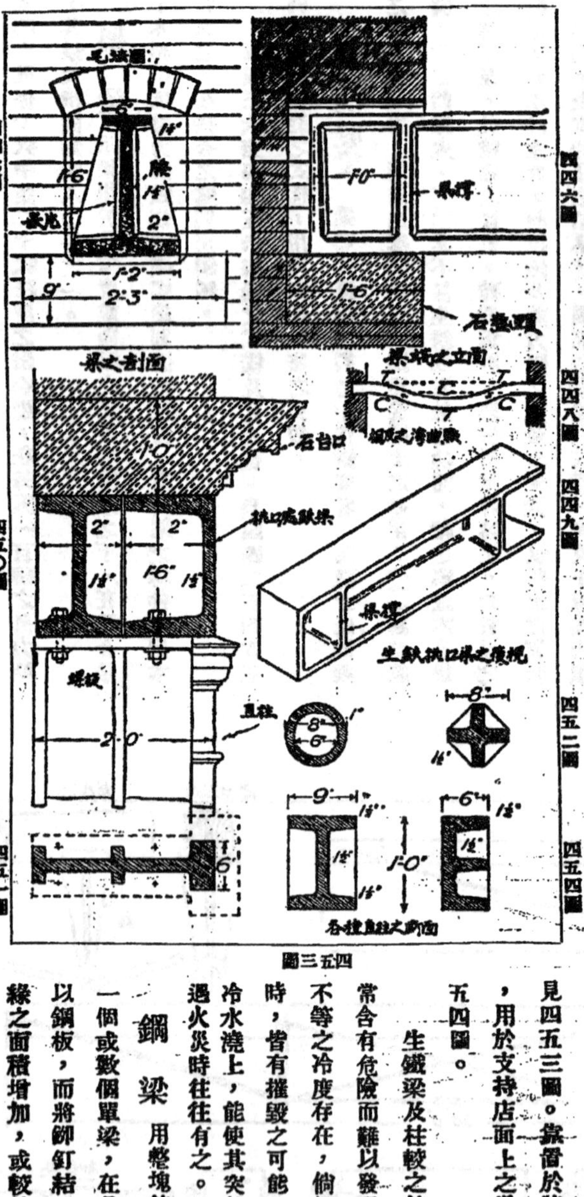

【註】四四八圖內之C係壓力，T係拉力。

圖四五三

生鐵直柱 在四五二至四五四圖中，有四種生鐵直柱之斷面。暴露於外表之柱，則用四五二圖之空心圓形斷面；在任何斷面面積中此爲極經濟之式樣。四五二圖之直柱，大概用於其本身舖砌燒陶磚等材料者。工形斷面之直柱，用於四週，俾舖砌磚塊者，其斷面見四五三圖。嵌置於牆身之有肋水落形直柱，用於支持店面上之過梁者，見四五一及四五四圖。

生鐵梁及柱較之鑄鋼爲不可靠；蓋前者常含有危險而難以發現之孔隙，或內力遇有不等之冷度存在，倘經過震動或氣候之突變時，皆有摧毀之可能。生鐵在酷熱之時，將冷水澆上，能使其突然折斷；此種情形，在過火災時往往有之。

鋼梁 用整塊鑄鋼所製之單梁，或用一個或數個單梁，在凸緣之上下部份，各蓋以鋼板，而將鉚釘結合成一混合梁，如此凸緣之面積增加，或較鑄鋼斷面之深度爲深。混合梁之結構，須有適當之凸緣板及梁筋板

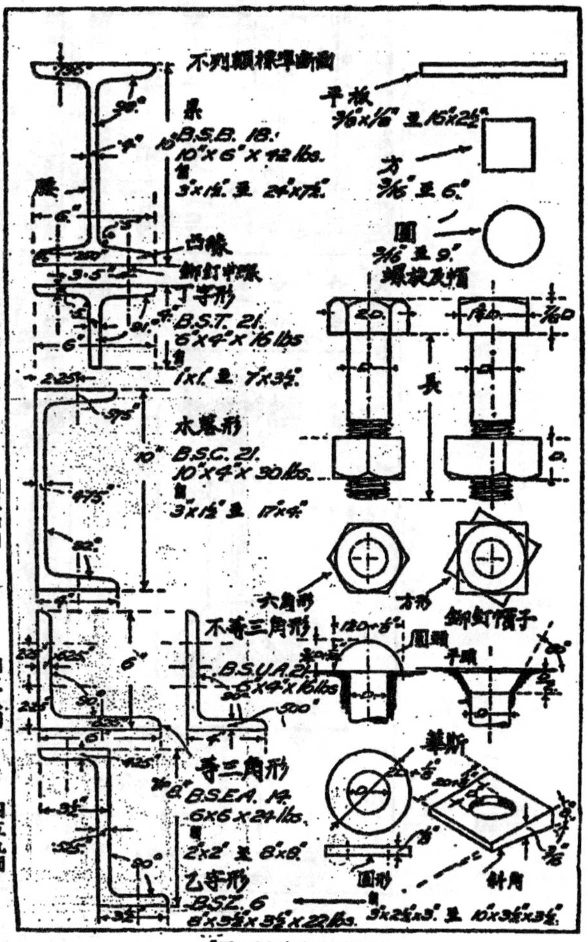

[附圖四五五至四六五]

，用鋼三角鐵接合之；依照此種佈置之式樣，有單梁筋與雙梁筋者，名之曰函梁，係極大之梁，其梁筋中空，與梁架中之格子梁極類似。

自四五五至四六五圖爲各種不同之標準斷面，內包括工字形，丁字形，水落形，三角形及乙字形等斷面；同時並有平板，圓條及方條之別。

圖四六六至四七四示通常應用之混合斷面結構方法。

普通建築中所常用之生鐵，熟鐵及鋼，其內力之關係，用噸爲單位者，詳見下表：

	生鐵	熟鐵	鋼
拉力	七至八	二三	三〇
壓力	四〇至四五	一六至一七	三〇
剪力	一二	二三	二四

鐵板梁 在荷負沉重之外力時，其斷面較各工廠所出之標準斷面爲大，則可用板或拚成之斷面；包括板，三角形及丁字形之斷面，用鉚釘聯合而成，其面積之變化依照力之能率，及梁筋與凸緣之增加用丁字形或三角形梁撐。梁撐僅係三角形或丁字形，須將其截斷，然後用鉚釘連合在凸緣及靠近縱三角形上，嵌片一塊其闊與梁撐同，其厚度與縱三角形相等。四七〇至四七二圖示剖面，一部之立面及平面，及梁端鐵板裝置之圖解。

四七三圖示鐵板梁用曲角梁撐之剖面，及一部份立面與平面；其曲角梁撐應用於梁之凸緣頗闊之處。

24115

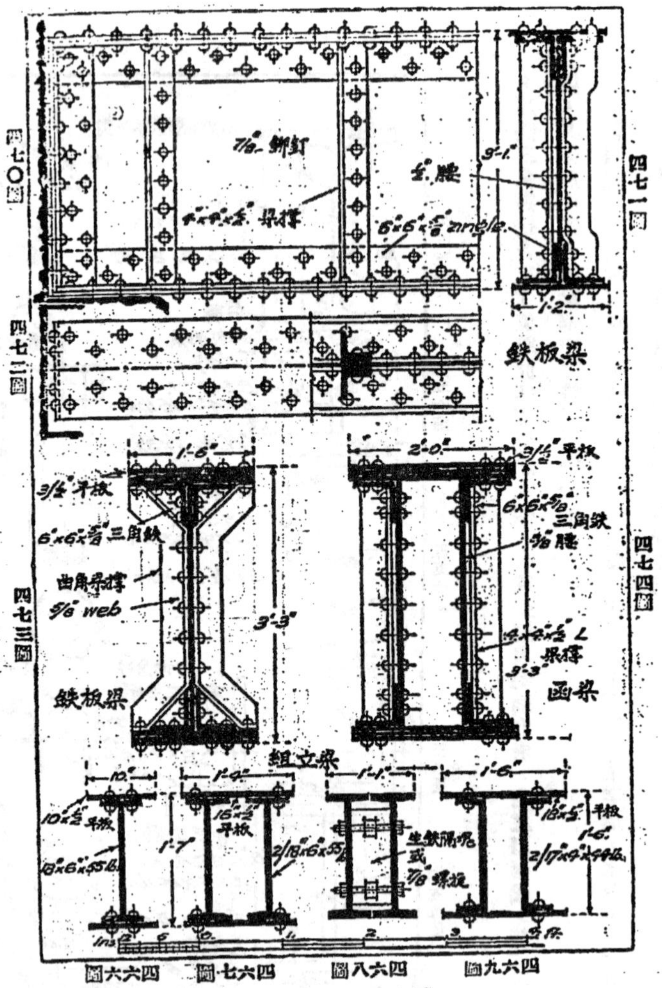

[附圖四六四至四七四]

(待續)

24116

傢具与裝飾

此爲公寓中起居室之一瞥。隱於外牆之簾帷作灰色，牆爲白色，器具均鍍克羅米，包以白色之皮。桌之臺面覆以玻璃，全室點塵不染，清爽悅目。

此為公寓中之披屋，地位雖小，而牆面因用蘋果綠之玻璃，故光線異常充足，地位似見增大；且因與天花板之綠色相諧和，故更覺明淨有致。

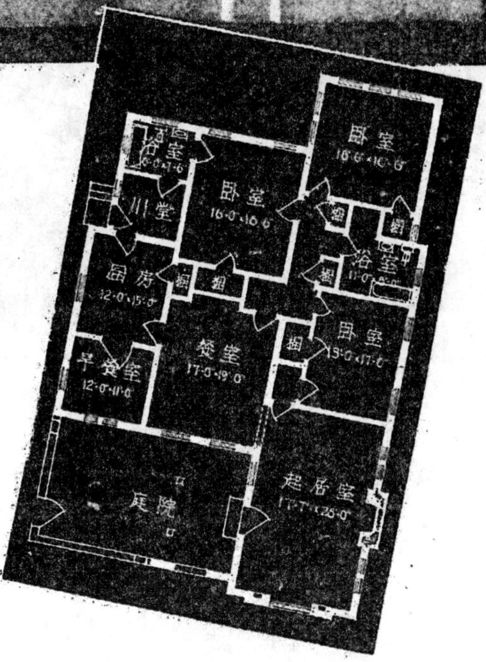

此屋之總面積不過二十七方，而包容宽大之起居室，餐室，早餐室，與三個臥室，兩個浴室，廚房，川堂，衣櫥等，十分完備；至式樣之樸質，造價之經濟，尤其餘事。再者，此屋之各室，均在一層內，無扶梯上下之麻煩，殊能適合國人之習慣也

此屋用白色磚牆起砌，淡裝素抹，倍覺幽研。

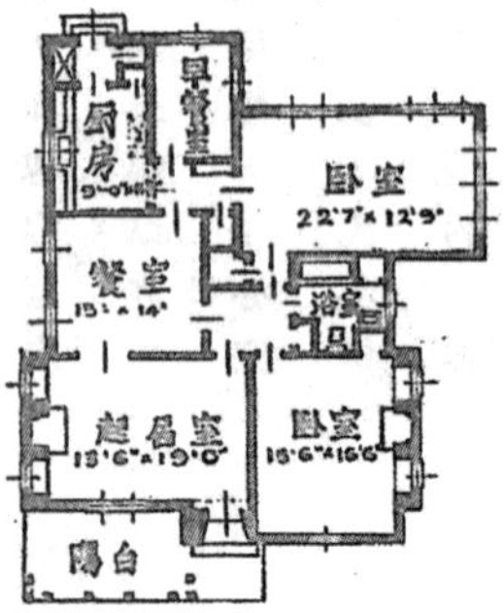

平面圖

專載

本會與保裕保險公司合作舉辦建築團體職工意外傷害保險

近年以來，我國建設事業突飛猛進，各種偉大建築物，如矗立霄漢之廣廈，跨越巨川之橋梁，停泊商輪之碼頭，以及蜿蜒交織之鐵道公路等，均有極顯著之成就。每一建築物在工程進行之中，僱用工人，千百不等；此輩胼手胝足，氣喘汗浹，或攀援於層樓之上，或踵身於飛閣之巔，或涉水而興工，或登山而懸道；其勞苦情形與危險程度，有非吾人所能想像者。試就滬埠言之，從事建築工程之營造廠商，大小數百家，工人數萬名，在工程進行中，每有無辜工人，因工作不愼，橫遭慘死，報章傳載，屢有所聞；社會人士，對此雖亦司空見慣，漠不為意。殊不知此輩工人月入無幾，而一門生計，惟此是賴。今因公致死，所有棺葬費用，雖由包工者本惻隱之立場，資助料理；至於已死工人家中日後之生活，實成問題，難以顧及也。

夫工人對於社會建設之功，殊不可沒；今因公身死，自宜設法以善其後。本會創立之初，對此即加注意，故會章中舉辦勞動保險，亦列為職務之一種。現在保險事業日趨發達，產業人命，纔少數之保費，即可得安全之保障；雖有不測之來，可無噬臍之患；法良意善，實有積極提倡之必要。本會爰與本埠保裕保險公司意外保險部，合作舉辦「建築團體職工意外傷害保險」，現已簽訂代理契約，切實推行，以期使營造廠商與建築職工，同蒙福利，各沾其惠。蓋團體保險之舉，其利益就僱用人方面言，則：

(一)可使僱用人對於因執行職務而受意外傷害或死亡之職工所有給付津貼撫䘏及醫藥費之責任，或本仁慈之心而應盡之義務，移交保險公司負担。

(二)可使僱用人對於因執行職務而受傷之職工所需之費用，能有一定之預算。

(三)為僱用人待遇受僱職工生活周至之表現。

(四)為保障受僱職工生計之福利實施。

(五)既可促進勞資合作，消弭糾紛，復可增加職工之工作效能。

就受僱職工自身之利益言，則：

(一)因執行職務而受意外傷害以致暫時完全喪失工作能力者，得享受星期工資之津貼，使日常生活，仍得維持。

(二)因執行職務而受意外傷害者，得受充分醫藥費之補助，使其能受較良之醫治而可早日恢復工作能力。

(三)因執行職務而受意外傷害以致喪失生命者，其家屬一次可得巨額之賠償金，俾一家生活，得不受人事興亡之痛苦。

(五)因執行職務而受意外傷害以致成為永久全部或一部殘廢者，一次可得巨額之賠償金，使其能不因喪失工作能力而有飢餓凍餒之慮。

(五)職工人員因身家得有保障，心境安泰而無顧慮，以是對於所任之工作，不特興趣濃厚，且可自勉進取精神。

現此種團體保險推行伊始，深望本會會員及各營造廠商能鼎力贊助，共起提倡；在僱用者所費無幾，而建築職工設遇意外，則送死養生，有備無患，惠澤廣被，其德無涯矣！

介紹「波許」電氣鑽鑿機

「波許」電氣鑽鑿機，係德國名廠 (Messrs. R. Bosch A. G.) 出品，不論鑽鑿彫刻，均可應用。若用爲鑽鑿機時，旋轉自如，工作迅速；欲其固定不轉，祇須將機件調換即可，而式樣玲瓏，可置於小箱子內，攜帶極爲輕便。凡遇裝修及地上工作，使用波許電氣鑽鑿機，定能得美滿結果；而建築工程中採用該機，更可使工作迅速也。各種建築材料及工程，如灰凝石，石灰石，沙石，混凝土，或最堅硬之鋼筋混凝土，磚砌工程，粉刷，舖置地板等，均可使工作進行，迅捷便利也。至於地底工程，則「波許」電氣鑽鑿機實爲其他巨錘之良助，此非取巨錘而代之，蓋一切工程需要旋動鑽鑿之錐者，均藉此電氣之鑽鑿機也。

試舉一事爲例。在德國司透茄 (Stuttgart) 有華麗啤酒廠者 (Messrs. Wulle A. G. Brewery)，築一水隧道，初用斧開鑿，但費工頗多，而進行又慢。迨後改用此機，工作進展，頓告順利，較前迅速有四倍之多。又如一九三三年間同地建造之"Neue Weinsteige"，所有鑽孔，由四工人用此機鑽鑿，二日之間，共完成六百洞，而其地又係堅硬之混凝土也。是故不論地上及地下工程，裝修工作等，一般建築家均樂用此機也。此機由本埠漢口路一一〇號捷成洋行經售，歡迎各界人士前往參觀式樣云。

本刊所載材料價目，力求正確；惟市價因息變動，漲落不一，集稿時與出版時難免出入。讀者如欲知正確之市價者，希隨時來函詢問，本刊當代爲探詢詳告。

磚瓦

（一）空心磚

十二寸方十寸六孔	每千洋二百十元
十二寸方九寸六孔	每千洋一百九十元
十二寸方八寸六孔	每千洋一百六十元
十二寸方六寸六孔	每千洋一百二十五元
十二寸方四寸四孔	每千洋八十元
十二寸方三寸三孔	每千洋六十五元
九寸二分方六寸六孔	每千洋六十五元
九寸二分方四寸半三孔	每千洋五十元
九寸二分方三寸三孔	每千洋四十元
四寸半方九寸二分四孔	每千洋三十二元
九寸二分四寸半三寸二孔	每千洋二十元
九寸三分•四寸半•三寸半•二孔	每千洋十九元
九寸三分•四寸半•二寸•二孔	每千洋十八元

（二）八角式樓板空心磚

十二寸方八寸八角四孔	每千洋一百八十元
十二寸方六寸八角三孔	每千洋一百三十五元
十二寸方四寸八角三孔	每千洋九十元

（三）深淺毛縫空心磚

十二寸方十寸六孔	每千洋二百二十五元
十二寸方八寸半六孔	每千洋一百八十九元
十二寸方八寸六孔	每千洋一百八十元
十二寸方六寸六孔	每千洋一百三十五元
十二寸方四寸四孔	每千洋九十元
十二寸方三寸三孔	每千洋七十二元
九寸三分方四寸半三孔	每千洋五十四元

（四）實心磚

九寸四寸三分二寸半特等紅磚	每萬洋一百三十元
又　普通紅磚	每萬洋一百二十元
八寸半四寸一分二寸半特等紅磚	每萬洋一百三十四元
又　普通紅磚	每萬洋一百十四元
十寸•五寸•二寸特等紅磚	每萬洋一百二十元
又　普通紅磚	每萬洋一百十元
九寸四寸三分二寸特等紅磚	每萬洋一百元
又　普通紅磚	每萬洋九十元
九寸四寸三分二寸三分特等紅磚	每萬洋一百十元
又　普通紅磚	每萬洋一百元
九寸四寸三分二寸三分拉縫紅磚	每萬洋一百六十元
十寸五寸二寸特等青磚	每萬一百三十元
又　普通青磚	每萬洋一百二十元
九寸四寸三分二寸特等青磚	每萬一百十元
又　普通青磚	每萬洋一百元
九寸四寸三分二寸二分特等青磚	每萬一百二十元
又　普通青磚	每萬一百元

（以上統保外力）

（五）瓦

一號紅平瓦	每千洋五十五元
二號紅平瓦	每千洋五十元
三號紅平瓦	每千洋四十元
一號青平瓦	每千洋六十元
二號青平瓦	每千洋五十五元
三號青平瓦	每千洋四十五元
西班牙式紅瓦	每千洋四十五元
西班牙式青瓦	每千洋四十八元
英國式灣瓦	每千洋三十六元
古式元筒青瓦	每千洋六十元

（以上統保達力）

以上大中磚瓦公司出品

新三號青放	每萬洋五十三元
新三號老紅放	每萬洋六十三元

輕硬空心磚

		每塊重量
十二寸方十二寸四孔	每千洋二八〇元	卅六磅
十二寸方十寸四孔	每千洋二三〇元	廿六磅
十二寸方八寸二孔	每千洋一七〇元	十九磅半
十二寸方六寸二孔	每千洋一三〇元	十七磅
十二寸方四寸二孔	每千洋八十九元	十四磅

十二寸方三寸二孔 每千洋七十元 十三磅半
九寸三分方八寸三孔 每千洋九十三元 十二磅
九寸三分方六寸三孔 每千洋七十元 九磅半
九寸三分方四寸半三孔 每千洋五十四元 八磅三
九寸三分方三寸二孔 每千洋五十元 七磅三

硬磚

二寸二分四寸六分九寸半 每萬洋一〇五元 六磅
二寸二分四寸一分八寸半 每萬洋八十五元 四磅半

以上長城磚瓦公司出品

鋼條

四十尺四分普通花色 每噸一四〇元
四十尺五分普通花色 每噸一二六元
四十尺六分普通花色 每噸一三二元
四十尺七分普通花色 每噸一三六元
四十尺一寸普通花色 每噸一三六元
盤圓絲 每市擔六元六角

泥灰石子

象牌水泥 每桶洋六元三角
泰山水泥 每桶洋五元七角
馬牌水泥 每桶洋六元角元
拔灰 每擔洋一元二角
黃沙 每噸洋三元
石子 每噸洋三元半

木材

洋松 八尺至卅二尺再長照加 每千尺一百十元
一寸洋松 每千尺洋一百十二元
寸半洋松 每千尺洋一百十三元
洋松二寸光板 無市
四尺洋松條子 每萬根洋一百六十五元
一寸洋松一號企口板 四寸 每千尺洋一百四十五元
一寸洋松副頭號企口板 四寸 每千尺洋一百十元
一寸洋松二號企口板 四寸 每千尺洋一百元
一寸洋松一號企口板 六寸 每千尺洋一百二十元
一寸洋松副頭號企口板 六寸 每千尺洋一百十五元
一寸洋松二號企口板 六寸 每千尺洋一百元
一二五洋松一號企口板 四寸 無市
一二五洋松二號企口板 四寸 無市
一二五洋松一號企口板 六寸 無市
一二五洋松二號企口板 六寸 無市
柚木(頭號)僧帽牌 每千尺洋六百元
柚木(甲種)龍牌 每千尺洋五百五十元
柚木(乙種)龍牌 每千尺洋五百元
柚木(旗牌) 每千尺洋四百五十元
柚木(盾牌) 每千尺洋四百八十元
硬木 無市
硬木(火介方) 每千尺洋一百八十五元
柳安 每千尺洋一百九十元
紅板 每千尺洋一百六十元
抄板 每千尺洋一百八十元
十二尺六 三寸 八皖松 每千尺洋六十五元
十二尺二寸皖松 每千尺洋六十五元
一二五柳安企口板 四寸 每千尺洋二百十元
一寸柳安企口板 六寸 每千尺洋二百十元
一二五企口紅板 四寸 無市
二寸建松片 一寸半 市尺每千尺洋六十八元
九尺建松板 四分 市尺每丈洋三元八角
九尺建松板 八分 市尺每丈洋六元八角
六尺半青山板 五分 市尺每丈洋三元五角

本松毛板	市尺每塊洋三角
本松企口板	市尺每塊洋三角二分
六尺半二分杭松板	市尺每丈洋二元
七尺半二分甌松板	市尺每丈洋二元一角
六尺半八分皖松板	市尺每丈洋四元六角
九尺八分皖松板	市尺每丈洋五元六角
六尺半五分皖松板	市尺每丈洋四元二角
台松板	市尺每丈洋三元五角
七尺半四分坦戶板	市尺每丈洋二元六角
七尺半三分坦戶板	市尺每丈洋二元四角
六尺二分機鋸紅柳板	市尺每丈洋二元五角
六尺三分毛邊紅柳板	市尺每丈洋二元五角
六尺二分俄松板	市尺每丈洋二元六角
六尺半二分俄松板	市尺每丈洋二元八角
七尺半毛邊二分坦戶板	市尺每丈洋一元七角
六尺半五分機介杭松	市尺每丈洋四元二角
白松方	每千尺洋九十五元
紅松方	每千尺洋一百十五元
麻栗方	每千洋一百三十五元
啞克方	每千洋一百三十五元
俄麻栗板	每千尺洋一百四十元

五金

(一) 釘

美方釘	每桶洋二十元〇九分
平頭釘	每桶洋二十元八角
中國貨元釘	每桶洋六元五角

(二) 防水粉及牛毛毡

建業防水粉（軍艦）	每磅國幣三角
雅禮避水漿	每介侖一元九角五分
雅禮避水粉	每介侖一元九角五分
雅禮避水漆	每介侖三元二角五分
雅禮紙筋漆	每介侖三元二角五分
雅禮避潮漆	每介侖三元二角五分
雅禮透明避水漆	每介侖四元二角
雅禮膠珞油	每介侖四元
雅禮保地精	每介侖四元
雅禮保木油	每介侖二元二角五分
雅禮快燥精	每介侖二元

（以上出品均須五介侖起碼）

五方紙牛毛毡	每捲洋二元八角
半號牛毛毡（馬牌）	每捲洋二元八角
一號牛毛毡（馬牌）	每捲洋三元九角
二號牛毛毡（馬牌）	每捲洋五元一角
三號牛毛毡（馬牌）	每捲洋七元

(三) 其他

鋼絲網 (27"×96" 2¼lbs.)	每方洋四元
鋼版網 (8'×12' 六分一寸半眼)	每張洋卅四元
水落鐵（每根長二十尺）	每千尺五十五元
牆角線（每根長十二尺）	每千尺九十五元
踏步鐵（每根長十尺或十二尺）	每千尺五十五元
鉛絲布（闊三尺長百尺）	每捲二十三元
綠鉛紗（同上）	每捲洋十七元
銅絲布（同上）	每捲四十元

水木作工價

木作（包工連飯）	每工洋六角三分
水作（同上）	每工洋六角
水木作（點工連飯）	每工洋八角五分

介紹 遠東實業公司陶磁廠

國內所用建築材料，大都取給於舶來，利權外溢，莫此爲甚。本埠遠東實業公司陶磁廠，有鑒及此，特製造光耀釉面磚缸磚等，藉以挽回利權。近聞該公司聘任鄒秉魁君爲營業部主任，擴充釉面磚缸磚等營業。鄒君前服務於中國釉面磚公司，成績極佳，此次駕輕就熟，定有一翻新貢獻，爲國產建築業光也。

中華郵政特准掛號認為新聞紙類

建築月刊
THE BUILDER

內政部登記證警字第二五五四號

廣告刊例
Advertising Rates Per Issue

地位 Position	全面 Full Page	半面 Half Page	四分之一 One Quarter
底封面外面 Outside back cover.	七十五元 $75.00		
封面及底面之裏面 Inside front & back cover	六十元 $60.00	三十五元 $35.00	
封面裏面及底面裏面之對面 Opposite of inside front & back cover.	五十元 $50.00	三十元 $30.00	
普通地位 Ordinary page	四十五元 $45.00	三十元 $30.00	二十元 $20.00
小廣告 Classified Advertisements	每期每格 一寸高 三寸半闊 洋四元 — $4.00 per column		

廣告概用白紙黑墨印刷，倘須彩色，價目另議；鑄版彫刻，費用另加。
Designs, blocks to be charged extra Advertisements inserted in two or more colors to be charged extra.

第四卷第七號

民國二十五年七月發行

刊務委員 陳松齡 江長庚 竺泉通

主編 杜彥耿

廣告 藍克生 (A. O. Lacson)

發行 上海市建築協會 南京路大陸商場六二〇號 電話九二〇〇九

印刷 新光印書館 上海聖母院路聖達里三〇號 電話七四六三五

定價

每月一冊 全年十二冊

訂購辦法	價目	郵費 本埠	郵費 外埠及日本	郵費 香港澳門	郵費 國外
零售	五角	二分	五分	一角八分	三角
預定全年	五元	二角四分	六角	二元一角六分	三元六角

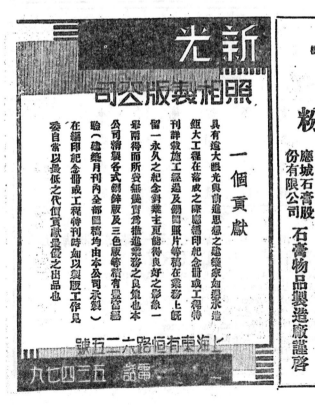

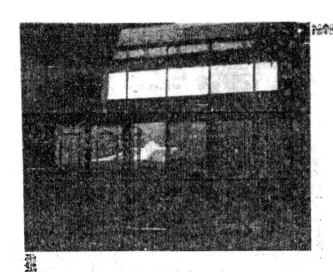

建築界的唯大貢獻！

新成鋼管電機製造廠股份有限公司

科學倡明萬象競爭我國建設方興未艾對於電氣建築所用物品向多採自舶來利權外溢數實堪驚本廠有鑒於斯精心研究設廠製造電氣應用大小黑白鋼管月灣開關箱燈頭箱等貢獻於建築界藉以聊盡國民天職挽回利權而塞漏巵當此國難時期務望愛國諸君一致提倡實爲萬幸但敝廠出品曾經

實業部註册批准以及軍政各界中國工程師學會各建築師贊許風行全國質美價廉早已膾炙人口予以樂用現爲恐有魚目混珠起見特製版刊登千乞認明鋼鉗商標庶不致誤

廠址及事務所
上海閘北東橫浜路
德培里十八號
電話華界四一二四六

接洽處
利泰電料行
上海吳淞路二七五號
電話租界四三四七九

附註
樣子及價目單
函索即寄

建築學術上之唯一刊物

中國建築

另售每期七角定閱全年十二册大洋七元

中國建築師學會編

本刊物係由著名建築師會員每期輪值主編供給圖樣稿件均是最新傑出之作品其餘如故宮之莊嚴富麗西式之摩天大廈無不一一選輯每憶秦築長城之工程偉大與夫阿房宮之窮極技巧燉煌石刻鬼斧神工是我國建築藝術上未必遜於泰西特以昔人精粹圖樣不肯傳示後人致湮沒不彰殊可惜也爲提倡東方文化發揚我國建築起見發行本刊期與各同志爲藝術上之探討取人之長舍己之短進步較易則本刊之不脛而走亦由來有自也

發行所中國建築雜誌社

地址上海甯波路四十號

本廠承裝鐵絲網工程之一

國立同濟大學游泳池

自製鉛絲網籬

兼代設計裝置

公勤鐵廠股份有限公司

總廠 上海楊樹浦臨青路

電話 五〇二一四・五〇一六七

電報 二〇六〇

分廠 廣州河南南華中路

24133

永光油漆
出品
厚漆
調合漆
凡立水
水牆粉
乾牆粉
地板蠟
其他花色繁多不勝備載
註冊商標
狗牌
牛牌
熊牌
羊牌
猴牌
特點
原料—多數購自歐美名廠
製造—聘請英國著名油漆專家督製
品質—優良並經各大建築師認與舶來品無異
定價—特別低廉
服務—凡遇有油漆工程發生困難問題本公司備有專家可供諮詢
上海永光油漆有限公司
總經理 太古公司 法租界外灘 電話八二〇二〇
瑪瑙石

建築月刊

8

本會出版叢書
英華 華英 合解建築辭典
胡宏堯先生著聯樑算式

50 CENTS

"The BUILDER"

24135

大中機製磚瓦股份有限公司

製造廠浦東南匯縣下沙鎮

本公司因鑒於建築事業日新月異材料選擇尤關重要特聘專門技師購置德國最新式機器精製各種青紅磚瓦及空心磚等品質堅韌色澤鮮明自應銷以來已蒙各界推爲上乘樂予採購茲略舉一二以資參攷其他惠顧諸君因限於篇幅不克一一備載諸希鑒諒是幸

大中磚瓦公司附啟

曾經購用敝公司出品各戶台銜列后：

本埠

國立中央實驗館	兆豐花園	和興公司承造
墾業銀行	北京路	趙新泰記承造
開成造酸公司	軍工路	王錦記承造
中匯大廈	愛多亞路	久記承造
南成都路巡捕房	南成都路	新蓀記承造
四行念二層大樓	靜安寺路	馥記承造
工部局巡捕房	平涼路	新蓀記承造
中新第九廠	東京路	協盛承造
揚子飯店	雲南路	潘榮記承造
百老匯大廈	百老匯路	新仁記承造
雷斯德工藝學院	熙華德路	久泰錦記承造
博德運紗綫廠	定海路	創新承造
中央巡捕房	福州路	新申承造
中華書局總廠	澳門路	湯秀記承造
上海市立醫院	市中心區府南左路	陸根記承造
國立上海商學院	西體育會路	陸根記承造
建設大廈	福州路	陶桂記承造
永安公司新廈	南京路	陶桂記承造
怡和啤酒廠	定海路	創新承造
三菱銀行大廈	四川路	余洪記承造
明星公司有聲播影場	楓林橋	自建
哈同大廈	抛球場	陳永興承造
浙東同鄉會	愛多亞路	新昇記承造
中匯銀行大廈	仁記路	陶桂記承造

外埠

金陵大學	南京	利源建築公司承造
航空學校	杭州	新金記康號承造
中國銀行	青島	錦生記承造
太古堆棧	廈門	嘀南治港公司承造
中央政治學校電政	南京	大昌公司承造
江蘇銀行	南京	錦永記承造
中國國貨銀行	南京	成泰承造
永利硫酸錏廠	浦口卸甲甸	新金記康號承造
連雲港發電廠	海州	方記建築公司承造
國立戲劇研究院	南京	陸根記承造
天生港發電廠	南通天生港	自建
瓊州海關	廣東瓊州島	自建
江蘇省立蘇州女子師範學校	蘇州盤門新橋巷	自建
故宮博物保管庫	南京朝天宮	六合公司承造

所出各品儲有大批現貨以備各界採用如蒙定製各色異樣磚瓦亦可照辦備有樣品如蒙索閱卽當送奉

駐滬批發所

上海英租界牛莊路七三一弄四號　電話九〇三一一

DAH CHUNG TILE & BRICK MAN'F WORKS.

Sales Dept. House No. 4, Lane 731, Newchwang Road, Shanghai.

TELEPHONE 90311

The New Building of the Wei Dah Silk Co., Nanking Road, Shanghai.

遠東

實業公司陶磁廠

江西路三百九十一號

電話一四四二五

上海南京路偉大綢緞局新屋內所用外牆光耀釉面磚由本廠供給

本廠所出各品任何式樣及顏色均可依照建築師之指定製造擔保滿意

★ glazed facing tiles (exterior) of the above illustrated building were supplied by

The Far Eastern Chemical Works, Tile Factory.

Office: 391 Kiangse Road. Tel. 14425

Klockner Steel Corporation

Manager

W. F. REHFUS

106,12 The Bund, Tel. 11903

Telegraphic Address: Refus

Most Potential European makers of all sorts of steel, iron and wire materials for the manufacturing industry, building industry, shipbuilding etc.

Some of our specialities:-

Bars and angles, channels, joists, wire rods and hoops.
Spring steel, carbon tool steel, cold rolled strip, galvanized hoops.
Steel sheet piling, wire rope, galvanized wire, etc., light rails and accessories, trench linings, water and gas pipe, lift guides, sheets and plates, wire nails, bolts and nuts etc., welding wire.

Please apply for our full list of products, all qualities can be made from the cheapest merchantable to the finest special ones.

德國克洛克納鋼鐵公司

中國總經理

李富士

上海外灘十二號匯豐大廈一〇六號 電話一一九〇三

電報掛號"Refus"

本公司專門製造實業界建築界造船廠等應用各種鋼鐵及鉛絲等，為歐洲最有力之製造專家。茲試舉出品一班如下：

鐵條及三角鐵，水落鐵，工字鐵，洋圓及羅皮。彈簧鋼，工具鋼，冷拉鋼條，鍍鋅羅皮。

鋼板樁，鋼絲繩，鍍鋅鐵絲，輕便路軌及附件，水管及煤氣管。地軸，鋼皮鋼板，洋釘，鐵門，電焊鐵絲。

本公司出品質優價廉，久著信譽；備有出品一覽，承索即寄。

24137

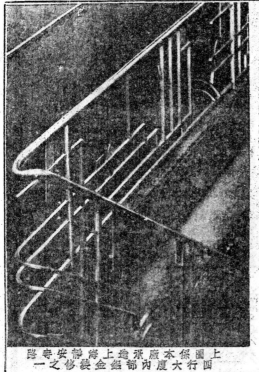

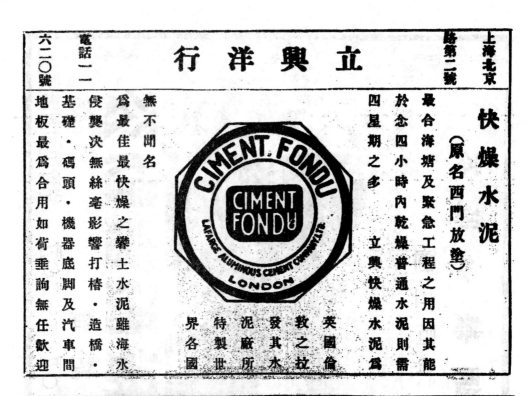

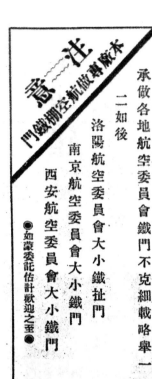

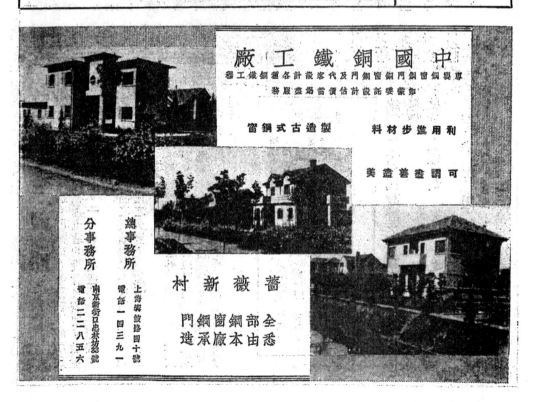

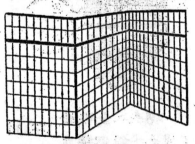

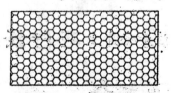

業已風行全國之

康元廠

四〇四彈子插鎖

在建築方面之服務

（一）添錦　美輪美奐得此點綴無殊錦上添花

（二）取材　建築取材用到此鎖便是名建築師

在家庭方面之服務

（一）家防　能使閤府入晚安睡無虞盜竊

（二）點綴　能使府上門景室景平添光輝

首腦部縱剖圖

重要機構　纖微畢露

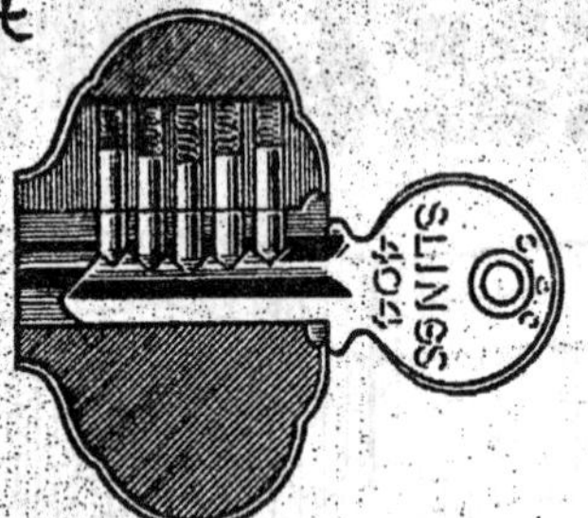

圖（二）鑰匙全入表現直線與鎖斗之關係

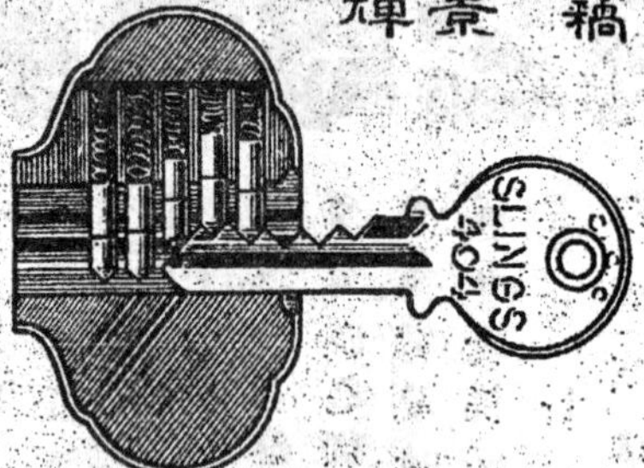

圖（一）鑰匙半入表現彈子與匙齒之關係

總發行所　上海廣東路河南路角二四七號　電話一七八九四

各大五金店均有出售

目錄

第四卷第八號

插圖

頁數

論著

廣告索引

恆興建築材料行

上海南京路大陸商場六二〇號A

電話九〇八〇七

國立上海醫學院之全部水汀爐片由本行供給

本行專售北平中華汽爐行水汀爐片及其他各種建築材料如蒙惠顧毋任歡迎

THE ACME BUILDING SUPPLY CO.

620A Continental Emporium Building,

Nanking Road, Shanghai.

Tel. 90807

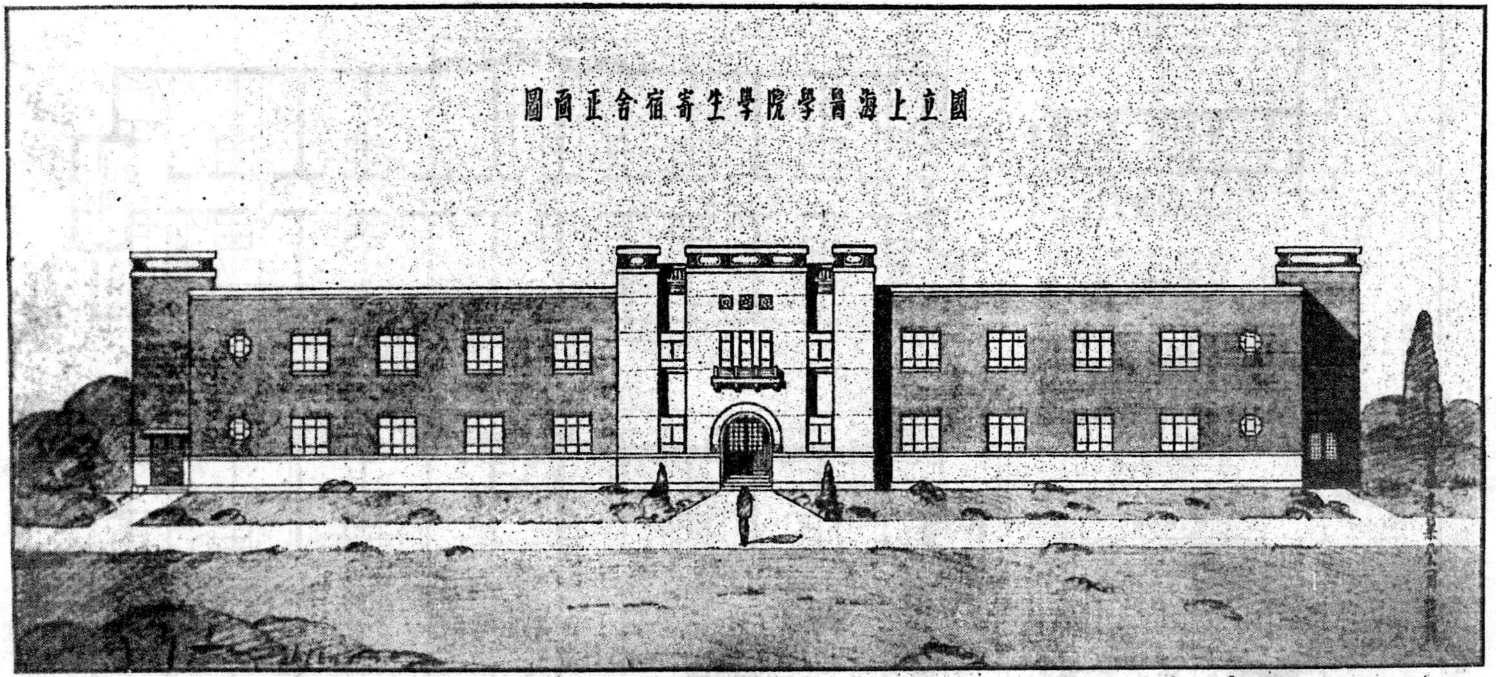

The Dormitory of The National Medical College of Shanghai.

Front Elevation.
Architects: The Pacific Engineering Co.

國立上海醫學院學生寄宿舍

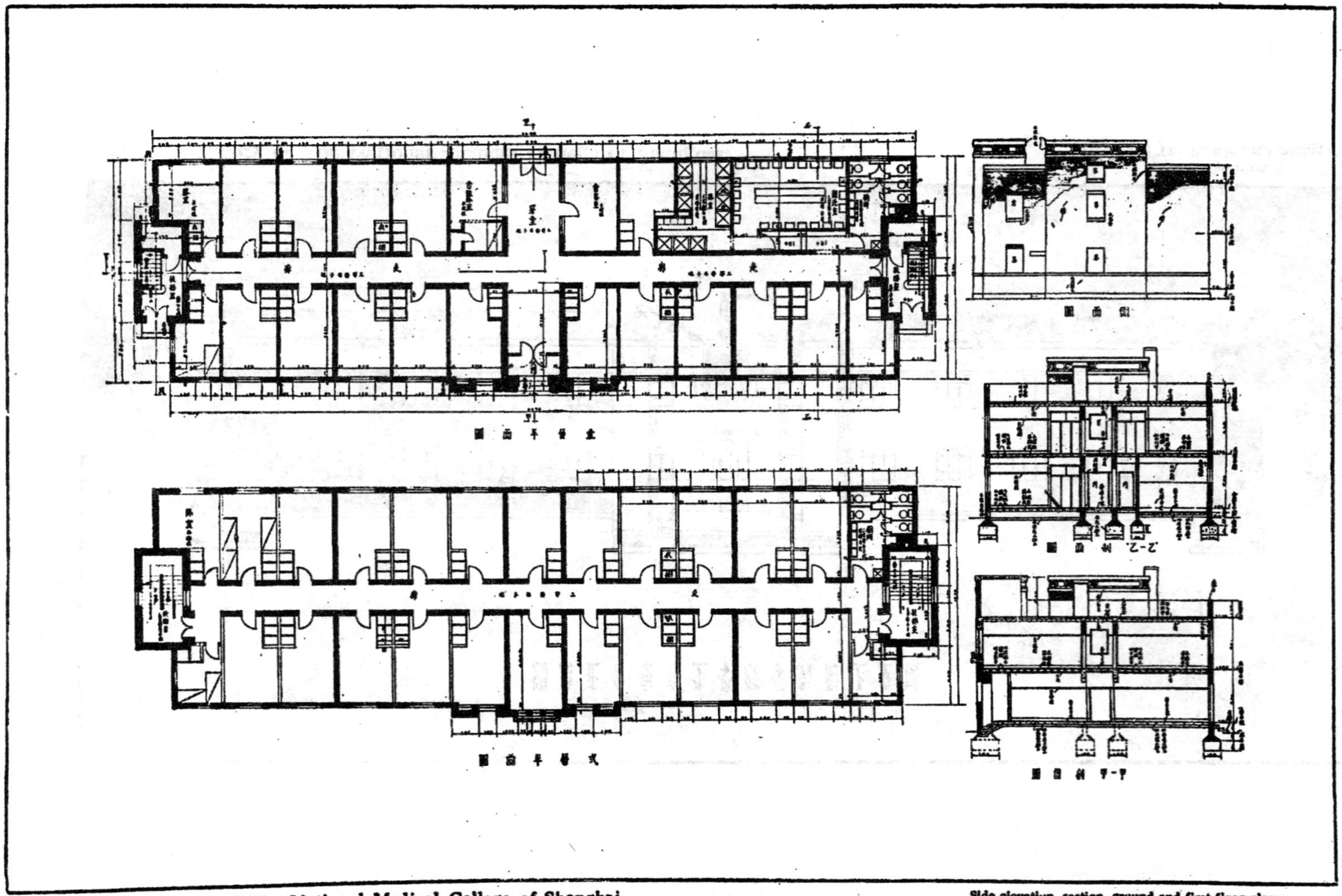

The Dormitory of The National Medical College of Shanghai.

Side elevation, section, ground and first floor plans.

編者瑣話

漸

一、關於英華華英合解建築辭典

編者因鑒於吾國建築名辭之紛紜不一，實爲謀進建築事業之障礙，故有英華華英合解建築辭典之編著。自本年六月出版以來，謬承建築同人的推許，殊深內疚。茲復接北平中國營造學社梁思成先生手書，並於該社營造彙刊六卷三期書評欄內批評之。茲將梁君所提各點，擇要解答如下：

英華之部分爲上下兩編，係因初稿陸續在建築月刊中登載三年，預算彙集單行本，加以華英之部，當有八百頁。迨英華之部排印將竣，覺距預料之頁數不足，故增下編。

遺漏，意義不明，譯釋錯誤，字不雅馴等，自當於再版時修飾增訂。

編者因鑒於建築辭典之重要，有志編譯，蓄意已久。然自審學識淺陋，未敢貿然嘗試。故有藉建築學術討論會之組織，而爲統一名詞之商訂。並已推定起草委員，分門負責。旋因各人業務繁劇，會議不克如期舉行；編者因遂不揣冒昧，單獨膺此艱巨之工作。故雖自知如此進行，失之輕率，但因事實上此種建築名詞之確定，迫不及待，故亦渾忘藏拙之義，毅然爲之矣！

建築辭典之編也，重在實用，故名詞之雅訓，初非顧及。如英文之 Bond，係磚石作組砌磚石之鑲接式，而在辭典中譯爲「牽頭」者，實因工塲中統呼此名，設照字面加以訓詁，實屬不知何義。況作塲中所稱「牽頭」，是否即此兩字，亦不可知，均待以後之考證。其他尚有不少術語，未經加入辭典中者，如木匠以釘釘木，斜釘曰「揪」，釘一枚釘曰「收一只釘」或「吃只釘」。踢脚板與地板接着處，因地板不平，故踢脚板下口應用鉛筆或墨襯，依着不平的地板劃出屈曲的線，隨後依線用斧斬去線外的木料，方使踢脚板與地板密合。此種手續稱之曰「襯平」等等許多術語，現在尚無適當之字，故未加入。但此種術語甚爲重要，在作場中祇一開口，即知此人是否內行也。

關於書價，定爲每冊拾元，似或太貴，因此種工具用書，恐將使一般建築學生及繪圖員等無力購買，感到困難。編者在訂定價格時，亦曾加考慮。初以第一版書自覺不滿殊甚，不欲其普遍行於學生及繪圖員等，祇要求本會會員能人備一冊，及分送建築學術團體及個人，共同參攷，以求改進。但是現在編譯中的營造學建築史等，其中名詞悉依建築辭典，勢又不得不把建築辭典的定價重加訂定，使其比較具有普遍性，一般均有購買的能力。又覺若將現價減低，則對以前之預約者及購買者，殊無適當措施辦法。故現在祇得維持原價，待該書再版時，憑持初版書來換購再版書時，將舊書作價收下，予以特別的折扣，藉以補救現在高價的缺憾！

二、水泥加價問題

國產水泥加價問題，南京市營造廠業同業公會，曾呈文實業部，略謂各該水泥廠商此次漲價，其最大理由爲製造及包裝成本繼長增高，而其最大之消耗如煤炭麻袋人工等等，最近未聞有若何之提漲，及國家保護關稅之設施，所以維護國貨水泥生產之發展，該公司等於此應如何體貼國家提倡國貨之本意，而竭力增加生產，以期外貨之絕跡。今該公司等不此之務，乃藉聯合營業之方法，任意提高市價，從事壟斷，操縱市場，以摧殘本會同業之營業。況近年來因經濟關係，私人建築甚少，所有工程均屬國家建設或國防工程，該公司等平時受國家保護稅之扶育，不思有以効國，今反於國防緊急之秋，需用大批水泥之時，竟乘機漲價，以圖漁利等語云云。

營造廠業之反對水泥加價，略如上述。因復詢水泥廠商近今加價之原由，據其發言人稱：水泥廠之情形與營造廠不同者，在營造廠開支省而屬片斷性者，例如承攬一處工程，一年或二年完工，均有定時；工程之承接預投標價，故無虧蝕之慮。但水泥廠則完全不同，自廠成立以後，即須繼續不斷的工作着。有盈餘固須擴充營業，蝕本也得維持下去，數千工人，初不能招之即來，揮之即去。故公司於蝕本時祇得聽憑蝕本，而賺錢時亦須取償於此，以維血本。試以中國水泥公司而論，營業連虧九年，更甚者於孫傳芳龍潭一役，機械廠房等之損失，達六十萬元，有誰救濟。近有人謂去年水泥公司除官息外，更有紅利分潤。實則去年除優先股分得官息外，其餘連官息亦無着落，紅利更不待言。此皆有結算賬可證，初不能憑空瞎說。況即或有利，商人豈不能賺錢歟？建築材料中近來漲價者不獨水泥一項，他若洋松鋼條等，漲值有超過百分之四十者；營造廠何不亦予一一反對，而獨反對水泥加價。而平價之事，不用兩營業團體或私人商權之途，而欲假借政治者，實不可解。至於近來交貨稽延之咎，實因輪運缺乏與車輛不敷之故，以致廠中存貨山積，而顧客需貨孔亟，此點實係時局突變車輛被徵之當然局勢，是或能邀客方之諒解者也。

關於水泥加價問題，上述兩方各持理由，局外人初難置喙。惟編者以爲貨價漲落，廠方固自有其權衡，惟遇漲價，須留充分的空間，不要說漲便漲，俾營造廠不致因此受到意外的損失。蓋營造廠之事業，誠如水泥廠發言人所云，凡承攬一處工程，事先必經投標。然在投標之時，每桶水泥價假定爲五元。迨得標後不數月，突漲一元，此所漲之一元，豈非營造廠直接所受之損失乎？故漲價之實行，應經相當期間預示，俾營造廠方得有準備，或在投標之時早知水泥之將漲價，而提高標價，庶使營造廠方不受損失；事關兩全，水泥公司應注意及之！

若曰洋松鋼條等材料亦有漲價者，其情形與水泥不同，故自不能相提並論。緣洋松鋼條等，於估價投標時，可向經理行號詢問定價；迨得標後，即向該行號定貨，或可照先前報價，略爲便宜，不若水泥之將漲價也，限制定貨，迨至將漲之前夕，始行通知客戶，欲定貨者，請即往定。例如上海某著名之營造廠聞訊即往定貨，而定貨又需全部現款，復限所定之貨，在一個月內出清，過限須收棧租等苛刻條件。試問此大量水泥，如何能在一個月之短期內出清？

又如另一著名營造廠欲定貨十萬桶，若以普通商情而論，此種巨大交易，水泥廠應如何遷就，由營業主任或跑街登門兜銷，而反令買主親勞接洽；更堅持定價，不稍鬆動，是皆失其營業方策，而徒招買主之不快。故其所遭之非議，亦自有來由也。

水泥定價最好能常保持平衡，少有波浪；此在水泥廠或可做到。蓋因水泥一物，不若他種物料須靠世界市面或有滙票漲落之影響者可比。加諸水泥原料，除煤炭價格間或少有更動外，其餘原料人工，絕少變更，其定價之忽起忽落之最大原因，實與市場之需要緩急而判；此與營造廠商，殊屬不利。蓋水泥之跌價，必為工程缺少之時期。故多數之營造廠，不能享水泥跌價之利益。迨工程既多，仰給水泥者亦衆，乘此漲價，則營造廠商實首蒙其弊。至若平價之假引他力，其動機亦因平素雙方缺乏感情之聯絡，有以致此耳！甚望當事者憬然有悟於已往營業方針之非，亟起有以改進，則吾國水泥工業前途，實具厚望焉！

三、防禦設計

編者在上期預話中，曾經提議準備抗禦的陣綫，是要各方面有普遍性的發展，才不致有畸形的流弊。故建築界也免不了要做準備功夫，聯合起建築師工程師營造廠等，研究攻守陣地的工事，與抵禦空襲等的地下建築；將討論與研究的結果，呈獻政府採用，或公諸社會，俾私人亦可取作參攷，庶不致臨時慌張無主。此議並經於十月二十二日的中國建築師學會常會中提及之，惜因時間侷促，祗談大意，未作詳細討論。然在此短促的數分鐘中，席間有謂建築師之職責在求建築物之美觀，故凡地下工程等之建置，自當由工程師策劃之，建築師實少參加之必要。談至此，因時間已屆下午二時，各人須回事務所辦公，都說下次再談罷。

在這簡短的談話中，謂建築師的職責，端在求建築物之美觀，此點編者却不能同意。蓋建築師之職責在求建築物之美觀，固為其職責之一，而較此更為重要者，厥為建築物之適用與經濟是。故凡一建築之興也，先由建築師相地之宜，規劃圖樣，佈置各室，適如委託者之意。再次從事估價，俾委託者作經濟上之準備。草圖之不足，益之以透視圖工作圖詳解圖等，圖樣之不足，更益之以說明書及工程進行時有對關係方面之書面與口頭查照等等。誠如此說，建築師實為建築之主宰。其他土木工程師，管子工程師，電氣工程師等，均為副佐建築師者。或曰地上之建築程序固如是，地下之防彈防毒與抗禦等之工程實屬不同。雖然形制上固然有不同之點，但曰建築師能完全無參加此種防禦工程之必要，則為不可。例如建一橋樑，固土木工程師之事也。然橋欄杆與橋上燈柱燈架等，欲其美觀疏適，應經建築師之設計。何況地底要塞與人民之避難所救護處等，在在都可由建築師統盤設計擘劃，隨後由各部工程師從事於建築物外殼之堅强也，電氣工事也，空氣工事與防毒工事等等之配備也。故建築師實為非常建築中之要員，何可避免其責任。

關於這種問題，編者也曾與楊錫鏐建築師談過一次話。他說凡是建築師工程師們的脾胃，都有些相同：願做事實，不願作空泛的議論。多數的見解，以為能發議論的，做起事來，實未見高明。故關於學術刊物上或他種報紙上，常能讀到長篇大論的著作，惟獨建築，少有這種文章的流露。其原因例如集合許多建築師工程師以及銀行專家等，共同試行設計一所最新式最完備之銀行房屋。迨把一切計劃完全規定，將圖案讀之，固為一所極完備之銀行房屋。惟此為各專家想像中之銀行房屋，形之於圖案，咸認為最完備最新式，亦無人能指出任何缺點。然同時有一處或十處正欲建築最新式最完備之銀行房屋，試問能將各專家所擬圖案引用乎？不！每一處銀行，必另行計劃圖樣，以適合該一銀行之需要。故若將共同討論防禦工事事宜，提請會議，雖邀多數同意。若或實際於某處欲需防禦工事之設計，則接受委託者必能踴躍赴任之。

楊錫鏐建築師所說的那番話，完全根據事實。惟藝人之與業務，固然重要，但藝人與藝事也得稍加注意，免致過趨商業化。

楊君更說建築師之頭腦，與其他常人一樣，故不能自視太高，自己認為是祇服從人的一個人。受人委託設計一所住宅，應把委託者的需要綜合起來，製成圖樣，以資實施建築。故小如設計一爿烟紙店，那烟紙店老闆，對於烟紙店設置的經驗，必較建築師豐富，建築師只好跟着老闆學。又如設計浴堂，浴堂的掌櫃對浴堂之佈置部位，亦較建築師為優。由此知軍事設置，軍事長官亦必審知極詳。楊君的虛懷若谷，是值得欽佩者。但建築師與律師醫師等相同，烟紙店老闆與浴堂之老闆猶如訴訟當事人或是病者。當事人對於構成訴訟經過，當然較律師明瞭；病者自己的病況，於其偶覺時，亦必較醫生知的確切；然不能因其知之而遂無需律師與醫師。故建築師之接受委託設計建築，一如律師醫師之接辦訴訟與應診病家。而謂律師醫師之講求法學藥學為徒託空言，則為不可。因之建築師亦應假定一個題目，作為共同討論之資料，而求建築學的改進。

吾們談話的結論，是以討論一個家庭的地下避難所與一個集團的地下避難所為題，多邀集些各門專家討論之。初時完全用私人性質，不必把這案提向任何建築團體，俟討論至相當程度，再提請公決，比較確切，同時亦易引起多數的注意與參加研究的興趣。

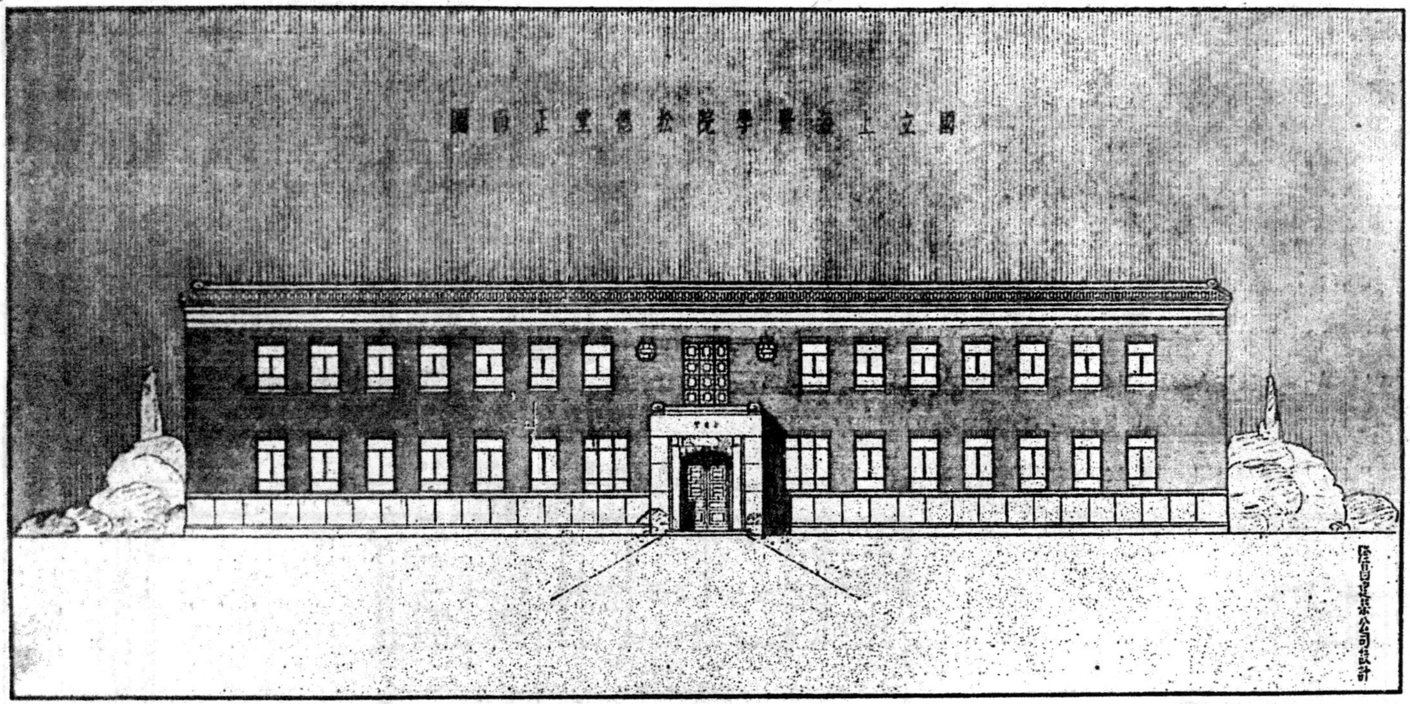

The Soong Teh Hall of The National Medical College of Shanghai.

Front Elevation.
Architects: The Pacific Engineering Co.

24153

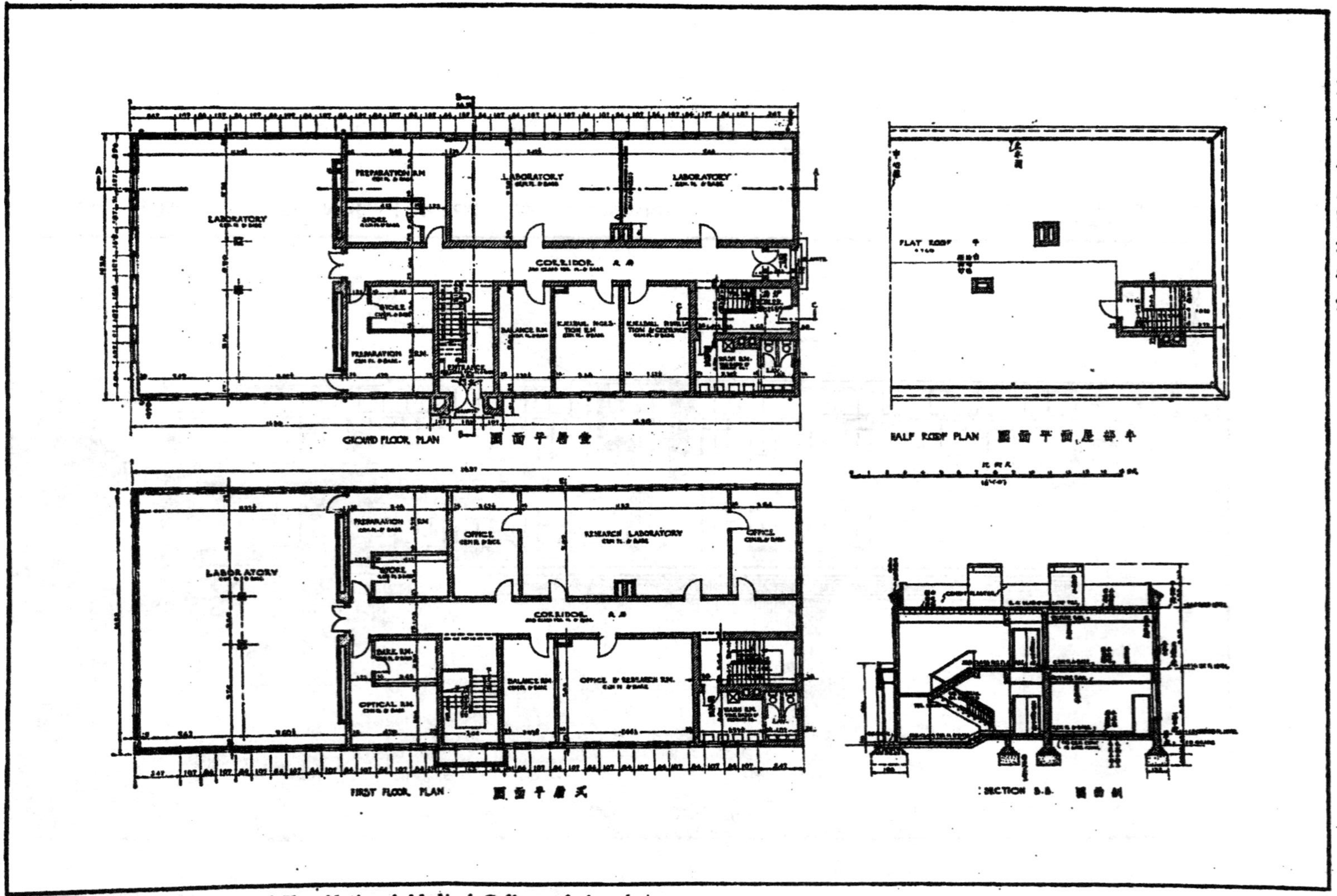

The Soong Teh Hall of The National Medical College of shanghai.

國立上海醫學院松德堂

24154

國立上海醫學院

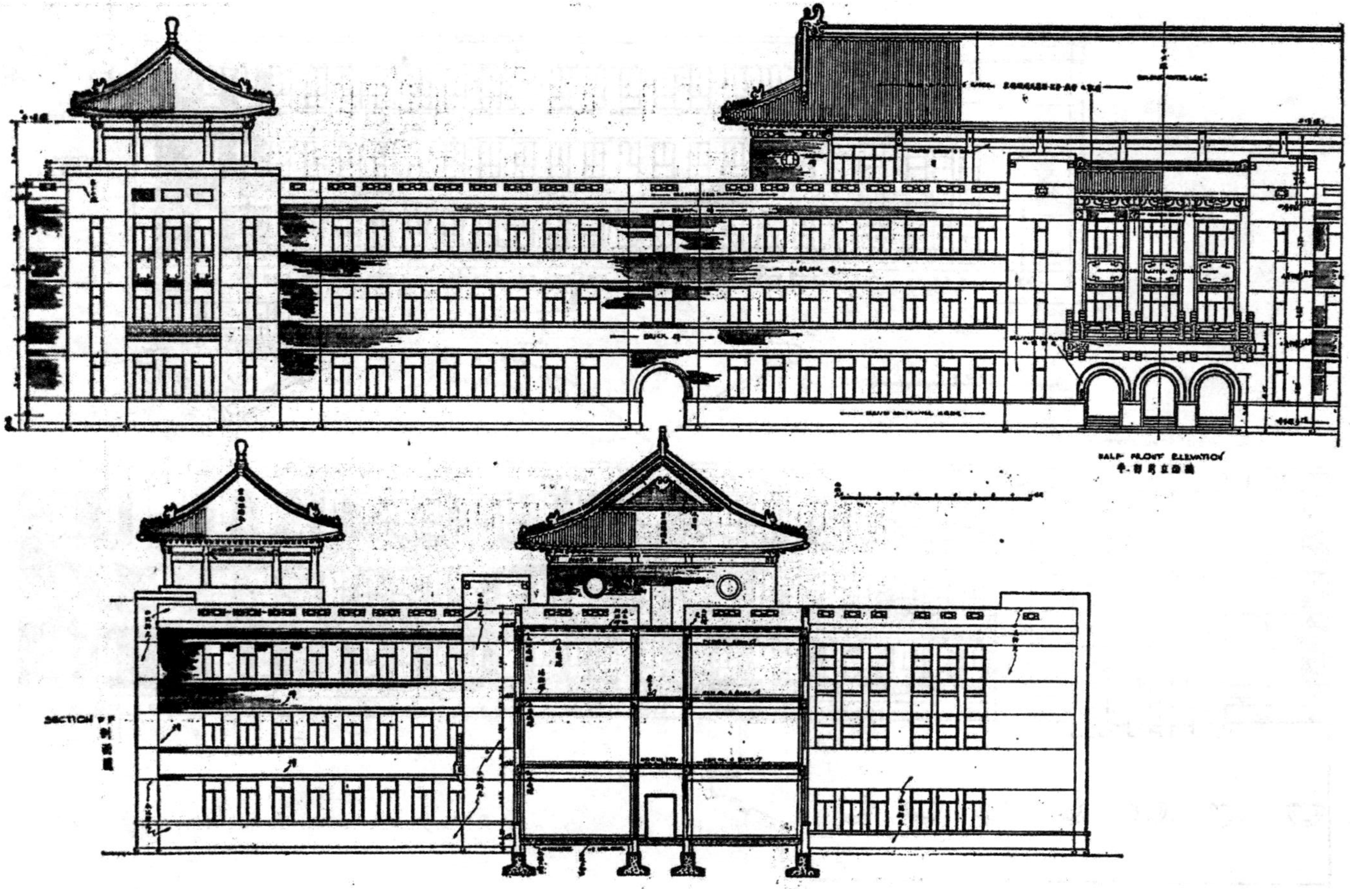

The National Medical College of Shanghai.

Architects: The Pacific Engineering Co.

匯晶建築公司設計

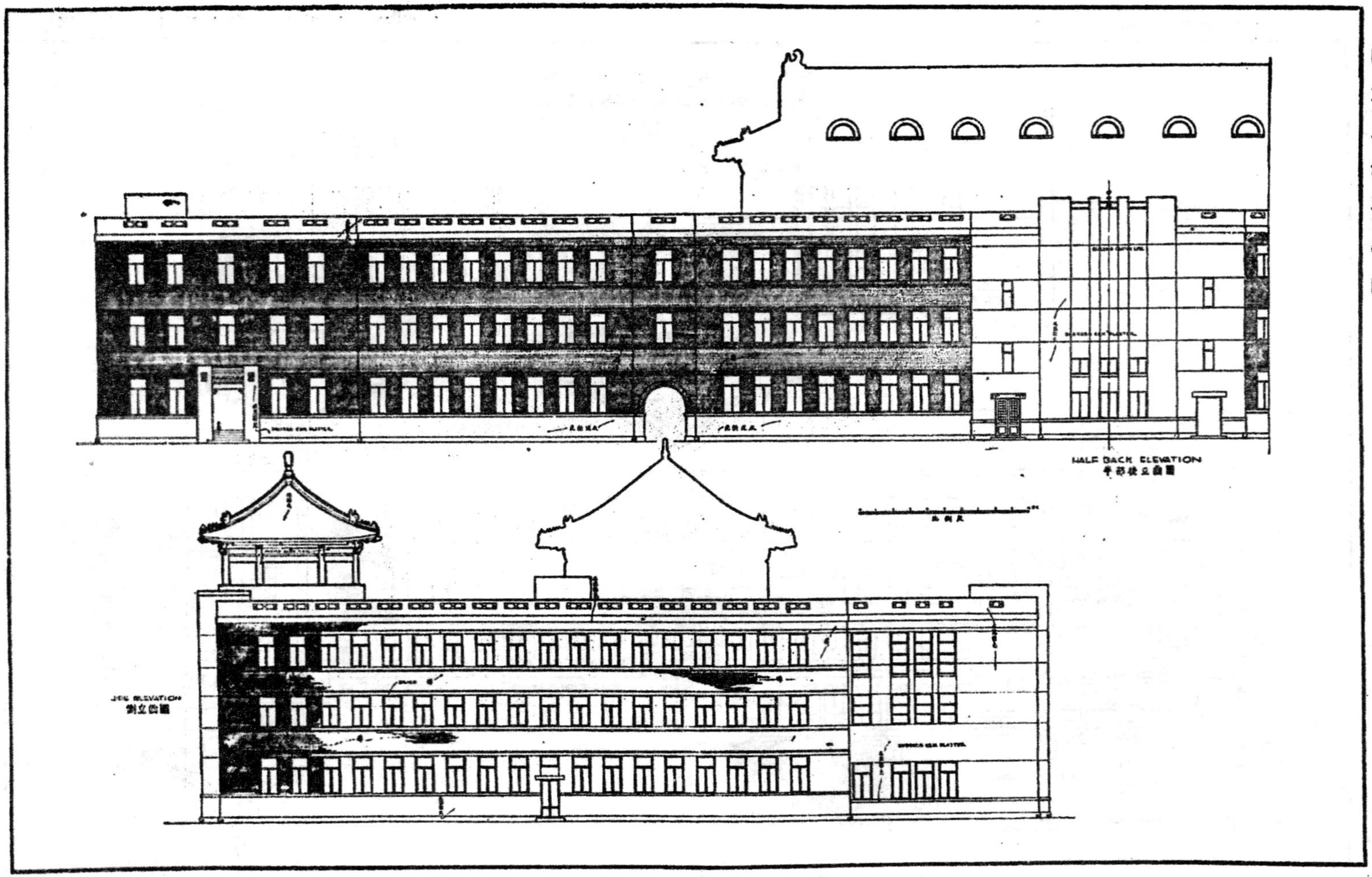

The National Medical College of Shanghai.

國立上海醫學院

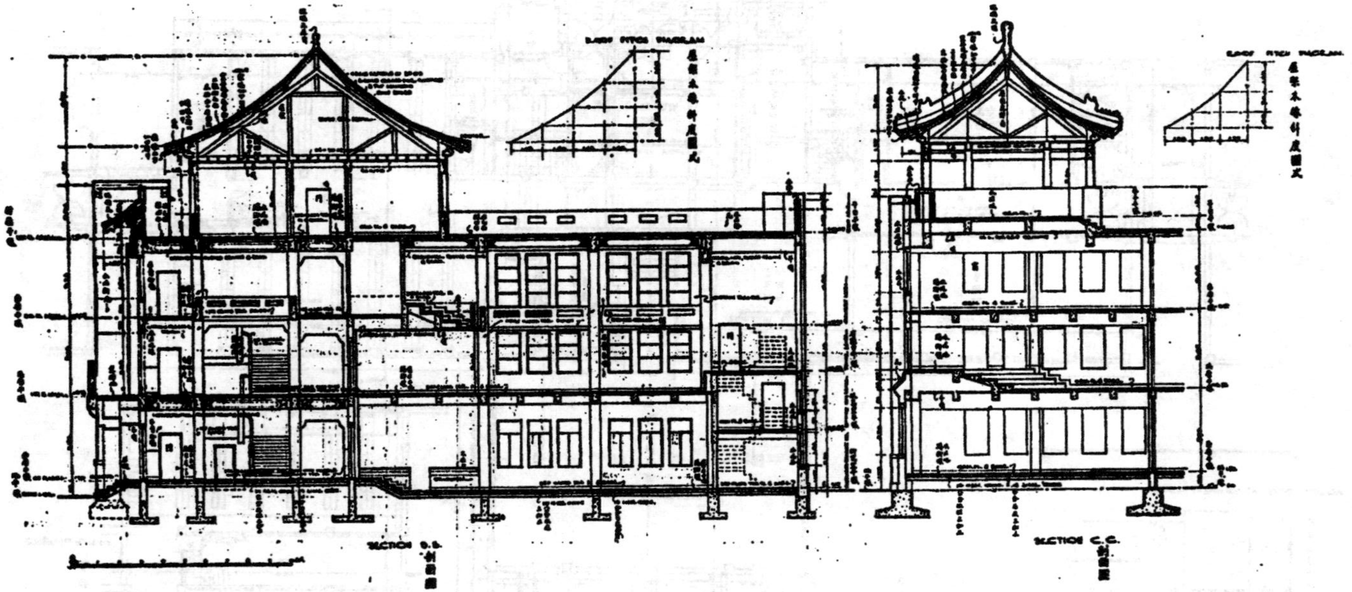

The National Medical College of Shanghai.

國立上海醫學院

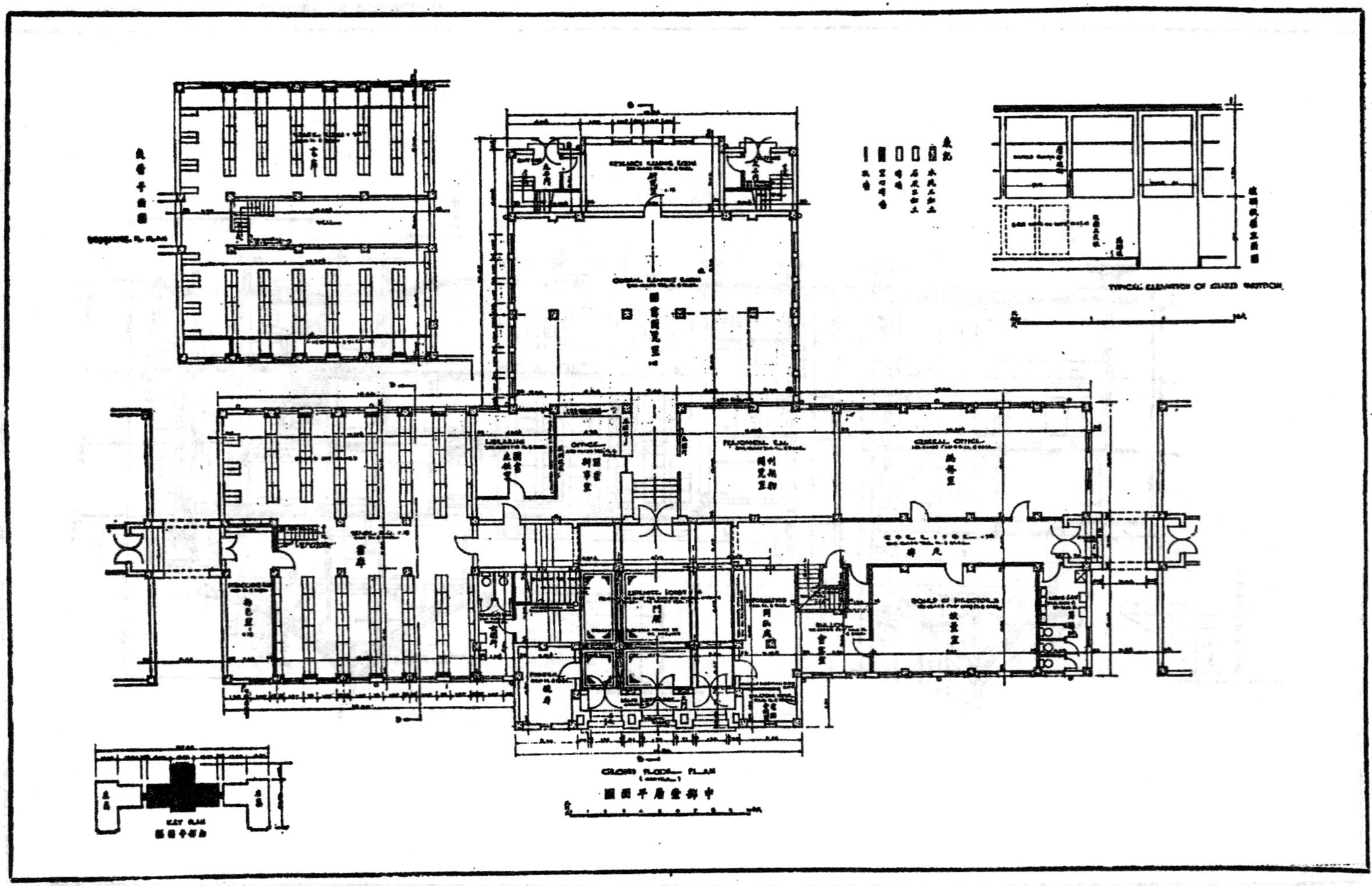

The National Medical College of Shanghai.

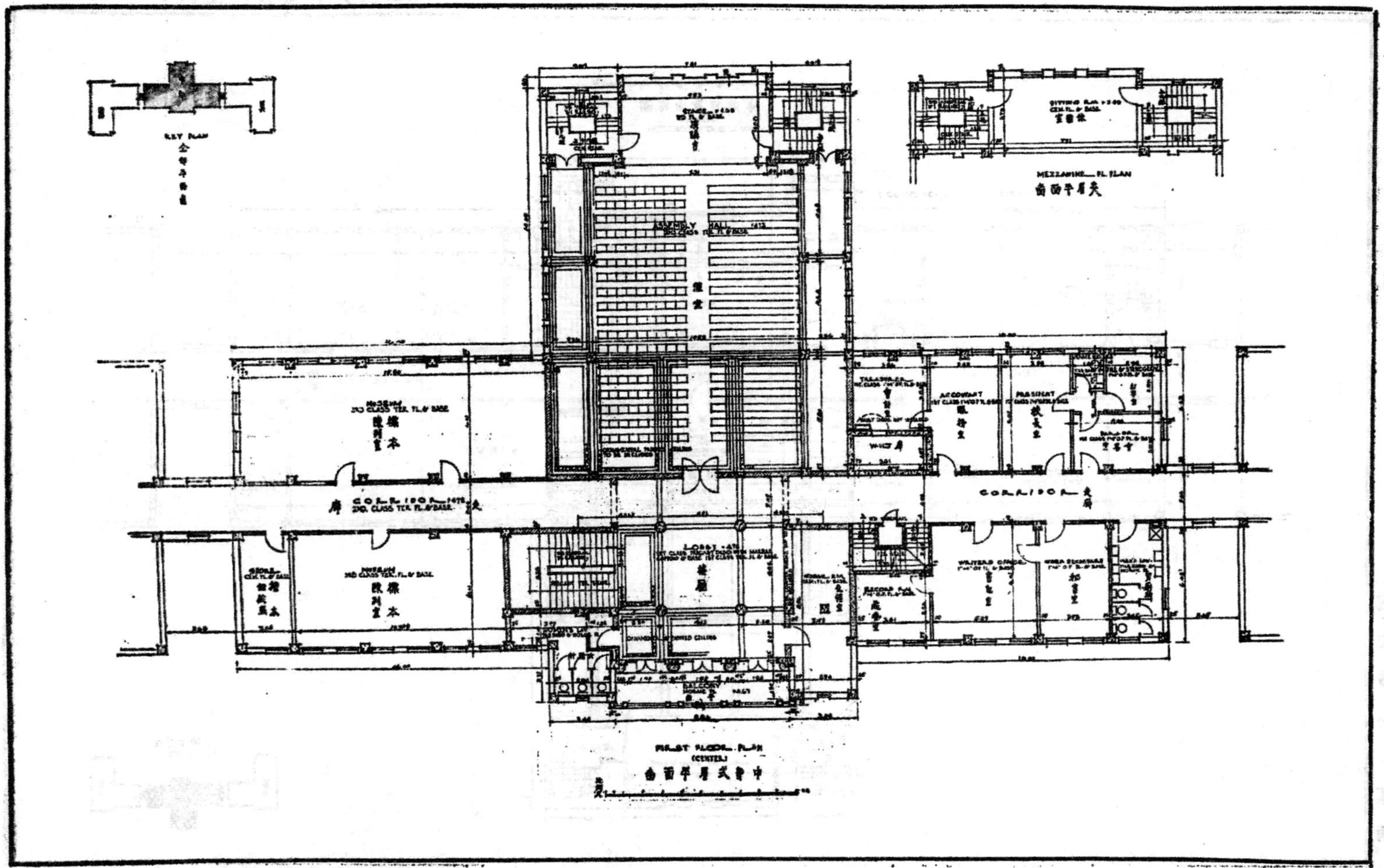

The National Medical College of Shanghai.

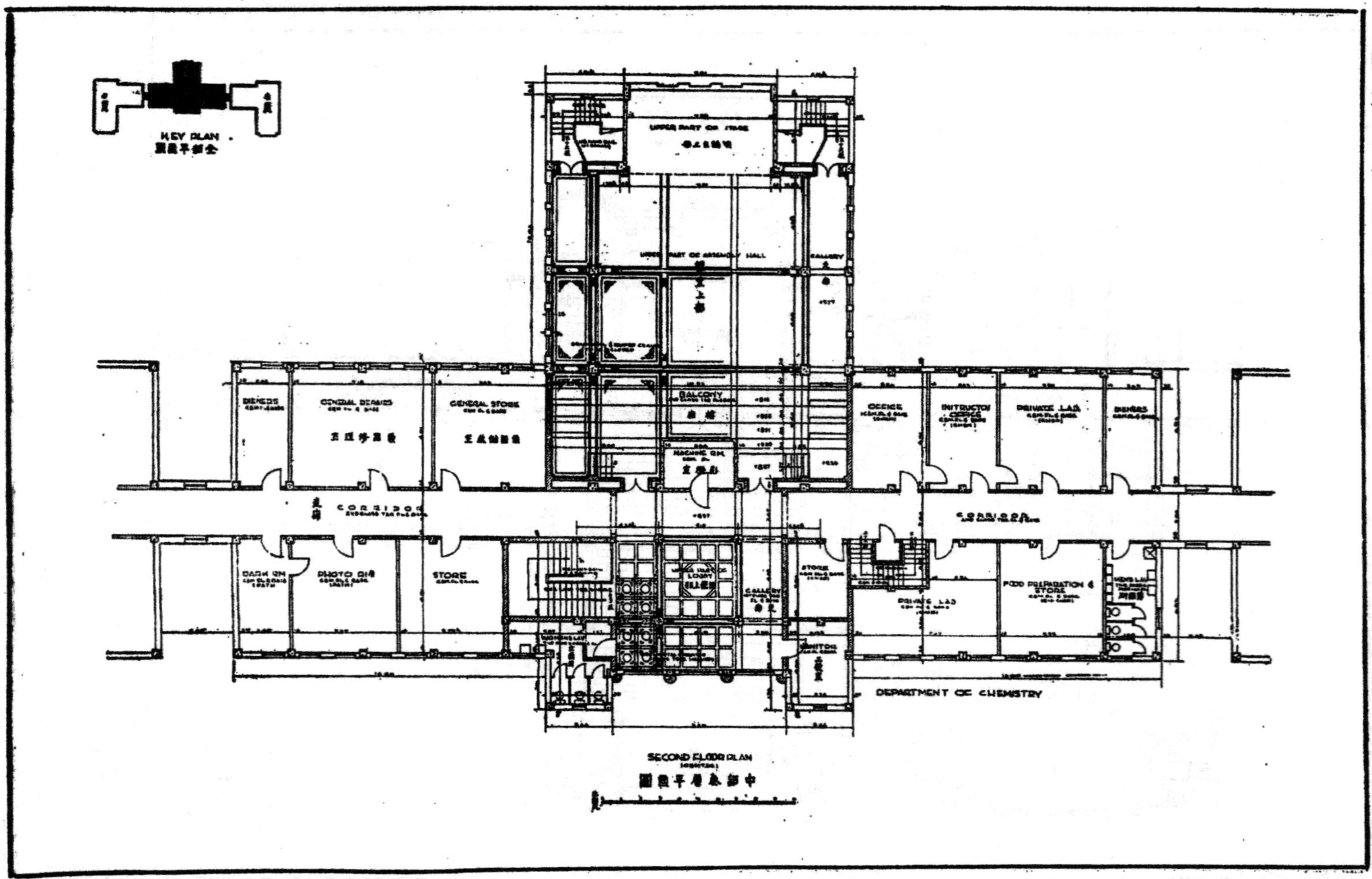

The National Medical College of Shanghai.

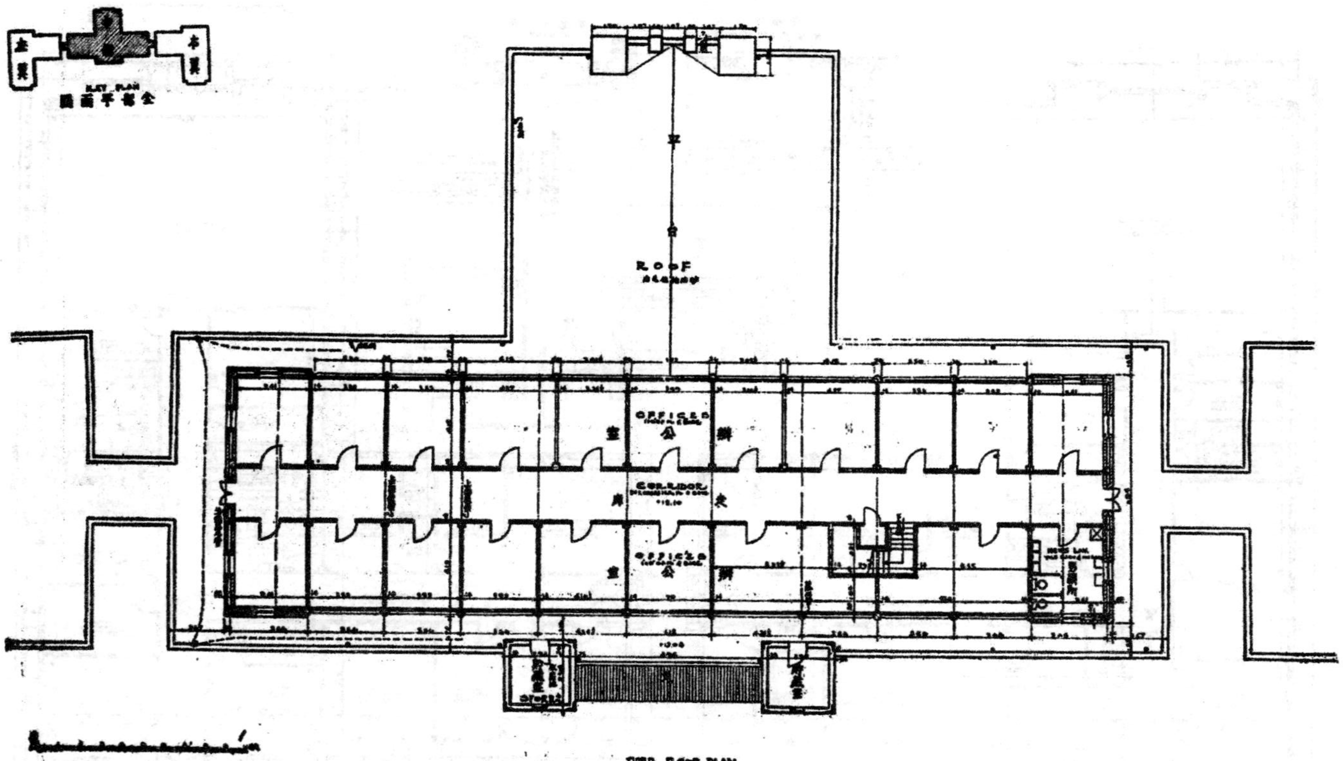

THIRD FLOOR PLAN

中部叁層平面圖

國立上海醫學院

24162

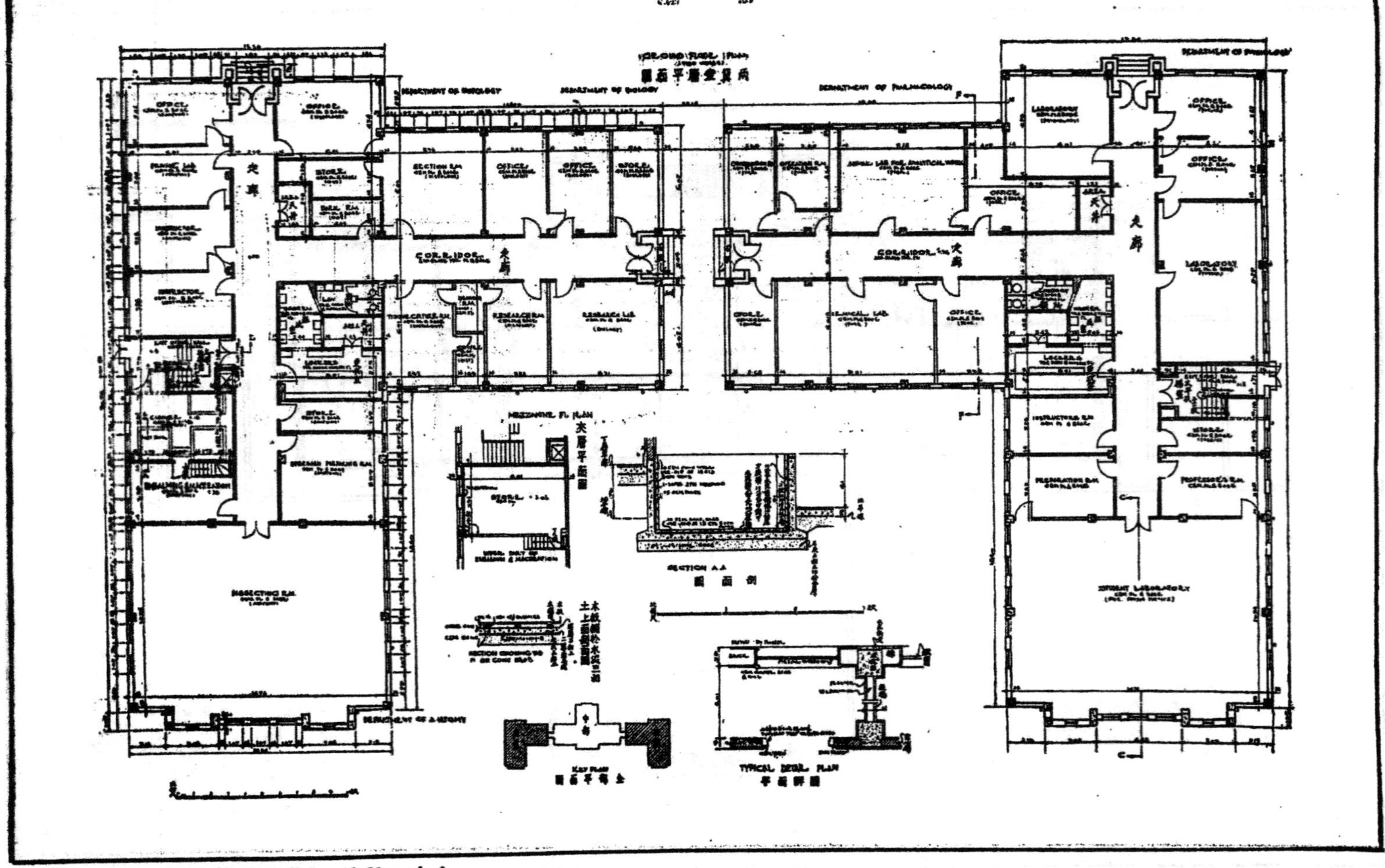

The National Medical College of Shanghai.

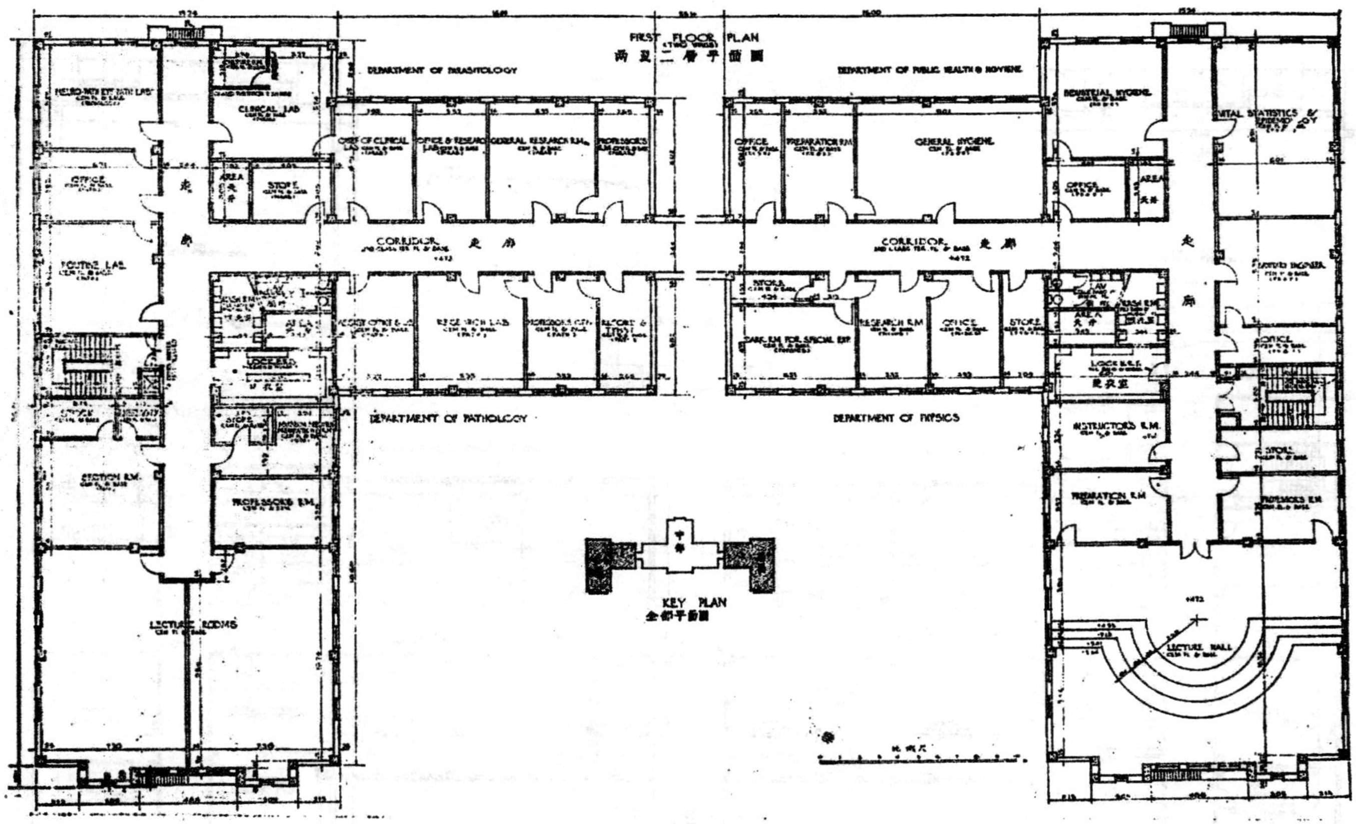

The National Medical College of Shanghai.

國立上海醫學院

24163

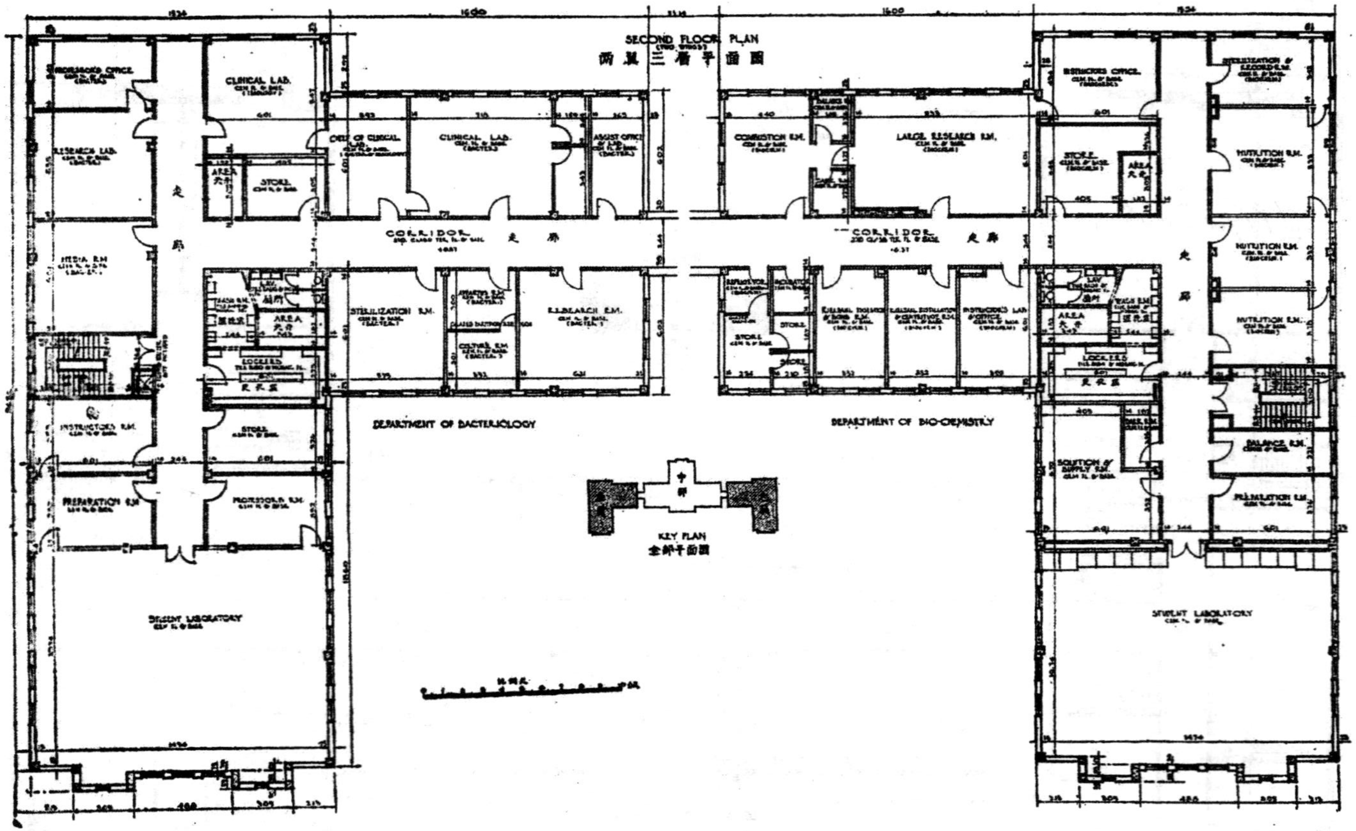

The National Medical College of Shanghai

24164

國立上海醫學院

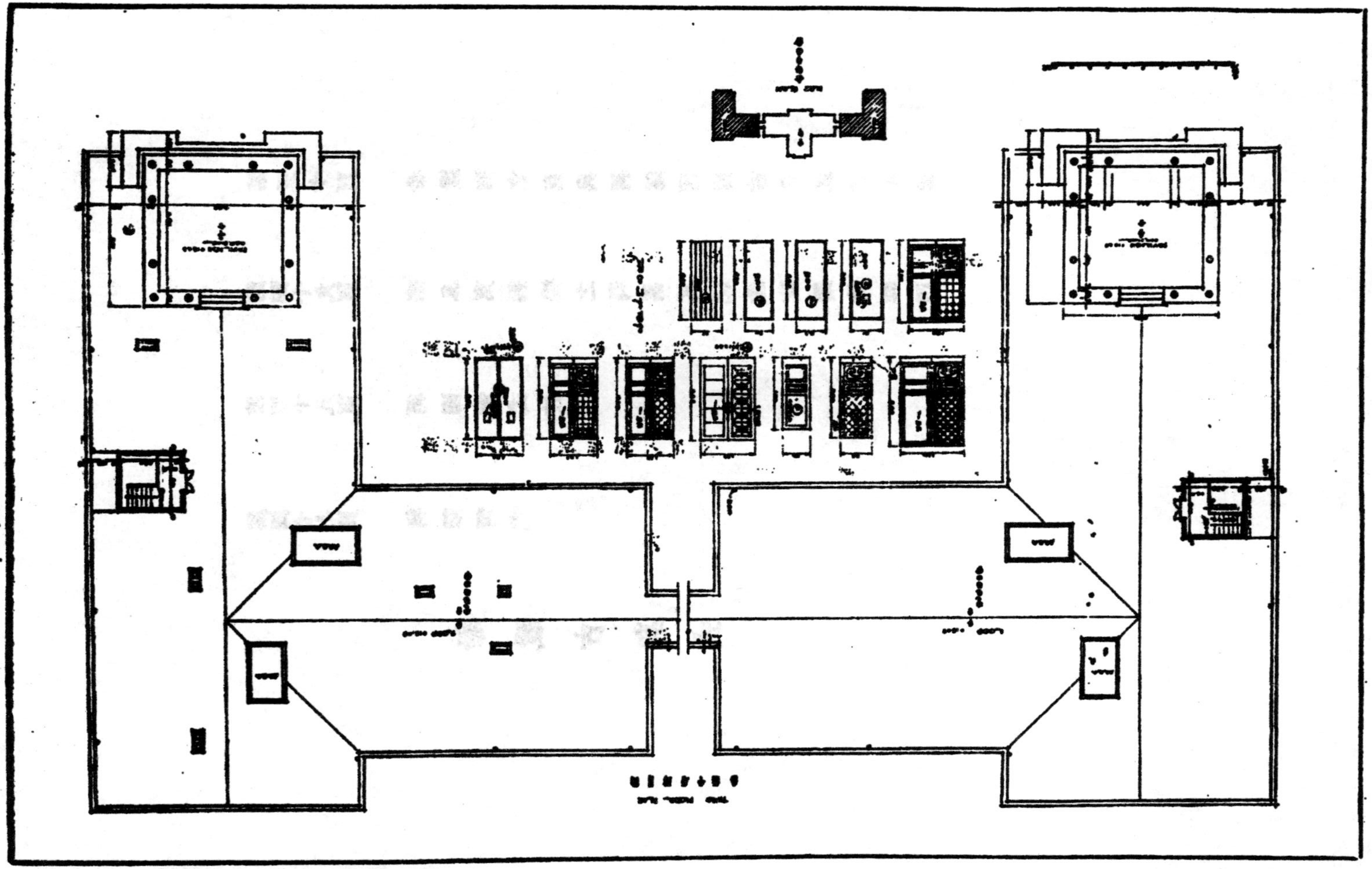

The National Medical College of Shanghai.

希臘古典式

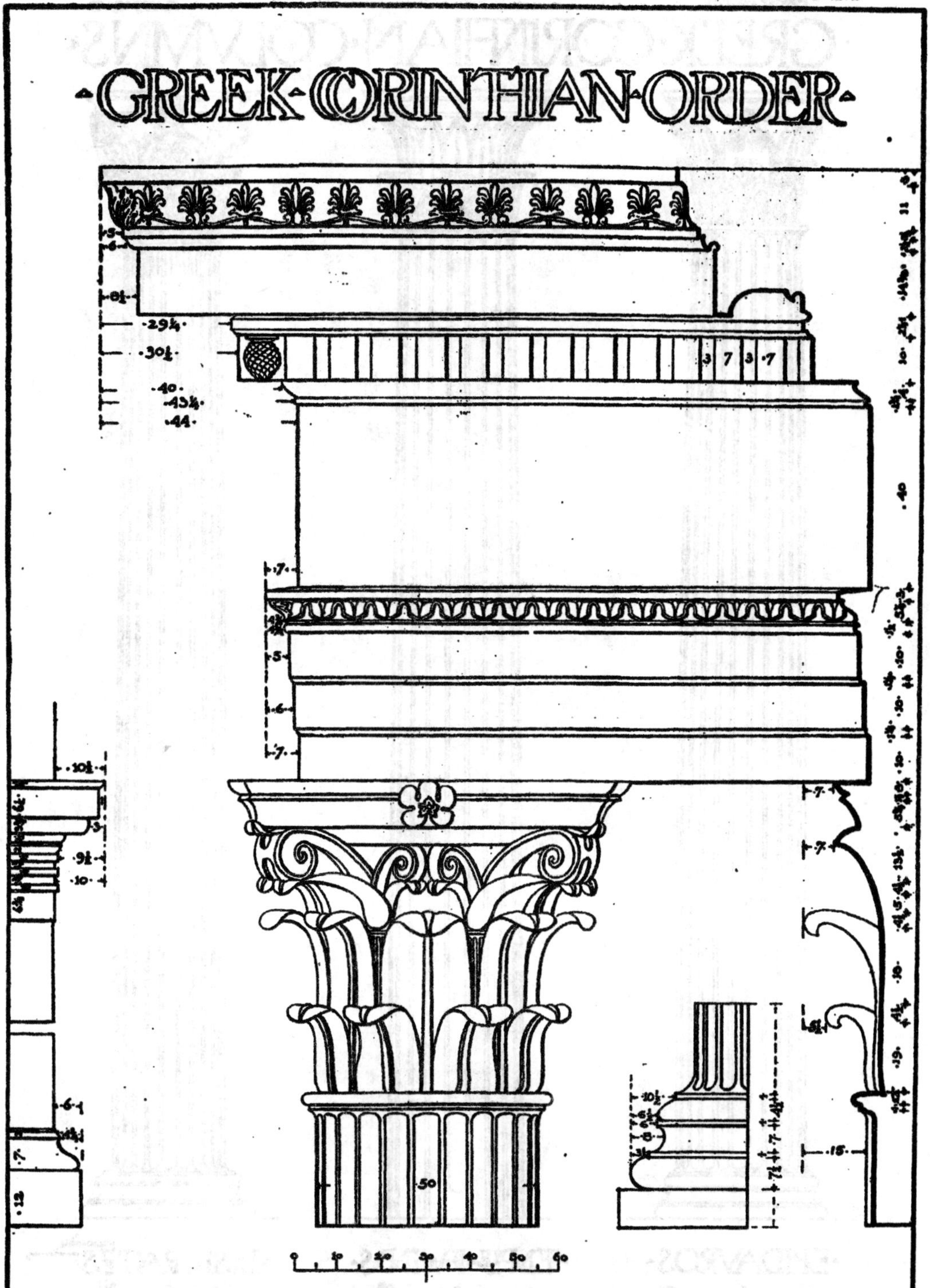

24167

GREEK CORINTHIAN COLUMNS

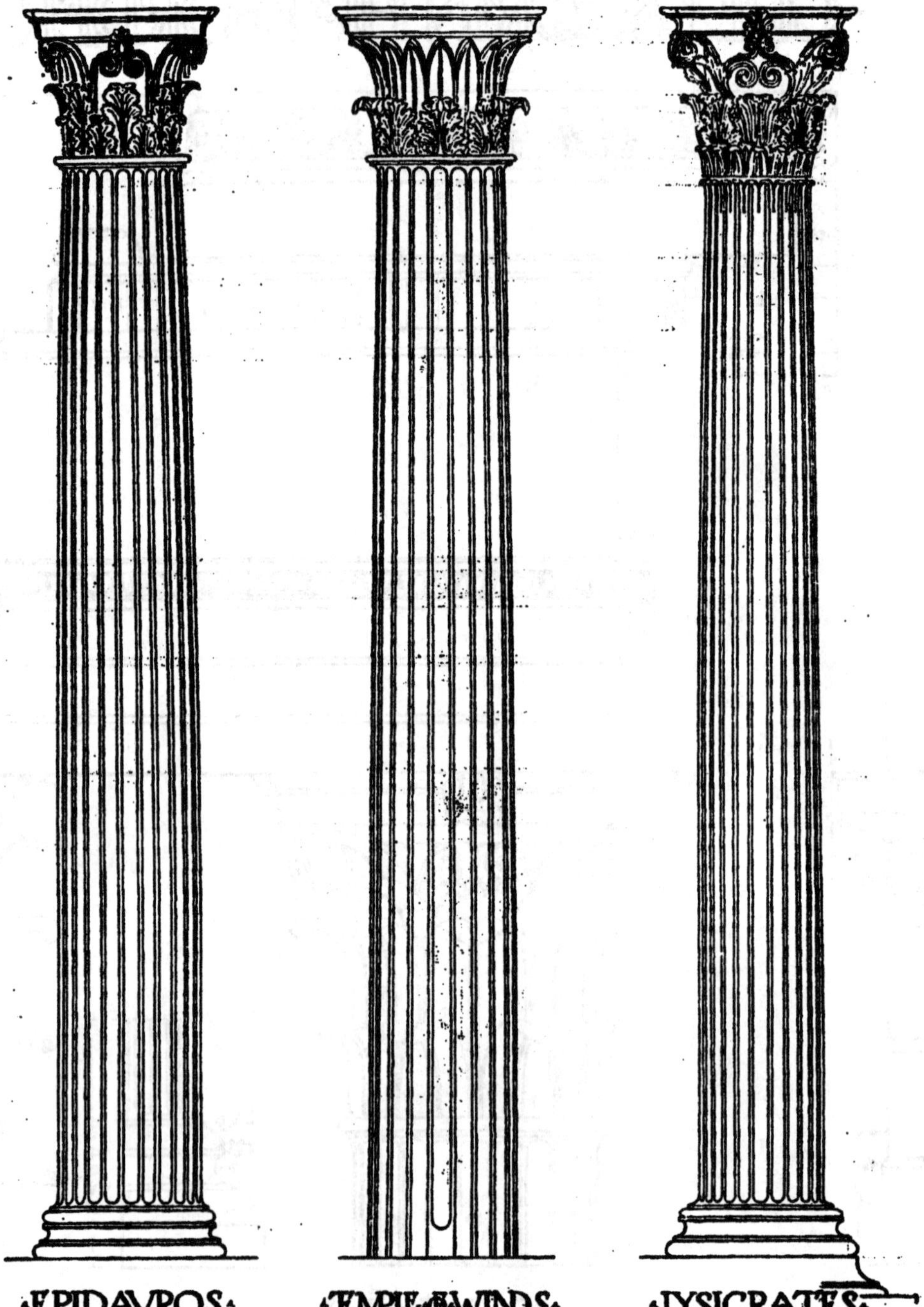

EPIDAVROS — TEMPLE OF WINDS — LYSICRATES

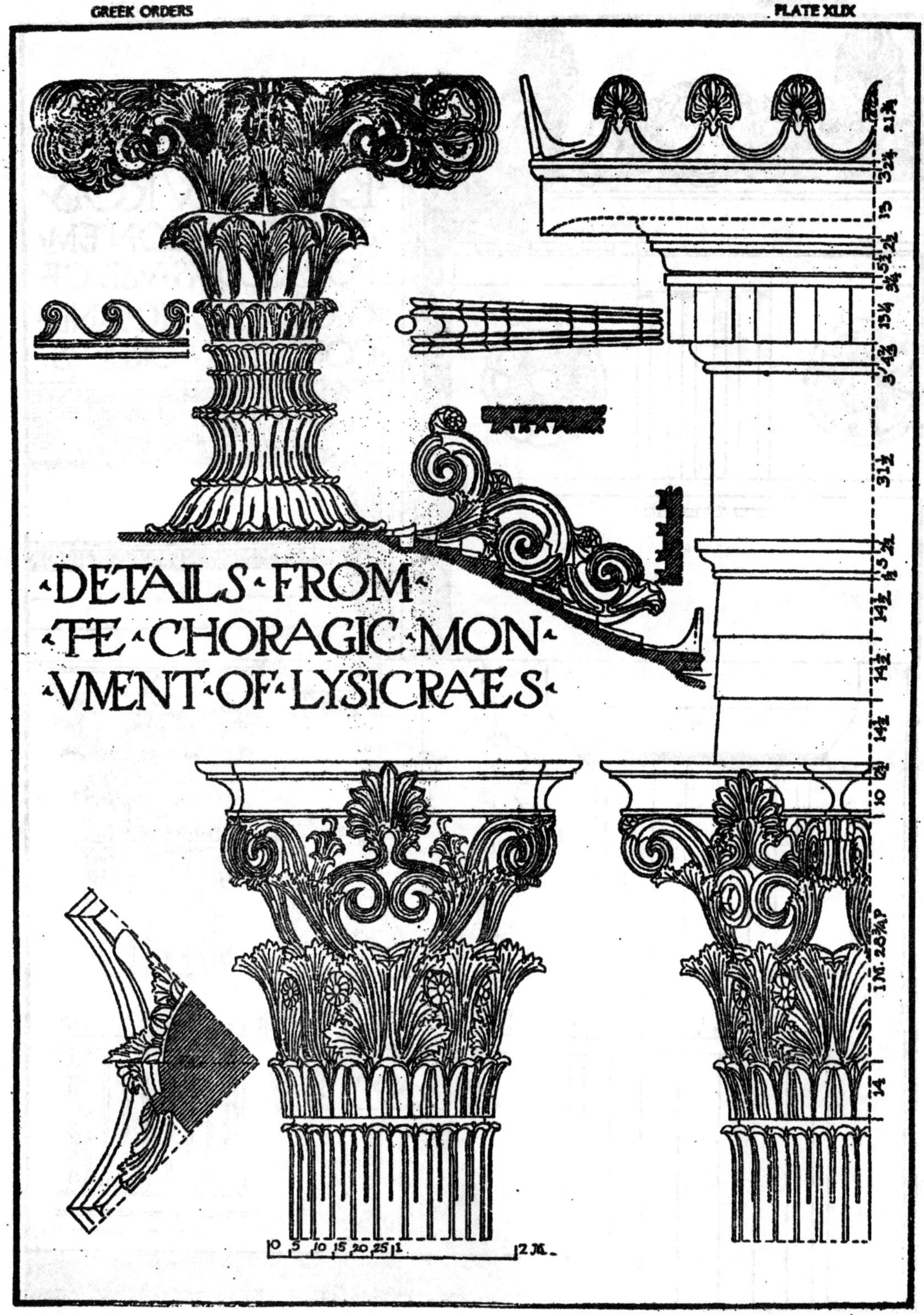
DETAILS FROM
TE CHORAGIC MON
VMENT OF LYSICRAES
0 5 10 15 20 25 1 2 M.

24169

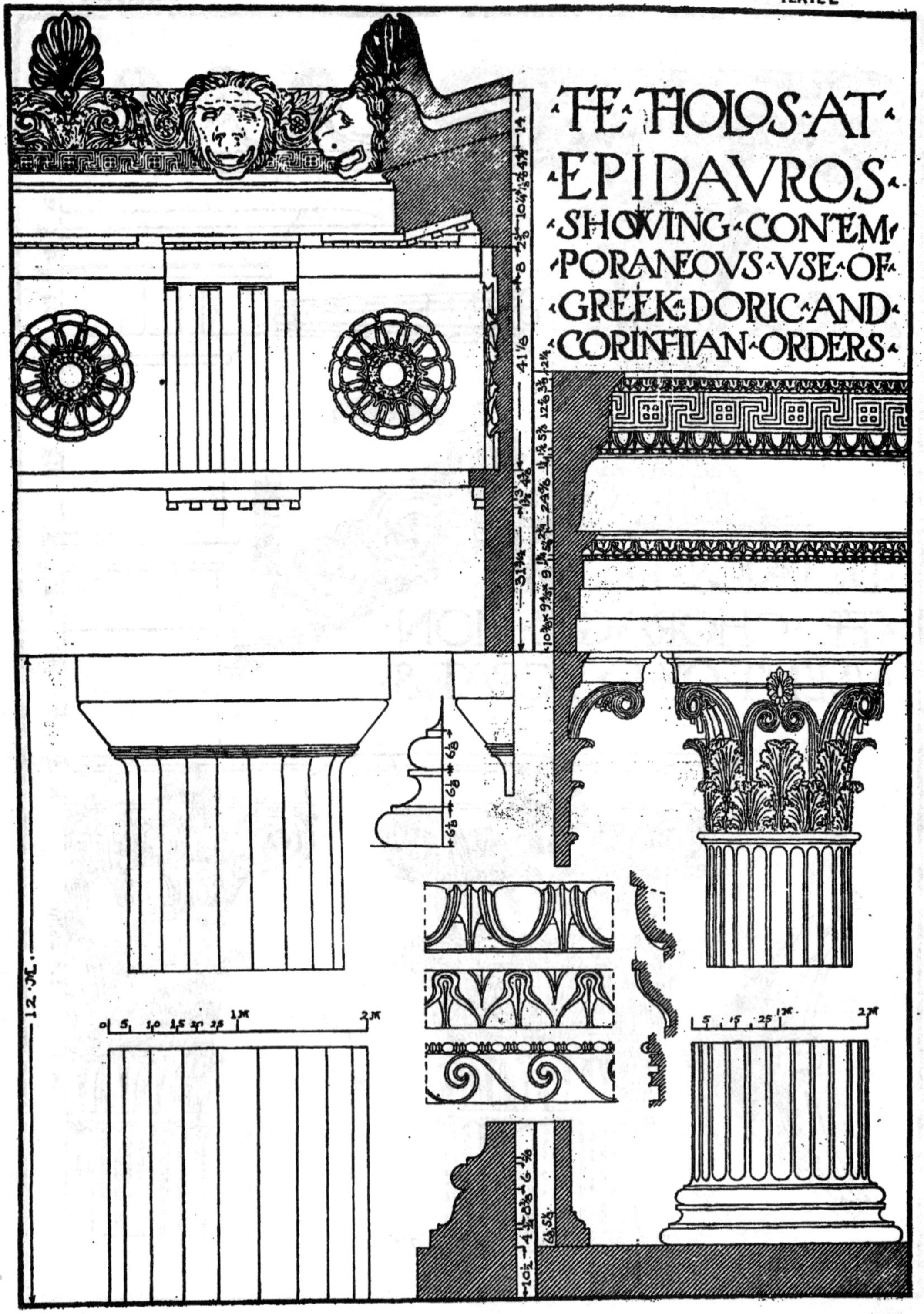
THE THOLOS AT
EPIDAUROS
SHOWING CONTEM-
PORANEOUS USE OF
GREEK DORIC AND
CORINTHIAN ORDERS
12 M.

24170

建築史〔第二編〕（二十）

杜彥耿譯

卑辟丁建築（續）

房屋之詳解

地盤，牆垣，屋頂及裝飾

一七、地盤　卑辟丁教堂建築之地盤，常立基於正方之上，環以四法圈，而起自四角之磩子者。平坦之圓頂，以三角穹窿支持之，藉以蔽蓋正方之面積。角端之磩子經延長後，形成法圈道，以通達於房屋之南北牆，成為十字耳堂，有時則自圓頂所蓋覆之中心點，用遠環法圈劃分之，如聖索非亞教堂建築是，見第四圖(b)。主要圓頂之東西邊，有兩半圓頂，起自半圓形之牆，以掩覆教堂中部之凸出處。教堂中心之南北兩廊路，在大方形之地盤中，成一希臘十字式形，卑辟丁教堂建築之地盤，式樣甚多。如威尼斯之聖馬可主教院　，　如圖九(b)，雖有五圓頂，但正方及十字形之組合，仍復存在。又如拉溫那地方之聖徽塔兒教堂，見圖六(b)，地盤之式樣較為少見，係為八角形者，與基督教時期之早期多角形教堂及洗禮所等建築，大致相同。

一八、牆垣　牆多磚砌，而牆用雲石及瑪賽克舖砌。外部磚作工程常排列砌成各種模型。

一九、屋頂　平面圓頂及半圓頂用浮石築成，磚塊亦隨意採用於卑辟丁房屋建築之屋頂。早期之建築例子，圓頂之搆築，多於三角穹窿之頂端開始，但迨後則將鼓形之貫有窗戶者，置於建築之拱廊之上，藉以擕載圓頂及圓頂之本身也。

二〇、門窗堂　門窗之空堂幾全為半圓形之頂，及環形之拱廊，盛飾之門堂為卑辟丁房屋建築之普遍現象。小型之窗戶常羣集於

第十一圖

大型拱圈之下，但卑辭丁教堂建築主要之光線，常來自中心圓頂下部環集之窗戶也，見第四圖（a）。

二二、柱子

拱廊柱子間之空堂，跨架半圓形之拱圈，立於花帽頭之帽盤上，常用特殊之設計，以表示載重量者也。如圖十一(b)及(d)，與圖十二(a)及(b)。獨石柱係作為裝飾之用，但與古典式者大有分歧，尤以花帽頭為最，式樣頗多，其中如碗形及螺旋形之花帽頭，如圖十一(a)(b)(c)，或包以花葉枝梗之裝飾，或施以凸形之花飾。又籃形花帽頭，上飾交織之花邊。圖十一(d)之花帽頭，鐫有茛葉形及葡萄樹葉形，及其他花葉之裝飾。(a)之花帽頭係採自聖索非亞教堂者，(c)係採自聖馬可主教院者。圖十二之花帽頭(a)及柱子(b)，係為拉溫那地方聖微塔兒教堂之設計詳圖。

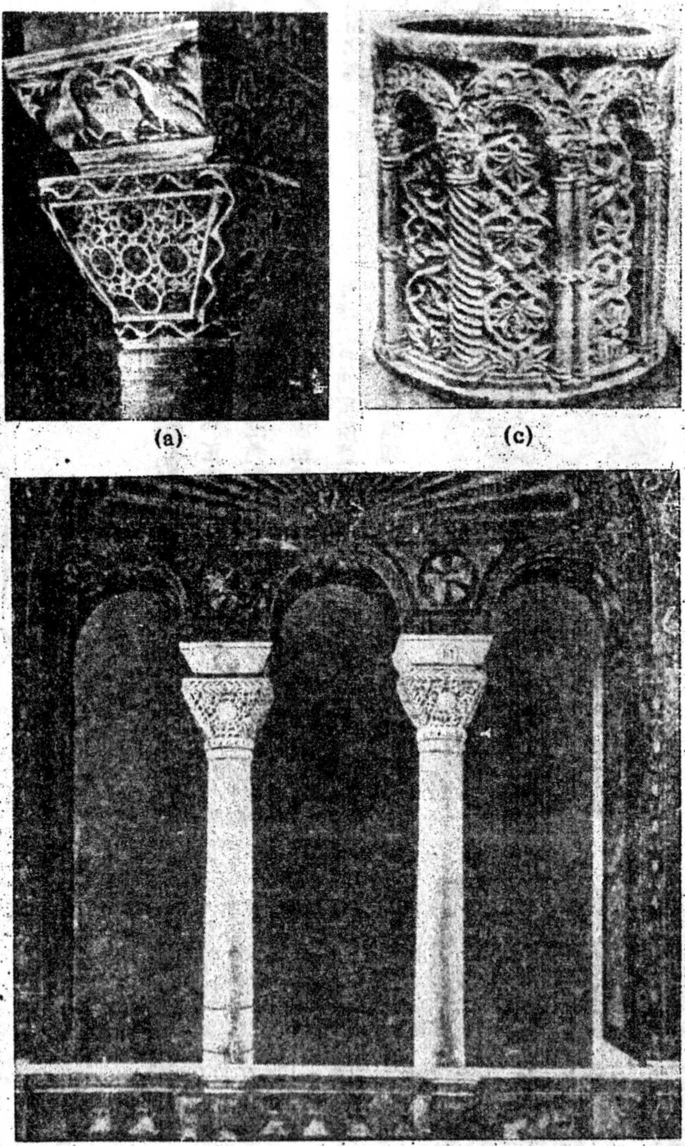

(a)　(c)　(b)

第十二圖

二三、線脚

線脚頗為簡單，甚少顯異之點。根據慣例係從古典式中自由採用，但原有之優點則已喪失矣。希臘及羅馬建築中之台口，從無用於卑祥丁建築者。

一三、裝飾　卑祥丁式建築中幾何學形之排列，工程之精巧，所受希臘式及東方式之影響，實較羅馬式者更爲啓示，此可於圖十三及十四之石板中表見之。圖十三（a）所示之貫穿浜子，係採自拉溫那者，即具有卑祥丁裝飾中數種通常之特質。中心之十字，交織之幾何學形模型，以及嵌鑲中間之花鳥等，皆足特別注目者。圖十三(b)爲聖馬可主教院之浜子，雕刻作高凸之浮雕形，其作風頗爲自由，枝葉之流形線條及其他設計等，令人回憶古典時期之裝飾工程。圖十三(c)所示之浜子爲純粹之卑祥丁式。圖十四(b)深受希臘式之影響，古典式之卍字花紋及輪轂，圍繞中間之十字形。此設計美觀之浜子，係採自拉溫那之聖阿坡力內，白雪理解教堂者。排列失調之葡萄樹枝葉等，僅足啟示希臘式之優點而已。圖十四(a)所示之浜子，係採自聖馬可者，設計與其他完全不同。

(a)

(b)

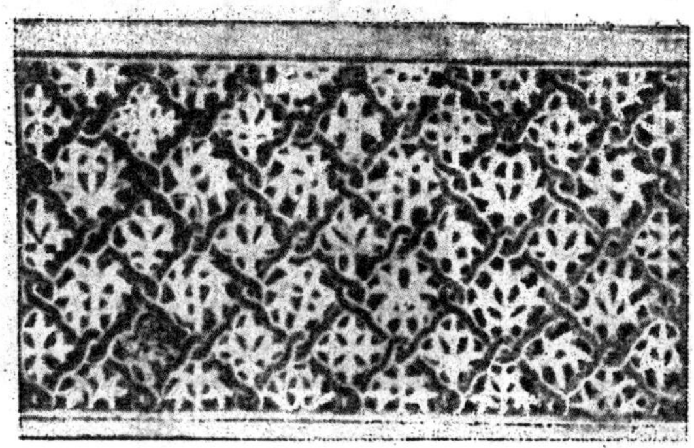

(c)

第十三圖

一四、　圖十一(e)及(f)係示卑祥丁式彫刻之特殊式樣。前者係以葢葉形作環繞之盛飾，後者係採自聖索非亞教堂者，設計之排列，作幾何形，而交織之圓圈與嵌中之十字形，爲此式之特徵。圖十二(c)係示威尼斯一井欄圈之美麗之彫刻。同圖之(b)爲聖徵堵兒教堂之陽台，網形花帽頭之彫刻，極爲美觀，深足注意。

一二五、 飾以彩色之瑪賽克工作，爲卑辟丁藝術之顯明特質。此係用以修飾牆垣，地板，穹條，及圓頂之內部，間亦應用於房屋之外部者。形像建築外觀，幾何模型，及通常之花葉枝梗等，以金黃色襯底，施以瑪賽克，形成一種華麗及永久之美飾，非其他方法所能及。圖十五(a)(b)(c)所示，卽爲簡單之幾何學模型之瑪賽克磚鑲邊。同圖之(d)係以淡黃色作底金黃色爲面之牆垣裝飾，(e)則爲金黃色之浮彫。

一二六、 圖十六係示卑辟丁裝飾之其他式例。(a)爲設計美觀照耀奪目之畫稿，(b)爲帖撒羅尼迦(Thessalonica)聖喬其教堂之牆飾，(c)爲同一教堂之彩色平頂。

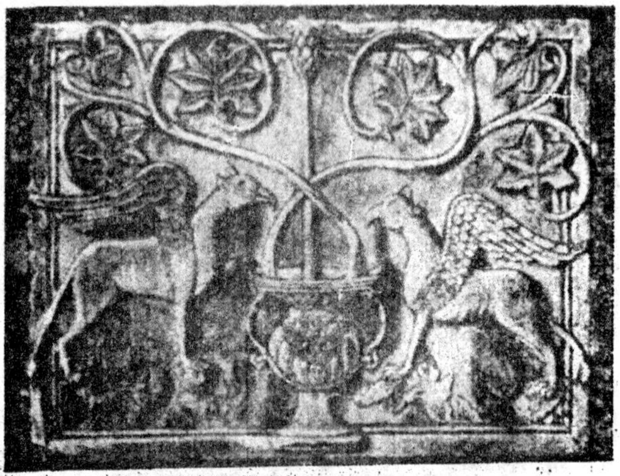

(a)

(b)

第十四圖

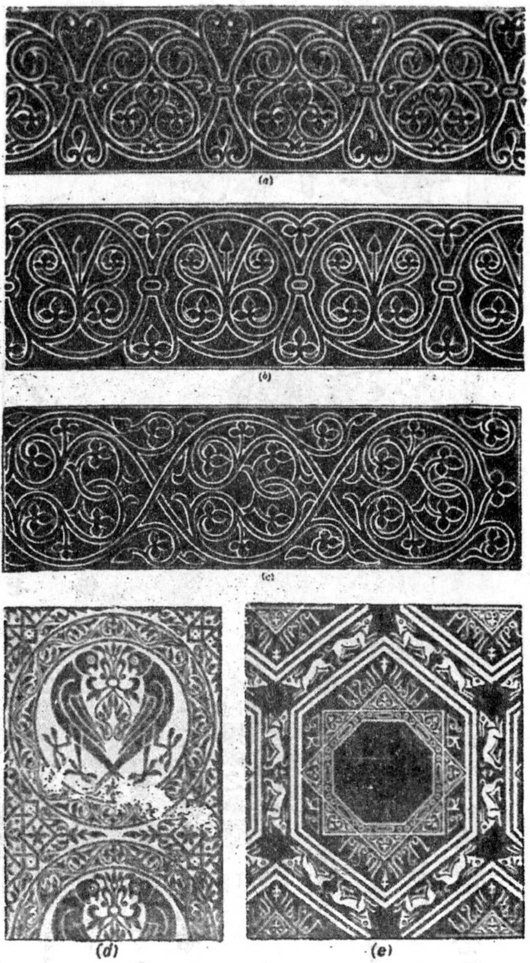

第十五圖

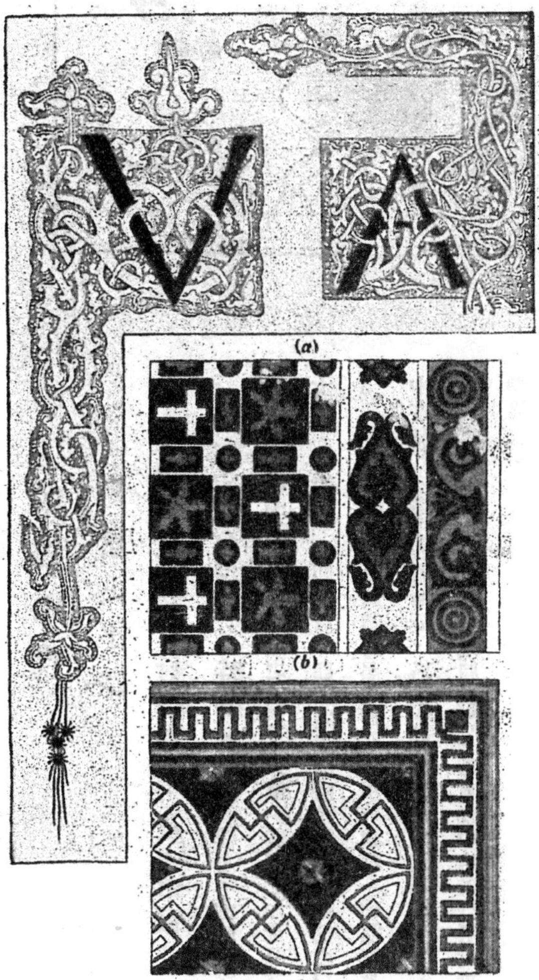

第十六圖

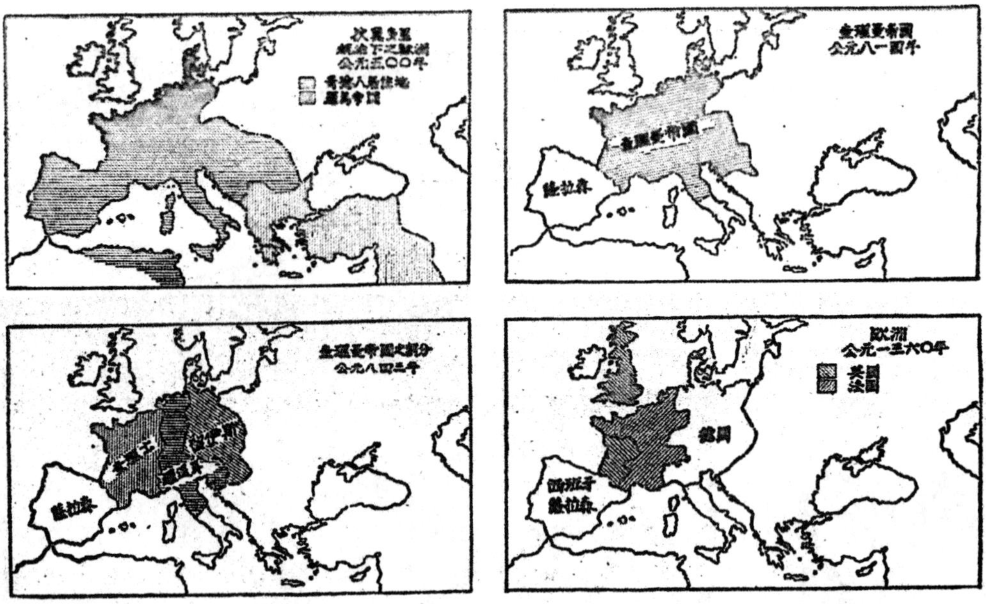

第十七圖

中古時代

歷史小誌

國家之遷移，封建制度，及十字軍

一七、中古時代之時期 歷史家所稱之中古時代之時期，係指公元四七六年羅馬帝國之傾覆，以至一四五三年土耳其據有君士坦丁堡爲止。其間六百年卽所謂黑暗時代，但隨卽繼之以羅馬文化之燦爛光輝，故與其謂爲黑暗時期，不若謂爲一種演變也。且在中古時代之最後四百年間，游散之種族，已進化爲國家，學術復興，文化昌盛。圖十七所示地圖四幅，卽可知中古時代各時期各國之國界也。

一八、重要事項 中古時代著名之事項，可分爲（一）國家之遷移；（二）薩拉森尼(Saracenic)之侵略；（三）查爾曼大帝之建立佛郎克(Frankish)王國；（四）封建制度之創立；（五）十字軍；（六）羅馬敎皇之無上權威；（七）近代國家之興起。

一九、遷移之開始 在第四世紀之末，發生連續之侵略，名曰國家之遷移，匈奴實開其端。此種族源自蒙古，克服哥德人(Goths)，佔有南俄羅斯，波蘭，及匈牙利。在阿提拉(Attila)氏領導之下，蹂躪羅馬境域，汪達爾(Vandals)民族等亦繼起效其行動。東有東哥德(Ostrogoths)民族，西有西哥德(Visigoths)民族，他若佛郎克人及勃根第安人(Burgundians)等，亦傾湧入歐矣！

三〇、汪達爾及哥德 公元四〇〇年，汪達爾人經由來因

(Rhine)，倫(Rhone)，及庇里尼斯山(Pyrenees)而入西班牙，復由此遷入非洲，建立王國；迨後在五三五年，爲卑祥丁帝國所滅毁。西哥德與東哥德初現於三三〇年。東哥德在阿拉列(Alaric)領導之下，侵入希臘，於四一〇年攻陷羅馬，克服法國及西班牙，最後成爲半開化之國家。迨佛郎克進攻，權威盡失，卒於五〇七年爲克羅維斯(Clovis)所征服。

三一、高盧之侵略　羅馬國境亦常受東哥德之侵略，在三八六年，羅馬曾予以重創。東哥德乃聯合阿提拉及匈奴，以侵略高盧(Gaul或稱Gallia)，包有北意大利，法國，比利時，及荷蘭之一部，瑞典及德國等。察倫斯(Chalons)大戰之役，力圖掙扎，始克延續。四五一年，侵入東歐，在意大利建立王國，計自四九三年至五五三年，爲查士丁尼(Justinian)所征服。

三二、墨羅溫王朝　初殖民於奥得(Oder)及維斯杜拉，後遷來因及追卡(Neckar)。勃艮第人於四〇七年聯合蘇匯維(Suevi)及汪達爾民族，進攻高盧，後虔奉耶教。阿提拉侵略之役，抗拒失敗，於五三四年，爲佛郎克所併吞。佛郎克人源自德國之佛郎可尼亞(Frankonia)，由其王克羅維斯領導，於四八六年征服羅馬，佔有森(Seine)與羅亞爾(Loire)之間之地。五〇七年，克氏復征服阿拉列，擴展其國土自羅亞爾至庇里尼斯山脈，於巴黎建立墨羅溫王朝(Merovnigiau Dynasty)，即以巴黎爲國都。

三三、薩克森人　另有薩克森人種者，亦參與移民之役。彼等所獲之土地，係在佛郎克之北，兩者常生衝突，直至被查理曼大帝征服爲止。另有薩克森人之一枝，經由海峽，而佔有不列顛之大部。

三四、臘丁變語　在高盧，西班牙，意大利，自羅馬帝國之條頓種領袖半開化後，漸將全國之民族調和，施以法律，教化，及耶教，源自羅馬之新語言，所謂臘丁變語(Romance Tongue)者，包有法蘭西，西班牙，及意大利等國之語言。但臘丁文仍用於寫作，並因敬畏古代西方帝國之權勢，以哥德及日耳曼諸帝王，作爲被征服者行狀及風俗之範式。

三五、盎格羅薩克森之語言　在不列顛，盎格羅薩克森人之戰勝者，對於羅馬文化並無敬意，怒視並驅逐當地被克服之殘餘民族。盎格羅薩克森之侵畧者，並不採用羅馬語言或宗教，蓋耶教亦於日後導入不列顛也。今日之英國語言，大部即由昔日薩克森祖先所導入本國者也。

三六、卑祥丁帝國　東方即卑祥丁帝國，初由庸儒之主治理，迨至五二七年查士丁尼之時，始得收復失地之大部，擊毁汪達爾在非洲巳樹之勢力，侵入意大利，佔有羅馬。意大利至此重與東方帝國結合，在君士坦丁堡由當地領袖拉溫那之厄克柴取(Exarchs of Ravenna)治理。查士丁尼將古代羅馬法律縮編爲法典，今日歐洲之民法，即以此爲基礎者也。

三七、倫巴人　查士丁尼亡故後，意大利及　殘暴之日耳曼人種名曰倫巴人者所侵佔。彼輩自意大利平源統治全國，與厄克柴取聯合約二百年之久。

三八、教皇之產生　在此三百年變動及混亂之政潮中，基督教會維持組織及其權威，獲得成功。迨教皇（Papacy源自拉丁文之Papa，係主教之意。）之勢勃興，乃有取而代之之概。自推翻帝制後，人民往昔慣向羅馬請求作物質上之援助者，至此乃改請精神上之指導，而羅馬主教則成爲天主教會之領袖焉。但君士坦丁堡之教長在其主權所及之區域內，亦有領袖羣倫唯我獨尊之概，故兩主教之間，時起爭執，最後乃分爲東教會（或稱希臘教會）及西教會（或稱羅馬教會）焉。

三九、薩拉森人之侵略　在第七世紀之初，有阿剌伯之革新家名穆罕默德者（Mahomet或Mohammed），創立新教，其要綱爲「天神僅一，而穆罕默德卽爲宣示神意之人」。感化之法，威力並施。凡被克服者，不接受可蘭經（回教之經書），卽處死刑，兩者任擇其一。至六三二年，此武士之宣示神意者，征服阿剌伯散漫之種族，將人民團結爲一個國家，並信奉一種宗教。

四〇、　穆罕默德之繼承者，名曰卡力夫（Caliphs），承其餘緒，發揚教義。叙利亞，巴力斯坦，及埃及相繼克服，復敗波斯，而薩拉森人（Saracens卽阿剌伯人）時窺於君士坦丁堡城牆之下，然未能越其雷池一步也。七一一年薩拉森人經由直布羅陀海峽，在西班牙建立摩爾王國（Moorish Kingdom，或稱薩拉森王國），國脈延綿至一四九二年。但在七三二年侵略高盧之役，薩拉森人曾遇查理士所統轄下之佛蘭克勁敵，因此名之曰馬式爾（Martel鐵鏈之意），在圖耳（Tours）之平原上，曾遇頑强之抵抗，克洛斯（Cross）乘勝而入克勒申（Crescent），回回教徒則退走庇里尼斯山之後，歐洲與基督教乃獲保全。此次劇烈之血戰，實予薩拉森人以初次之遏阻也！

四一、　穆罕默德死後一世紀，薩拉森國境，自印度河擴展至庇里尼斯山，其版圖較古代任何强國爲大。此不易統治之帝國團結一時，卡力夫之言辭，在信地（Sinde）及西班牙悉聽其命。但在後因繼承問題之紛爭，此廣大之薩拉彊域，乃分爲奧瑪（Omar）之後裔（Omniades奧米亞王廟）統治於哥爾多華（Cordova），自巴格達（Bagdad）起則由阿拔斯朝（Abbasides）統治。故在八〇〇年查理大帝在羅馬加冕之時，有兩對敵之基督教帝王，一在羅馬，一在君士坦丁堡，及兩對敵之卡力夫焉。

四二、封建制度　當古羅馬之政府有時將土地供於軍用之時，佛蘭克人常將軍人之領袖認爲其地之地主及主人。基此兩種習慣，於是乃有封建制度之新制產生，影響於全歐洲之社會及政治，凡數世紀。封建制度之成立，假設以戰勝者所得之土地，係爲其絕對財產，彼可任意劃分，一如其意。因此漸漸形成　種習慣，戰勝者將戰敗者大部份之土地，據爲己有，而再將其餘部份分配於部屬將領，盡其終生而保管之。

四三、　在此種措施之下，酋長爲帝王之給養者，或受采邑者（Vassals）。彼輩不僅對其地主負服務之責，同時對較高領袖，亦須受其指揮。但有時亦有變動，例如地主之權力衰弱，受采邑者之勢鼎盛，則後者將世襲其土地，此制在匈奴，哥德，汪達爾，佛蘭克及倫巴諾王國，多採用之，在後亦沿用數百年之久。在地主之城堡堅固牆垣之後，鄉村之受采邑者，在危急之時，實受其保障。時至中古時期，個人主義之文化勃興，情形迥異，國家之地位提高，其觀念與昔不同。社會上並有三顯明之階級，即軍人地主，傳教及教讀之僧侶，及生產階級是。

四四、十字軍 回回教向基督教進攻之恐怖，則提及十字軍之役，實爲有益。一〇九五年，土耳其人既已爲小亞細亞之主宰，並征服希臘帝國而摧毀之。教皇烏爾班第二（Pope Urban II）乃在克勒芒（Clermont）與十字軍之師，以抵禦回回教徒之侵擾焉。但此宗教精神震動信奉基督教之全歐，尤以法蘭西爲最，並漸漸引起其他之動機。一二〇四年十字軍第四次之役，將基督教城市君士坦丁堡加以襲擊及蹂躪焉。

四五、武士道時期 所謂武士道（Chivalry）之組織，開端於查理大帝之時。當時有高級之封建地主曰卡巴拉里（Caballarii）者：首披鎧甲，以任軍役。故武士道之風，實產生於封建制度。凡爲武士者，必忠於長官，仁於僚屬，敬於儕輩。其功用漸成爲軍事教育之系統，主義盛行於中世紀時期。由此而產生各種軍事宗教之法度，如耶路撒冷之聖約翰武士，摩爾太之武士，（Knights of Malta），腴普拉圖武士，（Knights Templars）及其他等。

四六、結論 中古時代之歷史，可如此粗告結束：在第五世紀及第六世紀之時，條頓人種移民於羅馬帝國。第七世紀時回教之興起及薩拉森帝國之成立，實足注意。第八世紀時佛蘭克王國及查理帝國，先後成立。第九世紀時愛格伯（Egbert）初任英國之王。查理帝國分別歸併於法蘭西，德意志，及意大利。諾曼人創立俄羅斯。第十世紀見洛維（Rollo）於諾曼底，及卡佩（Capet）於法蘭西；而十一世紀之諾曼人之戰勝英國，南意大利之推翻希臘薩拉森（Greek-Saracen）統治，及德國之給爾夫（Guelf）及基伯林（Ghibelline）宗族鬬爭，均足記憶。十二世紀之時，十字軍之勢正熾，意大利共和國亦國祚昌盛。十三世紀時英王約翰頒發之大憲章（Magna Charta）及五役十字軍（第四次至第八次），均甚聞名。十四世紀時則有歷史上著名之百年戰爭。第十五世紀之時，英國失其法蘭西之所有權，格拉那達（Granada）被西班牙所征服；君士坦丁堡被土耳其人所佔領，而哥倫比亞亦於時發現美洲焉。

（待續）

繪圖一得

劉家聲

裝飾畫

用線條構成的圖畫，能表示出人生的主點，或是各種主點的綜合；這種結構能得到主要的概形，有時亦能應用光與影來顯示出最重要的本質。圖畫並非繪圖術，它僅將普通觀察所得的想像描繪出來而已。學習裝飾畫的最要步驟，必須先知道裝飾畫的繪法及其應用；但這種方法不適宜於初習者，祇能給已學過的採用，明瞭普通的繪畫方法。

裝飾的構造必須顯出它的形狀和意義，像普通的浮雕，或包含一種平面的裝飾，如地毯的式樣，糊牆的花紙或彩繪圖形。裝飾的描繪，包括直線及弧線的組合，或連以動植物的形狀，或單用動植物爲裝飾。許多裝飾畫純粹用幾何學形成的，這種畫可全用儀器繪製；有的一部份用手繪畫，其他則用儀器；此外也有完全用手繪製。裝繪畫包括描摹本身的狀態，在動植物的世界，及人類的創作中，都能暴露出美的線條來；我們在建築的模型，曲線形的飾具，蝸捲形與絞扭形的熱鉄工程，陶器及玻璃器的圖形中都可以看到。譬如一隻瓶的裝飾或一扇熱鐵柵，在裝飾畫中他們本身的形狀，美的線條及各部的配稱，均須注意到的。

繪畫法

圖畫的構造，可分爲兩種：一種是用單線與複線的構成；一種是用直線與弧線一筆繪成，不能用小點或短爪痕形的連續。一根線的用筆，不可移動與離開，必須與前線相連接，一氣呵成，養成手指相應的自然動作。沒有別的方法能保持線條的方向，倘繪一根連接線，替代以一條一條的線，那麼柔軟的手腕與眼的判斷力，決不能開展得這樣快。

通常繪畫，手肘可隨意按置於畫圖板上；但手的拳頭須極度自由，照這樣情形，手須沿小指的第一相接處很輕的安置與移動。

在繪圖時，無疑地眼是導引手動作的工具，但不能過份的注視在鉛筆或畫圖筆上；前後的體襯，去比較圖形的狀態與線的方向，因此可使眞面目畢露，像在眼前一樣。

製圖者坐着工作時，身體須避免像拘攣狀的穩過於圖畫，因爲這樣能損害他的視線，以致無法改善他的工作 最佳的姿勢莫如出之於自然。圖畫紙必須對正繪圖者前，既不能倒置又不能欹斜，在將完成時的最後描摹，尤其是墨水，可隨意將紙張或身體移動至一便利工作之處，因之可產生出完美的線條來。

應用材料

鉛筆用於繪圖中的，普通不外Hardtmuth的Koh-i-noor 牌，Wolff & Sons.出品，Venus牌及 Castell牌等數種。用於普通自由畫的大牟是HB 鉛筆，但最適宜是那種，須各人去試用。軟橡皮用以輔助擦去已繪妥後的草圖及將罩墨水線之前；最後的線條必是很堅實與清楚，但不能沈重，倘欲矯正任何該種線條，最好應用通常一種白橡皮。鉛筆頭在適當尺度內，必須維持同一式的尖頭，但過份的尖銳必須避免的。在鉛筆移動工作進行時，亦須保持適當的尖頭。購用廉價的鉛筆，是錯誤的節儉。對於應用鉛筆，尚有三個條件必須遵守：卽鉛筆不能沾濕；硬鉛筆不能應用；短鉛筆也不能用，除非插在接鉛筆桿上。鉛筆不能短於五英寸長，因爲它要置放在食指節上。

光滑而堅實的紙面都可應用；但在繪圖之前，須先將紙試驗，用繪圖筆劃於其上，測驗行動是否自若與光滑，及存留的墨水線是否清楚。繪圖的筆尖，品類極多；有經驗的繪圖者，在他手中的雖是優秀的筆尖，但不適合於初繪者．303 Gillott筆尖能繪出很好的線條，尤其適合於鋼筆畫。404 Gillott 筆尖適宜於顯著的線條；C. Brandauer的Oriental筆尖對於中等工作最爲合宜。

初習者不宜用極佳的筆尖；大概Oriental筆尖很爲適用，尤其是在自由畫中繪廣大範圍的濃密線條時。筆尖不能時時調換，每種須練習至完全嫻熟時爲止，要有充分的訓練去達到手與筆的和諧工作。在可能範圍內，筆尖須對向繪畫者；但當鋼筆移動于欹斜時，則筆尖的尖端須調轉向線的方向繪畫，換句話講：移動鋼筆時，其尖端必須在線的同一方向。

用鉛筆畫圖，與鋼筆的規則不十分相同。譬如欲繪一張鉛筆畫，不能將紙張移動，也不能因欲便利繪線而更改紙的方向。鋼筆則反是，因爲事實上祇有一個方向能繪出美善的線條來；像上面已經說過，鋼筆須常常對向繪畫者，如此則繪弧線時，可將紙的地位不斷的移動；否則移動鋼筆時，有或上或下，以致繪出鋸齒形的線條來的弊病。

各種黑墨水，都適合於繪圖之用，倘所繪的圖須製銅鋅版時，用變色的墨水將蒙受重大的損害與影響，那麼，黑墨水確是必需品了。市上有幾種墨水很適用的，如Higgins的畫圖墨水，Winsor & Newton的黑墨水，Pelican的繪圖墨水，Carter的繪圖墨水等；我國的上等松烟墨所磨出的墨汁，亦可應用，但較之已製成的墨水，則不十分便利。

遠東實業公司 陶磁廠又訊

光耀釉面磚，爲陶磁製造專家鄭光耀君所發明，良以該磚色澤鮮美，永不脫磁，雖經風雨剝蝕，亦永久保持堅固，故能蜚聲於建築界。最近如大新及永安公司大廈，均採用該種釉面磚。本埠遠東實業公司特聘鄭君任陶磁廠廠長兼工程師，並在蘇州滸墅關購地三十餘畝闢爲廠房，擴充製造云。

營造學（十七）

杜彥耿

第四章

第一節　磡子及大料（續）

函梁　若梁之凸緣必須特闊，如厚牆任重於梁上或長跨度之梁，均宜有側面之硬度，則可用兩梁腰搆合而成。在極大之支持處，梁腰不甚能勝任其側面之撓曲，或加大其凸緣，使之抵禦力增强；但亦不能擔荷其側面之彎曲。第四七四圖示一函梁之構造。

極大之函梁，其梁端鐵板用螺旋搆合於梁身，或開一洞口於梁腰處，以備將來油漆內部之用。

翘梁或懸梁　梁之一端固定，他端無支，如挑出陽臺之梁是，其作用一似槓桿，能使牆垣顛倒。欲平衡其支持點，須有等量之牆加於翘梁之一端，用以平衡無支之一端，同時亦有餘力留存，俾使建築物入於安全狀況。

在承托邊緣下部之處，成爲槓桿支柱，含有極大之內壓力，應有極硬之石墊頭置於其支持點，或用鑄鋼擱柵墊頭。懸梁之承托面，須有廣大之面積，以分佈其壓力。

第四七五及四七六圖示一懸梁之形狀，係用12"×9"×35# 之鑄鋼擱柵，伸出六呎，每呎之荷重爲一百十二磅；其懸梁則固定於十呎處。懸梁之無支端，係接合於一骨架梁上，用二號之三角鐵及格子梁腰搆合而成。鋼鐵工程之四週，澆以二吋厚之混凝土，樓板則爲四吋厚之鋼筋混凝土，用資禦火者。

第四七七至四七九圖示同樣之懸梁，聯於梁及板上，均用鋼筋混凝土構造。

第四八〇及四八一圖示鋼鐵結搆之骨架懸梁。懸梁用鉚釘接連於2/10"×4"×30# 水落鐵柱子。鋼鐵工程四週均須包以混凝土，見第四七五圖。

挑出之長距離，類似音樂廳內之廣大月台，則懸梁固定端之伸長必須穿越有用之厚牆。第四八二至四八五圖示普通結搆之懸梁，用於公共建築中之月台，其大廳之上有走廊者。於此可見懸梁伸過牆身之外。將梁彎曲構造，蓋月台須有斜度，俾踏步建造其上，見圖中虛線。最大之內力在梁之經過裏牆支持點之處，其彎曲內力之變動，在支持處爲最大，最小則在無支之端。梁之斷面，不必完全相同，在末端可將兩根三角形鐵用鉚釘結合之。第四八二圖示鋼鐵擱柵結合在梁上，其鋼鐵工程四週亦包以混凝土，見圖中虛線。第四八六及四八七圖示一直線形之懸梁，中間置有支持物，及一端擱置於牆身上。其挑出部份爲五呎，柱子與牆身之距離爲六呎，而其整個建築之重量則假定每呎爲二百二十四磅。圖示工作大樣，鋼鐵之四週包以二吋厚混凝土及樓板用鋼筋混凝土。

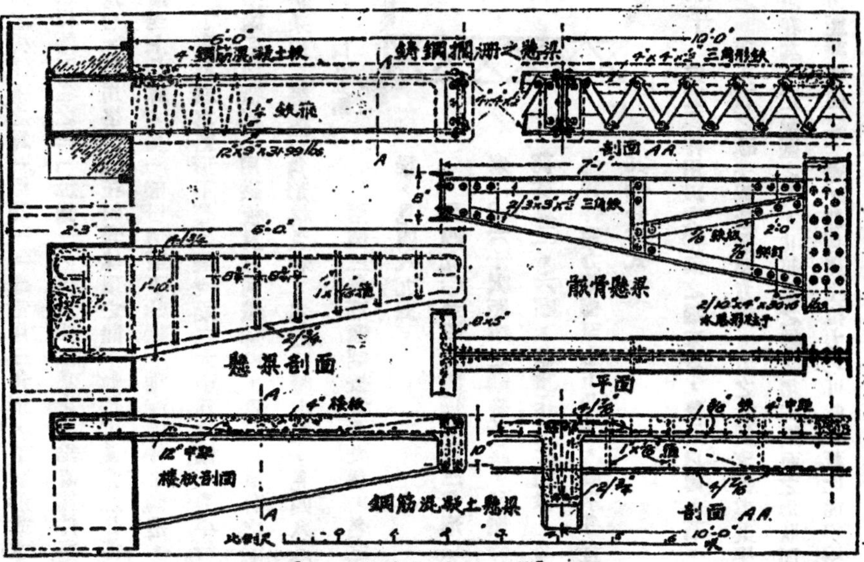

[附圖四七五至四八一]

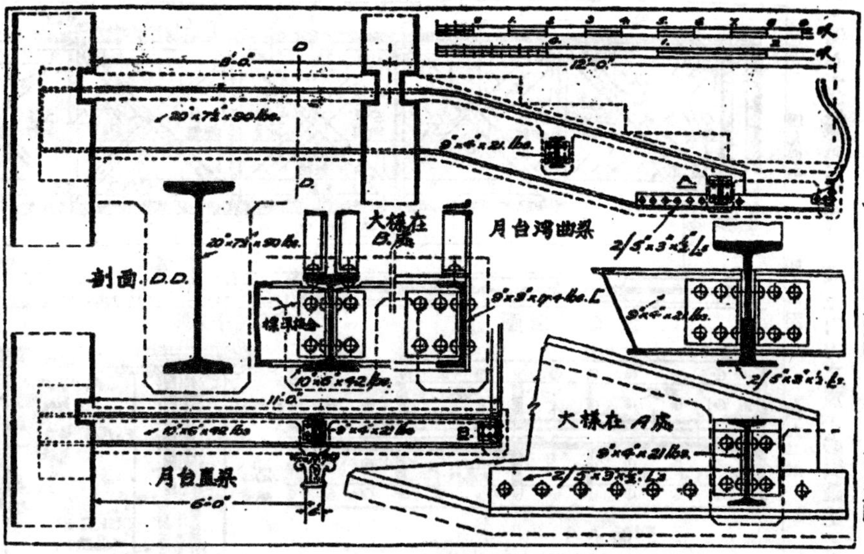

四八七圖

[附圖四八二至四八七]

雁木梁與格子梁

應用於極大之梁而無阻礙者，如橋梁，普

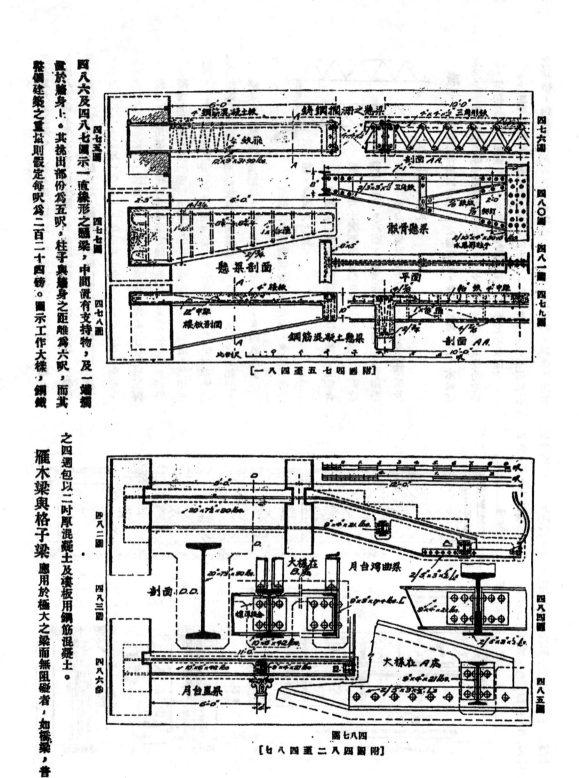

通亦應用於梁架中，使其深度增加，而材料則或可經濟。第四八八及四八九圖示雁木梁及格子梁，其梁腰之構合，係用鐵條或三角鐵反復瀰澄，再用鉚釘結合之。圖中之濃線代表壓力，細線代表拉力。壓力之桿件稱之爲「撑頭」，通常用三角形，丁字形或水落形；拉力之桿件則名之曰「拉條」，恆以鐵條爲之。垂直桿件與橫亙桿件之接合，時用格子梁在斜角撑頂之間，如是可使力之分佈一部份直接播至上凸緣，另一部份傳至下凸緣。垂直桿件之構造，係用三角形，丁字形或水落形不等，須視梁之大小爲目標。其平行桿件之斜角撑梁名曰橫桿，用鐵板及三角鐵構成，但須與原有之梁相同。

鋼架用二等邊三角形構成者，名之曰雁木梁，見四八八圖。

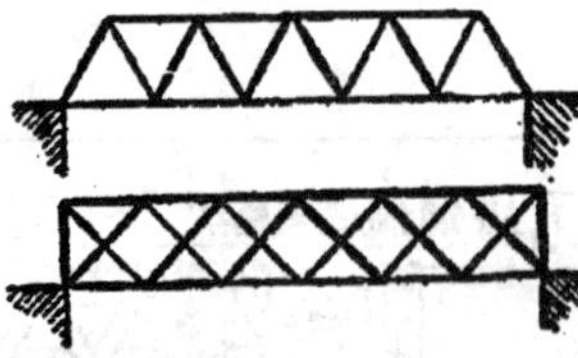

四八八圖　四八九圖

兩個三角形顚倒按置而成者，名之曰格子梁，見四八九圖。

圖四九〇至四九四係兩個三角形以上搆合者，示六十呎距離之鋼格子梁，計劃時每呎之荷重爲三‧六噸，載重在下面凸緣，乃利用垂直桿件將力傳佈至上下凸緣，圖示各部斷面及其接合方式。

礅子

豎直桿件用以支持梁之端末者，普通以磚，石，木或鋼鐵爲之。磚與石之礅子爲抵禦壓力者，力之着於支持處其壓力之中心，須在其一定範圍之內，其範圍之變化須視斷面之形狀而定；否則與力距離較遠之一邊，即有發生拉力之可能。蓋此能損壞磚或石之結構，但對於木料或鋼則毫無損也。因後述之材料，其抵拉力較高也。偏心力之壓內力之强，或拉內力之强，必須確定，礅子或撑頭之形狀，亦宜決定。高度未超越礅子之最小面積十至十二倍者，

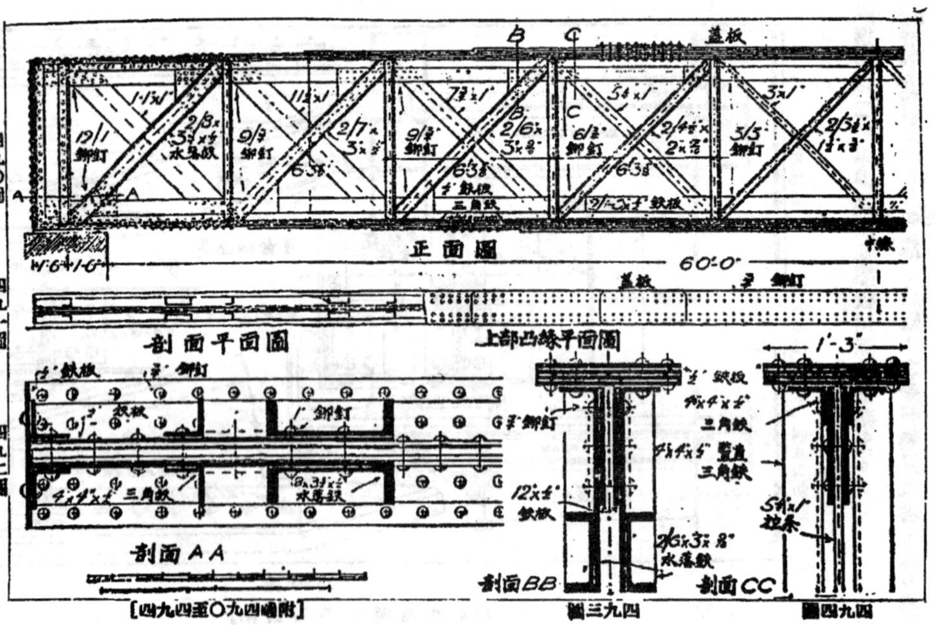

[附四九〇至四九四圖]　四九三圖　四九四圖

曰短柱，普通祇計算其縱壓力。倘高度超過其限度，在小面積處，即有彎曲之發生。

當高度超過十倍之最小面積時，其抵禦力之强減少極快，及任何高度之變化，均須視柱之端末固定爲主旨。礅子固定端之抵禦力大於活動端二倍。

任何礅子欲求其最大之抵禦力，必須將力置於斷面軸線之處；接此種情形並不時常可能，欲保持此狀態，完全斷面皆須在壓力之下，壓力之重心須不出方礅子中心三分之一之範圍，及不出圓礅子中心四分之一之範圍。

任何力之離中心者，其內力之强決不平均分佈於斷面，惟增加於離中心一面之處。其傾覆於上述兩種限制之內，是以在有力之一面其壓力須有兩倍之强，任距離力較遠之一邊則爲零。一個礅子倘有偏心力之發生，則材料之損壞，必在壓力之一邊。

第四九五至五〇六圖均爲柱子之鋼鐵斷面。現代鋼鐵工程，其柱子大抵自基礎達至上面建築，斷面有鉚釘接合。因此其工字形或混合形斷面及求得之平板，咸殊適合。其柱子之損壞在小面積處遭受彎曲者，此種極潤之凸緣，與嵛斷面之兩主要軸之慣性力率相近接合，惟亦須選擇，同時混合形亦須計劃，其主要點與上同。第四九五至四九七圖示鑄鋼之工字形及混合形。第四九八圖示三角形之斷面，屋架中之撑頭常用之。用兩個三角形鐵聯合在間隔之鐵條上，見四九八圖。第四九九圖中係用兩個輕水落形鐵連以斜鐵條者。用兩工字形鐵連以斜鐵條者，見第五〇一圖。用鐵板間隔接連在兩個工字形鐵上者，見第五〇三圖。第五〇六圖示實心圓柱子之透視，普通其直徑自二吋半至十二吋。此種形式，殊覺浪費，但常用以減少其支持處之側面面積，至最小數；同時亦應用於雲石柱之中心柱者。柱子帽盤與底盤之結構，係將鋼板中鑿一孔，裝置於柱之兩端；後者將一端車去，使有細微之肩架。帽盤之裝置，先用火燒熱，然後用力搒打而成；冷時其車去之柱身收縮而與之相黏合。

亞克，松及柚木每平方吋，其抵禦力之强即p之價值，見下列表格　其爲小面積除長度之值自五至五〇，須根據材料抵禦力之破壞；至於亞克與松每方吋爲二噸，柚木每方吋爲三噸；此皆藍開戈登(Rankine Gordon) 公式之功，即 $p=\dfrac{f}{1+a\dfrac{l^2}{d^2}}$ 其

p 等於每平方吋壓力之强；

f 等於壓力抵抗之短撑；

a 等於常數根據材料之壓力及彈性之抵抗；

l 等於長度，以吋爲單位；

d 等於深度，以吋爲單位。

四九八圖　四九七圖　四九六圖　四九五圖

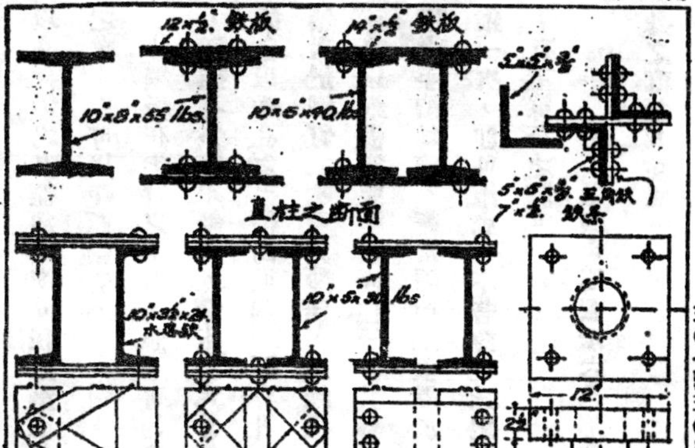

四九九圖　五〇〇圖　五〇一圖　五〇三圖　五〇六圖

五〇五圖　五〇四圖　五〇二圖

此項求得之値，其於礅子兩端皆圓，一端爲圓他端則固定，及兩端均固定者。此等價値皆爲最大荷重抵抗力，或p之安全値。必須乘以一至少四分之一之安全率。

例　題　十呎長之亞克柱子，其斷面面積爲9"×6"，兩端均固定，求其安全荷重。

在此 $l/d=\frac{10\times12}{6}=20$。

由表內查得p等於每方吋一•二五噸，及p之安全價値爲1.25÷4=0.31噸/方吋。

由此則安全荷重擱置於柱子之上，等於面積乘P

等於9"×6"×.31

等於16.74噸。

斷面已知之柱子，不能直接推知其假定之力；但欲求其內力之抵抗，則必須先假定斷面之尺寸，見上述例題。

鋼及生鐵斷面柱子之抵抗力，須依其各種情形爲定，斷面之計算，較木柱子爲繁複，均將於另章詳述之。

亞克與松，其"f"之値=2噸/方吋

l/d	兩端皆圓	一端爲圓他端固定	兩端固定
	$a=\frac{1}{2000}$	$a=\frac{1}{4500}$	$a=\frac{1}{8000}$
5	1.75	1.875	1.93
10	1.25	1.58	1.74
15	0.8525	1.25	1.495
20	0.588	0.968	1.25
25	0.422	0.751	1.033
30	0.313	0.588	0.852
35	0.2394	0.468	0.705
40	0.1887	0.38	0.588
45	0.1523	0.313	0.496
50	0.125	0.261	0.422

柚木，其"f"之値=3噸/方吋

l/d	兩端皆圓	一端爲圓他端固定	兩端固定
	$a=\frac{1}{2000}$	$a=\frac{1}{4500}$	$a=\frac{1}{8000}$
5	2.61	2.81	2.893
10	1.875	2.37	2.61
15	1.28	1.875	2.24
20	0.883	1.453	1.875
25	0.633	1.125	1.55
30	0.47	0.885	1.277
35	0.3592	0.702	1.057
40	0.283	0.57	0.883
45	0.228	0.47	0.743
50	0.1875	0.3915	0.587

鉚　釘　第四六四圖示圓頭及平頭之鉚釘。鉚釘之任何部份均以其身幹之直徑爲標準。在建築上普通均用圓頭鉚釘，倘需要光面之處，則可用平頭鉚釘。

鋼板在半吋以下者，眼子可用穿孔床撞打；半吋以上至六分者，則撞孔後復須鍛煉。鋼板自六分以上，則穿孔床之力不能勝任，故自以錐孔之手續爲便利。經穿孔床撞打之眼子，眼圈稍形盤頭，然對於鉚釘之吃着力頗佳，但鋼板之能力却又減弱。

以鋼板搆製梁架或柱子，其鉚釘眼子之形成，自以錐之手續較撞之手續爲善。蓋當兩塊鋼板置於一處，使之接合，其手續僅須用錐一次，即可錐成，不若穿孔床之須分塊打眼，以致搆合之時，眼子有不符合之弊。

螺　旋　第四六三圖示六角形與方形之螺旋，其尺寸均以其幹身之直徑爲主體。

（待　續）

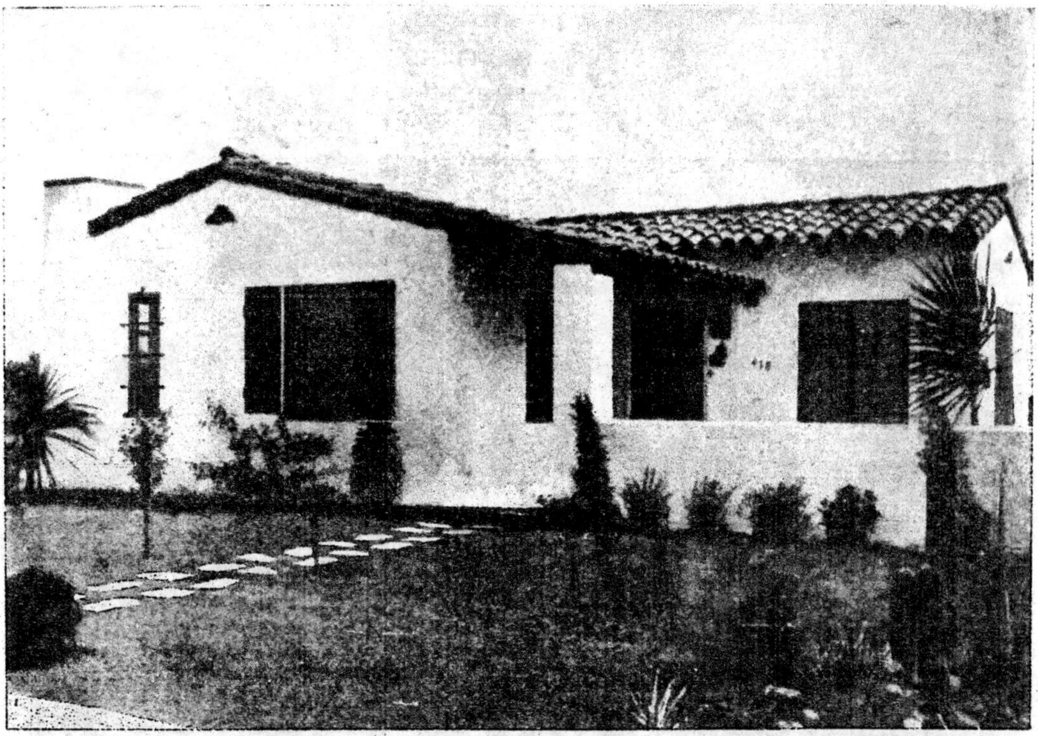

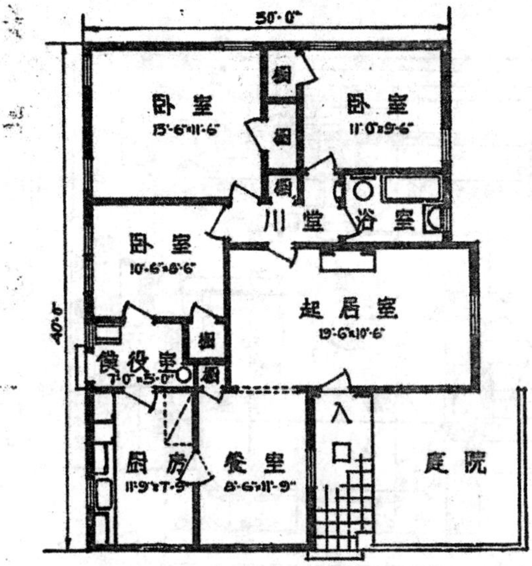

平面圖

此小住宅式樣，盛行於美國之西南部，其設計深受墨西哥式之影響，簡單樸素，適應氣候，實爲此式住屋之特點。

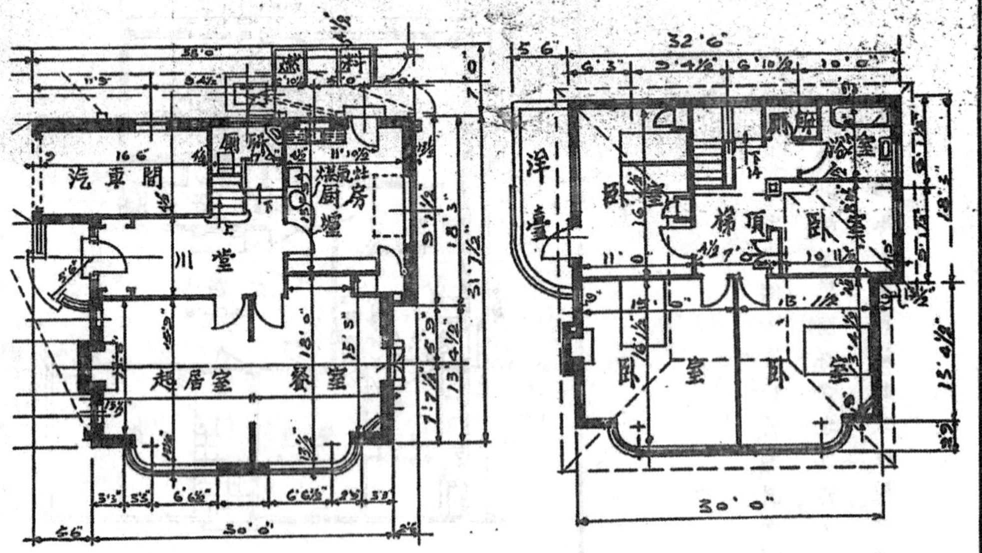

地層平面圖　·　第一層平面圖

小住宅之又一式

傢具裝飾

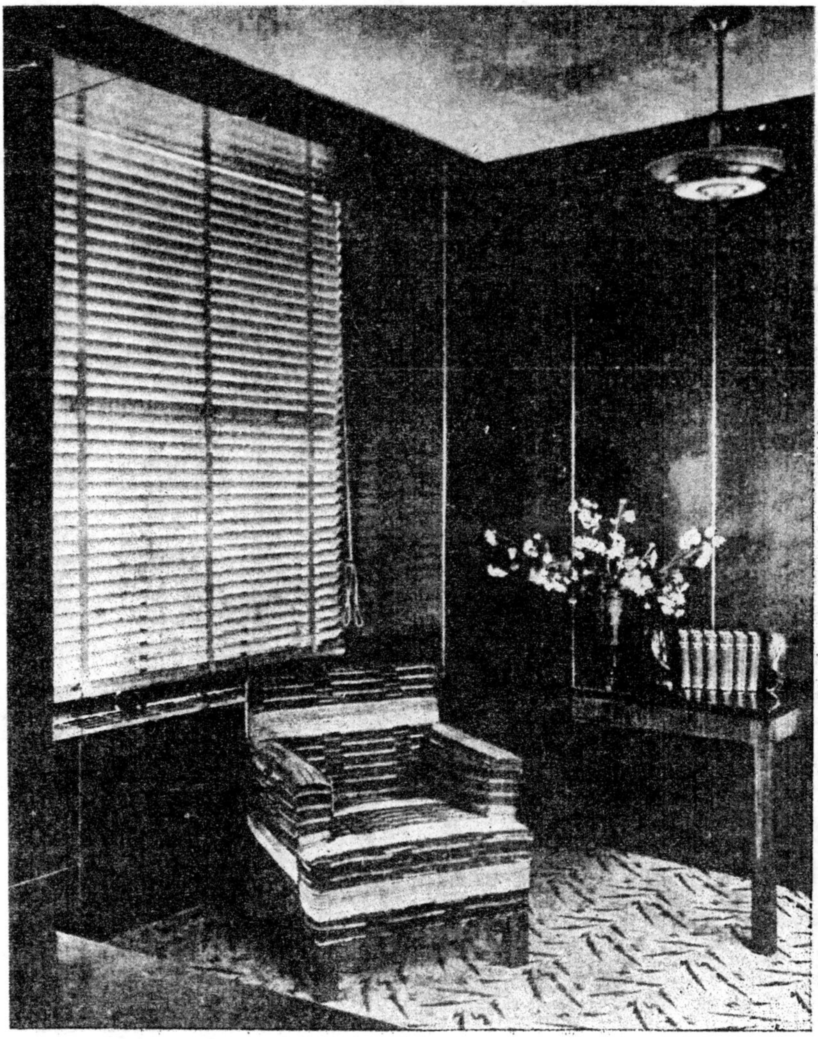

事務室佈置之一

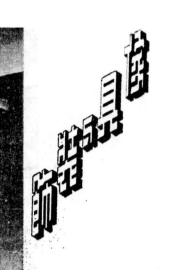

事務室佈置之二

專載

本會監察委員
馥記營造廠總理 陶桂林先生

致啟新中國等水泥公司函

逕啟者：年來提倡國貨，擁護國貨之聲，甚囂塵上；國民以刺激日深，多樂爲購用，政府亦提高進口稅率，以資保障。當此之時，爲國貨商者，誠宜夙興夜寐，從事研究原料之如何改良也，成本之如何減輕也，售價之如何求平也，出貨之如何求暢也：凡此四者，胥應力謀實踐，上以副政府保障之至意，下以慰國民提倡之熱忱。而少數國貨商人，不此之圖，惟斤斤於一時之利，何所見之小也！即以水泥一項而論，自去年十一月來，漲價之風，狂熾不息，迄於今每桶價竟高漲兩元有奇，羣疑滿腹，議論日紛；既違提倡國貨之旨，抑且非國產水泥前途之福。敝廠與貴公司交往有年，情誼彌篤，心所謂危，不敢不言，爰將管見所及，聊盡忠告之道，幸垂察焉。我國貧弱之由，其因雖多，而外貨傾銷，經濟外溢，亦佔貧弱之要素。最近國人幡然覺悟，努力提倡國貨，以杜漏巵。在此復興之兆方萌，而國貨乃圖利漲價，自斷民族復興之生機，以趨於滅亡，此不可者一也。外侮日亟，國防建築迫不及待，而此項建築，又非需用大批水泥不爲功。吾業欲乘此時機，多爲國家効力，然而水泥價格，迭漲不已，工程估價，不得不高，結果則國家蒙無形之損失，吾業亦抱憾於無窮。在貴公司漲價，事出無心，而實則資敵以利，此不可者二也。經濟不景氣之氛圍，瀰漫全國，欲求繁榮復興，端維建設是賴。吾儕正宜力求平價，以逗起資本家投資建設之興趣，而振興民族，距乃反其道而行之，貪一時之利，阻復興之路。語云：「皮之不存，毛將焉附」，行亦惟見其自殺而已，此不可者三也。或謂自外貨暢銷以來，國產水泥，供過於求，不得不增漲價格，以示限制，此實大謬。夫供過於求，好現象也。凡我國水泥公司，正宜奮發圖進，以求機械之改良，期產額之激增，何能故步自封，高價自殺，矧以經濟之崩潰，私人建築並不發達，邇近之所，以需用多量水泥者，咸爲國家重要建築，私利害公，問心何安？莊子曰：「哀莫大於心死」，此不可者四也。或云原料價格提高，水泥質地改良，於是售價不得不高矣，然而原料價值是否加高，事實昭彰，可以按查；水泥質地是否改進，可以化驗得之。水泥之成分有定，成本之數目可稽，現售價格獲利若干，人盡可知。吾國商業道德，向重誠實不欺，而況有事實可證乎？此不可者五也。設有人焉，鑒於水泥商之居奇，迫於愛國心之熱騰，發起組織大規模之水泥廠，以平價供給政府與人民之需要，當斯時恐貴公司等亦不得不平價也。然而賢不肖之別，國人當能判之，此不可者六也。又聞貴公司在漲價之先一日，向往來行商申明當日現款購買棧貨，過日則照漲出售。在表面視之，似若有利於顧客，而實則乘此中日風雲緊急之秋，吸收現金，保全公司實力。爲貴公司計，法固善也，然而經濟之擾亂，人心之惶惑，不更甚乎？丁此禍患眉睫，正宜萬衆一心，更安忍爲一廠一公司計哉？苟國亡無日，縱能吸收經濟，保全實力，又復何爲？凡此種種，深願貴公司一一考慮，知所適從；當此存亡危急之秋，務希爲國家民族一捐私利之心，則不僅貴公司之幸也！臨穎依依，書不盡意，惟朗照不一。陶桂林謹啟。

浦東同鄉會大廈採用
建業防水粉

我國古代建築，崇尚雕樑畫柱，對於室內之乾燥與否，則殊不計及。近代科學倡明，建築物之形式與衛生並重；夫水泥爲建築中之主要原料，但陰雨潮濕，其於身體衛生，及室內器物，均有莫大之關係，此其缺點也。建業防水粉之發明，係彌補此缺憾者。該粉歷經上海市工業試驗所，國立同濟大學材料試驗館，及實業部，中國工程師學會，國產建築材料展覽會等，化驗審查證明，頒給特等獎狀，認爲確具偉大防水功效，更能使建築物之混凝土，增加壓力百分之十四•九八，增加拉力百分之二一•九八，誠爲近代建築不可或缺之材料。最近落成之上海愛多亞路浦東同鄉會八層新廈，全部防水工程，完全採用該粉，該廈建築師等並具函證明，表示非常滿意。聞滬上梵皇渡大夏大學，漕河涇曹家花園，浦東長德棉油廠，引翔衖金殿揚先生住宅，及全國經濟委員會，滬閔涇洛工程局，蘇州江蘇省立蠶工科職業學校，崑山泰記電氣公司等工程數十處，亦均採用該粉，成績卓著。故近日先後獲得南京中央博物院，上海律師公會及中央信託局等工程之定貨多起。製造該粉之中國建業公司，在愛多亞路一四七號，電話八三九八〇號，歡迎各界試用及指教云。

介紹「益斯得」鋼骨

德國克虜伯廠出品之「益斯得」鋼骨，實爲用於鋼筋混凝土中最新及最上選之產物，與水泥之製造及壓力同俱極大之進步。此鋼骨若按照原理用於建築，其結果非僅絕對安全，且其拉力至少亦可增高百分之五十以上。至於此鋼之採用量，較平常之鋼條可省三分之一，故其價雖較平常者爲昂貴，但因可省重量之三分之一，故實際上其價格運費等，亦無形減低矣。

每一「益斯得」鋼骨，係由二同樣直徑之鋼骨，絞爲螺旋形而成。其螺距約爲每一組成鋼骨之直徑約十二倍半。此種鋼骨之製造，係在固定之機器上爲之，故其捲旋及其長度，均勻淨一致，並無參差。

至於此鋼之利益，可概述如下：

(一)拉力較普通之鋼骨增加百分之五十；
(二)可省鋼價百分之十五；
(三)可省進口稅，運輸費及棧租等三分之一；
(四)每一鋼骨均經個別試驗；
(五)克虜伯廠對每一鋼骨均負擔保之責；
(六)欲圖更換次貨，實不可能；
(七)堅韌異常，並不脆弱；
(八)鋼骨與水泥結合後，不易脫裂；
(九)可省舖置費三分之一；
(十)施工時與平常之鋼條相同，工人並不感覺困難。

凡鋼骨之用於拉力者，實以採用「益斯得」鋼骨最爲相宜，蓋由上述之利益，卽可知此鋼之優點也。此鋼採用之範圍，當視建築之性質及系統而定，但專用於拉力，則實以此鋼最爲適宜，蓋其能增加壓力百分之五十也。

本刊所載材料價目，力求正確；惟市價瞬息變動，漲落不一，集稿時與出版時難免出入。讀者如欲知正確之市價者，希隨時來函詢問，本刊當代為探詢詳告。

磚瓦

(一) 空心磚

十二寸方十寸六孔	每千洋二百十元
十二寸方九寸六孔	每千洋一百九十元
十二寸方八寸六孔	每千洋一百六十元
十二寸方六寸六孔	每千洋一百二十五元
十二寸方四寸四孔	每千洋八十元
十二寸方三寸三孔	每千洋六十五元
九寸二分方六寸六孔	每千洋六十五元
九寸二分方四寸半三孔	每千洋五十元
九寸二分方三寸三孔	每千洋四十元
四寸半方九寸二分四孔	每千洋三十二元
九寸二分四寸半三寸二孔	每千洋二十元
九寸三分·四寸半·三寸半·二孔	每千洋十九元
九寸三分·四寸半·二寸·二孔	每千洋十八元

(二) 八角式樓板空心磚

十二寸方八寸八角四孔	每千洋一百八十元
十二寸方六寸八角三孔	每千洋一百三十五元
十二寸方四寸八角三孔	每千洋九十元

(三) 深淺毛縫空心磚

十二寸方十寸六孔	每千洋二百三十五元
十二寸方八寸半六孔	每千洋二百八十九元
十二寸方八寸六孔	每千洋一百八十元
十二寸方六寸六孔	每千洋一百三十五元
十二寸方四寸四孔	每千洋九十元
十二寸方三寸三孔	每千洋七十二元
九寸三分方四寸半三孔	每千洋五十四元

(四) 實心磚

九寸四寸三分二寸半特等紅磚	每萬洋一百三十元
又　普通紅磚	每萬洋一百二十元
八寸半四寸一分二寸半特等紅磚	每萬洋一百三十四元
又　普通紅磚	每萬洋一百十四元
十寸·五寸·二寸特等紅磚	每萬洋一百二十元
又　普通紅磚	每萬洋一百十元
九寸四寸三分二寸特等紅磚	每萬洋一百元
又　普通紅磚	每萬洋九十元
九寸四寸三分二寸二分特等紅磚	每萬洋一百十元
又　普通紅磚	每萬洋一百元
九寸四寸三分二寸二分拉縫紅磚	每萬洋一百六十元
十寸五寸二寸特等青磚	每萬洋一百三十元
又　普通青磚	每萬洋一百二十元
九寸四寸三分二寸特等青磚	每萬洋一百十元
又　普通青磚	每萬洋一百元
九寸四寸三分二寸二分特等青磚	每萬洋一百二十元
又　普通青磚	每萬洋一百十元

(以上統係外力)

(五) 瓦

一號紅平瓦	每千洋五十五元
二號紅平瓦	每千洋五十元
三號紅平瓦	每千洋四十元
一號青平瓦	每千洋六十元
二號青平瓦	每千洋五十五元
三號青平瓦	每千洋四十五元
西班牙式紅瓦	每千洋四十五元
西班牙式青瓦	每千洋四十八元
英國式灣瓦	每千洋三十六元
一號古式元筒青瓦	每千洋六十元
二號古式元筒青瓦	每千五十元

(以上統係連力)

以上大中磚瓦公司出品

新三號青放	每萬洋五十三元
新三號老紅放	每萬洋六十三元

輕硬空心磚

		每塊重量
十二寸方十二寸四孔	每千洋二八八元	卅六磅
十二寸方十寸四孔	每千洋二三六元	廿六磅
十二寸方八寸二孔	每千洋一七〇元	十九磅半
十二寸方六寸二孔	每千洋一三〇元	十七磅
十二寸方四寸二孔	每千洋八十九元	十四磅

十二寸方三寸二孔	每千洋七十元	十三磅半
九寸三分方八寸三孔	每千洋九十三元	十二磅
九寸三分方六寸三孔	每千洋七十元	九磅半
九寸三分方四寸半三孔	每千洋五十四元	八磅三
九寸三分方三寸二孔	每千洋五十元	七磅三

硬磚

二寸二分四寸五分九寸半	每萬洋一百元	六磅
二寸二分四寸一分八寸半	每萬洋八十五元	四磅半

以上長城磚瓦公司出品

鋼條

四十尺四分普通花色	每噸一四〇元
四十尺五分普通花色	每噸一二六元
四十尺六分普通花色	每噸一三二元
四十尺七分普通花色	每噸一三六元
四十尺一寸普通花色	每噸一三六元
盤圓絲	每市擔六元六角

泥灰石子

象牌水泥	每桶洋六元三角
泰山水泥	每桶洋五元七角
馬牌水泥	每桶洋六元角元
拔灰	每擔洋一元二角
黃沙	每噸洋三元
石子	每噸洋三元半

木材

洋松八尺至卅二尺再長照加	每千尺一百十元
一寸洋松	每千尺洋一百十二元
寸半洋松	每千尺洋一百十三元
洋松二寸光板	無市
四尺洋松條子	每萬根洋一百六十五元
一寸四寸洋松一號企口板	每千尺洋一百四十五元
一寸四寸洋松副頭號企口板	每千尺洋一百十元
一寸四寸洋松二號企口板	每千尺洋一百元
一寸六寸洋松一號企口板	每千尺洋一百四十元
一寸六寸洋松副頭號企口板	每千尺洋一百十五元
一寸六寸洋松二號企口板	每千尺洋一百元
一二五四寸洋松一號企口板	無市
一二五四寸洋松二號企口板	無市
一二五六寸洋松一號企口板	無市
一二五六寸洋松二號企口板	無市
柚木（頭號）僧帽牌	每千尺洋六百元
柚木（甲種）龍牌	每千尺洋五百三十元
柚木（乙種）龍牌	每千尺洋五百元
柚木（旗牌）	每千尺洋五百三十元
柚木（盾牌）	每千尺洋四百八十元
硬木	無市
硬木（火介方）	每千尺洋一百八十五元
柳安	每千尺洋一百九十元
紅板	每千尺洋一百六十元
抄板	每千尺洋一百八十元
十二尺六寸三寸八皖松	每千尺洋六十五元
十二尺二寸皖松	每千尺洋六十五元
一二五四寸柳安企口板	每千尺洋二百十元
一寸六寸柳安企口板	每千尺洋二百十元
一二五四寸企口紅板	無市
二寸一半建松片	市尺每千尺洋六十八元
九尺四分建松板	市尺每丈洋三元八角
九尺八分建松板	市尺每丈洋六元八角
六尺半五分青山板	市尺每丈洋三元五角

本松毛板	市尺每塊洋三角
本松企口板	市尺每塊洋三角二分
六尺半二分杭松板	市尺每丈洋二元
七尺半二分甌松板	市尺每丈洋二元一角
六尺半八分皖松板	市尺每丈洋四元六角
九尺八分皖松板	市尺每丈洋五元六角
六尺半五分皖松板	市尺每丈洋四元二角
台松板	市尺每丈洋三元五角
七尺半四分坦戶板	市尺每丈洋二元六角
七尺半三分坦戶板	市尺每丈洋二元四角
六尺二分機鋸紅柳板	市尺每丈洋二元五角
六尺三分毛邊紅柳板	市尺每丈洋二元五角
六尺二分俄松板	市尺每丈洋二元六角
六尺半二分俄松板	市尺每丈洋二元八角
七尺半毛邊二分坦戶板	市尺每丈洋一元七角
六尺半五分機介杭松	市尺每丈洋四元二角
白松方	每千尺洋九十五元
紅松方	每千尺洋一百十五元
麻栗方	每千洋一百三十五元
硬克方	每千洋一百三十五元
俄麻栗板	每千尺洋一百四十元

五金

（一）釘

美方釘	每桶洋二十元〇九分
平頭釘	每桶洋二十元八角
中國貨元釘	每桶洋六元五角

（二）防水粉及牛毛毡

建業防水粉（軍艦）	每磅國幣三角
雅禮避水漿	每介侖一元九角五分
雅禮避水粉	每介侖一元九角五分
雅禮避水漆	每介侖三元二角五分
雅禮紙筋漆	每介侖三元二角五分
雅禮避潮漆	每介侖三元二角五分
雅禮透明避水漆	每介侖四元二角
雅禮膠珞油	每介侖四元
雅禮保地精	每介侖四元
雅禮保木油	每介侖二元二角五分
雅禮快燥精	每介侖二元

（以上出品均須五介侖起碼）

五方紙牛毛毡	每捲洋二元八角
半號牛毛毡（馬牌）	每捲洋二元八角
一號牛毛毡（馬牌）	每捲洋三元九角
二號牛毛毡（馬牌）	每捲洋五元一角
三號牛毛毡（馬牌）	每捲洋七元

（三）其他

鋼絲網（27"×96" 2¼lbs.）	每方洋四元
鋼版網（8'×12' 六分一寸半眼）	每張洋卅四元
水落鐵（每根長二十尺）	每千尺五十五元
牆角線（每根長十二尺）	每千尺九十五元
踏步鐵（每根長十尺或十二尺）	每千尺五十五元
鉛絲布（闊三尺長百尺）	每捲二十三元
綠鉛紗（同上）	每捲洋十七元
銅絲布（同上）	每捲四十元

水木作工價

木作（包工連飯）	每工洋六角三分
水作（同上）	每工洋六角
水木作（點工連飯）	每工洋八角五分

內政部登記證警字第二五五四號

中華郵政特准掛號認為新聞紙類

建築月刊
THE BUILDER

廣告刊例
Advertising Rates Per Issue

地位 Position	全面 Full Page	半面 Half Page	四分之一 One Quarter
底封面外面 utside back cover.	七十五元 $75.00		
封面及底面之裏面 Inside front & back cover	六十元 $60.00	三十五元 $35.00	
封面裏面及底面裏面之對面 Opposite of inside front & back cover.	五十元 $50.00	三十元 $30.00	
普通地位 Ordinary page	四十五元 $45.00	三十元 $30.00	二十元 $20.00
小廣告 Classified Advertisements	每期每格 三寸半闊洋四元 一寸高 — $4.00 per column		

廣告概用白紙黑墨印刷，倘須彩色，價目另議；鑄版彫刻，費用另加。

Designs, blocks to be charged extra. Advertisements inserted in two or more colors to be charged extra.

第四卷第八號

民國二十五年十一月發行

刊務委員 陳松齡 江長庚 竺泉通

主編 杜彥耿

廣告 藍克生 (A. O. Lacson)

發行 上海市建築協會 南京路大陸商場六二〇號 電話 九二〇〇九

印刷 新光印書館 上海聖母院路聖達里三〇號 電話 七四六三五

定價

每月一冊 全年十二冊

訂購辦法		零售	預定全年
價目		五角	五元
郵費	本埠	二分	二角四分
	外埠及日本	五分	六角
	香港澳門	一角八分	二元一角六分
	國外	三角	三元六角

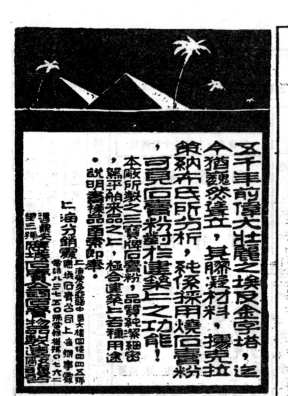

如欲徵詢

請函本會服務部

本會服務部為便利同業與讀者起見，特接受徵詢。凡有關建築材料，建築工具，以及運用於營造場之一切最新出品等問題，需由本部解答者，當即照辦（均由函覆）。茲為略示限止起見，特訂辦法數則如后：

（一）詢問具有專門性之建築及工程問題，每題應附郵資二十分，多則類推。

（二）詢問各題，本部有選擇答覆之權。審閱不合，除扣去復函寄費外，原件及郵資一併退還。

（三）請求代索樣本或樣品，應預計原件重量，附足回件寄費。如不能照辦，除扣去復函寄費外，所餘郵資一併退還。

（四）來函須將問題內容或樣品種類等，及詳細地址，繕寫清楚；否則如有誤投遺失，概不負責。

（五）來函請寄上海南京路大陸商場六樓六二〇號上海市建築協會服務部。

建築界的唯大貢獻！

新成鋼管電機製造廠股份有限公司

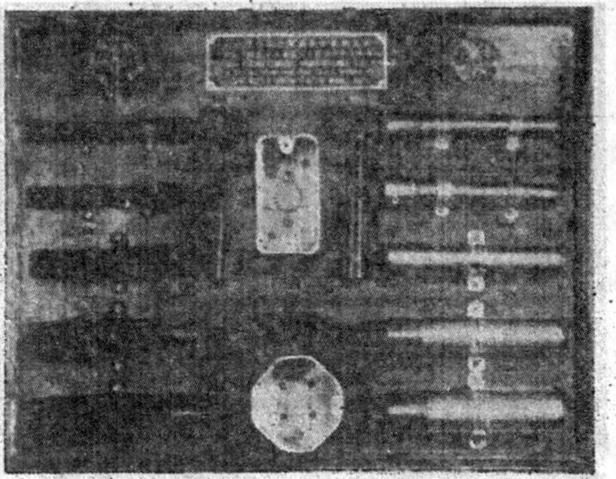

科學倡明萬象競爭我國建設方興未艾對於電氣建築所用物品向多採自舶來利權外溢數實堪驚本廠有鑒於斯精心研究設廠製造電氣應用大小黑白鋼管月灣開關箱燈頭箱等貢獻於建築界藉以聊盡國民天職挽回利權而塞漏卮當此國難時期務望愛國諸君一致提倡實爲萬幸但敝廠出品曾經
實業部註册批准以及軍政各界中國工程師學會各建築師贊許風行全國質美價廉早已膾炙人口予以樂用現爲恐有魚目混珠起見特製版刊登千乞認明鋼鉗商標庶不致誤

廠址及事務所
上海閘北東橫浜路
德培里十八號
電話華界四一二哭

接洽處
利泰電料行
上海吳淞路毛五號
電話租界四二四七九

附註
樣子及價目單
函索卽寄

唐山

啓新磁廠

本廠專製各種陶器衛生器皿應用各樣隔電磁以及舖地磚等等無不堅固精良如蒙賜顧毋任歡迎

駐滬批發所

上海北京路一三七號隔壁弄內　電話一九一九七

CHEE HSIN POTTERY

SANITARY—APPLIANCES, QUARRY—TILES, MOSAIC—TILES

Big improvement regarding quality.

Quick delivery either from stock or Factory at Tangshan North China.

For Particulars please apply to:

CHEE HSIN POTTERY—Shanghai Agency

Next to 137 Peking Road

SHANGHAI

Tel. 19917

24201

馥記營造廠

承建之

導淮船閘工程

總事務所 上海四川路三三號 電報掛號一五二七 電話 一七三三六 一七三三七

總廠 上海戈登路三五五號

分事務所 南京中山東路一馥記大樓 南昌衛包巷五九號

分廠 河南電廠 九江 廣州 杭州 青島 南京 貴溪 盱眙 邵伯 淮陰 劉澗

第一堆棧 上海閘北廣林街

第二堆棧 上海浦東慶甯寺

分事務所 分廠 電報掛號七四五〇

VOH KEE CONSTRUCTION CO.

永光油漆
出品
厚漆
調合漆
凡立水
水牆粉
乾牆粉
地板蠟
其他花色繁多不勝備載
註冊商標
狗牌
牛牌
熊牌
羊牌
猴牌
特點
原料—多數購自歐美名廠
製造—聘請英國著名油漆專家督製
品質—優良並經各大建築師認與舶来品無異
定價—特別低廉
服務—凡遇有油漆工程發生困難問題本公司備有專家可供諮詢
上海永光油漆有限公司
總經理 太古公司
法租界外灘 電話八二〇二〇
瑪瑙石

24205

大中機製磚瓦股份有限公司

製造廠浦東南匯縣下沙鎮

本公司因鑒於建築事業日新月異材料選擇尤關重要特聘專門技師購置德國最新式機器精製各種青紅磚瓦及空心磚等品質堅韌色澤鮮明自應銷以來已蒙各界推爲上乘樂予採購茲略舉一二以資參攷其他惠顧諸君因限於篇幅不克一一備載諸希鑒諒是幸

大中磚瓦公司附啟

曾經購用敝公司出品各戶台銜列后：

本埠

國立中央實驗館 墾業銀行 開成造酸公司 中匯大廈 南成都路巡捕房 四行念二層大樓 工部局巡捕房 中新第九廠 揚子飯店 百老匯大廈 雷氏德工藝學院 傳德遜紗綫廠 中央巡捕房 中華書局總廠 上海市立醫院 國立上海商學院 建設大廈 永安公司新廈 怡和啤酒廠 三菱銀行大廈 明星公司有聲影場 哈同大廈 浦東同鄉會大廈 中國銀行

兆豐花園 北京路 軍工路 愛多亞路 南成都路 靜安寺路 平涼路 東京路 雲南路 百老匯路 熙華德路 定海路 福州路 澳門路 市中心區 府南左路 西體育會路 福州路 南京路 定海路 四川路 楓林橋 跑球場 愛多亞路 仁記路

和興公司承造 趙新泰承造 王銘記承造 久記承造 新蓀記承造 馥記承造 新蓀記承造 協盛記承造 潘榮記承造 新仁記承造 久泰錦記承造 創新承造 新申承造 湯秀記承造 陸根記承造 陸根記承造 陶桂記承造 陶桂記承造 創新承造 余洪記承造 自建 陳永興承造 新昇記承造 陶桂記承造

外埠

金陵大學 航空學校 中國銀行 太古堆棧 中央政治學校 軍政 江蘇銀行 中國國貨銀行 永利硫酸錏廠 連雲港發電廠 國立戲劇研究院 天生港發電廠 瓊州海關 江蘇省立蘇州女子師範學校 故宮博物保管庫

南京 杭州 青島 廈門 南京 南京 南京 浦口 卸甲甸 海州 南京 南通天生港 廣東瓊州海島 蘇州盤門新僑巷 南京朝天宮

利源建築公司承造 新金記康號承造 錦生記承造 [illegible]公司治港承造 大昌公司承造 鈕永記承造 成泰承造 新金記康號承造 方記建築公司承造 陸根記承造 自建 自建 自建 六合公司承造

所出各品儲有大批現貨以備各界採用如蒙定製各色異樣磚瓦亦可照辦備有樣品如蒙索閱即當送奉

駐滬批發所

上海英租界牛莊路七三一弄四號 電話九〇三一一

DAH CHUNG TILE & BRICK MAN'F WORKS.

Sales Dept. House No. 4, Lane 731, Newchwang Road, Shanghai.

TELEPHONE 90311

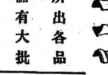

The New Building of the Wing On Co., Nanking Road, Shanghai.

鋁能表現建築方面之藝術

(一)

鋁為建築方面現代藝術所賴以表現之媒介。如圖所示之扶梯欄杆。兼具嚴格之實用與悅目之美觀。其最近曼麗皇后大郵船上之代表飾物。則純係利用此種柔韌金屬之藝術的可能性焉。

詳細情形請詢

鋁業有限公司

上海北京路二號

上海郵政信箱一四三五號

欲防木材受白蟻與別種昆蟲之侵害，乾腐，以及機體朽壞。必須用護木水治之。惟護木水如係揮發性者。則其所為之塗治，必須時加復施。且亦未必常能防止其毀壞之不生也。

「阿脫拉司A」護木水，係非揮發性。故其塗治之效力，足以及於久遠。無需重新塗施。除對於上述種種毀壞之作用，能為充分之保障外。又能確為木材增加禦火性。較之未治過者，成效足有四倍之多。其在中華方面，凡用「阿脫拉司A」護木水因得防止火災之鉅大損失者。事例具在。不可勝數。

「阿脫拉司A」護木水治過之木材。歷經正式試驗，證明所言效益之不爽。此項試驗報告書，承索即寄。

標準式「阿脫拉司A」護木水，無色無臭。凡欲保持天然木色，或備後來上蠟，髹漆，或加凡立水之木材木器。均適用之。此外並備有一種褐色者。

英國愛立士阿脫拉司防腐劑有限公司製造

香港 中國 澳門 現貨總經售處孔士洋行 上海四川路一一〇號 上海郵政信箱一一七九號

漢口 天津 香港 廣州 孔士洋行

亦有現貨出售

備有說明書函索即奉

ATLAS·A

Powerful WOOD PRESERVATIVE

(三)

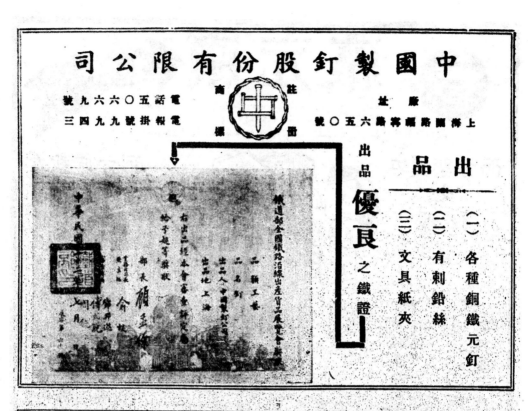

康元廠

美已風行全國之

四〇四彈子插鎖

在建築方面之服務

(一)添錦 美輪美奐得此點綴無殊錦上添花

(二)取材 建築取材用到此鎖便是名建築師

在家庭方面之服務

(一)家防 能使閤府入晚安睡無慮盜竊

(二)點綴 能使府上門景室景平添光輝

首腦部縱剖圖

重要機構 纖微畢露

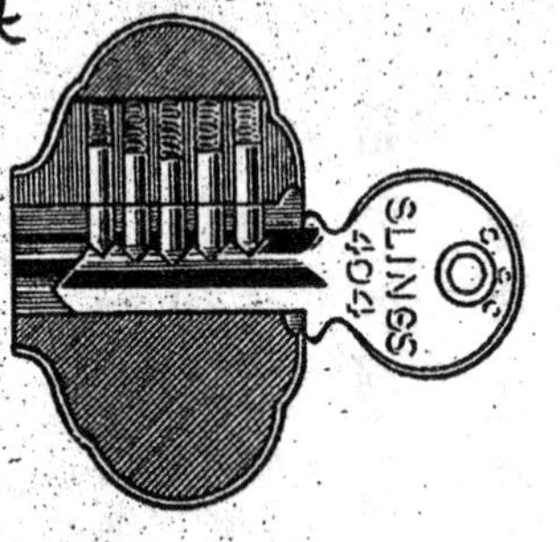

圖(二) 鑰匙全入表現直線與鎖斗之關係

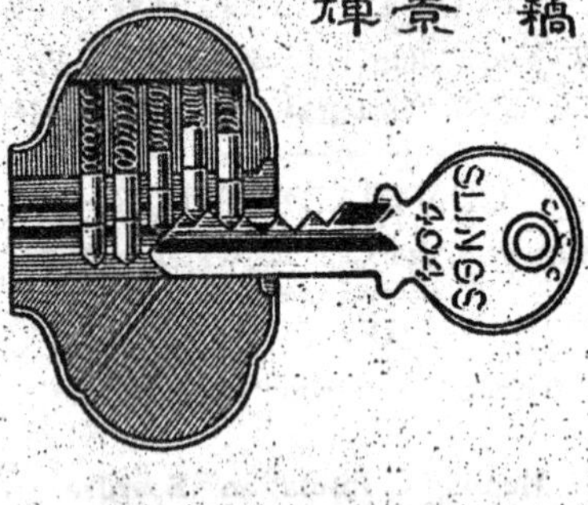

圖(一) 鑰匙半入表現彈子與匙齒之關係

總發行所 上海廣東路河南路角二四七號 電話一七八九四

各大五金店均有出售

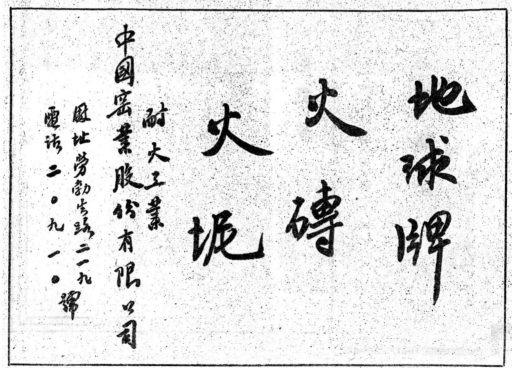

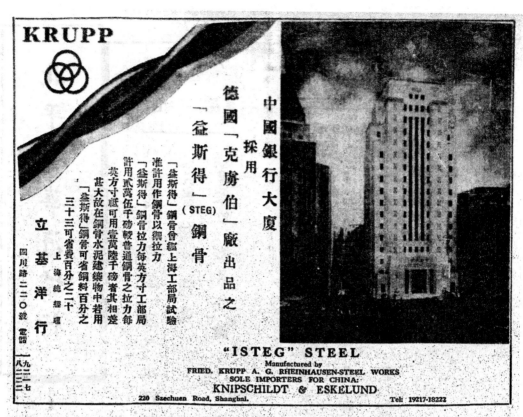

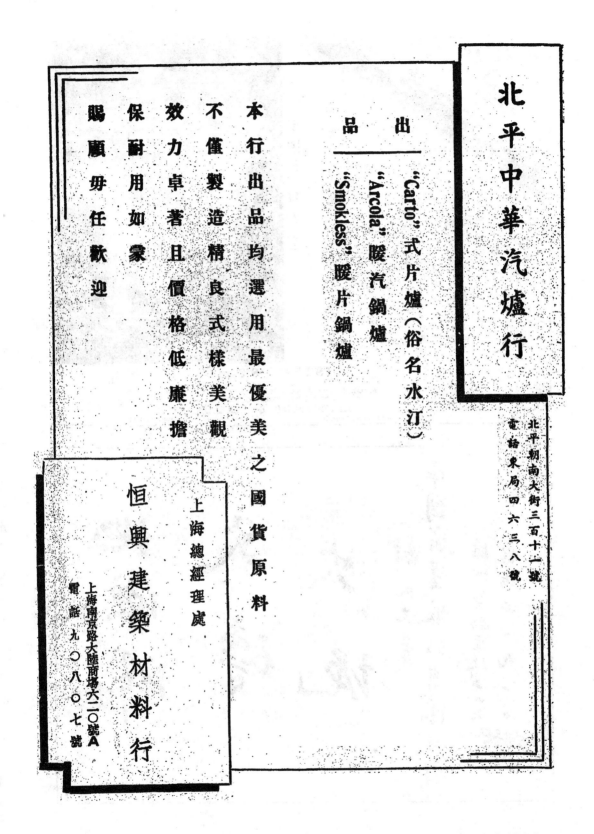

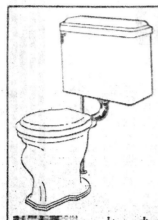

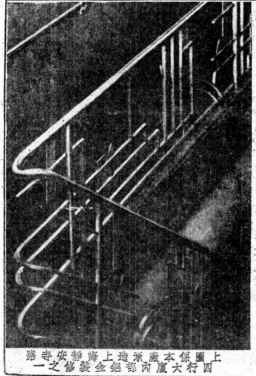

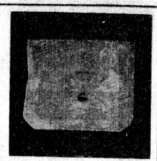

科學儀器館

本館經售各種：

比例尺，計算尺，丁字規，曲線規，三角板，量角器，里數計，透明紙，米厘紙，以及各種繪圖儀器，圓規，劃筆，步弓，螺絲，圖釘，針脚，腊布等，無不

貨品高尚　售價低廉

如蒙惠購　無任歡迎

本館經售之德國 Otto Fennel Sohne 經緯儀及水平儀等，種類甚多，堅固耐用，極合於市政工程及道路建設之需要，式既新頴，價更低廉，全國測量界中，無不一致歡迎，餘如求積器，縮圖儀，平板測量器，鋼捲尺，皮捲尺，籍尺，羅盤儀等，一應俱全，備有目錄，承索即奉。

館址

上海四馬路石路東

電話　九一一七六

營業時間　上午九時起下午七時止

中國銅鐵工廠

總事務所　上海寧波路四十號　電話一四三九一

分事務所　南京新街口忠林坊三三號　電話二二一八五六

利用進步材料

製造古式鋼窗

可謂盡善盡美

中央黨部史料陳列館

全部鋼窗鋼門由本廠承造

第四卷第九號

目錄

插圖

論著

廣告索引

上海市建築協會附設
私立正基建築工業補習學校招生

民國十九年秋創立 ○ 上海市教育局備案

宗旨 本校以利用業餘時間進修工程學識培養專門人才為宗旨（授課時間每晚七時至九時）

編制 普通科一年專修科四年（普通科專為程度較低之入學者而設修習及格升入專修科一年級肄業）

招考 本屆招考普通科一年級專修科一二三年級（專四並不招考）各級投考程度如左：

普通科一年級	高級小學畢業或具同等學力者（免試）
專修科一年級	初級中學肄業或具同等學力者
專修科二年級	初級中學畢業或具同等學力者
專修科三年級	高級中學工科肄業或具同等學力者

報名 即日起每日上午九時至下午五時親至南京路大陸商場六樓六二〇號上海市建築協會內本校辦事處填寫報名單隨付手續費一元（錄取與否概不發還）領取應考証憑証於指定日期到校應試

考科 各級入學試驗之科目　（專一）英文・代數　（專二）英文・三角　（專三）英文・微積分

考期 二月二十日（星期六）下午六時起在本校舉行

校址 派克路一三二弄（協和里）四號

附告 （一）普通科一年級照章得免試入學投考其他各年級者必須經過入學試驗
（二）本校章程可向派克路本校或大陸商場上海市建築協會內本校辦事處函索或面取

中華民國二十六年一月　日　校長　湯景賢

上海靜安寺路馬霍路畔，新添一座壯麗燦爛之舞塲，厥名薛羅架、其設計殊爲別緻，蓋牆間不置窗戶，室內空氣係藉電氣之調節，故大有四季常春之槪。尤足稱者，雖塲中賓客衆多，吸烟時噴出之煙霧，有空氣調節機爲之抽送，故塲內常呈清朗，不若他處舞塲之烟霧迷漫滿室也。塲外之停車塲，寬大特甚，自備汽車停放於大門口正中塲上，汽車夫駕駛者則停於左首曠塲。

全院建築費約二十五萬元，於上年五月底開工，至十一月底完竣，閱時六月。設計者爲世界實業公司，承造者爲新仁記營造廠。

此舞塲之平面佈置，殊爲精密，洵近今舞塲之佳構也。但因原圖係鉛筆綫，頗不清晰，不易製版，因特用墨綫重繪，耗時月餘，致本期月刊，又復脫期，幸讀者諒之。

1

24219

上海靜安寺路薛麗槃舞場

新仁記營造廠承造

Ciro's Ball Room—Bubbling Well Road, Shanghai—Another prominent amusement house added to Shanghai night-goers.

Graham & Painter, Ltd., Architects.
Sing Jin Kee & Co., Contractors.

24220

編者瑣話

澌

（一）貢獻於本會第四屆委員

本會第四屆會員大會，已於去年十一月二十八日舉行，（詳見事載欄）職員亦經改選，當選者胥屬一時俊彥，因此對於本會前途，也抱着無限的期望。編者趁此時機，略貢芻議，以作參攷。

(甲)永久會所問題 吾人在發起本會伊始，即有自建會所之提議。因爲會所造成，對於會的基礎鞏固，一切會務亦得向前邁進。無疑地，我們的理想中，這個建築，對于社會必有狠大的裨益。我們假想的會所，位於滬市商業繁盛的中區，除下層作爲協會的辦事處外，以上各層，都租給建築師，工程師，營造廠，建築材料商作事務所。如此凡建築師，工程師，營造廠等，祇須租一間小小的辦事室，便夠應用，無須如現在般的辦事室裏，要有繪圖員室，事務員室，圖書室，圖樣及樣品儲存室，會客室，候侍室等的設置，以致日常開支浩繁。有事的時候，這種開支等於虛耗；沒事或事務清淡的時候，亦不便遽行減縮，則強爲支持，實感難言的痛楚。因此協會會所中闢置公共會客室及私人會客室，事務員，繪圖員設計員，估限員等，每個事務所不必各自僱用，這許多人材由協會任用，以便各事務所的顧問。這樣各事務所有事時不致感到人手缺乏；無事時，不必負擔巨大開支。如此聚建築師工程師營造廠材料商於一個大廈內，是多麼便利的事。會所最高一層，闢作俱樂部，凡集會宴敘演講，都可在這裏舉行。另闢一部，作爲附設夜校課室，以便教授失學青年的專門智識。每層的中央闢陳列室，例如一層名爲「建築層」，陳列建築圖案模型等；另一層名爲「營造層」，凡營造廠所用之器械機件等雛型及印刷物等，都陳列於此。此外如「工程層」「材料層」等，陳列工程與材料等之樣品標本模型，藉供參考。

吾們的弱點，是缺乏團結，究其癥結，由於各自經營其自已的業務，是以各人謀面的機會很少，在不知不覺間各人在做分化團體的工作，所以業務也大受這分化工作的影響。編者每遇同業，問起他們近年的營業，都各自縐眉搖頭，嘆息深埋在這分化的陷阱中，苦不能拔，倘協會有了永久會所，會員間謀面的機會一多，有何問題發生，立即可召集會議，一切阻礙團體健全的荊棘，自可迎刃而解，從此架信各人的業務，也會有轉好的希望。總之，我們的會所若成，宛如有了一處大本營，一切會務自可逐步做去，不受任何環境的拘束。所以編者抱着深切的熱忱，希冀我們的會所，要在這一屆中落成，替本會的會史上創一頁重要的紀錄。

(乙)建築銀行 建築銀行，差不多與會所有連帶的關係。我們以前也曾有過一度的討論，可惜因着時局的嚴重，接着不景氣的氛圍的壓迫，所以這個建築，也就擱淺起來。現在時過境遷，建設猛進，工商業都現欣欣向榮的趨勢。因此建築銀行的創設，似屬必要；况協會會所的能否成功，實繫於銀行的能否成立。

(丙)製造模型　製造模型的問題，已於上年九月八日第二十四次的常會中議决通過；但因規定的經費太少，所以祇把製模型的工場造成，模型則迄未着手。不過模型也是協會重要工作之一，務要在最短期內，促其實現。

(二)歡送導淮委員會須總工程師赴歐攷察水利工程

導淮委員會總工程師須愷先生，在去年十一月初被派充國際聯盟會臨時職員，攷察各國水利工程，將於本年一月二十六日搭寶士特鄧船離滬赴歐。我們想到須總工程師對於導淮工程，平日多所擘劃，這次奉命出國攷察歐洲各國水利工程，我們期待着他，將如唐玄奘遊西域般的挾着無數法寶歸來，救濟在水深火熱中的蒼生，而登衽席能。在這歡送聲中，我們預祝着成功！

這裏，再將須先生的略歷介紹一下：須先生字君悌，是江蘇無錫人，在民國六年畢業於河海工程專門學校，從事測量。越三年，至美國入加利福尼大學研究水利工程；民國十三年回國後，歷充陝西水利局工程師，西北大學工科主任，河海工程大學，中央大學水工教授，華北水利委員會總技師等職。民國十八年，導淮委員會成立，奉簡命任該會技正兼副總工程師，後又兼代總工程師，並兼任黃河水利會委員。其著作有江蘇沿海新運河計劃，導淮問題等。

(三)美國建築事業復呈活躍

讀了美國李英華(Ralph W. Reinhold)建築師刊於「筆尖」建築雜誌裏的一封信，因知美國過去數年中，建築事業陷于極端潦倒的境地，從去年起又呈顯着活躍的氣象。

他說：從一九三〇年起，美國的建築自由職業人受着空前的打擊；但若輩對于市面衰落，能支撑起奮鬥的精神，爲我生平所從未見過，值得稱許。我曾對此下迫切的注視：覺得嚴重的不景氣與勇敢的挽救刼運相奮爭，然而年復一年，大有每况愈下的趨勢，像失業問題呀！各人的窘迫問題呀！幾呈不可分解的惡象。可是，在這時候，各人都能沉着忍受，靜待轉機。這一點，誠使我不禁脫帽而呼：「啊！這是建築師與設計者的壯烈之表演！」

現在，滿天的風雲與惡氛，都已驅散。我們已踏着康莊的大道邁進，詛咒着一九三三年惡運的年頭已逝去，欣幸的祝禱着光明的途徑已呈獻在眼前。但是，經過了極度的衰落，我人不必立即奢求時機之即行勃興。現在住宅建築業已恢復以前的盛况，那麼其他建築亦必繼之而起，我們期待着一九三七年終以前的佳音罷！

美國建築事業的復興，我人在上面的信中已可窺見其一斑。玆更將美國東部三十七州之建築工程歷年比較表轉載，以饗讀者。

美國東部三十七州之建築工程歷年比較表

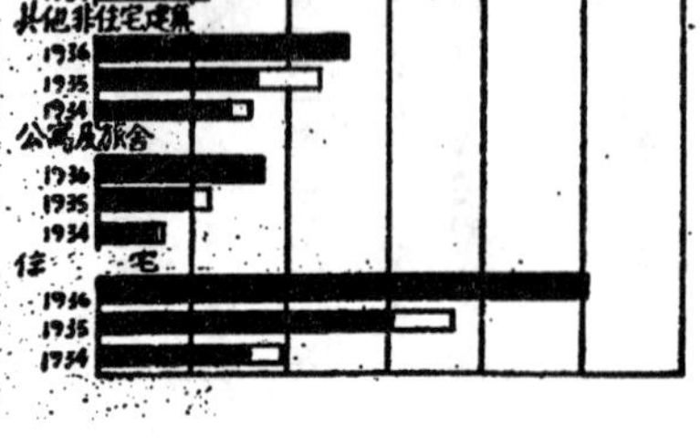

(表中所列數字係以百萬爲單位)

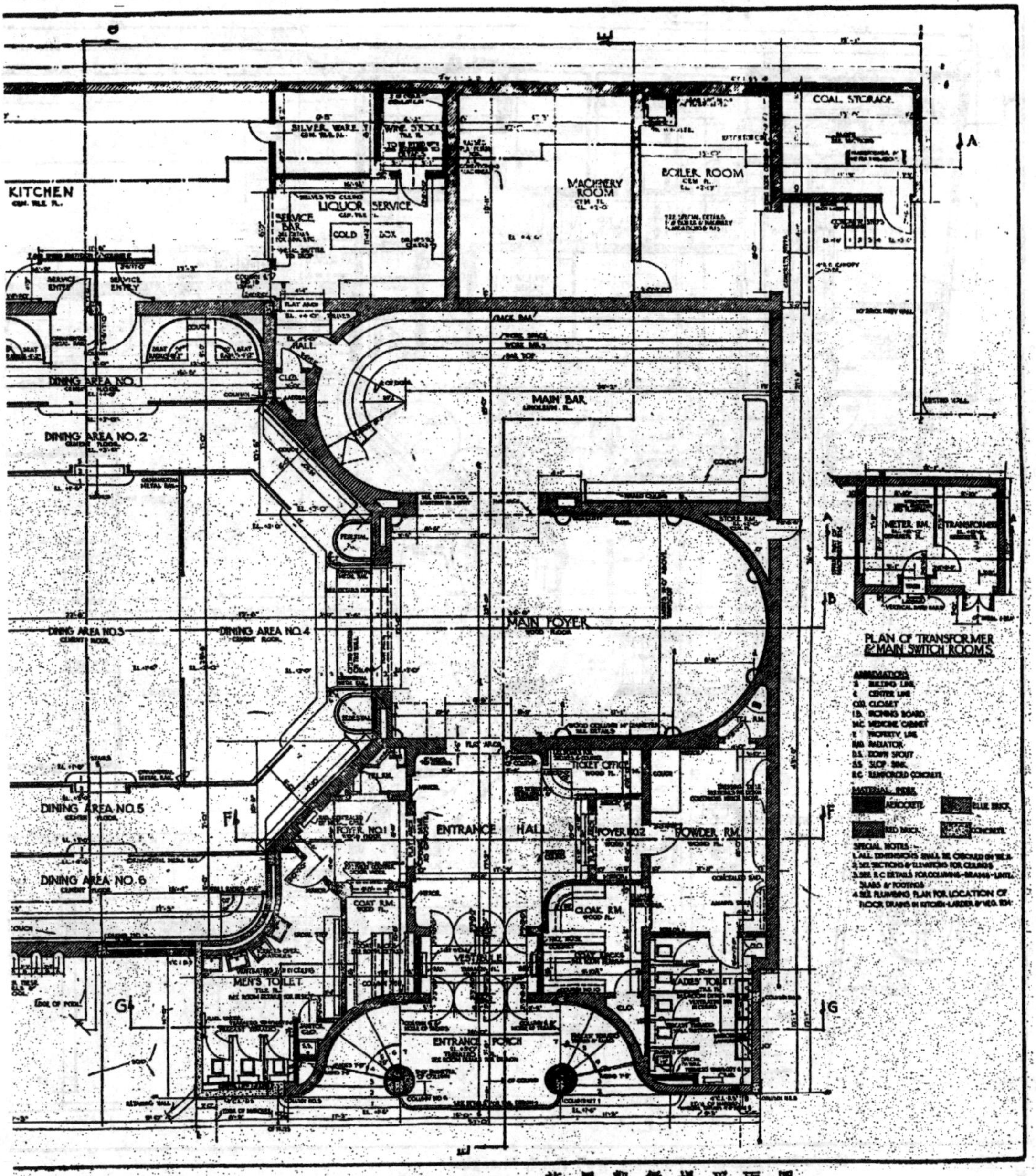
KITCHEN
LIQUOR SERVICE
SERVICE BAR
COLD BOX
SILVER WARE
WINE STOCK
MACHINERY ROOM
BOILER ROOM
COAL STORAGE
MAIN BAR
MAIN FOYER
DINING AREA NO.1
DINING AREA NO. 2
DINING AREA NO.3
DINING AREA NO.4
DINING AREA NO.5
DINING AREA NO. 6
ENTRANCE HALL
FOYER NO.1
FOYER NO.2
TICKET OFFICE
POWDER RM.
CLOAK RM.
COAT RM.
VESTIBULE
MEN'S TOILET
LADIES' TOILET
ENTRANCE PORCH
METER RM.
TRANSFORMER
PLAN OF TRANSFORMER & MAIN SWITCH ROOMS

薛羅索舞場平面圖

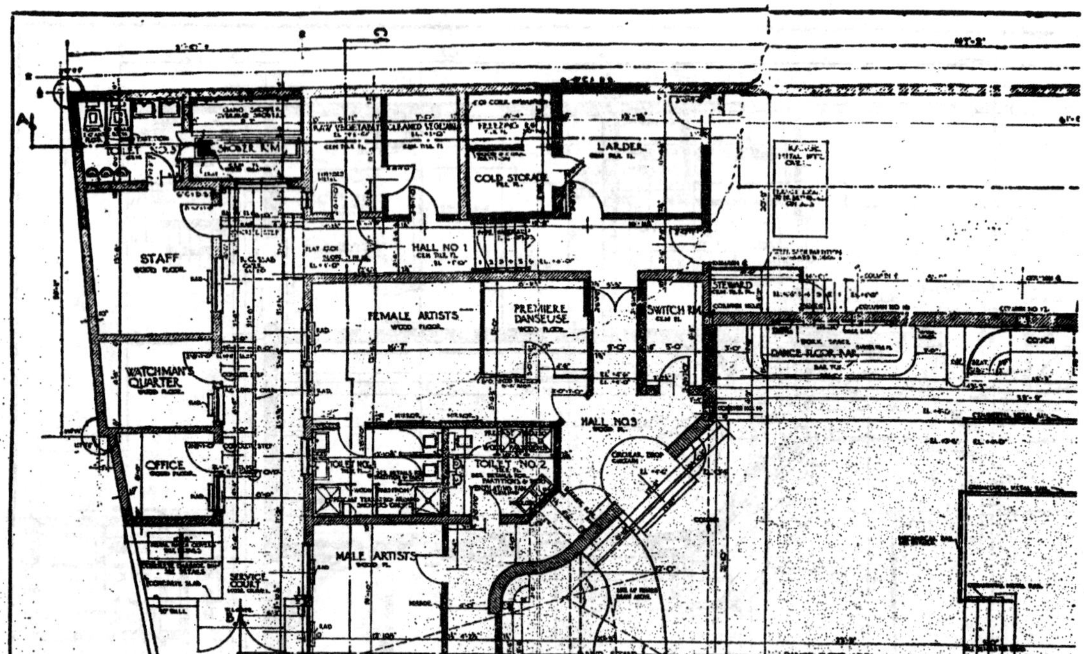

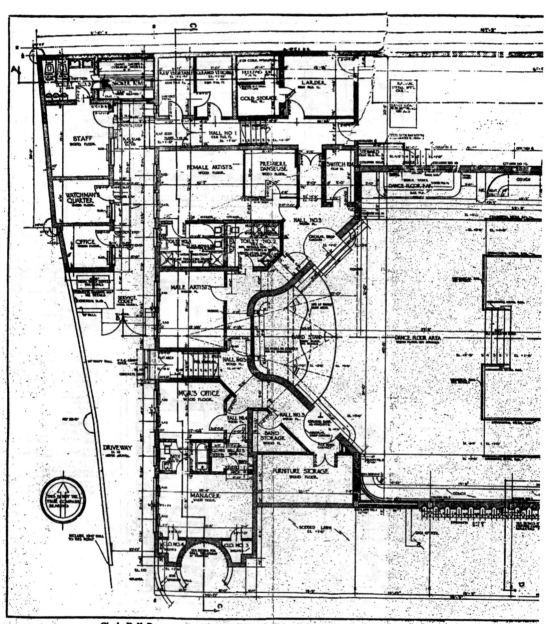

Ciro's Ball Room on Bubbling Well Road, Shanghai.

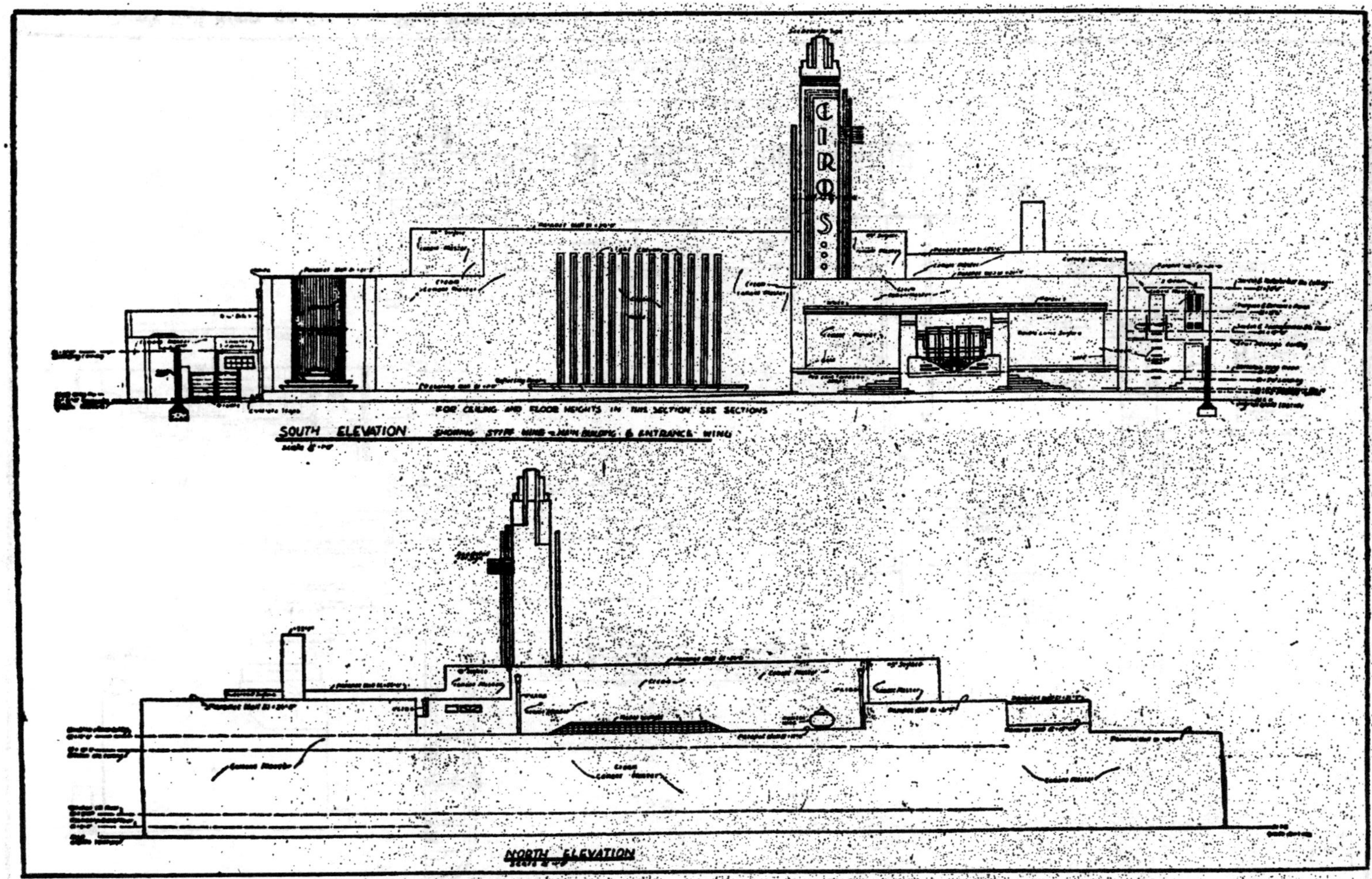

薛羅奈舞場立面圖

Ciro's Ball Room on Bubbling Well Road, Shanghai.

薛羅棻舞場立面圖

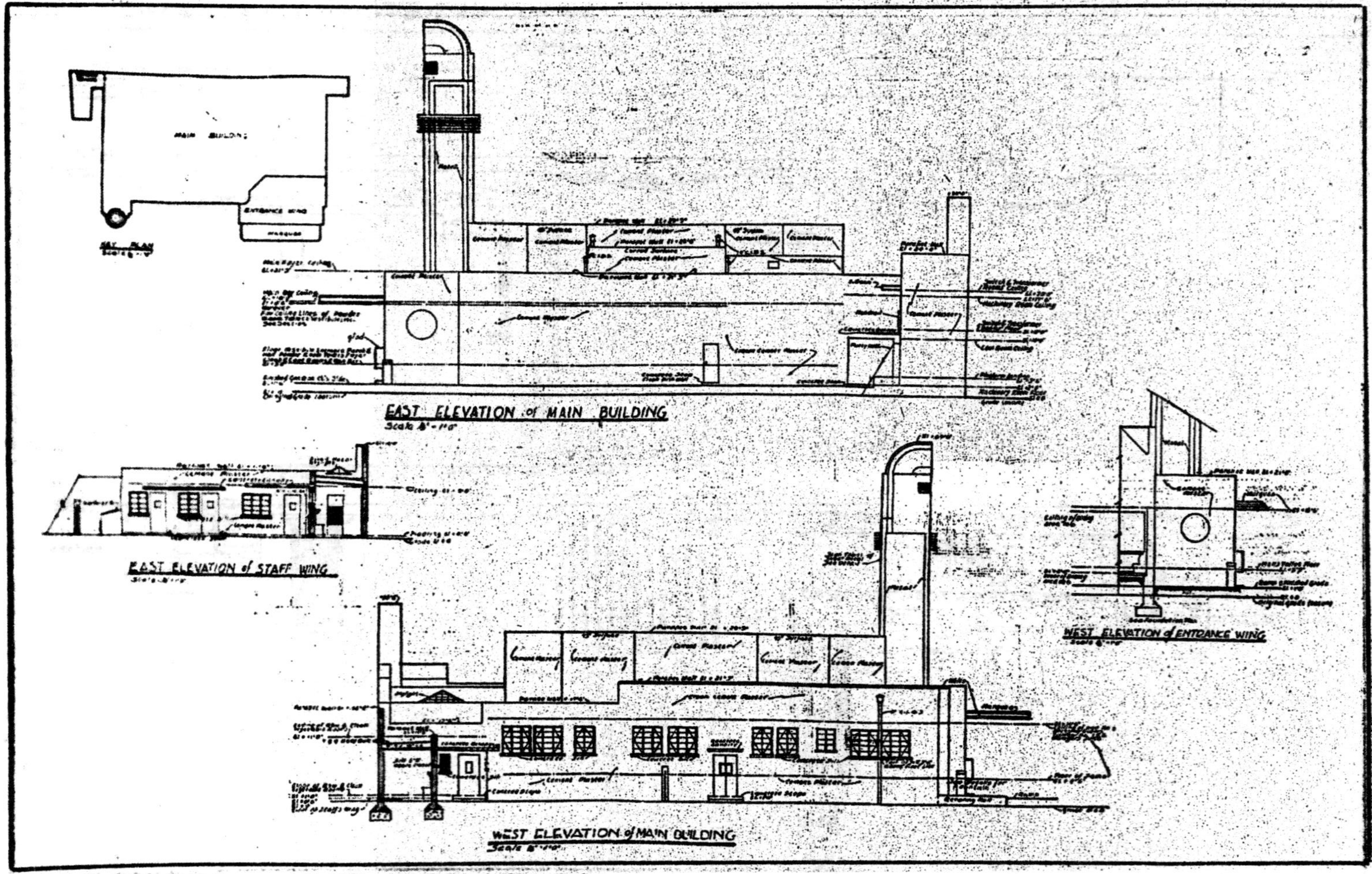

Ciro's Ball Room on Bubbling Well Road, Shanghai.

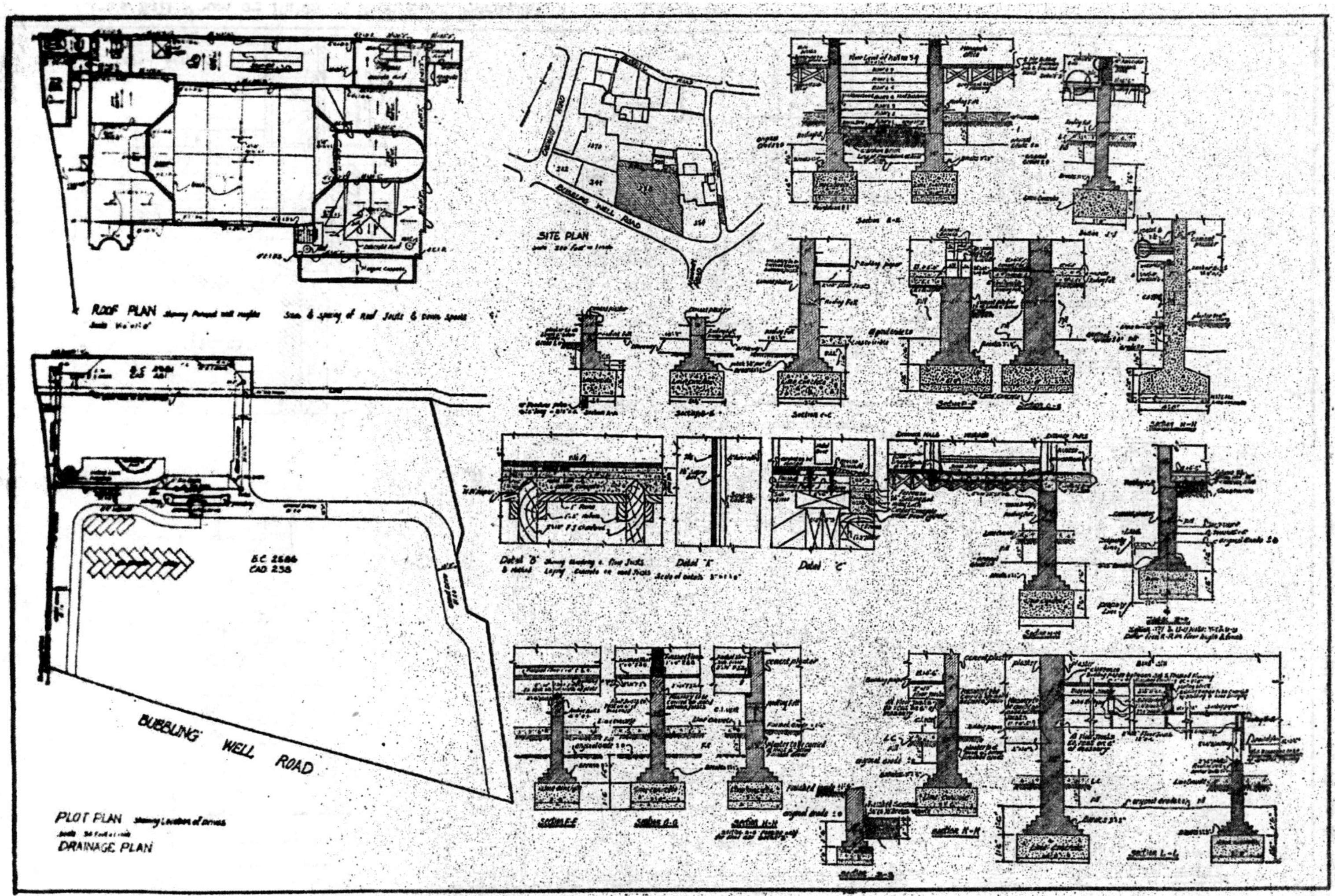

薛羅案舞場剖面圖等

Ciro's Ball Room on Bubbling Well Road, Shanghai.

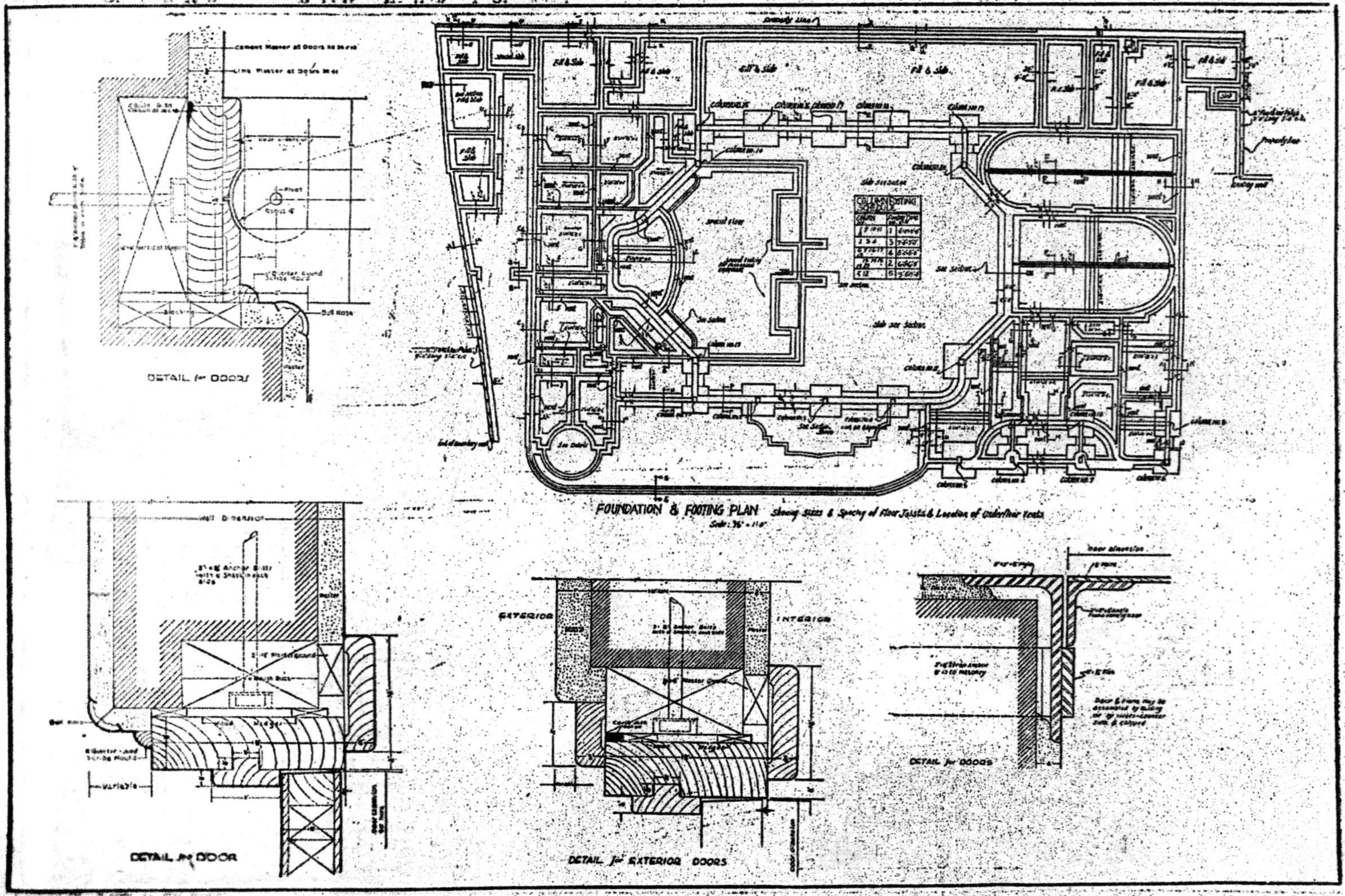

薛羅絮舞場基礎圖及門之詳圖

Ciro's Ball Room on Bubbling Well Road, Shanghai.

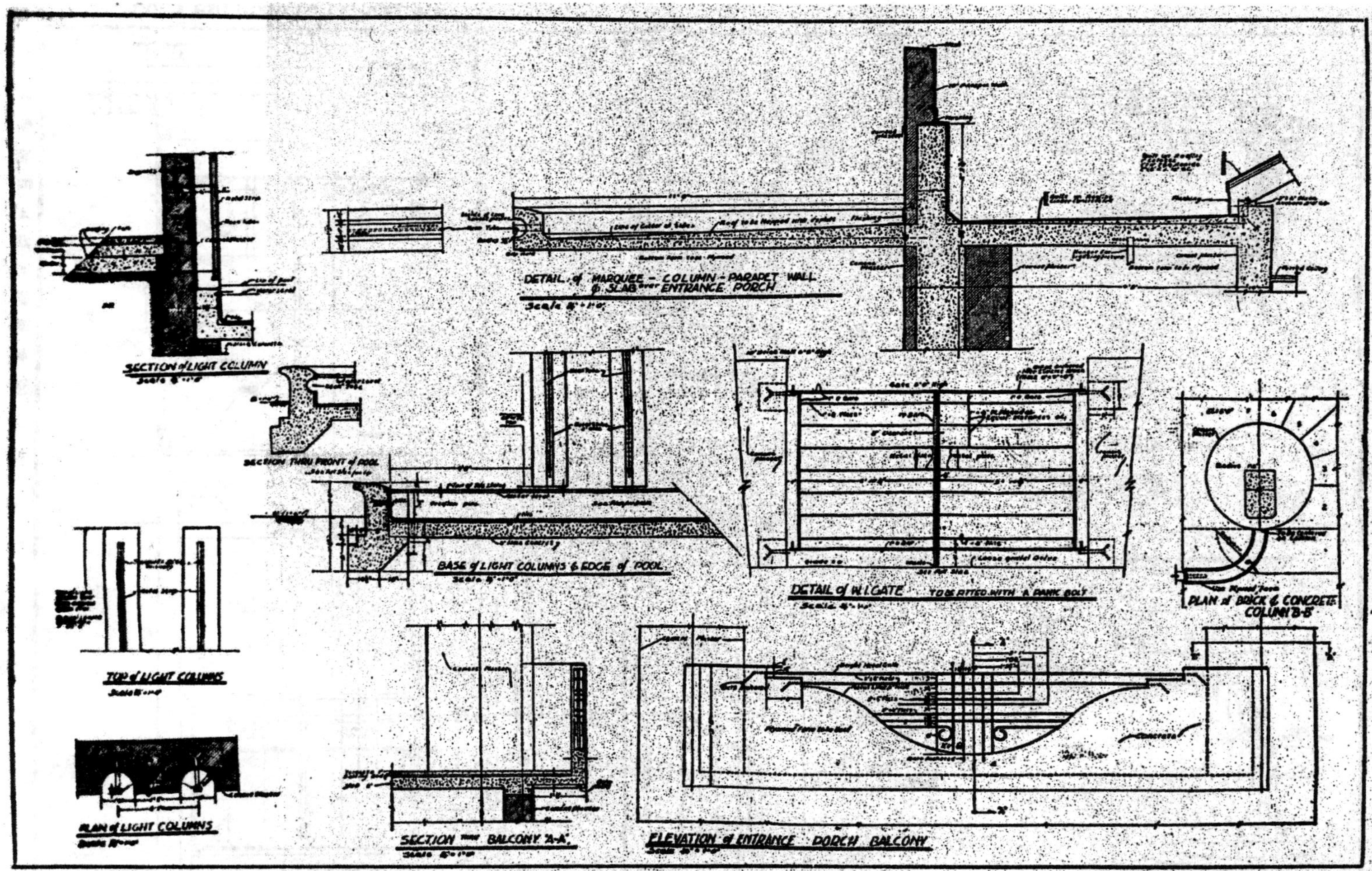

Ciro's Ball Room on Bubbling Well Road, Shanghai.

24229

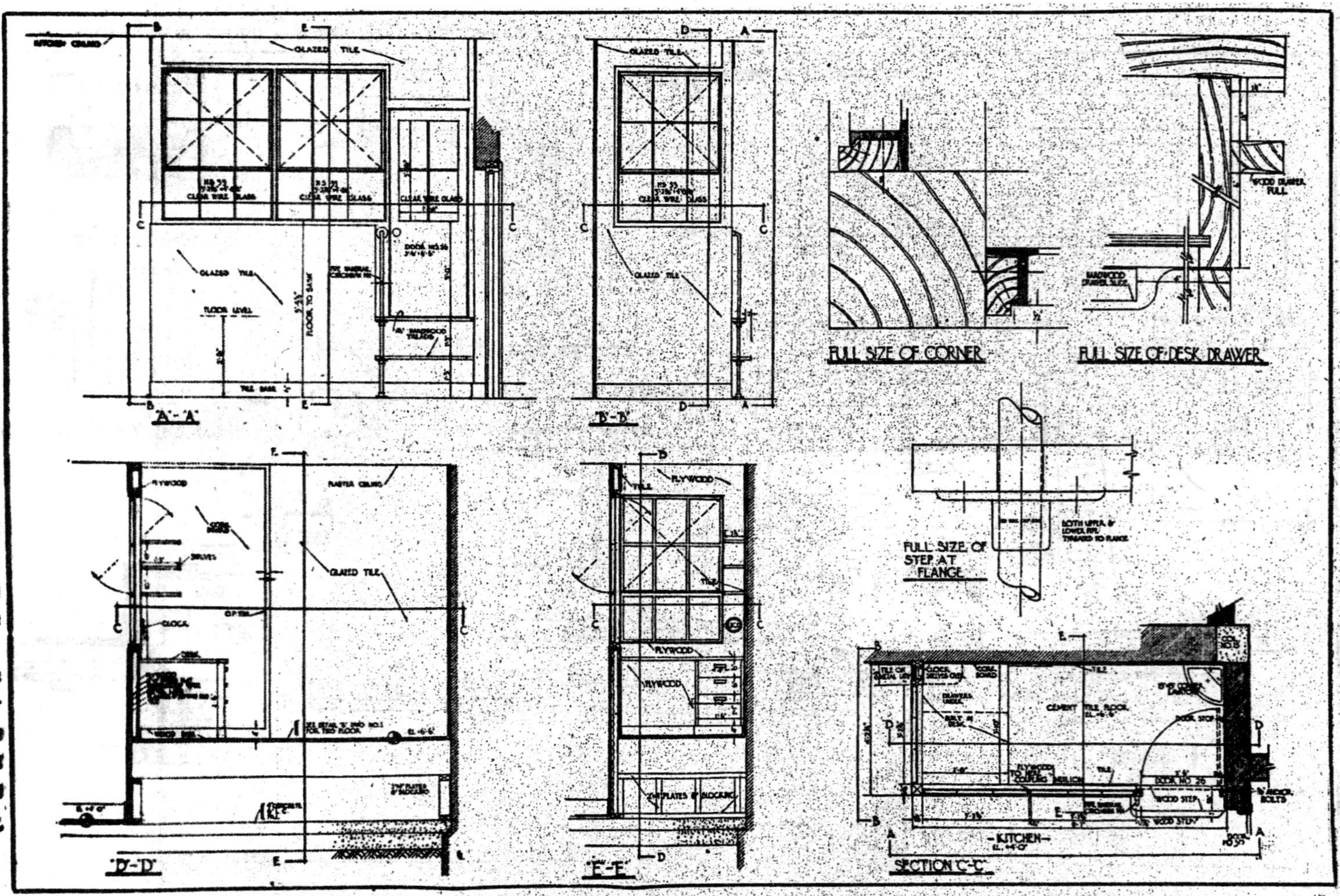

Ciro's Ball Room on Bubbling Well Road, Shanghai.

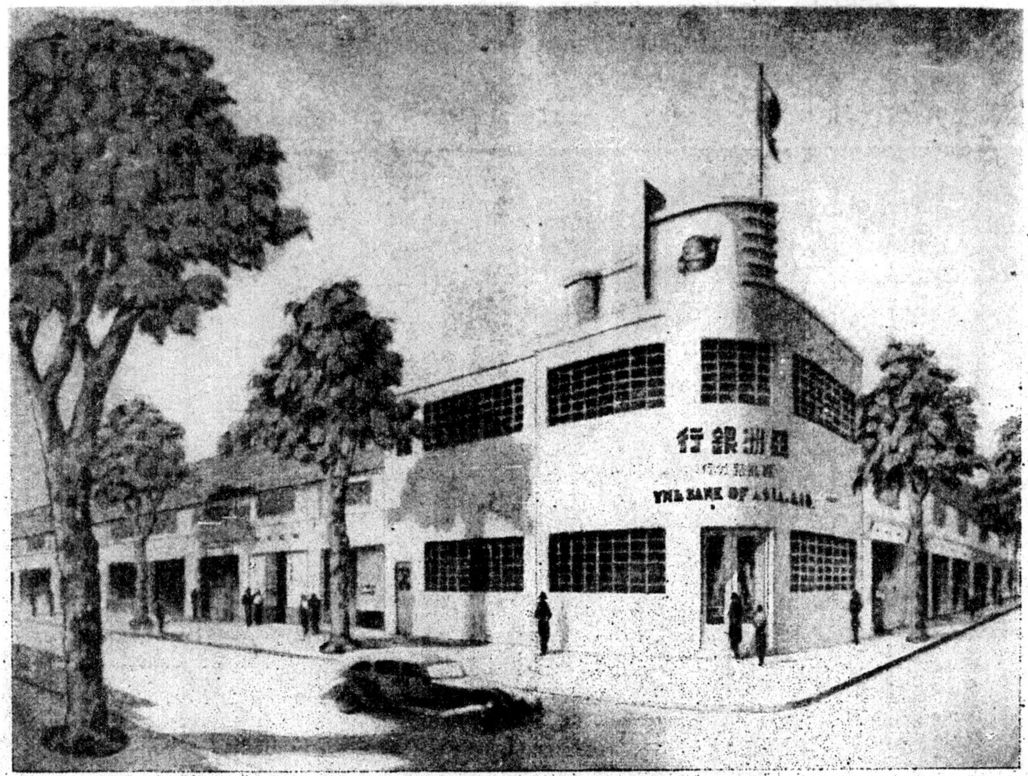

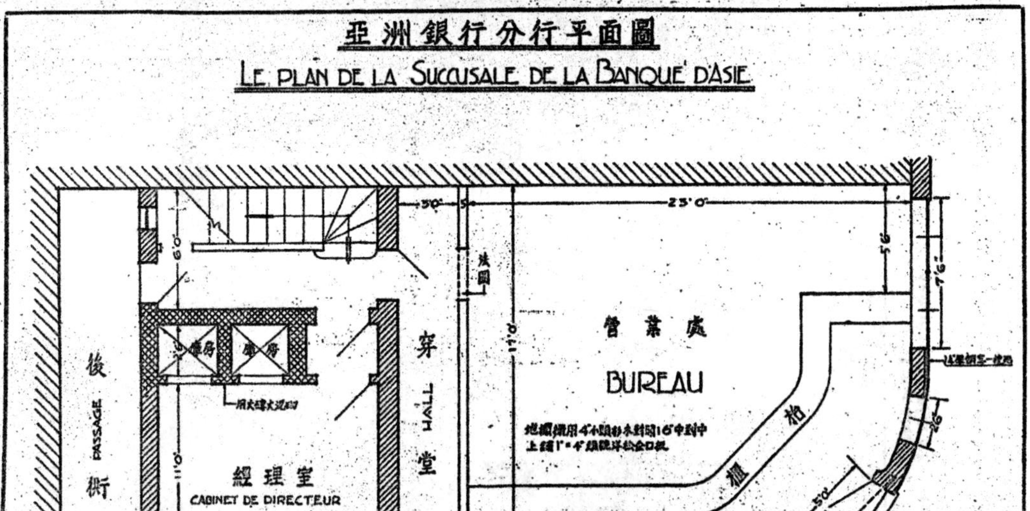

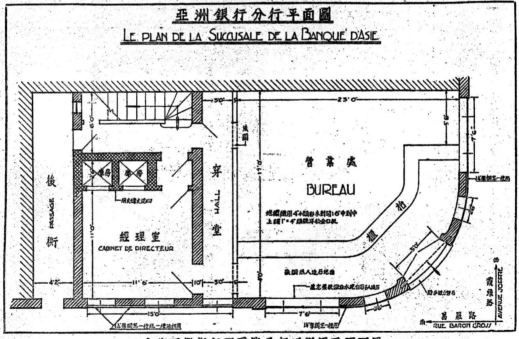

上海亞洲銀行霞飛路分行透視圖及平面圖

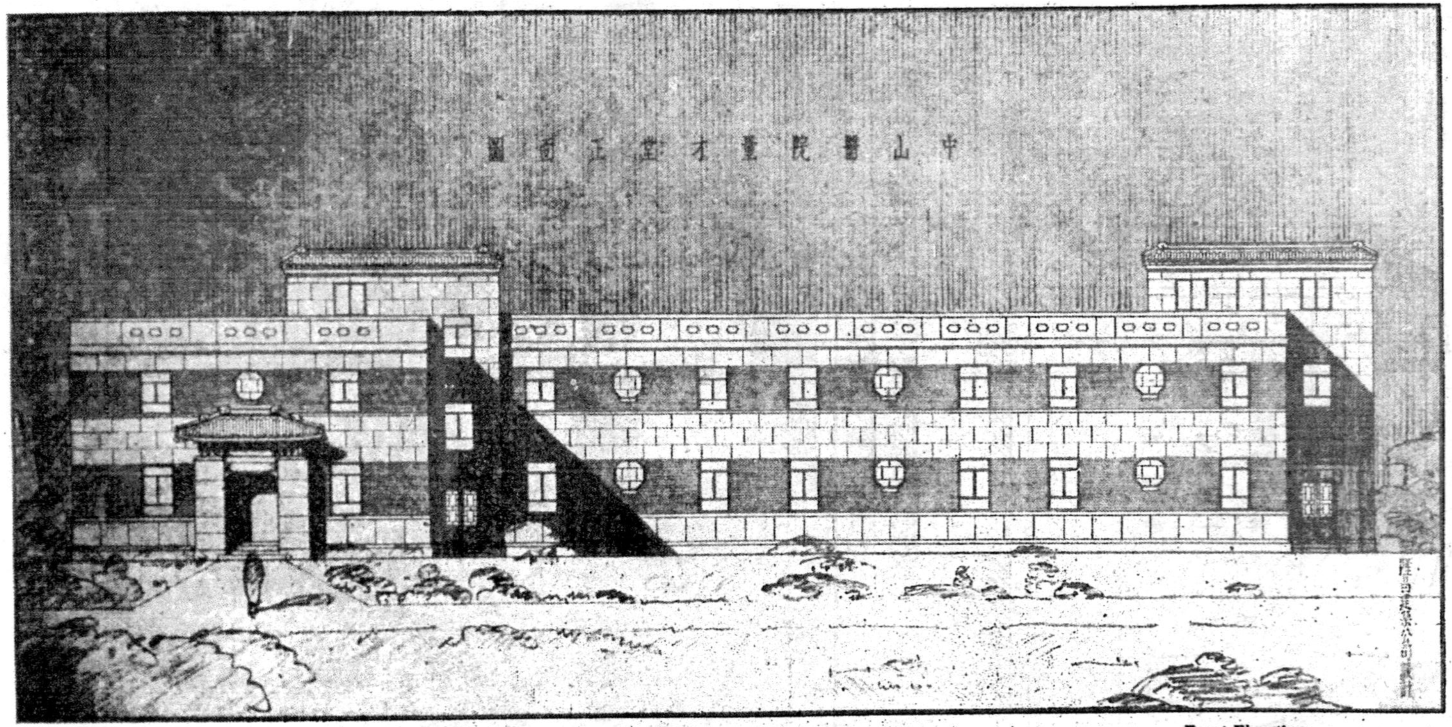

The Liang Tsai Hall of the Chung San Memorial Hospital, Shanghai.

Front Elevation.
Architects: The Pacific Engineering Co.

中山醫院量才堂

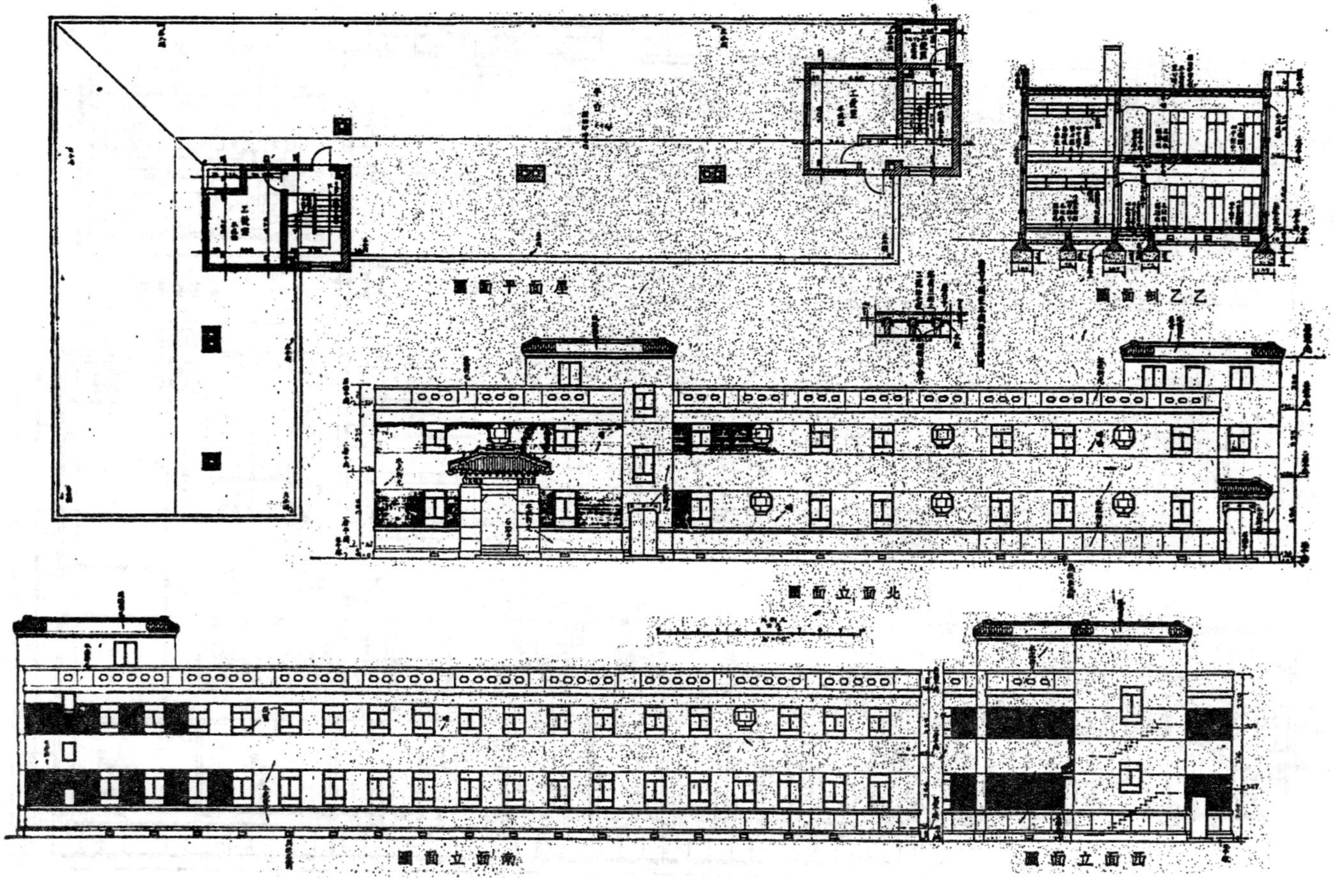

The Liang Tsai Hall of the Chung San Memorial Hospital, Shanghai.

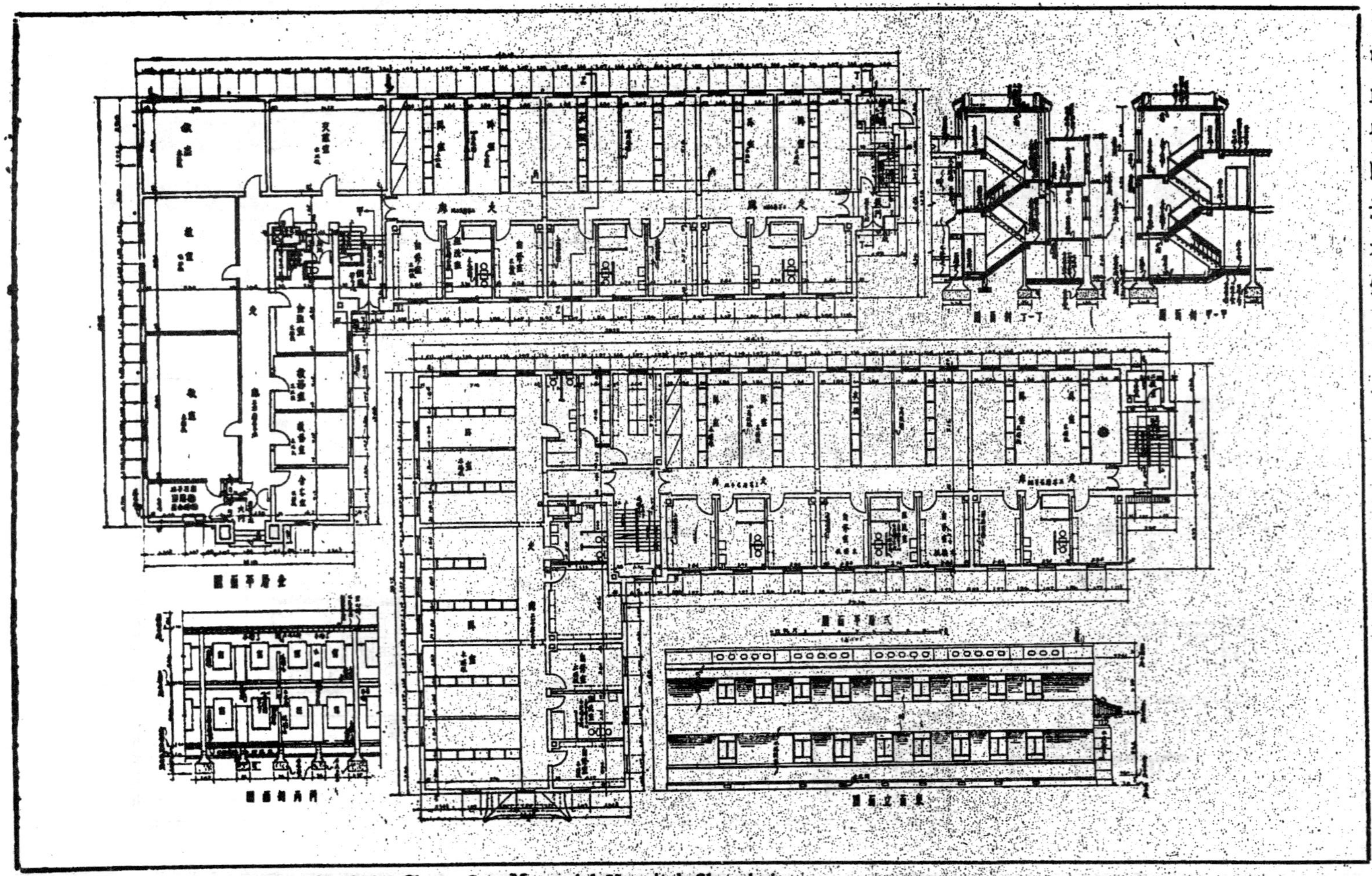

The Liang Tsai Hall of the Chung San Memorial Hospital, Shanghai.

中山醫院亮才堂

羅馬古典式

第五十一頁　伊華尼式詳圖——戴克里先浴場

第五十二頁　雅典朱匹式奧林帕斯廟及羅馬萬神廟之柯蘭新式圖

第五十三頁　羅馬州提溫之柯蘭新式圖

第五十四頁　羅馬安托奈那，福斯泰那及太陽廟之柯蘭新式詳圖

ROMAN IONIC ORDERS

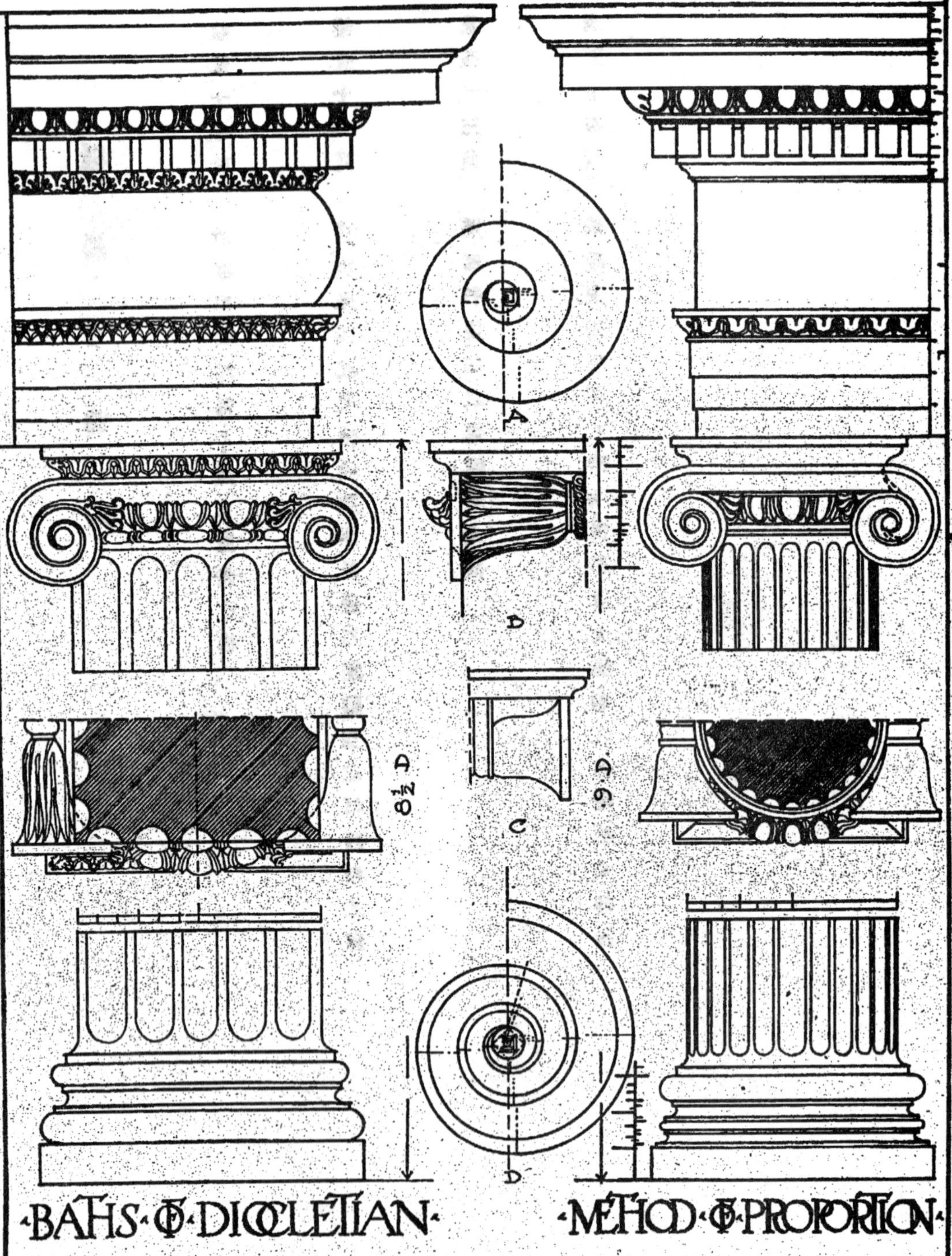

24236

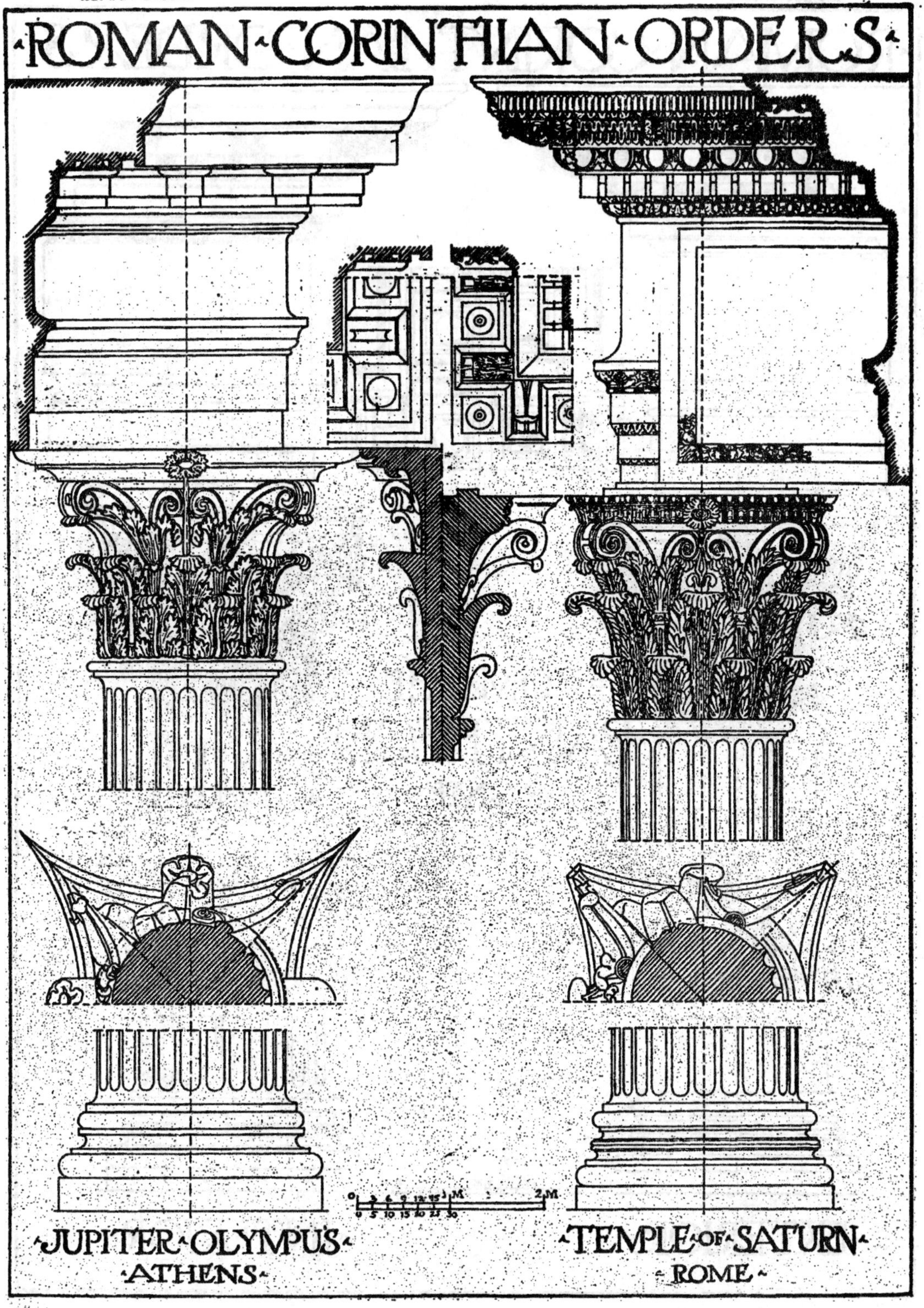
ROMAN CORINTHIAN ORDERS
0 3 6 9 12 15 1 M 2 M
0 5 10 15 20 25 30
JUPITER OLYMPUS
ATHENS
TEMPLE OF SATURN
ROME

24237

ROMAN CORINTHIAN ORDERS

ROMAN CORINTHIAN ORDERS

24239

杜彥耿譯

回教建築

歷史小誌

回教及其藝術之進步

四七、回教帝國之興起 在第十七世紀之初，當卑祥丁帝國威勢熾盛之時，有一不甚顯著之阿剌伯人名穆罕默德者，創立清眞教義，將游牧散居之阿剌伯人，聯合一致。此突起之回教，進展神速，在歷史上實爲稀有之事件。至六三二年，穆罕默德逝世，其時爲回教十一年，整個半島形之阿剌伯，統治於一君主及一宗教之下。在不能置信之短時期內，征服巴力斯坦，敍利亞，及美索不達米亞；波斯，埃及，及非洲亦盡入阿剌伯帝國之版圖，西班牙並成爲新帝國之附庸焉。

四八、回教徒進展之受挫 在七三二年，阿剌伯人征服法國南部之羅亞爾(Loire)；但在七三二年，此無敵之阿剌伯人，在都爾(Tours)受挫於馬忒爾(Charles Martel)，潰遁不敢再犯。馬氏之子丕平(Pepin)並解放法國所受阿剌伯人之羈束；西班牙繼續爲其附庸，則仍有五百餘年之久。西西里，干地亞(Caudia)，塞浦路斯(Cyprus)，羅得(Rhodes)及摩爾太(Malta)等，則均入阿剌伯帝國之版圖。時在七五五年，國境之大，包有非洲，地中海流域，及亞洲之大部份等地。

四九、回教徒之征服印度 在第八世紀之末，正值阿剌伯文化昌盛之時，政府中心原在達馬士革(Damascus)者，遷至巴格達(Bagdad)。但不久阿剌伯帝國分裂成爲無數省份，最後埃及，敍利亞，波斯，及小亞細亞盡被土耳其人所佔。在十一世紀之初，回教徒在嘎自尼(Ghazni)領導之下，歸併印度之北部。在十六世紀時，蒙古人由巴白(Babar)率領，進佔印度之北部及中部，受其統治者足逾二世紀。

五〇、摩洛哥王國之衰落 公元七一〇年，凱理法(Khalifate)在西班牙之哥爾多華(Cordova)地方，集合自摩洛哥來之阿剌伯人，建立帝國。摩爾族之名稱，亦由茲而起。迨後此帝國漸形瓦解，如格拉那達(Granada)，塞維爾(Seville)，托利多(Toledo)等，咸獨樹一幟，而成羣雄割據之局。洎一四九二年，摩爾族佔領西班牙之命運，乃告終焉。核計其佔領之期間，爲七八二年。

五一、土耳其克服巴爾幹 在一二九九年，土耳其始征服卑祥丁之塞爾柱王朝(Seljuk)。土耳其既佔握卑祥丁之大部領土，復於一四五三年奪獲君士坦丁堡，遂傾覆東帝國。十七世紀時，土耳其更轄治巴爾幹各地，並謀擴展其勢力，及於匈牙利與奧地利

五二、阿剌伯文明之影響

阿剌伯之文明，實予被毀滅之東帝國，橫暴之政治以反映。回教之教義，由多方面之立場觀之，在異教中誠屬難能可貴者，故予基督教自由發展上以相當之打擊。此無他：實由穆罕默德之文明，淵源於中國與印度，而確具上乘之條件，故阿剌伯之文明，實佔人類進化史重要之一頁。是以近東各國，雖當西班牙之昌盛時，尤復感念其教義不衰。至今仍約有二萬萬人，信奉回教。

五三、回教建築之特徵

回教建築，根據穆罕默德藉攻克各地之氣候，習俗，原料，藝術等，熔冶而成者。故對于其主體系之建築物，如發券之形狀，磚子及圓頂等等，在表現阿剌伯藝術之特徵；因之無論回教建築之在印度，埃及，西班牙或波斯者，均能保持其原狀，毫無混雜之觀感。

五四、外形之觀感

阿剌伯藝術之孵育，幾皆由於穆罕默德攻佔各地時，吸收各地之精粹，聚而成者。例如阿剌伯人在其本土之麥地那(Medina)大寺院，建於第八世紀之初期，建築殊爲簡單；內含一個庭心，中央爲噴泉，以資洗淨者，一座多柱廊，作爲祈禱之所，神龕則隱於壁間。但在敍利亞，美索不達米，波斯，卑辭丁等地之回教寺院，中間合有薩薩彌 (Sassamian) 之雋味，雖達馬士革及耶路撒冷之圓頂寺院，亦具有上述之色彩。薩薩彌時代之名，起於薩薩彌王，爲古波斯之最末一代，其統治年表自公元二二六年至六四二年。此時影響及於波斯回教寺院建築，惟此中並無庭心及神龕上面之圓頂。大門藏於巨大之尖頂發券內，而尖塔之形體則渾圓。總之，薩薩彌時代之藝術，受益於波斯及羅馬者甚大。

五五、

土耳其，小亞細亞及巴爾幹半島之早期回教建築，實胚胎於卑辭丁及波斯之建築藝術。卑辭丁建築之結構，其平面佈局，當君士坦丁堡覆亡之時，土耳其人幾全部將其採襲，而吸入回教建築矣。回教堂之最大者，曰「Suleimaniyeh」，爲蘇利曼 (Saliman) 所建，時在一五五三年，係具有卑辭丁建築半圓頂及汽樓等之象徵。

五六、

阿剌伯之藝術，實在第八世紀至第十五世紀時，啟自埃及者。圓頂則祗加於回教堂及墳墓之上。但回教寺院之尖塔，形狀甚多，大抵爲層層加冠之狀，尖頂發券有時以濶大之方頭門頭線盤繞之。

五七、阿剌伯宗教建築

阿剌伯有價値之藝術品，可得之於西班牙者頗多，例如仕格拉那達之阿爾漢布拉 (Alhambra) 碉壘，塞維爾之阿爾卡塔 (Alcazar) 及裘蘭特 (Giralda) 宮或塔，惟其中最具特徵者，則以回教寺院及誦經膜拜之處爲最，是皆回人勢力所及，而興建於各地者。最古之回教寺院，中有天井一方，週繞遊廊。廊之形成也，係以一帶或兩帶連環發券夾峙之；廊之在兩端者特濶，其濶度有自二倍或三倍。天井之一面對大門者，有時導以多至六排之磚子或拱道。在特濶之廊下，爲祈禱之所，而於對面牆際，塑一神龕，中供神像及可蘭經一部。可蘭經又名摩斯倫經 (Moslem Bible)。

五八、回回教寺院之尖塔　另一型之回回教寺院，內含廣大之中殿，上冠圓頂，殿之四週，繞以甬道。此較後之回教寺院建築，顯係受卑祥丁建築藝術之影響，當其傾覆君士坦丁堡後，此種建築，盛行於土耳其及埃及等地。回回教寺院之尖塔，或僅係一座高塔，塔巔置傳喚誦拜之響器，此爲回教寺院建築特有之例證。

五九、接待室與閨闥　喬皇典麗之卡麗府(Caliphs)與愛茂爾(Emirs)宮，其內部之構築，實遠勝於外觀。多數房屋，咸環繞巨型天井，因之在外週之牆垣，恆爲連續不斷者、穹頂之室，曰Diwan，較大天井略高。該室關作"dar"，蓋卽男子之室；所以別於"harem"卽女子之室也。大天井或花園中，有噴泉，魚池，小溪等。宮中主要住所，裝飾富麗，無不極盡奢侈之能事。

六〇印度回教建築　印度回教建築，可分爲兩個時期：第一個時期自十二世紀起；第二個時期自一四九四年至一七〇六年，在印度斯坦(Hindostan)之大摩加爾(Mogul)時代，其裝飾彩色等，不若波斯回教或摩爾建築之盛。但印度回教建築之觀感，則遠勝上述者，半由主要材料均爲雲石及其他石工，半由當地藝術之巧妙所致也。圓頂起於方形之地盤，此係普通習用之故，非採自卑祥丁者也。回教建築之尖塔及巨大尖頂之拱道，在印度回教建築中，頗多片疊式之掛落，形成穹窿者，以及幾何畫形之鑲嵌工，星形之浜子等，此皆於他處不能多覯，而於此習見者也。

回教寺院及在埃及與西班牙之宮殿

六一、凱德碑寺院　凱德碑(Kaid Bey)寺院，在開羅(Cairo)地方，建於一四六九年。巨大之門口，與單個三角形之發券，爲其最顯著者，如十八圖。其一種精緻之建築，如華麗之圓頂，乖巧之塔，以與埃及早期祇一層高，而古樸之平屋面，無圓頂，亦無尖塔之寺院相對映，誠令人興雍容與素樸之感喟。

六二、其他在埃及之寺院　其他寺院之在埃及開羅地方者，尚有吐侖(Tulun)，上有尖塔並一屋外之盤梯。薩爾坦哈森(Sultan Hassan)寺院，其構築係依照希臘十字式，而中央則留一

〔第十八圖〕

天井。圓頂冠於紀念堂之上，十字式之一端爲神殿。

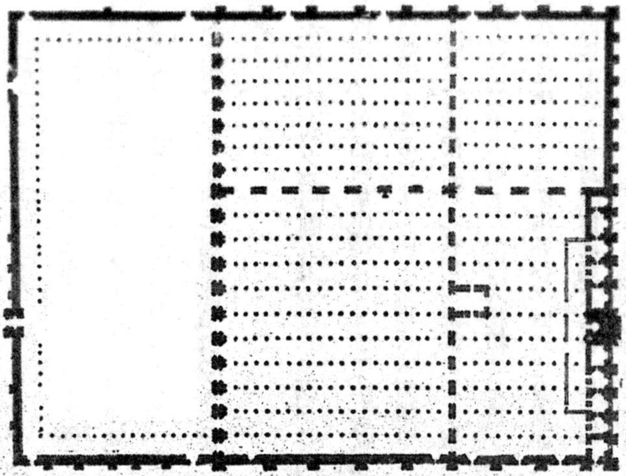

〔第十九圖〕

六三、在哥爾多華之寺院

此院初建於第八世紀末葉，至第十世紀時，經二次擴展。著名偉大之哥爾多華寺院平面佈局，見第十九圖，係一巨大之方形建築，分劃十九個甬道，各以連環發券分隔之。美觀之木平頂，係藉馬蹄形發券之襯托。券分二層，一上一下。衆多之雲石柱子，傳係取自舊之古典式建築者，用以支撑下層一帶發券，見第二十圖。但此項柱子，高僅九呎，故柱頂帽盤之上，復加砌墩子，藉以抵達大殿三十呎之高度，並資支托上層一

〔第二十圖〕

〔第二十一圖〕

帶發券。其下層之一帶發券，券脚起於柱子花帽頭之頂。

六四、阿爾漢布拉 十三世紀及十四世紀之碉樓在格拉那達者，曰阿爾漢布拉(Alhambra)，見第二十一圖，是為研攷摩爾宮殿者最感興味之一個題材，若精緻盛飾之川堂及房間，係繞列於內面庭心之四週，其間較大之房間，卽為石榴堂及獅子堂。關於上述兩堂名稱之由來，因前者於水渠之旁，遍植石榴樹。後者因許多噴水泉之中心基礎，刻有獅形雕像，故名。輕巧之連環券，綴以美麗之花飾，與佳妙之阿剌伯畫飾等。在主要室之兩邊或兩端，有阿剌伯層叠式之掛落，幾何形圖案之鑲嵌工，星形之浜子；此等飾物，在宮中殿堂或主要各室之牆上，均可見之，而頗能引起興味者也。阿爾漢布拉之外形，極如碉壘，因之摩爾最後之君波阿布第爾(Boabdil)被斐迪南(Ferdinand)與伊薩伯拉(Isabella)兩人所敗，而避難於此者。

六五、在塞維爾之阿爾卡塔宮 又一早期之摩爾宮宇，建於十三世紀時，厥名阿爾卡塔(Alcarza)，在塞維爾(Seville)地方。其內部情形，見第二十二圖，是幾冶阿爾漢布拉，吉剌達(Giralda)，或在塞維爾之塔之各種精銳裝璜於一爐。後者，卽在塞維爾之塔，見第二十三圖，乃一偉大精緻之方塔；其上部構築，係於一五六八年加建者，為採集各種不同式之美術而成。但其下部牆面之浜子與格塊等，皆為摩爾建築之實例。塔之平面形方邊，闊約四十五呎。塔之高度，其內部每層高之剖面尺寸無，外部總高為一八五呎，其後加建者高九十呎。

〔第二十二圖〕

在印度之回教寺院及紀念建築

六六、德利城之庫吐勃塔 在印度德利(Delhi)古城之庫吐勃(Kuteb)塔，為早期阿剌伯藝術之一。塔為偉大之圓形紀念建築，高達五層，每層均有陽臺，以帶形花條之裝飾，盤繞於幾何形者。此紀念建築工程，開始於一一九九年。

六七、亞格伯寺院 在摩加爾時代，或卽後期之印度回教

〔第二十三圖〕

〔第二十四圖〕

藝術，足資典範者，有偉大之亞格伯(Akbar)寺院，在寨克 (Sikhri)之夫式坡(Futtehpore)地方，時在一五五六及一六〇五年之間。其建築之宏偉，大門之雄壯，可稱無匹，見第二十四圖。

六八、亞格剌之寺院及紀念堂

紀念堂 在亞格剌(Agra)有數處絕佳之摩加爾紀念建築。若配耳(Pearl)及塔日馬哈爾(Taj Mehal)，係一座紀念堂，建於十七世紀之中葉，建之者爲沙耶罕(Shah Jehan)王。內有巨大之方形建築，上冠六十呎直徑之雲石圓頂，高達八十呎，更有四個較小之圓頂環繞之。紀念堂建於十八呎高臺基之正中，四座尖塔則居臺基之四角，此外綴以各種雲石盆等，其佈置一如花園。

〔第二十五圖〕

（待續）

建築師之教育

——美國各大學建築科之教育實施概況——

談敦

美國各大學建築科及各建築專科學校，爲培養青年建築師，造就建築專門人才起見，現正規訂改變實施教育有效方法；但在過去五年中，尙無一學校實行改變制度，修正學科。惟自現在起，各學校均已次第履行新制矣。

下列所述係美國最著名學校建築科之教育實施方法。

（一）辛省大學

在一九〇六年，辛辛納的省大學 Herman Schneider 君發明教育合作制度。在一九二二年又將建築科之一部，表示與其他學科有所區別；蓋建築科之教育方法，須以實習所得之經驗，輔助學理之不足。在教育合作制度下，學生需要從書本中得到理論的智識，同時亦需要從實際工作上得到實際的經驗。如此學生離校後，對於執行建築業務，已有充分準備，而能勝任愉快也。

辛省大學建築科，其實施方法適用五年之久，並不更變。每學生每學年之求學期間爲十一個月，將每級學生分成兩部，實習與受課輪流替換，即一部學生在校內受課，另一部學生則在校外實習，如此輪替，每七個星期爲一種學科之完成期，全校課程，均支配於此種制度之下。學生在校方指定之地點或工場實習，俾與建築工業之各方面，接觸機會較多，將來出校後，對於業務之困難，自可迎刃而解矣。辛省大學自此種教育合作制度實行以來，在短期內，學生之獲益，自匪淺鮮也。

（二）麻省理工大學

自一九三五年起，麻省理工大學建築系第一年學生，已實行新制。開始即以養成建築經驗之基礎，俾將來逐步將各門學識完成，並爲人計劃一價值一萬至一萬二千金之住宅。倘學生對於繪劃圖樣，以前尙未學過者，則初步教其繪圖。迨學生將室內設計工作，房屋計劃原理等讀畢後，即着手計劃一房屋，並繪製全套詳圖。此種工作在第一學年中，每星期包括十小時，然後再由校方指定一校產，開始實地計劃。

在第一學期之第二年，每星期中抽出一個下午，學生至營造場地，實地考察，直至房屋造成爲止。此完成之房屋，由校方在市場出售，售得基金，再作第二批學生實地建造之用。

在第一學年中，學生對於建築學識，實已獲得重大之啓示。按照過去事實，學生初步研習繪圖設計，大都選擇中等房屋，蓋中等房屋較其他建築普遍廣泛也。但有許多學生實習，則以小住宅爲始。

城鎮計劃係由建築科城鎮計劃系第五年學生，共同實習。此種工作，在全學期中須佔六個星期以上。其課程可分作三大部：即「土地測量」，「地區計劃」，及「市鎮設計」。後兩者須同時工作。

工作地點係指定開闢「奈舞塞河流域」（Neponset River），面積約佔一百方哩，在美國麻省鮑士敦城之西南，該河經越不少都城而流入斗實斯特海灣（Dorchester Bay）。其流域範圍包括著名都城，如密爾頓(Milton)，得丹(Dedham)，諾武德(Norwood)，衞斯特武德(Westwood)，干敦（Canton），斯都頓(Stoughton)，窩爾坡(Walpole)及沙倫(Sharon)等，中間橫互美國第一號路線，而與鮑士敦城相毘連。

他如地勢學，商業及交通，給水，溝渠，社會及經濟等，均包合於「土地測量」內，爲學生所必修之課。在第八個星期之終時，每學生必須擬就報告及繪成地圖交昙。「地區計劃」由全級學生合作，在一哩半等於一吋之比例下，必須將公路，馬路，市區等分別配示，將意見繪就圖樣、圖內尙須標明地區分配，市政制度，學校及公園等。每市區之比例爲八百至一千呎等於一吋。此種課程完成後，學生之修業期亦告終了。

(三) 密歇根大學

密歇根大學建築科學生之初步，係攻習現代房屋之原理及計劃。此種基本學識完成後，對於繪圖之要點及線條之注意等，亦爲初步必修之課。然後再繼以設計一極簡單之三個房間或四個房間之小住宅。此種初步設計房屋之課程，規定於十二個星期內完成。完成後再分下列三種步驟，以求研得建築上更進之學問。

第一步：由校方指定地基一所，街道，河，山均佔一定之位置，每個學生在此地基上擇地一方，從事實地計劃建造房屋。

第二步：將所計劃之房屋內部結構，及房間之分配，設計妥善。然後依照此計劃，連同傢具佈置，製成石膏模型。

第三步：將房屋之各部製成大様，如牆壁之構造，門窗之尺寸及形式等，均在一定限制之下，成就詳細圖樣。

此三種步驟完成後，學生各將自己課作物，加以修正；隨後將修正圖樣，用顏色畫顯示於紙上，復按照此改正之圖樣，將模型修正呈交教授。

無疑地將此種建築學及建築計劃之根本學識，灌輸於學生，再佐以實施建築上較廣義之學問，如審美學，聲學等，俾學生對於建築有深切之認識也。

(四) 密歇根喀蘭勃羅工藝學院

密歇根省喀蘭勃羅(Cranbrook)工藝學院建築門，在Eliel Saariner君主持之下，學生開始卽須研習城市計劃，此與各大學建築科之教育實施方法，完全相反。學生須選定一城市，作開發之計劃。至於房屋設計，裝飾學等，反佔較少之鐘點也。

營造學（十八）

杜彥耿

第五章 木工之鑲接

應力與變形 當外力加之於材料上時，卽有應力之產生；亦卽材料之內部發生抵抗力也，通常以材料單位面積之重力，卽磅或公斤等爲單位。變形卽材料受外力載重所變形態之總數，其測算之法，或自原有之位處量一垂直之距至變形處；或平均減縮或伸長其長度。

拉力，卽材料有伸長其長度或有拖拉之趨向。類如屋架中之大料，及任何材料，完全受拉力而作牽繫者。

壓力，卽木材受壓碎或推力之作用，猶如短柱及任何受壓力之材料，而用作支撐者。

外力載重在樑上與樑之長度成直角時，其兩端有支撐者，則有彎曲或橫變形之狀態，例如受載重之擱柵。其上部有彎弧或凹陷之情狀發生；則此木材之纖維發生於上部爲壓力，於下部者爲拉力。但在兩者之間既無拉力，亦無壓力，是爲中性層，此層在於無應力之下；可依論理上講健全之彈性材料，其中性層決在斷面之中央。

倘力之傳播，使其有絞扭或扭曲狀發生者，則其應力可名之曰扭力；此種應力在建築中之木工上，鮮有遇之者，但在螺旋及機件之一部，則須計算其扭力矣。

剪力卽切斷之應力，但順木紋切斷之情形，特別名之曰推斷(Detrusion)。

設計接縫 在設計接縫時，下列各主要條件，根誠藍開教授(Prof.Rankine)之建議，均須注意及之：

(一) 木料之開割，俾資鑲接之佈置，務使其弱點愈少愈佳。

(二) 置每個毗接平面於接縫內，必須緊合，與壓力成垂直線，使之易於傳佈爲佳。

(三) 每一對平面，其製作必須準確，俾使應力平均分佈各部。再每個平面之面積，須能平均承托其壓力，則每個平面之本身，自能抵禦其外力之傷損矣。

(四) 鑲接必須相稱，則其接合之部份亦有相等之强度。

(五) 置鑲接於每塊木料內，其接縫處之木料須有充足之抵禦力，以資抵抗鑲接處之剪力或壓碎力。

接縫之類別 接縫可分下列諸類：

(甲)縱長接　如搭接，夾接，嵌接，斜接及鑲做。

(乙)承托接　如開膠接，開跨接，對合接，燕尾筍接，鑲筍接，雌壳雄筍接，嵌條接，嗇合筍接，筍頭接，鑲筍及燕尾形筍頭接，出筍接，倒杓榫接，三角接等。

(丙)斜屑接　如陽角轉彎接，鳥喙接，對合與馬牙筍接，斜筍頭接，對面接，三角接等。

當設計木工之接縫時，須明瞭接合材料之强度，即此材料有鑲接之製作，則螺釘及應力之抵禦，此材料要有勝任的本能。熱鐵，鋼及木材之安全抵禦力，見下表：

材料	每方吋之安全抵禦力(以磅為單位)			
	拉力	壓力	剪力	順木紋之剪力
北松	1120	1120	—	150
紅松	1345	1500	—	—
亞克	1845	1515	—	—
柚木	—	1500	—	—
熟鐵	11200	9000	11200	—
鋼	16800	16800	12000	—

各種材料之抵禦力之比，可由上表中推算得之。

鉚釘及螺釘
最大之剪力及承托力表
(以噸為單位)

鉚釘直徑(吋為單位)	鉚釘面積(方吋為單位)	最大剪力		各種厚薄之承托荷重(以十一噸為單位)							
		單剪(以五·五噸為單位)	複剪(以九·六二五噸為單位)	二分	二分半	三分	三分半	四分	四分半	五分	五分半
3/8	.1104	.607	1.062	1.031	1.288						
1/2	.1963	1.079	1.889	1.375	1.718	2.062					
5/8	.3068	1.687	2.953	1.718	2.148	2.578	3.007				
3/4	.4418	2.430	4.250	2.062	2.577	3.093	3.609	4.125	4.639		
7/8	.6013	3.307	5.787	2.406	3.007	3.609	4.210	4.812	5.414	6.015	
1	.7854	4.319	7.559	2.750	3.437	4.125	4.812	5.500	6.187	6.875	7.562

〔附註〕任何承托重在右表梯形粗線右上者，較複剪為大。任何承托重在梯形粗線左下者，較單剪為小，在此情形之下則由鉚釘負荷之。

縱長木材　製作接縫，應用縱長木材，可分別如下：(一)木工接縫適合於縱長者，拉應力或壓應力；(二)接縫適合於無縱長應力者，如墊圈，小擱柵等等。

（一）前者之設計，須將應力導之使其均佈，卽接連之木材，其鑲接與螺釘須有相等之强度，若應力衰損於某一點處，則其他均須衰損於某一點處。欲解決此項問題，則須求出各種不同之比，及組合部份之面積，亦須佈置一致。由上列表中，熟鐵與北松之比為十，及鋼與北松之比約十五。其目的在可能範圍之內求其最大之效用，卽斷面未割去木材之接合，其接縫處之强度，所得之百分率愈高超愈佳。

螺釘用以接合，但或為剪割與承托所破壞。其單剪之安全荷重每方吋為五•五噸，複剪則每方吋為九•六二五噸，及承托每方吋為十一噸，其螺釘之單剪與北松順木紋之拉力或壓力之比為一與十，複剪則為一與十八之比。螺釘之損壞在承托方面者，必係通過不足厚度之鐵板。在各種不同厚度之鐵板，其螺釘之抵承托力，可由上表中得之。

若第五〇七及五〇八圖之搭接，其木材在接縫處，均不割去，將木材之兩端用螺釘將熟鐵箍絞合在無支端。此處

木材面積＝6×6吋＝36方吋

熱鐵箍面積＝1/10×36＝3.6方吋 用8/1½×⅜吋

單剪螺釘面積＝1/10×36＝用8/⅞吋直徑之螺釘

木材之未割去，而以螺釘絞緊者，可得百分之一百之效能；但木材收縮時在兩桿件之間者，則有滑溜之虞。是以木材未割去之接合，僅頗適宜於暫時。

第五〇九及五一〇圖為夾接。係將木材鋸成方形，使兩端相連。置鐵或木夾板於相對之兩面，而用螺釘絞合之。

今假定用七分之螺釘，面積等於六•〇一三方吋。

若在木材面積中祇減去一個螺釘眼，則

木材淨面積　$6(6-7/8)=30.75$ 方吋

木材抵壓力　$\frac{1120\times 30.75}{2240}=15.4$ 噸

螺釘複剪面積　$\frac{30.75}{18}=1.705$ 方吋

螺釘隻數　$\frac{1.705}{.6013}=3$ 隻（每接縫之一邊）

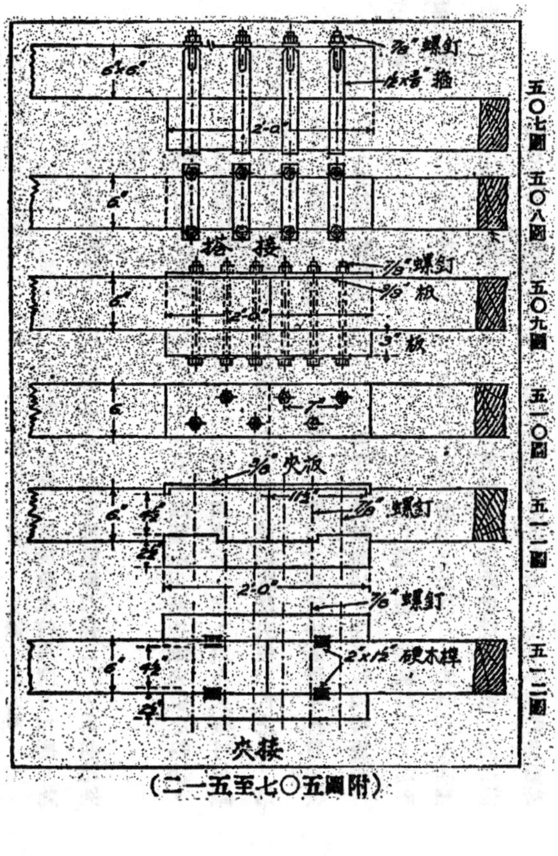

（附圖五〇七至五一二）

螺釘之抵承托力統制鐵板之厚度，七分螺釘在三分厚之鐵板，其承托抵禦力為三•六〇九噸。所以用兩塊鐵板等於2×3×3.609 ＝21.654噸。

此種接縫用於壓應力為宜。倘用於拉力處，則夾板須伸長至四呎九吋，使木材有足夠之剪力面積，以防螺釘被拉拽之虞。

第五一一圖示又一夾接之法，但夾板伸進木內，其目的使抵剪力增强。於此覺鐵板較木材為佳，因等長之夾板，其剪力面積較木材為大。木材之强度，在縱應力之下須減去斲口處之深度。

譬如每個鋸齒口為六分深，及用七分之螺釘，面積等於〇•六〇一三

木材淨面積 ＝6×(6—1.5)＝27方吋

複剪螺釘面積＝1/18×27＝1.5方吋

螺釘隻數 ＝1.5÷0.6013＝2.5隻(用3隻螺釘)

夾板面積 ＝1/10×27＝2.7方吋

夾板厚度 ＝2.7÷2×6＝.225吋用3/8吋

木材抵禦力 ＝27×1120＝30200磅

木材兩端夾板接合處之抵剪力＝2×23×6×150＝41300磅

是以上述之接縫適應於拉力。倘夾板用鐵時，則在壓力處亦同樣適宜。設木夾板用於拉力處，必須放長二呎，以增剪力之面積也。

五一三圖　五一四圖　五一五圖　五一六圖　五一七圖　五一八圖　五一九圖

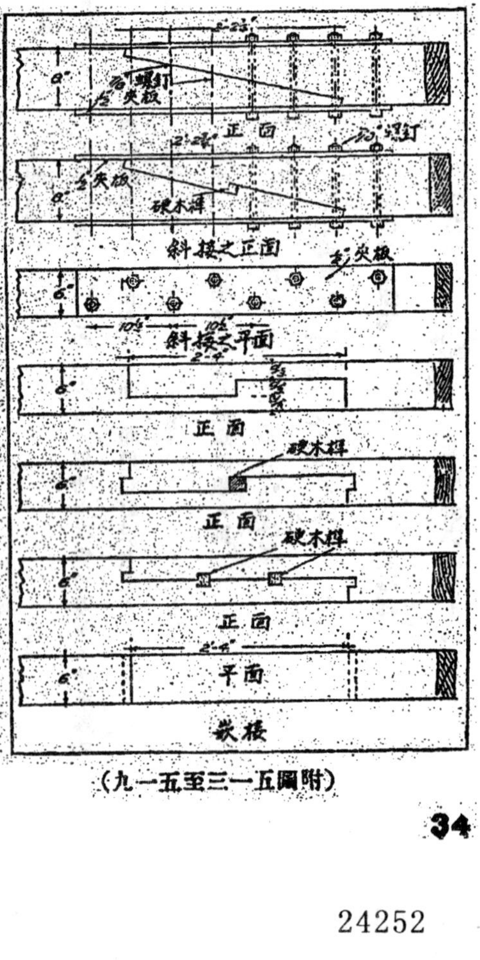

(附圖五一三至五一九)

第五一二圖示木夾接中嵌硬木榫，置於順木紋與應力相橫。此種接縫適宜於壓力。倘在拉力處，則夾板較原有長二呎，與前述例題相同。

拉力之接斜

第五一三及五一四圖示用兩塊鐵夾板之斜接，以資抵抗拉應力者；若接合之木材為深度之一半，則木夾板可以鐵夾板代之。此因啓示其極拙劣之狀態，故寧取鐵夾板以代之也。第五一三圖示平斜接。第五一四圖係有斲口之斜接中嵌硬木榫者，後者並將接合處拉緊。平斜接取其製作時消費少，而在拉拽接縫相合至螺釘在原位時，又與普通情形無異，且無困難。接縫破壞之趨向(一)被拉力拉過一螺釘之眼；(二)被剪力切斷螺釘，大概發生此種情形者為單剪；(三)木材被剪力所破壞，因此將螺釘拉出。因之接縫在上述三種情形之下，須具有相等之抵禦力。用七分螺釘其面積

爲〇・六〇一三方吋

木材淨面積 $=8\times(6-\frac{7}{8}\text{吋})=41$方吋

木材抵禦力 $=\frac{41\times1120}{2240}=36.6$噸

單剪螺釘面積 $=\frac{36.6}{10}=3.66$方吋

⅞吋螺釘隻數 $=\frac{3.66}{.6013}=6.1$隻(用7隻)

用八隻螺釘使之中線兩邊相等。

鐵板之厚度：

$2\times t\times\text{闊}\times f=36.6$

$t=\frac{36.6}{2\times5.125\times7.5}=.475$

用½吋厚鐵板

木材之剪力面積，大概以三分之二之深度爲有效，及木材之剪力沿螺釘之兩線者。所以

$\frac{l\times\frac{2}{3}\times8\times2\times150}{2240}=36.6$

$l=\frac{36.6\times2240\times3}{2\times8\times2\times150}$

$l=51.25$吋

螺釘之距爲10½吋，及木材之斜接爲26¾吋，殊適合於拉力之三種情形。接縫之効力

$=\frac{\text{木材淨斷面}}{\text{木材原斷面}}$

$=\frac{41}{48}=85\frac{1}{2}\%$

第五一六至五一九圖之三種接縫，適合於木材不多縱長之應力者，因其斷面解去大部材料，則接縫之効能減少至鉅矣。此種接縫即稱之日平鉄接，殊適宜於小木工程中之木材接長。

鑲做 彎樑形之圓頂，屋面，中心及標準之起重機式塔，及木架樑之橫桁，均用垂直薄板層以經濟方法建造之。

第五二〇至五二五圖示用平板層拱，其應用有如木橋之支持桿件在一六十呎之跨度。

五二一圖 五二二圖 五二五圖

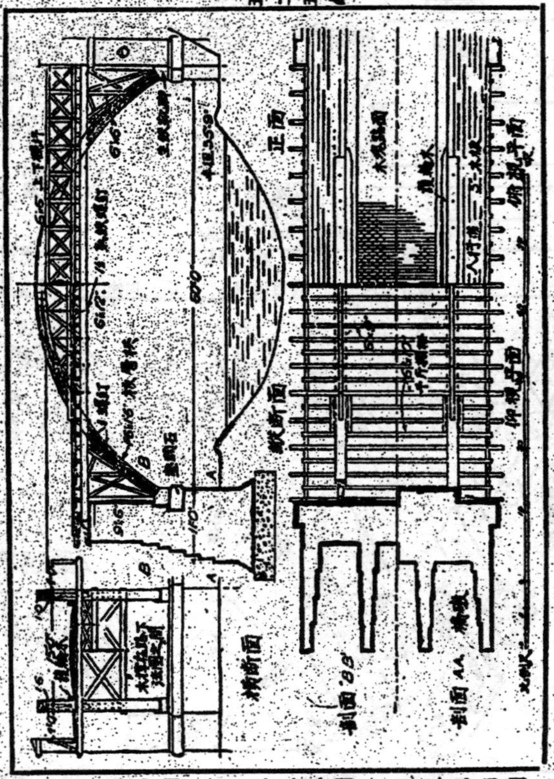

五二〇圖 五二三圖 五二四圖

(附圖五二〇至五二五)

24253

彎樑用六薄板層構造，每塊三吋厚，彎成三十五呎九吋半徑之弧形。其端末穩置在砌於橋磴兩端之生鐵靴脚上。薄板層用二排二呎中距之六分螺釘絞合。薄板層之接縫須距離相等，約爲八呎，及任何斷面不能超過一個接縫。用垂直薄板層之鑲做方法，其効用有二：(一)接縫較少；(二)木紋之接連少間斷。

此種彎樑之强度，可作一實體等深之彎樑視之，惟其厚度則等於各塊之和減去一。

支持橋樑之車道，係用六吋×十二吋之木料建造於彎樑拱，及其穿越後者之中心。外力傳佈於拱腰，係由豎直撑頭之樑之下部至拱之上部，樑之中部用螺釘絞合於拱頂，在螺釘與撑頭間用斜撑支持，見五二二圖；因此彎樑與橋磴更形堅固，並可避免彎樑拱有彈直之趨勢。在彎樑之拱腰處用斜撑支持於車道之下，見第五二二圖。

用六吋×九吋之木樑支持車道，俾使伸長挑出於彎樑之外作爲人行道，車道中心須有足夠之隆起，彎形之木條即釘於木樑之上；其上再釘以三吋厚木板一層，在此木板層上則舖以木塊用瀝青嵌縫成路面。爲避免車輪撞碎彎樑起見，置堅硬之護輪木於其傍。人行道之欄杆擱置於木樑之上，在每間隔之木樑置一斜撑，見五二〇圖。

橫互應力 當橋樑之跨度過大時，須用整個木樑構成架形，是以每個桿件均感受及縱長應力，至若接縫之設計，雖極盡巧思與高貴之能事，然亦不能適用矣。

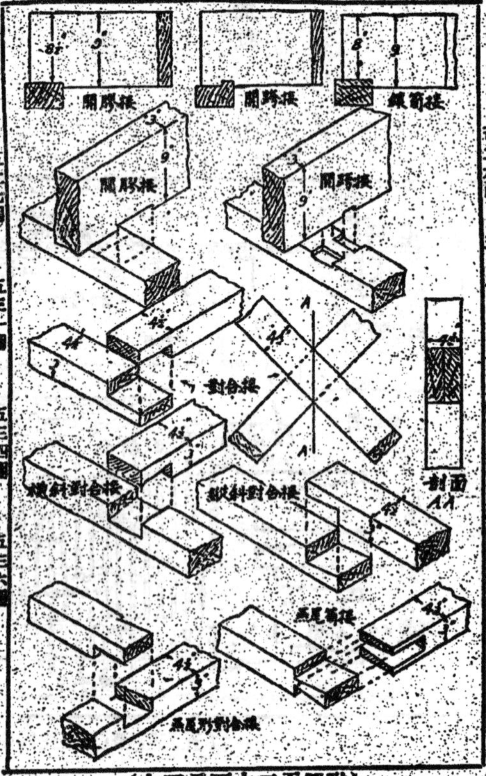

(附圖五二六至五三七)

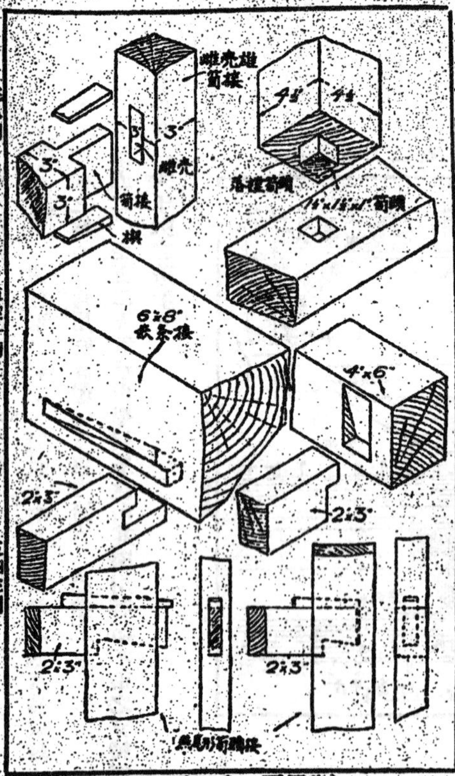

(附圖五三八至五四四)

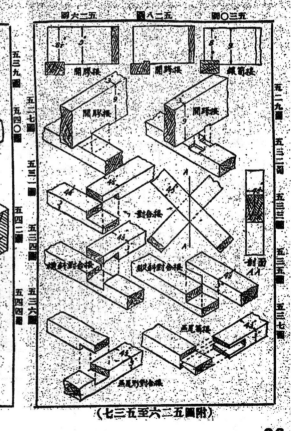

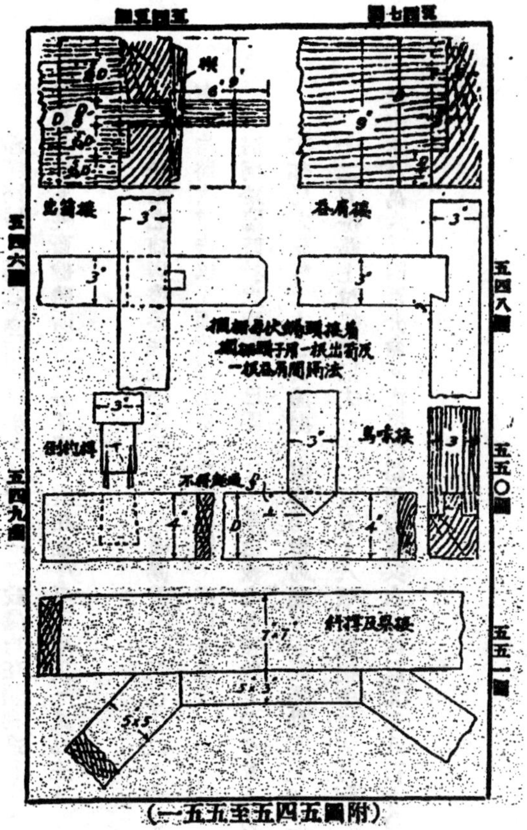

（附圖五四五至五五一）

（待續）

24255

上海公共租界工部局工務處報告

上年十二月份有二百十六處房屋建築

根據上海工部局工務處報告：滬市商業，漸有向榮之趨勢。試觀上年十二月份一個月中有二百十六處房屋建築工程之進行，同時有二百五十四份建築圖樣，請求營造執照，其中七十八份業已審核合格，頒給執照，准予開工建造。

在山西路東首之蘇州河一帶，鋼筋混凝土墻之上段墻身，與鋼筋欄干礅子等，均已澆擣水泥。烹飪與針線中區公立女子學校之建築，亦已竣工，且待裝置暖氣，水管，煤氣電氣等之設備。

沙競路屠宰場之殺猪場建築，工程及一切設置均在順利進行中。場之建築，將次完工，設備方面，約已裝置過半。牲畜檢驗所之加添工程，其柏油牛毛毡屋頂，業已完成；鋼窗已裝就。內部佈置，亦已裝配就緒。

虹橋路之肺病療養院全部工程，除南面陽臺外，業已告竣。內部裝修正在建築中。他如暖氣，管子及電氣，均將次第告成；而舊屋陽臺口之撲蓋棚，亦已支起矣。

河南路臨時救火車間，已經完工，業由救火會接收。公平路人力車捐照處接出之棚，亦已完竣。

工部局之旗杆，本在黃浦灘。現移至跑馬廳，並經運動委員會之許可，作為紀念該場之創辦人。

十二月份路上垃圾共掃去一千二百五十八噸。溝渠中挖去污泥一千三百六十六噸。澆灑馬路之洒水車共耗去水八萬六千四百介侖。洗掃街路用去水共六十四萬九千八百介侖。

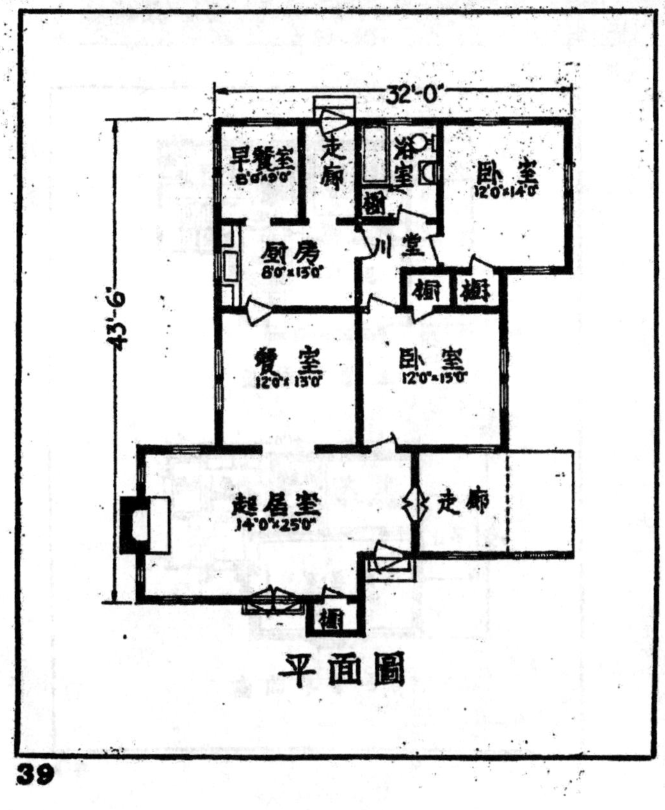

平面圖

這所住宅，既很古雅，又是動人。無疑地，能抓住一般業主們的心理。

這所簡單而別饒奇趣的住屋，冶英國式與臘門式於一爐。地盤及各個房間的佈局，十足顯示出適合於現代美國人的生活。下層有轉大之起居室，上層三個臥室，都有充分的空氣流通，這是它的特點。

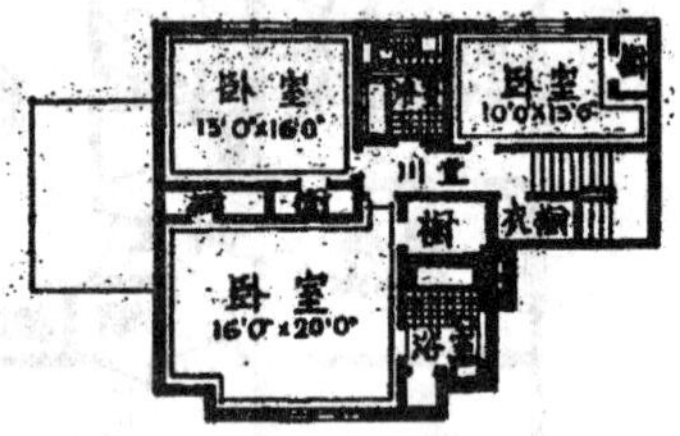

上層平面圖

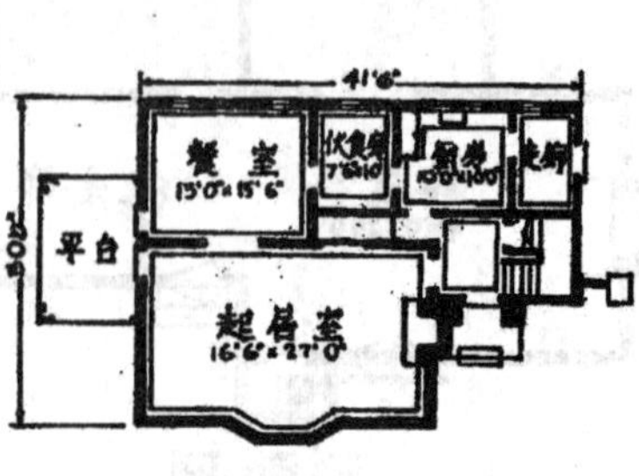

下層平面圖

1公寓臥室佈置之一種

光線充足，空氣清新，加以窗外景色宜人，室內溫暖如春，佈置之適宜，可謂盡善盡美。

2公寓臥室之又一式

活動之臥具，可以收斂自如，既便利，又淨潔，佐以玻璃及五金之飾物，尤覺雅潔宜人。

3日光室與養花房

四週配以玻窗，利用卓越之地位，頗適宜於花木之培栽。

4起居室之佈置

壁間書櫥，配用硬木扯門，頗覺別饒風味。

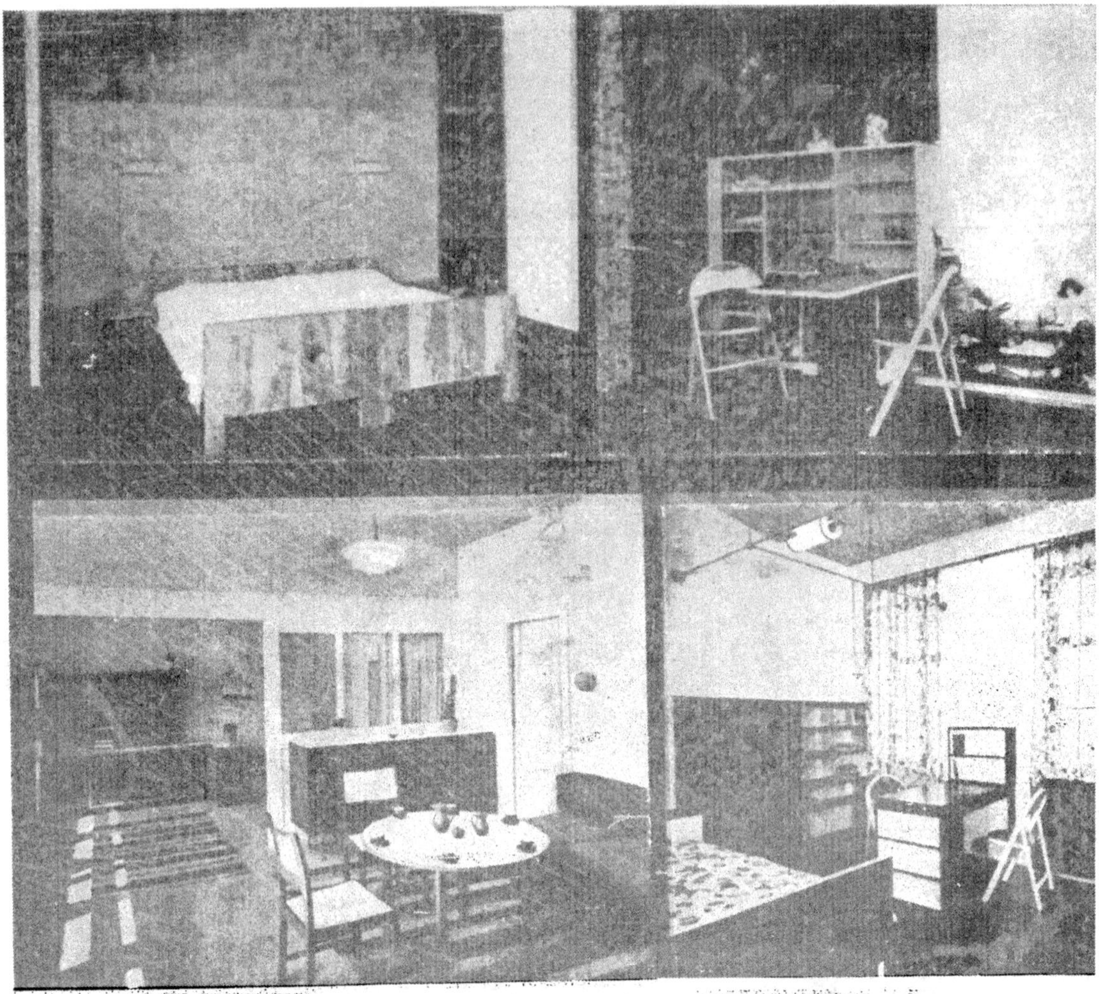

1新型之臥室佈置

將牆壁漆成數種顏色，此種生動之背景，所以與臥具之色調相諧和也。

2兒童玩耍室之一角

3餐室與起居室

此佈置簡潔而又適用之進膳與起居兩用室，頗合經濟之原則。

4臥室之一角

此臥室之佈置，雖似嫌繁多，然亦不失生動之目標。

上海市建築協會第四屆會員大會攝影

專載

本會第四屆會員大會

本會第四屆會員大會，已於上年十一月二十八日下午三時，假座上海南京路大陸商場七樓正誼社舉行，除到會員一百餘人外，並有市黨部代表楊家麟等，出席指導。公推陳松齡應興華陶桂林賀敬第江長庚姚長安等爲主席團。主席領導行禮如儀後，首由應興華委員代表主席團致開會詞，繼由賀敬第委員報告會務及刊務，應興華委員報告附設正基建築工業補習學校校務概況，陳松齡委員報告全部賬略。末由市黨部楊代表致訓詞，語多激勉。次修訂會章，全文二讀通過，並無修改，繼卽照章改選職員，由市黨部代表監選。選舉結果：計（一）執行委員九人：陶桂林（五〇票）江長庚（四八票）陳松齡（三七票）應興華（三六票）謝秉衡（三六票）竺泉通（三五票）賀敬第（三三票）湯景賢（三三票）孫德水（二七票）；（二）候補執行委員三人：姚長安（二 票）王皋蓀（九票）陳士範（五票）；（三）監察委員三人：陳壽芝（一六票）邵大寶（一二票）陶桂松（一一票）；（四）候補監察委員二人：杜彥耿（一〇票）盧松華（一〇票）。當場宣誓就職，由市黨部代表監誓。至七時攝影散會。

附本會兩年來大事記

▲二十四年三月十一日　實業部函請將現行度量衡法各種單位名稱及定義等，發表意見。推杜彥耿湯景賢二委員研究報告。

▲五月七日　杜湯二委員將修訂度量衡制度意見書擬就，開會審查通過，繕送實業部。

▲五月十五日　接上海特別市黨部訓令，限期設立識字學校。

▲五月二十一日　議決在馥記營造廠南京路永安公司工程處及陶桂記營造廠南京路大新公司工程處，各設識字學校一班。

▲六月十日　附設識字學校開始授課。

▲九月十七日　決議舉辦建築學術演講會，推陳松齡杜彥耿湯景賢江長庚四委為籌備員。

識字學校修業期滿，請市黨部識字教育協進會派員抽考。

▲十一月三日　假座南京路大陸商場梵皇渡俱樂部舉行第一次建築學術演講會，請上海市工務局長沈君怡博士演講，題為「中國建築界應有之責任」。

▲十一月二十四日　下午七時在本會交誼廳舉行第一次全體會員年會。

▲二十五年三月十二日　參加葉恭綽等發起之「中國建築展覽會」，列為團體發起人。

▲四月十二日　中國建築展覽會在上海市中心區博物館及中國航空協會新廈開幕，本會送圖樣百餘件參加展覽。

▲四月十九日　中國建築展覽會閉幕。

▲五月二十二日　參加中國航空協會購機祝蔣壽委員會為發起人。

▲六月十六日　聯合上海市營造廠業同業公會，上海市木材業公會及浦東同鄉會發起「張效良先生追悼會」，推陳松齡應興華江長庚杜彥耿四委代表本會參加籌備會。

▲八月二十九日　張效良先生追悼會在馬浪路通惠小學舉行。

▲九月八日　議決製造模型。

▲十月十三日　本會與保裕保險公司聯合舉辦建築職工團體意外傷害保險。

▲十一月二十四日　聯合上海市營造廠業同業公會發起籌募援綏捐款。

建築材料價目

本刊所載材料價目，力求正確；惟市價瞬息變動，漲落不一，集稿時與出版時難免出入。讀者如欲知正確之市價者，希隨時來函詢問，本刊當代為探詢詳告。

磚瓦

(一) 空心磚

十二寸方十寸六孔	每千洋二百十元
十二寸方九寸六孔	每千洋一百九十元
十二寸方八寸六孔	每千洋一百六十元
十二寸方六寸六孔	每千洋一百二十五元
十二寸方四寸四孔	每千洋八十元
十二寸方三寸三孔	每千洋六十五元
九寸二分方六寸六孔	每千洋六十五元
九寸二分方四寸半三孔	每千洋五十元
九寸二分方三寸三孔	每千洋四十元
四寸半方九寸二分四孔	每千洋三十二元
九寸二分四寸半三寸二孔	每千洋二十元
九寸三分・四寸半・二寸半・二孔	每千洋十九元
九寸三分・四寸半・二寸・二孔	每千洋十八元

(二) 八角式樓板空心磚

十二寸方八寸八角四孔	每千洋一百八十元
十二寸方六寸八角三孔	每千洋一百三十五元
十二寸方四寸八角三孔	每千洋九十元

(三) 深淺毛縫空心磚

十二寸方十寸六孔	每千洋二百三十五元
十二寸方八寸半六孔	每千洋一百八十九元
十二寸方八寸六孔	每千洋一百八十元
十二寸方六寸六孔	每千洋一百三十五元
十二寸方四寸四孔	每千洋九十元
十二寸方三寸三孔	每千洋七十二元
九寸三分方四寸半三孔	每千洋五十四元

(四) 實心磚

九寸四寸三分二寸半特等紅磚	每萬洋一百三十元
又 普通紅磚	每萬洋一百二十元
八寸半四寸一分二寸半特等紅磚	每萬洋一百三十四元
又 普通紅磚	每萬洋一百十四元
十寸・五寸・二寸特等紅磚	每萬洋一百二十元
又 普通紅磚	每萬洋一百十元
九寸四寸三分二寸特等紅磚	每萬洋一百元
又 普通紅磚	每萬洋九十元
九寸四寸三分二寸二分特等紅磚	每萬洋一百十元
又 普通紅磚	每萬洋一百元
九寸四寸三分二寸二分拉縫紅磚	每萬洋一百六十元
十寸五寸二寸特等青磚	每萬一百三十元
又 普通青磚	每萬洋一百二十元
九寸四寸三分二寸特等青磚	每萬一百十元
又 普通青磚	每萬洋一百元
九寸四寸三分二寸二分特等青磚	每萬一百二十元
又 普通青磚	每萬一百十元

(以上統係外力)

(五) 瓦

一號紅平瓦	每千洋五十五元
二號紅平瓦	每千洋五十元
三號紅平瓦	每千洋四十元
一號青平瓦	每千洋六十元
二號青平瓦	每千洋五十五元
三號青平瓦	每千洋四十五元
西班牙式紅瓦	每千洋四十五元
西班牙式青瓦	每千洋四十八元
英國式灣瓦	每千洋三十六元
一號古式元筒青瓦	每千洋六十元
二號古式元筒青瓦	每千五十元

(以上統係連力)

新三號青放	每萬洋五十三元
新三號老紅放	每萬洋六十三元

以上大中磚瓦公司出品

輕硬空心磚

		每塊重量
十二寸方十寸四孔	每千洋二八八元	卅六磅
十二寸方十寸四孔	每千洋二三六元	廿六磅
十二寸方八寸三孔	每千洋一七〇元	十九磅半
十二寸方六寸三孔	每千洋一三三元	十七磅
十二寸方四寸三孔	每千洋八十九元	十四磅

24263

十二寸方三寸二孔	每千洋七十元	十三磅半
九寸三分方八寸三孔	每千洋九十三元	十二磅
九寸三分方六寸三孔	每千洋七十元	九磅半
九寸三分方四寸半三孔	每千洋五十四元	八磅三
九寸三分方三寸二孔	每千洋五十元	七磅三

硬磚

二寸二分四寸五分九寸半	每萬洋一〇五元	六磅
二寸二分四寸一分八寸半	每萬洋八十五元	四磅半

以上長城磚瓦公司出品

鋼條

四十尺四分普通花色	每噸一四〇元
四十尺五分普通花色	每噸一二六元
四十尺六分普通花色	每噸一三二元
四十尺七分普通花色	每噸一三六元
四十尺一寸普通花色	每噸一三六元
盤圓絲	每市擔六元六角

泥灰石子

象牌水泥	每桶洋六元三角
泰山水泥	每桶洋五元七角
馬牌水泥	每桶洋六元角元
抜灰	每擔洋一元二角
黃沙	每噸洋三元
石子	每噸洋三元半

木材

洋松 八尺至卅二尺再長照加	每千尺一百二十元
一寸洋松	每千尺洋一百二十二元
寸半洋松	每千尺洋一百二十三元
洋松二寸光板	無市
四尺洋松條子	每萬根洋一百八十元
一寸四寸洋松一號企口板	每千尺洋一百五十五元
一寸四寸洋松副頭號企口板	每千尺洋二百十元
一寸四寸洋松二號企口板	每千尺洋二百〇五元
一寸六寸洋松一號企口板	每千尺洋一百六十元
一寸六寸洋松副頭號企口板	每千尺洋一百二十五元
一寸六寸洋松二號企口板	每千尺洋一百八元
一二五四寸洋松一號企口板	無市
一二五四寸洋松二號企口板	無市
一二五六寸洋松一號企口板	無市
一二五六寸洋松二號企口板	無市
柚木(頭號)僧帽牌	每千尺洋六百元
柚木(甲種)龍牌	每千尺洋五百三十元
柚木(乙種)龍牌	每千尺洋五百元
柚木(旗牌)	每千尺洋五百二十元
柚木(盾牌)	每千尺洋四百八十元
硬木	無市
硬木(火介方)	每千尺洋一百八十五元
柳安	每千尺洋一百九十元
紅板	每千尺洋一百六十元
抄板	每千尺洋一百八十元
十二尺三寸六八皖松	每千尺洋七十元
十二尺二寸皖松	每千尺洋七十元
一二五四寸柳安企口板	每千尺洋二百十元
一寸六寸柳安企口板	每千尺洋二百十元
一二五四寸企口紅板	無市
二寸一寸半建松片	市尺每千尺洋八十元
九尺四分建松板	市尺每丈洋五元
九尺八分建松板	市尺每丈洋八元五角
六尺半五分青山板	市尺每丈洋五元

本松毛板	市尺每塊洋三角五分
本松企口板	市尺每塊洋三角七分
六尺宰二分杭松板	市尺每丈洋二元四角
七尺宰二分甌松板	市尺每丈洋二元五角
六尺宰八分皖松板	市尺每丈洋六元
九尺八分皖松板	市尺每丈洋七元
六尺宰五分皖松板	市尺每丈洋四元八角
台松板	市尺每丈洋五元
七尺宰四分坦戶板	市尺每丈洋三元二角
七尺宰三分坦戶板	市尺每丈洋三元
六尺二分機鋸紅柳板	市尺每丈洋二元九角
六尺三分毛邊紅柳板	市尺每丈洋二元九角
六尺二分俄松板	市尺每丈洋三元
六尺宰二分俄松板	市尺每丈洋三元二角
七尺宰毛邊二分坦戶板	市尺每丈洋二元一角
六尺宰五分機介杭松	市尺每丈洋四元九角
白松方	每千尺洋九十五元
紅松方	每千尺洋一百十五元
麻栗方	每千洋一百三十五元
啞克方	每千洋一百三十五元
俄麻栗板	每千尺洋一百四十元

五金

（一）釘

美方釘	每桶洋二十元〇九分
平頭釘	每桶洋二十元八角
中國貨元釘	每桶洋六元五角

（二）防水粉及牛毛毡

建業防水粉（重慶）	每磅國幣三角
雅禮避水漿	每介侖一元九角五分
雅禮避水粉	每介侖一元九角五分
雅禮避水漆	每介侖三元二角五分
雅禮紙筋漆	每介侖三元二角五分
雅禮避潮漆	每介侖三元二角九分
雅禮透明避水漆	每介侖四元二角
雅禮膠珞油	每介侖四元
雅禮保地精	每介侖四元
雅禮保木油	每介侖二元二角五分
雅禮快燥精	每介侖二元
（以上出品均須五介侖起碼）	
五方紙牛毛毡	每捲洋二元八角
半號牛毛毡（馬牌）	每捲洋二元八角
一號牛毛毡（馬牌）	每捲洋三元九角
二號牛毛毡（馬牌）	每捲洋五元一角
三號牛毛毡（馬牌）	每捲洋七元

（三）其他

鋼絲網（27"×96" 2¼lbs.）	每方洋四元
鋼版網（8'×12' 六分1寸半眼）	每張洋卅四元
水落鐵（每根長二十尺）	每千尺五十五元
牆角線（每根長十二尺）	每千尺九十五元
踏步鐵（每根長十尺或十二尺）	每千尺五十五元
鉛絲布（闊三尺長百尺）	每捲二十三元
綠鉛紗（同　上）	每捲十七元
銅絲布（同　上）	每捲四十元

水木作工價

木　作（包工連飯）	每工洋六角三分
水　作（同　上）	每工洋六角
水木作（點工連飯）	每工洋八角五分

蘇俄莫斯科之未來建造房屋計劃

蘇俄自實行十年建設計劃以來，其首都莫斯科之建造房屋章程，亦頗多改訂之處；蓋房屋建造，關係建設之推進至大也。雖在過去五年中，約有二千萬方呎面積之房屋建造；但在未來之十年中，預料莫斯科可有一萬六千五百萬方呎之面積，加建房屋，其趨勢將使無數小住宅，改造大型建築，如學校，戲院，商場，公共建築，及事務所建築等，因蘇俄建處爲公衆着想也。（敦）

內政部登記證警字第二五五四號

建築月刊

THE BUILDER

中華郵政特准掛號認為新聞紙類

第四卷第九號

民國二十五年十二月發行

定價

每月一冊 全年十二冊

訂購辦法		零售	預定全年
價目		五角	五元
郵費	本埠	二分	二角四分
	外埠及日本	五分	六角
	香港澳門	一角八分	二元一角六分
	國外	三角	三元六角

刊務委員 江長庚 陳壽芝 姚長安
主編 杜彥耿
廣告 藍克生 (A. O. Lacson)
發行 上海市建築協會 南京路大陸商場六二〇號 電話 九二〇〇九號
印刷 新光印書館 上海聖母院路聖達里三〇號 電話 七四六三五號

廣告刊例
Advertising Rates Per Issue

地位 Position	全面 Full Page	半面 Half Page	四分之一 One Quarter
底封面外面 Outside back cover.	七十五元 $75.00		
封面及底面之裏面 Inside front & back cover	六十元 $60.00	三十五元 $35.00	
封面裏面及底面裏面之對面 Opposite of inside front & back cover.	五十元 $50.00	三十元 $30.00	
普通地位 Ordinary page	四十五元 $45.00	三十元 $30.00	二十元 $20.00

小廣告 每期每格 一寸高 三寸半闊 洋四元
Classified Advertisements - $4.00 per column

廣告概用白紙黑墨印刷，倘須彩色，價目另議；鑄版彫刻，費用另加。
Designs, blocks to be charged extra.
Advertisements inserted in two or more colors to be charged extra.

上海大美地板總事務所

The American Floor Construction Company

139 Avenue Edward VII, Tel. 85526

敝行爲擴充營業起見於廿四年五月一日起凡顧客承囑賜造敝行之地板由應得特別利益如下列

(一)本公司承舖之地板敝行應負貳年之內修理分文不取

(二)本公司承造之地板貳年之內如有發生重做電力磨砂分文不取(惟美術打蠟不在此例)

(三)本公司承造地板均用乾貨如有查出未乾過可將全部地板充公以保信用

(四)本公司承造地板限定日期如有發生誤期等情敝行應賠償相當之罰金或每天大洋五拾元計算決不失信以資迅速可靠

(五)本公司承造地板價目特別公道貨物上等美質

(六)電力機器(砂磨打蠟)價目特別便宜

(七)本行備有大批各種美術地板樣子及樣本價目表如蒙函索分文不取

地板專家陳潤生謹啓

本公司承造各大廈樓地板工程略舉下列

(一)國華銀行大廈 北京路
(二)鹽業銀行大廈 北京路
(三)大陸銀行大廈 九江路
(四)中央衞生醫院 南京
(五)中央飛機場 杭州
(六)廣東銀行 寧波路
(七)漢彌爾登大廈 江西路
(八)蔣委員長住宅 賈爾業愛路
(九)范副行長住宅
四明銀行 福煦路
(十)匯中飯店 南京路
(十一)寰公館 李梅路
(十二)大華跳舞廳 愛多亞路
(十三)大光明影戲院 靜安寺路
(十四)聖愛娜舞廳 斜橋路
(十五)上海總會 黃浦路
(十六)斜橋總會 靜安寺路
(十七)劉公館 青海路
(十八)百樂門舞廳 愚園路
(十九)范文照住宅 趙主教路
(二十)中國實業新村 愚園路
(廿一)基泰朱彬建築師住宅 愷信路
(廿二)新大都會舞廳 戈登路
(廿三)市立醫院 市中心區
(廿四)馬公館及公寓 憶定盤路

其餘工程不克細載

總事務所 上海愛多亞路一三九號 電話八五五二六

建築界的唯大貢獻！

新成鋼管電機製造廠股份有限公司

科學倡明萬象競爭我國建設方興未艾對於電氣建築所用物品向多採自舶來利權外溢數實堪驚本廠有鑒於斯精心研究設廠製造電氣應用大小黑白鋼管月灣開關箱燈頭箱等貢獻於建築界藉以聊盡國民天職挽回利權而塞漏巵當此國難時期務望愛國諸君一致提倡實爲萬幸但敝廠出品曾經
實業部註册批准以及軍政各界中國工程師學會各建築師贊許風行全國質美價廉早已膾炙人口予以樂用現爲恐有魚目混珠起見特製版刊登千乞認明鋼鉗商標庶不致誤

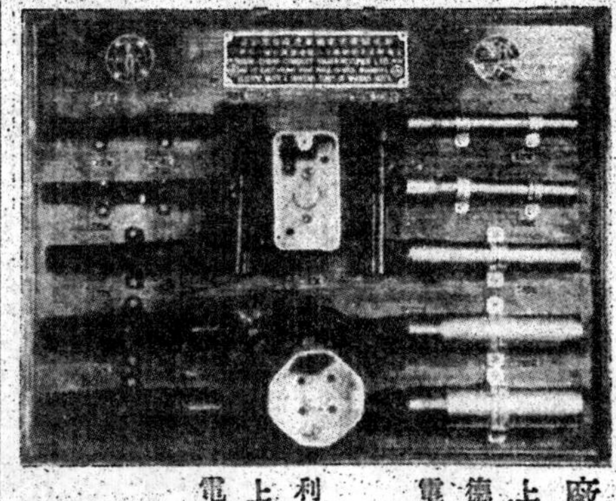

廠址及事務所
上海閘北東橫浜路德培里十八號
電話華界四一二一興

接洽處
利泰電料行
上海吳淞路乇五號
電話租界四四七九

附註
樣子及價目單函索即寄

二十六年
山脊住宅之美化佈置
公勤鐵廠股份有限公司之新貢獻
網籬工程之二十二
上圖外圍鍍鋅鉛絲網
籬係本廠最新出品物
質堅韌式樣美觀美化
住宅不能無此網籬也
總廠
上海楊樹浦臨青路
電話 五〇二一四 五〇一六七

永光油漆
出品
厚漆
調合漆
凡立水
水牆粉
乾牆粉
地板蠟
其他花色繁多不勝備載
註冊商標
狗牌
牛牌
熊牌
羊牌
猴牌
特點
原料—多數購自歐美名廠
製造—聘請英國著名油漆專家督製
品質—優良並經各大建築師認與舶來品無異
定價—特別低廉
服務—凡遇有油漆工程發生困難問題本公司備有專家可供諮詢
上海永光油漆有限公司
總經理太古公司
法租界外灘
電話八二○二○
瑪瑙石

建築月刊

10

本會出版叢書

華英 英華 合解建築辭典

胡宏堯先生著 斷樑算式

5° CENTS

"THE BUILDER"

24273

大中機製磚瓦股份有限公司

製造廠 浦東南匯縣下沙鎮

本公司因鑒於建築事業日新月異材料選擇尤關重要特聘專門技師購置德國最新式機器精製各種青紅磚瓦及空心磚等品質堅韌色澤鮮明自應銷以來已蒙各界推爲上乘樂予採購茲略舉一二以資參攷其他惠顧諸君因限於篇幅不克一一備載諸希鑒諒是幸

大中磚瓦公司附啟

曾經購用敝公司出品各戶台銜列后：

本埠

建築	地點	承造
國立中央實驗館	兆豐花園	和興公司承造
墾業銀行	北京路	趙新泰記承造
開成造酸公司	軍工路	王鈞記承造
中匯大廈	愛多亞路	久記承造
南成都路巡捕房	南成都路	新蓀記承造
四行念二層大樓	靜安寺路	馥記承造
工部局巡捕房	平涼路	新蓀記承造
申新第九廠	東京路	協盛承造
揚子飯店	雲南路	潘榮記承造
百老匯大廈	百老匯路	新仁記承造
雷氏德工藝學院	熙華德路	久泰錦記承造
博德運絨線廠	定海路	創新承造
中央巡捕房	福州路	新申承造
中華書局總廠	澳門路	湯秀記承造
上海市立醫院	市中心區府南左路	陸根記承造
國立上海商學院	西體育會路	陸根記承造
建設大廈	福州路	陶桂記承造
永安公司新廈	南京路	陶桂記承造
怡和啤酒廠	定海路	創新承造
三菱銀行大廈	四川路	余洪記承造
明星公司有聲攝影場	楓林橋	自建
哈同大廈	擲球場	陳永興承造
浦東同鄉會	愛多亞路	新昇記承造
中國銀行大廈	仁記路	陶桂記承造
哈同大廈	四川路南京路口	陶記承造

外埠

建築	地點	承造
金陵大學	南京	利源建築公司承造
航空學校	杭州	新金記康號承造
中國銀行	青島	錦生記承造
太古堆棧	廈門	嗬囒治港公司承造
中央政治軍政學校	南京	大昌公司承造
江蘇銀行	南京	鈕永記承造
中國國貨銀行	南京	成泰承造
永利硫酸錏廠	浦口卸甲甸	新金記康號承造
連雲港發電廠	海州	方記建築公司承造
國立戲劇研究院	南京	陸根記承造
天生港發電廠	南通天生港	自建
瓊州海關	廣東瓊州島	自建
江蘇省立蘇州女子師範學校	蘇州盤門新橋巷	自建
故宮博物保管庫	南京朝天宮	六合公司承造

所出各品儲有大批現貨以備各界採用如蒙定製各色異樣磚瓦亦可照辦備有樣品如蒙索閱即當送奉

駐滬批發所

上海英租界牛莊路七三一弄四號　電話九〇三一一

DAH CHUNG TILE & BRICK MAN'F WORKS.

Sales Dept. House No. 4, Lane 731, Newchwang Road, Shanghai.

TELEPHONE 90311

24274

24275

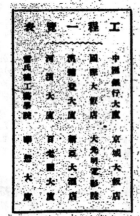

海塘工程

緊急工程

採用

最佳最快燥之礬土水泥

(原名西門放塗)

在二十四小時內可以乾燥

CIMENT FONDU

CIMENT FONDU

LAFARGE ALUMINOUS CEMENT COMPANY LTD.

LONDON

打椿

碼頭

基礎

造橋

汽車間地板

機器底脚

最爲合用

倘用

普通水泥則需四星期之久

且可抵樂海水之侵襲

上海北京路二號　立興洋行　電話一一六二〇號

鋁 能增加美觀耐用經久減低成本

許多建築家對於引用鋁於面版。頗見其有美觀之效，及減輕建築成本之益。鋁之外部用途，至爲實用。乘堅韌與輕巧，調和與實用而有之。不坼裂。不翹曲。不分離。而且寒暑不變。

本公司所有各種鋁合金之種種優點。吾人甚樂爲君加以說明焉。

(三)

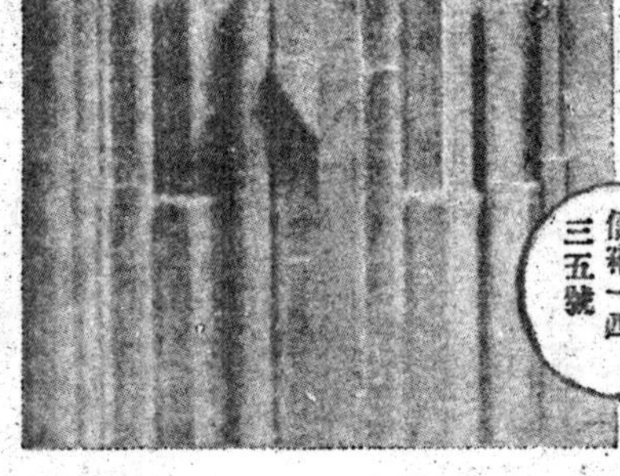

詳細情形請詢
鋁業有限公司
上海北京路二號
上海郵政信箱一四三五號

24277

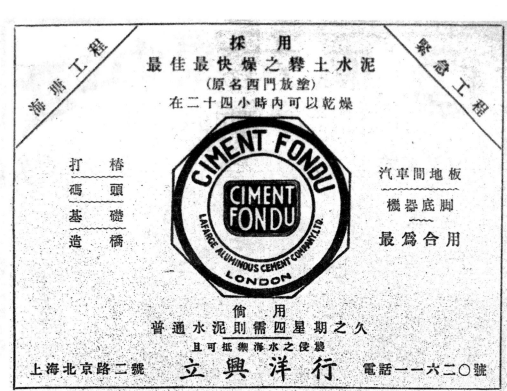

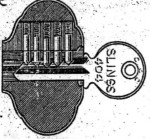

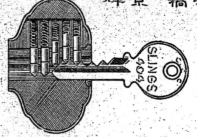

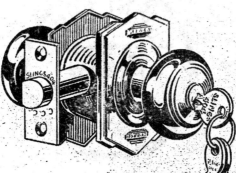

本廠鋼窗工程之一
貝當路公寓

中國銅鐵工廠

專製鋼窗鋼門銅窗銅門及
代客設計各種銅鐵工程

總事務所 上海甯波路四十號 電話一四三九一

分事務所 南京新街口忠林坊三號 電話二二八五六

欲防木材受白蟻與別種昆蟲之侵害，乾腐，以及機體朽壞。必須用護木水治之。惟護木水如係揮發性者。則其所爲之塗治，必須時加復施。且亦未必常能防止其毀壞之不生也。

「阿脫拉司A」護木水，係非揮發性。故其塗治之效力，足以及於久遠。無需重新塗施。除對於上述種種毀壞之作用，能爲充分之保障外。又能確爲木材增加禦火性。較之未治過者，成效足有四倍之多。其在中華方面，凡用「阿脫拉司A」護木水因得防止火災之鉅大損失者。事例具在。不可勝數。

「阿脫拉司A」護木水治過之木材。歷經正式試驗，證明所言效益之不爽。此項試驗報告書，承索即寄。

標準式「阿脫拉司A」護木水，無色無臭。凡欲保持天然木色，或備後來上蠟，髹漆，或加凡立水之木材木器。均適用之。此外並備有一種褐色者。

英國愛立士阿脫拉司防腐劑有限公司製造

香港 中國 澳門 現貨總經售處 孔士洋行 上海四川路一二〇號 上海郵政信箱一一七九號

漢口 天津 香港 廣州 孔士洋行 亦有現貨出售

裝桶分一加侖及五加侖兩種

備有說明書承索即奉

ATLAS·A
Powerful WOOD PRESERVATIVE

(一)

24279

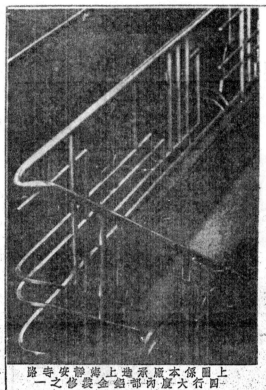

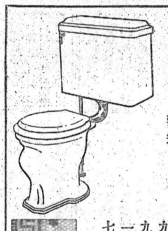

注意

本廠專做工程如下

MANUFACTURED BY
SING CHONG IRON WORKS
413 CORNER OF HAINING & N. SHANSE RDS.
SHANGHAI. TEL. 41543

廠址上海北山西路口四一三號
電話：四一五四三號

全球聞名
信昌機器廠
水泥混合机

首創發明

堅固耐用
售價低廉

水泥混合機
泗汀打樁機炉
鉄壳房屋各式大小機器
其他一切鋼鉄工程
如蒙委託估計歡迎之至

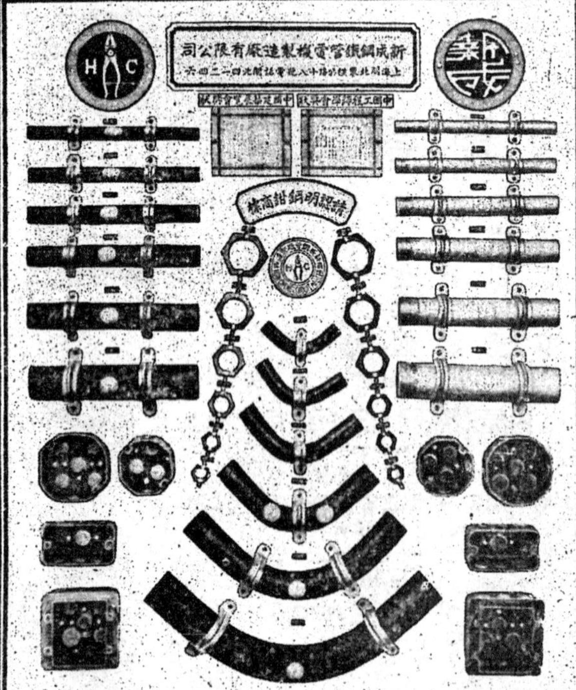

建築界的唯一大貢獻

科學倡明萬象競爭我國建設方興未艾對於電氣建築所用物品向多採自舶來利權外溢數實堪驚本廠有鑒於斯精心研究設廠製造電氣應用大小黑白鋼管月灣開關箱燈頭箱等貢獻於建築界藉以聊盡國民天職挽回利權而塞漏巵當此國難時期務望愛國諸君一致提倡實爲萬幸但敝廠出品曾經實業部註冊批准以及軍政各界中國工程師學會各建築師贊許風行全國質美價廉早已膾炙人口予以樂用現爲恐有魚目混珠起見特製版刊登千乞認明鋼鉗商標庶不致誤

新成鋼管電機製造廠股份有限公司
上海閘北東橫浜路德培里十八號　電話聯界四一二四六

接洽處：利泰電料行
上海吳淞路三七五號　電話租界四三四七九

樣品及價目單
函索即寄

Hong Name "Mei Woo"

Boizenburg (Germany)
Floor, Wall & Coloured Tiles
Schlage Lock Co.
Locks & Hardware
Simplex Gypsum Products Co.
Fibrous Plaster & Plaster of Paris
California Stucco Products Co.
Interior & Exterior Stucco
Raybestos-Belaco Ltd.
Clutch Facings & Brake Lining

Celotex Corporation, The
Insulating & Hard Board
Newalls Insulation Co.
Asbestos & 85% Magnesia Products
A.C. Horn Company
Waterproofing - Dampproofing - Preservative - Compounds
Certain-teed Products Corp.
Roofing & Wall Board
Mundet & Co., Ltd.,
Cork Insulation & Cork Tile.

Large stocks carried locally.
Agents for Central China

FAGAN & COMPANY, LTD.

261 Kiangse Road

Telephone
18020 & 18029

Cable Address
KASFAG

商美 **美和洋行**

承辦屋頂及地板工程并經理石膏粉石膏板甘蔗板避水漿鐵絲網磁磚牆粉門鎖等各種建築材料備有大宗現貨如蒙垂詢請打電話一八〇二〇或駕臨江西路二六一號接洽爲荷

泰克多

泰克多爲最優良之打底漆與嵌平漆可先用于各種木材或金屬之上而後再用各種油漆及凡立水

凡新牆壁最宜先用泰克多巳廣被用者稱賞矣

中國總經理 上海德商禮和洋行

PITTSBURGH PLATE GLASS CO, PITTSBURGH

PAINT AND VARNISH—DIVISION.

TECTOR

The best Undercoater and Sealer for all Paints and Varnishes on wood and metal.

Highly recommended as primer on fresh walls.

China Agents: Carlowitz & Co.
Shanghai.

24284

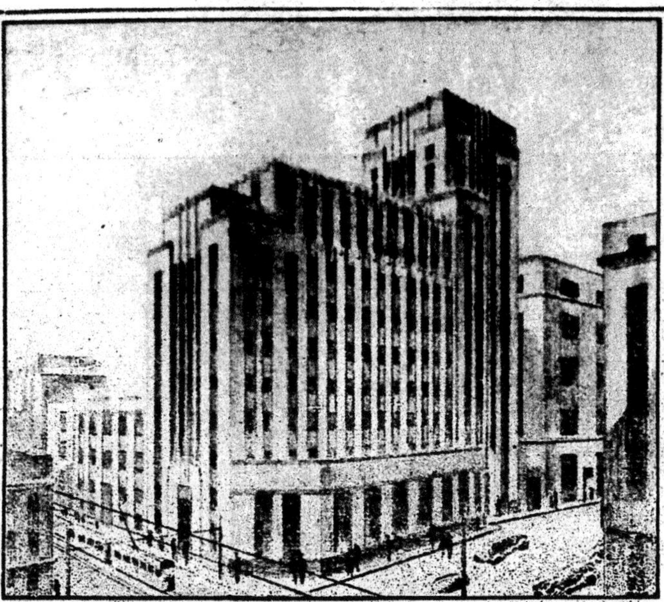

迦陵大樓

採用"恆大"鋼窗鋼門,樹膠美術

地磚及"曼爾沙"油毛毡屋頂及地坑

"DUNCAN'S" Metal Windows

"MOULTILE" Flooring

"MALTHOID" Roofing & Waterproofing Materials

ARE SUPPLIED TO

THE LIZA HARDOON BUILDING

BY

DUNCAN & COMPANY

HAMILTON HOUSE, SHANGHAI.

上海恆大洋行

江西路一七〇號

目錄

第四卷第十號

插圖

論著

廣告索引

本廠正在建築中之上海南京路四川路口十四層迦陵大廈壯觀

陶記營造廠

DAO KEE & Co.

BUILDERS & GENERAL CONTRACTORS.

本廠專門承造一切大小建築鋼骨水泥房屋堆棧以及碼頭橋樑道路等工程如蒙委託估價或承造毋任歡迎

總事務所
上海南京路大陸商場六樓六二六號
電話九四二一四

Head Office
6Th Floor, Room 626 Continental Emporium Bldg.
Nanking Road, Shanghai.
Tel. 94214

駐京辦事處
南京中山東路聚興誠銀行二樓
電話二三三三八

Branch Office
1St. Floor, Young Bros. Banking Corporation Bldg.
Chung San Tung Road, Nanking.
Tel. 23338.

上海南京路四川路角正在建築中之迦陵大樓透視圖

建築工程師：德利洋行 世界實業公司

Liza Hardoon Building — Rendering by P. K. Peng of "THE BUILDER".

Architects and Engineers: Percy Tilley Graham & Painter, Ltd.

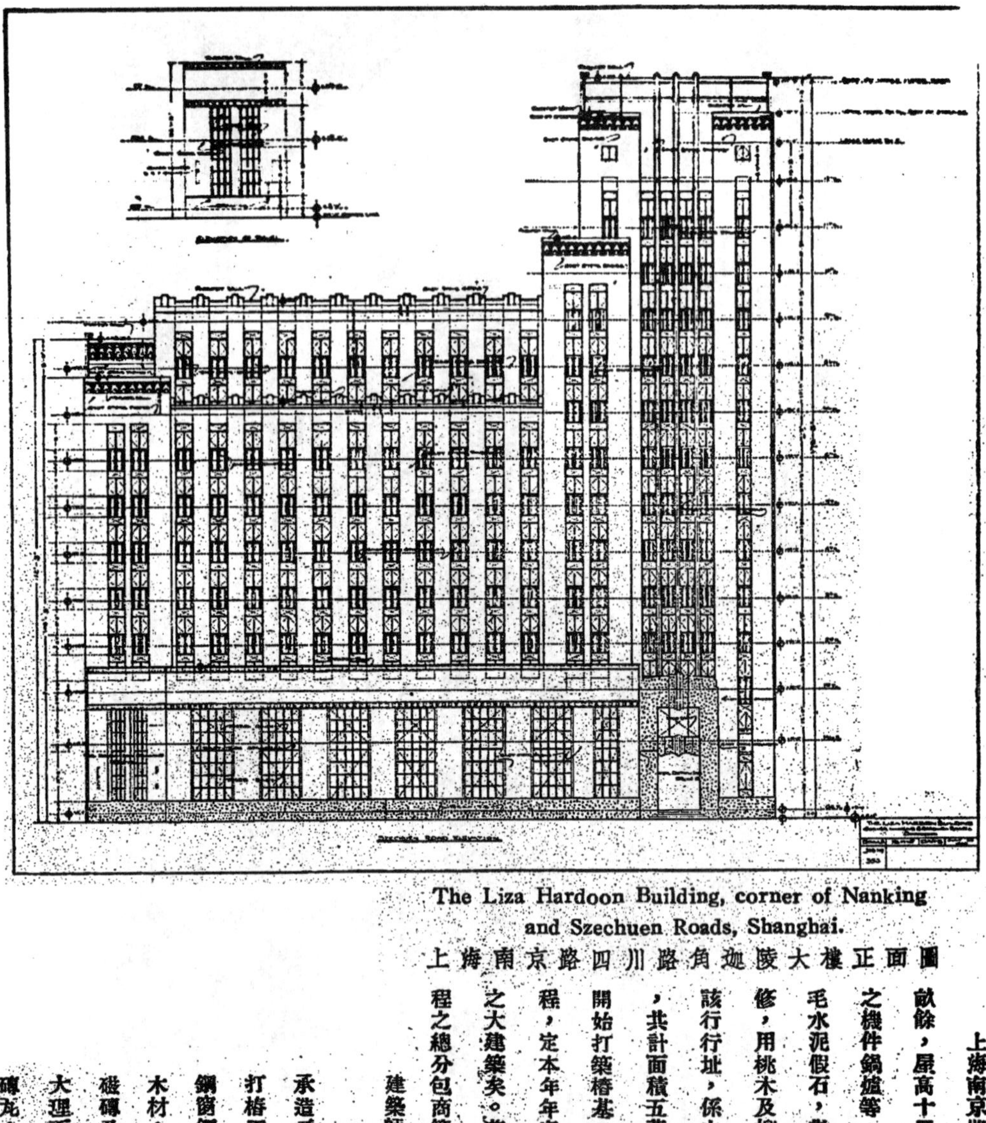

The Liza Hardoon Building, corner of Nanking and Szechuen Roads, Shanghai.

上海南京路四川路角迦陵大樓正面圖

上海南京路四川路角正在建築中之迦陵大樓，佔地二畝餘，屋高十層，塔高十四層，下設地窖，裝置冷暖氣等之機件鍋爐等。屋之構築，全以鋼筋水泥爲主，門面用斫毛水泥假石，勒脚用蘇州產之花崗石，銅門鋼窗，內部裝修，用桃木及柳安。其下層全由美商大通銀行租賃，作爲該行行址，係由南京路大門出入。上部各層爲出租寫字間，共計面積五萬餘方尺，大門闢於四川路。該屋於上年春開始打築樁基，繼於十月間由陶記營造廠承造全部房屋工程，定本年年底完成。屆時黃浦江畔，又將增添一座巍峨之大建築矣。茲將設計該廈之建築師工程師及承造各部工程之總分包商等，臚列如下：

建築師：德利洋行

世界實業公司

承造者：陶記營造廠

打樁工程：新申營造廠

鋼窗鋼門及樹膠地磚工程：恆大洋行

木材：愛華客洋行

磁磚及瑪賽克：益中福記瓷電公司

大理石及磨石子：美藝雲石花磚公司

磚瓦：大中磚瓦公司

歡送導淮委員會須總工程師及雷局長赴歐考察水利工程大會

附淮史述要

二十六年一月二十五日晚，上海市建築協會假座八仙橋青年會九樓東廳，餞別導淮委員會須總工程師君悌與雷工程局長曉峯，赴歐考察水利工程，到者五十餘人。主席張繼光致歡送詞後，由須總工程師演說，茲錄其演詞如後：

須君悌先生演詞

今天承蒙上海市建築協會設讌餞行，自覺萬分榮幸。更藉此機會，與列位建築界前輩，相聚一堂，尤生無限快感，因為兄弟與建築界有滿懷積愫，苦無傾吐機會，今趁此自可與諸位一談。諸位已往之努力，其成績在在可睹。惟以前較大工程，十九出諸外國工程師之手；現在大部已由國人取而代之，實差堪告慰。而建築界近幾年來在極度困苦環境之下，而成就如是之偉績，尤屬難能可貴。故兄弟深信國人若能如建築界人士堅毅苦幹之精神做去，則國家强盛可立而待。

兄弟服務於導淮委員會，茲將導淮工程向諸位作簡畧的報告。導淮的範圍很廣，所佔地區，若江蘇，安徽，河南，山東等省三十七縣，七千萬人口。轉輾於百年以來淮河失治之災害也，自屬有加無已。從可知淮河之失治，影響於國計民生特甚。然已往百年間因政治經濟之顛沛失序，迄不能將治淮之計，一一施諸實踐。

自國民政府奠都南京以來，鑒於被災區域人民之疾苦，毅然决然定下導治淮河之大計。然導淮問題不只導淮，須牽及黃河運河諸水溝通揚子，方可將淮區一帶大水成災天旱亦災之害除去。

然而談到是項工程，單就土方一項，已是大不可當，勢不能於短時期內完成，而在政府方面，籌得多少款項，增築多少工程，如是以力之所及，逐漸做去。數年以來所成工程既已不少，然與導淮全部工程經費預算二萬萬元之數，距離尚遠，故以後尚有許多工程，需要建築界之努力與服務。

兄弟常感工程師與建築家要合作，此話或有人要問，工程師與建築家現在尚不合作麽？工程師計劃成了圖樣，建築者依照圖樣建築成一座實物，這難道尚不能算作工程師與建築界的合作麽？然而我之所謂合作，除表面之外，尚需要澈底合作的精神。

工程師所設計之圖樣，在實施工程時，多少或有須要糾正之點，俾收避重就輕之效，庶不必多耗物力，人力與時間的錯誤。此則須要實施建築之營造廠，積其過去經驗，傍及陳於當前之實施工作，覺有未妥，儘可不必避諱，應提示工程師申請糾正之。工程師也要虛心接受，不應如現在般工程師與營造廠間，似有階級觀念，橫梗胸際，以為工程師駕乎營造廠之上，只應命令營造廠，斷無接受營造廠建議之可能者，實為大謬不然。夫工程師之職務，是在以新的學理求工程之穩固永久與經濟，故對實施工作之步驟，亦以能合上述原則為要旨。工程師暨工人等，尤應與營造廠精誠合作，不應自視過高，致悞工事者；蓋以前無工程師時，亦有偉大之工程，而營造廠包辦工程，自非專造場房屋場橋樑者。故箝制過甚，反失合作之效。此种情境，縈迴於心者久矣，苦無傾吐機會。今乘過滬赴歐之便，與諸君一抒積愫，而貴會設讌餞行，拳拳之殷，兄弟尤感謝不置者也。

按淮河為中國四瀆之一，本係獨流入海，自南宋黃河奪淮而淮始病，迄清末河棄淮而淮始涸，從此七千萬畝之長淮流域，水去則旱，水來成澇，蓋十年而九災，其為禍亦酷且久矣。此七八十年間，若賢臣，紳衿，客卿，其所為復淮導淮之計者良夥，然歸江歸海之爭，役民役軍之議，莫有定策，而工艱費鉅，尤使人望之却步，以是此七八十年間之前人心血，終於僅為導淮計劃之史料，而莫覩工程之實施。迨吳興陳公，以導淮委員會副委員長來主蘇政，銳欲以完成導淮自任，自設計分工籌款募債，徵工開挑，迄茲兩載，幸獲覩初步入海工程之成功，天下快愉之事，有若逾此者乎？然檢討此次成功之因，有可述者數事，當議徵工疏導之始，人人震駭於工程之鉅浸，困難之念，交橫於胸，陳公知難之一字，為一切事業成功之賊，思有以破除之，因曰：「無論任何偉大事業，當其開始之際，必須先有決心，認為事在必行，不可一味顧慮」。又曰：「此事成敗，分言之，有關各縣長均應負有相當責任，合言之，即係省政府之責任，均屬無可推諉，惟有先具決心毅力，鼓起勇氣，一往直前，縱有困難，亦不難迎刃而解」。即今計之，中途所遭之困難，雖屬匪尠，然而困難之結果，只益為解除困難方法之增加，曾未嘗影響吾人事工之進展，此則克服困難一念，貫於上下，誠為此次成功之因。

淮史述要

淮古稱四瀆之一，其水獨流入海，不聞有水患，自淮為河奪，入海路塞，瀦為洪澤，旁洩入江，更穿運河以入海，淮始有患。洎河北徙，淮不能自復其故道，為患如故；導之則利，古有徵矣。導淮自禹始，禹既導淮，不立隄防，無所謂洪澤湖及高堰，淮東地平衍，歲月遷遠，水有時旁溢。漢獻帝建安五年，廣陵太守陳登築堰捍淮，此為淮堤立堰之始。魏明帝時鄧艾修白水塘，立三堰，開八水門。晉南北朝白水塘之利亦溥，其西與破釜塘相連。隋煬帝大業中，幸江都，道破釜澗，久旱遇雨流汛，改名洪澤浦；自是破釜塘壞，水北入淮，白水塘亦壞，洪澤名浦，尚未成湖，汛水所鍾，其界不廣。唐[illegible]修治白水塘，置洪澤官屯，築堰，鑿諸涇。宋仁宗時，鑿洪澤渠六十里。神宗熙寧四年，發運副使皮公弼，請復浚治洪澤河，避淮險，起十一月壬寅，盡明年正月丁酉畢工。元豐六月正月戊辰，命發運副使蔣之奇開龜山運河，二月乙未告成，長五十七里。宋室南遷，金人利河南行，河始奪淮。元代因之，明代黃河入淮之流漸盛，沿淮郡邑志乘，屢書淮溢及大水成災。明太宗永樂十三年，平江伯陳瑄，築淮安大河南堤，起清江浦沿鉢池山柳浦迤東，凡四十餘里，又築高家堰，自武家墩至越城，計一萬八千一十八丈。河淮下流之有防禦工程，始於此也。英宗正統二年，泗州城東北隄岸崩，水內注，高與簷齊。山陽縣城內行舟，天順中，作山陽浦石[illegible]牙，殺河淮衝勢。世宗嘉靖二十四年，大河由徐州出淮安，決草灣。三十二年，浚淮安劉伶臺至赤晏廟凡八十里，築草灣，建隄[illegible]，以備沖激；淮之下流，水患日急。明穆宗隆慶四年，河決邳睢，淮決高堰，河躡淮後，逕趨大澗口。六年，漕撫王宗沐，築高家堰，自武家墩至石家莊三十餘里，並塞大澗等口。神宗萬曆元年，開草灣導河自安東縣至金城五港入海。是年冬王宗沐力修淮安西長堤，計工八千餘丈。四年春，漕撫吳桂芳，大開草灣河浚工萬一千餘丈。五年，清口淤墊，淮水由高堰出黃浦，並決高寶諸隄，六年，大築高家堰，長六十餘里，塞大澗等決口三十三。八年，築王簡口隄，是年冬，潘季馴與築高堰中段石隄。十一年秋，高堰石工完竣，長三千一百餘丈。十三四年，河淮決淮安范家口，灌三城，入射陽湖，全河幾奪，[illegible]經科臣常居敬督率，並砌范家山石隄長二里餘。十七年，淮安草灣河奪正河十之七，至赤晏廟仍歸大河，故河淤淺。十八年，接築安東縣大河南堤。二十一年夏，淮水大漲，高堰決高良澗周家橋等二十二口，高寶諸隄，決口無算。明年築塞。二十三年，夏秋淮漲，開武家墩閘以洩水勢。二十四年春，總河楊一魁役山東河南江北丁夫二十萬，開桃源黃壩新河，長三百

【接至第五十五頁】

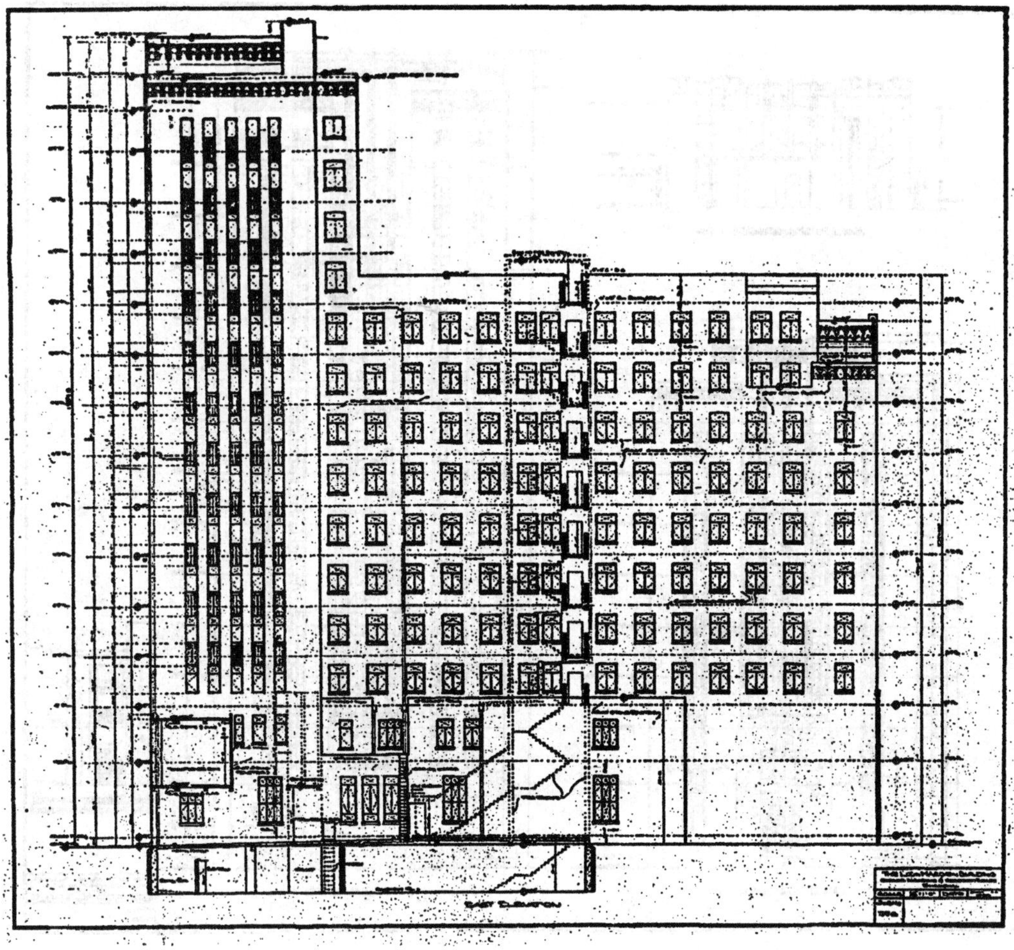

The Liza Hardoon Building, corner Nanking
and Szechuen Roads, Shanghai.
上海南京路四川路角迦陵大樓東立面圖

24293

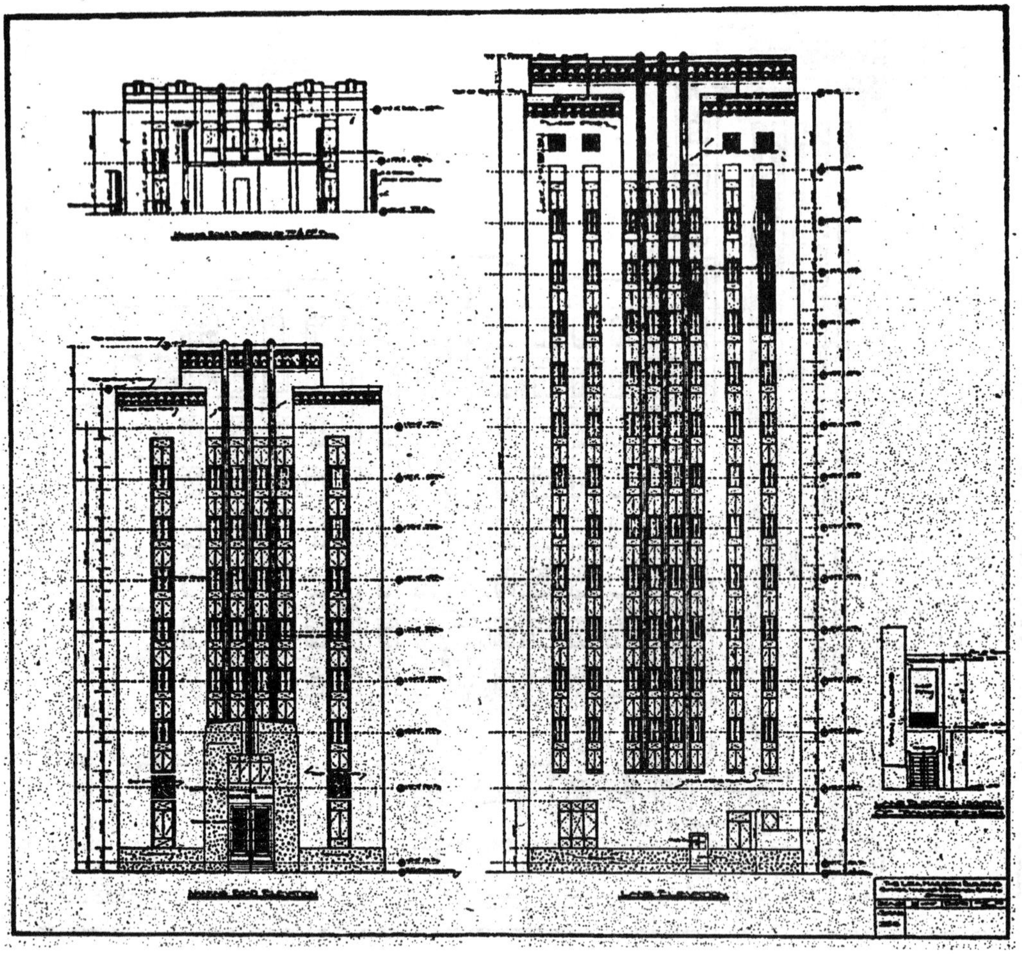

The Liza Hardoon Building, corner Nanking and Szechuen Roads, Shanghai.

上海南京路四川路角迦陵大樓北及南立面圖

6

24294

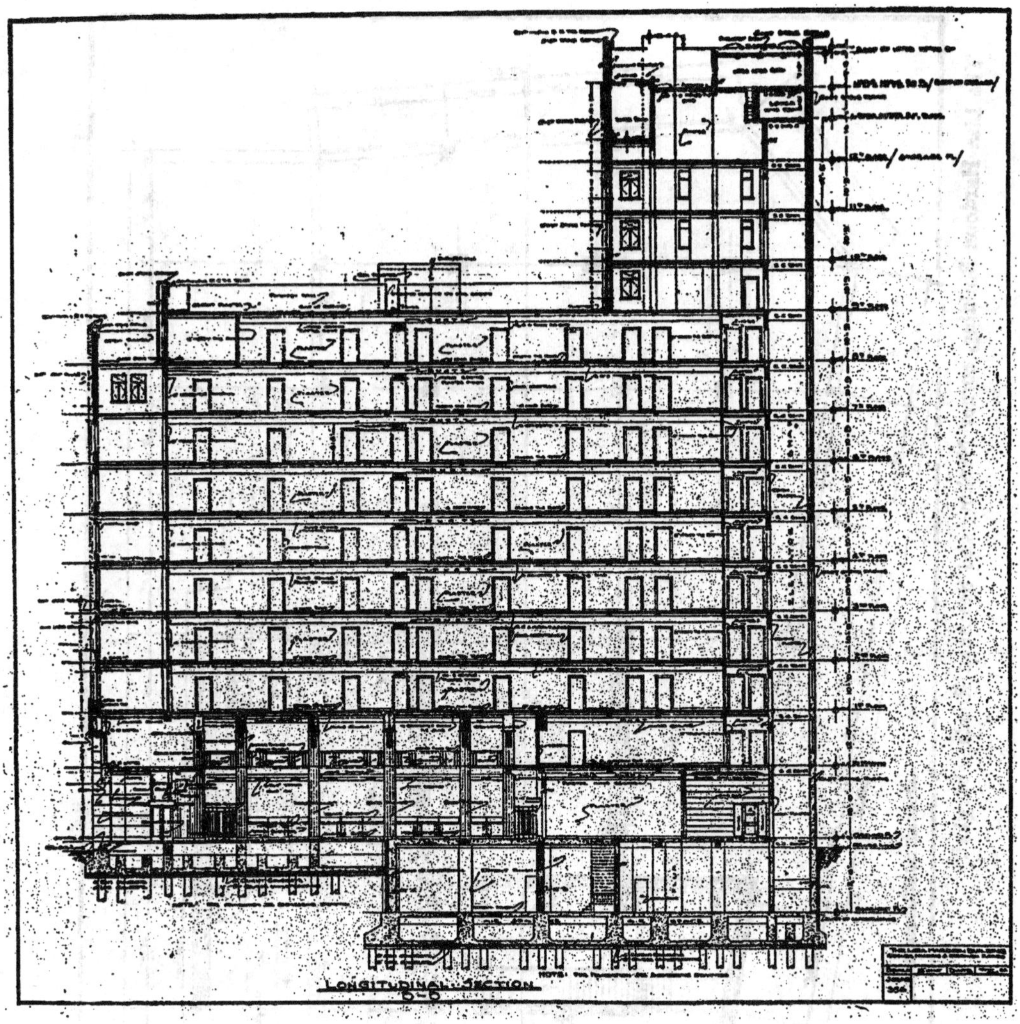

The Liza Hardoon Building, corner Nanking and Szechuen Roads, Shanghai.

上海南京路四川路角迦陵大樓剖面圖

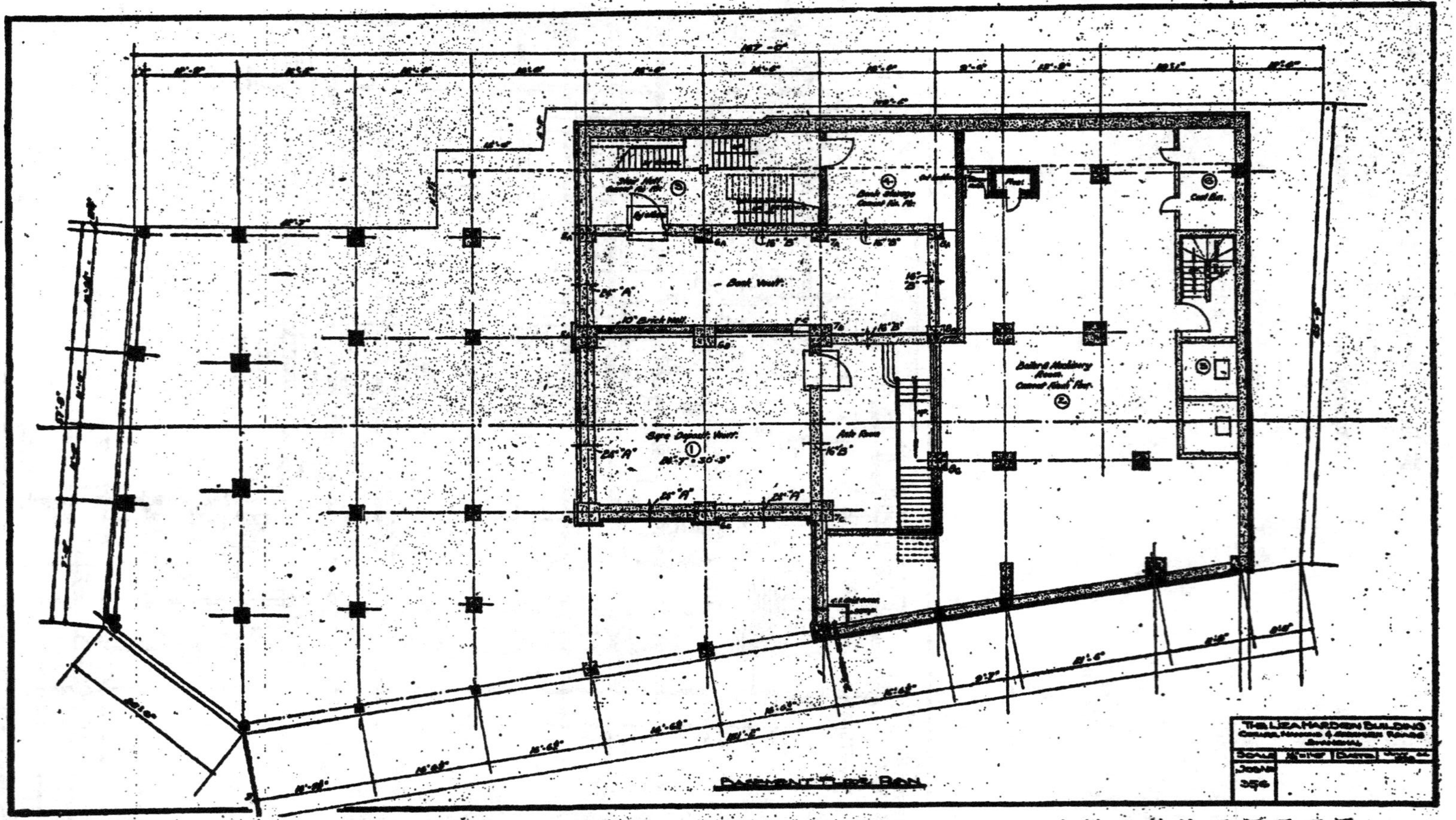

The Liza Hardoon Building, corner Nanking and Szechuen Roads, Shanghai. 迦陵大樓地下層平面圖

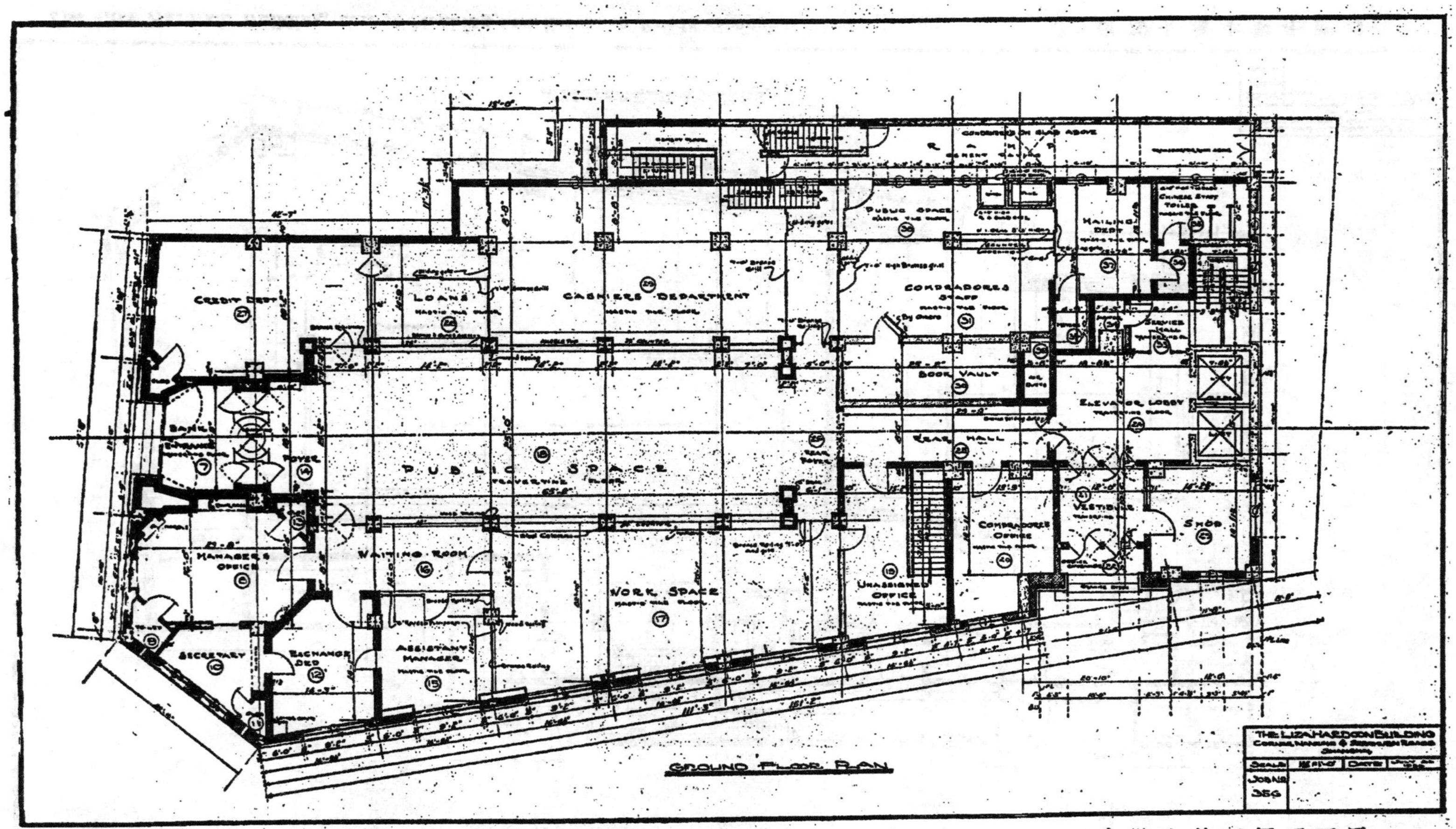

The Liza Hardoon Building, corner Nanking and Szechuen Roads, Shanghai.

迦陵大樓下層平面圖

24297

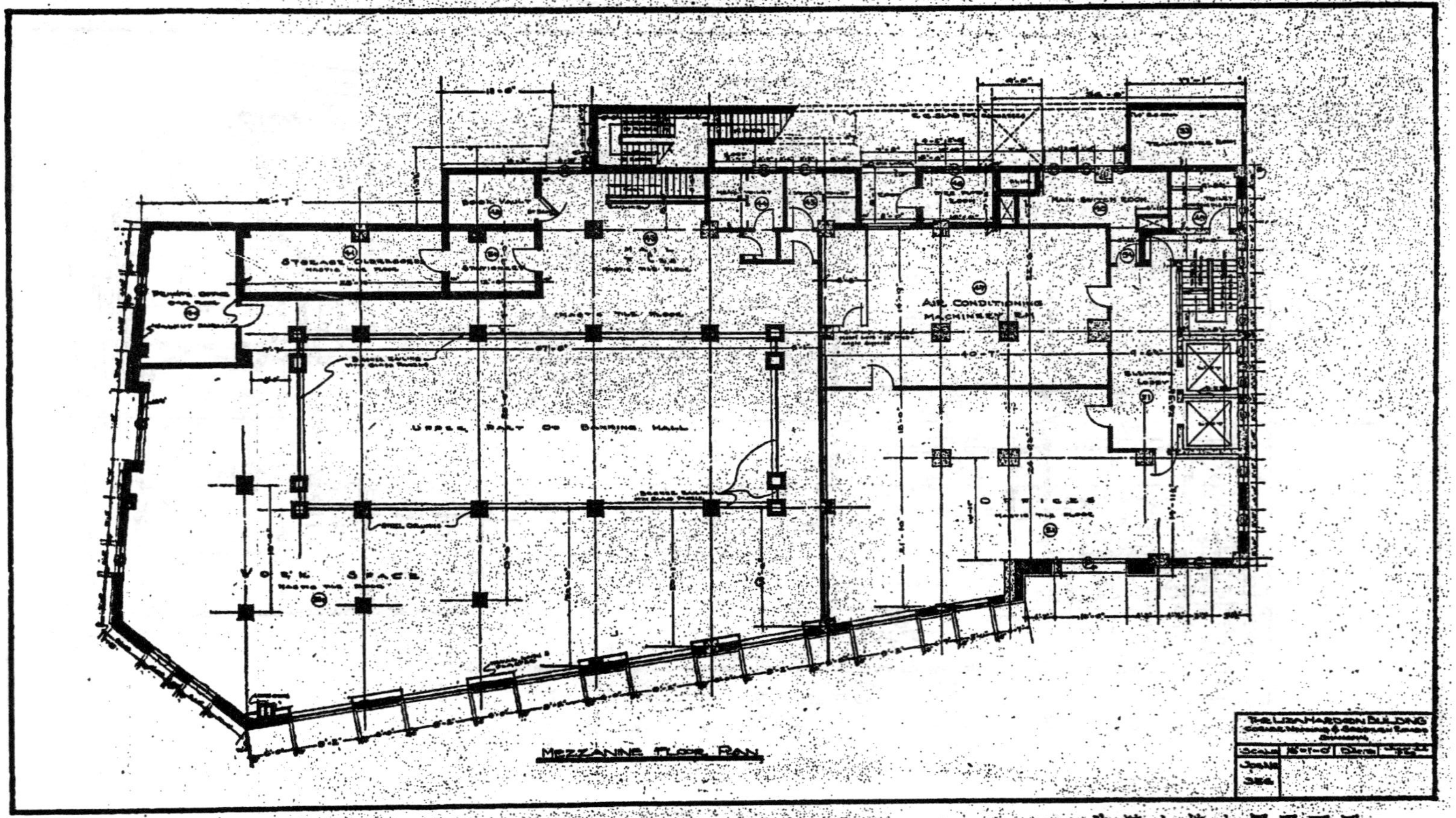

The Liza Hardoon Building, corner Nanking and Szechuen Roads, Shanghai. 迦陵大樓夾層平面圖

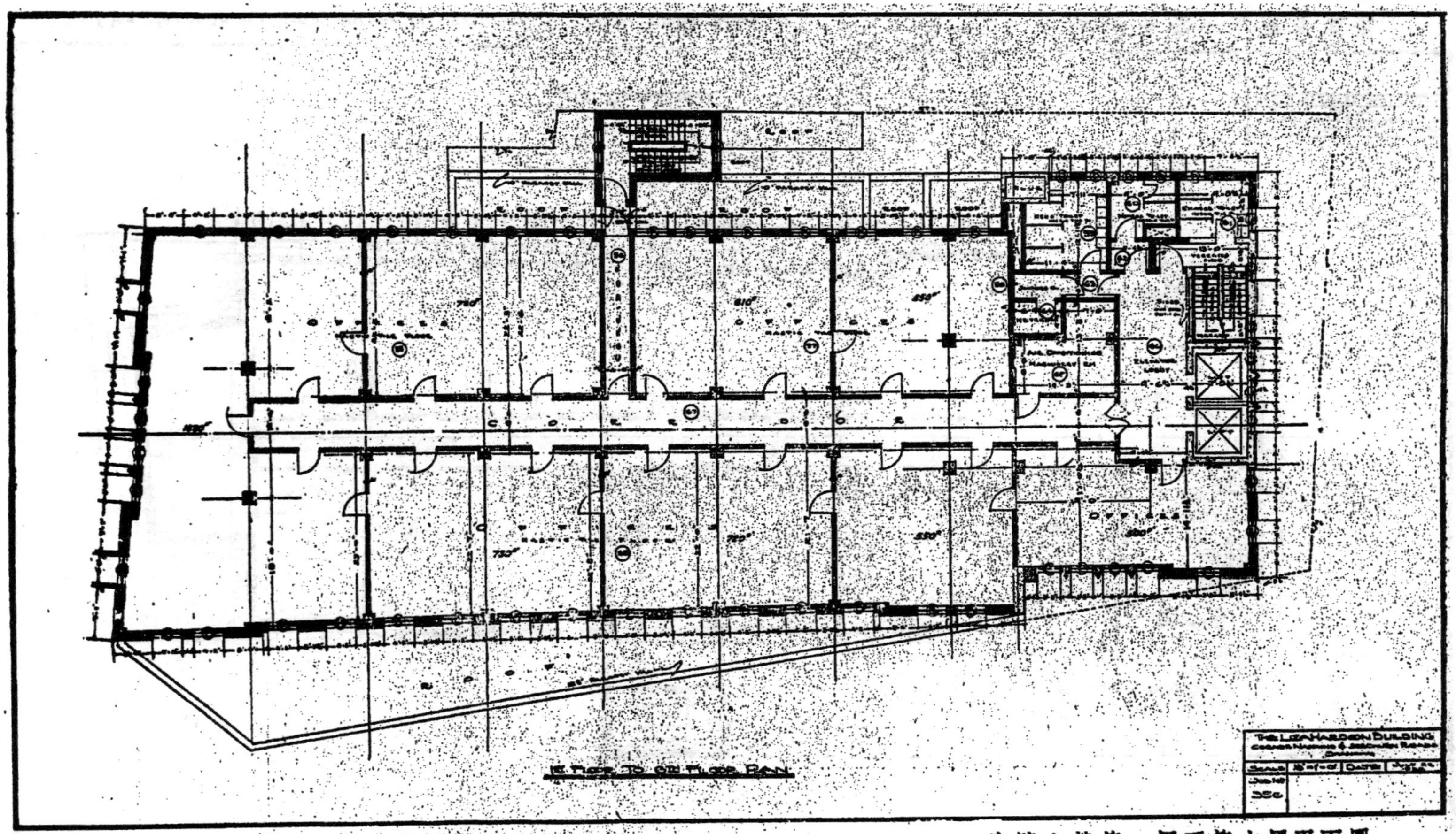

The Liza Hardoon Building, corner Nanking and Szechuen Roads, Shanghai.

迦陵大樓第一層至第六層平面圖

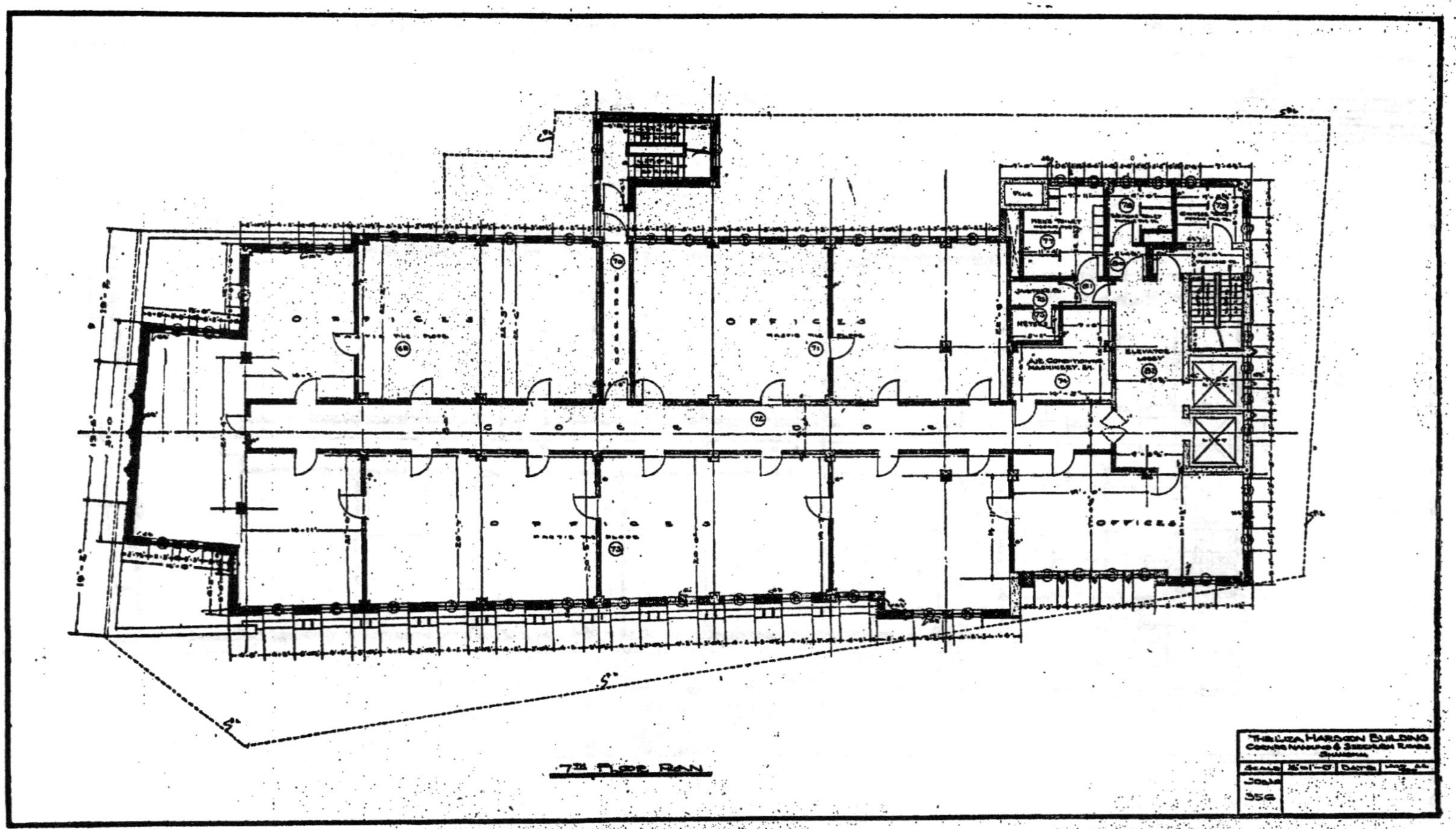

The Liza Hardoon Building, corner Nanking and Szechuen Roads, Shanghai.

迦陵大樓第七層平面圖

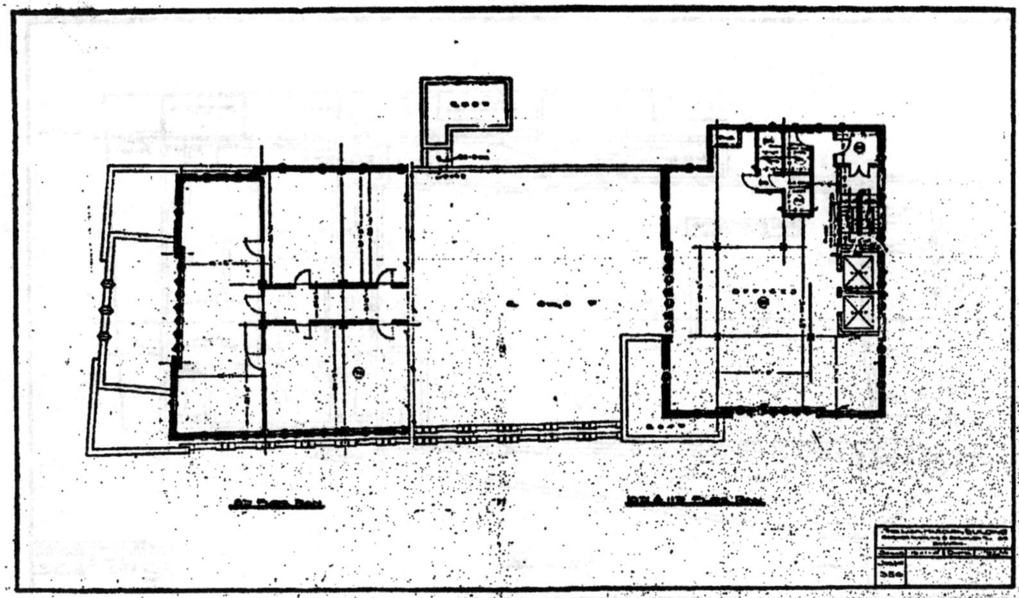

迦陵大樓第八層及第十層第十一層平面圖

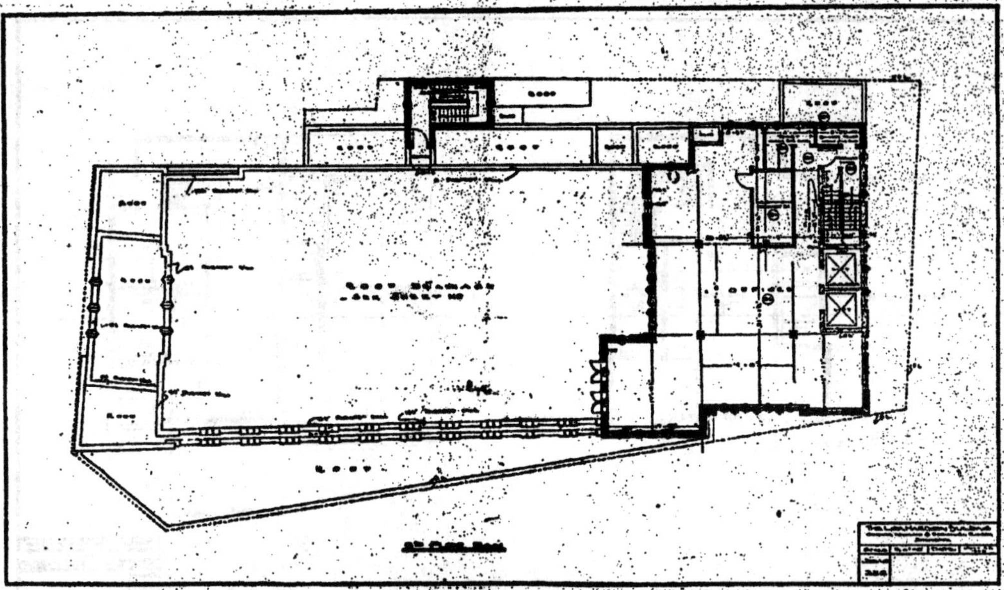

The Liza Hardoon Building, corner Nanking and Szechuen Roads, Shanghai.

迦陵大樓第九層平面圖

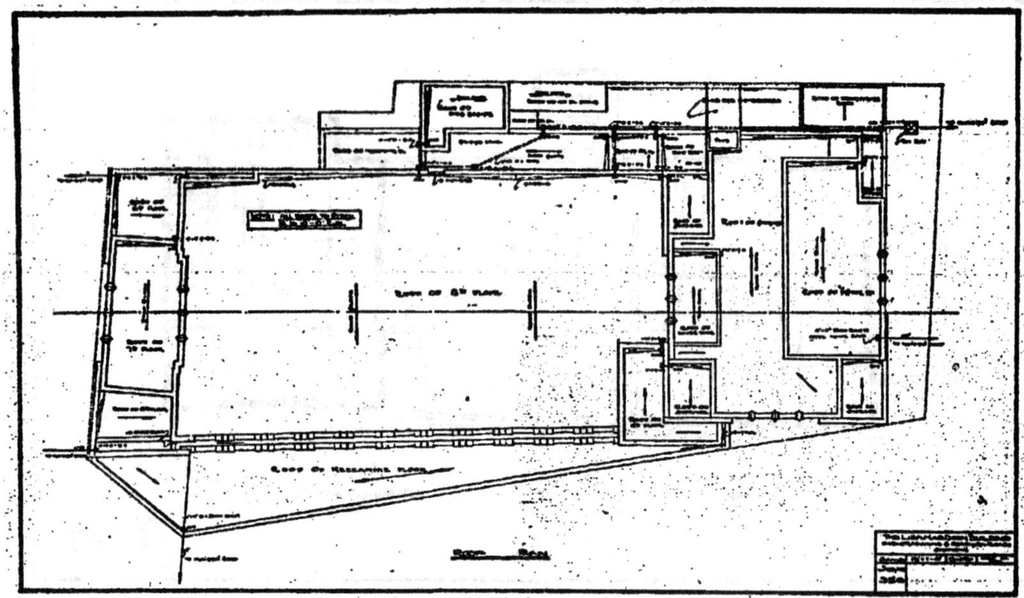

迦陵大樓屋頂平面圖

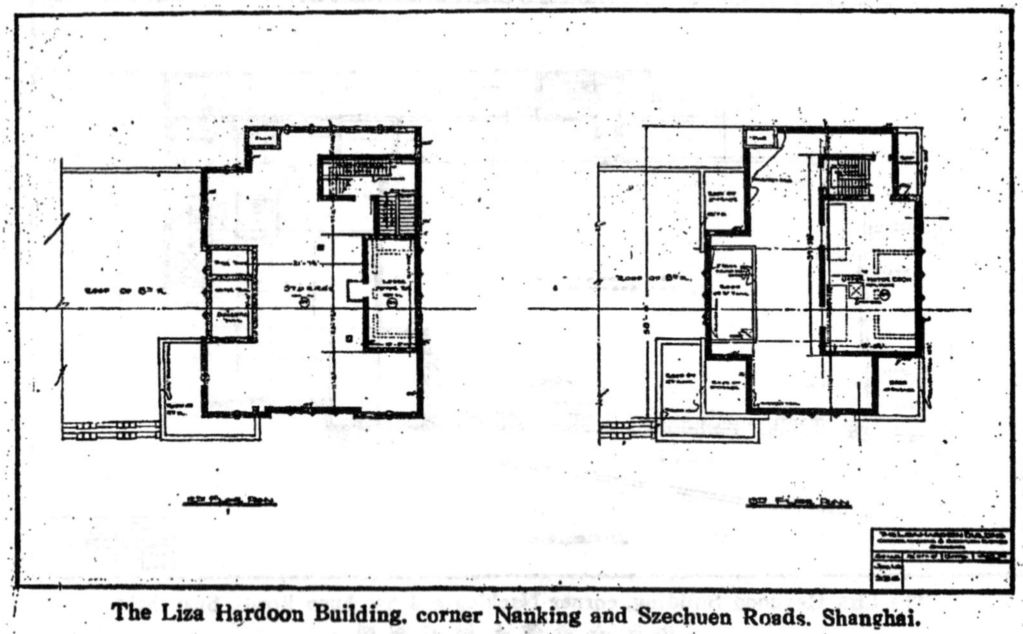

The Liza Hardoon Building, corner Nanking and Szechuen Roads, Shanghai.

迦陵大樓第十二層及第十三層平面圖

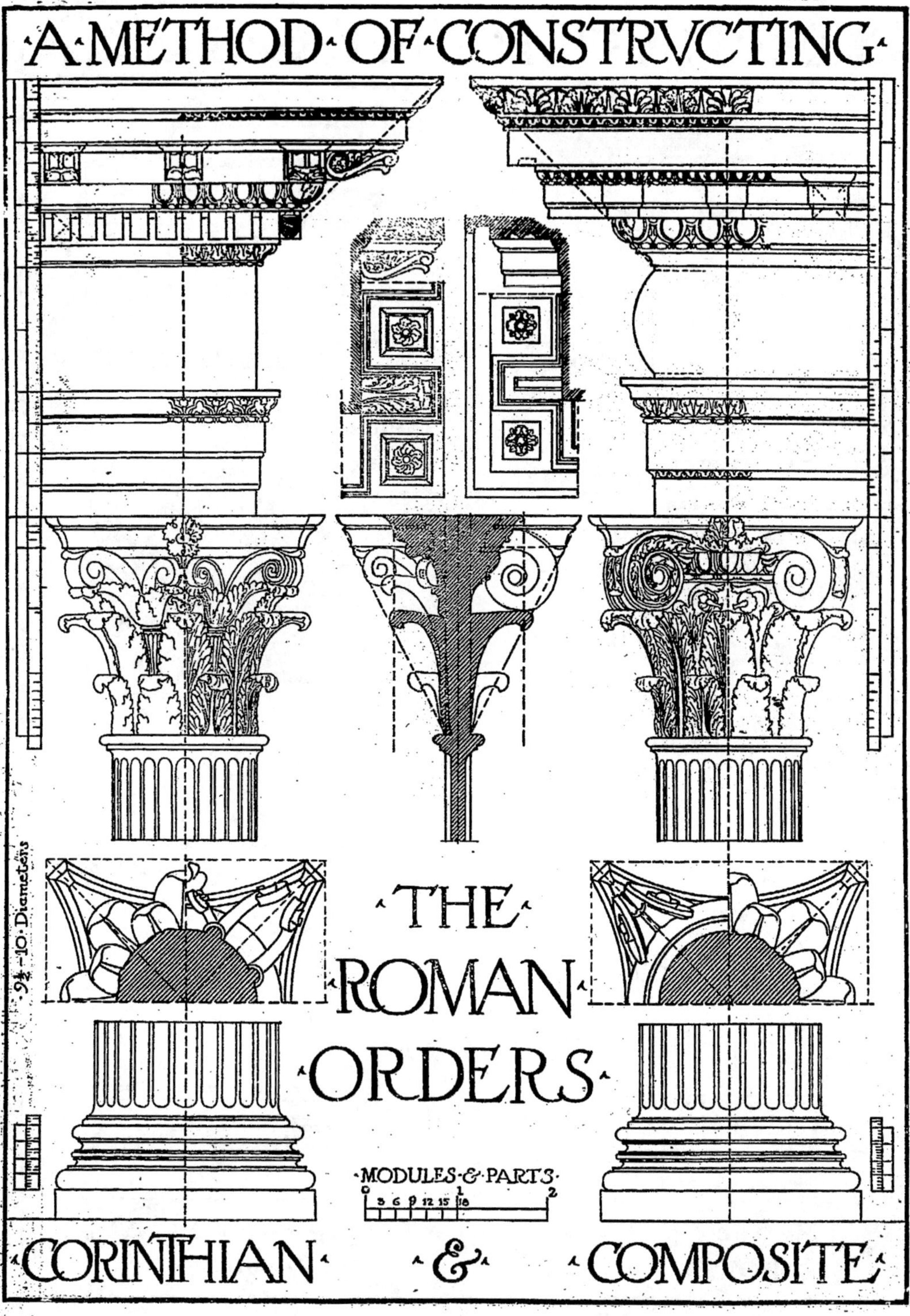

第五十五頁

搆組柯闌新及混合式之法則

ROMAN COMPOSITE ORDERS

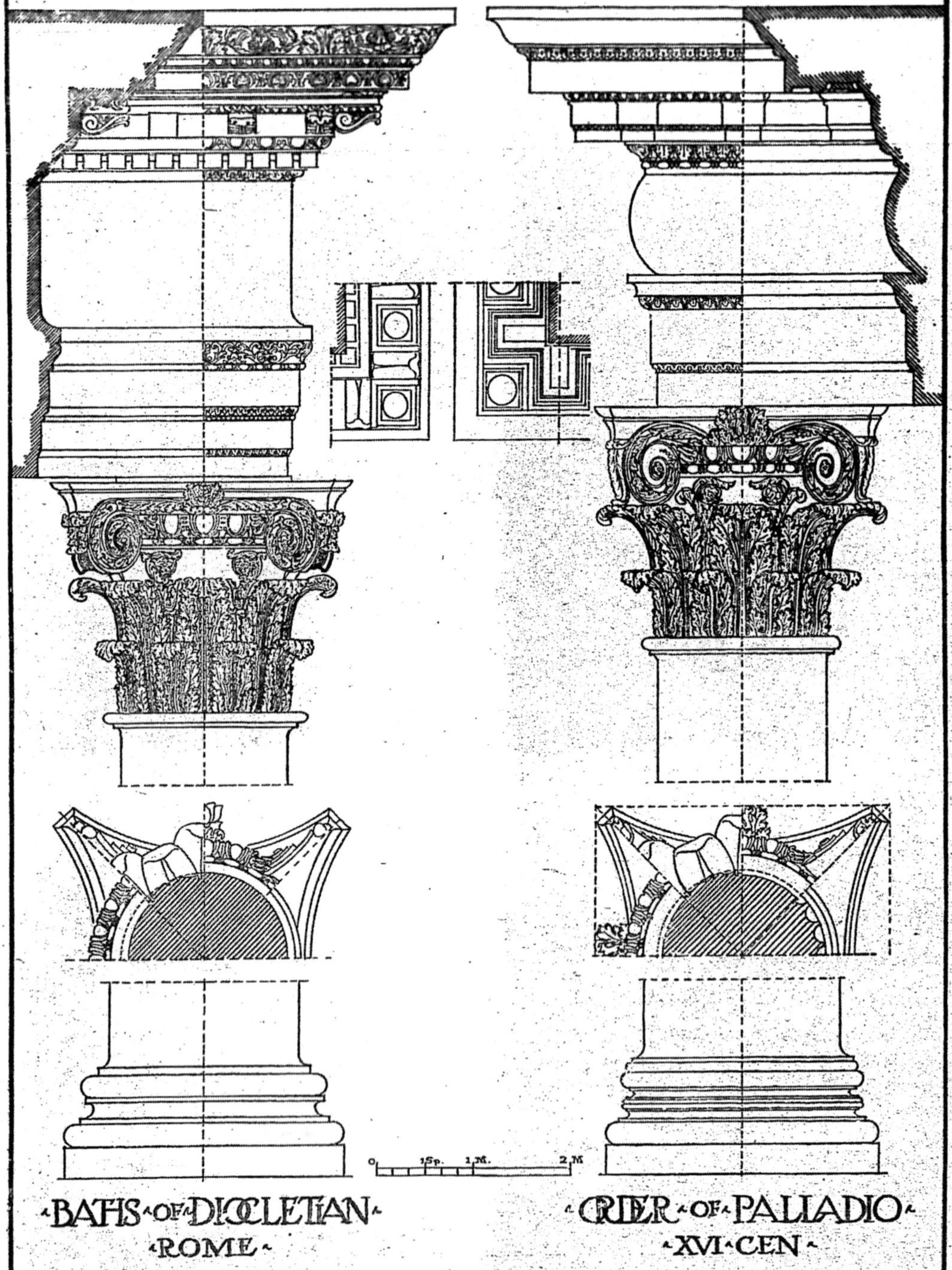

BATHS OF DIOCLETIAN
ROME

ORDER OF PALLADIO
XVI CEN

第五十六頁 依據帕拉第奧式之戴克里先浴場之混合法式

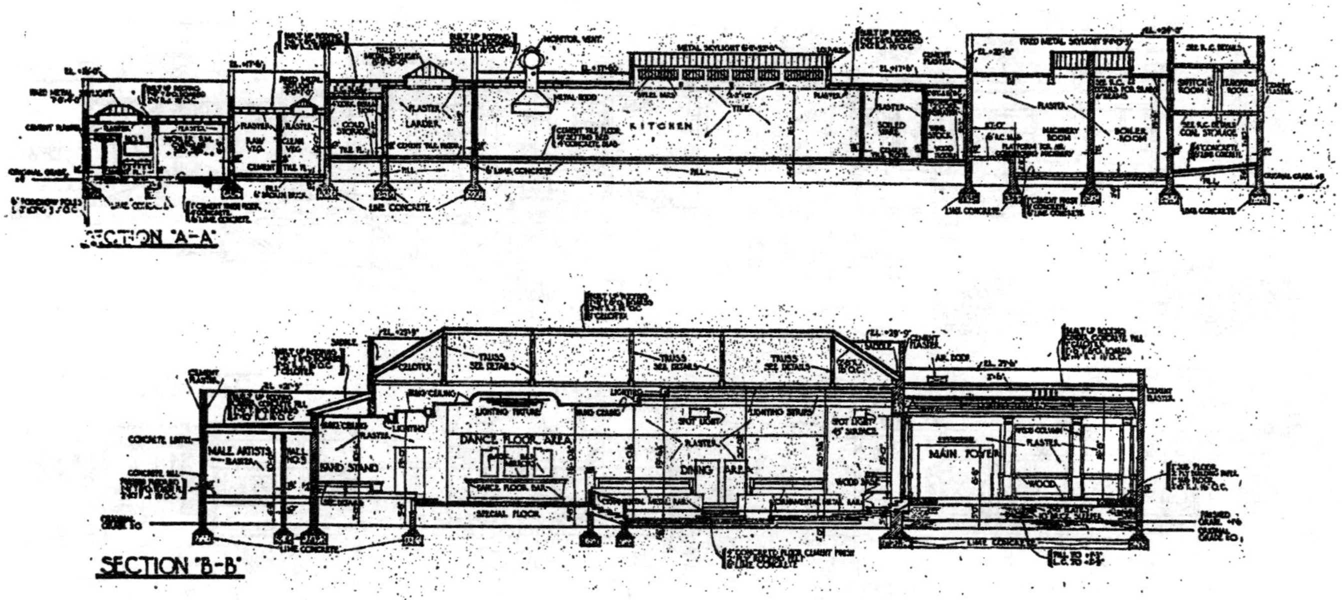

Ciro's Ball Room on Bubbling Well Road, Shanghai.

上海靜安寺路薛羅賓舞場剖面圖

(續上期)

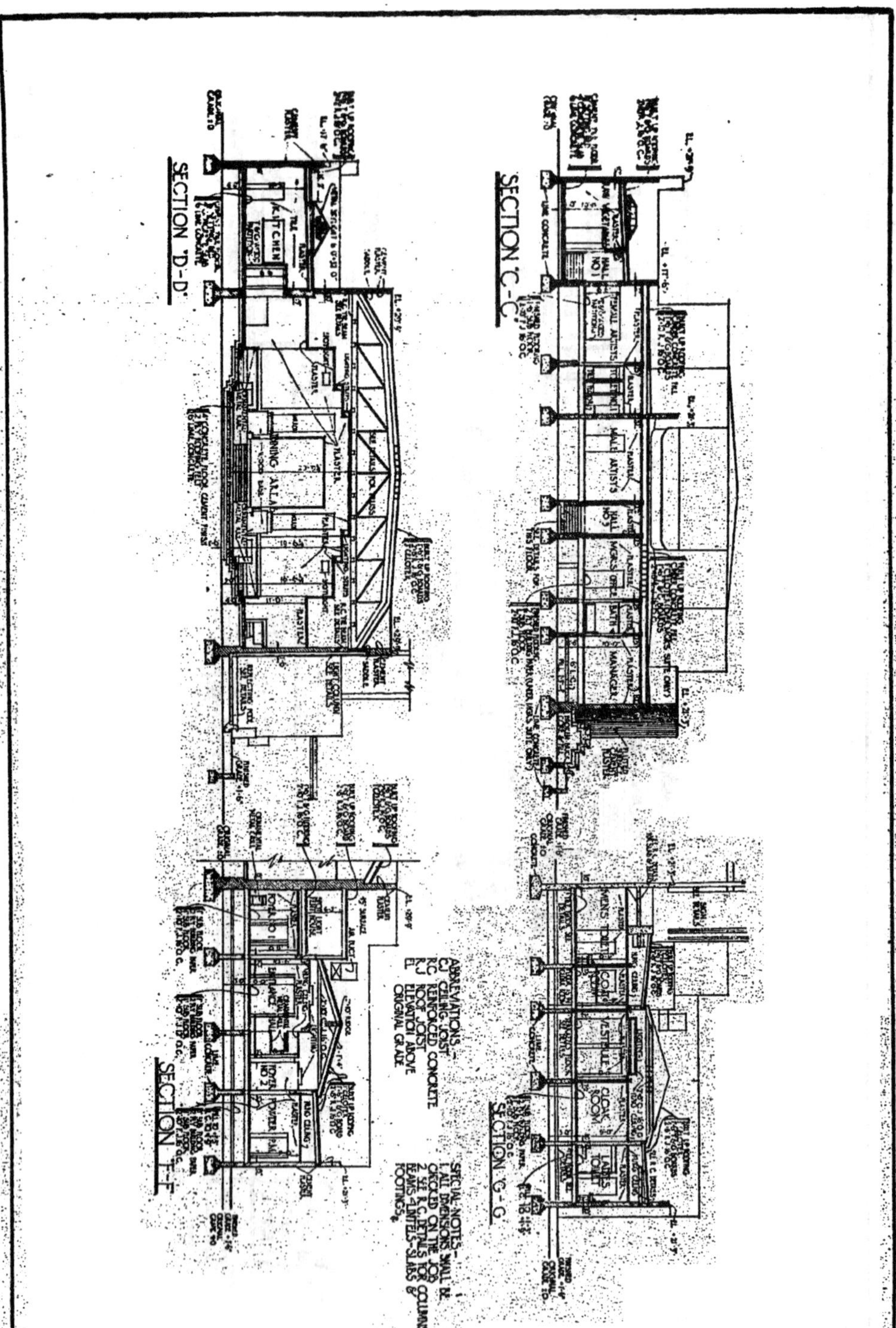

Ciro's Ball Room on Bubbling Well Road, Shanghai.

新仙樂舞場剖面圖

24306

薛羅絜舞場剖面圖及其他

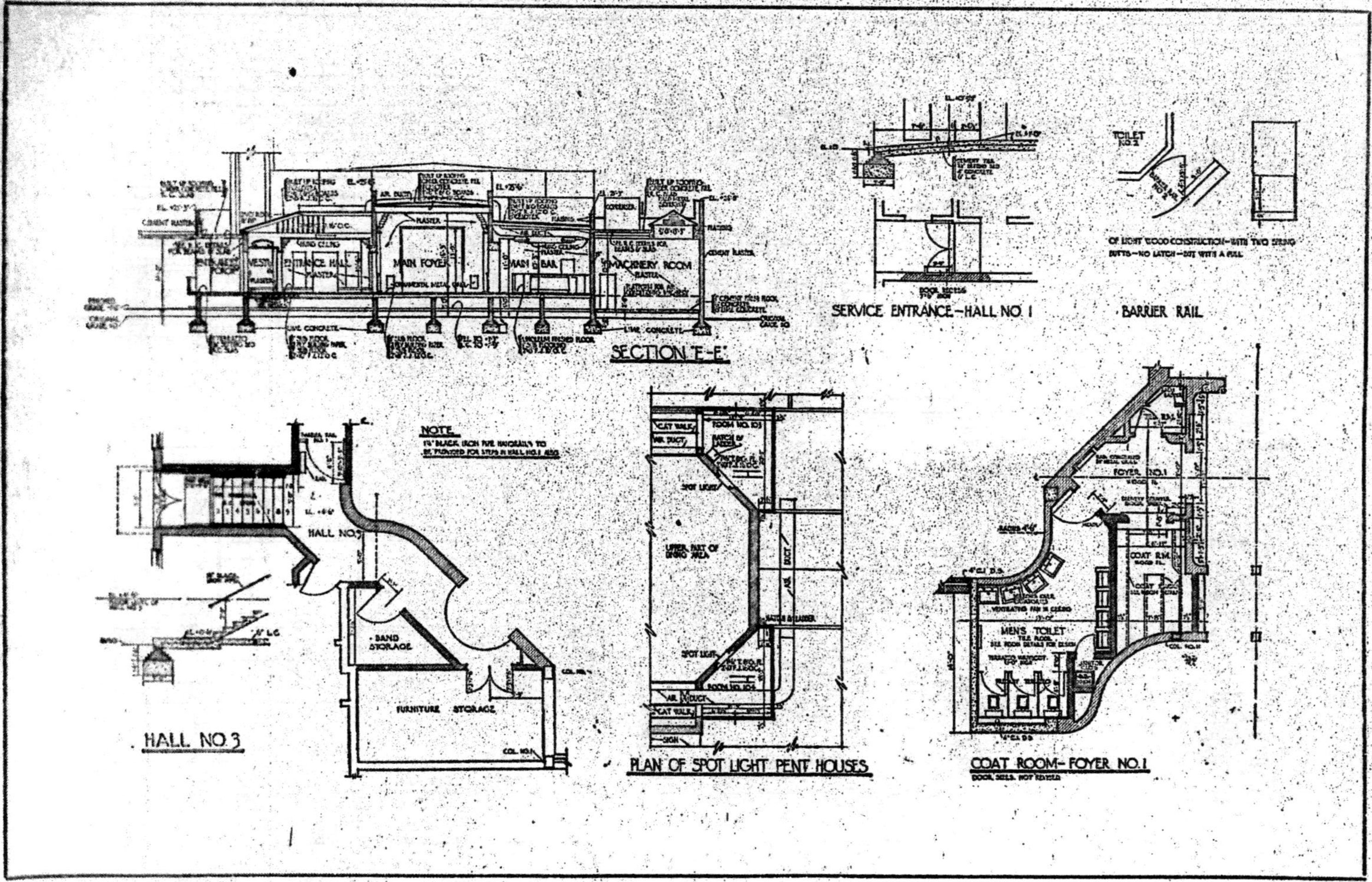

Ciro's Ball Room on Bubbling Well Road, Shanghai.

24307

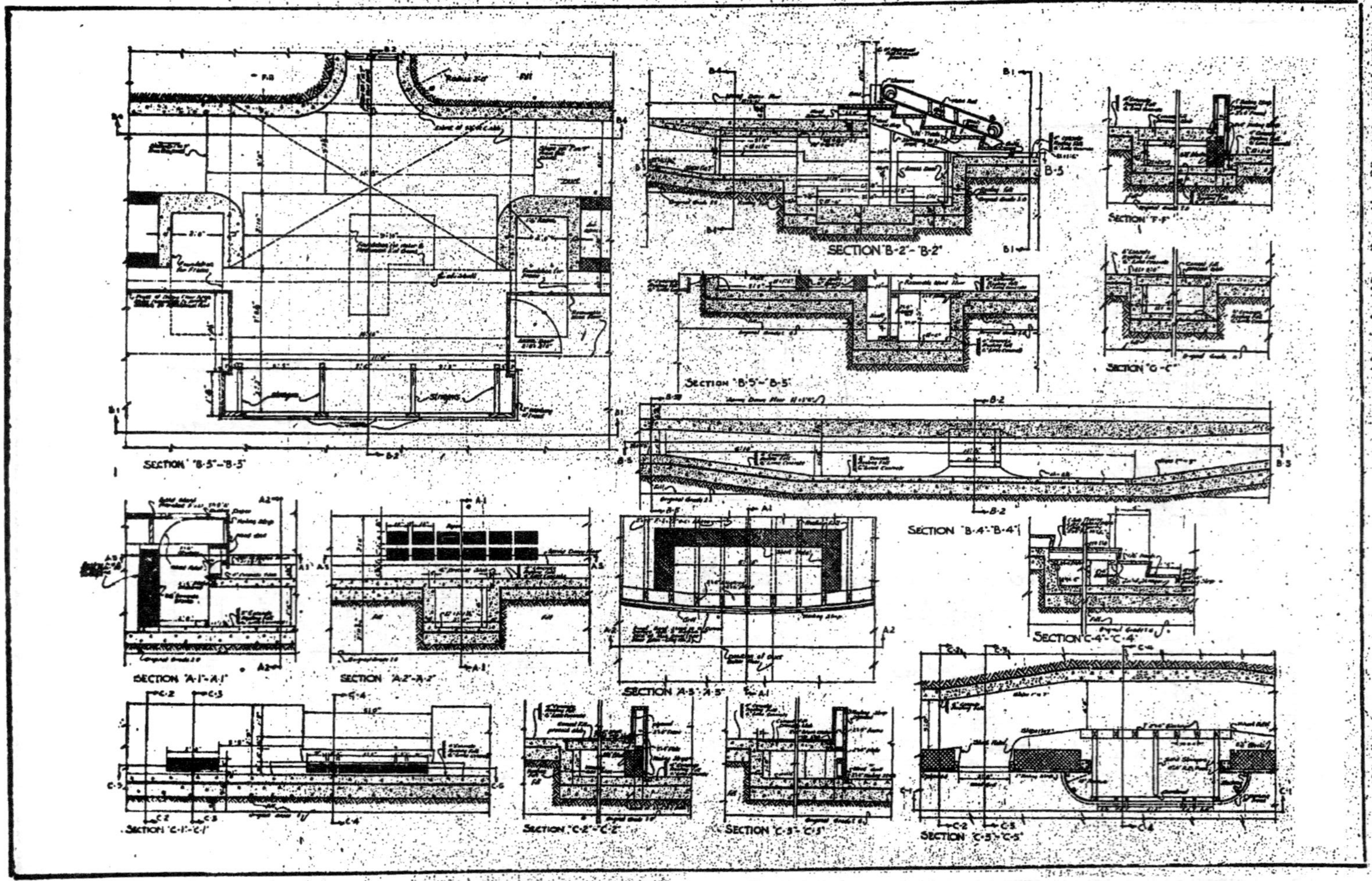

Ciro's Ball Room on Bubbling Well Road, Shanghai.—Details.

薛羅萊舞場各種詳解圖

24308

靜靈紫舞場各種詳解圖

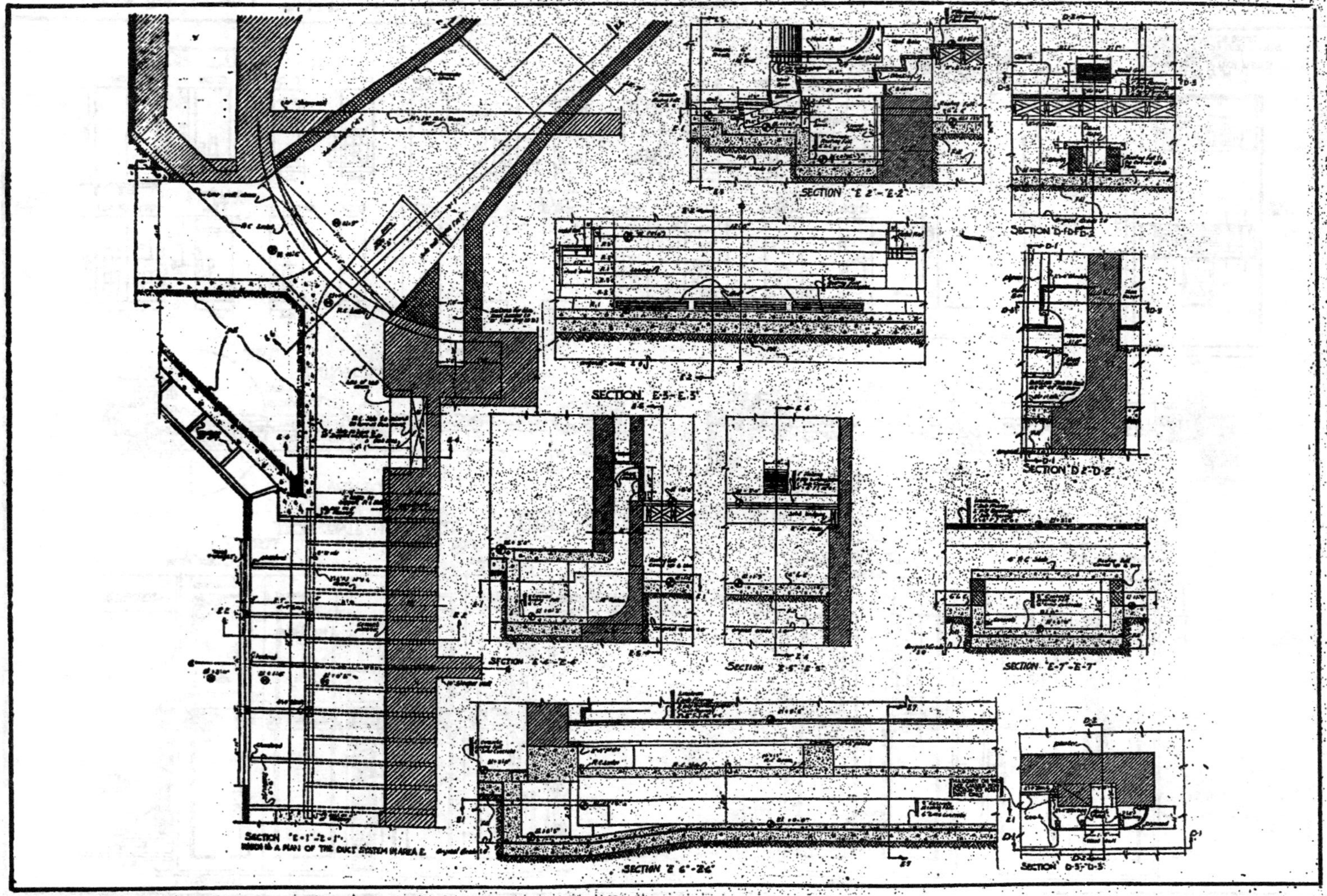

Ciro's Ball Room on Bubbling Well Road, Shanghai.—Details.

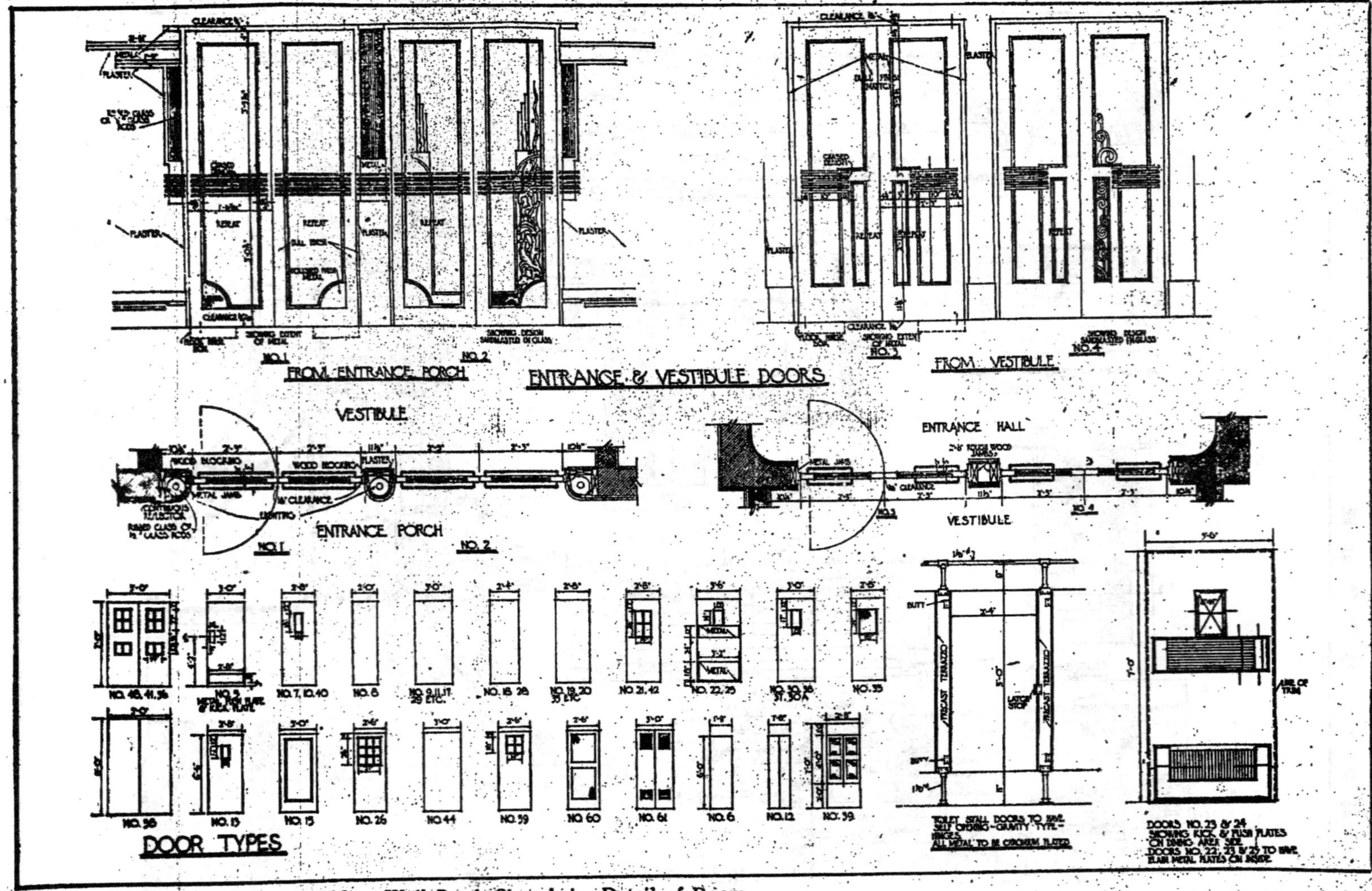

Ciro's Ball Room on Bubbling Well Road, Shanghai.—Detail of Doors.

薛羅案舞場門之詳圖等

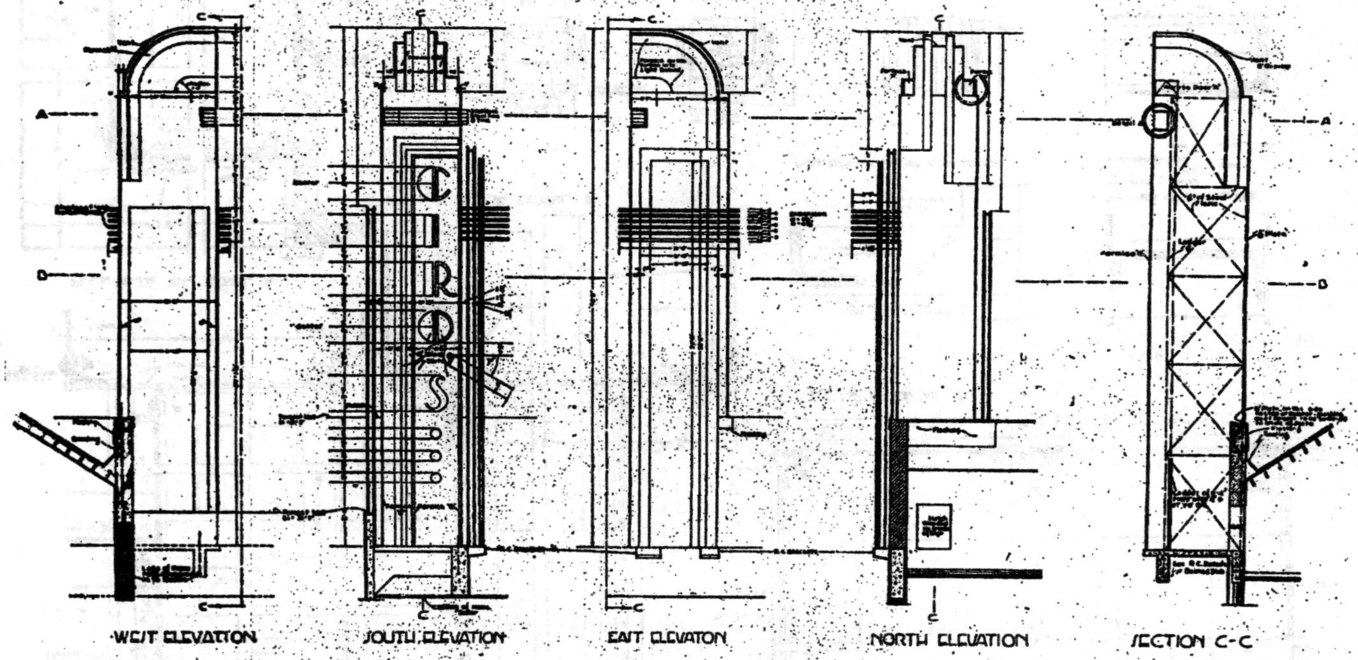

薛羅茱舞場燈塔立面圖及剖面圖

Ciro's Ball Room on Bubbling Well Road, Shanghai.—Detail of light tower.

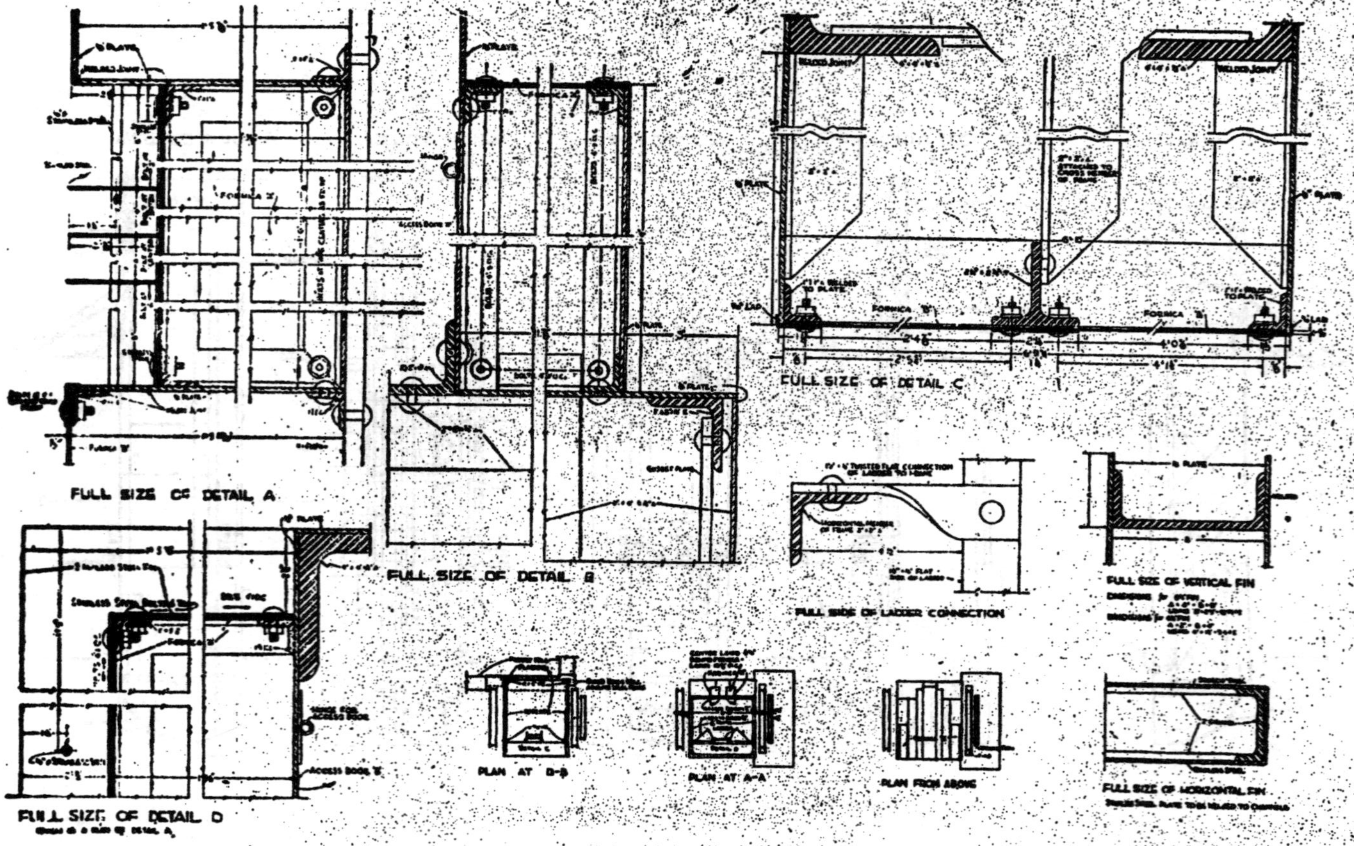

Ciro's Ball Room on Bubbling Well Road, Shanghai.—Details.

[illegible][illegible]采舞場各種詳圖

建築史 〔第二編〕（四十）

杜彥耿譯

回教建築（續）

房屋之詳解

地盤，牆垣，屋頂及裝飾

六九、地盤 阿剌伯早期之房屋，無論其爲寺院，宮殿或住屋，通常例於屋中闢巨大之庭心，因之此亦成爲穆罕默德建築之特徵矣。凡庭心之在寺院及宮殿者，業於五十七及五十九節中敍述之矣；惟庭心之在住屋者（見二十五圖）是爲庭心內部與一帶面對庭心之內院之外面，其光線由庭心透入者。

七〇、牆垣 穆罕默德房屋用磚或石建築，平常每於裏外面施以美飾。外牆常以白色之石及顏色之石條分之而隔成美觀之設施。並用各種發券或其他以色分格之浜子等，綜錯配置，務臻美觀。穆罕默德房屋之在各國者，內部牆面以雲石，磁磚及面磚或毛粉刷做成幾何形之條紋，及各種設色。圖二十六爲阿爾漢布拉之內部牆面，敷以香皂之粉刷，而於台度之上舖砌磁面磚。

七一、屋頂 平屋頂之構築，有用木料，磚或瓦者。惟其具有卑祥丁色彩者，球形不論其係泡形或錐圓形者，例用磚或石料構成。穆罕默德圓頂，每用燦爛之磁磚舖之，或以帶條繞成幾何形之紋飾，如十八圖。

〔第二十六圖〕

七二、柱子 若其地有古典式建築之便者，阿剌伯人即取古建築之柱子用之。然一經配置，每便發生一種波斯或卑祥丁式之雋味矣。普通式樣之柱子，其立方體形之花帽頭，下角混圓。此種花帽頭上常用一墊加於其上，如圖二十七(a)及(b)與二十八，二十九諸圖所示。

七三、空堂 窗堂普通小而不佔重要性者，上冠各種形式之發券。有許多窗堂更以木或雲石做成美觀幾何形之窗柵。發券之於回教建築，種類頗多，包括圓形及尖頂；而此項發券每建坐於瘦弱之柱上，猶如高蹻般者，如圖二十五及二十六亦有發券之形如馬

(a)

(b)

（第二十七圖）

（第二十八圖）

（第二十九圖）

蹄者（見圖二十八），又如二十九圖之形如鋸齒，二十四圖之形同船底，二十圖之三角形，及各種形制之發券間砌與重疊。高脚或發券之起於花帽頭上直立之墊者，見圖二十二及二十六是，可爲此種發券之型。

七四、線脚

回敎建築絕少用線脚，故無特種式制之線脚可以載出之。

七五、裝飾

飾物之用自然物作爲楷模，既非回敎聖經所許，故回敎建築之裝飾，幾皆完全用幾何形體之變化幻成阿剌伯裝飾之大體矣。回敎經典上蜿曲之字體刻於黑底，而字體上金亦作爲裝飾者。牆面用價值頗昂之雲石，磁質青色或白色之磚舖砌，輝煌之彩色與綜錯之帶條，穿綴而成星形及多角形飾。門堂之裝飾有以石鐘乳狀之挑頭及發券底而割切成齒形等之飾者。帶條裝飾或小線脚，連續盤繞於門堂或幽堂上發券之頂者，如圖二十六及二十八。而門頭上每以二三條台口線，繞成方頭，如圖二十四。

七六、

內部裝璜，於台口線中復有蜂窠及石鐘乳狀之飾者，如圖二十二。壁龕及圓頂之天花幔，係四方塊之木鑲嵌，嵌成各種體制及繁奢之五彩美紋。

七七、

圖三十一係示回敎經典之引用於壁緣作爲裝飾之一種的樣子。圖三十二(a)及(b)係以彩紋作表而以幾何圖案作底之藻飾。其他之用幾何形者，如(c)及(d)。石鐘乳形初本用爲疊柱，後被變改，作爲裝飾，見二十七圖(a)及(b)之發券底及券脚挑頭，又復如二十七圖(a)之花帽頭。許多平常幾何形體幻成之迴紋及嵌帶等，見三

（第三十圖）

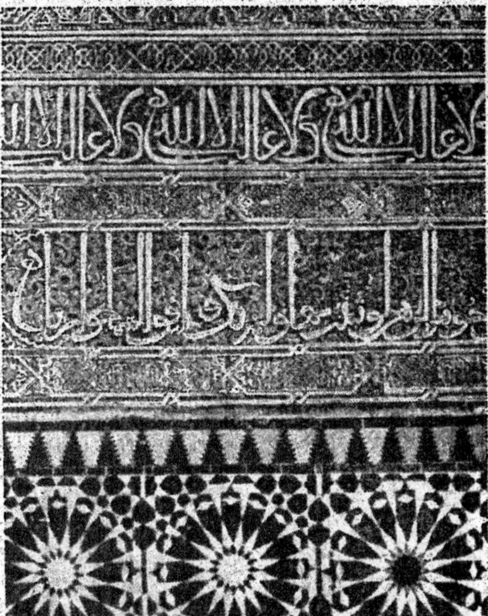
（第三十一圖）

十三圖(a)至(e)。

第三十圖如花邊之彫飾加諸門頭之上者，是可見其匠工之精緻與其工作之奇偉。

七八、 阿剌伯彩色裝飾，特提例數則，以窺一斑。普通此項設施，係在灰粉之面者，見三十四圖(a)至(d)。在此數種樣子之中，每個底層多係紅色，羽毛則紅色或藍色間作，其特殊之帶條及捲渦等，則鍍以金色，此類式制之藻飾，咸係淺刻，而爲出面部份之裝飾者，見之於摩爾帝室宮闕，是亦特著。

亦有完全用幾何圖案作裝飾者，如圖三十五(a)及(b)並(c)至(n)，表示如荷蔣生硬之簇葉，捲曲旋渦，參雜幾何圖形，或單獨組成阿剌伯風尚之出面裝飾。葉形之彎曲點，是爲顯露阿剌伯作風之最特徵象。

圖三十六示一盛飾之方體花帽頭。此間之葉飾與捲渦，配依緊湊，加以上冠幾何形之帽盤，更增美感。

七九、 阿剌伯瑪賽克係用碎小之雲石及磁磚拼湊而成，因之其幾何形之圖案，自可自由發揮，見圖三十七(a)至(f)。鑲邊之用於瑪賽克墊地或牆面者，見圖(g)及(h)。印度藻飾如圖三十八者，誠與波斯作法實有不可解結之淵源。其循環重複之作法，見圖(a)(b)及(c)，普通用流動之妙筆繪出如花如葉之圖案，但有時亦有如(d)及(e)之板方生硬之筆者，祇分兩色，而此一邊之色，與彼一邊者絕對相同。樹花，薔薇，石竹及石榴等，是皆作為藻飾圖案之基礎者。阿剌伯之藻飾，初只以

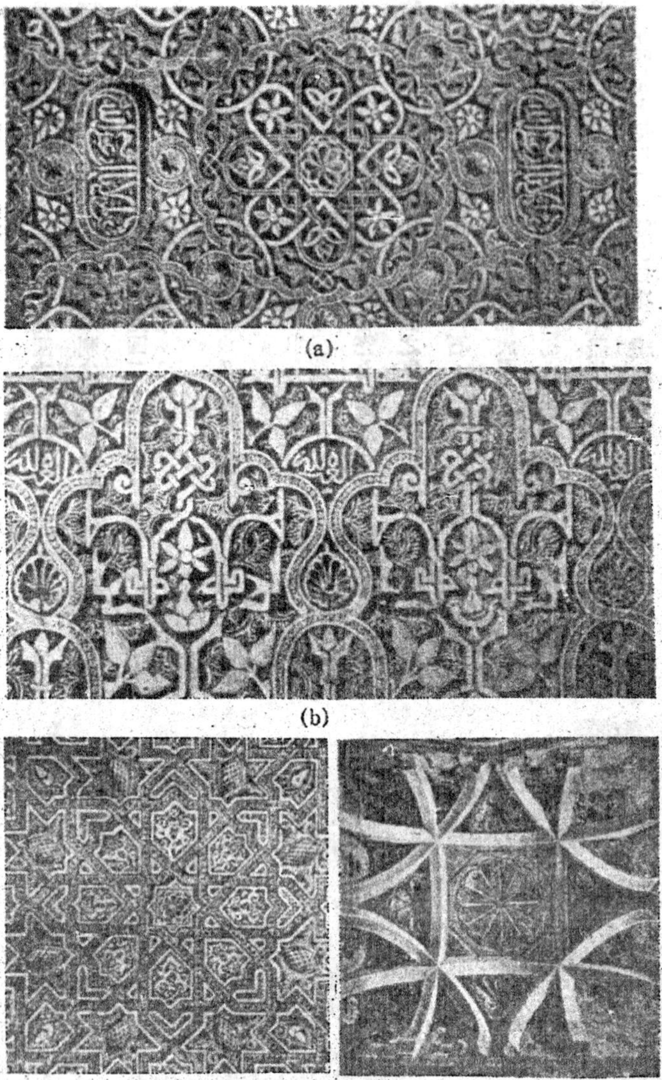

(a) (b) (c) (d)

(第三十二圖)

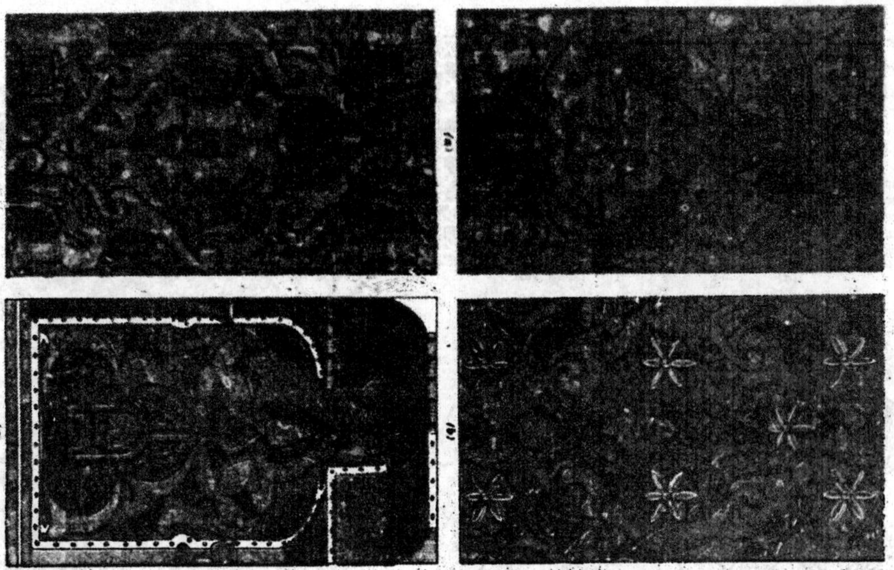

(第圖三十四)

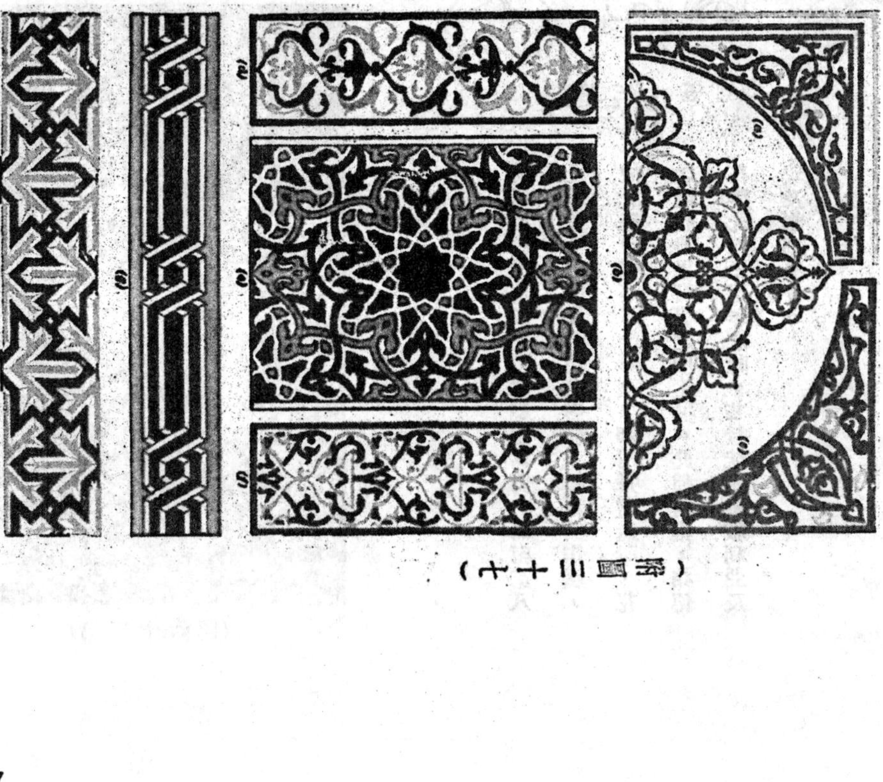

(第圖三十七)

24317

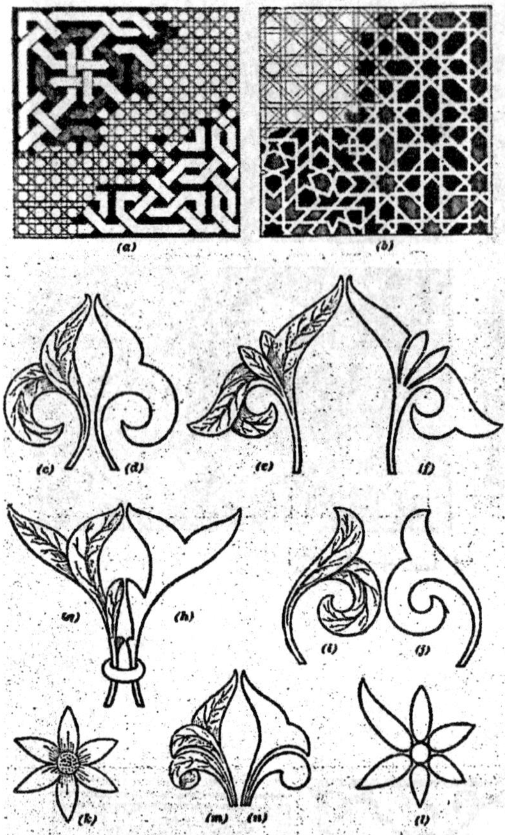

(第三十五圖)

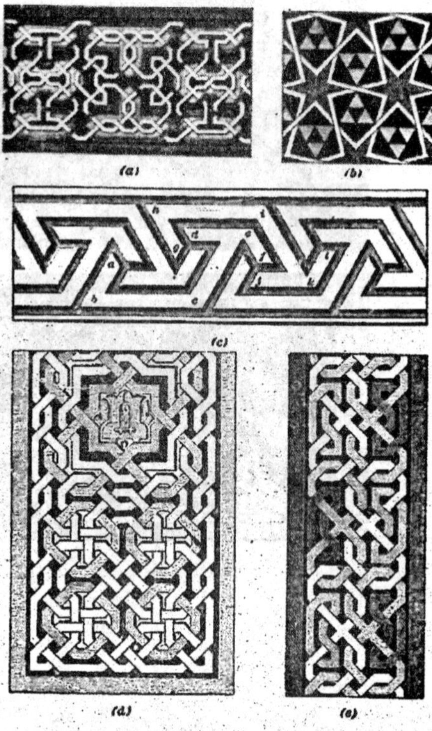

(第三十三圖)

幾何形星形及多角形之圖案爲飾，而至第八世紀遂受印度及中國之影響，變易其作風，故於該時代有多數彫刻，却用飛禽走獸，花之捲狀與果實等之圖案矣。此種圖案，相傳在距此更早百年之時，基督徒尙於敍利亞及埃及彫刻象牙。

(第三十六圖)

（第三十八圖）

（回教建築完）

美國培士利鋼廠定貨踴躍

邇來我國一般建築，向美國廠家訂購鋼料者，倍見踴躍。如最近求新廠承造之江海關輪一艘，洽與建築公司承造之電廠一座及創新建築廠承造之青島二大紗廠等，其全部鋼料，均向美國培士利鋼廠訂購。聞該廠由上海圓明園路二〇九號德惠洋行獨家經理云。

上海楊樹浦博德運蜜蜂牌毛絨廠之鍋爐房舖用"令不脫"手藝紙柏水泥屋瓦

「令不脫」手藝紙柏水泥屋瓦介紹

中國因實業日趨發展，故工業建築繁興，甚為活躍。過去二年間，上海四週及中國主要貿易及實業區域，各種廠房，棉花及羊毛紡織廠，電力廠，碼頭，飛機棚等，到處林立。建築之程序，大部告成，雖有一小部份現時尚在進行，但已足證中國實業之發達已甚有可觀，而建築材料之製造，電力及運輸設備等，實有無從供給此日增之需求。故若云中國之實業已發展至最後階段，相距尚遠，現時尚僅及於初步而已！

工業建築之設計與構造，在結構工程師觀之，必須愼選建築材料，以適合其特殊需要及當地氣候概況。而結構工程師當前之主要問題，厥為選擇一種屋頂，足以應付此種建築之性質及其宗旨，兼可不受氣候影響，而不過度增高造價者。

此種理想中之屋頂，必須備具下列條件：

經濟耐久，無需修葺，並能抵禦烟灰及氣候，避水避熱，透明堅韌。

上述特質，惟見之於英國環球紙柏製造廠所製造之「令不脫」手藝紙柏水泥屋瓦，係在英國製造，設廠於華福(Watford)，在過去五年間，中國大部工業建築及公共建築，均加採用。此種屋瓦，其最長度有達十尺者，並附同屋脊等件，在中國由上海香港路五十一號圖爾洋行獨家經理。下列數處建築，均經採用此瓦，認為極度滿意，茲試舉如下：

上海北火車站
上海楊樹浦路博德運蜜蜂牌毛絨廠
上海楊樹浦自來火公司
上海永光油漆廠
上海徐家匯貧兒院工場
上海自來水公司
南昌中意飛機廠
武昌軍用飛機棚

圖示武昌軍用飛機棚用"令不脫"手藝紙柏水泥屋瓦

七聯樑算式

胡宏堯

通常習見之聯樑，大都爲六節以下者，故在拙著"聯樑算式"中之聯樑，亦以六節爲限，但事實上支距短而節數多者，可至七節八節或九節十節，使無相當之算式，幾無從措手。茲爲補救拙著"聯樑算式"之缺憾起見，先將七聯樑之各算式，排列如次：

說明　本算式所用之符號字，與拙著"聯樑算式"略有不同及新增若干數，如本算式中所用之B,B',C,C'等字，即相當於"聯樑算式"中之O,P,Q,R等字，又如b,b',c,c'等字係新添出者。N_{AB},N_{BA}指AB樑A端及B端之硬度，N'_{AB},N'_{BA}指AB樑上改變之硬度，$\overline{N}_{BC}$,$\overline{N}_{CD}$等爲新增函數。至本算式推求之基本原理，係根據林氏之直接力率分配法(可參閱本刊第二卷九期)，故函數之計算較便，且算式亦別開生面。即未讀林氏之力率分配法者，與問題之推算，毫無關係。

［甲］變動支七聯樑

(一)不等硬度

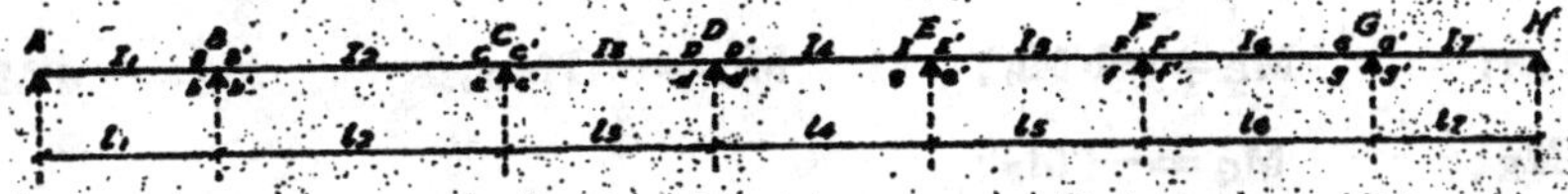

第一圖

硬度及函數　$N_1=\frac{I_1}{l_1}$；　$N_2=\frac{I_2}{l_2}$；　$N_3=\frac{I_3}{l_3}$；　$N_4=\frac{I_4}{l_4}$；　$N_5=\frac{I_5}{l_5}$；

$N_6=\frac{I_6}{l_6}$；　$N_7=\frac{I_7}{l_7}$；　$N'_{BA}=\frac{3}{4}N_1$；$N'_{GH}=\frac{3}{4}N_7$；

$b=g'=o$；

$\overline{N}_{BC}=1+\frac{N'_{BA}}{N_2}$；　$N'_{CB}=N_2\left(1-\frac{1}{4\overline{N}_{BC}}\right)$；　$C=\frac{1}{2}\left(\frac{\overline{N}_{BC}-1}{\overline{N}_{BC}-\frac{1}{4}}\right)$；

$\overline{N}_{CD}=1+\frac{N'_{CB}}{N_3}$；　$N'_{DC}=N_3\left(1-\frac{1}{4\overline{N}_{CD}}\right)$；　$d=\frac{1}{2}\left(\frac{\overline{N}_{CD}-1}{\overline{N}_{CD}-\frac{1}{4}}\right)$；

$\overline{N}_{DE}=1+\frac{N'_{DC}}{N_4}$；　$N'_{ED}=N_4\left(1-\frac{1}{4\overline{N}_{DE}}\right)$；　$e=\frac{1}{2}\left(\frac{\overline{N}_{DE}-1}{\overline{N}_{DE}-\frac{1}{4}}\right)$；

$\overline{N}_{EF}=1+\frac{N'_{ED}}{N_5}$；　$N'_{FE}=N_5\left(1-\frac{1}{4\overline{N}_{EF}}\right)$；　$f=\frac{1}{2}\left(\frac{\overline{N}_{EF}-1}{\overline{N}_{EF}-\frac{1}{4}}\right)$；

$\overline{N}_{FG}=1+\frac{N'_{FE}}{N_6}$；　$N'_{GF}=N_6\left(1-\frac{1}{4\overline{N}_{FG}}\right)$；　$g=\frac{1}{2}\left(\frac{\overline{N}_{FG}-1}{\overline{N}_{FG}-\frac{1}{4}}\right)$；

$\overline{N}_{GF}=1+\frac{N'_{GH}}{N_6}$；　$N'_{FG}=N_6\left(1-\frac{1}{4\overline{N}_{GF}}\right)$；　$f'=\frac{1}{2}\left(\frac{\overline{N}_{GF}-1}{\overline{N}_{GF}-\frac{1}{4}}\right)$；

$\overline{N}_{FE}=1+\frac{N'_{FG}}{N_5}$；　$N'_{EF}=N_5\left(1-\frac{1}{4\overline{N}_{FE}}\right)$；　$e'=\frac{1}{2}\left(\frac{\overline{N}_{FE}-1}{\overline{N}_{FE}-\frac{1}{4}}\right)$；

$$\overline{N}_{ED} = 1 + \frac{N'_{EF}}{N_4};\quad N'_{DE} = N_4\left(1 - \frac{1}{4\overline{N}_{ED}}\right);\quad d' = \frac{1}{2}\left(\frac{\overline{N}_{ED} - 1}{\overline{N}_{ED} - \frac{1}{4}}\right);$$

$$\overline{N}_{DC} = 1 + \frac{N'_{DE}}{N_3};\quad N'_{CD} = N_3\left(1 - \frac{1}{4\overline{N}_{DC}}\right);\quad c' = \frac{1}{2}\left(\frac{\overline{N}_{DC} - 1}{\overline{N}_{DC} - \frac{1}{4}}\right);$$

$$\overline{N}_{CB} = 1 + \frac{N'_{CD}}{N_2};\quad N'_{BC} = N_2\left(1 - \frac{1}{4\overline{N}_{CB}}\right);\quad b' = \frac{1}{2}\left(\frac{\overline{N}_{CB} - 1}{\overline{N}_{CB} - \frac{1}{4}}\right);$$

$$B = \frac{N'_{BA}}{N'_{BA} + N'_{BC}};\quad B' = 1 - B;\quad C = \frac{N'_{CB}}{N'_{CB} + N'_{CD}};\quad C' = 1 - C;$$

$$D = \frac{N'_{DC}}{N'_{DC} + N'_{DE}};\quad D' = 1 - D;\quad E = \frac{N'_{ED}}{N'_{ED} + N'_{EF}};\quad E' = 1 - E;$$

$$F = \frac{N'_{FE}}{N'_{FE} + N'_{FG}};\quad F' = 1 - F;\quad G = \frac{N'_{GF}}{N'_{GF} + N'_{GH}};\quad G' = 1 - G;$$

第一節荷重

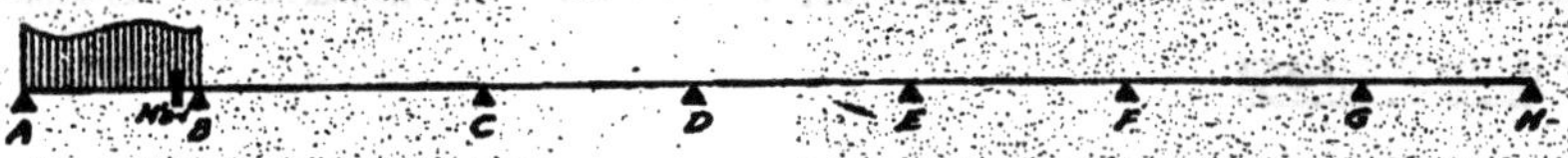

第 二 圖

$M_B = B'M'_{B-1}$; $M_C = -b'M_B$; $M_D = -C'M_C$; $M_E = -d'M_D$;

$M_F = -e'M_E$; $M_G = -f'M_F$;

第二節荷重

第 三 圖

$M_B = +BM_{B-2} + cCM_{C-2}$; $M_C = +b'B'M_{B-2} + C'M_{C-2}$; $M_D = -c'M_C$;

$M_E = -d'M_D$; $M_F = -e'M_E$; $M_G = -f'M_F$;

第三節荷重

第 四 圖

$M_B = -cM_c$; $M_c = +CM_{c-3} + dDN_{D-3}$; $M_D = +c'CM'_{c-3} + D'M_{D-3}$;

$M_E = -d'M_D$; $M_F = -e'M_E$; $M_G = -f'M_F$;

第四節荷重

第 五 圖

$M_B=-cM_C$;　$M_C=-dM_D$;　$M_D=+DM_{D-4}+eEM_{E-4}$;

$M_E=+d'D'M_{D-4}+E'M'_{E-4}$;　$M_F=-e'M_E$;　$M_G=-f'M'_F$;

第五節荷重

第六圖

$M_B=-cM_C$;　$M_C=-dM_D$;　$M_D=-eM_E$;　$M_E=+EM_{E-5}+fFM_{F-5}$;

$M_F=+e'E'M_{E-5}+F'M_{F-5}$;　$M_G=-fM_F$;

第六節荷重

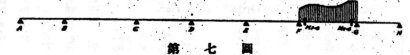

第七圖

$M_B=-cM_C$;　$M_C=-dM_D$;　$M_D=-eM_E$;　$M_E=-fM_F$;

$M_F=+FM_{F-6}+gGM_{G-6}$;　$M_G=+f'F'M_{F-6}+G'M_{G-6}$

第七節荷重

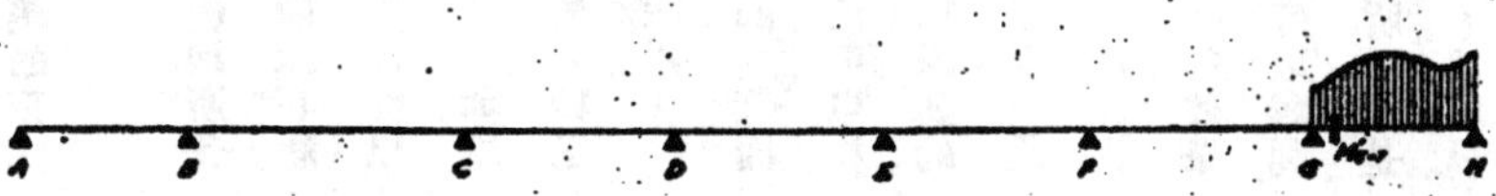

第八圖

$M_B=-cM_C$;　$M_C=-dM_D$;　$M_D=-eM_E$;　$M_E=-fM_F$;

$M_F=-gM_G$;　$M_G=GM'_{G-7}$

七節全荷重

第九圖

$M_B=M_{B-2}+B'd_B+cCd_C-cdDd_D+cdeEd_E-cdefFd_F+cdefgGd_G$;

$M_C=M_{C-3}-b'B'd_B+C'd_C+dDd_D-deEd_E+defFd_F-defgGd_G$;

$M_D=M_{D-4}+b'c'B'd_B-c'C'd_C+D'd_D+eEd_E-efFd_F+efgGd_G$;

$M_E=M_{E-5}-b'c'd'B'd_B+c'd'C'd_C-d'D'd_D+E'd_E+fFd_F-fgGd_G$;

$M_F=M_{F-6}+b'c'd'e'B'd_B-c'd'e'C'd_C+d'e'D'd_D-e'E'd_E+F'd_F+gGd_G$;

$M_G=M'_{G-7}-b'c'd'e'f'B'd_B+c'd'e'f'C'd_C-d'e'f'D'd_D+e'f'E'd_E-f'F'd_F+G'd_G$;

式中$d_B=M'_{B-1}-M_{B-2}$;　$d_C=M_{C-2}-M_{C-3}$;　$d_D=M_{D-3}-M_{D-4}$;

$d_E=M_{E-4}-M_{E-5}$;　$d_F=M_{F-5}-M_{F-6}$;　$d_G=M_{G-6}-M'_{G-7}$;

（未完）

長管形燈泡的裝飾價值

燈光固然是任何房屋所需要的，不過現代的建築，除了利用燈光照明外，更須考慮燈光對於裝飾的關係，以前所裝的燈，祇能在燈罩的式樣上謀美觀，終究不能發出柔和的光度，產生優美的形式．所以建築界對於特具作風的燈泡，需要非常迫切。

長管形燈泡，就是足以供應這種新需要。因爲長管形燈泡所發的光線，光亮而柔和，散佈在燈的四週，毫不刺激眼睛。所以在新式的大廈裏，我們時常可以看見這種長管形燈泡，如國際飯店，百老滙公寓，和建設大廈等，都一致採用。

天花板上裝置長管形燈泡，可以得到一種特殊的舒適景象。

以長管形燈泡的式樣而論：細長的管子，正可以和現代建築物的形式和傢具的式樣相調和；如果連成一長條，就可以在屋頂的四週裝飾起來。牠們所產生的效果，不是普通燈罩所可以辦到的；不論在公共場所，或是家庭裏的任何地方，都可以很合宜的裝置起來。在禮廳，商店，戲院，舞廳裏，不論戶內戶外，如果裝置長管形燈泡，就可以造成很美觀的環境，使人得到精神的舒快。

長管形燈泡除了白色之外，還有黃、橙黃、紅、草色、青色、綠色、藍色等，可以隨着各處不同的需要而採用。更可以將這種燈泡，合成各種式樣和圖案，這一點，又是普通燈罩所不能辦到的。

同時利用長管形燈泡，作為廣告之用，可以在燈泡上寫上廣告字句，隨時拭去。

長管形燈泡，無論交流電直流電，都可以應用，共有下列幾種式樣：

直形圓管　一米突半長

直形方管　半米突長

小灣形　八隻可合成圓形

大灣形　四隻可合成圓形

長管形燈泡，共有奇異安迪生，亞司令，飛利浦三種牌子，可以向四川路一一

在書桌旁可以裝置長管形燈泡

○號中和燈泡公司索取詳細說明書。

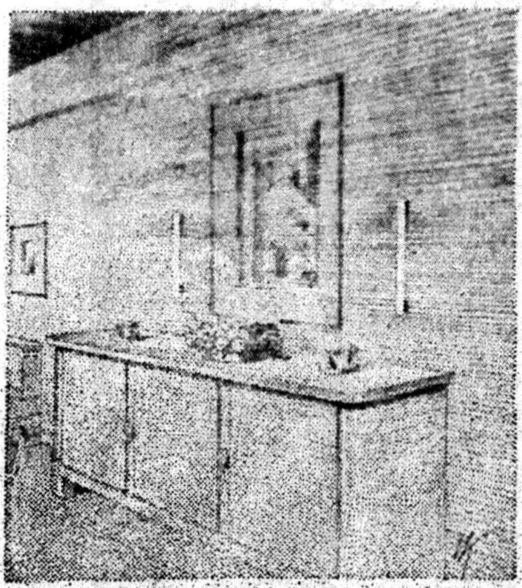

長管形燈泡的形式和現在的傢具相調和，合在一起，非常美觀。

何謂“KRUPP ISTEG”鋼？

“KRUPP ISTEG”鋼，乃最近倡明之特等鋼料，專作混凝土中鋼筋之用；其成效之卓越，已能與現代混凝土建築工程之進步並駕齊驅。茲將其優點列舉如次：—

“KRUPP ISTEG”鋼之「降伏點」(YIELD POINT)比較普通炭鋼至少可高百分之五十，故此鋼料用作拉力鋼筋時，其安全拉力較諸普通炭鋼至少亦可增加百分之五十。

“KRUPP ISTEG”鋼筋，業經上海公共租界工部局試驗核准，且經規定其安全拉力爲每英方寸25,000英磅，但普通炭鋼僅達16,000磅而已。

混凝土中之拉力鋼筋，倘能採用“KRUPP ISTEG”鋼筋者，其所用鋼料在重量方面當可減省百分之三十五，在造價方面當可減省百分之二十，而在內地之建築工程復得因鋼料重量之減省，其運費亦可減省百分之三十五。

每件“KRUPP ISTEG”鋼筋均經廠方個別試驗，並保證其最小「降伏點」爲每英方寸51,000磅。

“KRUPP ISTEG”鋼筋在混凝土中可無「滑脫」之虞。其與混凝土之粘着力，經多次試驗之證明，較諸普通炭鋼筋得增百分之四十至七十。

“KRUPP ISTEG”鋼筋因其用料之較省，故舖放工費與普通炭鋼筋比較亦可省百分之三十五。

舖放工作與普通炭鋼筋完全相同，可用手工或機械使之彎折，一切按置工作，亦與普通鋼筋無異，故原有工人殊無另行訓練學習之必要。

“KRUPP ISTFG”鋼筋現爲上海各大建築工程所採用者，已屢見不鮮，如工部局之各大房屋及道路工程，中國銀行總行新屋工程，以及藏穀庫等工程內，均已採用，頗著成效。

“KRUPP ISTEG”鋼筋由上海立基洋行(MESSRS. KNIPSCHILDT & ESKELUND)獨家經理。倘蒙賜顧或承索說明書者，請隨時向上海四川路二百二十號該行接洽，自當竭誠奉覆，以報雅意。該行電話19217電報掛號“上海KNIPCO”。貴客惠顧，幸垂注及之！

現代博物館設計概要

談福綏

博物館建築在美國，在形式上及建築設計方面，雖無瑕疵可擊。然因爲私家投資於此之不甚踴躍，故亦未見若何發達。加以多數博物館在設計時，對於造價之支配，雖無十分限制，然以排列之不善，故亦難切實用。

美國全國博物館財產保管人，曾聯合與博物館有關之人及著名建築師，會商數年之結果，逐漸規定建築博物館所應備具之條件，及其主要之點。玆逐譯如下：

一、博物館在可能範圍內，須位於人煙稠密之市中心；惟倘建於地價高貴之商業區，則亦大可不必。僅須能鄰近市政中心或在行人必經之通衢要道；故主要者，地點適當，運輸便利。

二、博物館建築，正與普通紀念建築物之性質相似，故設計時須與城市計劃有關。因博物館爲民衆游覽之公共場所，亦爲城市中至重要之建築，與市政廳，法院，圖書館，音樂廳等，同爲一個良好計劃之城市之權威。

三、何爲博物館之最佳式樣？現尚成懸案。總之，其式樣以不失生動爲唯一要點；惟必須待建築師之最後決定，而作歸依。

四、博物館之下層，必須有一廣大之入口，所以使遊覽者出入方便而安全也。梯階之設置，不僅爲心與物之裝飾而已；蓋須預估有多量之遊覽者，踐踏其上；設遇風雨冰雪及其他變故時，俾有數百遊客，同時可安然離去也。倘博物館設較多之入口，似又不合實用；蓋入口增多，對於展覽室之秩序，易於紊亂，而於管理方面，亦不能統一，且須加多對號室，及扶梯，升降機，管理員等。

五、設計博物館，正與設計其他建築物一樣，下層大廳必須位於入口之旁，俾遊覽者可直驅入內；其他次要之室，可置於上層。以前一般設計者，均將主要之展覽室，置於上層，因此可得充分之光線，然現在已無人採取矣。蓋一般光學工程師已以最高超之方法，發明人造光亮，而其代價則又甚低。故現在建築師已採用最可靠之天然光於建築物之下層；係用玻管廣播連續不斷之光。故實際上已無須強令主要各室，置於較遠之處。

六、建築師在設計博物館時，須注意於館中之環行問題。到館遊覽者，務使其通行無阻，而免置身歧途或受阻於建築飾物之感。環行之佈置須爲連續而易於管理者，最低限度須經由館中之各主要分部，俾指導者及其職員可將展覽品分部陳列，望之秩然有序，佈置聰穎。

在較小博物館中，展覽室之佈置宜相連續，使遊覽者自此至彼，無意間一若預定行程，秩序井然。館中職員可將展品佈置得法，並有教育之意味。在大博物館因有頗多文化組之設置，此種限制性之環行，最宜應用於各主要部分，因遊覽者同時不欲見數部份也。

七、博物館之佈置，須甚相稱，其主要點可分別如下：

(甲)展覽品置於各主要展覽室者，須分門別類，劃分數大部份。

(乙)博物館之事務室及預備室，可置於上層，或遠置兩翼，蓋此與遊覽者接觸較少也。

(丙)其他各室，如收發室，庫房，木工房，機器間，印刷間，塑模室，裂碟室等，可置於光線充足之地下層，或較遠之邊翼。

(丁)貨物房——任何博物館必須有一能避火，避塵，避潮及冷氣設備之貨物房。此貨物房可設於乾燥之地下層或邊翼，須接近收發室及升降機，俾與博物館之各層相連絡；但並不需要外來光線。

(戊)特種展覽室爲臨時特殊展覽之用者，可置於下層接近入口處，俾不用時可以阻閉，不致妨礙他部。

(己)課室，放款室，文化組辦公室，酒吧間及管理室，亦須接近大門總入口處。

八、博物館之穿堂，所以給與遊覽者以新鮮之空氣，而使之遊覽其間，不覺其混濁也。是以穿堂須直接通達第一層各主要展覽室，且可直達至升降機及扶梯，俾與上層各展覽室，特種展覽室，對號室，男女盥洗室，電話室，管理及問訊處互通聲氣。

博物館有時假作公共集會之所，故穿堂必須寬大鑿深，俾遊覽者同時可以離散，不致爲門及階梯所阻塞，而成擁擠之勢。

九、博物館之扶梯，宜居於中央。其扶梯術之構造，須能避火，而與穿堂相毗接。

十、博物館之升降機，須用容量及面積最大者，俾能容多量之乘客。設遇一大組乘客時，可以用一次吊送，或至多二次。低速度之升降機用於博物館，最爲適宜，蓋其服務極少有超過五層至六層者。

十一、博物館之內部應避免建築上之裝飾，或將其減至最低限度。博物館內部之建築裝飾，其功用無非作爲一種背景而已；然反能分遊覽者注視展覽品之目標而轉向裝飾。如果爲一美術博物館，除用較少之裝潢，藉以調和外；裝飾部份亦不能過份擴大，不致壓罩美術展覽。

十二、博物館之建築，務使其組織及構造方面，如何縝密，搜集陳列之博物，如何豐富。其他建築上之過份裝飾，如內圓頂，列柱，紀念台階及不相稱之各種裝飾背景，徒足以迷亂遊覽者之目光，故設計時宜少列入爲妙。

十三、博物館中每室之主軸應使隱藏，俾展覽品得以展露。門及浜子應處於室之角端。牆上不宜有阻礙物，並將縫隙減至最低限度，以便配置展覽品。

十四、最適當之展覽室，莫如二十至二十五呎濶之狹長房間。面積大而方形之展覽室，不易使遊覽者尋得其目標，且秩序上亦易於混亂。

十五、每間展覽室至少有一或二不易觸目之金屬架，俾展覽品裝置其上，而不致損及牆壁。

十六、最經濟之牆壁，可用灰粉刷塗，而未塗施以色粉或油漆。

十七、博物館至最後裝修時，平頂必須刷白，俾光線可廣播而反射滿室。牆壁最好染成淡藍色，以其能顯示展覽品也。地下舖灰色石板，俾能阻遏光線之反射，不致有傷目力也。且灰色石板舖地，均較其他色調爲佳，且於任何裝配，無不適宜，而十分和諧。

十八、所有博物館之光線，均須間接射入，並須防光線之自玻璃反射至展覽架上。

十九、館中設置不宜陳舊，致減生氣。凡館中活動之設備，均宜保持現代化。

二十、博物館在可能範圍內應調節空氣。牆上固不宜裝置設備，故空氣調節機可在底板上用兩寸濶之洩氣棚欄，而在近天花板處裝設供氣棚欄。此種棚欄若排成圓帶之形，佈置得法，實不易見。供氣棚欄須裝在天花板之上或近天花板處，俾免礙視線。

二十一、在設計博物館時，各層地板之平均載力，每方呎至少須有一百五十磅之荷重力。尚有許多特殊之博物館，更需要較重之載力。

異軍突起之
國產水泥建築防水品

人類文明，隨文化之進步而日趨美備，卽如建築一項而言，基礎工作，既有水泥之發明，但欲求其避潮增燥，加强壓力拉力，俾建築物益臻堅固，居室清潔衛生。建業防水粉之發明，能具備上述之優點，又可防止水泥之滲漏發霉鬆動等弊，經久耐用，增加建築物之經濟良多。

如上海浦東同鄉會，曹氏墓園，大夏大學，中央信託局等百數十處工程均經採用，足徵該粉確著巨績。最近廣州中山大學建造校舍，先向該處索樣品，認爲非常滿意。乃採辦大宗，特將來函製版刊登，以資證明。

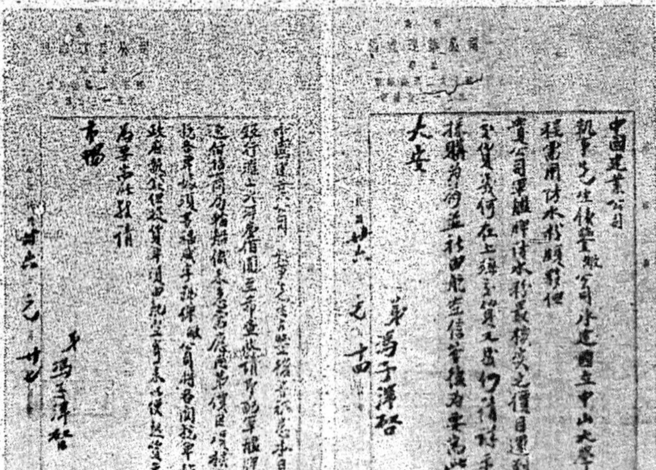
中國建業公司
大安
弟 馮子澤 啓

營造學（十九）

杜彥耿

第五章

木工之鑲接（續）

開膠接 擱柵擱置於牆垣之沿油木上，通常須開斷，其目的在使擱柵之兩部平衡，其肩架能助成堅固及保守工作正確，詳見第五二六及五二七圖。若擱柵須以整個之深度承托者，在沿油木之上開割之，如第五三〇圖。

開跨接 在沿油木，桁條，椽子或其他木材之另有木材橫過者，及須用整個木材承托深度，及連絡下部與鑲嵌不同，祗以釘釘之；此材之割斷與鑲置，見第五二九圖，下面之木材挖以兩條長方形之凹槽，上面則挖一條長方形凹槽，俾與下面凸起之榫相合；此謂之開跨接。擱柵之端末未伸出沿油木者，則在沿油木之一端凸起如第五二八圖，如承托面之斷面有超越之强力，使開跨之後有極大之剪力面。

對合接 木材之交叉，其一面或兩面須有平面者，及雙方之材料有相等之凹部，即名之對合，及可鋸成普通斜角或燕尾形對合接。

（甲）普通對合接，見第五三一至五三三圖，適宜於牆之沿油木或木板牆之撐頭須交叉者。

（乙）斜對合接，釘木材時助其握持，見第五三四及五三五圖。

（丙）燕尾形對合接，用於一種材料以牽制沿油木者，如第五三六圖；但馬牙筍在木工中製作頗潤，一旦木材收縮則接合處鬆弛，遂失其効用。

燕尾筍接 邊框，溝口板等方角接合之木材，通常較普通沿油木爲厚，則須用燕尾筍接，見第五三七圖。

鑲筍接 當木材整個之端末或厚須鑲接在另一木材時，名曰鑲筍接。此係遇有沉重工作之處，其他接合均覺過弱或浪費，祇有鑲筍接最爲適合。材料之接合則由螺釘，釘，筍頭及楔或燕尾筍或他種扭緊牽制之，見第五四五至五四七圖。

雌雄筍接 若係簡易之構造及効能，則雌雄筍接自屬超越一切之接合；而無疑的較其他接合之應用爲廣泛。

普通雌雄筍接 木材之端末割鑿如雄筍，其厚度爲材料之

三分之一；同時在另一木材挖一孔，名曰雌兜，與雄筍相仿，最後在孔之另一面用榫榫緊，見第五三八及五五二圖，用梢子者見五五三圖，為增加力量起見，有時榫與梢子並用。

(附圖五五三)

嵌條接 若木材須裝置於已固定而不可移動之主要木材上，則宜用嵌條接之法，即將木材之一端用普通方法接合，另一端鋸成雄筍，沿主要木材之雌壳滑鑲至最深之槽處，即作為中心。見第五四一圖。相同主要之構成，將其割成垂直凹槽，使木材之雄筍落鑲在內，見第五四二圖；

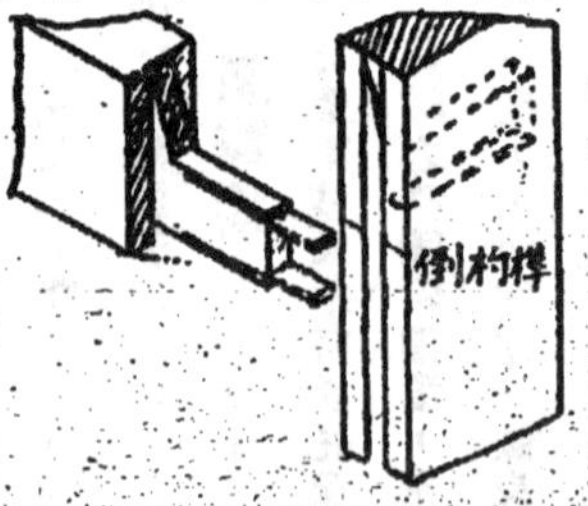

(附圖五五二)

但此法僅割斷木紋，而不須切斷雌壳，是以其力亦為之減縮矣。最佳之法式為挖鑿平行之凹槽，其効用則不能減少拉應力。在雙重平頂筋及雙重結構之樓板處，恆以此法為之，每個擱柵割切之三角形，替以長方形凹槽，於每間隔之擱柵中在雌壳之間切割之。

嚙合接 短小筍頭之一種，在切割後更為顯著，見第五三九圖，其効用為避免柱脚有滴滑出檻外之虞。

筍頭及鑲筍接 為普通之一種筍頭，因補足承托力之不足起見，扶手或帽頭須鑲一段於柱或梃內。第五四三圖示此種方法之構造，其肩所之緊接全依賴楔榫之。

燕尾形筍頭 用雌壳雄筍不固定之分隔，接合兩塊木材，其筍頭鋸成燕尾形，而雌壳之眼鑿成須使筍頭穿過，再以硬木榫榫緊，如第五四三圖。倘結構與上述相同，惟雌壳之眼並不穿越者，如第五四四圖。

出筍接 以同等深度之擱柵相互聯繫，而其應力之破壞，使之愈少愈佳，但各種材料之接合，均宜緊接；其最佳之承托棱而適合於此種情形者，厥為出筍接。木材之筍頭須置於深度之中心者，其理有二：一，在此情形，應力能使楔牽制上下肩架臻於同樣緊密。二，依據理論，雌壳最佳之地位在壓應力纖維處，俾能立即毗連至中心層，及受載重之樑，支持於兩端，木材用上選之北松，則其抵壓應力與抵拉應力之比，其變易由三至五不等，在第五四五圖係由五至四。長齒形筍之深度為$\frac{5}{12}$D，亦即由筍頭底面至擱柵面距離之半，及筍頭之厚度為$\frac{1}{6}$，見第五四五及五四六圖。

在同樣情形之卜束縛出筍接於千斤擱柵，最主要者為兩端之筍頭，其佈置須確切相對，前者之筍頭穿入後者僅三吋或四吋，再以大釘釘牢，或以堅木製之榫榫緊，其目的係減少千斤擱柵之斷面，越少越好。

第五四七及五四八圖示千斤擱柵之接法，用壅塞之燕尾形者。此法在英國北部擴大其應用範圍，其最適宜之地位，木材極易由上落下。

倒杓榫 木材鑲接之一種，見第五四九圖，其雌壳筍之眼不穿透其背面者。在小木工工作中搆結各部之框子時，常可應用之，如製造高超工作之門梃及帽頭，其筍頭之筋紋，不使穿越門梃而可藏見者。

雌壳之眼子，大約挖至倘有半吋至一吋之餘地，同時亦鑿成琴斜之燕尾形，筍頭恰能鑲進，在筍頭之兩邊，約離邊一分半之地位，用鋸鋸兩條槽縫。在縫內各置一榫；此種手續完備後，將膠塗在筍頭上，用力拷合之。在此工作之下，木榫受力向鋸縫推進，使筍頭之端末豁裂，俾將燕尾形之雌壳填滿。

鳥喙接 此種接頭見五五〇圖，係將木材鑿一筍眼或雌壳，用普通方法接筍，及另一木材之筍頭，須與雌壳吻合。此種製作，頗爲消費；但有許多特提出須用雌壳雄筍接者，因其極易檢出工人技術不妥之點也。

斜撐及梁接 用斜撐增强橫梁或撑頭時，置一短塊橫栓於梁下，斜撐端末之切割見第五五一圖。倘橫梁過短，則可不用橫栓，使斜撐之端末相銜接可也。

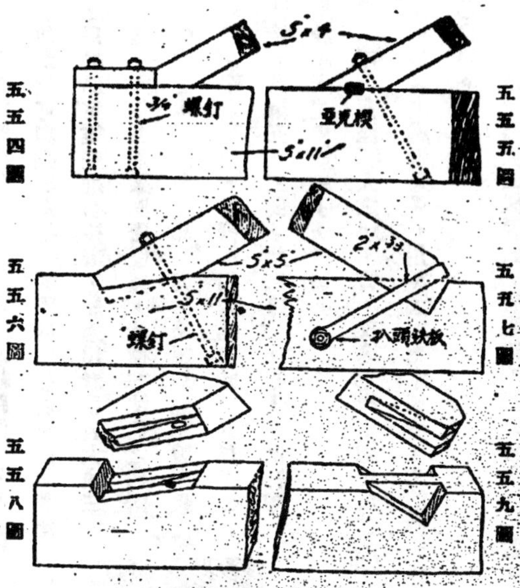

(附圖五五四至五五九)

斜撐及牽制接 此類之結構如下：

(甲)將一短栓用螺釘絞於大梁之上，斜撐則釘緊於短栓之端，如第五五四圖。

(乙)爲避免人字木與大梁有溜滑之狀態發生，故鑲一亞克木榫於開膠之中，見第五五五圖。

(丙)用單支撐及筍頭，如第五五六及五五八圖。此爲簡單而有効之方法，其應用於斜撐前之大梁，須有充足之距離以抵禦剪力。

(丁)鳥喙接——此法爲增加剪力之面積，其最適用者爲斜撐前大梁之距離抵禦推拉力爲小，見第五五七及五五九圖。至於有大剪力之面積，其効用在接台處之缺點，均能顯露。

緊密 木工中之接縫，須用刷帚將白油揩在接縫之處，使之成爲膠結之層，及用下列材料使之緊密：

(一)脊{木脊 釘 螺釘}

(二)榫

(三)鍵

(四)帽釘，靴脚

脊 用木或鐵製，以其功能分之，如脊子，木釘，大釘，鈎，螺絲及螺釘。

脊釘 若木板之製造，在同一平面，不能抵禦木材之收縮，則使管子需要之直徑用亞克或硬木順木紋製造，而不必用鋸鋸之，是以對於木紋可謂毫無影響。其用於樓板之製造，見第五六〇圖。

管子之用於固定雌壳雄筍接者，最適用者在巨大或三角形之框子，使其肩架緊密堅實，此種方法名之曰緊筍，在雌壳之木材上鑽一孔，再將筍頭加註記號而鑽孔，須近肩架之外角，當管子用力拷打時，其結果使肩架緊接，見第五五三圖。此種方法，在十七世紀時，應用於小木工構造框子者殊廣。

(附圖五六〇)

木　釘　直徑極大之硬木筍，又名木榫；應用於造船工程或鋼鐵工程易生銹之處為最廣。用英國亞克木製者，其剪應力每方吋為四〇〇〇磅。

釘　釘以金屬板或絲製成，有圓錐形或三棱形，一端尖銳他端配頭，鏇鑄，切割或鑿刻之別。其用料大抵皆取自生鐵，熟鐵，鋼，鋅，銅，黃銅或金屬化合物。有許多其長度之相對面製成平行者，在敲釘入木材時，將平行面依木紋安置，使其減少每次拷打入木豁裂之趨向。釘之種類極廣，普通所應用者，均以熟鐵或鋼為之。

生鐵釘　應用於舖石板工程，但因其性過脆，故現已棄而不用矣。

熟鐵及鋼釘　鋼扁釘之製造，用機械將熟鐵及鋼板切割而成，如第五六一圖中之狀，其用途甚為普遍。鋼扁釘之長度超過四吋者，名曰大釘。釘之以熟鐵板用手工製者，如第五六一圖中所示，普通稱曰熟鐵扁釘，其功能須有足夠之曲性，而不斷裂者。近代皆用機械製造，其割切方法亦已改進，而採用含有黏韌性及軟韌性之上好熟鐵製作，對于保持不使毀易之功能，已足堪勝任。

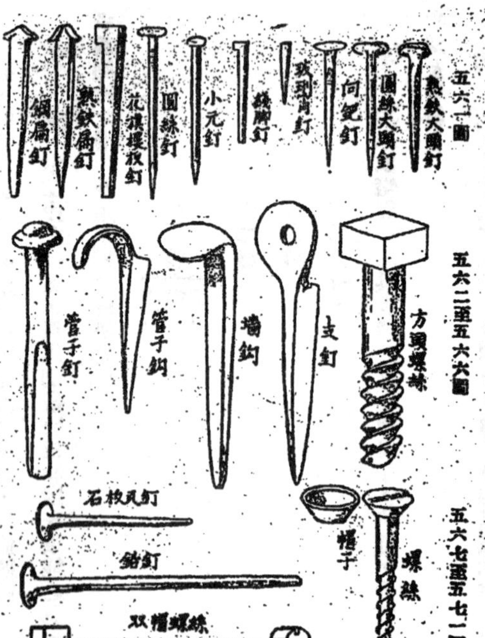

(附圖五六一至五七一)

大　釘　大釘者，卽鐵釘之謂也，長約三吋，對於接合木材之處，應用最廣。惟須極大之力用鎚擊打。大釘為價廉之接合。

小圓釘　圓錐形之釘，其厚度均相同，而祇一端有帽頭者，如第五六一圖，於接合各部時須細小之釘眼者，均應用之。

小鋼釘　為圓斷面，與普通之鍼針相似，惟無線眼。用於小木工釘硬木線脚，及在鑲板之工程中。

圓絲大頭釘　釘身有方形或圓形，及大圓平頭數種，如第五六一圖。大頭釘之頭小者曰小釘(Tack)。

石板瓦釘　以鋅，銅及其他金屬化合物製成，用以釘牢石板瓦者，其抵禦酸化較鉄為佳。嘗石板瓦舖於木板條子或鐵絲網上，可

用鉛釘釘牢(見第五六九圖)

向鈀釘 狀與大頭釘同，幹身之斷面爲方形，而下脚尖銳，其幹身之邊粗糙，如第五六一圖所示。

圓絲釘 此項釘之斷面，有圓形，長圓形；普通亦稱之曰法國釘。其性質爲强韌與堅固，較之扁釘不易斷裂，但在釘時，常易損壞木材。圓形斷面之釘，見五六一圖，常用於裝箱之處。長圓形小頭之圓絲釘，在小木工釘線脚時亦應用之。

玻璃筲釘 一種方形之小鐵釘，一端尖銳他端無頭，見第五六一圖，用以筲牢玻璃，再嵌油灰。

管子釘 熟鐵製，圓身下端如鑿子頭及圓帽頭，如第五六二圖，用以釘牢管子身幹至砌磚工程中。

管子鈎 第五六三圖示熟鐵製之緊接物，一端成鈎形，用使鈎住管子，同時有一肩架，以備鎚之擊打。

牆鈎 用熟鐵製成，如第五六四圖，一端使彎與幹身成九十度。應用時擊打於牆垣之灰縫內，使之拖拉木工者。

支釘 其身幹與牆鈎同，見第五六五圖。其頭平扁，中穿一螺絲孔，及有一肩架，可使擊打。當其擊入牆垣之灰縫，在木材或木工框子之邊，用螺絲穿入支釘之孔，將後者拖持。

方頭螺釘 用以接合鐵板與木，或木與木接。方頭，俾資用螺釘鉗鉗住後旋之，及須有木螺絲旋紋者，如第五六六圖。

螺絲 用以替釘之處，如任何震動之裝置均可用之或木材有時須移動者，如第四九〇圖。第五七一圖之螺絲形式用以裝置木工者。普通用熟鐵或黃銅製造，後者之抵禦酸化力較前者爲佳。一端製成尖形，使易於絞入木材之內，而其螺絲旋紋極爲粗大。其頭部之名稱，更據其形式而定，如圓頭螺絲，平頭螺絲等等。有時須將銅帽子套上，見第五七一圖，用以使平頭螺絲與木之間平齊美觀。

雙帽螺絲 第五六七圖示此種材料應用於小木工絞合接縫者。兩端均有螺絲旋紋，一端之帽頭爲方形，他端則爲圓形，且在四周挖以凹槽，將需要接合之木材鑽孔，以備安置螺絲；在每個材料規定之距離鑿一孔，供置螺絲帽頭及插入螺絲眼內；則方形之帽頭卽落在一邊之雌殼帽頭內，將螺絲插入絞之使兩頭螺絲旋紋勻襯，因雌殼之眼爲方形，故帽頭不能旋轉。今將圓帽頭置於另一木材之雌殼內，將螺絲插入，最後用旋鑿或特種之鑽鑿器將圓帽頭絞緊，使接縫處極爲緊密。

下列爲赫斯德之公式，係計算螺絲在木材之大概抵禦力：

$$f = dpl \times 24,000$$ (42,000爲軟木材，用8000則爲硬木材)，

d卽螺絲之直徑，P等於螺絲旋紋之距離，l爲木材之長度，皆以吋爲單位，及f爲抵禦力以磅爲單位。

螺釘 在大釘或螺絲不能抵禦拉力時，則用熟鐵製之螺絲及方頭螺絲以代之。螺釘一端絞以旋紋，裝置一帽頭於其上，爲避免兩頭螺釘帽頭絞入木材起見，可於帽頭之內襯以熟鐵華斯，在硬木處其華斯之大小爲螺釘直徑之二倍半，在鬆木則須三倍半。

螺釘之六角形脚與帽頭，及方脚與帽頭等，其大小之比，係根據螺釘身幹之直徑爲標準。

鈎 用平或圓熟鐵製造，在端末彎起。其尖殊爲銳利，俾打入木材使其尾聯繫緊合。大概用於支撐，脚手架及臨時建築物者居多。其握力以磅計，每一吋長之大釘自六百磅至九百磅。

楔 係將木一端斬尖，用以緊合接縫如雌壳雄筍接；當應用一對時，其排列應爲匀襯。

榫 用硬木製作，與楔相同，其主要之工作効能係將接縫處榫緊，如第五四五圖之出筍接。

制董環 以熟鐵製造，其効用將木材絜緊在原有位置，而用筲子榫緊，見第五七三及五七五圖，或單一條箍或扒頭鐵板，及用螺旋絞合，如第五五七圖，用以避免大梁之端被剪力拖去。箍之螺釘絞於上面者，其功用能不損及木材之接合。

帽　頭 用熟鐵或生鐵製，以之包衛於木材之兩端，使其不致豁裂，及保持木材於需要之位置。若用於木材之下端者，曰靴脚。

（木工之鑲接完）

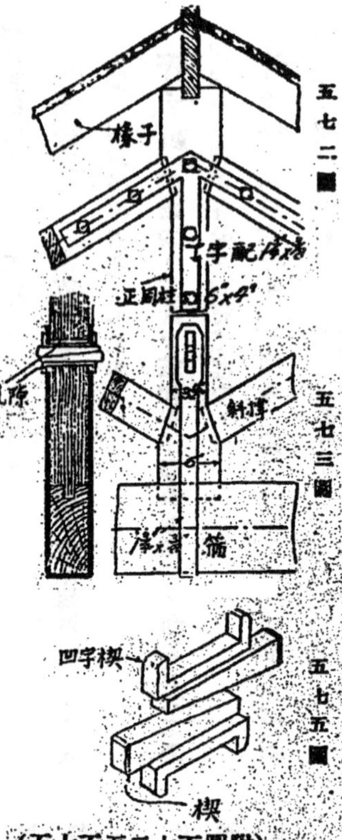

（附圖五七二至五七五）

介紹愛華客洋行之圖案膠夾板

圖案膠夾板，用於牆垣及細木工程，其抵禦寒暑氣候之能力，遠較實木爲佳；而其美觀悅目，更較平淡無飾者爲優也。考其抵禦氣候之功用，實因摺叠建築之故。據吾儕所知，木之伸縮係在濶度，不在長度，所謂長度者，即順木紋趨向之處。而摺叠建築之法，係就木之紋路，反覆安置；如此構築，必賴膠合；而不論膠質若何，在膠合後必須避水，此又盡人皆知，否則實無用處，且較實木建築爲劣矣。

膠之原質，須經六小時之實驗，但用於鑲板，即此亦嫌不足；如白蟻木瘤等，均足爲害；是故膠質又須具有避潮及害蟲之特質矣。

各樹之圖案，其美觀亦有限制。有種樹木，其紋理與色彩十分美觀，而有者外觀平庸，而其質地特佳，然此即可覘知圖案美觀之樹木，而在解剖時，其面積之厚度設至三十二分之一英吋，與一吋厚之木板相較，其厚度又爲若何。

膠夾板亦可利用樹之廢材者，此種材料有時僅能供燃料之用；例如根端與樹瘤，近於地面者，其處紋理彎曲，即可加以利用者也。

上等之膠夾板，在歐美採用者日多，此足證明此板在中國之價值。而在吾國售價之廉，同一貨物，僅及三分之一。吾人對於居住問題，既力求安適美觀，環境優良，則採用此板，實不可少也。

建築師之家

建築師周築三——本刊編者杜彥耿

後園池畔朱欄
及假山茅亭

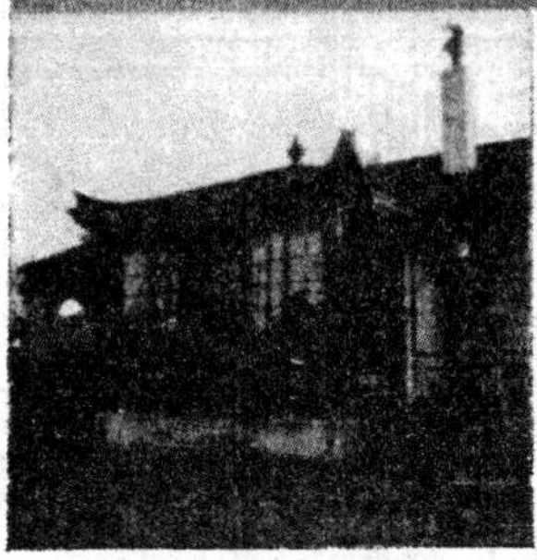

後廳

住宅正面

會客室

書房

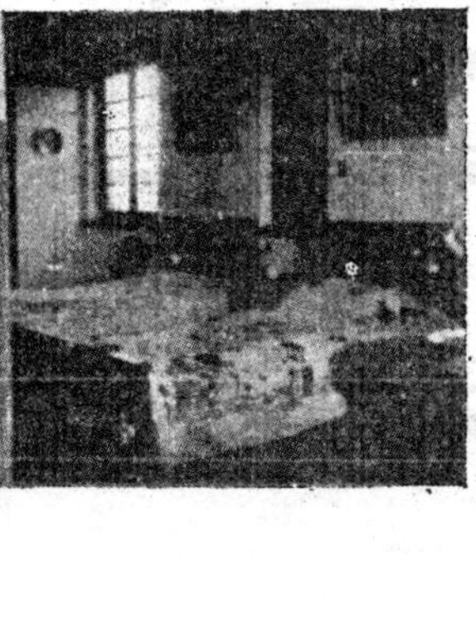

臥室

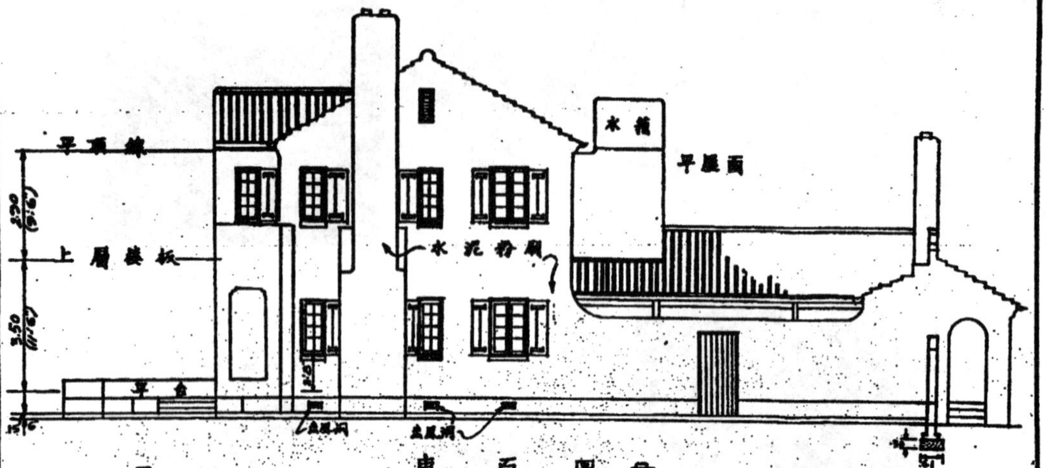

東面圖

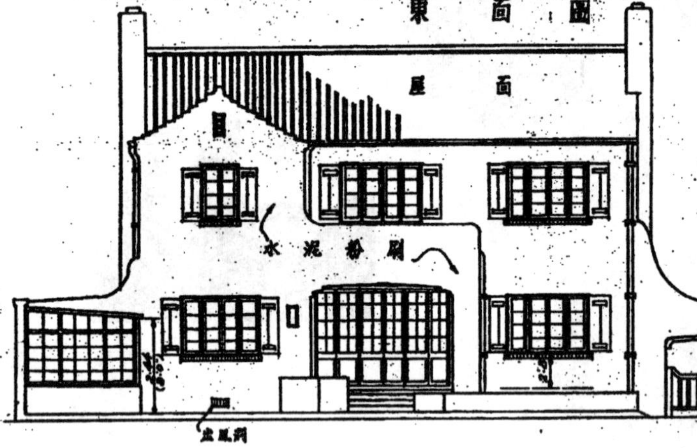

正面圖

花棚正面圖

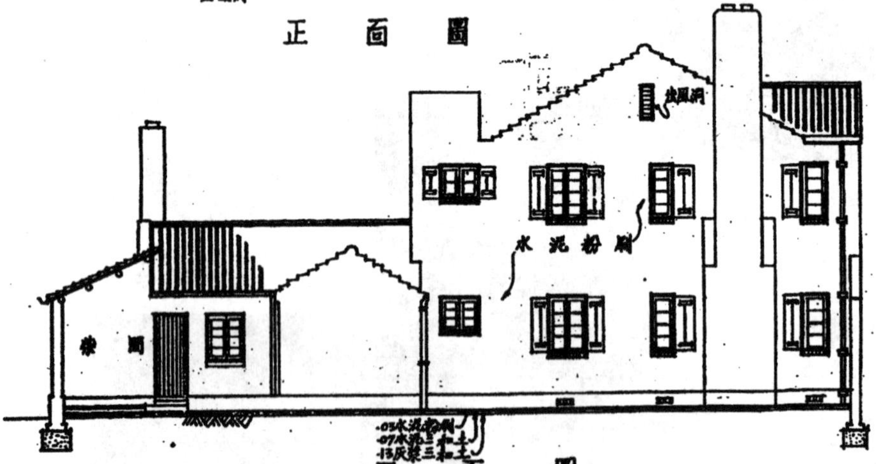

西面圖

周棠三建築師住宅

24336

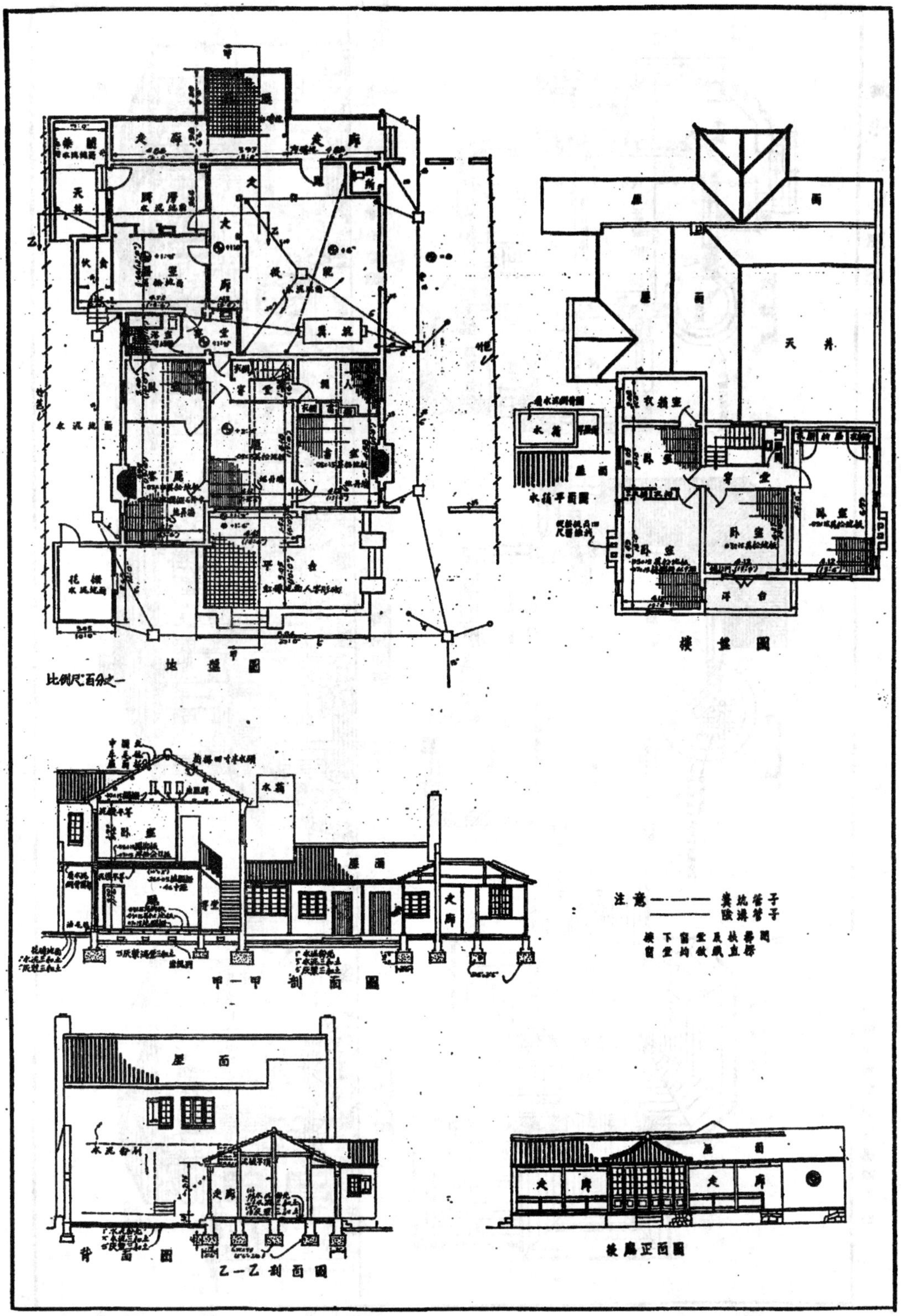
地盤圖
比例尺百分之一
樓盤圖
水箱平面圖
甲一甲 剖面圖
乙一乙 剖面圖
背面圖
後廳正面圖
注意 糞坑管子
陰溝管子
樓下窗堂及扶梯間
窗堂均設鐵直楞

周業三建築師住宅

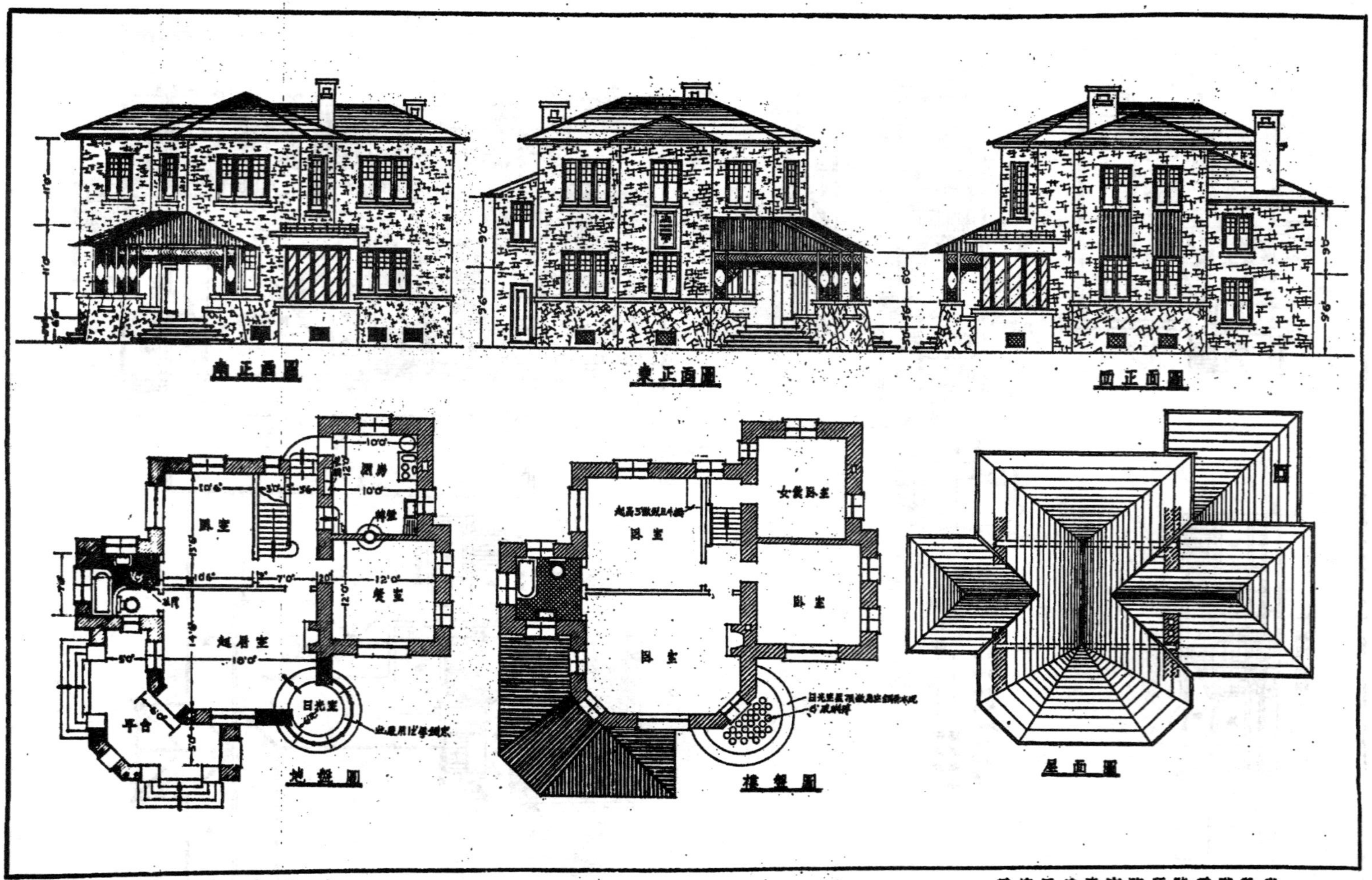

莫干山沈氏住宅

雲清房地產事務所陸謙階設計

24338

飾裝ら具店

1 飾裝面店

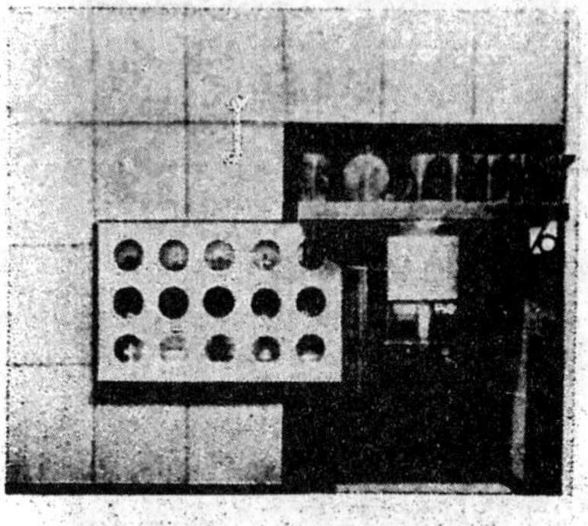

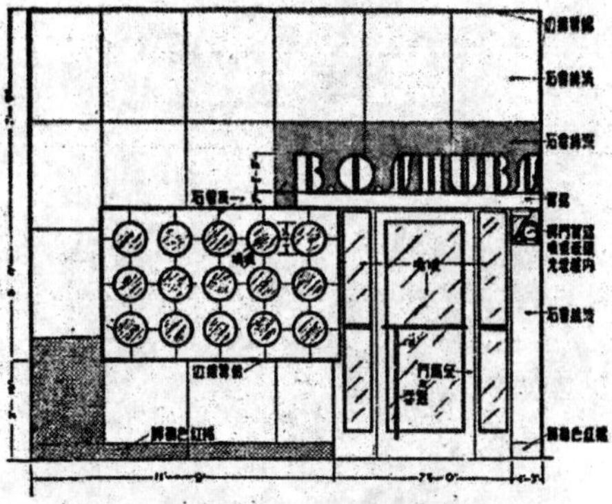

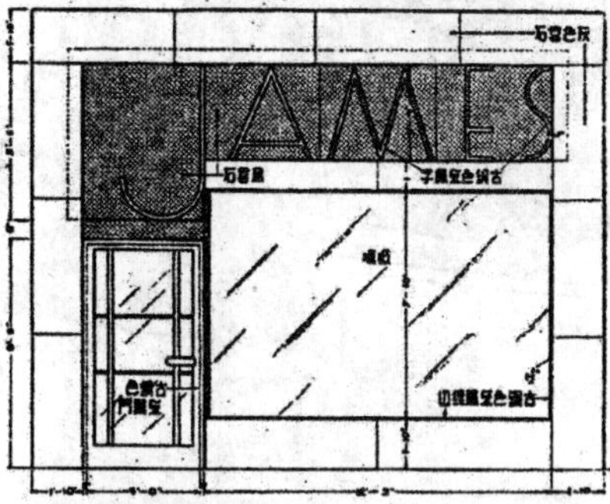

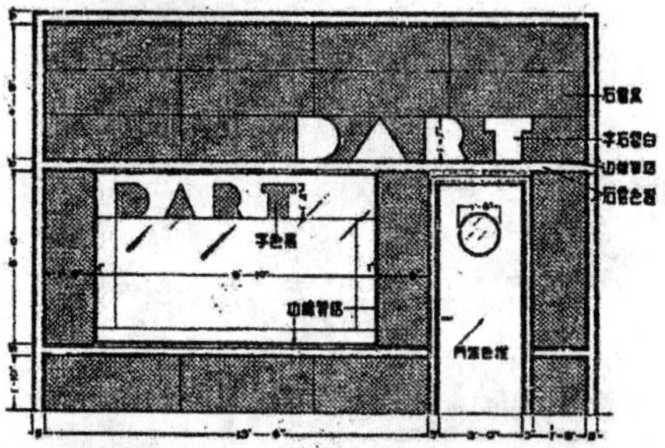

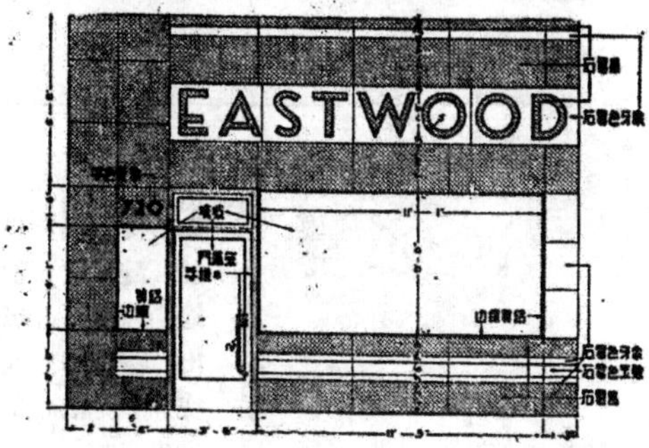

24339

此店面設計，四週繞以玻璃櫥窗；店面入口不在正中，得以留出大部地位，專供安置櫥窗，而於進出交通，並不妨礙。

廣州市今後之園林建設

過沅熙

本市自曾市長蒞任以還，凡百設施，均以民衆樂利爲本位，頃如園林管理處之設，職在掌理全市園林建設，整頓及計劃公有園林，改善及增植市郊路樹，使廣州成爲一新式園林都市，藉以繁榮本市之工商事業，發揚本市之建設光輝，並在新生活運動中，提倡戶外運動及高尚正當之娛樂，增加兒童遊樂設備，以培養將來良好之國民，使男女市民於工作餘閒得遨遊於優美園林之下，以安慰其精神，舒適其體力，斯則本處之設，市長固具深意，吾人亦當敬奉斯旨，努力以赴之也。尤有進者，近代歐美各國園林建設，已具規模，惟多有取諸我國古代之庭園布置，而我國自古關於庭園花藝之研究，在歷史方面，亦均彰彰可考，斯則今之園林管理，非盡步歐美之後塵也，因引申之：

我國園圃之設，以黃帝之「圃」爲之濫觴；帝堯復設虞人以掌山林川澤，是爲古代設施專官掌理園圃之始，文王之圃方七十里爲蒭蕘者往焉，雉兔者往焉，與民同之故詩有云：「經始靈臺，經之營之，庶民攻之，不日成之，」文王以民力爲臺爲沼，而民歡樂，此則古代藝術之精華，庭園之豐美，於歷史上斑斑可考者也。秦滅六國，統一宇內建阿房宮，覆壓三百餘里復爲馳道於天下，東窮燕齊，南極吳楚，瀕海畢至，道廣五十步，三丈而樹，此爲行道樹之嚆矢。迨及明世，定鼎金陵，天下休閑，名公巨卿，點綴林泉，都麗閑雅，文人墨客，觴詠其間；降及清世，首都北遷，苑囿如圓明園，前經八國聯軍火毀無存外，其他如三海名勝，西山八大處及頤和園等現尚完美。而江南之蘇杭甯揚湖山秀麗，清高宗先後臨幸，名聞天下，誠不失爲東亞造園學術上之偉蹟也，然此等名勝前多屬帝皇貴族之遊樂地，自民國成立，始續漸公開遊覽，至若完全以民衆遊樂而從新建設者，則尚未之見也。現在國內各都市除南京廣州對於園林建設稍有進行外，其餘均步外人經營之後塵而已。例如青島北戴河，牯嶺上海等處均是也。故廣州市專設園林管理機關，實爲華南首創之偉舉。

粵地天氣溫暖，土質肥美，四季花木叢盛，爲全國冠。而廣州地據三江之口，爲華南最大之商埠，即闢爲全國最新式之花園都市商埠，亦非難事也。顧廣州市之園林歷史，粵昔省會只有觀音山五層樓及羊城八景之勝，然經時已久，荒蕪不治，無足遊賞，清政推翻以還，官民漸知建設，馬路日闢，園林漸興，溯廣州市之有公園，實自民國九年所創始，是時由工務局負責開辦，即以舊巡撫衙門，爲第一公園之址，披荊斬棘，鳩工庀材，至民國十二年漸告完成，民十三四年，市工務局特設園林股，隸屬於建築課，民廿年後，概由園林股負責，開闢公園，增植路樹，故本市公園之先後成立者，有由民九至民十二完成之第一公園，（今改稱中央公園）是時海珠公園，東山公園相繼成立，海珠公園因填築新堤今已廢）民十五開闢越秀公園，即以觀音山全面爲園址，高低起伏，頗具天然公園之勝，民十七年，以河南尚缺園林，即以海幢古寺改闢，名爲海幢公園，民十八年增闢中山公園（石牌林場場址）十九年闢動物公園（即今永漢公園）查動物公園原爲法國領事府，林木陰鬱，風景天然，是年六月，復闢淨慧公園，查此園亦爲英國領事府，雜樹叢生，頗稱幽緻，幾經交涉，始得收回，闢爲公園，前之曠地寒林，今則遊人雜遝矣。此未始非國人努力之所致也。民十八年起，籌闢白雲山公園，先與中大林場清畫界址，續漸開闢，至民廿一而完成。爾後値市庫奇絀，園務進行，不無窒阻，各公園只得保持現狀而已。民廿四年籌闢河南漱珠崗公園，現仍在推進中，於此可見廣州市園林之建設，確具雛形，但缺乏科學方法之栽培各種卉木，并之專門人才之計劃庭布置，及切實保護園路樹諸事實耳。

民廿五年夏，曾市長蒞任，有見園林建設及整飭市容調劑民衆生活，增加民衆幸福之必要；故於十一月命工務局園林股與社會局動物園合併，改組爲園林管理處并委任過沅熙氏爲處長，飭從新規劃整理園林事務、而同時有名之荔枝灣亦決開闢爲大規模之荔枝灣公園，大沙頭亦闢爲大規模之公園及市植物園，正在設計籌劃中，且在市內各空地擬增闢小園林及兒童娛樂場，於長堤海珠一帶，增植路樹及擴廣場；又於市內馬路各處，補種及保護各路樹，均在積極實行中也，惟查園林建設，其成效，每見於十年或數十年後，現在建設期中，如設計得宜，則可減少將來鉅量之耗費，此點並不能忽視也。至若整頓各公園及急切建設諸事項，則市民現均能享受其利益，此亦本處所顧及施行者也，茲并分述之：

（一）市內公園方面：現在市公園共九處佔地八千畝，尚不及全市面積百分之三，若以人口一百萬計，則每百人中尚不能有八分面積綠葉繁密呼吸之餘地，而據中心區者，僅中央，永漢，淨慧，越秀四公園而已，園中樹木參天，遊人最稱擁擠　但花圃苗圃參差不一，宿舍草棚，污穢不雅，今已着手將花圃苗圃遷出草棚，酌量拆卸，在此讓出餘地，增加花壇布置，兒童遊樂場所，至於園內重新布置修築路面建築新式便所，改造公園大門，設置廢物箱等，各項工程務使公園表裏一新，質量同時並進，諸計劃均呈請市政府核辦中。

（二）市內小園林及兒童遊樂場：市區內人烟稠密，住屋連綿，室內黑暗污濕，疾病滋生，市長有見及此，着於市內空地開闢小園林并增設兒童遊樂設備，以資調節，現由財政局調查市內空地計有四十餘處，正按照計劃，積漸實施。

（三）路樹之保護及增植：路樹之設爲使市內空氣新鮮風景雅緻。故路樹應於市內特殊環境之下，選擇易於長成且能與風成陰者爲宜，而路面之寬度，及人行道之寬度，樹苗之選擇，均須顧及，大概以枝葉繁茂強壯，及樹根不損路面及渠管者爲標準，至於何路應植雙行樹三行樹或單行樹，並植何種樹本，則於城市計劃中，應有預定之支配，本市現尚無統一計劃，可以歸依。至若路樹之修枝保護等事，每感困難，蓋城市建設初興，市民尚未盡明路樹之重要，以後須嚴訂章則。會同警局實力保護，使臻完備也。

（四）新闢郊外公園保存名蹟：本市郊外風景優秀，山崗叢綠，名勝古跡，到處皆有，如白雲山之名泉古寺，黃婆洞之叢林，從化之溫泉，蘿崗洞諸區，均適於遊賞或避暑，亟宜闢爲郊外公園，給市民之享用，宜先將地點指定，着手登記測量及設計，務使與市區馬路全省公路之交通相連貫，與將來預定發展之區域，及人口比率職業等相均配，使續漸完成將來「大廣州市園林都市化計劃」此亦本處所希望能盡力供獻者也。

（五）開闢植物園：廣州地近熱帶，林木之雄偉及植類之繁多，爲全國冠，今擇大沙頭沿岸適當地域，闢一廣州市植物園，園內設亭池廊閣，植異卉奇花，以備本市人士及學術機關之研究，并足供市民之遊賞，倘能於四時開花木展覽會，出售新奇品種，此亦本市特有之供獻也。

（六）開闢動物園：在本市只有永漢公園內藏禽鳥獸類百餘頭，實未足應市民之賞識，且地點與環境均不適合。動物之生長，瓢有死亡，同時各界惠贈禽鳥動物者反日見增多，故最佳之辦法，即在越秀山麓大然之樹林中闢一動物園址也，現在該園地點，經已選擇，待時機一至，即搬遷永漢公園之動物至越秀山上便成矣。

（七）集中管理方法：本處爲革新管理方針採取集中管理方法將花圃苗圃物料園工等，概行集中從新分配，以資便利而收成效，花圃苗圃集中管理之後，各園空出各地，即增闢爲花境及兒童遊樂所：園工花匠集中管理之後，則易於考勤，且能訓練新法栽種花木方法：物料工具集中之後，則易於支配而多做工作，凡此計劃，均在實施也。

總上所述，本處所計劃而待施行之事甚多，且與市民樂利均有直接之關係，故祈民衆能時加督促，各學術機關，能多多合作，長官予以領導，則其成效，並非本處所敢獨專，本處不過負專責以推行耳。

（轉錄廣州中山日報）

〔接自第四頁〕

餘里，分黃入海。二十五年，臨淮縣創建石隄，以障淮水，三載告成，東西長三百十餘丈。熹宗天啟元年，淮黃暴漲數尺，決高堰武家墩等處。明年塞。莊烈帝崇禎四年六月，河決淮安建義港及新溝蘇家嘴，水灌興鹽，越三歲始塞。

清初，承明末水政廢弛之後，洪澤之淮，仍會黃於清口，水勢壅而不宣，益爲患於鳳泗淮揚間，有全局破碎之憂。世祖順治六年五月，淮水溢，息縣潁州霍丘五河泗州俱大水。十五年冬十月，黃淮交漲，沒清河縣治。十六年，歸仁隄決，黃水入洪澤湖。康熙元年，歸仁隄再決，開周橋閘，淮大洩。三年，淮溢。七年，潁泗大水，清口塞。八年，淮漲，周橋未閉，水益東趨。九年五月，淮黃大漲，壞高堰石工六十餘段。十二年，決高良澗。十五年五月，淮黃復大決高家堰。十六年七月，塞武墩高堰六安溝諸決口，修築高堰舊堤。十九年，靳輔創建武家墩高良澗周橋古溝東西及唐埂減水壩共六座，是爲改閘爲壩之始。是年修歸仁隄，斷絕黃水直灌洪湖之路，又建五堡減水壩。二十二年，伏秋淮大漲，啟放高良澗等減水壩六處。二十五年，靳輔於高堰東坡挑河運料，自武家墩至周橋，長六十餘里，名運料河，東岸築隄，爲高堰外護。二十六年，開高堰六壩。二十七年正月，聖祖南巡，諭修高堰石工。三十四年，建高堰裹越壩一道，西面建石。三十五年，淮黃大漲，高堰決六壩。三十七年，董安國收縮清口，自張福隄尾接築臨清隄約三里，移清口於新隄尾東側，即於此處建東西東水壩。三十八年春，總河于成龍奉旨於清口外上流建挑水大壩一座。夏秋潰決十餘處，六壩皆傾圮，及冬僨修堰工，大修高家堰大隄土石各工程，並籌堵六壩決口。三十九年四月，堵築高堰六壩。九月繼續大修高堰，北自武家墩隄頭起，南至棠梨樹止，計長八十餘里，一律培築土工，加幫高厚，又拆砌武家墩至小黃莊舊石工。秋冬堵閉六壩，又以六壩既塞，議另建滾水石壩三座，壩底加高三尺，仍留天然二壩以備異漲，是爲高堰有石滾壩之始。又修砌歸仁隄石工，建歸仁安仁利仁雙門閘三座。洩睢水入洪澤湖，並修格隄，自五堡向東北至便民閘，修築自五堡迤東南之隄工，以爲南東水堤；創築北東水隄。挑修引河，引睢水入黃河，於引河尾建祥符雙門大閘。開東挑月河，建五壩小閘，臨黃築草壩，節制睢黃入洪湖之路。四十年春，張鵬翮於運口舊大墩迤北建新大墩，創築攔湖新隄一百四十丈。四十一年，夏秋淮黃並漲，高壩自武家墩至棠梨樹。全賴于堰捍禦。四十五年正月，奉旨於高堰三壩之下，挑河築隄東水。七月開三壩，八月開天然北壩。是年冬建蔣家壩石閘。五十一年黃河大溜，過西壩直向卡家汪，諭於卡家汪建挑水壩一座。六十年，加修武家墩臨湖隄工。

清世宗雍正三年六月，睢寧縣朱家海河決，其水下注洪澤湖，三滾壩門檻太高，過水不暢；又啟放天然土壩二道。五六年，齊蘇勒改修山盱滾水石壩三座。九年，大修高堰石工六千三百餘丈，明年六月工成。清高宗乾隆元年，啓放山盱廟天然南北二壩。七年夏，拆展清口東水壩。八年，於天妃運口外築臨湖隄，自運口頭壩起，向南轉東，至濟運壩止，長一千七百四十八丈。十年，洪湖石滾壩過水，啓放天然土壩。十一年，淮湖水漲，山盱三滾壩過水，又啓天然壩及蔣家閘。十二年，勸建吳城臨湖甎工。十六年二月，高宗南巡，閱視堰盱工程，諭天然壩永禁開放，滾水石壩，增三爲五。乾隆十七八年，接建吳城臨湖甎工。十九年，建武家墩湖甎工，自石工頭迤北至武家墩，長一百四十七丈。二十四五年，又接建至濟運壩，長一千六丈。二十七年，又接建甎工至太平莊。乾隆四十一年冬，築臨清臨黃各隄工，又於陶莊迤下。接築束水隄三里許。四十二年春，以清口展長，移東西東水壩於迤下一百六十丈之平成臺。四十三年春，疏洪湖引河，並開峯山祥符諸閘。四十五年二月，高宗南巡，親臨武家墩，令將卑矮石工，酌量加高，甎工改石，以爲全湖屏障。四十六年六月，睢寧魏家莊河決，水入洪湖，拆展清口東西壩，次第啟放義智信三壩。五十一年七月，洪湖水漲，山盱五壩全開。五十四年，酌於五引河滙總處張福太平二口。各築柴壩一道。六十年二月，修砌堰盱石工甎工土工，並築禹王廟侯二門堤使越堰，以作重門保障，四月底報竣。

清仁宗嘉慶元年六月，洪湖長水，拆展東清禦黃兩壩。嗣又接漲，風浪掣卸瓶石各工，啟放智壩。九年，重築臨清東水隄，自康熙舊西壩址起。至大河尾止，長一千另五十丈。十四年三月，改堰盱舊加一層之瓶工為石工，加幫子堰，培築高厚。十五年，拆修山盱智禮二壩，加高壩底，智壩加高四尺，禮壩加高三尺。十六年春，禦黃壩外，添做鉗口壩，禦黃壩南，添做二壩。十八年冬，山盱智壩，接長石底，又修信壩，升高壩底一尺。二十二年，山盱仁字河頭建石滾壩。二十四年夏初，清口倒灌，堵閉禦黃東清兩壩。

清宣宗道光初年，禦黃壩或堵或開。三年，總河黎世序間段加高堰盱石工二千餘丈，義字河頭，建滾水石壩。五年，大修堰盱石工一萬一千六百七十餘丈，十月完竣。又建臨清東西堰於禦黃二壩之南。七年春，開塘河自河口草閘至臨清堰，長五百八十八丈。十三年春夏間，拆修山盱智壩林壩，及仁義兩河。十八年，山盱禮字河，建造石底，自是三河皆有壩。

清文宗咸豐元年，啟放山盱禮河壩。五年正月，堵築山盱禮字河越壩，蓄洪澤湖水，以濟鹽運。穆宗同治五年，設測量局。德宗光緒元年，江督劉坤一，擬挑黃河故道，親赴楊莊履勘，未及施工。七年二月，開濬舊黃河，自楊莊起，至安東縣東門外止。十三年八月，鄭州黃河漫溢入淮，挑楊莊以下舊黃河二百餘里。十七年三月，江督沈秉成，漕督松椿，修復山盱林智信三壩。宣統元年秋，江蘇諮議局張謇等，議設江淮水利公司於清江浦，籌辦測量，以為導淮之預備。三年正月，改組為江淮水利測量局，實測淮泗沂沭諸水各河湖水道，以為導淮施工計劃之根據。

民國二年，設導淮局於北平，督辦張謇，發表導淮計畫宣告書。三年，改導淮局為全國水利局。三年四月，張謇南下勘淮事竣，發表報告，分五施工。七月，美國工程團來華，攷察淮河情形，發表報告，主張導淮入江。五年，江淮水利測量局，測量關於淮水各處河湖底與高及水位流量，以為導淮計工之標準。六年，張謇發表江淮水利計劃書，分十年施工。八年，張謇依據測量結果，發表江淮水利施工計畫書，主張七分入江，三分入海，並治沂沭，分九年施工。九年，美國工程師費禮門，撰治淮計畫書，擬導淮由海州入海，利用天然水力衝鑿新河。十年伏秋，洪湖異漲較五年為大，仍由三河口東注，其餘波北由故道入海。十四年，全國水利局，發表治淮計畫，合蘇皖豫三省。十七年，國民政府建設委員會，整理導淮測量圖案。十八年，國民政府設導淮委員會。分設工務處於清江浦，籌備導淮。二十年春，導淮委員會，公佈導淮工程計劃，預定三期。第一期，分五年施工。九月，導淮委員會開會討論導淮路綫，議決由張福河經廢黃河至套子口入海。二十二年春，導淮委員會，興挑張福引河，是年公佈主張導工程入海水道計劃。二十三年冬，江蘇省政府主席兼導淮委員會副委員長陳果夫，依據導淮會計劃，大挑廢黃河，自楊莊至七套以下，又闢新道至套子口，以為導淮入海初步工程，分兩年施工。二十四年夏秋，導淮委員會開始建築三河口活動壩及楊莊活動壩。二十五年二月，江北運河工程局，修理洪湖大堤石工，四五六月先後完竣。七八月，初步導淮，已達十之八九，指日工成。

本刊所載材料價目，力求正確；惟市價瞬息變動，漲落不一，集稿時與出版時難免出入。讀者如欲知正確之市價者，希隨時來函詢問，本刊當代爲探詢詳告。

磚瓦

(一) 空心磚

十二寸方十寸六孔　每千洋二百三十元
十二寸方八寸六孔　每千洋一百八十元
十二寸方六寸六孔　每千洋一百三十五元
十二寸方四寸四孔　每千洋九十元
十二寸方三寸三孔　每千洋七十元
九寸二分方六寸六孔　每千洋七十五元
九寸二分方四寸半三孔　每千洋六十元
九寸二分方三寸三孔　每千洋四十五元
四寸半方九寸二分四孔　每千洋三十五元
九寸二分四寸半三寸二孔　每千洋二十二元
九寸二分·四寸半·二寸半·二孔　每千洋二十一元
九寸二分·四寸半·二寸·二孔　每千洋二十元

(二) 八角式樓板空心磚

十二寸方八寸八角四孔　每千洋二百元
十二寸方六寸八角三孔　每千洋一百五十元
十二寸方四寸八角三孔　每千洋一百元

(三) 六角式樓板空心磚

十二寸方十寸六角三孔　每千洋二百五十元
十二寸方八寸六角三孔　每千洋二百元
十二寸方七寸六角三孔　每千洋一百七十五元
十二寸方六寸六角三孔　每千洋一百五十元
十二寸方五寸六角三孔　每千洋一百二十五元
十二寸方四寸六角三孔　每千洋一百元
十二寸八寸十寸六角二孔　每洋千一百六十五元
十二寸八寸八寸六角二孔　每千洋一百三十五元
十二寸八寸七寸六角二孔　每千洋一百十五元
十二寸八寸六寸六角二孔　每千洋一百元
十二寸八寸五寸六角二孔　每千洋八十五元

(四) 深淺毛縫空心磚

十二寸方十寸六孔　每千洋二百四十元
十二寸方八寸半六孔　每千洋二百〇五元
十二寸方八寸六孔　每千洋一百八十五元
十二寸方六寸六孔　每千洋一百四十五元
十二寸方四寸四孔　每千洋九十七元
十二寸方三寸三孔　每千洋七十七元
九寸三分方四寸半三孔　每千洋六十四元

(五) 實心磚

九寸四寸三分二寸半特等紅磚　每萬洋一百四十元
又　普通紅磚　每萬洋一百三十元
八寸半四寸一分二寸半特等紅磚　每萬洋一百三十四元
又　普通紅磚　每萬洋一百二十四元
十寸·五寸·二寸特等紅磚　每萬洋一百三十元
又　普通紅磚　每萬洋一百二十元
九寸四寸三分二寸特等紅磚　每萬洋一百十元
又　普通紅磚　每萬洋一百元
九寸四寸三分二寸二分特等紅磚　每萬洋一百二十元
又　普通紅磚　每萬洋一百十元
九寸四寸三分二寸二分拉縫紅磚　每萬洋一百六十元
十寸五寸二寸特等青磚　每萬一百四十元
又　普通青磚　每萬洋一百三十元
九寸四寸三分二寸特等青磚　每萬一百二十元
又　普通青磚　每萬洋一百十元
九寸四寸三分二寸二分特等青磚　每萬一百三十元
又　普通青磚　每萬一百二十元

(以上統係外力)

(六) 瓦

一號紅平瓦	每千洋六十元
二號紅平瓦	每千洋五十五元
三號紅平瓦	每千洋四十五元
一號青平瓦	每千洋六十五元
二號青平瓦	每千洋六十元
三號青平瓦	每千洋五十元
西班牙式紅瓦	每千洋五十元
西班牙式青瓦	每千洋五十三元
英國式灣瓦	每千洋四十元
一號古式元筒青瓦	每千洋六十元
二號古式元筒青瓦	每千洋五十元

(以上統係連力)

以上大中磚瓦公司出品

鋼條

四十尺四分普通花色	每噸二百三十元
四十尺五分普通花色	每噸二百二十元
四十尺六分普通花色	每噸二百十元
四十尺七分普通花色	每噸二百十元
四十尺一寸普通花色	每噸二百十元

泥灰

象牌水泥	每桶洋七元一角六分
泰山水泥	每桶洋七元九角
馬牌水泥	每桶洋七元一角五分

木材

洋松八尺至卅二尺再長照加	每千尺一百二十五元
一寸洋松	每千尺洋二百三十七元
寸半洋松	每千尺洋二百三十八元
四尺洋松條子	每萬根洋二百六十五元
一寸四寸洋松一號企口板	每千尺洋一百七十元
一寸四寸洋松副頭號企口板	每千尺洋二百三十五元
一寸四寸洋松二號企口板	每千尺洋一百二十元
一寸六寸洋松一號企口板	每千尺洋二百七十五元
一寸六寸洋松副頭號企口板	每千尺洋一百四十元
一寸六寸洋松二號企口板	每千尺洋二百二十三元
一二五寸四寸洋松一號企口板	無市
一二五寸四寸洋松二號企口板	無市
一二五寸六寸洋松一號企口板	無市
一二五寸六寸洋松二號企口板	無市
柚木(頭號)僧帽牌	每千尺洋六百元
柚木(甲種)龍牌	每千尺洋亖百亖十元
柚木(乙種)龍牌	每千尺洋五百元
柚木(旗牌)	每千尺洋亖百亖十元
柚木(眉牌)	每千尺洋四百十元
硬木	無市
硬木(火介方)	每千尺洋二百八十五元
柳安	每千尺洋二百九十元
紅板	每千尺洋二百六十元
抄板	每千尺洋二百八十元
十二尺六寸三八皖松	每千尺洋八十元
十二尺二寸皖松	每千尺洋八十元
一二五寸四寸柳安企口板	每千尺洋二百十元
一寸六寸柳安企口板	每千尺洋二百十元
一二五寸四寸企口紅板	無市
二寸一半建松片	市尺每千尺洋八十元
九尺四分建松板	市尺每丈洋五元五角
九尺八分建松板	市尺每丈洋八元二角
六尺半五分青山板	市尺每丈洋四元五角
本松毛板	市尺每塊洋三角二分
本松企口板	市尺每塊洋三角四分

六尺半二分杭松板	市尺每丈洋二元二角
七尺半二分甌松板	市尺每丈洋二元三角
六尺半八分皖松板	市尺每丈洋六元五角
九尺八分皖松板	市尺每丈洋七元八角
六尺半五分皖松板	市尺每丈洋四元五角
台松板	市尺每丈洋四元六角
七尺半四分坦戶板	市尺每丈洋三元
七尺半三分坦戶板	市尺每丈洋二元八角
六尺二分機鋸紅柳板	市尺每丈洋二元八角
六尺三分毛邊紅柳板	市尺每丈洋二元五角
六尺二分俄松板	市尺每丈洋二元六角
六尺半二分俄松板	市尺每丈洋二元八角
七尺半毛邊二分坦戶板	市尺每丈洋一元八角
六尺半五分機介杭松	市尺每丈洋四元五角
白松方	每千尺洋九十五元
紅松方	每千尺洋一百十五元
麻栗方	每千洋一百三十五元
啞克方	每千洋一百三十五元
俄麻栗板	每千尺洋一百四十元

五金

（一）釘

中國貨元釘	每桶洋十三元五角

（二）防水粉及牛毛毡

建業防水粉（軍艦）	每磅國幣三角
雅禮避水漿	每介侖一元九角五分
雅禮避水粉	每介侖一元九角五分
雅禮避水漆	每介侖三元二角五分
雅禮紙筋漆	每介侖三元二角五分
雅禮避潮漆	每介侖三元二角五分
雅禮透明避水漆	每介侖四元二角
雅禮膠珞油	每介侖四元
雅禮保地精	每介侖四元
雅禮保木油	每介侖二元二角五分
雅禮快燥精	每介侖二元

（以上出品均須五介侖起碼）

五方紙牛毛毡	每捲洋二元四角
半號牛毛毡（人頭牌）	每捲洋二元五角
一號牛毛毡（人頭牌）	每捲洋三元五角
二號牛毛毡（人頭牌）	每捲洋四元五角
三號牛毛毡（人頭牌）	每捲洋七元五角

（三）其他

鋼絲網（27"×96" 2¼lbs.）	每方洋四元二角
鉛絲布（闊三尺長百尺）	每捲二十五元
綠鉛紗（同上）	每捲洋十五元
銅絲布（同上）	每捲三十五元

新申營造廠

上海康腦脫路一七九弄十二號 電話三四一七一

上海南京路四川
路角迦陵大樓
之全部打樁工
程由本廠承建

The Complete PILING of the FOUNDATION of the

LIZA HARDOON BUILDING

was done by the

NEW SHANGHAI CONSTRUCTION CO.

Lane 179, House 12 Connaught Road, Tel. 34171

SHANGHAI.

建築月刊

THE BUILDER

內政部登記證警字第二五五四號

中華郵政特准掛號認為新聞紙類

廣告刊例

Advertising Rates Per Issue

地位 Position	全面 Full Page	半面 Half Page	四分之一 One Quarter
底封面外面 Outside back cover.	七十五元 $75.00		
封面及底面之裏面 Inside front & back cover	六十元 $60.00	三十五元 $35.00	
封面裏面及底面裏面之對面 Opposite of inside front & back cover.	五十元 $50.00	三十元 $30.00	
普通地位 Ordinary page	四十五元 $45.00	三十元 $30.00	二十元 $20.00

小廣告 每期每格一寸高三寸半闊洋四元

Classified Advertisements - $4.00 per column

廣告概用白紙黑墨印刷，倘須彩色，價目另議；鑄版彫刻，費用另加。

Designs, blocks to be charged extra. Advertisements inserted in two or more colors to be charged extra.

第四卷第十號

民國二十六年一月發行

刊務委員 江長庚 陳壽芝 姚長安

主編 杜彥耿

廣告 藍克生 (A. O. Lacson)

發行 上海市建築協會 南京路大陸商場六二〇號 電話 九二〇〇九號

印刷 新光印書館 上海聖母院路聖達里三〇號 電話 七四六三五號

定價

每月一冊 全年十二冊

訂購辦法	價目	郵費 本埠	郵費 外埠及日本	郵費 香港澳門	郵費 國外
零售	五角	二分	五分	一角八分	三角
預定全年	五元	二角四分	六角	二元一角六分	三元六角

上海市建築協會附設
私立正基建築工業補習學校招生

民國十九年秋創立 ○ 上海市教育局備案

宗旨 本校以利用業餘時間進修工程學識培養專門人才爲宗旨（授課時間每晚七時至九時）

編制 普通科一年專修科四年（普通科專爲程度較低之入學者而設修習及格升入專修科一年級肄業）

招考 本屆招考普通科一年級專修科一二三年級（專四並不招考）各級投考程度如左：

普通科一年級　高級小學畢業或具同等學力者（免試）
專修科一年級　初級中學肄業或具同等學力者
專修科二年級　初級中學畢業或具同等學力者
專修科三年級　高級中學工科肄業或具同等學力者

報名 即日起每日上午九時至下午五時親至南京路大陸商場六樓六二〇號上海市建築協會內本校辦事處填寫報名單隨付手續費一元（錄取與否概不發還）領取應考証憑証於指定日期到校應試

考科 各級入學試驗之科目　（專一）英文・代數　（專二）英文・三角　（專三）英文・微積分

考期 二月二十日（星期六）下午六時起在本校舉行（二月二十日以後隨到隨考）

校址 派克路一三二弄（協和里）四號

附告 （一）普通科一年級照章得免試入學投考其他各年級者必須經過入學試驗
（二）本校章程可向派克路本校或大陸商場上海市建築協會內本校辦事處函索或面取

中華民國二十六年二月　日　校長　湯景賢

中國工程師學會

國產建築材料展覽會獎狀

出品人 建業公司

出品地 上海

品名 防水粉

右出品經本會審查評定

應給予特等獎狀

會長 顏德慶

展覽會主席 濮登青

評判主席 沈怡

中華民國……十月二十日

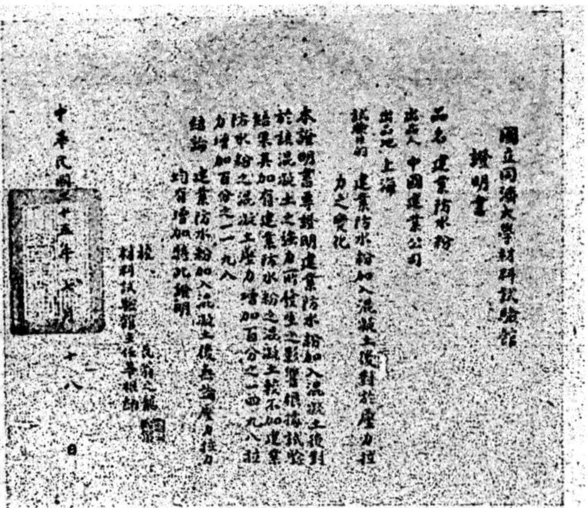

國立同濟大學材料試驗館

證明書

品名 建業防水粉

出品人 中國建業公司

出品地 上海

試驗目的 建業防水粉加入混凝土後對於壓力拉力之變化

本證明書專證明建業防水粉加入混凝土後對於該混凝土之強力所發生之影響根據試驗結果其加有建業防水粉之混凝土較不加建業防水粉之混凝土壓力增加百分之一四．九八拉力增加百分之一一．九八

結論 建業防水粉加入混凝土後無論壓力拉力均有增加特此證明

校長 翁之龍

材料試驗館主任 李根師

中華民國二十五年七月十八日

建業防水粉 任何建築—不可不用

建業防水粉為吾國著名化學專家所發明原料悉採自本國品質高超售價低廉功效偉大遠勝舶來早為建築界所公認歷經上海市工業試驗所國立同濟大學材料試驗館國貨工廠聯合會證明並經實業部審查出品委員會暨中國工程師學會主辦國產建築材料展覽會等審查委員會評定頒給特等獎狀各在案各界任何建築一經採用此粉不啻添一保障也

功效 凡建築房屋。地坑。屋頂。貯藏室。牆垣。游泳池。水塔。水池。堤岸。道路。庫房。橋樁。橋樑。及粉刷外牆。等所需之水門汀三合土或水泥灰漿中如和入建業防水粉即能保險乾燥潔淨永無滲漏潮濕之弊並能增加壓力拉力（詳國立同濟大學試驗證書）是更能使建築物多一保障誠於建築物之安全居處之衛生均大有裨益

用量 無論攙入水門汀三合土或鋼筋混凝土及水門汀灰漿中均占水門汀數量百分之二『即每壹百磅水門汀中加入建業防水粉二磅』攪和後即可應用手續捷便

注意用法 如用手工拌和之三合土或水泥灰漿請將水門汀與「建業防水粉」先行乾拌勻和再與黃沙等充分拌和然後照常加水倘用機器拌和之水泥三合土可將水泥與「建業防水粉」同時加入照常攪和之

中國建業公司出品

事務所 上海愛多亞路中匯銀行大樓二一一至二一三號

電話 第八三九八〇號

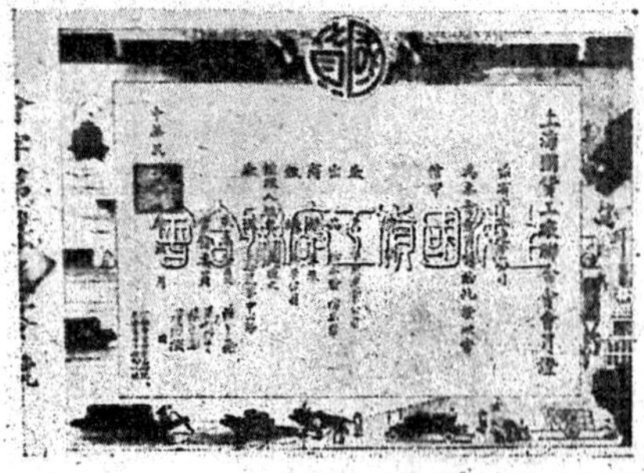
上海國貨工廠聯合會國貨證明書

Trade **WARSHIPS** Mark

註冊商標

上海國貨工廠聯合會國貨證明書

THE CHIEN YEH WATER PROOFING POWDER

MANUFACTURED BY

THE CHINA CHIEN YEH & CO.

TELEPHONE: 83980

OFFICE ROOM NO. 231-232 CHUNG WAI BANK BUILDING 147 AVENUE EDWARD VII SHANGHAI

實業部獎狀

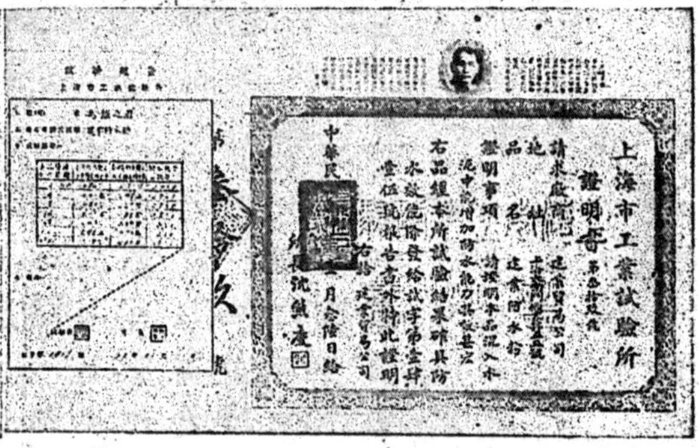
上海市工業試驗所
證明書

The Water Proofing Powder as invented by the Chinese chemists and manufactured with pure Chinese products, has been recognized to be the cheapest and best product.

As examined by the Industrial Testing and Research Laboratory and tested by the eminent Laboratory of Material Testings in Tung Chi University, this powder is of highest quality, much superior to the foreign commodities. The Association of Chinese Factories and The Exhibition of the Chinese Constructional Materials have applaused its best effects and highest merits for any structures anncunced by the Chinese Institute of Engineers through long experiences. It also has been approved and applaused by the Ministry of Indnstry with honorable Testimonial.

Surely, in any structure, should it be used, much security and safety will be Guaranteed.

EFFECT: Increasing pressure and tension of materials, thus protecting the safety of building and stability of structure

Preventing from wet and breaking of the wall, especially for roofs, swimming pool, cell basement, etc.

DIRECTION: Simply mixing with 2% in weight of this powder in any materials such as plain concrete, reinforce concrete cementmortar, etc. an enormous effect will be produced as above mentionen.

山脊住宅之美化佈置
二十六年
公勤鐵廠股份有限公司之新貢獻
網籬工程之二十二
上圖外國鍍鋅鉛絲網
籬係本廠最新出品物
質堅韌式樣美觀美化
住宅不能無此網籬也
總廠
上海楊樹浦臨青路
電話 五〇二二四 五〇一六七

24355

奇異安迪生
亞司令
飛利浦
長管形燈泡
不論屋內及屋外用以作為裝飾最為合宜電影院餐館銀行商店禮廳及私人住宅等均宜採用
詳細說明函索即寄
中和燈泡公司
營業部四川路一一〇號
電話一七二五〇
OSRAM
亞司令
奇異安迪生光牌
EDISON
飛利浦
PHILIPS

馥記營造廠

承建之

導淮船閘工程

總事務所 上海四川路三三號 電報掛號一五二七 電話一七三三六 一七三三七

總廠 上海戈登路三五五號

分事務所 南京中山東路一號[illegible]大樓 南昌宿包巷五九號

分廠 河南駐陵九江廣州 杭州青島南京貴溪 呼哈邵伯淮陰劉圃

第一堆棧 上海閘北成林街

第二堆棧 上海浦東陵寗寺

分事務所 分廠 電報掛號七四五〇

VOH KEE CONSTRUCTION CO.

24357

永光油漆
出品
厚漆
調合漆
凡立水
水牆粉
乾牆粉
地板蠟
其他花色繁多不勝備載
註冊商標
狗牌
牛牌
熊牌
羊牌
猴牌
特點
原料——多數購自歐美名廠
製造——聘請英國著名油漆專家督製
品質——優良並經各大建築師認與舶来品無異
定價——特別低廉
服務——凡遇有油漆工程發生困難問題本公司備有專家可供諮詢
上海永光油漆有限公司
總經理 太古公司 法租界外灘 電話八二〇二〇
瑪瑙石

建築月刊

二

本會出版叢書
華英 英華 合解建築辭典
胡宏堯先生著聯樑算式

50 CENTS

The BUILDER

24359

The New Building of the Wing On Co., Nanking Road, Shanghai.

遠東

實業公司陶磁廠

廣東路一百七十五號

電話 一四四二五

上海南京路永安公司新廈外牆所用之奶油色光耀釉面磚均由本公司陶磁廠供給

本廠所出各品任何式樣及顏色均可依照建築師之指定製造擔保滿意

★ Glazed Facing Tiles (exterior) of the above illustrate building were supplied by

Pottery & Porcelain Factory,

The Far Eastern Chemical Works.

Office: 175 Canton Road. Tel. 14425

Klockner Steel Corporation

Manager

W. F. REHFUS

106,12 The Bund, Tel. 11903

Telegraphic Address: Refus

Most Potential European makers of all sorts of steel, iron and wire materials for the manufacturing industry, building industry, shipbuilding etc.

Some of our specialities:-

Bars and angles, channels, joists, wire rods and hoops.
Spring steel, carbon tool steel, cold rolled strip, galvanized hoops.
Steel sheet piling, wire rope, galvanized wire, etc., light rails and accessories, trench linings, water and gas pipe, lift guides, sheets and plates, wire nails, bolts and nuts etc., welding wire.

Please apply for our full list of products, all qualities can be made from the cheapest merchantable to the finest special ones.

德國克洛克納鋼鐵公司

中國總經理

李富士

上海外灘十二號
匯豐大厦一〇六號
電話一一九〇三

"Refus"電報掛號

本公司專門製造實業界建築界船廠等應用各種鋼鐵及鉛絲等，為歐洲最有力之製造專家。茲試舉出品一班如下：

鐵條及三角鐵，水落鐵，工字鐵，洋圓及羅皮。彈簧鋼，工具鋼，冷拉鋼條，鍍鋅羅皮。鋼板椿，鋼絲繩，鍍鋅鐵絲，輕便路軌及附件，水管及煤氣管。地軸，鋼皮鋼板，洋釘，鐵門，電焊鐵絲。

本公司出品質優價廉，久著信譽；備有出品一覽，承索即寄。

REMEMBER, WE SPECIALISE IN

Marble
Imitation Marble
Terrazzo
Sanitary Jointless Flooring
Carborundum Non-Slip Flooring

and *Specialisation means a Better Job at a Better Price*

TERRAZZO MARBLE & TILE CO.

WAYFOONG HOUSE,
220 SZECHUEN ROAD,
SHANGHAI.

OFFICE: 11225. **FACTORY: 51612**

英商美藝雲石花磚公司

事務所 上海四川路二二〇號一樓

電話 一一二二五號

工程師……建築師……營造廠

幸共鑒諸！

本公司獨擅專長

眞雲石

人造雲石

磨石子

衛生無縫地礡

金剛沙不滑地礡

等各種工程

本公司爲上列各項工程之技術專家如荷以上述工程見委保證工程道地價格低廉迥非別家所可比擬謂予不信盍一試之

工程一覽表

中國銀行大廈　京城大飯店
國際大飯店　大光明電影院
漢彌登大廈　新亞大酒店
河濱大廈　百老匯大廈
雷氏德工藝學院　華懋大廈

Ozalid

註冊商標

奧速立達乾燻紙

爲中西各國所歡迎

特點

1. 節省時間，捷速簡便。
2. 不用水洗，乾燻即妥。
3. 晒成之圖，尺度標準。
4. 經久貯藏，永不退色。
5. 紙質堅韌，久藏不壞。
6. 油漆皂水，浸沾無礙。

其他特點尚多不勝枚舉茲有大批到貨價目克己如蒙
惠顧不勝歡迎敝行備有說明書價目單樣品俱全並有
技師專代顧客晒印如有疑點見詢無不竭誠以告

德孚洋行

四川路二六一號

代理處 天津 濟南 香港 漢口 長沙 重慶 (均有分行)

道門朗公司

自造鋼鐵鋼條材料

承造橋梁房屋工程

右百老滙大廈鋼架共重一九二七噸由本公司供給建造

地址上海外灘廿六號　電話一二九八〇

英國環球紙柏製造廠

THE UNIVERSAL ASBESTOS MFG. Co., LTD., LONDON.

"LIMPET-HANDCRAFTS"

ASBESTOS CEMENT ROOFING

In sheets up to 10'0" lengths.

Economical - Durable

Reliable

Estimates and samples free. Stocks carried.

SOLE AGENTS IN CHINA:

William Jacks & Co., Ltd.

51 Hong Kong Road　Tel. 11479

SHANGHAI.

本廠製造「令不脫」手藝紙柏水泥屋瓦備有各種尺寸定價低廉耐久可靠如蒙賜顧或委託估價毋任歡迎備有樣品函索即寄

中國總經理

闔闢洋行

上海香港路五十一號　電話一一四七九號

木材因白蟻及其他蠹木害蟲，乾腐，與機體朽壞而致之損失。一歲之中，不可勝計。白蟻之摧毀工作，至爲隱秘。故其所生之損害。在發見以前。往往程度已深。如欲獲得永遠之保護。祇有將木材及木器充分塗以「阿脫拉司A」護木水。

「阿脫拉司A」護木水行世已四十年。功能防止木材之蟲害，乾腐，及機體朽腐。據許多試驗及長期觀察之結果。木材之以「阿脫拉司A」護木水治過者。二十年後，仍然保持完固之情形。與最初治過者無異。並不需要重行塗治。

「阿脫拉司A」護木水非揮發性。故雖露置之，亦不失其護木之特性。該護木水有標準者。係無色亦無臭。凡欲保持天然木色，或備後來上蠟，髹漆，或加凡立水之木材木器。均適用之。此外並備有一種褐色者。

「阿脫拉司A」護木水足以增加木材之御火性。較之未治過者。成效足有四倍之多。

英國愛立士阿脫拉司防腐劑有限公司製造

香港 中國 澳門 現貨總經售處 孔士洋行 上海四川路一一〇號 上海郵政信箱一一七九號

漢口 天津 香港 廣州 孔士洋行 亦有現貨出售

裝桶分一加侖及五加侖兩種

備有說明書承索即奉

ATLAS·A
Powerful WOOD PRESERVATIVE

(二)

鋁在建築上之價值

合金雜亂選用，未免限制鋁在外部裝飾之用途。但鋁之爲物，對於建築家確有其建築上之價值。故今者有種種特製合金，以適應其需要。

此種合金，壓鑄成種種形式。廣用於門框，窗框，門柄，木椿，市招，及其他支持重量之橫梁。

鋁之爲物，不翹曲。不拆裂。不分離。並能製成種種形式。配成種種顏色。髹成種種漆色。本公司甚願供君以必要之專門知識。而與君共同合作焉。

詳細情形 請詢 鋁業有限公司

上海北京路二號 上海郵政信箱一四三五號

(五)

馥記營造廠

總事務所 上海四川路三三號 電報掛號一五二七 電話 一七三三六 一七三三七

總廠 上海戈登路三五五號

分事務所 南京中山東路一號馥記大樓 南昌資包巷五九號

分廠 河南、寶慶、九江、廣州 杭州、青島、南京、貴溪 盱眙、邵伯、淮陰、劉澗

第一堆棧 上海閘北廣林街

第二堆棧 上海浦東慶寧寺

分事務所 分廠 電報掛號七四五〇

VOH KEE CONSTRUCTION CO.

承建之南昌中正橋

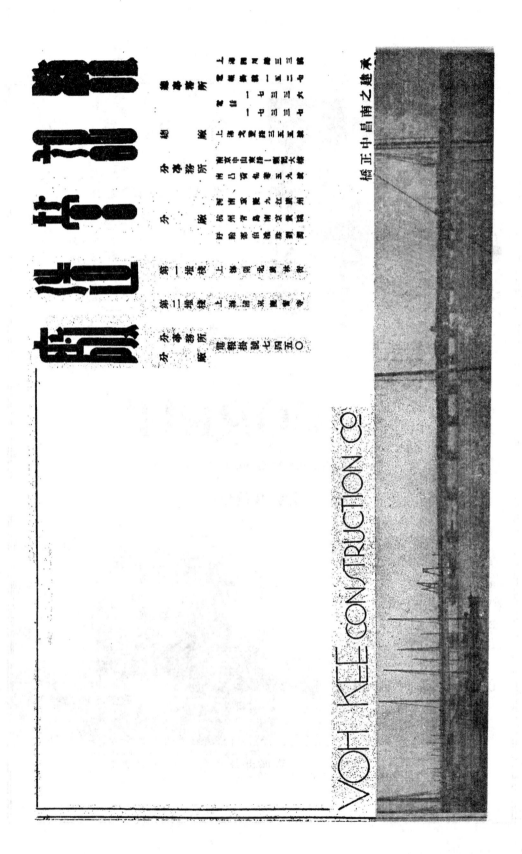

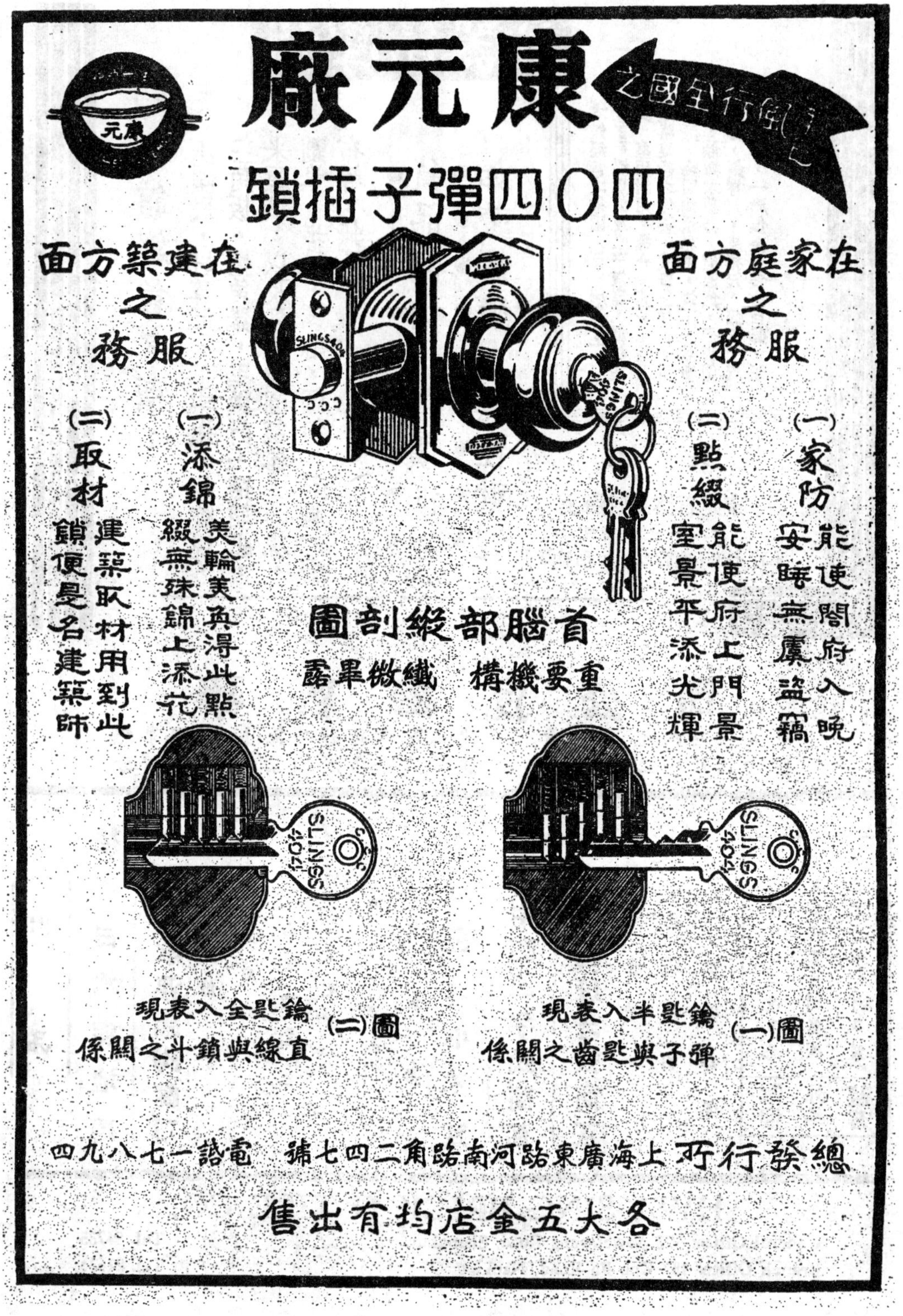
康元廠
風行全國之
四〇四彈子插鎖
在家庭方面之服務
(一)家防
能使閤府入晚安睡無虞盜竊
(二)點綴
能使府上門景室景平添光輝
在建築方面之服務
(一)添錦
美輪美奐得此點綴無殊錦上添花
(二)取材
建築取材用到此鎖便是名建築師
SLINGS 404
C.C.C.
首腦部縱剖圖
重要機構 纖微畢露
圖(一) 鑰匙半入表現彈子與匙齒之關係
圖(二) 鑰匙全入表現直線與鎖斗之關係
總發行所 上海廣東路河南路角二四七號 電話一七八九四
各大五金店均有出售

建築月刊本期要目

插圖

譯著

廣告索引

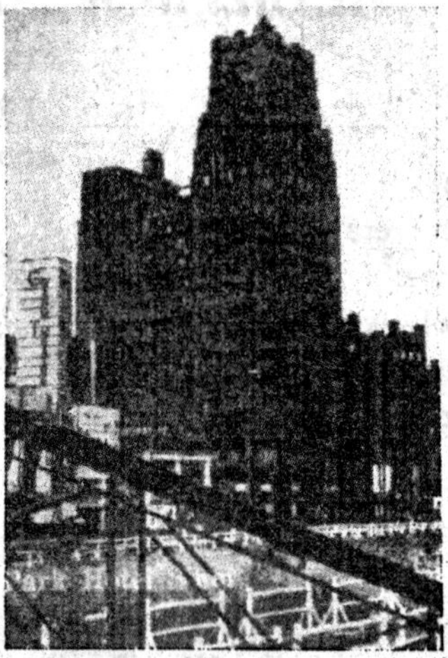

上海派克路四行儲蓄會二十二層樓地坑用雅禮避水漿全部外牆用雅禮透明避水漆

(甲)未用「雅禮避水漿」之三和土內「毛管」吸水情形

(乙)已用「雅禮避水漿」之三和土內「毛管」拒水情形

敬告 建築師 營造廠

註冊商標

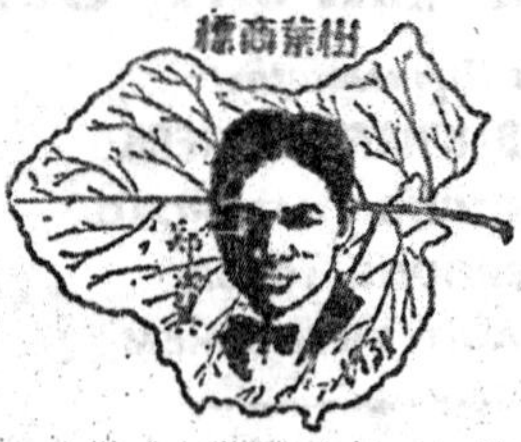

近有營造廠數家。委托敝廠工程部修理漏水建築。查詢之下。該工程等曾採用假冒『避水漿』。(有冒充舶來品者,有並無牌號者)嗣爲明瞭眞相起見。敝廠化驗室特將此種所謂『避水漿』。加以化驗。結果發現其原質不外石灰或小粉漿等物。另加阿莫尼亞混充。『避水漿』三字。不過欺人之標幟而已。此等物質。毫無避水功效。自不待言。而貽害躭誤工程匪淺。購者不察。每爲小而失大。敝廠之雅禮避水漿。不願減料跌價者,以不屑與之競爭。而自汚國貨之榮譽。茲特聲明。嗣後敝廠工程部。對於曾用雜牌避水材料而漏水之工程。當加倍取費。因此等修理手續。轉爲困難。而需用多量之『特快精』『敵水靈』等貴重避水材料也。敝廠爲證明雅禮出品之宏大功效起見。特將所辦較大之避水工程列表於下

雅禮避水工程一覽表

▲本埠工程

中國銀行
花旗銀行
美國學堂
上海市銀行
廣東銀行
大陸商場
五州藥房第二廠
市政府博物館
中西藥房
上海女子銀行屋頂及浴間
融光大戲院
夏光酒精廠
同江女校
市政府博物館
市政府寄宿舍
市政府市立醫院
申報館
國際飯店
江海銀行
金城大戲院
中匯銀行
亞洲飯店
同濟大學
四馬路總巡捕房
安利洋行
光明染廠
市政府
市政府
綸昌印花廠
漁市場
跑馬廳
上海火車站
南市上海醫院
天盛陶器廠

▲外埠工程

南通大生紡織公司
澗河太嘉寶醫院
杭州水利局
南通電廠
杭州電廠

▲南京

三汊河水閘
江蘇農民銀行
三汊河水閘抽水機
山東省政府
駐京辦事處
意國領事公館
孔部長公館
劉繼成公館
嚴公館
許公館
國立編譯館
江南汽車公司
助產醫院
財政部
東水閘抽水機
中央樂園
蒙藏委員會
宋部長公館
江南水泥廠
津浦鐵路龍頭房
何部長公館
金公館
三民印務局
中央博物院
大華影戲院
自來水廠
譚公館
國立戲劇音樂院
中央農業實驗所
導淮委員會
中南銀行
財政部庫房

▲南昌

中國銀行
交通大廈
洪都招待所
省政府發電廠

本廠之出品一覽

避水漿——能使一切水泥建築避水,避潮,耐久
避水漆——爲修理各種白鐵或水泥屋面之妙品
膠珞油——能使水泥屋面之微孔堵塞而省去油毛毡
紙筋漆——專供各種裂縫及修補銹爛之白鐵用
透明漆——可使牆垣避水而不變原有之色澤
避水粉——能使一切水泥建築,避潮,耐久

保木油——能使木料免蛀防腐
保地精——能使鬆脆之水泥地面堅硬耐久
敵水靈——能使水泥增加膠合力及堅硬迅速
避潮漆——新水泥建築用,專使牆垣避免潮氣
快燥精——能使普通水泥快燥一倍,冬季可免冰凍
特快精——(即「快加」)能使水泥於數秒鐘內堅結

△本廠印有出品說明書及「建築避水法」小册函索卽寄▽

本廠除製避水材料外。特設工程一部。專任各種避水工作。舉凡一切漏水屋面。牆垣。地坑。水塔水池等。本廠完全負責。務使賜顧者不必再感漏水問題之煩惱。

上海雅禮製造廠

南京路大陸商場六二三號 電話九〇〇五一

華東總經理 大陸商行 南京新街口 南昌中正路

華南總經理 駐粵國貨建築材料聯合辦事處 廣州惠福東路

華中總經理 公平行 漢口湖北街金城里街面十四號

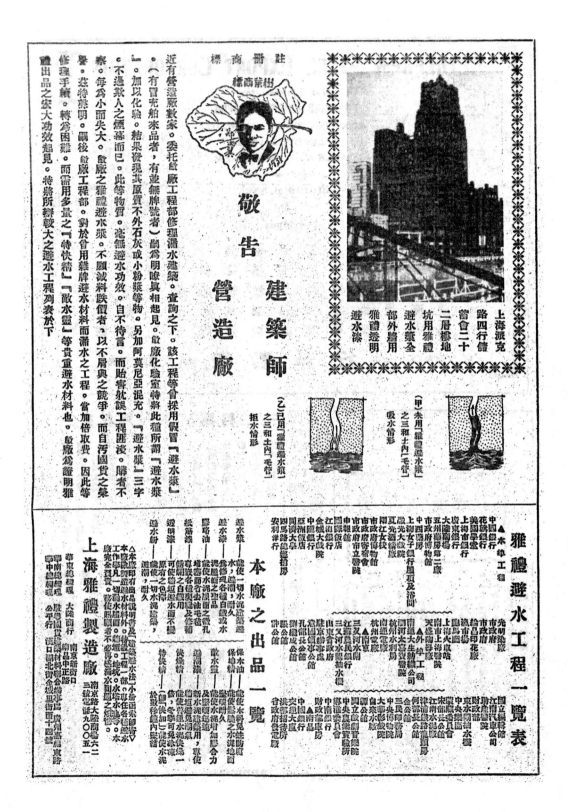

亞令比亞運動場，不久將矗立於上海梅白格路白克路角，可與跑馬廳，國際飯店等大建築，成鼎足之勢。此偉大之建築係由董大酉建築師設計，佔地九畝，大門在靜安寺路，另闢一大道進出。屋分三層：中有一層爲廣大之健身房，長達一百五十英呎，闊一百○八英呎，可闢練習網球場三方，及正式比賽用之網球場一方，足容觀衆七千人；尤於拳擊比賽時，座位可增至一萬以上。第二層爲游泳池，聯於看臺有四五千人座位之市游泳池，猶發生擁擠情況，特闢有七千人以上之座位；而尤有一特點，即游泳池可隨時改爲溜冰場及冰上曲棍球場。底層爲各部辦公室，及彈子房，滾球室，衣箱室，更衣室，淋浴室等。全部建築費連同散熱設備，健身房設備，座椅，裝飾等定一百萬元云。

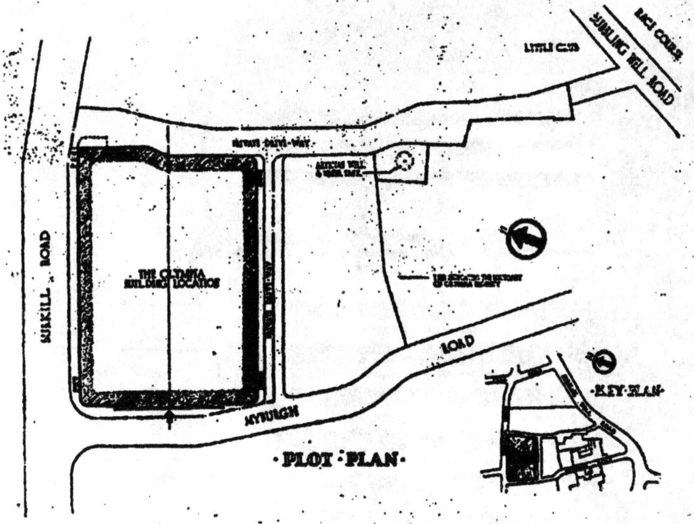

亞令比亞運動場總地盤圖

亞令比亞運動場透視圖

董大酉建築師設計

The Perspective Drawing of the Olymp a Stadium, Shanghai.

Mr. Dayu Doon, Architect.

一九三九年美國紐約世界博覽會之前瞻

澌

展會新屋之構築

美國紐約將於一九三九年舉行世界博覽會，規模之宏，實超乎已往任何同樣性質的集會。試就會場建築言，分期九次舉辦，第一期業已確定建造者，有食物展覽會場及工業品展覽會場及食堂等各二所。約需造價四百三十五萬美金。

工業品展覽會場，由公園路一〇一號 William Gehron 及 Morris and O' Connor建築師設計，面積五一，一五〇方呎，內用作展覽物品之面積為二五，〇〇〇方呎。食堂能容二百人，尚有房間之地位。另一所工業品展覽會場，係毗接上述之建築者，由東四十九號街四十號之Frederic C. Hirons建築師設計，面積計六〇，五四〇方呎。

圖為紐約世界博覽會之建築業部推行四厘債券委員會

食物展覽會場二所：一由Dwight James Baum 建築師設計；另一則由 Mayers, Murray and Phillip建築師設計。

上述之四所建築，全用鋼鐵構造，而幹架則以木材建造者。外粉毛水泥，高度均自二十五呎以至五十呎，房屋週圍有二十呎寬之走廊，並闢大門多處。各展覽會場，除食物展覽場外，餘均佈置園景，食堂之外，並有廣大平臺，用為舉行露天聚餐之地。

此外，最堪注目者，在會場之中央，厥名Theme Centre，將建立兩種奇特壯觀之建築物，點綴其中，俾全場萬衆目光，齊集於此。一為高二百呎之精圓白球，有如用噴泉所支持者；一為高七百呎之三角尖柱。此兩者為全場中最高之建築物，入夜，電炬通明，蔚為大觀。

世界博覽會債券之推行

紐約四十三家營造廠中之十三家，當選為建築業推銷四厘債券之委員，業於一月十八日第一次報告，已銷去十三萬〇八百元美金。

Thomas S. Holden，紐約營造業公會主席，亦即世界博覽會建築業部份四厘債券推銷委員會主席委員，於席間報告其他二十一團體，即將開始在其各該集團中推銷四厘債券。而營造業鑒於其他團體之踴躍，自亦不敢後人，建築業部份初定六十萬之目標，故不難達到

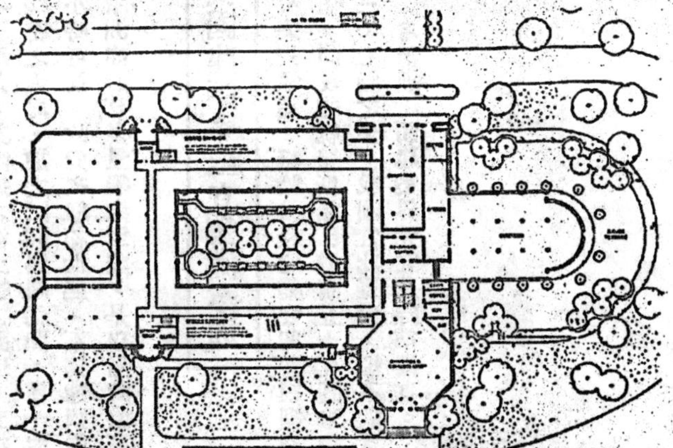

紐約世界博覽會管理處辦公處平面圖，係由美國七名建築師會同設計。

也。

是日演講者兩人，除Holden外，尚有營造業職工會主席C. G. Norman之演講。兩人演辭之大意，咸謂博覽會之舉行，實予建築事業以活躍之氣象，尤能予紐約之一般工商業以繁榮之機會，預計至少有十萬萬美金之營業。並謂彼曾熟研博覽會經濟組所作報告，深信四厘債劵之有利。Holden 君並謂此次博覽會之建築，實可使美國建築技術作進一步之耕耘；是可與一八九三年世界哥倫布博覽會，其重要性正復相同。故建築界對此次紐約展會，尤須努力者也。

參觀人數之預計

紐約市有人口七百萬人，其附近之波士頓，費城，支加哥等各大城市，均爲人烟稠密之大埠，加之歐洲與紐約間，僅一大西洋之隔，航程祗四十餘小時可達。故此次紐約世展，不獨能吸引附近各大城市之觀衆，卽歐洲亦必有多量觀衆至美，是以屆時當有二千萬人在紐約。

我國建築界亟宜籌備參加

近年來我國建設突飛猛進，無論公私建築之圖樣模型照片等，均有參加陳列之價值。聞美總統羅斯福巳邀請五十九國參加此盛會，巳允參加者亦有三十七國之多，我國當此盛會，似不能目覩良機之消逝；而建築界尤宜及時準備也。

紐約世界博覽會辦公廳之大門

Interior of the combined swimming pool and ice-skating rink,
OLYMPIA STADIUM.

亞令比亞運動場
游泳池與溜冰場裏面圖

Interior of Upper Gymnasium,
OLYMPIA STADIUM.

亞令比亞運動場健身房裏面圖

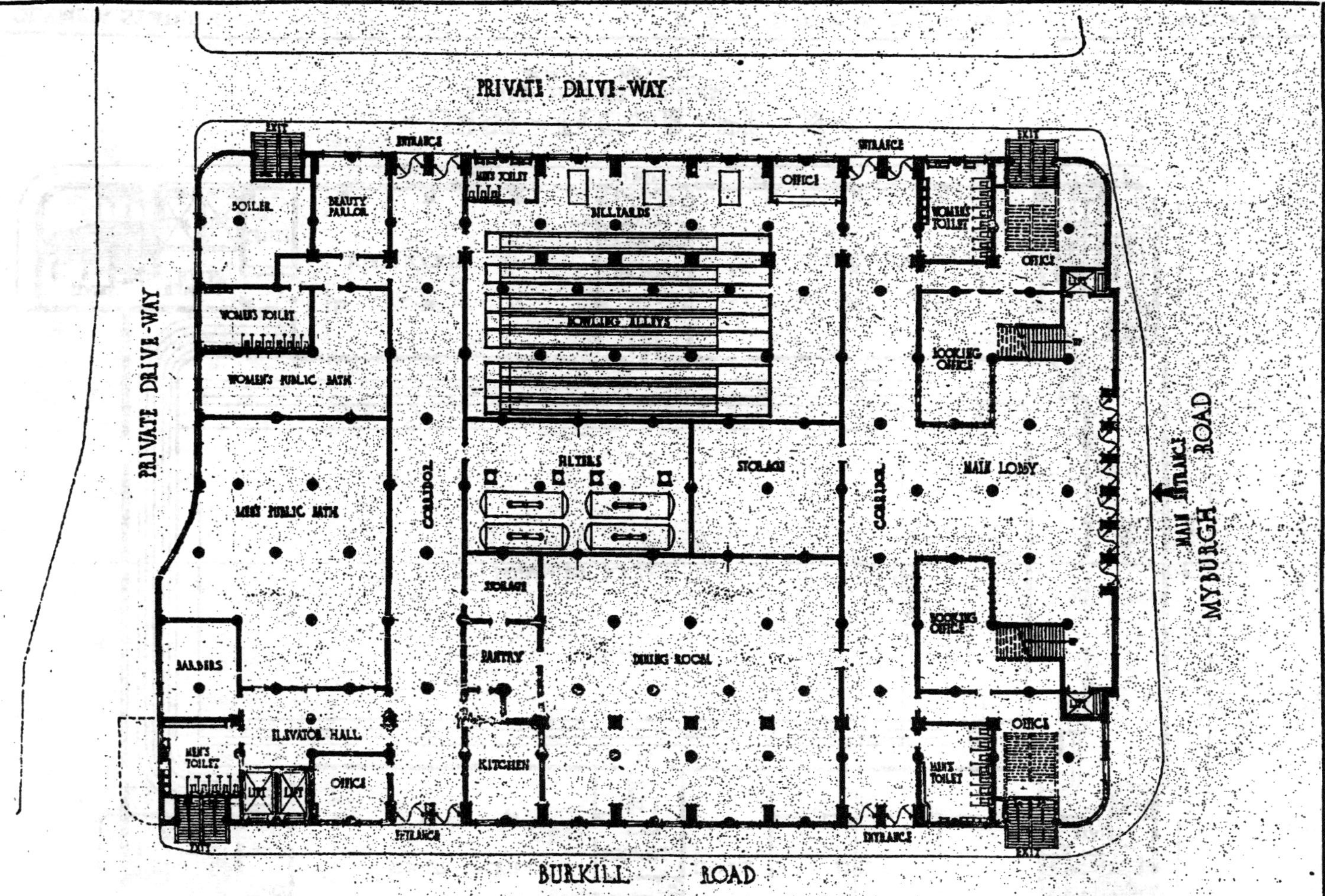

GROUND FLOOR PLAN

PUBLIC BATH, DINING, BOWLING ALLEYS, BILLIARDS, BARBERS & OFFICES

SCALE: 1/16" = 1'0"

OLYMPIA STADIUM. 亞令比亞運動場下層平面圖

24379

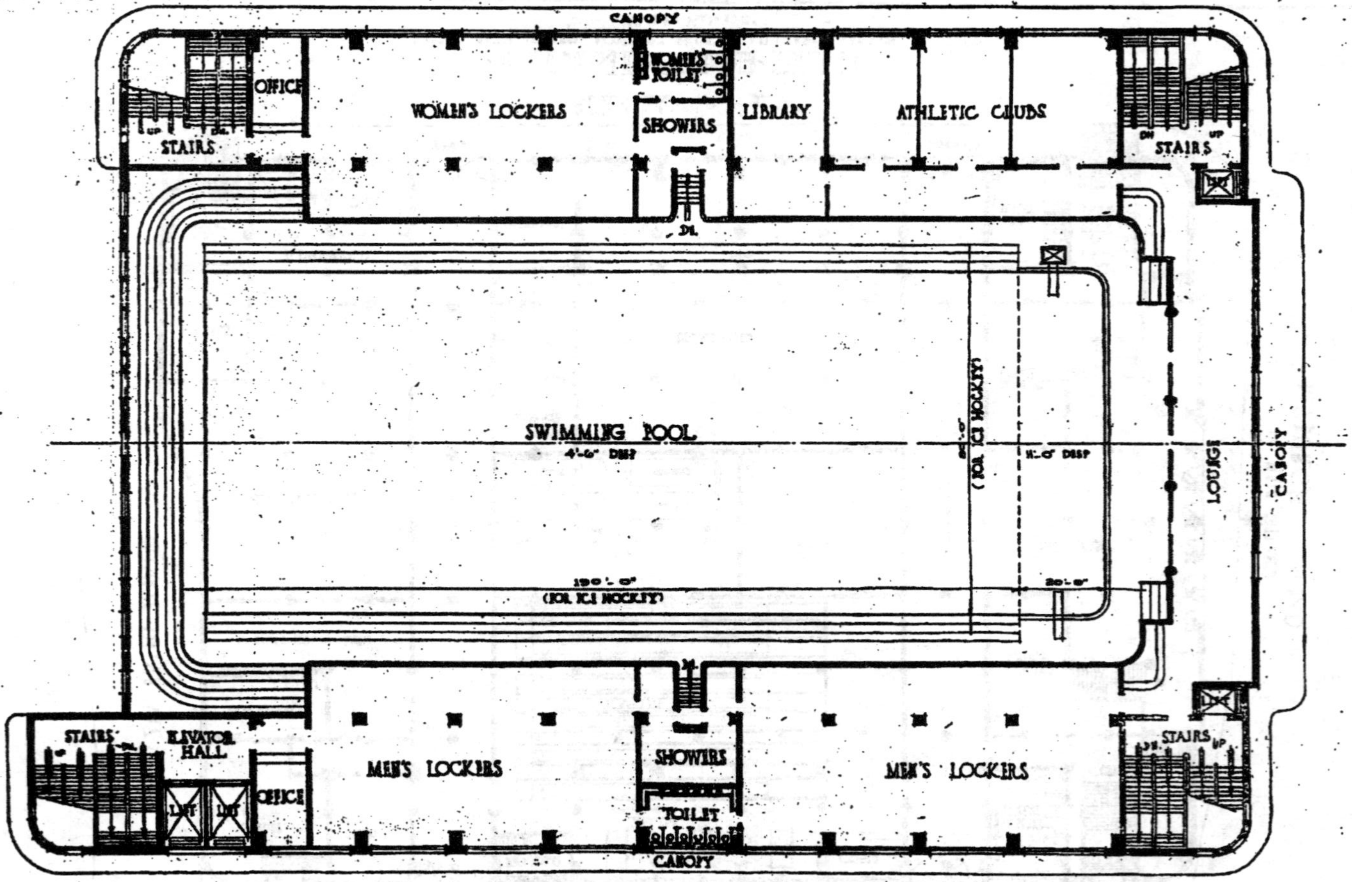

FIRST FLOOR PLAN

LOWER PART OF SWIMMING POOL

SCALE : 1/16" = 1'-0"

OLYMPIA STADIUM. 亞令比亞運動場二層平面圖 —游泳池之下部—

24380

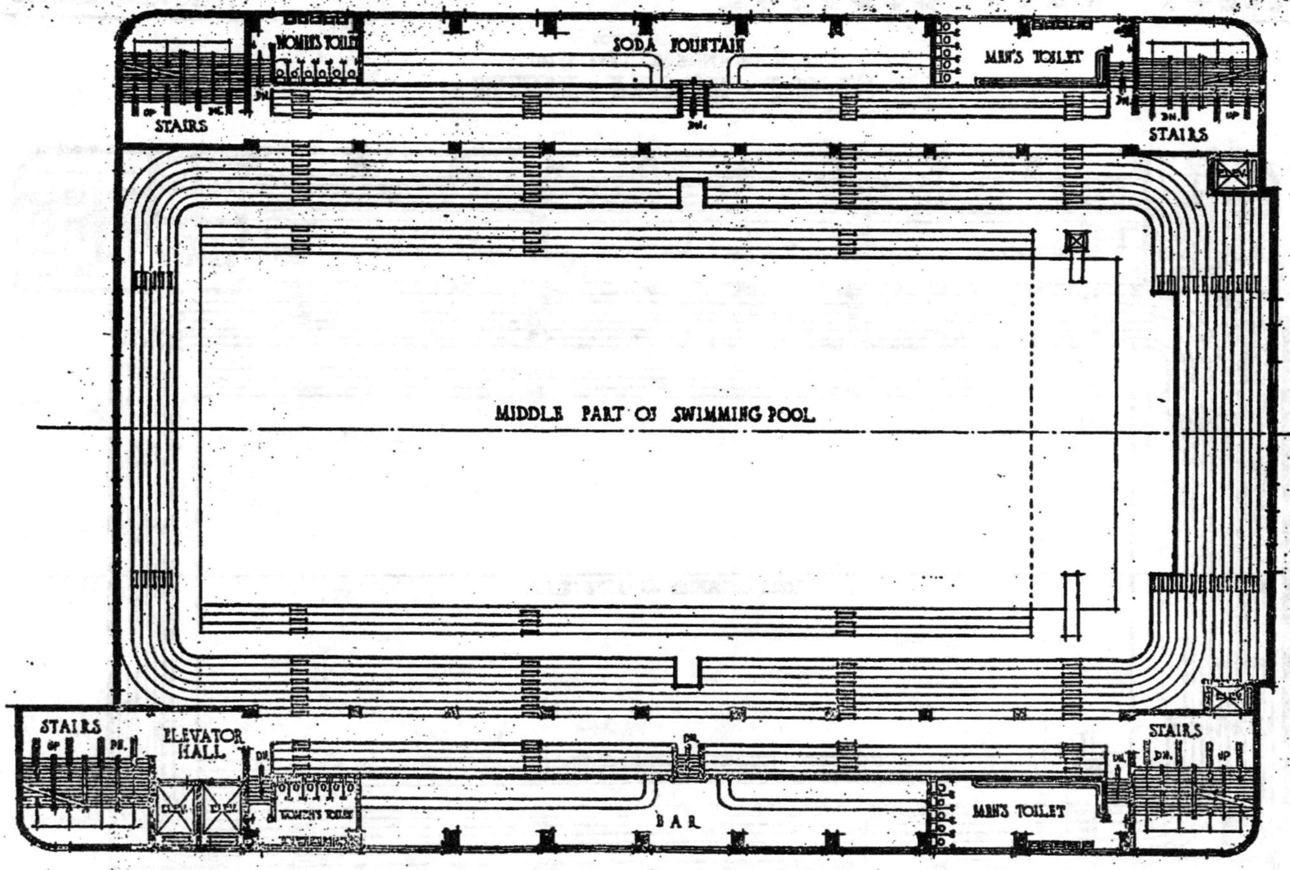

-FIRST-FLOOR-PLAN-
MIDDLE PART OF SWIMMING POOL
SCALE: 1/16" = 1'-0"

OLYMPIA STADIUM. 亞令比亞運動場二層平面圖 —游泳池之中部—

24381

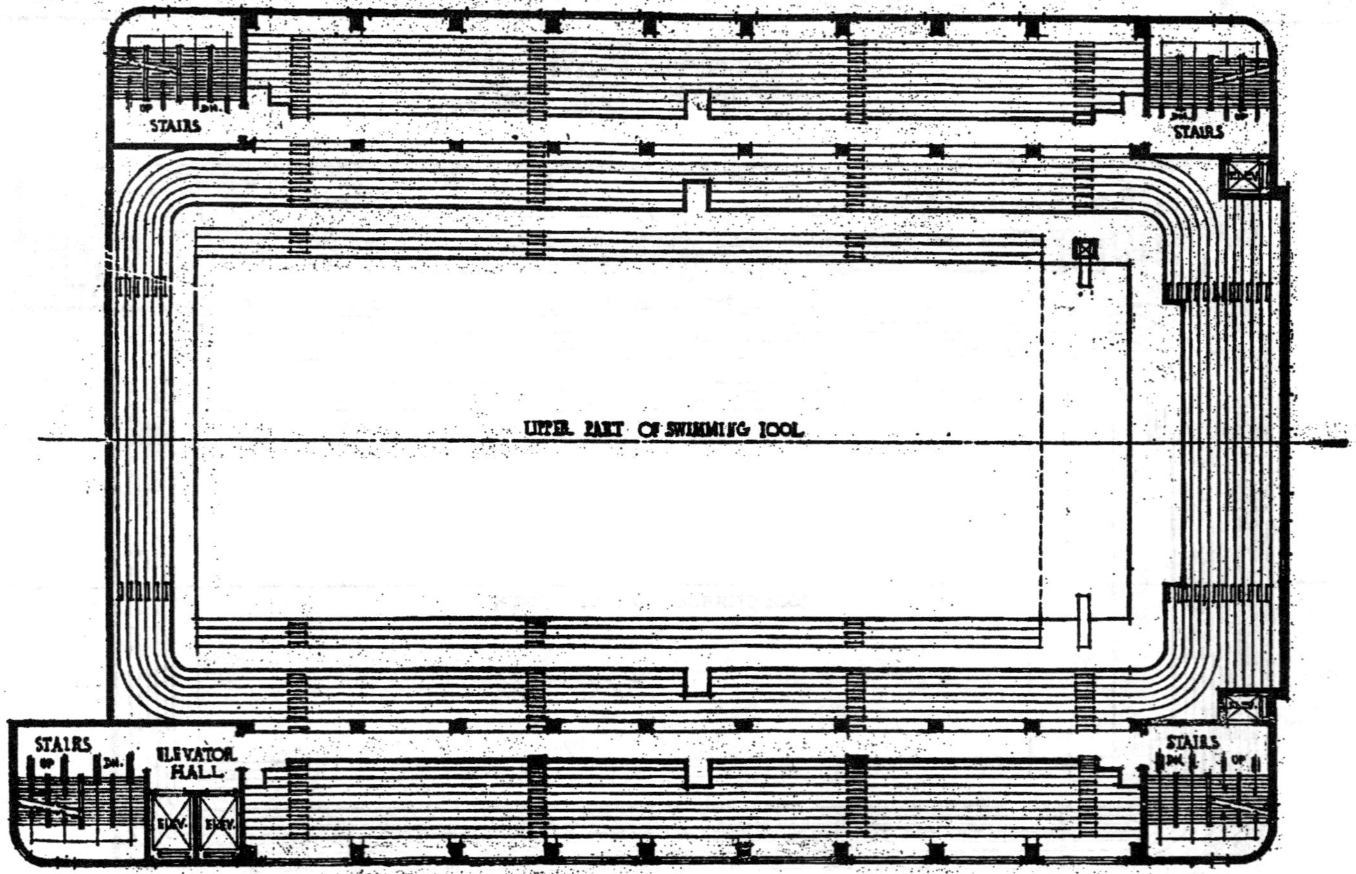

·FIRST · FLOOR · PLAN·

UPPER PART OF SWIMMING POOL

SCALE : 1/16" = 1'-0"

OLYMPIA STADIUM. 亞令比亞運動場二層平面圖 —游泳池之上部—

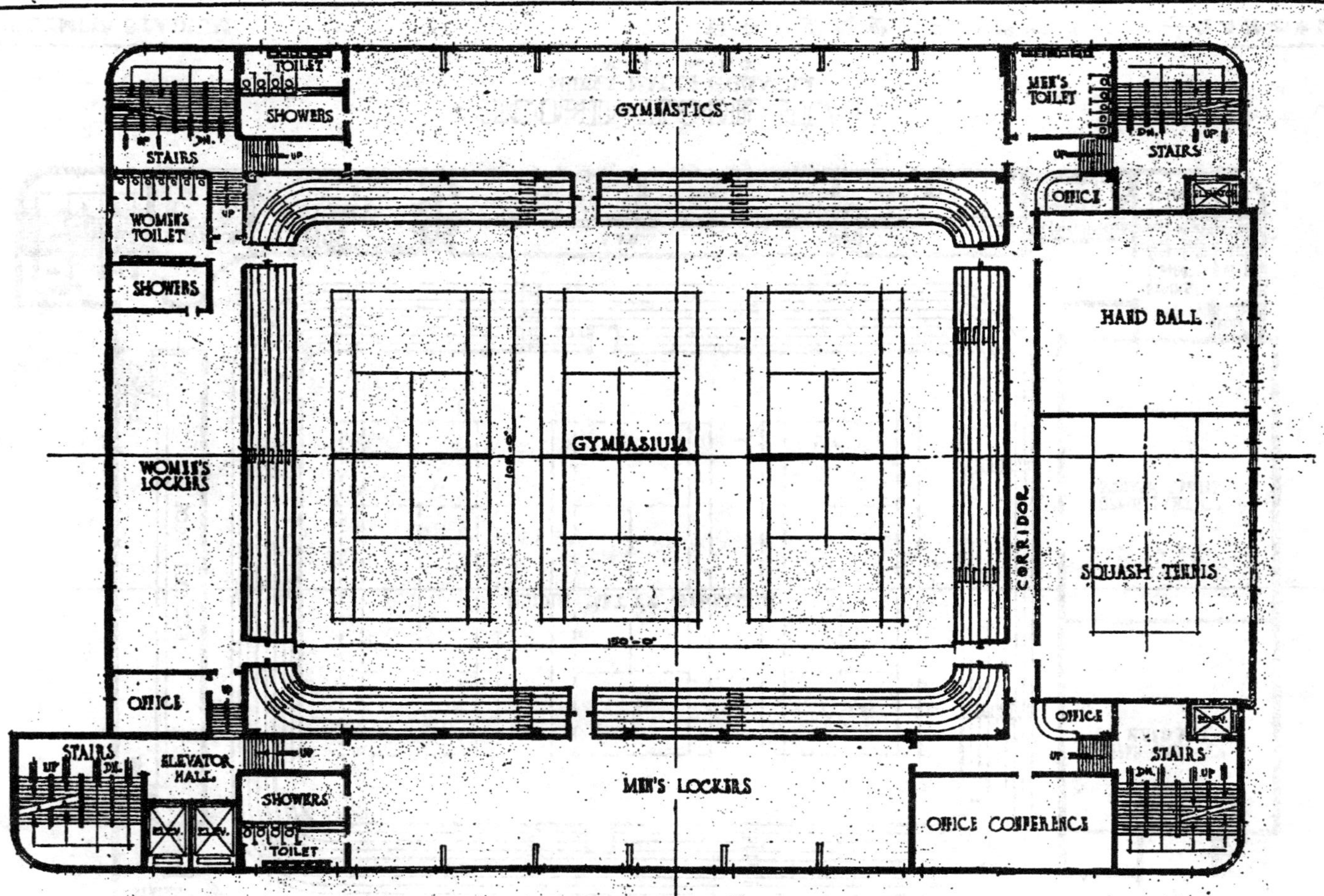

-SECOND-FLOOR-PLAN-
LOWER PART OF GYMNASIUM
SCALE : 1/16" = 1'-0"

24383

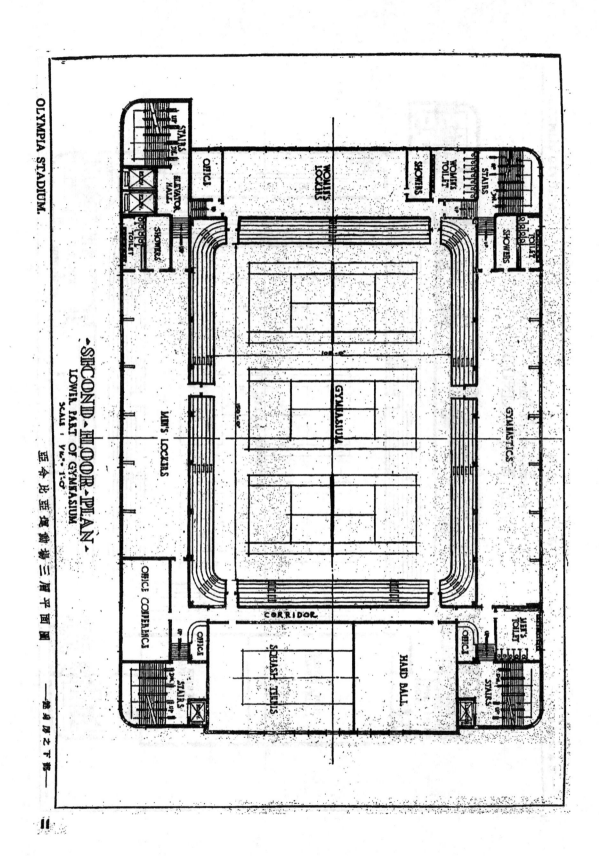

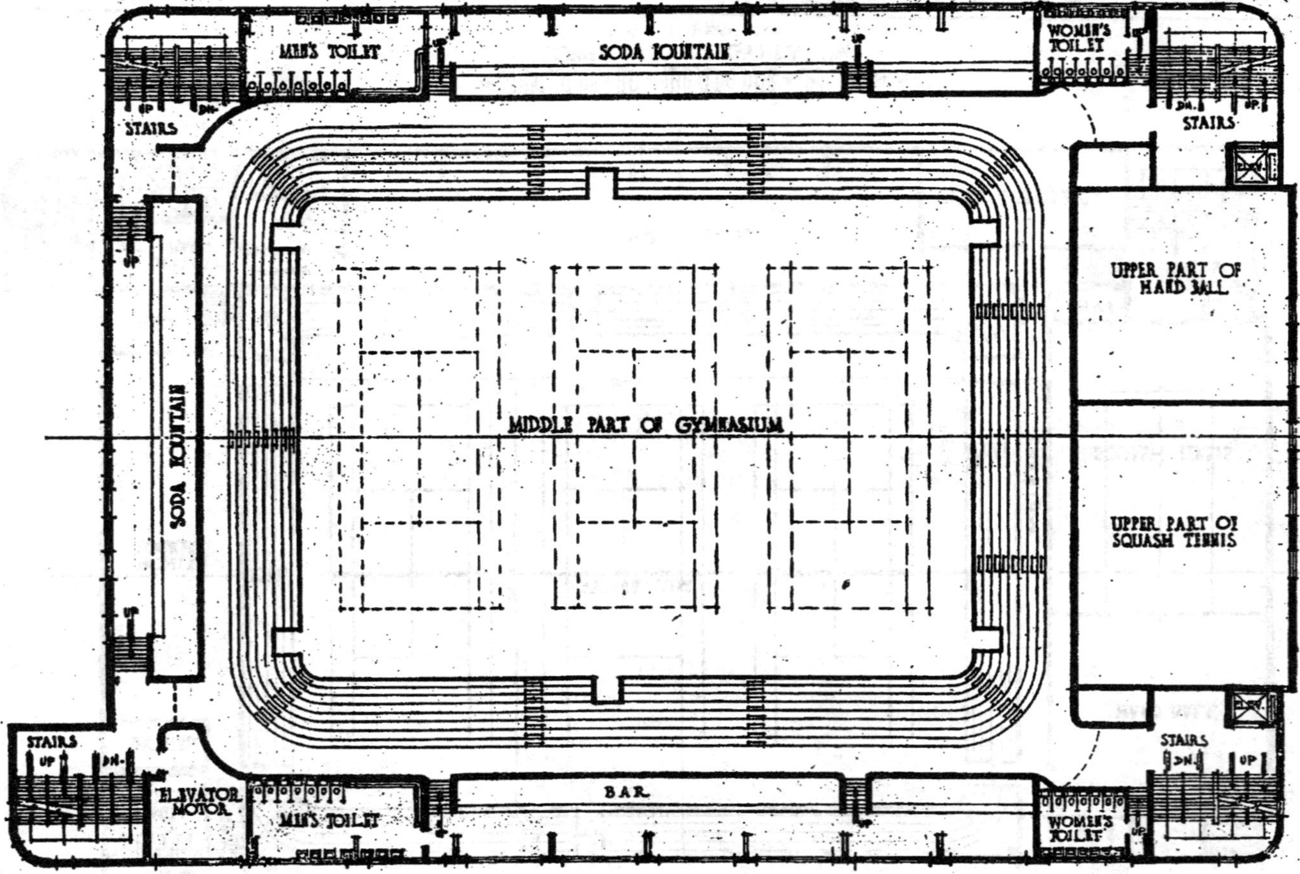

▲ SECOND ▲ FLOOR ▲ PLAN ▲

MIDDLE PART OF GYMNASIUM

SCALE : 1/16" = 1'-0"

OLYMPIA STADIUM. 亞令比亞運動場三層平面圖 —健身房之中部—

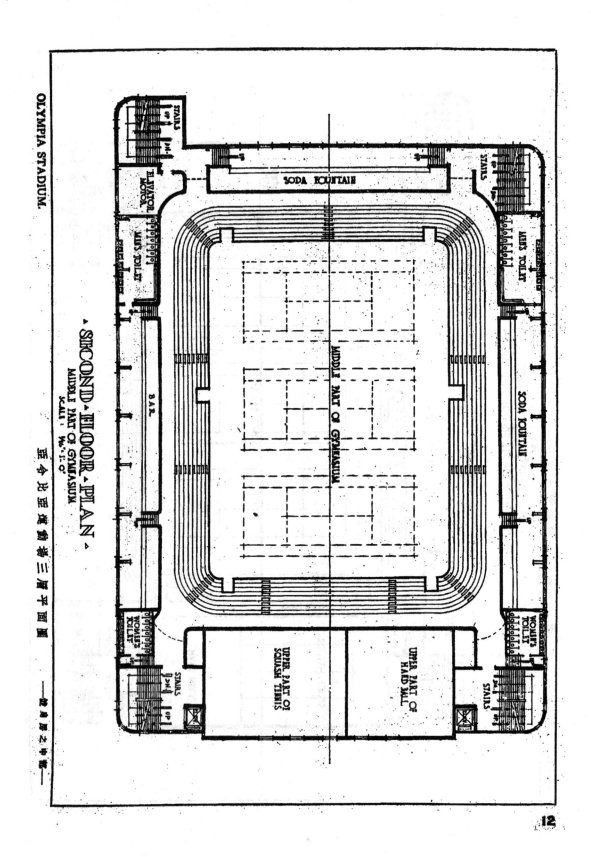

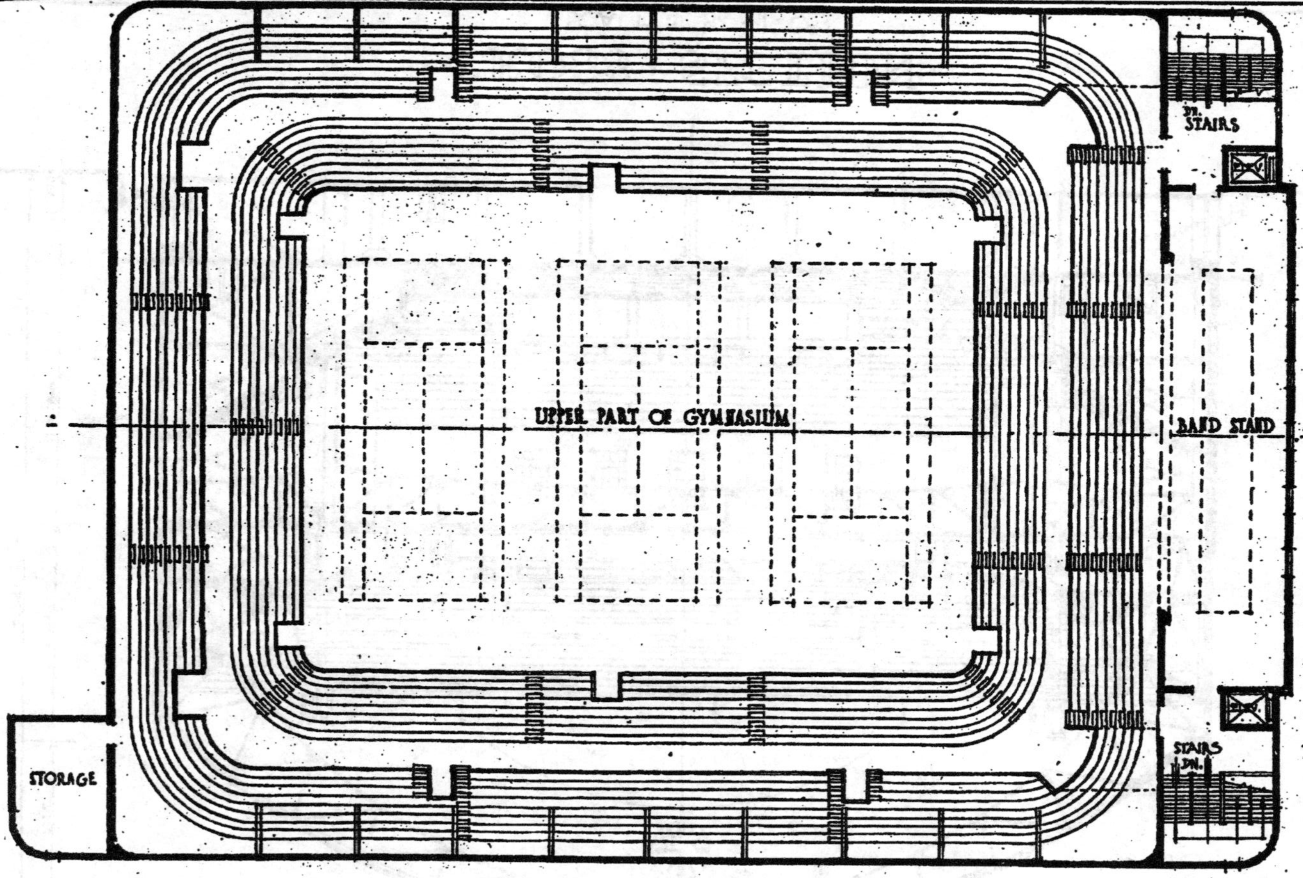

SECOND FLOOR PLAN

UPPER PART OF GYMNASIUM

SCALE: 1/16" = 1'-0"

OLYMPIA STADIUM. 亞令比亞運動場三層平面圖 —體育房之上部—

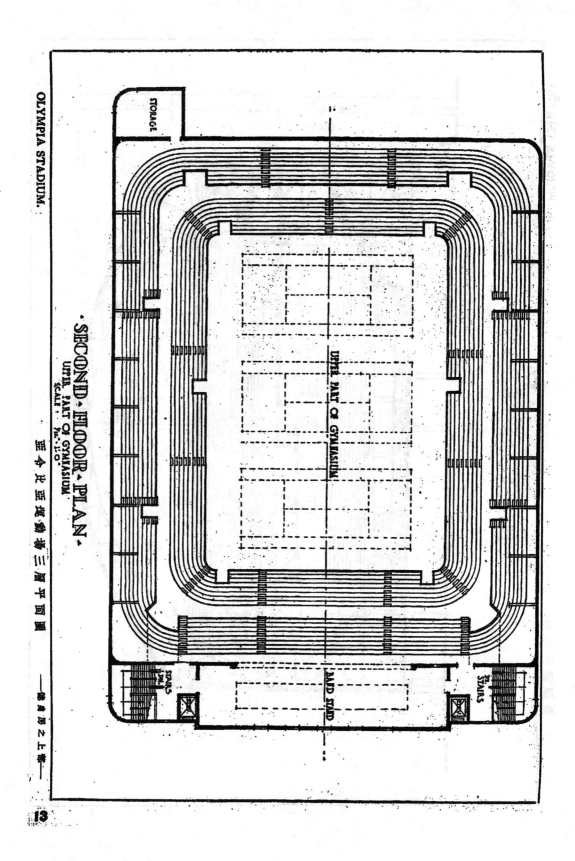

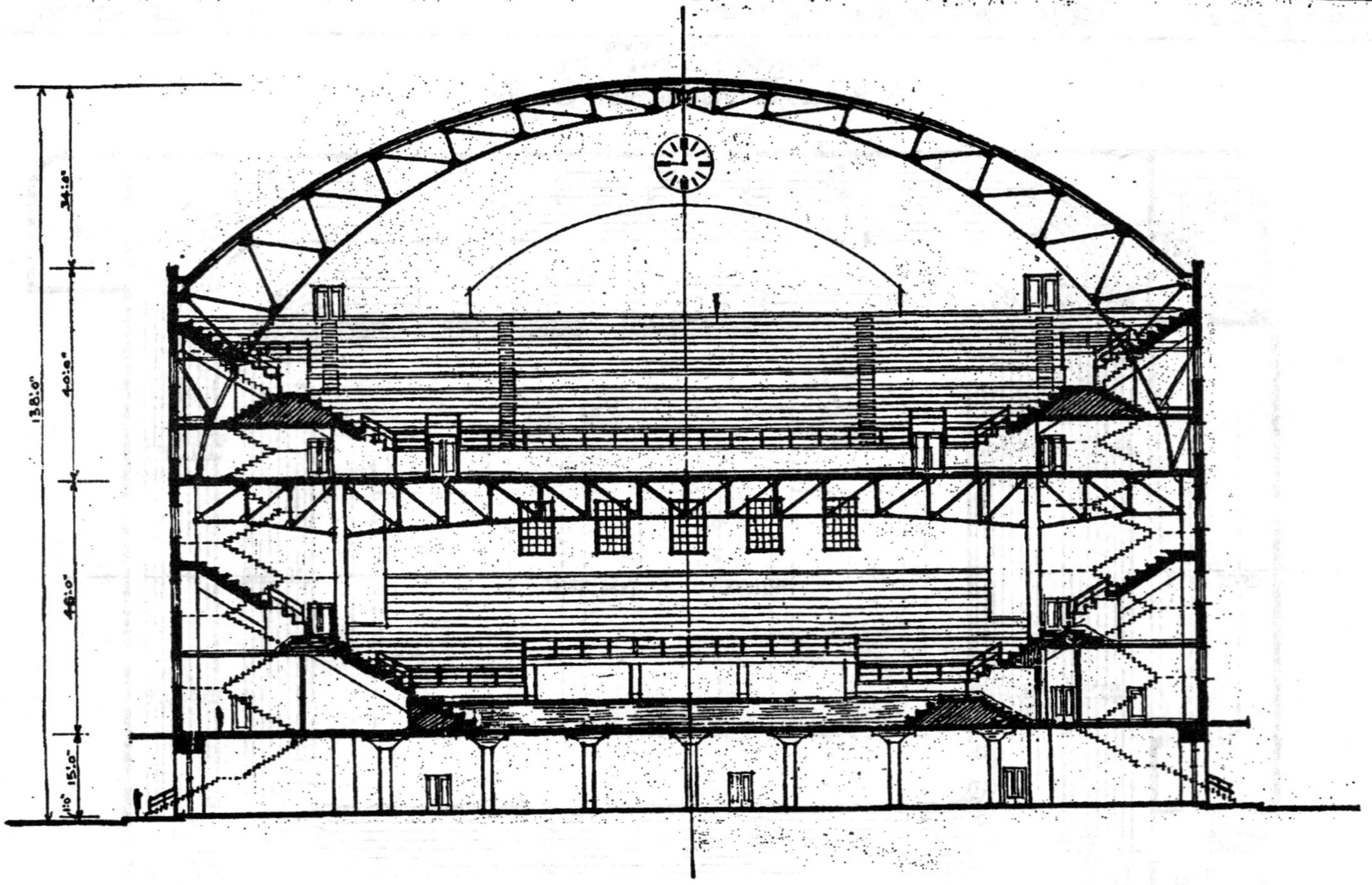

CROSS SECTION

SCALE: 1/16" = 1'-0"

OLYMPIA STADIUM. 亞令比亞運動場剖面圖

24386

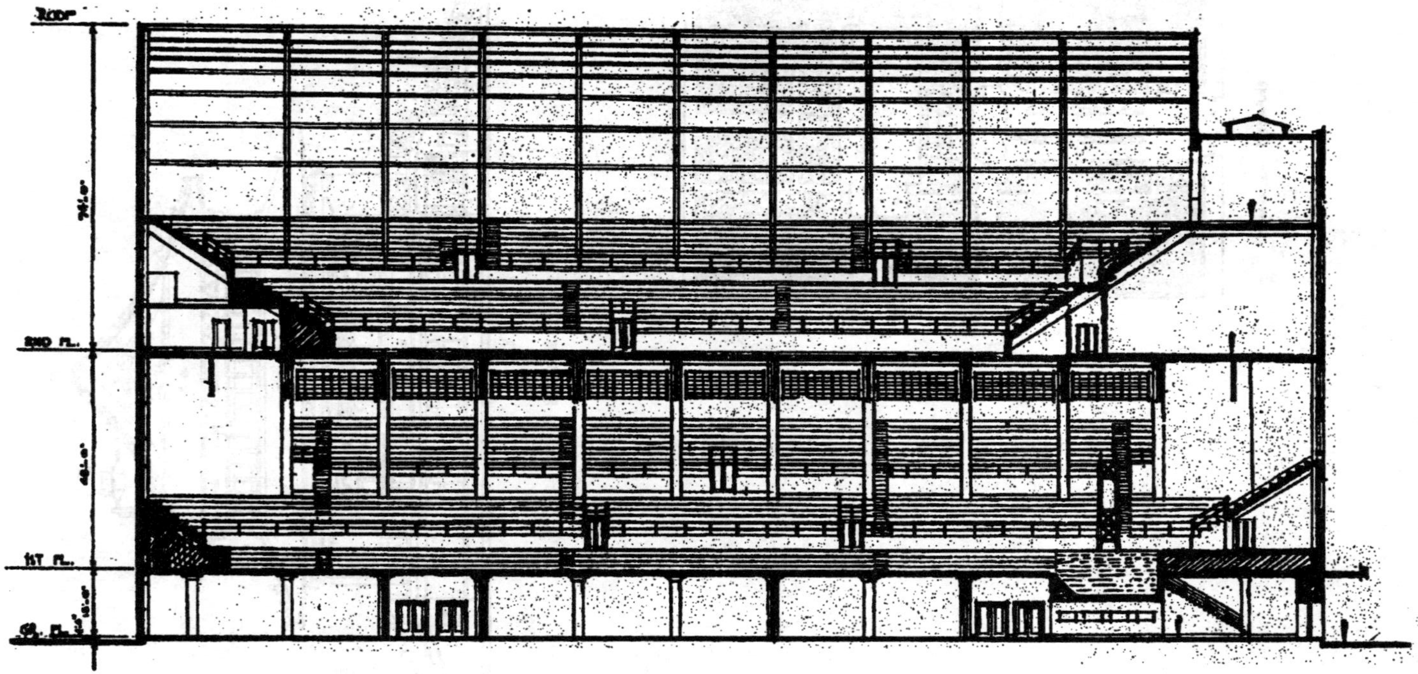

-LONGITUDINAL- SECTION-
SCALE : 1/16" = 1'-0"

OLYMPIA STADIUM. 亞令比亞運動場長剖面圖

24387

南京中央黨部監察委員會辦公大樓

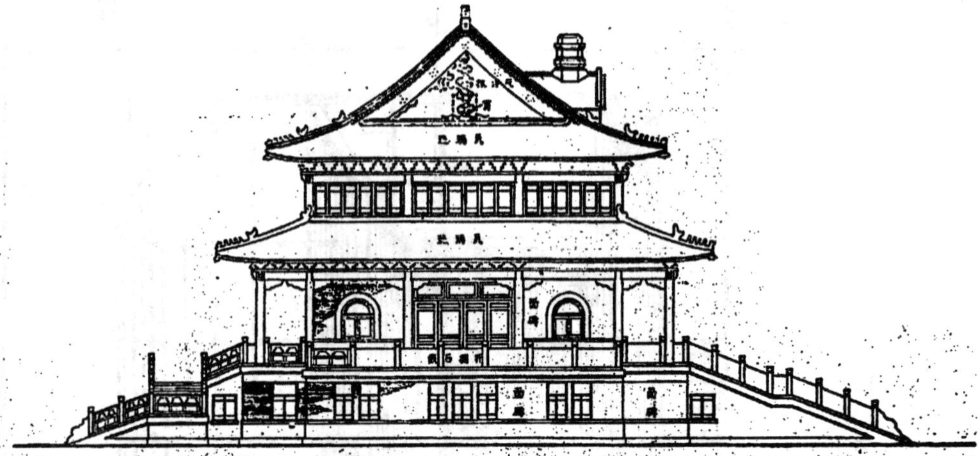

側面圖

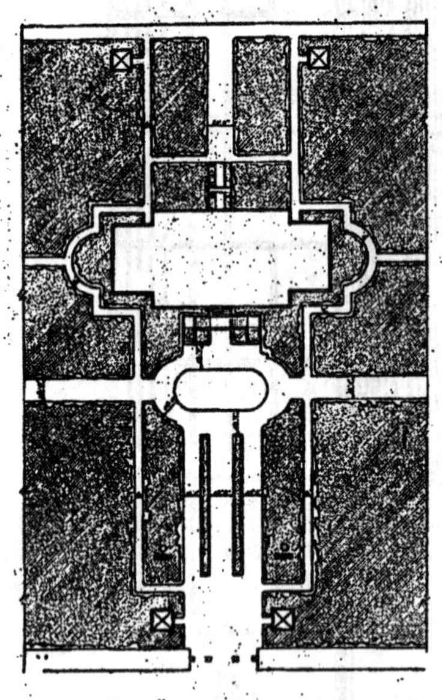

總地盤及馬路圖 scale, 1" = [illegible]

基泰工程司設計
馥記營造廠承造

New Administration Building of Control Yuen, Nanking, China. —Side Elevation and Block Plan—

Kwan, Chu & Yang, Architects.
Voh Kee Construction Co., Contractors.

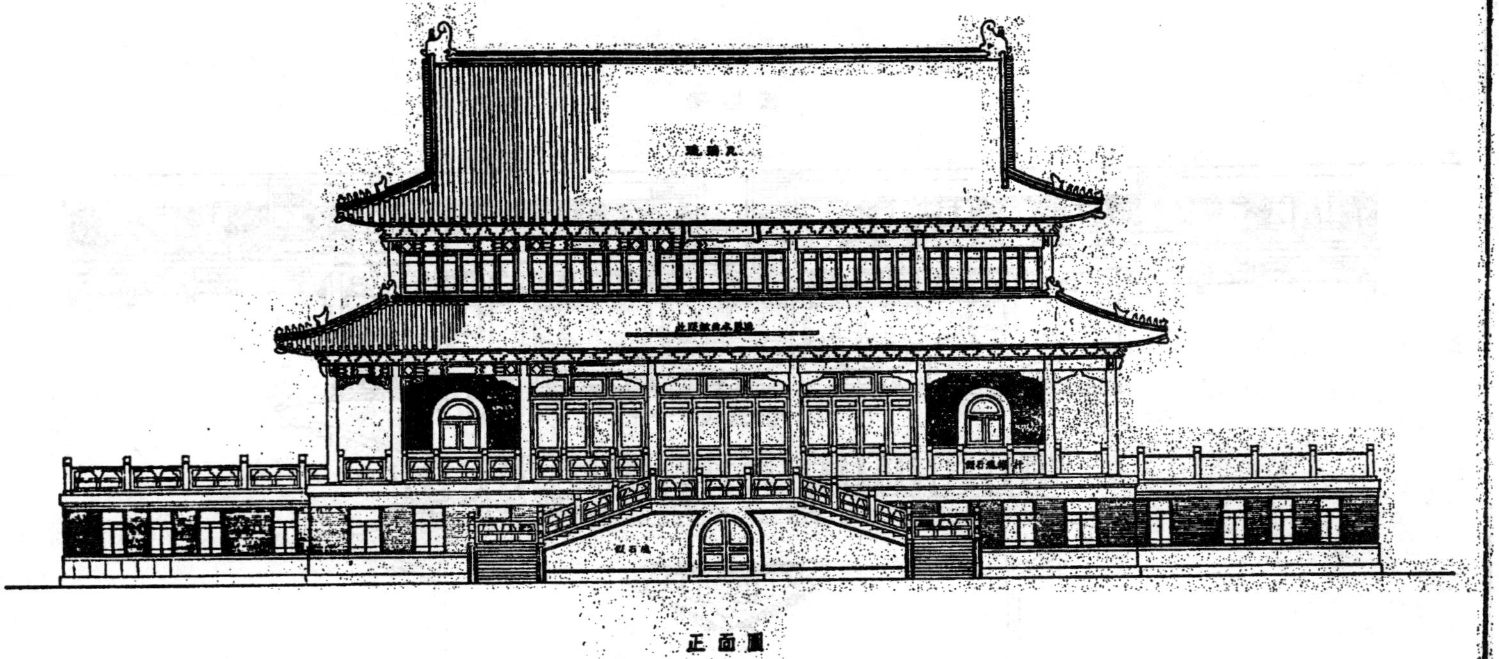

New Administration Building of Control Yuen, Nanking, China. —Front Elevation—

南京中央黨部監察委員會辦公大樓

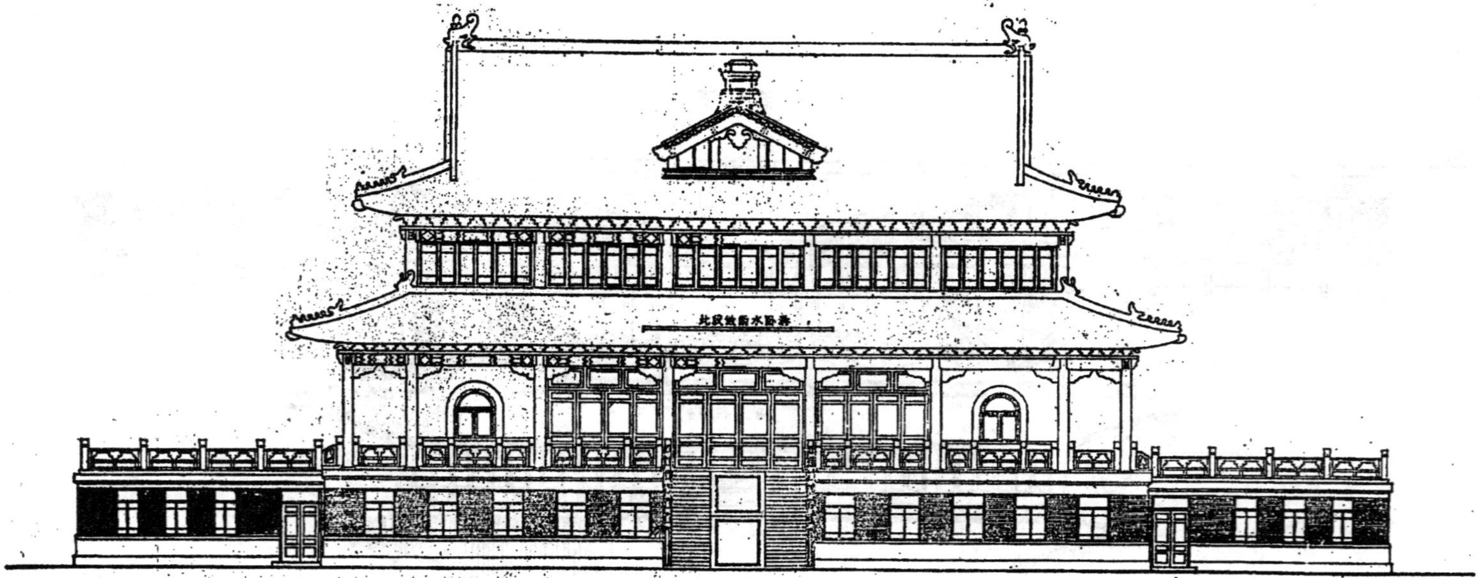

後面圖

New Administration Building of Control Yuen, Nanking, China. —Rear Elevation—

南京中央黨部監察委員會辦公大樓

24390

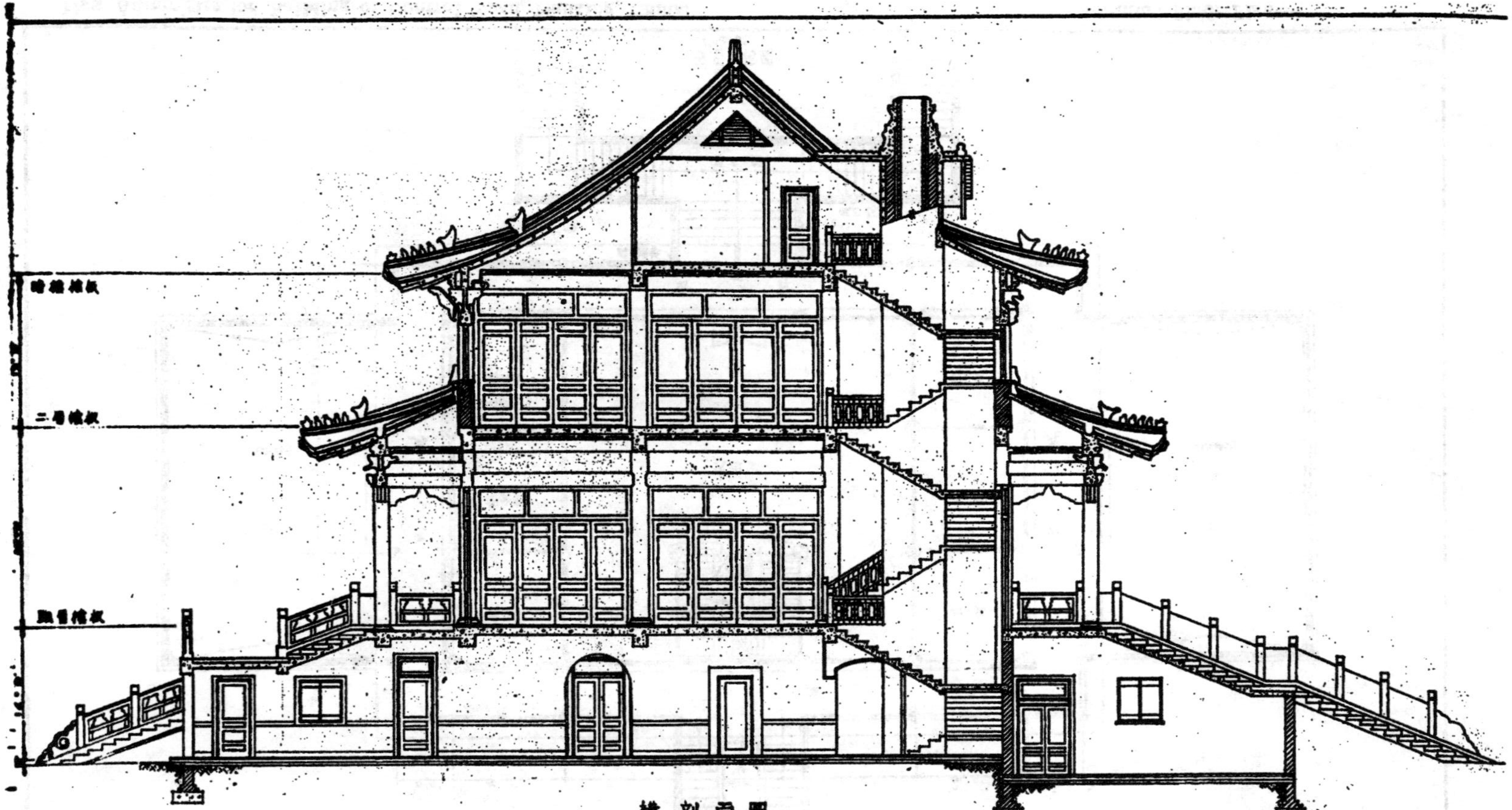

橫剖面圖

New Administration Building of Control Yuen, Nanking, China. —Section—

南京中央黨部監察委員會辦公大樓

24391

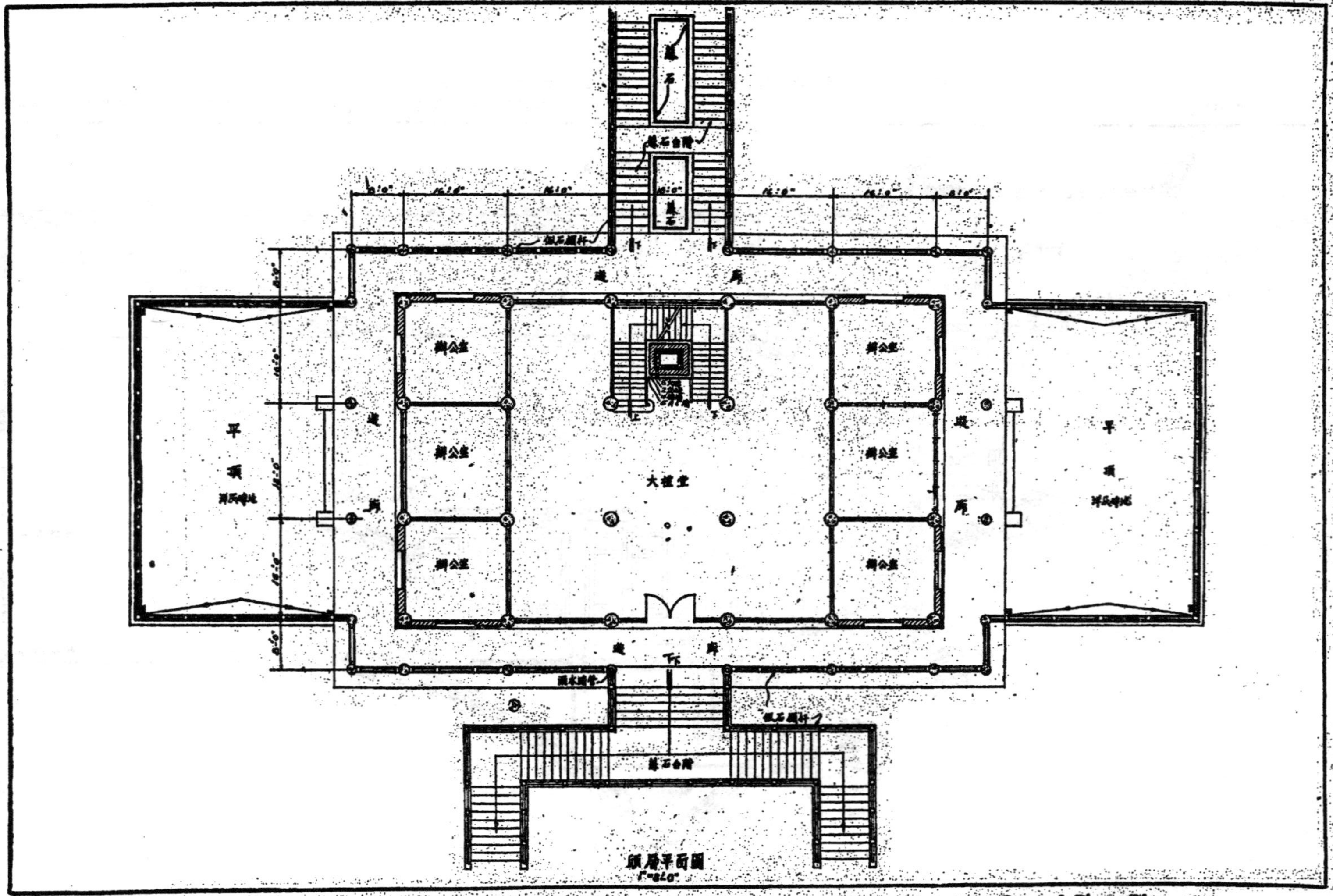

New Administration Building of Control Yuen, Nanking, China. —Ground Floor Plan—

南京中央黨部監察委員會辦公大樓

24392

南京中央黨部監察委員會辦公大樓

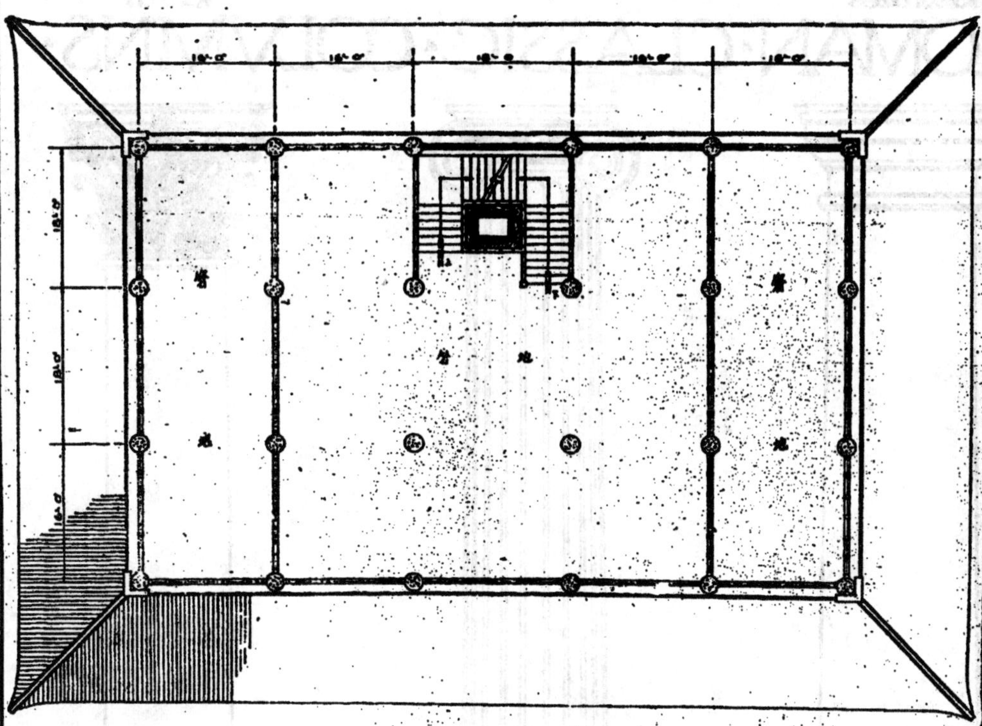

二層平面圖

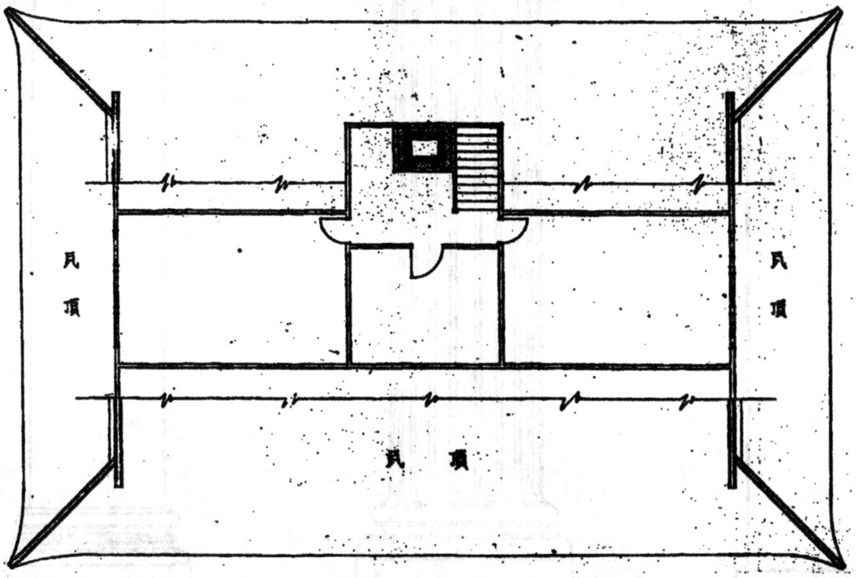

閣樓平面圖

New Administration Building of Control Yuen, Nanking, China.

—First Floor Plan & Mezzanine Floor Plan—

ROMAN ORDERS

PLATE LVII

ROMAN CLASSIC COLVMNS

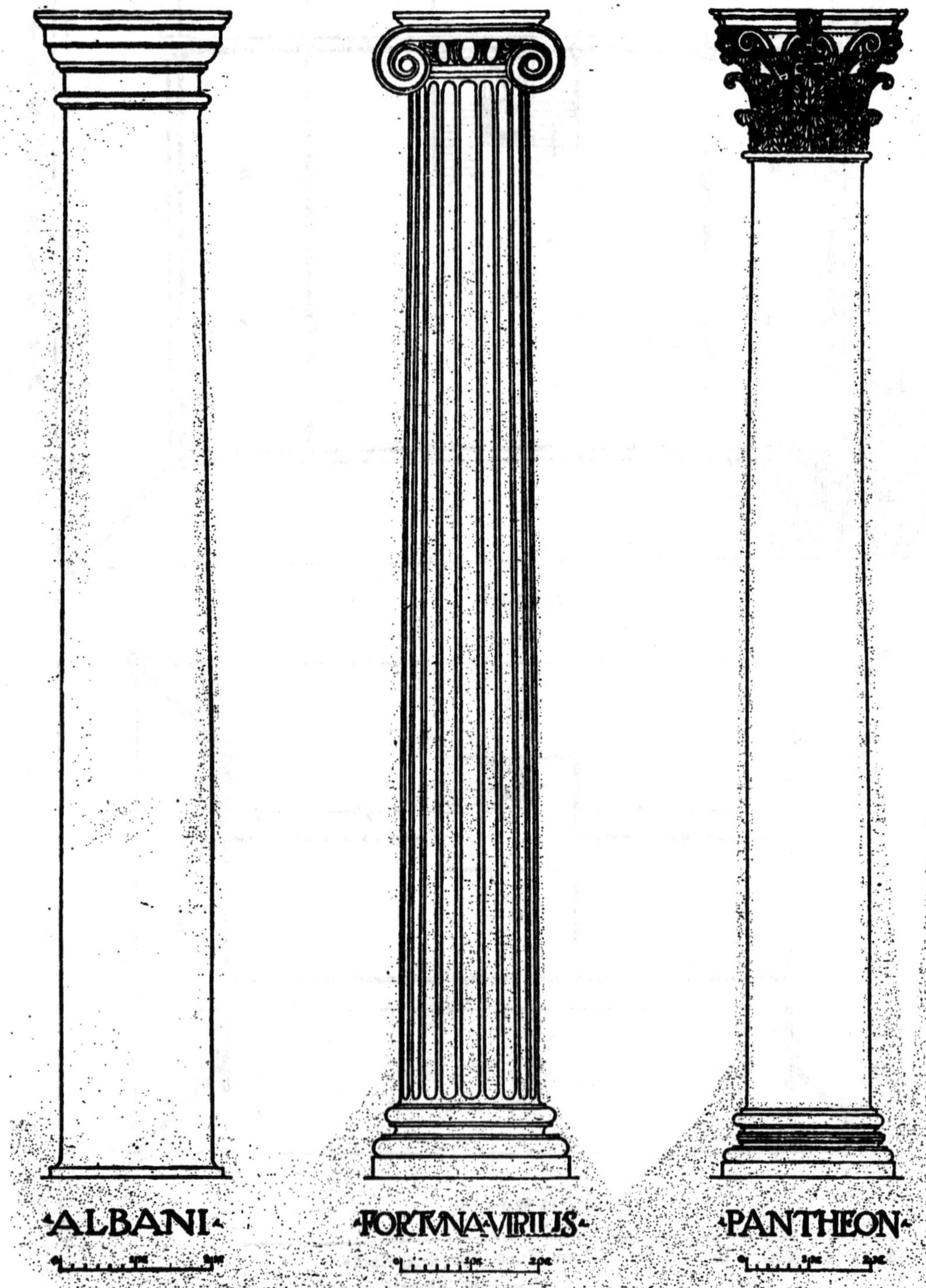

第五十七頁 — 法國巴[illegible]，[illegible]之[illegible]立克，伊[illegible]尼及[illegible]式柱子。

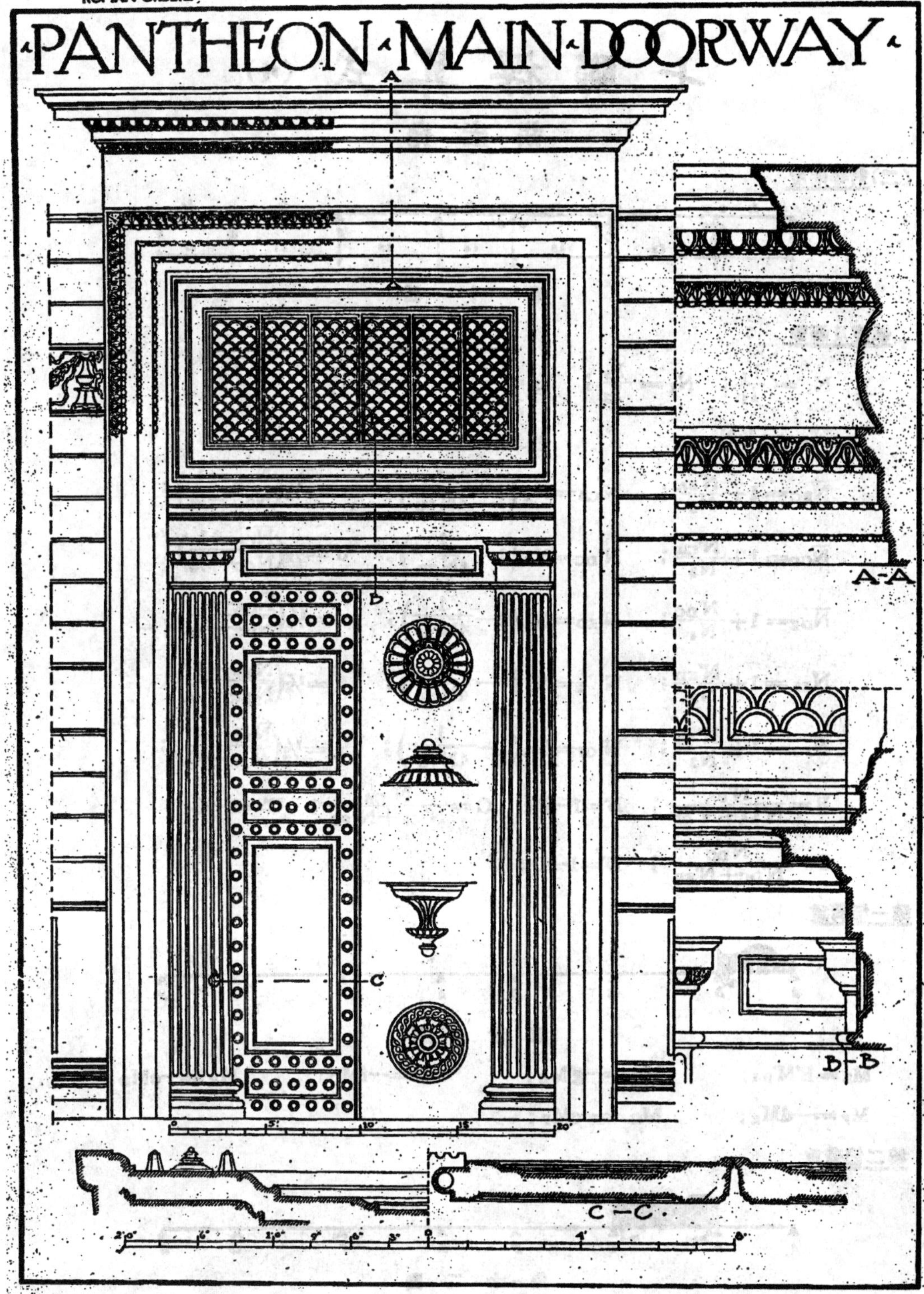

第五十八頁 判提溫之大門詳圖

七聯樑算式(續)

胡宏堯

(二)對等硬度

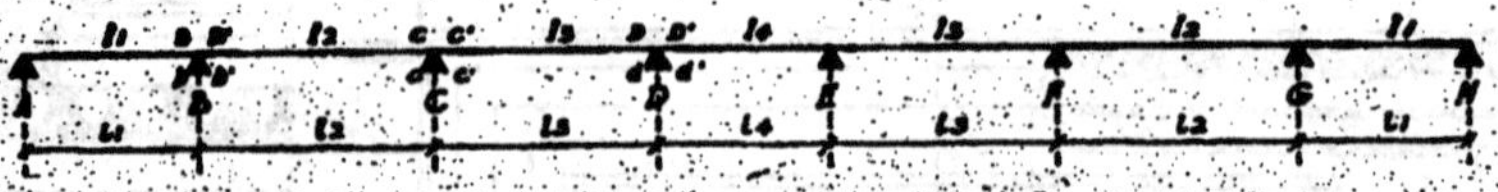

第十圖

硬度及函數

$$N_1 = \frac{I_1}{l_1};\quad N_2 = \frac{I_3}{l_2};\quad N_3 = \frac{I_3}{l_3};\quad N_4 = \frac{I_5}{l_4};\quad b = o;$$

$$N'_{BA} = \tfrac{3}{4}N_1;$$

$$\overline{N}_{BC} = 1 + \frac{N'_{BA}}{N_2};\quad N'_{CB} = N_2\left(1 - \frac{1}{4\overline{N}_{BC}}\right);\quad c = \tfrac{1}{2}\left(\frac{\overline{N}_{BC} - 1}{\overline{N}_{BC} - \tfrac{1}{4}}\right);$$

$$\overline{N}_{CD} = 1 + \frac{N'_{CB}}{N_3};\quad N'_{DC} = N_3\left(1 - \frac{1}{4\overline{N}_{CD}}\right);\quad d = \tfrac{1}{2}\left(\frac{\overline{N}_{CD} - 1}{\overline{N}_{CD} - \tfrac{1}{4}}\right);$$

$$\overline{N}_{DE} = 1 + \frac{N'_{DC}}{N_4};\quad N'_{ED} = N_4\left(1 - \frac{1}{4\overline{N}_{DE}}\right);\quad e = \tfrac{1}{2}\left(\frac{\overline{N}_{DE} - 1}{\overline{N}_{DE} - \tfrac{1}{4}}\right);$$

$$\overline{N}_{EF} = 1 + \frac{N'_{ED}}{N_3};\quad N'_{\ E} = N_3\left(1 - \frac{1}{4\overline{N}_{EF}}\right);\quad f = \tfrac{1}{2}\left(\frac{\overline{N}_{EF} - 1}{\overline{N}_{EF} - \tfrac{1}{4}}\right);$$

$$\overline{N}_{FG} = 1 + \frac{N'_{FE}}{N_2};\quad N'_{GF} = N_2\left(1 - \frac{1}{4\overline{N}_{FG}}\right);\quad g = \tfrac{1}{2}\left(\frac{\overline{N}_{FG} - 1}{\overline{N}_{FG} - \tfrac{1}{4}}\right);$$

$$B = \frac{N'_{BA}}{N'_{BA} + N'_{GF}};\quad B' = 1 - B;\quad C = \frac{N'_{CB}}{N'_{CB} + N'_{FE}};\quad C' = 1 - C;$$

$$D = \frac{N'_{DC}}{N'_{DC} + N'_{ED}};\quad D' = 1 - D;$$

第一節荷重

第十一圖

$$M_B = B'M'_{B\text{-}1};\qquad M_C = -g'M_B;\qquad M_D = -fM_C;\qquad M_E = -eM_D;$$

$$M_F = -dM_E;\qquad M_G = -cM_F;$$

第二節荷重

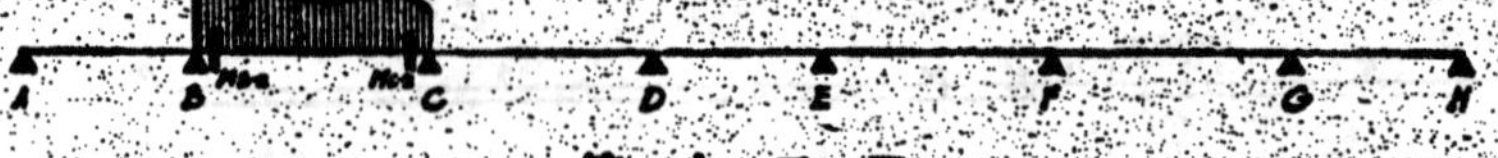

第十二圖

$M_B = +BM_{B\text{-}2} + cCM_{C\text{-}2}$;　$M_C = +b'B'M_{B\text{-}2} + C'M_{C\text{-}2}$;　$M_D = -fM_C$;

$M_E = -eM_D$;　$M_F = -dM_E$;　$M_G = -cM_F$;

第三節荷重

第十三圖

$M_B = -cM_C$;　$M_C = +CM_{C\text{-}3} + dDM_{D\text{-}3}$;　$M_D = -fFM_{C\text{-}3} + EM_{D\text{-}3}$;

$M_E = -eM_D$;　$M_F = -dM_E$;　$M_G = -cM_F$;

第四節荷重

第十四圖

$M_B = -cM_C$;　$M_C = -dM_D$;　$M_D = -DM_{D\text{-}4} + eEM_{E\text{-}4}$;

$M_E = -eEM_{D\text{-}4} + DM_{E\text{-}4}$;　$M_F = -dM_E$;　$M_G = -cM_F$;

七節全荷重

第十五圖

$M_B = M_{B\text{-}2} + B'd_B + cCd_C - cdDd_D + cdeD'd_E - cdefC'd_F + cdefgB'd_G$;

$M_C = M_{C\text{-}3} - gB'd_B + C'd_C + dDd_D - deD'd_E + defCd_F - defgB'd_G$;

$M_D = M_{D\text{-}4} + fgB'd_B - fC'd_C + D'd_D + eD'd_E - efC'd_F + efgB'd_G$;

$M_E = M_{E\text{-}5} - efgB'd_B + efC'd_C - eD'd_D + Dd_E + fC'd_F - fgB'd_G$;

$M_F = M_{F\text{-}6} + defgB'd_B - defC'd_C + deD'd_D - dDd_E + Cd_F + gB'd_G$;

$M_G = M'_{G\text{-}7} - cdefgB'd_B + cdefC'd_C - cdeD'd_D + cdDd_E - cCd_F + B'd_G$;

式中　$d_B = M'_{B\text{-}1} - M_{B\text{-}2}$;　$d_C = M_{C\text{-}2} - M_{C\text{-}3}$;　$d_D = M_{D\text{-}3} - M_{D\text{-}4}$;

$d_E = M_{E\text{-}4} - M_{E\text{-}5}$;　$d_F = M_{F\text{-}5} - M_{F\text{-}6}$;　$d_G = M_{G\text{-}6} - M'_{G\text{-}7}$;

(三)等硬度

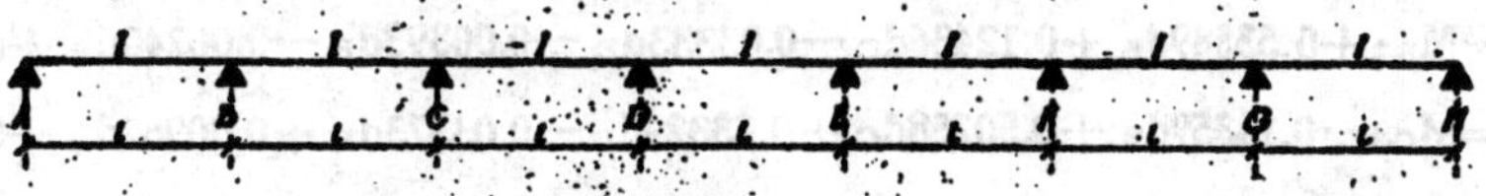

第十六圖

第一節荷重

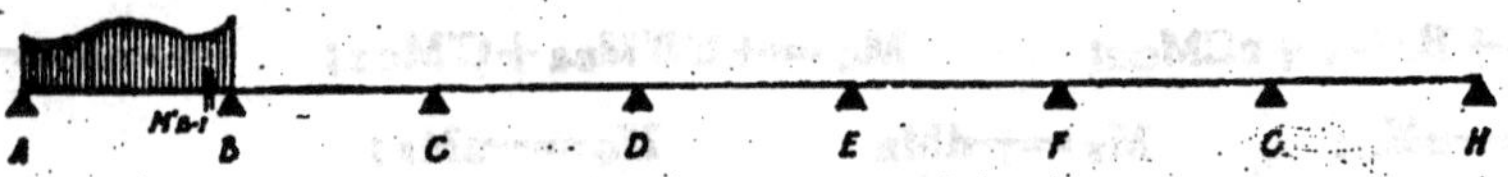

第 十 七 圖

$M_B = 0.53589\,M'_{B\text{-}1}$； $M_C = -0.26794 M_B$； $M_D = -0.26794 M_C$； $M_E = -0.26786 M_D$；
$M_F = -0.26667 M_E$； $M_G = -0.25 M_F$；

<u>第二節荷重</u>

第 十 八 圖

$M_B = 0.46411 M_{B\text{-}2} + 0.12436 M_{C\text{-}2}$； $M_C = 0.14359 M_{B\text{-}2} + 0.50258 M_{C\text{-}2}$；

$M_D = -0.26794 M_C$； $M_E = -0.26786 M_D$； $M_F = -0.26667 M_E$； $M_G = -0.25 M_F$；

<u>第三節荷重</u>

第 十 九 圖

$M_B = -0.25 M_C$； $M_C = 0.49742 M_{C\text{-}3} + 0.13329 M_{D\text{-}3}$； $M_D = 0.12436 M_{C\text{-}3} + 0.50017 M_{D\text{-}3}$；
$M_E = -0.26786 M_D$； $M_F = -0.26667 M_E$； $M_G = -0.25 M_F$；

<u>第四節荷重</u>

第 二 十 圖

$M_B = -0.25 M_C$； $M_C = -0.26667 M_D$； $M_D = 0.49983 M_{D\text{-}4} + 0.13398 M_{E\text{-}4}$；
$M_E = 0.13398 M_{D\text{-}4} + 0.49983 M_{E\text{-}4}$； $M_F = -0.26667 M_E$； $M_G = -0.25 M_F$；

<u>七節全荷重</u>

第 廿 一 圖

$M_B = M_{B\text{-}2} + 0.53589 d_B + 0.12436 d_C - 0.03333 d_D - 0.00893 d_E - 0.00240 d_F + 0.00069 d_G$；
$M_C = M_{C\text{-}3} - 0.14359 d_B + 0.50258 d_C + 0.13329 d_D - 0.03573 d_E + 0.00962 d_F - 0.00275 d_G$；
$M_D = M_{D\text{-}4} + 0.03847 d_B - 0.13466 d_C + 0.50017 d_D + 0.13397 d_E - 0.03607 d_F + 0.01031 d_G$；
$M_E = M_{E\text{-}5} - 0.01031 d_B + 0.03607 d_C - 0.13397 d_D + 0.49983 d_E + 0.13466 d_F - 0.03847 d_G$；

$M_F = M_{F\cdot6} + 0.00275d_B - 0.00962d_C + 0.03573d_E - 0.13329d_E + 0.49743d_F + 0.14359d_G$;

$M_G = M'_{G\cdot7} - 0.00069d_B + 0.00240d_C - 0.00893d_D + 0.03333d_E + 0.12436d_F + 0.46411d_G$;

式中 $d_B = M'_{B\cdot1} - M_{B\cdot2}$;　　$d_C = M_{C\cdot2} - M_{C\cdot3}$;　　$d_D = M_{D\cdot3} - M_{D\cdot4}$;

$d_E = M_{E\cdot4} - M_{E\cdot5}$;　　$d_F = M_{F\cdot5} - M_{F\cdot6}$;　　$d_G = M_{G\cdot6} - M'_{G\cdot7}$;

(四) 等硬度等匀佈重

雙動支等硬度七聯樑

	荷重圖 (A B C D D' C' B' A')	函數 C_B	C_C	C_D	$C_{D'}$	$C_{C'}$	$C_{B'}$
a		-.066986	+.017948	-.0048091	+.0012881	-.0003435	+.000085876
a		-.0490388	-.053847	+.0144276	-.003865	+.0010306	-.00025764
a		+.01313982	-.0525593	-.0529027	+.01417035	-.0037788	+.0009447
a		-.00352112	+.0140845	-.05281688	-.05281688	+.0140845	-.00352112
b		-.0528156	-.0387376	-.0422533	-.0422533	-.0387376	-.0528156
b		-.05281756	-.0387319	-.0422543	-.0422543	-.0387319	-.05281756
c		-.11980356					
c			-.1105286				
c				-.1143937			
d		-.10563316	-.0774695	-.0845076	-.0845076	-.0774695	-.10563316

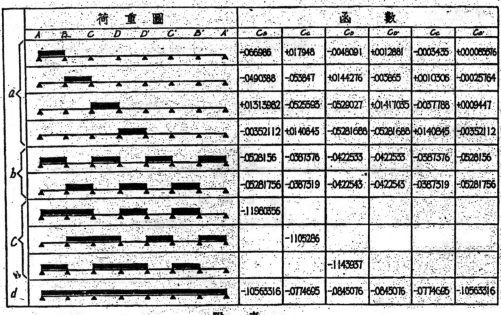

附表一

〔乙〕 單定支七聯樑

(一) 不等硬度

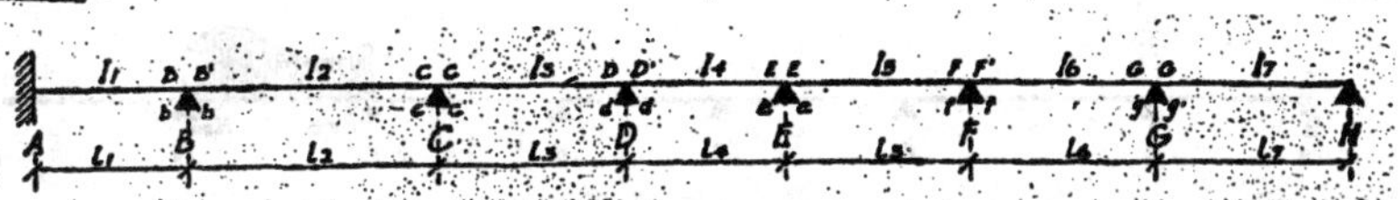

第廿二圖

度硬及函數　除$N'_{BA} = N_1$ 及6＝0.5外，其他算式均與〔甲〕之(一)同。

第一節荷重

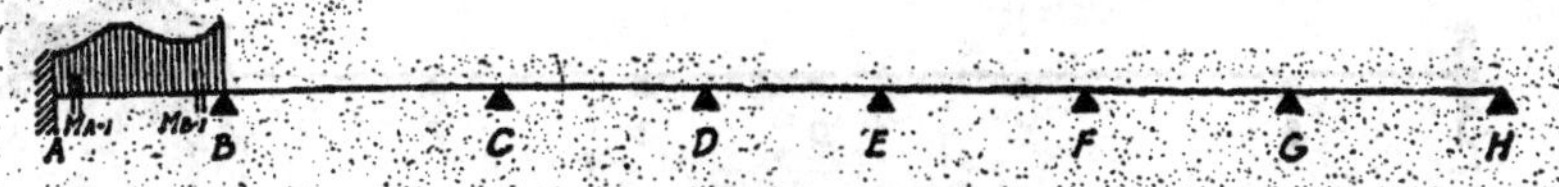

第廿三圖

$M_A = M_{A\cdot1} + 0.5BM_{B\cdot1}$;　　$M_B = B'M_{B\cdot1}$;

24399

此外M_C—M_G各算式同〔甲〕之(一)第一節荷重。

第二節荷重

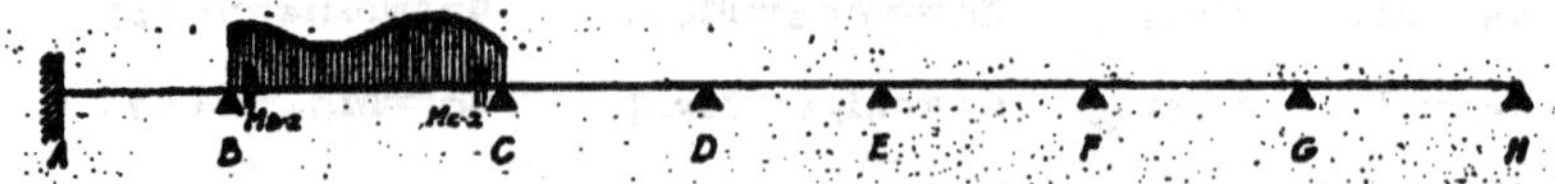

第廿四圖

$M_A=-0.5M_B$；　　M_B—M_G各算式同〔甲〕之(一)第二節荷重。

第三節荷重

第廿五圖

$M_A=-0.5M_B$；　　M_B—M_G各算式同〔甲〕之(一)第三節荷重。

第四節荷重

第廿六圖

$M_A=-0.5M_B$；　　M_B—M_G各算式同〔甲〕之(一)第四節荷重

第五節荷重

第廿七圖

$M_A=-0.5M_B$；　　M_B—M_G各算式同〔甲〕之(一)第五節荷重。

第六節荷重

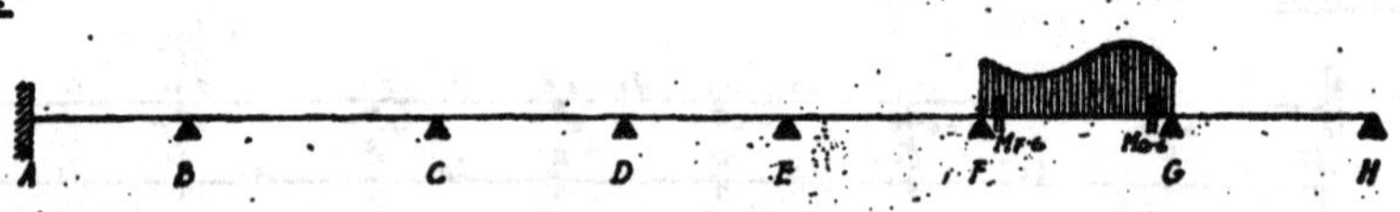

第廿八圖

$M_A=-0.5M_B$；　　M_B—M_G各算式同〔甲〕之(一)第六節荷重。

第七節荷重

第廿九圖

$M_A=-0.5M_B$；　　M_B—M_G各算式同〔甲〕之(一)第七節荷重。

七節全荷重

第 三 十 圖

$M_A = M_{A\cdot1} + \frac{1}{2}Bd_B - \frac{1}{2}cCd_C + \frac{1}{2}cdDd_D - \frac{1}{2}cdeEd_E + \frac{1}{2}cdefFd_F - \frac{1}{2}cdefgGd_G$;

M_B —M_G 各算式同〔甲〕之(一)七節全荷重。

(二) 對等硬度

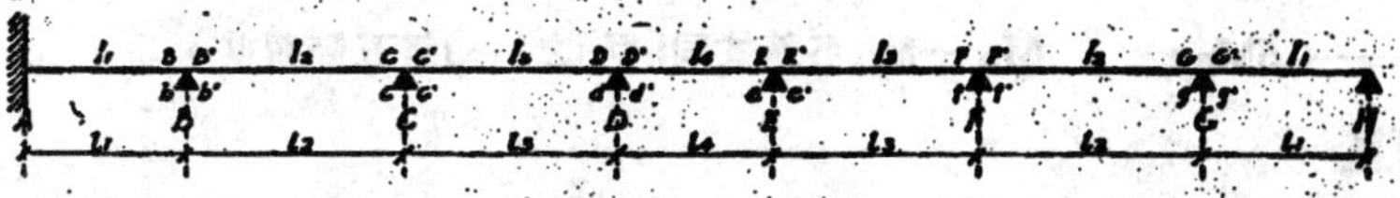

第 卅 一 圖

硬度及函數 除$N'_{BA} = N_1$ 及$6 = 0$ 外，其他各算式同〔甲〕之(二)。又$\overline{N}_{GF} - \overline{N}_{CB}$, $\overline{N'}_{FG} - \overline{N'}_{BC}$ 及f'—b'各算式同〔甲〕之(一)。

第一節荷重

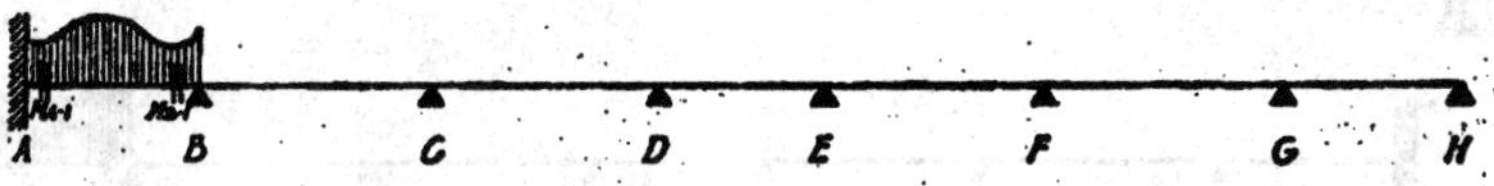

第 卅 二 圖

$M_A = M_{A\cdot1} + 0.5BM_{B\cdot1}$;　　$M_B = B'M_{B\cdot1}$;

M_C —M_G 各算式同〔甲〕之(二)第一節荷重。

第二節荷重

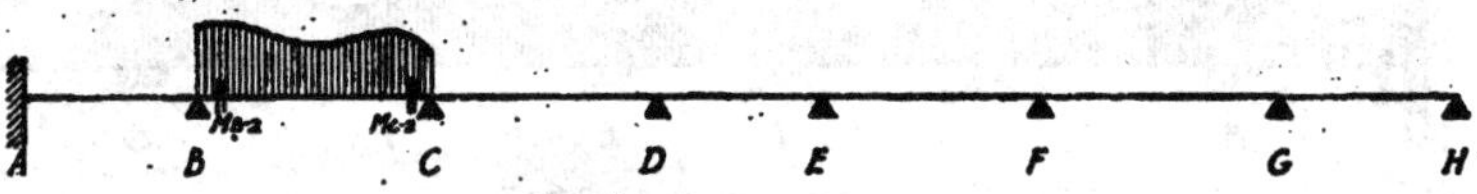

第 卅 三 圖

$M_A = -0.5M_B$;　　M_B —M_G 各算式同〔甲〕之(二)第二節荷重。

第三節荷重

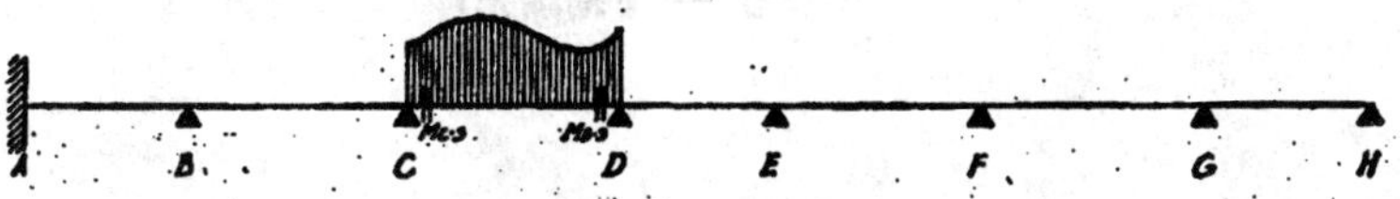

第 卅 四 圖

$M_A = -0.5M_B$;　　M_B —M_G 各算式同〔甲〕之(二)第三節荷重。

第四節荷重

第卅五圖

$M_A = -0.5M_B$；　$M_B - M_G$ 各算式同〔甲〕之(二)第四節荷重。

第五節荷重

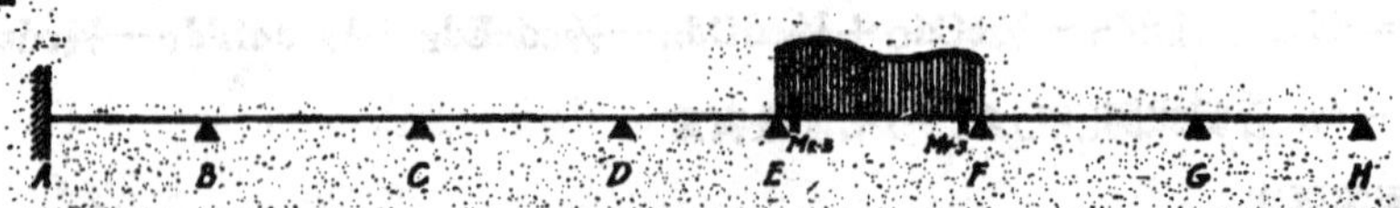

第卅六圖

$M_A = -0.5M_B$；　$M_B - M_G$ 各算式同〔甲〕之(一)第五節荷重。

第六節荷重

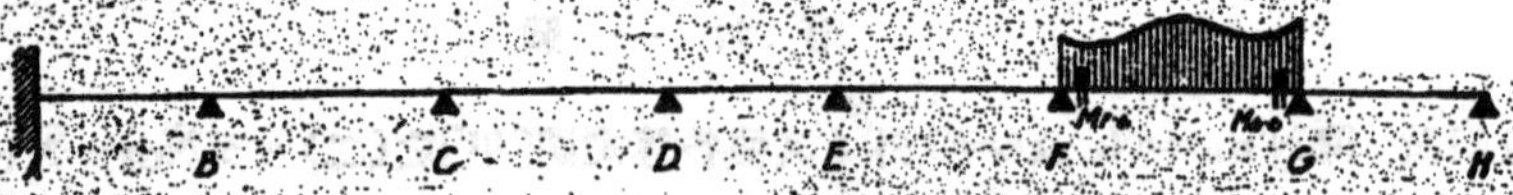

第卅七圖

$M_A = -0.5M_B$；　$M_B - M_G$ 各算式同〔甲〕之(一)第六節荷重。

第七節荷重

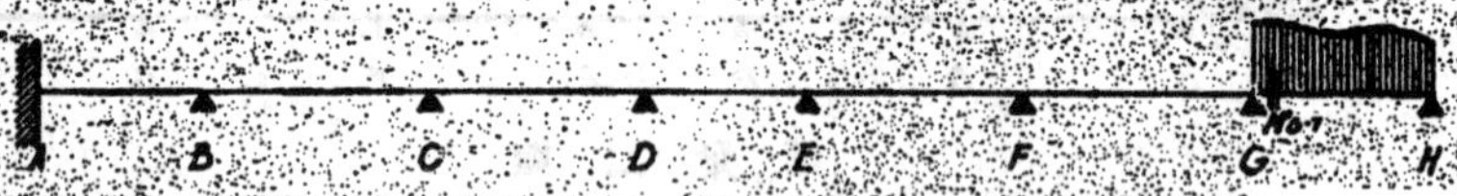

第卅八圖

$M_A = -0.5M_B$；　$M_B - M_G$ 各算式同〔甲〕之(一)第七節荷重。

七節全荷重

第卅九圖

$M_A = M_{A\cdot 1} + \frac{1}{2}Bd_B - \frac{1}{2}cCd_G + \frac{1}{2}cdDd_D - \frac{1}{2}cdeEd_E + \frac{1}{2}cdefFd_F - \frac{1}{2}cdefgGd_G$；

$M_B - M_G$ 各算式同〔甲〕之(一)七節全荷重。

(未完——下期續完)

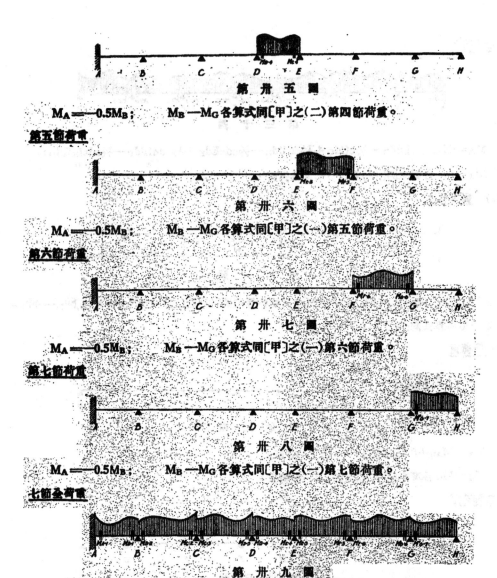

營造學（二）

杜彥耿

第六章 樓板

定義 層或平面，以之將一屋分隔成臺或樓者，名曰樓板。係用木材或其他禦火材料建造之。

分類 普通住屋之樓板，大多用木材建造者，可分三類如下：

單式擱柵之樓板。

複式擱柵之樓板。

撐檐樓板，或三重擱柵樓板。

單式擱柵樓板 單以擱柵支持樓板上載重之總量，而此類擱柵跨踏於兩端牆垣之上，是謂單式樓板；擱柵則曰過橋擱柵。

複式擱柵樓板 擱柵之中間有剪刀固撐，擱柵底釘有板條子，粉石灰平頂，以及於擱柵下，更釘平頂擱柵，再以板條子灰幔等者，謂之複式擱柵樓板。

撐檐樓板，三重擱柵樓板 在大梁之邊面附着木條，用螺釘絞住，擱柵即擱於此木條之上。此一大梁如此，對面之另一大梁亦如此。故擱柵之長度，限於在此兩條大梁中間，是謂撐檐擱柵樓板。以其有大梁之附貼於木條。木條之承受擱柵，故亦曰三重擱柵樓板。

置放擱柵之方向，有兩種辦法：一，普通擱置於小跨度之牆垣上，例如房間之進深，較開濶爲大，故擱柵即依開濶之方向設置之；二，擇空堂少之牆垣方面放置擱柵。此類大都係分間之腰牆。

材料 吾國擱柵木料，初本用圓木，如杉木，樓板則以松板。後以舶來木料之方正，且各種花色尺寸齊備，取之較易，價又便宜，故現在普通所用之擱柵大梁樓板等，幾有非洋松莫屬之槪。

樓板上之外力，包括如下：（一）靜載重或樓板之本身重量；（二）活載重，或外加之力，即設計者用以計算之力。單式樓板之靜載重，大槪假定每呎爲二十八磅。

玆將英美各大城市及我國上海南京北平等地之建築章程中，所規定各種建築物之樓板之載重，分別列表如左：

英國倫敦市政處規定之活載重

房屋類別	每平方尺載重
住宅 -- -- -- --	70
養育院 -- -- -- --	84
普通寄宿舍之臥室 -- --	84
醫院 -- -- -- --	84
工廠 -- -- -- --	84
其他類似之建築 -- -- --	84
會計室 -- -- -- --	100
辦公室 -- -- -- --	100
其他類似之建築 -- -- --	100
藝術品陳列室 -- -- --	112
小禮拜堂 -- -- -- --	112
教堂 -- -- -- --	112
學校之教室-- -- -- --	112
演講室 -- -- -- --	112
會議室 -- -- -- --	112
音樂廳 -- -- -- --	112
公共集會所-- -- -- --	112
公共圖書室-- -- -- --	112
零售店舖 -- -- -- --	112
戲院 -- -- -- --	112
工房 -- -- -- --	112
其他類似之建築 -- -- --	112
跳舞場 -- -- -- --	150
健身房 -- -- -- --	150
類似之彈性樓板 -- -- --	150
圖書館內之書庫 -- -- --	224
博物館 -- -- -- --	224
任何樓房之樓板並不佔用全部者，或專用於前述之宗旨者一不能小於 --	224

24403

美國各大城市規定之活載重

(每平方呎載重—磅)

房屋類別	紐約 1917	芝加哥 1919	費城 1919	聖路易 1917	波士頓 1919	克利夫蘭 1920	巴爾的摩爾 1908	匹茲堡 1914	辛辛那提 1917
各室之樓板									
公寓與寄宿舍	40	40	70	50	50	70a	60	50	40
養育院及醫院等	100	50	70	50	50c			70	40
監獄建築等	100	50			50c	80			60
廠房：									
輕量之廠房	120d	100d	120d	100d	125d		125d	125b	100d
重量之廠房			150d	150d	250d		175d		150d
旅舍	40	50	70	50	50c	70	60	70	40b
辦公室等	60	50	100	60b	75b	70b	75b	70	50b
公共建築：									
市政建築	100				75c	100			100
教堂	100	100	120	75	100	80	75	125	100
圖書館，博物館	100				100	125		200	
戲院	100	100	120	100	100	80	75	125	100
學校	75	75		75	50	70	75	70	60
貨棧，輕載	120	100	120	100	125	100b	125	125	100
貨棧，重載			150	150	250		175		150
堆棧			150	150	750		250	200	150
集會所等之樓板									
大會堂　座位固定者	100	100	170	100	100	80	75	125	100
大會堂　座位活動者	100	100	120	100	100	125	125	125	100
兵工廠跳舞廳等	100	100			100	150		150	150
其他									
汽車間，馬房	120	100e		100	150e	150e	100		75
川堂，走廊	100	100		100	75f	70g			80g
扶梯，太平扶梯	100	100		100	75f	100h			80g
人行道	300				250	200	200		300

[註]
a 克利夫蘭所規定寄宿舍爲60磅。
b 第一層樓板：聖路易規定100磅，波士頓125磅，克利夫蘭125磅，巴爾的摩爾150磅，辛辛那提100磅。
c 醫院，旅舍，公共建築等之樓板：波士頓規定100磅。
d 樓板載重，不包括機器之重量或震動。
e 私人汽車間：芝加哥規定40磅，波士頓75磅；公共汽車間：上層樓板克利夫蘭規定100磅，馬房克利夫蘭規定80磅。
f 大會堂，兵工廠等之川堂及走廊，波士頓規定100磅。
g 除於寄宿舍外，所有樓板載重均減輕。
h 公寓之扶梯衖等規定80磅，寄宿舍爲100磅。

上海市規定樓板之活載重

房屋類別	每平方呎載重	每方呎載重
住宅	300公斤	60磅
市房(無貨物堆置者)	300 ,,	60 ,,
旅館內臥室	300 ,,	60 ,,
醫院病房	300 ,,	60 ,,
辦公室	400 ,,	80 ,,
茶坊酒肆	400 ,,	80 ,,
學校教室	400 ,,	80 ,,
公衆集會所	540 ,,	110 ,,
戲院	540 ,,	110 ,,
商店(有貨物堆置者)	540 ,,	110 ,,
工作場所	580 ,,	120 ,,
運動室	730 ,,	150 ,,
跳舞廳	730 ,,	150 ,,
戲臺	730 ,,	150 ,,
工廠	730 ,,	150 ,,
拍賣室	1,100 ,,	220 ,,
藏書室	1,100 ,,	220 ,,
博物院	1,100 ,,	220 ,,
貨棧	1,350至2,000 ,,	270至400 ,,

樓梯載重如下

住宅市房等	300公斤	60磅
公共房屋等	730 ,,	150 ,,
貨棧等至少	1,450 ,,	300 ,,

上海公共租界規定樓板之活載重

房屋類別	每平方呎載重
住宅	70 磅
養育院	75 ,,
普通公寓之臥室	75 ,,
醫院病房	75 ,,
旅館之臥室	75 ,,
工作房	75 ,,
其他類似之建築	75 ,,
辦公室	100 ,,
其他類似之建築	100 ,,
藝術品陳列室	112 ,,
教堂及小禮拜堂	112 ,,
學校教室	112 ,,
演講室或會議室	112 ,,
戲院及音樂廳	112 ,,
公共圖書室	112 ,,
零售店	112 ,,
工房	112 ,,
其他類似之建築	112 ,,
健身房	150 ,,
跳舞廳	150 ,,
其他類似之建築	150 ,,
拍賣室	224 ,,
藏書室	224 ,,
博物館	224 ,,
任何樓房之樓板，並不佔用全部者，或專用於前述之宗旨者，至少	300 ,,
扶梯，扶梯平台及走廊之載重如下	
住宅	100 ,,
辦公室	200 ,,
貨棧	300 ,,

南京市規定樓板之活載重

房屋類別	每平方公呎載重
住宅	300 公斤
市房(無貨物堆置者)	300 ,,
醫院病室	300 ,,
旅館內臥室	300 ,,
辦公室	400 ,,
茶坊酒肆	400 ,,
學校教室	400 ,,
戲院廳廂	550 ,,
公衆會堂	550 ,,
商店(有貨物堆置者)	500 ,,
汽車間	500 ,,
工作場所	600 ,,
運動室	700 ,,
敞臺	700 ,,
工廠	600至700 ,,
拍賣室	1,100 ,,
藏書室	1,100 ,,
博物館	1,100 ,,
貨棧	1,250至2,000 ,,
樓梯及過道之載重如下	
住宅市房	300 ,,
公共建築等	700 ,,
貨棧等(至少)	1,450 ,,

按北平市所規定之樓板活載重，與上海市相同，故不錄。

擱柵之强度，不但使其能支持計算時所假定之力，且亦須有相當之硬度，俾限止其發生撓曲，不使平頂上之粉刷有裂之虞。同時對於震動之狀態，亦宜排棄之。載力不能超越一數額使撓曲大於四百分之一之跨度。

下表為規定擱度與深度之最大跨度，在每呎長載重一六八磅，其撓曲不得超過跨度四百分之一，材料係用北松，擱柵之中距為一呎二吋。

深度(吋為單位)	闊度 (吋為單位) 2	2¼	2½	3	3½	4
3	3.35	3.49	3.61	3.84	4.03	4.22
4	4.37	4.65	4.81	5.12	5.38	5.63
5	5.58	5.81	6.02	6.39	6.73	7.03
6	6.70	6.98	7.22	7.67	8.17	8.44
7	7.83	8.15	8.22	8.98	9.45	9.88
8	8.95	9.31	9.83	10.02	10.76	11.26
9	10.00	10.41	10.77	11.46	12.21	12.61
10	11.17	11.61	12.04	12.78	13.45	14.08
11	12.29	12.78	13.24	14.03	14.79	15.48

欲得每呎載重一一二磅之最大跨度，將表中之數乘以一●一四六；及每呎載重一四〇磅者，乘以一●〇六三。即

每呎載重112# L=L表×1.146

每呎載重140# L=L表×1.093

【例題一】求擱柵之斷面，其每呎一二二磅之載重於十三呎長之跨度上。

由公式得

$$L = L_{表} \times 1.146$$

$$L_{表} = \frac{L}{1.146} = \frac{15}{1.146} = 14.30$$

由表中尋得最近之數爲一一•四六，其潤與深則爲三吋乘九吋。

【例題二】十五呎長之跨度上，載每呎一四〇磅之外力，求擱柵最適宜之斷面。

$$由L_{表} = \frac{L}{1.063} = \frac{15}{1.063} = 14.03$$

表中合宜此數者爲三吋乘十一吋。

【例題三】二吋半乘十一吋擱柵之斷面，其上面每呎有一四〇磅之載重，求最大之跨度。

$$T = T_{表} \times 1.063$$

由表中得二吋半乘十一吋之擱柵，其$T_{表} = 13.24$

所以$T = 13.24 \times 1.063 = 14.1$呎

下層之地板 下層之地板，若以木材舖置者，須有良佳之防腐設備，如出風洞，地板下塗柏油或其他避潮之材料；同時木材之本身，亦宜乾燥，否則均有腐爛之可能。至於出風洞之裝置，亦須有普通衞生設備，在地板下之泥土上做六吋滿堂三和土，使之平坦。保用一分水泥，二分黃砂，四分石子，此種混合物有極佳之效果，即在無壓力時，亦可保持潮氣及地下之空氣，不致向上升漲。倘用灰漿三和土做滿堂，亦可獲得同樣之効能。

若地板之設置，較水平線爲低，而與貼潮濕之泥土時，則須於面上做柏油。(詳見磚作工程章內)

出風洞須擇造於地板下與三和土上之牆垣，在此空間，各開以相對之孔洞，使空氣流通，見第五七七圖。

地擱柵近牆處，普通將大方脚放寬，或砌地龍牆在滿堂三和土上，擱沿油木一條，隨後將擱柵擱置其上。在中間則擱於地龍牆上，牆之厚度五吋或十吋者，砌在滿堂三和土上，見第五七七圖。其

五七六圖

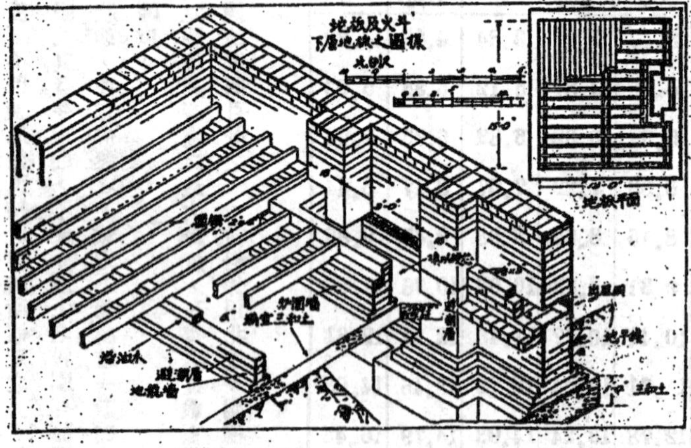

五七七圖

效用能增加擱柵之强度，及減小其深度。一切大方脚上及沿油木下，使空氣流暢。

，均宜加避潮層一皮或數皮，見第一六五圖。

五七九圖　五七八圖

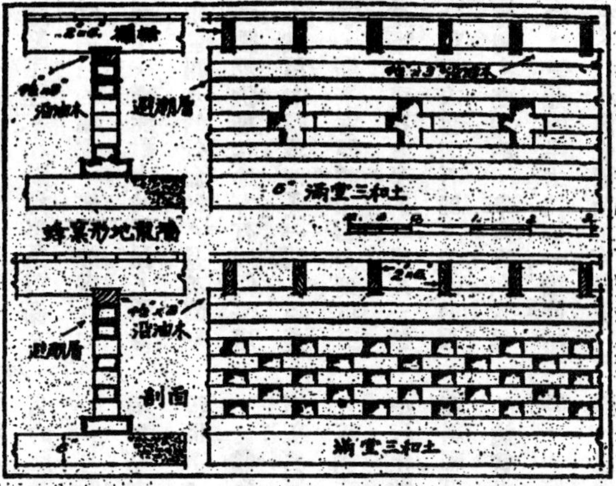

五八一圖　五八〇圖

火坑 擱柵擱置於火坑處，須防止材料之燃燒。斐勞斯所定之規則：在火坑處所築之爐圍牆需要巨大之距離。此項爐圍牆之厚度約五吋或十吋，上面置以沿油木，以備擱置擱柵之用。爐圍牆中實以泥和磚塊，同時須用木人排竪，不使有沉陷發生。排時伽水於其中更佳，欲獲得良佳之效果用一分水泥，十分磚石或煤屑泥和塡之。其上做六吋水泥三和土，隨後粉一：二之細砂水泥，或舖瑪賽克麥磚，缸磚及水泥花方磚。（見第五七七圖）

高過一呎之地龍牆須砌成蜂窠形，見第五七八至五八一圖，俾

（待續）

24407

關於水泥

薛雪英

水泥的發明　我國稱水泥曰洋灰，又音譯Cement一字曰水門汀，分天然水泥，波特蘭水泥和火山水泥三種。在建築上用途最廣的是波特蘭水泥。當水泥未發明以前，我國常以一種用石灰，細砂和黏土搗合而成的三合土爲建築原料。但這種建築原料，在水裏不能固結耐久，所以不能用來做造橋，建水堤等巨大的建築工程。在歐洲也是這樣。到了近代因爲需用上的關係，經過許多人的研究，結果發明了一種能耐水的灰泥，稱爲水泥。最初發現能耐水的灶泥的，是英國斯米吞。當時，英國厄狄斯吞地方有一個燈塔，給巨浪衝去；就用木頭再造了一個，但是不幸被火燒燬了，斯米吞便想用石去築第三個燈塔。因爲燈塔是浸在水裏的，須用一種能耐水力衝擊的灰泥去膠固石塊。普通的石灰泥，當然是絕對不能用的，斯米吞在未築那第三個燈塔時，便先着手去搜找一種能耐水的灰泥。後來，他在南威爾斯地方發現一種灰石，把牠燒了，就產生一種極好的能耐水的灰泥。他就用這種水泥去建築那座燈塔，果然十分堅固，這便是水泥的創始。但這種水泥的位置，近來已經被人造的波特蘭水泥奪去。波特蘭水泥是把黏土與堊，或是灰石與頁岩混合了燒煉而成，和只用不純粹的灰石製成的不同。波特蘭水泥是一個英國煉磚匠阿斯潑定氏在一八二四年所發明，因爲這種水泥凝固之後，與波特蘭地方的一種有名的建築石相似，所以叫做波特蘭水泥。

水泥的製法　水泥的主要原料，是石灰和黏土。其製法有乾溼兩種，隨原料的乾溼而異。

㈠乾法——先在地上採取黏土質原料和石灰質原料，分別軋碎，成爲小塊。然後送入轉筒式的乾燥機中烘乾，於是送入球磨機中行粗磨。這機有旋轉的圓筒，中貯鋼球，原料經其軋轢，即成碎屑。然後再依所求得的適當混和比率（大概黏土二分和石灰石八分），將兩種原料混和，送入管磨機中行細磨。這機製有旋轉圓管，中貯燧石質卵石，磨出原料，較前更細，且混益勻。將所得細粉；送入迴轉爐的上端。這種爐爲圓筒形，外面有鋼殼，裏面有耐火磚貼壁，長自一百五十至二百四十英尺，直徑自十至二十英尺，安置略斜，每分鐘約旋轉一週。燃料爲細煤粉，自爐的下端，由送風機吹入。爐中溫度約爲攝氏一千四百度左右。原料自爐的上端，緩緩行抵下端，經過烘燒，約至開始熔融：當出爐時，結成堅硬的爐塊。此爐塊經冷卻器冷卻後，再加入適量的石膏，（其作用在減緩成品的凝結速度。）轉入球磨機中磨成極細的粉末。即爲純淨的水泥。

㈡溼法——先將原料和入多量的水分，調成混漿。再送入攪拌機中，透徹混和。於是，移泥漿入大筒中，完其成分，如有不合，即加入適當原料，以改正其成分。然後再送入溼管磨機中細磨，移入儲藏櫃中。由此用唧筒打入烘爐。所含水分，即在爐中蒸發。此後處理爐塊的方法與乾法相同。

水泥的性質　水泥在近代的建築工程上，是一件不可缺少的原料。這是因爲水泥具有優良的性質，絕非普通木，石等建築所可比擬。水泥爲灰白色的粉末，黏合力極强，若加水調勻，便能壓結而成硬塊，（水泥加水後硬化的反應，現在還沒有十分明瞭。不過，水泥的成分與水接觸時，便起加水分解；所成的化合物與水結合，即成含水物。這些含水物有結晶性，所以能凝固和變硬。）故無論在陸地上或水中，都可適用。

水泥的使用法　水泥的使用，要看所做的工程來決定；現在舉一個例來說明。最上等的用法，是水泥一桶，和沙礫一桶半，碎石三桶；最下等的用法，是水泥一桶和入沙礫三桶，碎石六桶；至於用水的多少，要看材料的乾溼及氣候的寒暖而定。拿這種混物，充作建築材料，數天之後，水漸乾燥，便堅硬如石，很難破壞。至於高大的水泥工程，須要用鋼條作骨，使得格外堅固。

混凝土　混凝土是水泥，砂和碎石的混合物。其堅牢耐久，一如石質，故有人造石之名；較之水泥的硬度，還大得多，實際上，水泥很少是單用的，而大都用為做混凝土的成分。近年來混凝土已變為一種極重要的建築材料，可用以建築橋樑，樓屋基礎，水壩，牆垣，砌築道路等，差不多任何較好的建築物，都用到牠了。倘在極吃重的地方，如高樓的地板之類。更須埋入鋼棒或鋼條，使牠的力量格外增加。這種建築物叫做鋼骨混凝土。但製混凝土時，配合材料及分量等方法則隨其用途而應備種種性質；如供造路面作臺階的，則須能耐磨蝕；如供建築房屋者，則當十分強固，如作水池水管者，則當不透水。欲求混凝土具備此種優良的性質，不應專恃多用水泥，而當注意於配料法，否則徒耗水泥，無濟於事。

鋼骨混凝土　水泥的性質雖極堅硬，但亦易碎裂，故許多學者進行實驗研究，想聯合一種適當的材料，以救其弊。鋼骨混凝土的建築原理，古羅馬人早已知道了，但用科學方法研究鋼骨混凝土，而有今日之發展，則不過是近百年來的事。一八五五年尉爾琴絲氏 (Wilkinson) 及科涅氏(Coignel)發明鋼骨混凝土建築方法，註冊得專利權。一八六一年法蘭西人摩尼厄氏 (Monier) 始製混凝土蒔花箱，用鐵絲為框架。一八六七年，摩尼厄氏以其製品，送至巴黎博覽會陳列，且註冊得專利權。其製法係用上下兩鋼條，縱橫相交，而再塗混凝土。這種方法當時雖未通行，到現在則已很通用，尤以用於樓板地板為多。用鋼骨混凝土建築的方法，須先把鋼條結成骨架，在骨架的四周，圍以木板，其大小形式以及如何接合的方法，悉依建築的圖樣而定。骨架既備，然後用上等的原料合成混凝土灌入其中。待其結硬，除去四周的木板，即成鋼骨混凝土的建築物了。

鋼骨混凝土能兼具鋼與混凝土的優點。混凝土的耐用性極高，頗能抗火，且能受重大的擠壓力，但不能耐受牽引力。鋼的強度極高，又富有彈性，但易於銹蝕，又易因熱而損其強度。合此二種材料，則兼具有優點；而不露其缺點，這是鋼骨混凝土所以可貴的地方。

杜彥耿譯

羅馬師刻式建築

源始與其特徵

緒論

八○、定義　羅馬師刻式建築之一義，自古羅馬帝國之失墜，以至哥德式建築初創之一個階段中，用之於歐洲各種建築者，頗爲廣泛。設以羅馬師刻建築解析之，一曰早期基督敎建築，二曰卑祥丁建築，已於以前各章詳論之矣。今再推論純粹之羅馬師刻式建築。自紀元八○○年查理曼（Charlemagne）加冕後之四百年中，允稱流行一時。羅馬師刻式房屋之式制及其狀態，固不脫公會堂輪廓之型範，復參融以卑祥丁及回敎建築藝術，故在在予人以淸晰之啓示而辨別之。

八十一、早期羅馬師刻藝術　自六世紀至十一世紀時，歐洲藝術正當嬗遞演變之季。於此時期，克勒特及日耳曼兩族之信奉基督敎；蓋若輩既已同受敎會之轄制。遂使該時期之敎會建築，影響及於基督，羅馬，卑祥丁及條頓諸族之象跡。但於其各個本位之作風，如喀羅溫朝，或羅馬，以及法國，意大利，德國之藝術，自不無差異之特徵；尤以意大利之倫巴族之突現高峯爲最。但歐洲各處之羅馬師刻式建築，殊鮮普遍，僅於其牆垣之實體，圓形發券之空堂，精美雕刻之線脚，及圓穹之頂幔，與夫羅馬公會堂地盤佈局之豐滿的發展等，在在足以窺見其一斑。

八十二、羅馬師刻式建築之發展　因資財之日漸充實，勢力之日漸擴張，以及人民對於信敎印象之密切，因欲建適稱之參禮堂舍，並資供設敎徒陸續搜集之聖器。以及曾被北虜侵刼而遭焚燬之敎堂，至是又不得不謀恢復之；而其建築尤須鞏固耐久，是以法德兩國，對於羅馬師刻式建築之發展，尤三致意焉。於其時深致研習之結果，卒收宏猷。迨至公元一千年，法國之敎會建築，技術及雕刻等，均臻上乘，是殆名工哲匠冠絕一時之作歟。

八十三、均等推力之綱要　羅馬師刻式建築之結構，其要點爲均平，或即兩力或數力之互相依用。此種科學的方法，所以使建築物之安全也，故凡磚瓦之集體的撑載重，負載於發券，而傳支於磝子。此種結構方法，卒於十三世紀及十四世紀中，風行於全歐，以其既輕巧又美麗之羅馬式敎會建築也。

八十四、均等方式　等均方式者，亦卽以平等之推力爲綱領之一種方式，如三十九圖(a)所示，係房屋之剖面圖；示屋頂支衛於兩邊牆垣，箭頭a所指示屋面下壓力之趨勢；設因屋頂材料之強勁，不足以抵抗此種壓力時，則人字木之上端，成爲向下壓抑之勢，而其下端則推支於牆上，如圖中b b兩點。三十九圖(b)雖係磚石發券，但其壓力向兩邊牆垣推支之性質，與上述者同，如a之載重經c c而傳着於b b。三十九圖(c)直立之木柱，以之代替牆垣，則人字木支於木柱，力自a經c c傳於b b之柱上，勢須外傾，故應用梁木牽繫之，俾臻鞏固。

八十五、　三十九圖(d)示於柱之中間，加支拋撑，藉以增强柱之力量，俾屋面之推力傳於c d e。此法可以伸引而用於b圖之磚石發券。如(e)圖於大牆之外，加築半發券，藉資支撑，而不使牆因受屋面之推力發生外傾之虞。

八十六、　三十九圖(f)係爲建築術中一種平均推力之方式，中古末葉時，用拋脚磝子及飛磝子爲主要建築。拋脚磝子者，磝子f f直接附着於牆h h，如此則牆之力量，自然增厚。但若(f)圖之磝子，f f並不直接附着牆h h，而以半發券i i支於牆，是故磝子與發券i，名之曰飛檄子。其性質與作用，與三十九圖(d之抛撑相同。牆與礅子之頂，加築壓頂牆，如(f)圖中之g，於發券及礅子之上，繼長增高之，遂使向下之壓力足而牆與礅子因以強固，不畏屋面傾下之推力。

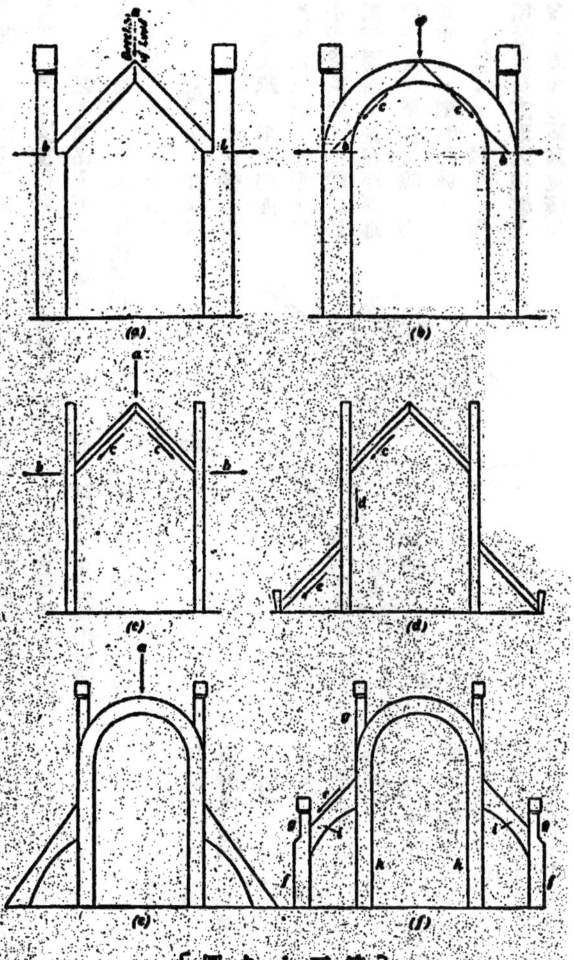

〔第三十九圖〕

八十七、避火建築

羅馬房屋構築之堅實，與夫擔任重大力量之礅子之偉大，以及房屋任何一部結構之呈堅強緊湊；加之羅馬有靈敏之工程師，優良之建築材料爲之援助。但羅馬師刻式建築，既無頭腦靈敏之巧匠，又乏優良之材料，可以予取予求。不過早期之羅馬師刻建築師，力排衆難，始以石料構築避火房屋，如教堂之礅子，牆及內部牆面，亦用石砌，甚至圓形天毀，皆用石料。

八十八、圓平頂建築

在十世紀末或十一世紀之初期，羅馬師刻建築師，初起試築圓平頂，係採自羅馬之捲篷圓頂及交叉圓頂，如圖四十(a)及(b)。最初教堂中之神龕上面，砌以連續不斷之捲篷圓頂，如圖(a)，並佐以交叉之發券。此種巨大之推力，由高大甬道上面之捲篷圓頂或他種圓頂擔任之。汽樓窗隱於甬道之內，甬道之高爲二層。但此重大之中古早期，圓頂有多處已塌圮，遂有新的交叉圓頂之興起，如圖四十(b)，不特力量增強，抑且窗之高度亦可加高；而圓頂祇須支托，便可鼎立，是以交叉圓頂，實爲中古時代之一大進步。但新的難題，又復呈現者，即交叉圓頂遇長方形之地盤是也。

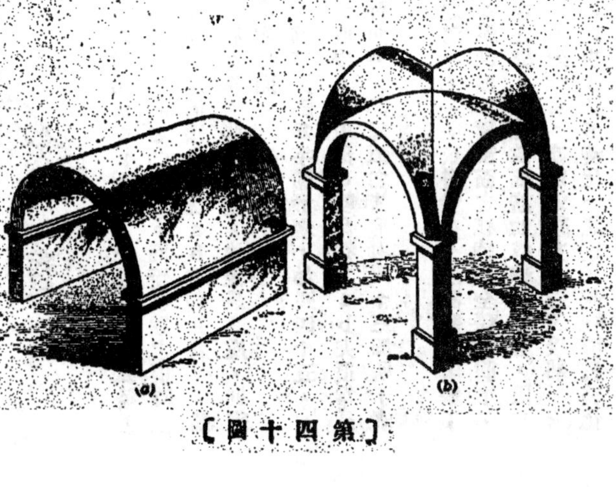

〔第四十圖〕

八十九、

檔間上面羅馬式之蓋頂，在兩個半圓形圓頂之接合點者，其形橢圓，如四十一圖；而其頂巔並不較半圓形發券之頂爲高。但欲根據科學知識

〔第四十一圖〕

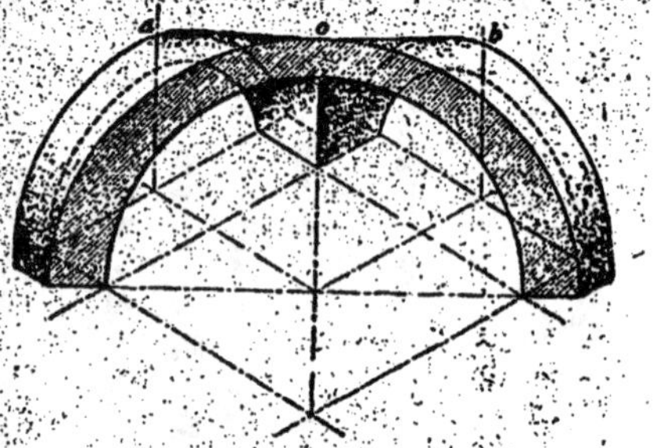

〔第四十二圖〕

，改進羅馬式圓頂，因有早期之羅馬師劍式建築家，創弧稜之形爲半圓形，如四十二圖，因之其頂部o則較ab兩發券之頂爲高矣。此種以羅馬圓頂作基本而加以變革之圓頂，用爲教堂之屋頂者；圓頂之地盤，如係方形，則發券應分兩種，即爲兩邊之甬道與中間之大殿，蓋殿之寬度，往往較甬道大兩倍也。欲使發券之頂高度相等，自不得不用兩個小半圓形之發券矣。如圖四十三ef，遂致接合處之交叉線，形成彎曲。如欲糾正此項情形，使小發券與交叉接縫之形爲半圓者，則在平面地盤之交叉線係直線，而圓穹之面則爲彎曲。

九〇、以交叉圓頂置於長方形之地盤上者，爲羅馬師劍建築師前進之成績。如圖四十四，rsut爲平面圖，efg爲小發券，ij爲邊券，亦即跨su上之發券。半圓形之交叉弧線，其對在ru及st之上者，如四十四圖mnop所示。上述圓頂之弧稜，即兩個發券之接縫處，非爲繼續不斷之凸出線。而至發券之頂時，確已完全變易者，例如四十四圖之圓頂，下部ab之剖面爲v，圖係陽角圓線；但由此向上漸驅券頂，陽角漸變，迨至最高處，則完全變成陰角，如圖w爲cd之剖面。

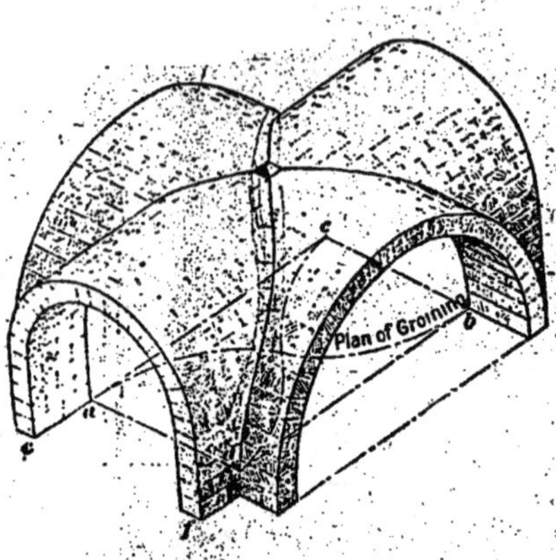

〔第四十三圖〕

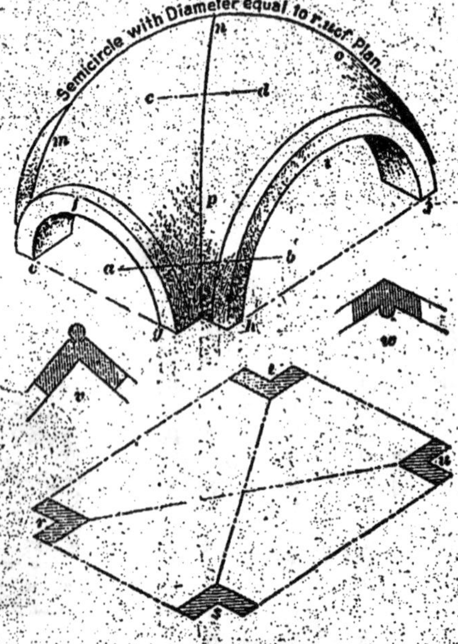

〔第四十四圖〕

九十一、尖拱圓頂，其交叉點爲半圓形者，如圖四十五，cde之弧稜線在平面地盤係直線，而頂部o較發券之ab尖頂爲高。然此項拱頂，設亦欲其彎曲者，其變弧之情形與四十三圖所示者無異。

九十二、尖拱圓頂之跨距不一，致發券交叉之點發生困難；然此困難卒至消滅，蓋因如縱剖面與橫剖面之弧稜，全係半圓形，均可提高，使之無扭曲不合之弊。弧稜欲起筋肋或線脚等者，因之亦易於整齊；而每一檔間之末分斷者，亦即連續矣。迨至後期，咸舍半圓形發券而取尖拱，其姿態復甚多變化，建築尤趨經濟及美化

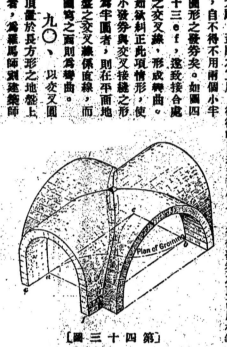

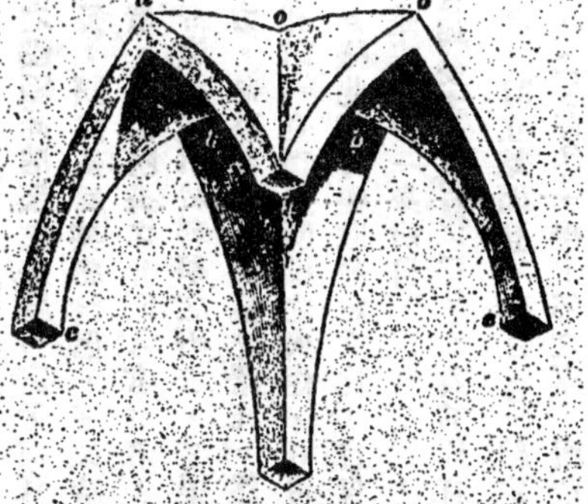

〔第四十五圖〕

但時在法國之教堂，常用大而弧曲之栱頂；英國則將圓頂筋肋中段割切，使之成多數小的區分，結果使英國之圓頂，常呈複雜之象。

法國羅馬師刻式建築

法國小誌

地理，歷史及社會

九十三、地理 法國在中古時代之疆域，如四十六圖，係北達比國及英吉利海峽，南接西班牙及地中海，東鄰意大利，瑞士及德意志，而西出比斯開(Biscay)海灣。其東北方面——即通德意志之一面，門戶洞開，缺乏天然屏障；其他各處，則崗巒起伏，藩籬自成，尤以南方及東南方形勢險巇，匪特能拒阿剌伯族經西班牙入侵法境，亦足以制意大利文明之外洩。

九十四、氣候 法國東西南地，氣候懸殊。西區濱海一帶，溫暖，潮濕，西南風習習。東部則反是，盛暑燠熱，而嚴冬則又酷冷殊甚。

九十五、地質 法國亦大宗建築石料，花崗石及雲石殊夥。

〔第四十六圖〕

九十六、歷史 克羅維斯(Clovis)手創之墨羅溫(Merouingian)王朝，直至公元七五二年始告崩潰。繼之者為喀羅溫(Carlovingian)王朝。最初三個世紀中，法國內分數個王國，迨至墨羅溫朝，因諸帝之積弱無能，故大權漸致旁落，宮中權臣反甚跋扈。在第八世紀早期，權臣中有名佩彭(Pepin)者，遂佔優越之地位，其子沙爾馬忒爾(Charles Martel)，曾擊退薩拉森(Saracens)於部爾(Tours)地方。至公元七五二年，沙爾之子名小佩彭者，逼墨羅溫王退位而自立，始創喀羅溫王朝。新君不特擴展其固有之領域，且伸展其勢力，達於羅馬及意大利各邑，並已受教庭之殊勳，而掌理政治民事矣。

九十七、 小佩彭之子查理曼，亦稱查理大帝(Charle The

Great)，率其精銳之師，立志希圖實現以前羅馬帝國之迷夢，故保護條頓族所管之教堂，並携十字旗幟於其軍前。理查大帝曾出師五十三次，征討凡一十二國，例如敗阿剌伯，潰倫巴人(Lombards)，克勃艮第人(Burgundians)，薩克森人(Saxons)及阿瓦爾人(Avars)等，經過三十三年之戰爭，其領域自德國海至亞得里亞海(Adriatic)，暨自海峽至多腦河之下流。

九十八、經過查理曼之整飭後，羅馬秩序漸行恢復，基督教亦深得人心，查理曼遂由教皇為之加冕，時為公元八百年，至是西帝國之局奠定，而查理曼之帝位，亦盡佔帝國之制矣。劃其領域為數省各設省長，由中央政府時派特使至各省察核政務。

九十九、查理曼與教廷間之感情，已極融洽，乃在帝國之領域內，劃分許多僧區，並有主教之創制，修道院之建造。其時並專攻臘丁文甚力，巴黎大學亦於是時成立。

一〇〇、經查理曼之撫育，文物與藝術之奮發，滋長頗甚。帝之宮殿建築，甚為美奐，尤以愛斯拉沙伯(Aix-La-Chapelle)為最。其一種偉大奢侈之情，可於「小羅馬」三字之形容詞見之。中含許多殿宇，戲院一座，浴場及游泳池，與一搜羅豐富之圖書館。高貴之瑪賽克磚鋪地，採自拉溫那(Ravenna)之雲石柱子，屋中並置金銀器具，以之點綴此浩繁之房屋。宮旁尚有學院一所，阿爾琴(Alcuin)為院長，該院長為英屬僧侶，在彼時允推學問高超之大師，尚有其他學者，亦由院長之介而入宮庭者，互相攻錯。院長大部之時間，係奉帝諭而從事於科學之研求，音樂及文學語言等之學問；以冀繼其努力，將啓發古時文藝之曙光。然一國之文明，每因一人而表彰者。有謂「查理曼所燃之火炬，在漫漫長夜中，不過一閃，爾即熄滅」。緣此種方稱啟發之文化，自查理大帝崩後數年，幾已喪失殆盡。是或大帝一身所得，迨至逝世，亦隨之滅亡。

一〇一、查理曼之子路易(Louis)與其他諸子，因爭統而戰，迨至公元八四三年，訂立梵而登(Verdun)約定，分邑各據一方，戰事始寢。羅退耳(Lothair)得中部之權，稱帝，領有意大利，勃艮第及洛林(Lorraine)等地；路易領東法郎克蘭(E. Frankland)，此後即稱德意志；查理得西弗蘭哥尼亞(Franconia)，或稱法蘭西。查理為法國第一代君主。

一〇二、正查理大帝當國之候，斯干的那維亞人(Scandinavians)已開始向法海口刧掠。但自經查理曼柔弱之繼承人當國後，若輩益肆猖獗，大隊乘船遙溯而至，所經焚刧隨之。於第十世紀之初，斯干的那維亞人一隊，曰諾爾曼(Normans)，登塞納(Seine)攻掠巴黎。此種兇暴之諾爾曼人，頓使懦弱之查理儲君發生恐懼，即以其女事首領洛羅(Rollo)，並以諾曼底(Normandy)一地作粧奩。故洛羅遂於九一一年，成為諾曼底大公爵。即為後之威廉得勝者(William The Conqueror)之祖。

一〇三、諾爾曼用法語，及法之習俗，信奉基督教，建大教堂，由是向文明之路邁進，故不久諾曼底地方勃興，遂成法國重要繁庶區域之一。後來洛羅欲自領邑域，是或亦將來威廉得勝者創立英國之萌蘖也。

一〇四、當諾爾曼之發難也，喀羅溫諸王對於防守或政治，咸無作為，人民相率趨附左近貴族，避難堡中。因之諾爾曼之劇宰運動，自亦順利。

一〇五、第十世紀時，法蘭西祇剩名義，若四十六圖所示之省市，大者如阿歐退尼亞(Aquitania)，諾曼底及勃艮第，均有其獨立之政府。

一〇六、揆拍特王之一代起自休揆拍特(Hugh Capet)者，於九八七年接位；但其所領之地，面積極小，僅塞納與羅亞爾耳。不特此也，其所握之權，且較王為大。揆拍特系之早期諸王，力量殊弱。諸曼底之威廉，得英王位，從此英法之間，遂起長期之紛爭，間經數世紀之阻滯，方告成立。

自路易七世之離婚，改嫁亨利不闌他日奈(Henry Plantagenet)——係安如(Anjou)伯爵，後為英之亨利二世——法國之波亞圖(Poitou)及亞奎丹(Aquitaine)兩省，均告失陷。(待續)

家具与装飾

店面装飾 1

Andrew Geller
Exquisite Footwear
FREEMAN
SHOES

BARNETT'S

BETTY GAY

2 飾裝面店

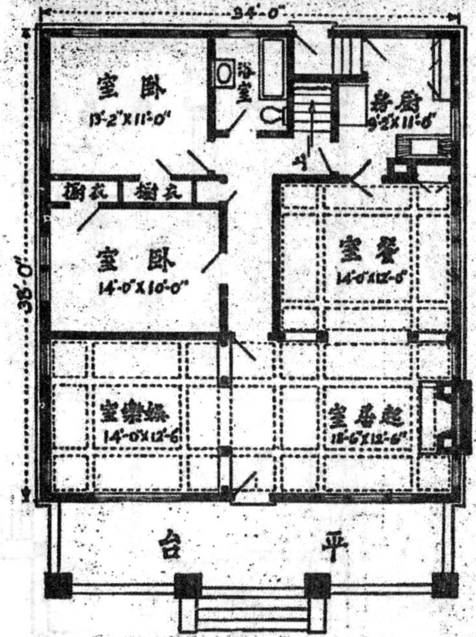

平面圖

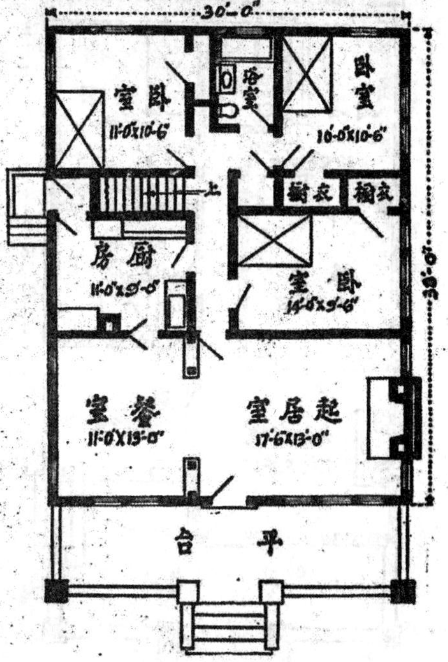

平面圖

此精舍外觀美麗悅目，平面圖所提供之設計，可隨心所欲。內部佈置，俱極允當，一切均爲近代之設備。中間小廳接連各室，起居室及浴室等，並有扶梯通至樓上，有兩寬宏之特室在焉，需要何種居室，佈置卽成。

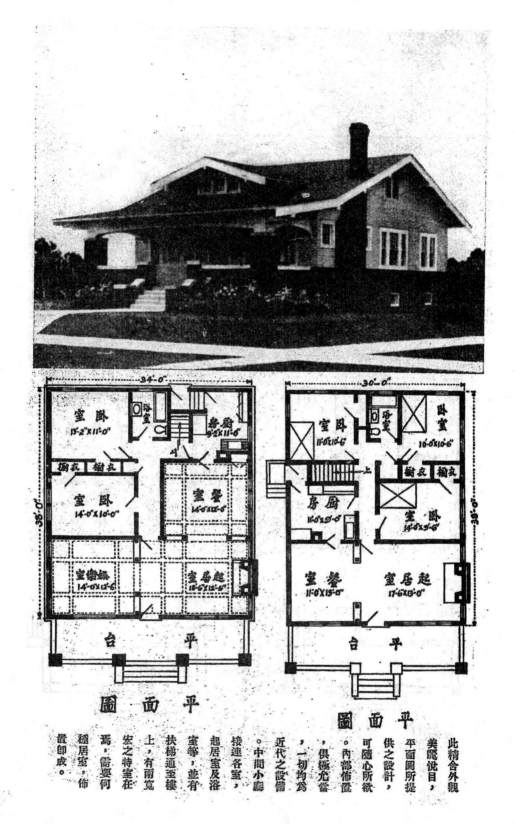

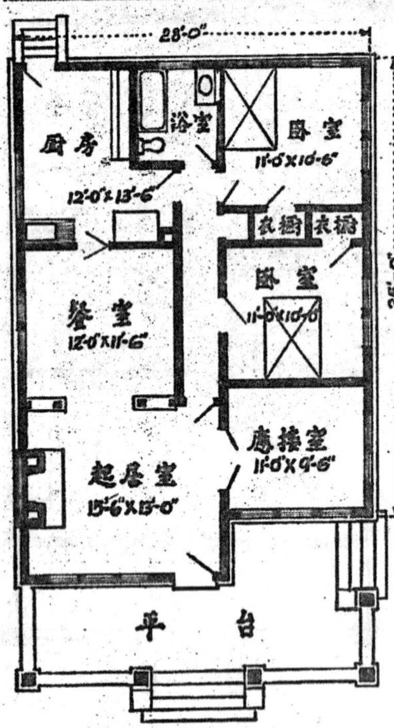

平面圖

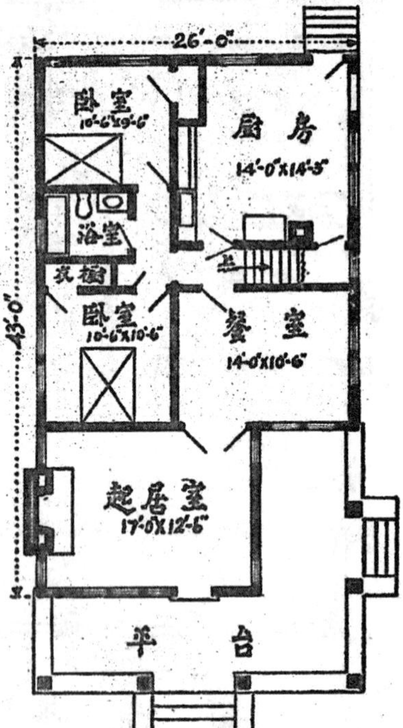

平面圖

此係美國式精舍，屋計兩層，式樣極爲動人。內部設計之得宜，及其他特色等，較之上頁所列之住宅，有過之無不及。

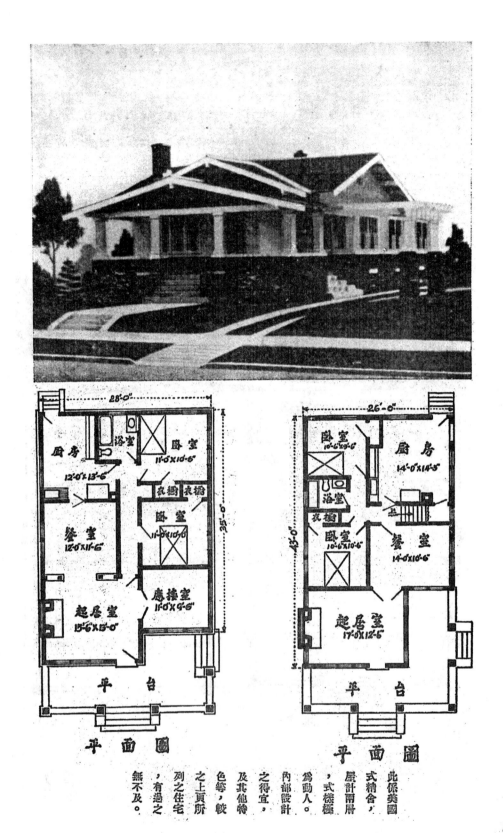

徵稿啓事

本刊五卷一期循例爲特大號，篇幅較常時增加一倍，預計榴花吐紅之時，當可與諸君覿面。惟是質量兼重，既爲本刊之編輯方針；文圖並茂，實有賴於大賢之熱忱匡助。如承出其餘緒，發爲文章，專著譯述，均所歡迎。圖稿務宜清晰，迻譯請註出處，一經擇尤刊登，當備不腆之酬也。此啟。

新申營造廠 業務發達

上海新申營造廠，創設有年，資力雄厚，聲譽久著。經理陸甫初君，主持得宜，深具幹材，承造大小工程，無不躬親督視，認眞從事，故工作成績，深得建築師及業主之滿意。歷年承造價額，不下數百萬金，本埠較大工程，如北蘇州路河濱大廈，福州路中央捕房，麥特赫司脫公寓，狄司威爾公寓，漢壁禮學校等，均由該廠承造云。

建築材料價目

本刊所載材料價目，力求正確；惟市價瞬息變動，漲落不一，集稿時與出版時難免出入。讀者如欲知正確之市價者，希隨時來函詢問，本刊當代為探詢詳告。

磚瓦

（一） 空心磚

十二寸方十寸六孔	每千洋二百三十元
十二寸方八寸六孔	每千洋一百八十元
十二寸方六寸六孔	每千洋一百三十五元
十二寸方四寸四孔	每千洋九十元
十二寸方三寸三孔	每千洋七十元
九寸二分方六寸六孔	每千洋七十五元
九寸二分方四寸半三孔	每千洋六十元
九寸二分方三寸三孔	每千洋四十五元
四寸半方九寸二分四孔	每千洋三十五元
九寸二分四寸半三寸二孔	每千洋二十二元
九寸三分‧四寸半‧三寸半‧三孔	每千洋二十一元
九寸三分‧四寸半‧二寸‧二孔	每千洋二十元

（二） 八角式樓板空心磚

十二寸方八寸八角四孔	每千洋二百元
十二寸方六寸八角三孔	每千洋一百五十元
十二寸方四寸八角三孔	每千洋一百元

（三） 六角式樓板空心磚

十二寸方十寸六角三孔	每千洋二百五十元
十二寸方八寸六角三孔	每千洋二百元
十二寸方七寸六角三孔	每千洋一百七十五元
十二寸方六寸六角三孔	每千洋一百五十元
十二寸方五寸六角三孔	每千洋一百二十五元
十二寸方四寸六角三孔	每千洋一百元
十二寸八寸十寸六角二孔	每洋千一百六十五元
十二寸八寸八寸六角二孔	每千洋一百三十五元
十二寸八寸七寸六角二孔	每千洋一百十五元
十二寸八寸六寸六角二孔	每千洋一百元
十二寸八寸五寸六角二孔	每千洋八十五元

（四） 深淺毛縫空心磚

十二寸方十寸六孔	每千洋二百四十元
十二寸方八寸半六孔	每千洋二百〇五元
十二寸方八寸六孔	每千洋一百八十五元
十二寸方六寸六孔	每千洋一百四十五元
十二寸方四寸四孔	每千洋九十七元
十二寸方三寸三孔	每千洋七十七元
九寸三分方四寸半三孔	每千洋六十四元

（五） 實心磚

九寸四寸三分二寸半特等紅磚	每萬洋一百四十元
又 普通紅磚	每萬洋一百三十元
八寸半四寸一分二寸半特等紅磚	每萬洋一百三十四元
又 普通紅磚	每萬洋一百二十四元
十寸‧五寸‧二寸特等紅磚	每萬洋一百三十元
又 普通紅磚	每萬洋一百二十元
九寸四寸三分二寸特等紅磚	每萬洋一百十元
又 普通紅磚	每萬洋一百元
九寸四寸三分二寸三分特等紅磚	每萬洋一百二十元
又 普通紅磚	每萬洋一百十元
九寸四寸三分二寸三分拉縫紅磚	每萬洋一百六十元
十寸五寸二寸特等青磚	每萬一百四十元
又 普通青磚	每萬洋一百三十元
九寸四寸三分二寸特等青磚	每萬一百二十元
又 普通青磚	每萬洋一百十元
九寸四寸三分二寸三分特等青磚	每萬一百三十元
又 普通青磚	每萬一百二十元

（以上統係外力）

（六） 瓦

一號紅平瓦	每千洋六十元
二號紅平瓦	每千洋五十五元
三號紅平瓦	每千洋四十五元
一號青平瓦	每千洋六十五元
二號青平瓦	每千洋六十元
三號青平瓦	每千洋五十元
西班牙式紅瓦	每千洋五十元
西班牙式青瓦	每千洋五十三元
英國式灣瓦	每千洋四十元
一號古式元筒青瓦	每千洋六十元
二號古式元筒青瓦	每千洋五十元

以上大中磚瓦公司出品 (以上統係連力)

鋼條

四十尺四分普通花色	每噸二百三十元
四十尺五分普通花色	每噸二百三十元
四十尺六分普通花色	每噸二百十元
四十尺七分普通花色	每噸二百十元
四十尺一寸普通花色	每噸二百十元

泥灰

象牌水泥	每桶洋七元一角六分
泰山水泥	每桶洋七元九角
馬牌水泥	每桶洋七元一角五分

木材

洋松八尺至卅二尺再長照加	每千尺一百六十元
一寸洋松	每千尺洋二百六十二元
寸半洋松	每千尺洋二百六十三元
四尺洋松條子	每萬根洋二百六十五元
一寸四寸洋松一號企口板	每千尺洋一百八十元
一寸四寸洋松副頭號企口板	每千尺洋二百七十五元
一寸四寸洋松二號企口板	每千尺洋二百三十五元
一寸六寸洋松一號企口板	每千尺洋二百八十五元
一寸六寸洋松副頭號企口板	每千尺洋一百六十元
一寸六寸洋松二號企口板	每千尺洋二百四十元
一二五四寸洋松一號企口板	無市
一二五四寸洋松二號企口板	無市
一二五六寸洋松一號企口板	無市
一二五六寸洋松二號企口板	無市
柚木(頭號)僧帽牌	每千尺洋六百元
柚木(甲種)龍牌	每千尺洋五百六十元
柚木(乙種)龍牌	每千尺洋五百四十元
柚木(旗牌)	每千尺洋五百三十元
柚木(盾牌)	每千尺洋四百八十元
硬木	無市
硬木(火介方)	每千尺洋二百九十元
柳安	每千尺洋二百二十元
紅板	每千尺洋一百八十元
抄板	每千尺洋二百九十元
十二尺六三寸八皖松	每千尺洋八十元
十二尺二寸皖松	每千尺洋八十元
一二五四寸柳安企口板	每千尺洋二百四十元
一寸六寸柳安企口板	每千尺洋二百四十元
一二五四寸企口紅板	無市
二寸一寸半建松片	市尺每千尺洋八十五元
九尺四分建松板	市尺每丈洋四元六角
九尺八分建松板	市尺每丈洋六元六角
六尺半五分青山板	市尺每丈洋四元
本松毛板	市尺每塊洋三角二分
本松企口板	市尺每塊洋三角五分

六尺半二分杭松板	市尺每丈洋二元四角
七尺半二分甌松板	市尺每丈洋一元八角
六尺半八分皖松板	市尺每丈洋五元八角
九尺八分皖松板	市尺每丈洋七元八角
六尺半五分皖松板	市尺每丈洋四元五角
台松板	市尺每丈洋四元
台州松	每千尺洋九十元
七尺半四分坦戶板	市尺每丈洋三元
七尺半三分坦戶板	市尺每丈洋二元四角
六尺二分機鋸紅椆板	市尺每丈洋二元二角
六尺三分毛邊紅椆板	市尺每丈洋一元八角
六尺二分俄松板	市尺每丈洋三元
六尺半二分俄松板	市尺每丈洋三元二角
七尺半毛邊二分坦戶板	市尺每丈洋一元八角
六尺半五分機介杭松	市尺每丈洋四元五角
白松方	無市
紅松方	無市
麻栗方	無市
啞克方	無市
俄麻栗板	無市

五 金

(一) 釘

中國貨元釘	每桶洋十三元五角

(二) 避水材料及牛毛毡

建業防水粉（軍艦）	每磅國幣三角
雅禮避水漿	每介侖一元九角五分
雅禮避水粉	每八磅一元九角五分
雅禮避水漆	每介侖三元二角五分
雅禮紙筋漆	每介侖三元二角五分
雅禮避潮漆	每介侖三元二角五分
雅禮透明避水漆	每介侖四元二角
雅禮敵水靈	每介侖十元
雅禮膠珞油	每介侖四元
雅禮保地精	每介侖四元
雅禮保木油	每介侖二元二角五分
雅禮快燥精	每介侖二元

（以上出品均須五介侖起碼）

五方紙牛毛毡	每捲洋二元四角
半號牛毛毡（人頭牌）	每捲洋二元九角
一號牛毛毡（人頭牌）	每捲洋三元五角
二號牛毛毡（人頭牌）	每捲洋四元五角
三號牛毛毡（人頭牌）	每捲洋七元五角

(三) 其他

鋼絲網（27"×96" 2¼lbs.）	每方洋四元二角
鉛絲布（闊三尺長百尺）	每捲二十五元
綠鉛紗（同上）	每捲洋十五元
銅絲布（同上）	每捲三十五元

內政部登記證警字第二五四五號

建築月刊 THE BUILDER

中華郵政特准掛號認為新聞紙類

第四卷 第十一號

民國二十六年二月發行

定價

每月一册	全年十二册

訂購辦法	價目	郵費 本埠	郵費 外埠及日本	郵費 香港澳門	郵費 國外
零售	五角	二分	五分	一角八分	三角
預定全年	五元	二角四分	六角	二元一角六分	三元六角

刊務委員 江長庚 陳壽芝 姚長安

主編 杜彥耿

廣告 藍克生 (A. O. Lacson)

發行 上海市建築協會 南京路大陸商場六二〇號 電話 九二〇〇九號

印刷 新光印書館 上海聖母院路聖達里三〇號 電話 七四六三五號

廣告刊例 Advertising Rates Per Issue

地位 Position	全面 Full Page	半面 Half Page	四分之一 One Quarter
底封面外面 Outside back cover.	七十五元 $75.00		
封面及底面之裏面 Inside front & back cover	六十元 $60.00	三十五元 $35.00	
封面裏面及底面裏面之對面 Opposite of inside front & back cover.	五十元 $50.00	三十元 $30.00	
普通地位 Ordinary page	四十五元 $45.00	三十元 $30.00	二十元 $20.00

小廣告 每期每格 一寸高 三寸半闊 洋四元

Classified Advertisements — $4.00 per column

廣告概用白紙黑墨印刷，倘須彩色，價目另議；鑄版彫刻，費用另加。

Designs, blocks to be charged extra. Advertisements inserted in two or more colors to be charged extra.

美麗
華成煙公司出品
有美皆備
無麗不臻
My Dear
CIGARETTES
My Dear
CIGARETTES

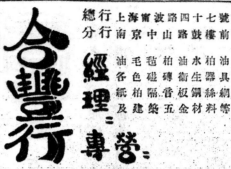

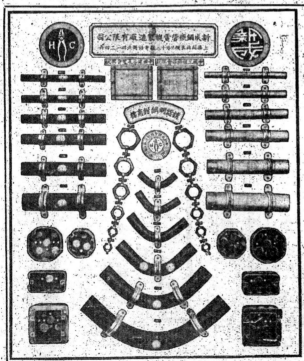

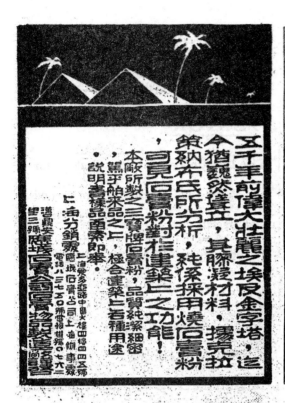

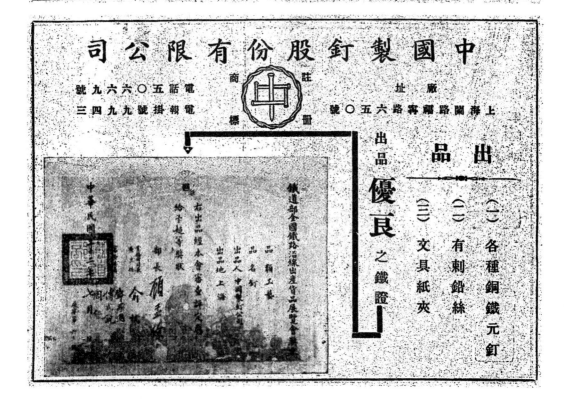

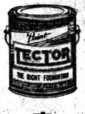

山脊住宅之美化佈置
二十六年公勤鐵廠股份有限公司之新貢獻
網籬工程之二十二
上圖外圍鍍鋅鉛絲網
籬係本廠最新出品物
質堅韌式樣美觀美化
住宅不能無此網籬也
總廠
上海楊樹浦臨青路
電話五〇一二四 五〇一六七

24429

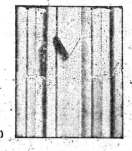

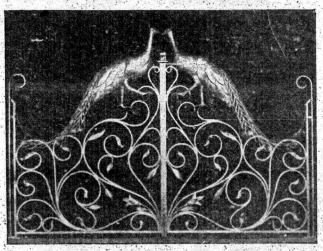

元芳洋行

建築材料部

上海四川路一二六弄十號　　電話一七四八八號

獨家經理

世界化學工業廠

唯一在滬製造

A-333 "Viking"

各種生鐵搪瓷器

衛生設備如廁所面盆，水盤，浴缸

火車輪船用便桶等

價廉物美

德國專家監製

保證滿意

WOODCRAFT WORKS, LIMITED.

(INCORPORATED UNDER THE HONGKONG ORDINANCES)

130 Kiukiang Road,

Room 505-6, Tel. 13120 13129

Shanghai.

Manufacturers of High Grade Veneer Doors, Panels & Plywood.

Flooring and Parquet laid in any design.

DOORS FOR HONG HOUSES:

Special solid core doors for the above houses can be supplied at reasonable prices.

Hong Name "Mei Woo"

FAGAN & CO. LTD. USA SHANGHAI CHINA

Boizenburg (Germany)
Floor, Wall & Coloured Tiles

Schlage Lock Co.
Locks & Hardware

Simplex Gypsum Products Co.
Fibrous Plaster & Plaster of Paris

California Stucco Products Co.
Interior & Exterior Stucco

Raybestos-Bela o Ltd.
Clutch Facings & Brake Lining

Celotex Corporation, The
Insulating & Hard Board

Newalls Insulation Co.
Asbestos & 85% Magnesia Products

A.C. Horn Company
Waterproofing - Dampproofing - Preservative - Compounds

Certain-teed Products Corp.
Roofing & Wall Board

Mundet & Co., Ltd.,
Cork Insulation & Cork Tile.

Large stocks carried locally.
Agents for Central China

FAGAN & COMPANY, LTD.

261 Kiangse Road

Telephone 18020 & 18029

Cable Address KASFAG

美商 **美和洋行**

承辦屋頂及地板工程并經理石膏粉石膏板甘蔗板避水漿鐵絲網磁磚牆粉門鎖等各種建築材料備有大宗現貨如蒙垂詢請打電話一八〇二〇或駕臨江西路二六一號接洽爲荷

24431

中華郵政特准掛號認爲新聞紙類
內政部登記證警字第二五五四號

建築月刊

12

本會出版叢書
英華華英合解建築辭典
胡宏堯先生著聯樑算式

50 CENTS

The BUILDER

24433

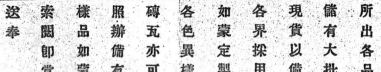

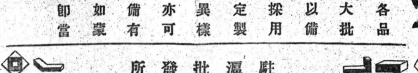

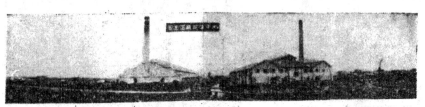

Ozalid

註冊商標

奧速立達乾燻紙

為中西各國所歡迎

特點

1. 節省時間，捷速簡便。
2. 不用水洗，乾燻即妥。
3. 晒成之圖，尺度標準。
4. 經久貯藏，永不退色。
5. 紙質堅靭，久藏不壞。
6. 油漆皂水，浸沾無礙。

其他特點尚多不勝枚擧茲有大批到貨價目克已如蒙
惠顧不勝歡迎敝行備有說明書價目單樣品俱全並有
技師專代顧客晒印如有疑點見詢無不竭誠以告

德孚洋行

四川路二六一號

代理處 天津 濟南 香港 漢口 長沙 重慶 (均有分行)

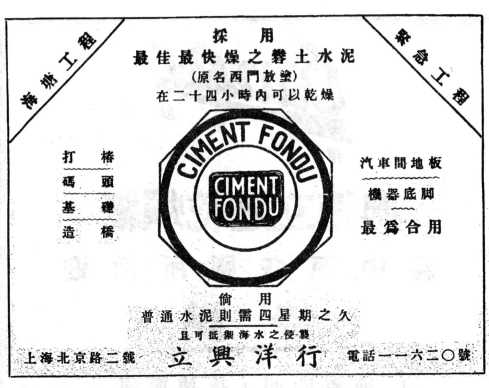

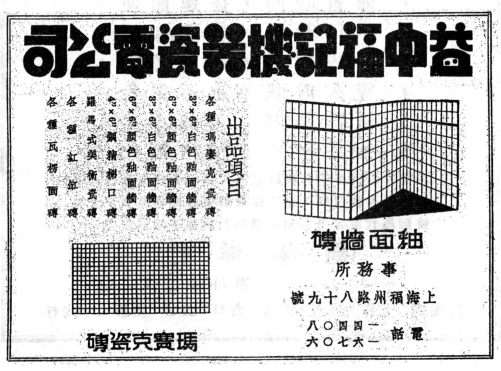

鋁可供實地裝飾之用

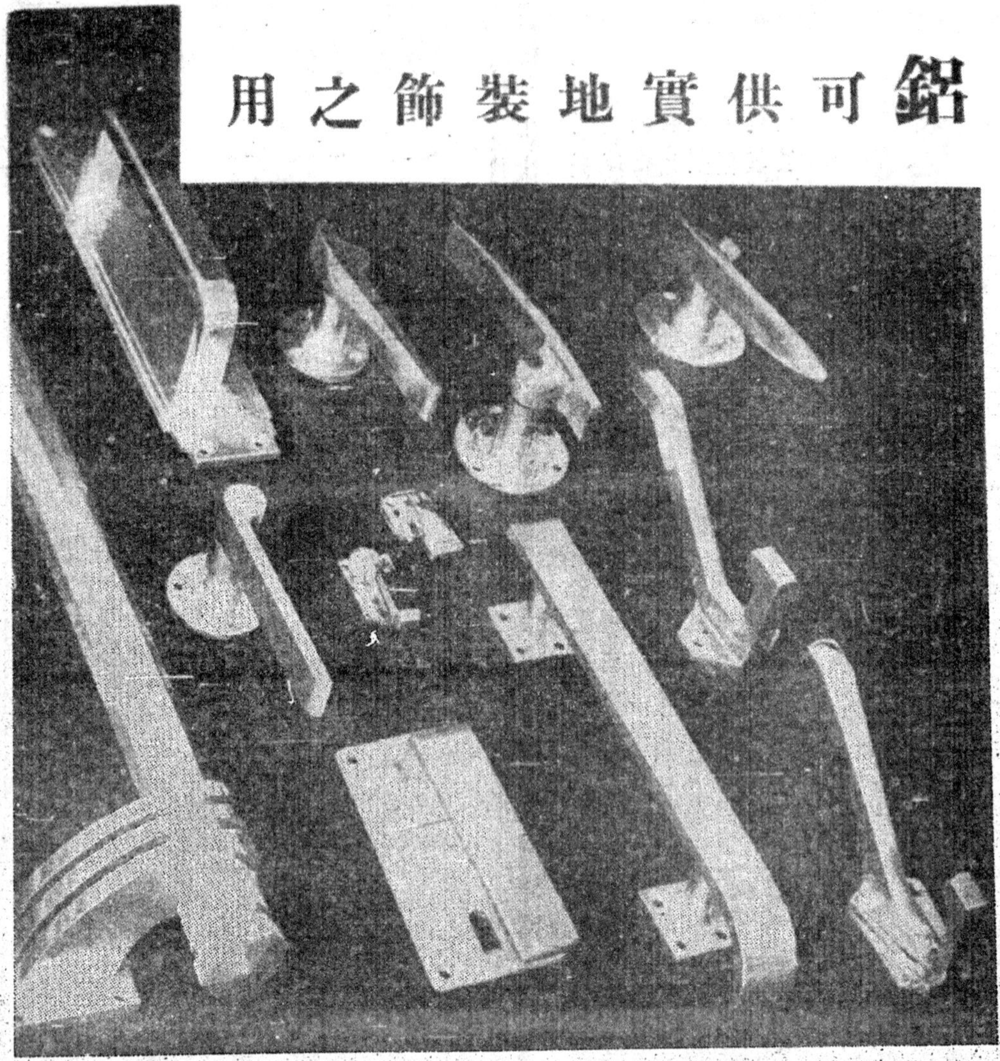

第三〇五號鋁鑄合金，為裝飾用種種鑄品，門柄，拉手，小巧飾件等無上之材料。蓋其足以貢獻卓越之優點。加工精製，專供建築及其他工事上需要最大抗鏽力所在之用。關於鋁在建築上內外各部之許多用途及優點。本公司甚樂與君討論焉。

圖中種種飾件，均由英國吉彭公司所供給。

鋁業有限公司

上海北京路二號

上海郵政信箱一四三五號

(建一)

ALUMINIUM UNION LIMITED

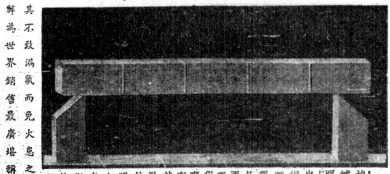

中山醫院
及
國立上海醫學院
全部鋼窗鋼門屋頂油毛毯地坑
工程啓新鋼磚完全由敝行承做

METAL WINDOW & DOORS
T. M. B. MASTIC FLOORING
ROOFING AND WATERPROOFING
CHEE HSIN QUARRIES
Supplied and Laid to
CHUNG SAN MEMORIAL HOSPITAL
& NATIONAL MEDICAL COLLEGE OF SHANGHAI
By

DUNCAN & COMPANY

HAMILTON HOUSE, SHANGHAI.

上海恒大洋行

總公司：江西路一七〇號　鋼窗廠：大西路一一三號

建築月刊 第四卷十二號

廣告索引

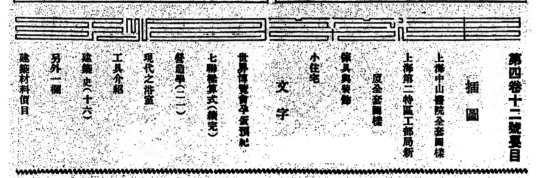

第四卷十二號要目

插圖

文字

Recently Completed Chung San Memorial Hospital, Shanghai.
最近落成之上海中山醫院

Kwan, Chu & Yang, Architects.
基泰工程司設計

Another View of Chung San Memorial Hospital, Shanghai.
中山醫院之又一影

世界博覽會孕蛋預紀

述

一九三九年在紐約舉行之世界博覽會，規模之宏偉，在人類進化史中，實開一新紀元。建築之特點，據會長葛蘭氏（Mr. Grover Whelan）宣稱，將爲一大型之白球體，直徑達二百尺，拱立於源泉首出之噴水池上，俾球體得以保持均衡，側面則輔以七百尺高之三角形石柱。雖球體與三角形在幾何學中實爲最基本之形式，但正式應用於建築，此次實爲首創也。

"蛋"之未來面目

隨此兩新穎建築而生之產物，卽爲兩新鑄之英文名詞。石柱一物，文字實難形容。博覽會之技術專家，曾擬其爲「銳角三角形之尖塔」。哥倫比亞之幾何學專家，則擬爲「高四面稜體形」（Tall Tetrahedron），最爲允當。報界及廣告業者，則擬爲"Trylon"。此蓋以"Tri"組合其三面，"Pylon"則示闕門之用意也。

爲欲描述此丹姆(Theme)之新建築起見，又有"Perisphere"新詞之產生。當局認爲"Peri"一詞，顯示面面週到之意，頗合於世界博覽會之蘊義。此"Perisphere"之內，將陳列「明日之世界」之雛型，遊覽者一入此門，卽立於轉動之踏腳板上，從容轉動，環遊於Perisphere之內。迨忽履空地，在其下面卽有城市，村鎮，田場等及有關於此之一切活動。此項景物，一覽無際，穹隆之內，雲光相交，幻成奇觀焉。

主持此"Perisphere"與"Trylon"兩建築物之設計者，爲Wallace K. Harrison與J. Andre Fouilhoux兩建築師。據海氏云

，在設計此博覽會之「丹姆」中心時，在初即有採用球體建築之幻象云。

七百尺高石柱之鳥瞰

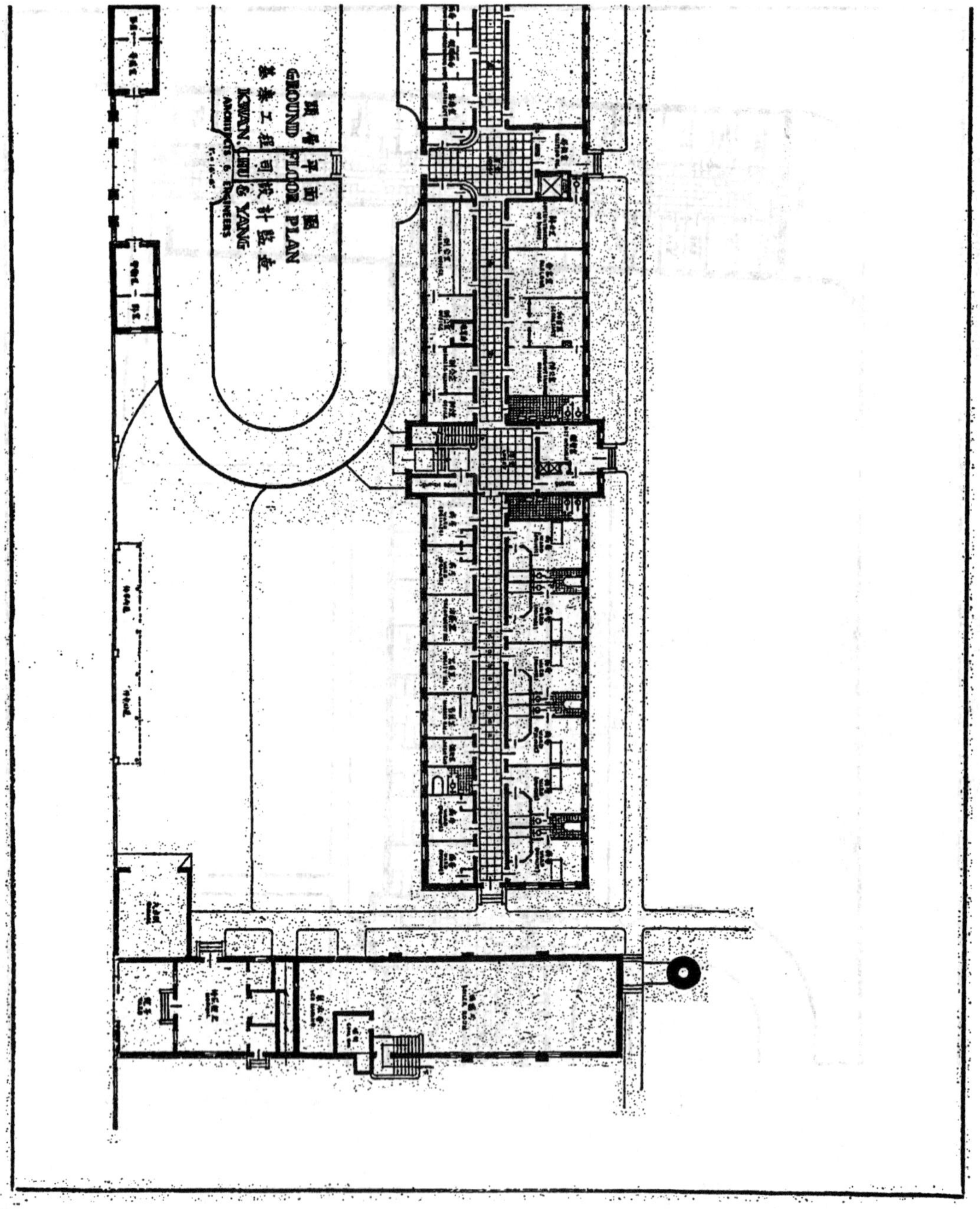
GROUND FLOOR PLAN
基泰工程司設計監造
KWAN, CHU & YANG
ARCHITECTS & ENGINEERS

5

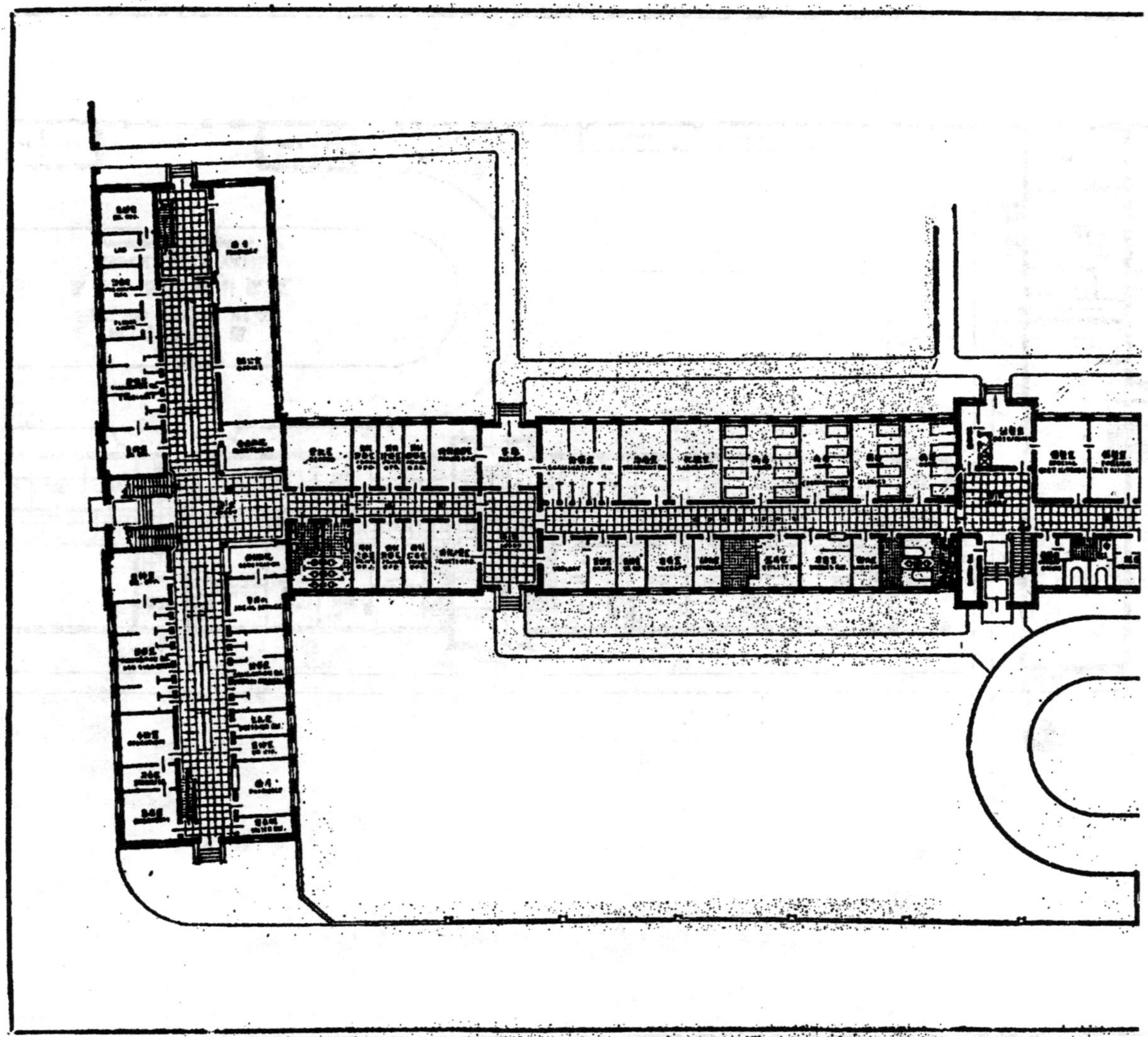

Chung San Memorial Hospital. 中 山 醫 院

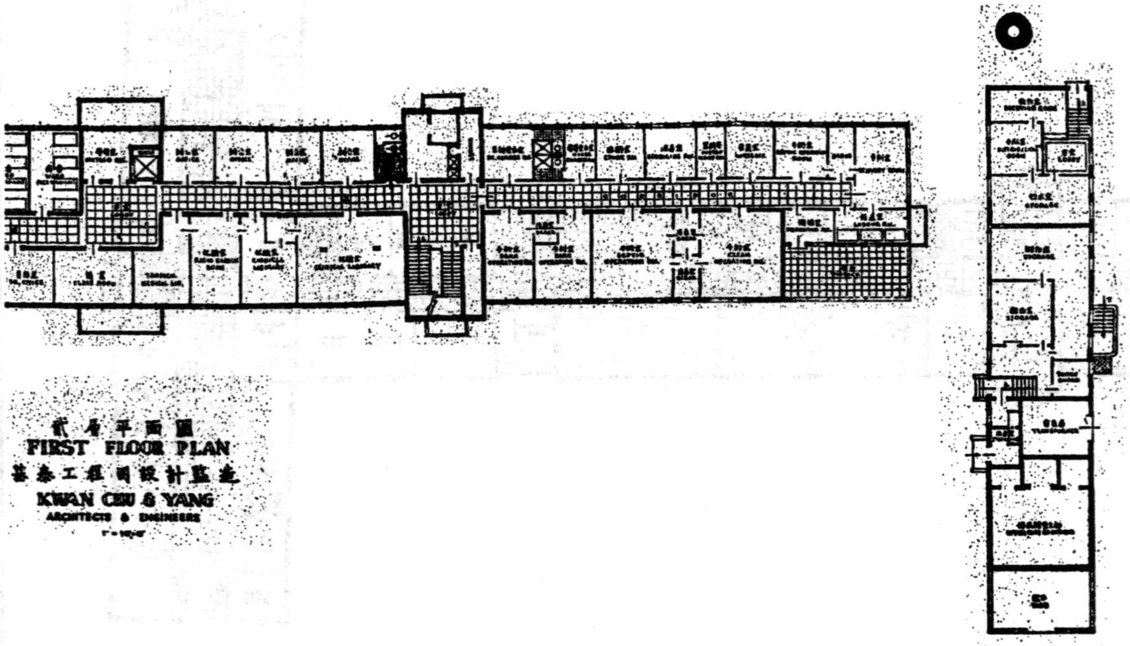
貳層平面圖
FIRST FLOOR PLAN
基泰工程司設計監造
KWAN CHU & YANG
ARCHITECTS & ENGINEERS

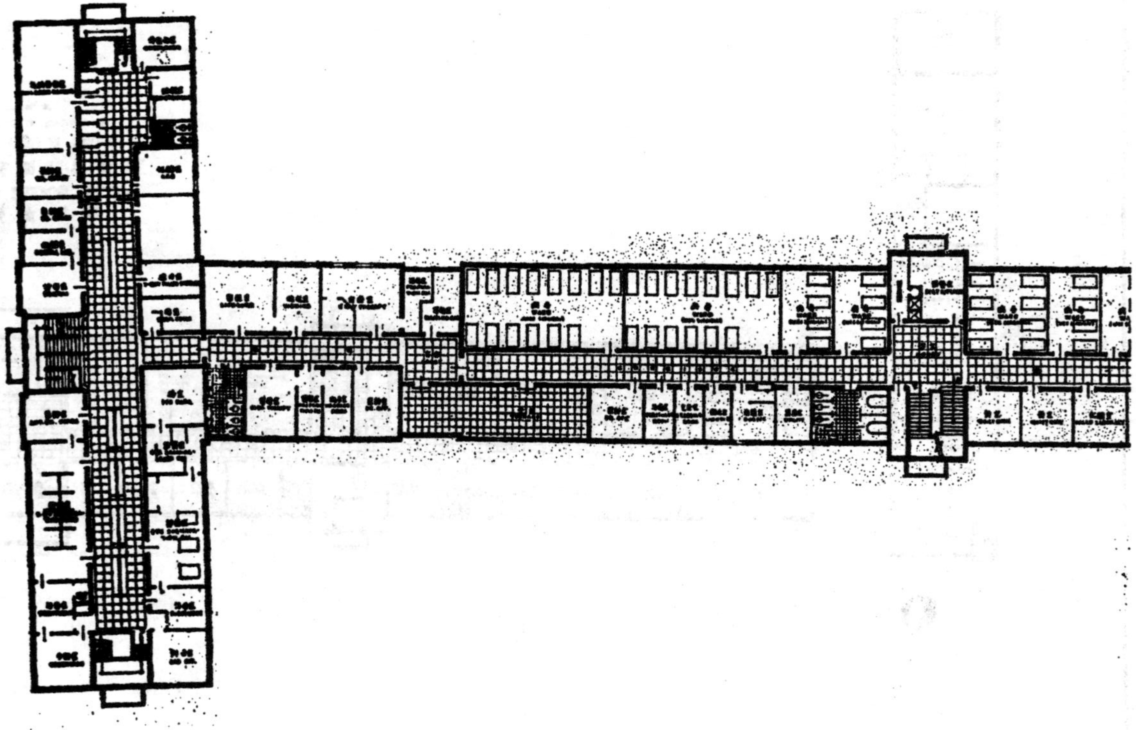

Chung San Memorial Hospital, 中山醫院

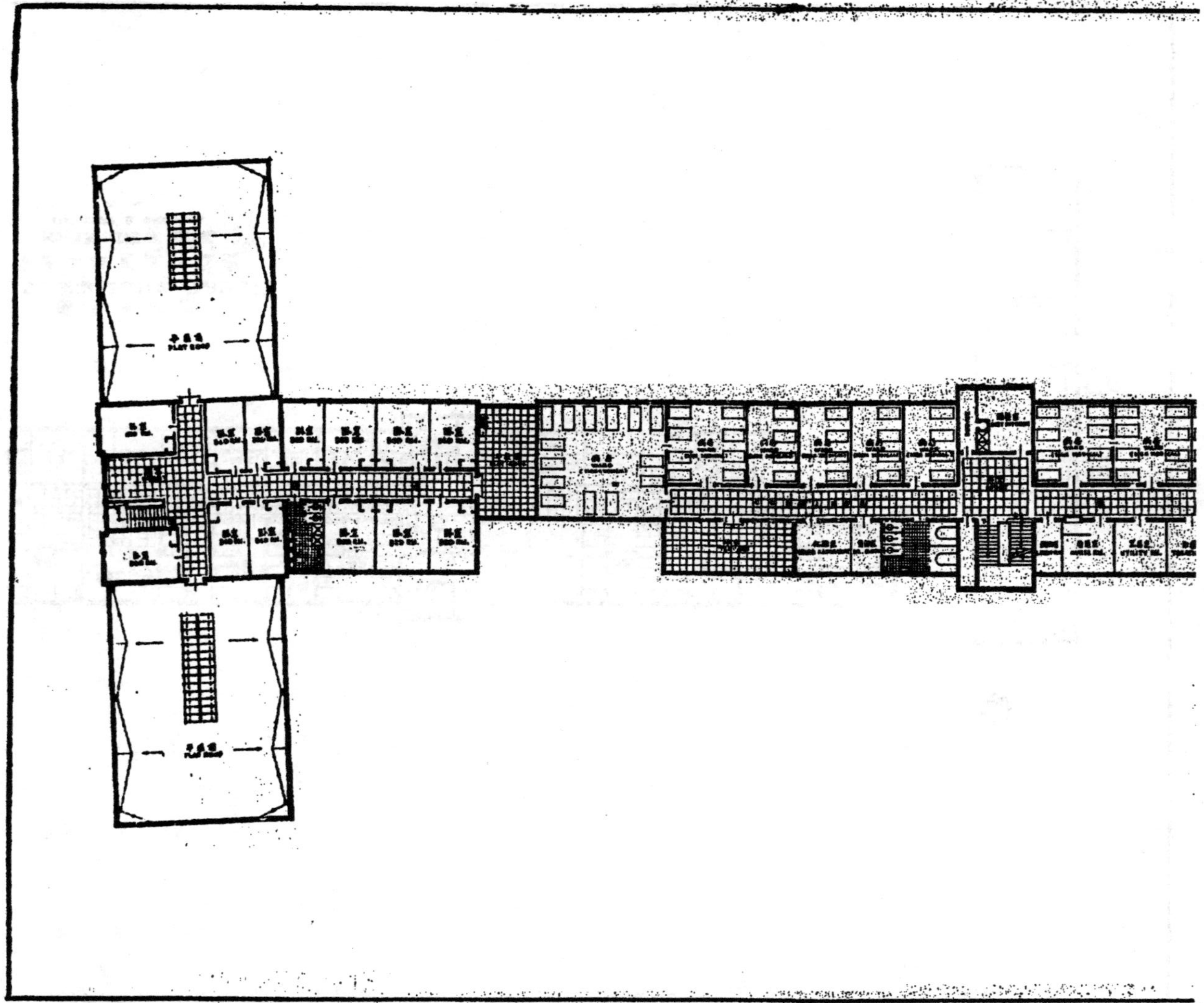

Chung San Memorial Hospital. 中 山 醫 院

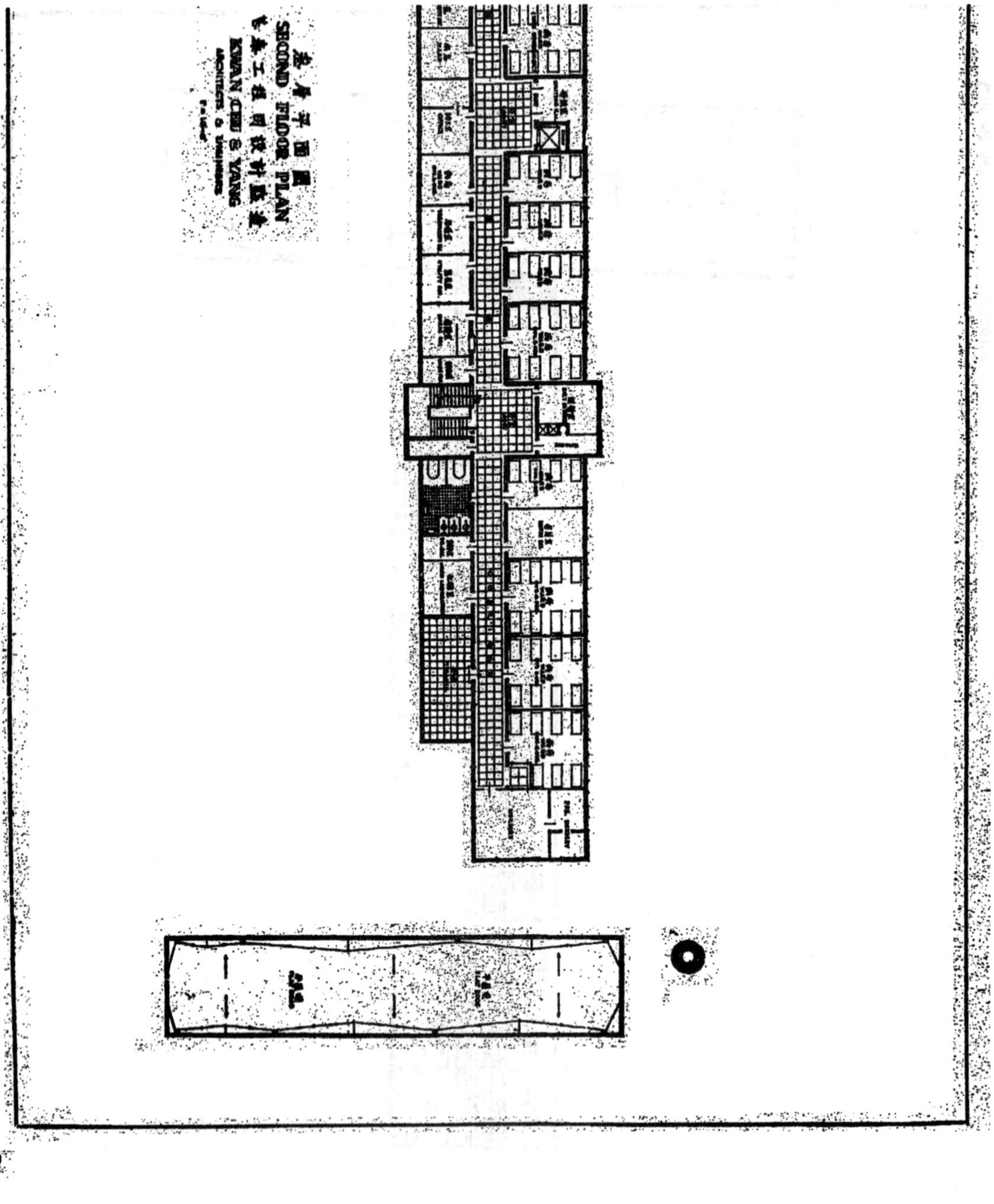
SECOND FLOOR PLAN
基泰工程司設計監造
KWAN CHU & YANG
ARCHITECTS & ENGINEERS

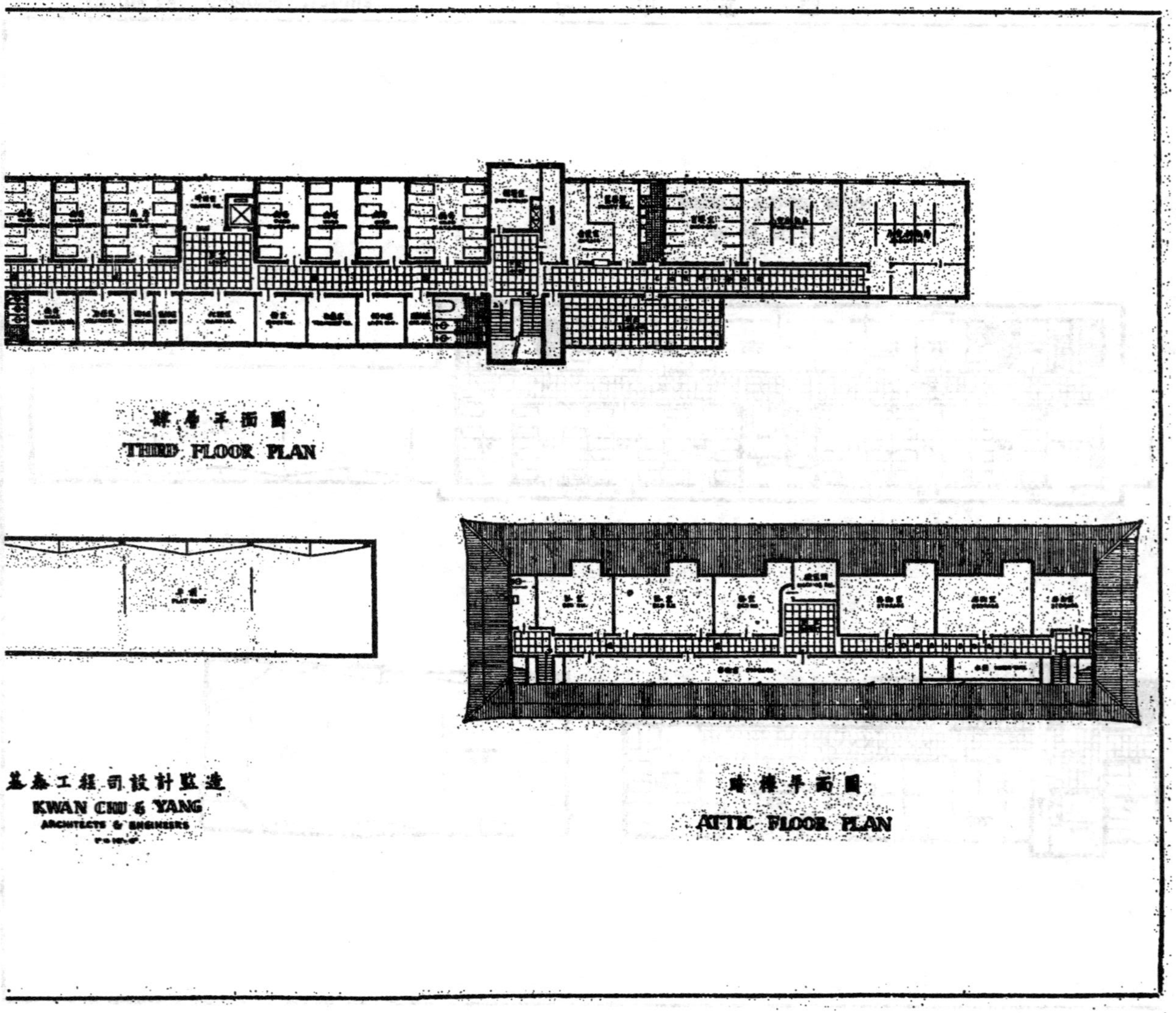
肆層平面圖
THIRD FLOOR PLAN
閣樓平面圖
ATTIC FLOOR PLAN
基泰工程司設計監造
KWAN CHU & YANG
ARCHITECTS & ENGINEERS

11

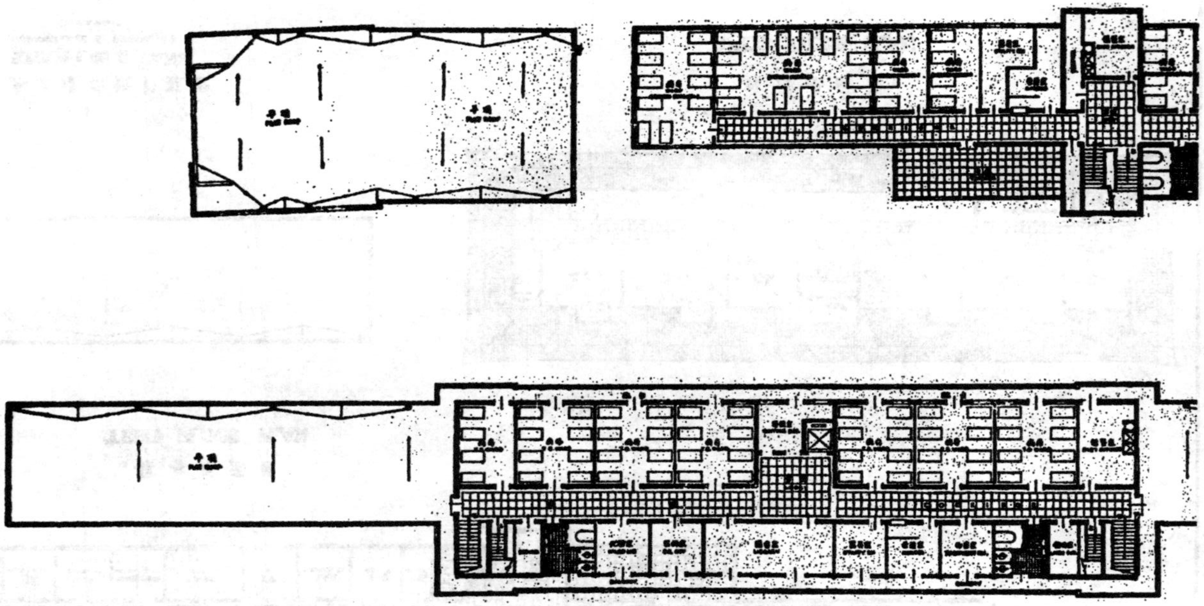

伍層平面圖
FOURTH FLOOR PLAN

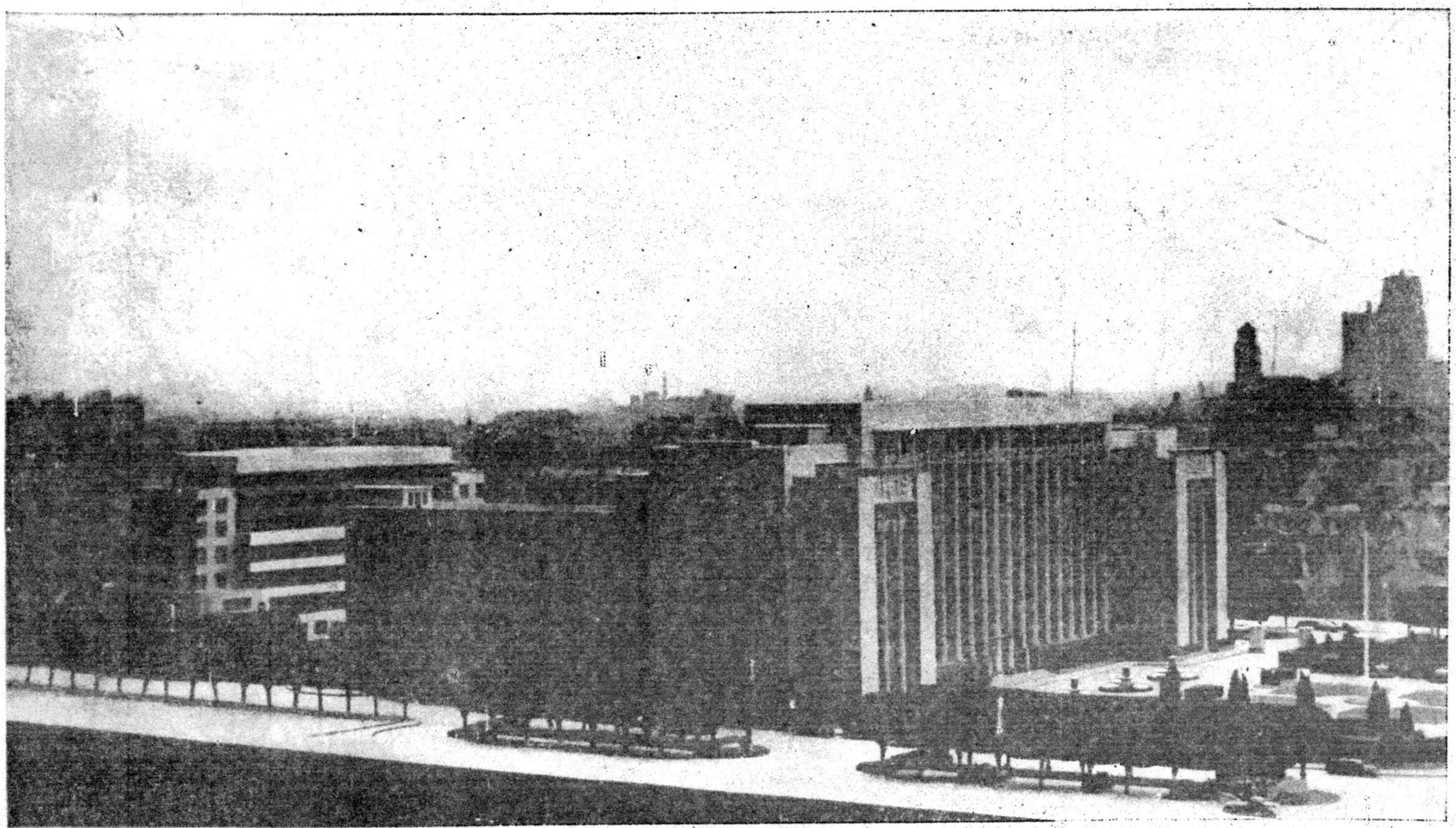

Municipal Council Building of the Second Special District Area, Shanghai.
上海第二特區工部局新厦

Leonard-Veysseyre-Kruze, Architects.
賴安工程師設計

Close View of the Municipal Council Building of the Second Special District Area, Sahnghai.

上海第二特區工部局新廈近景

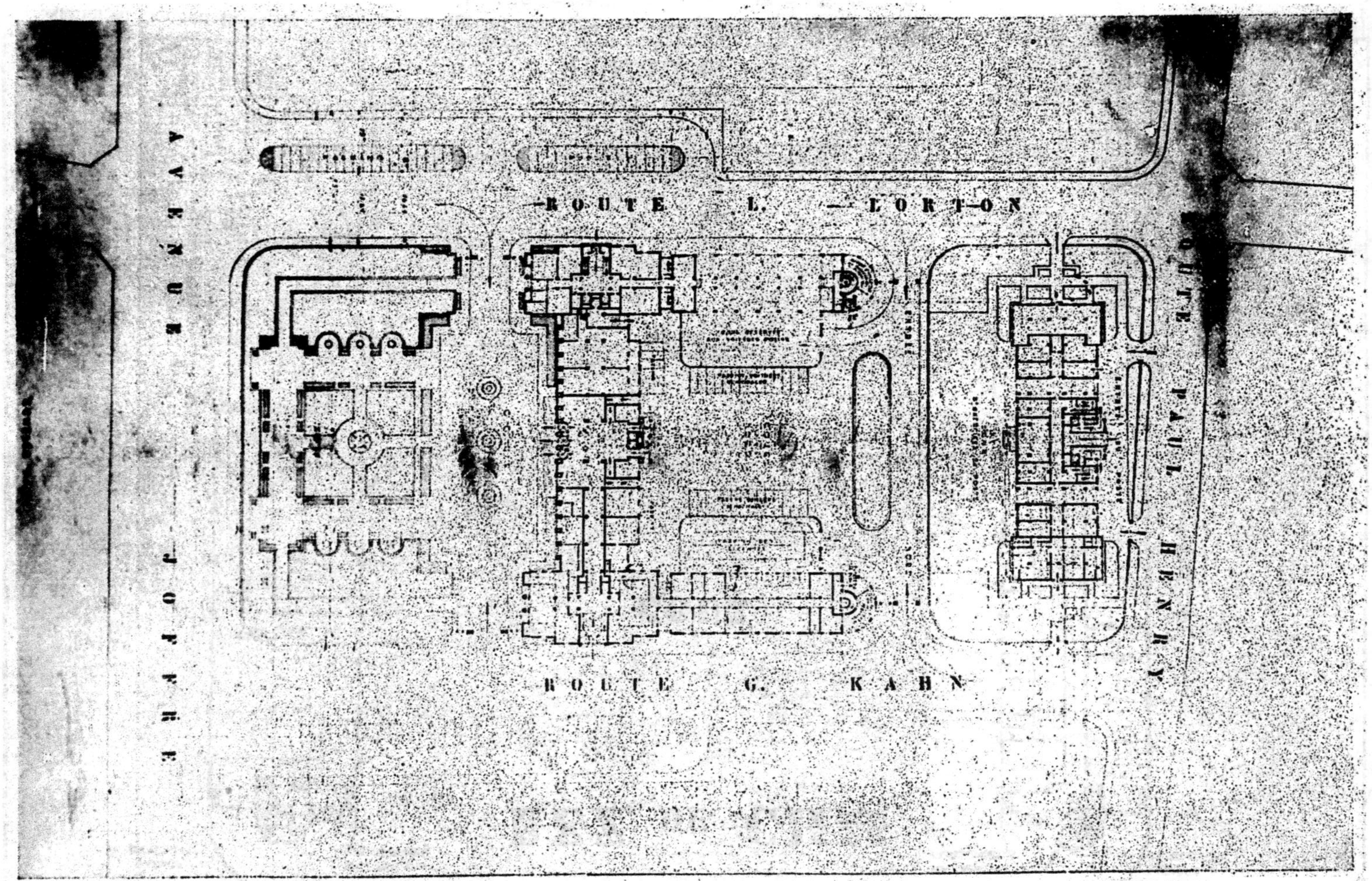

Municipal Council Building of the Second Special District Area, Shanghai.

Block Plan

上海第二特區工部局新廈地盤圖

24461

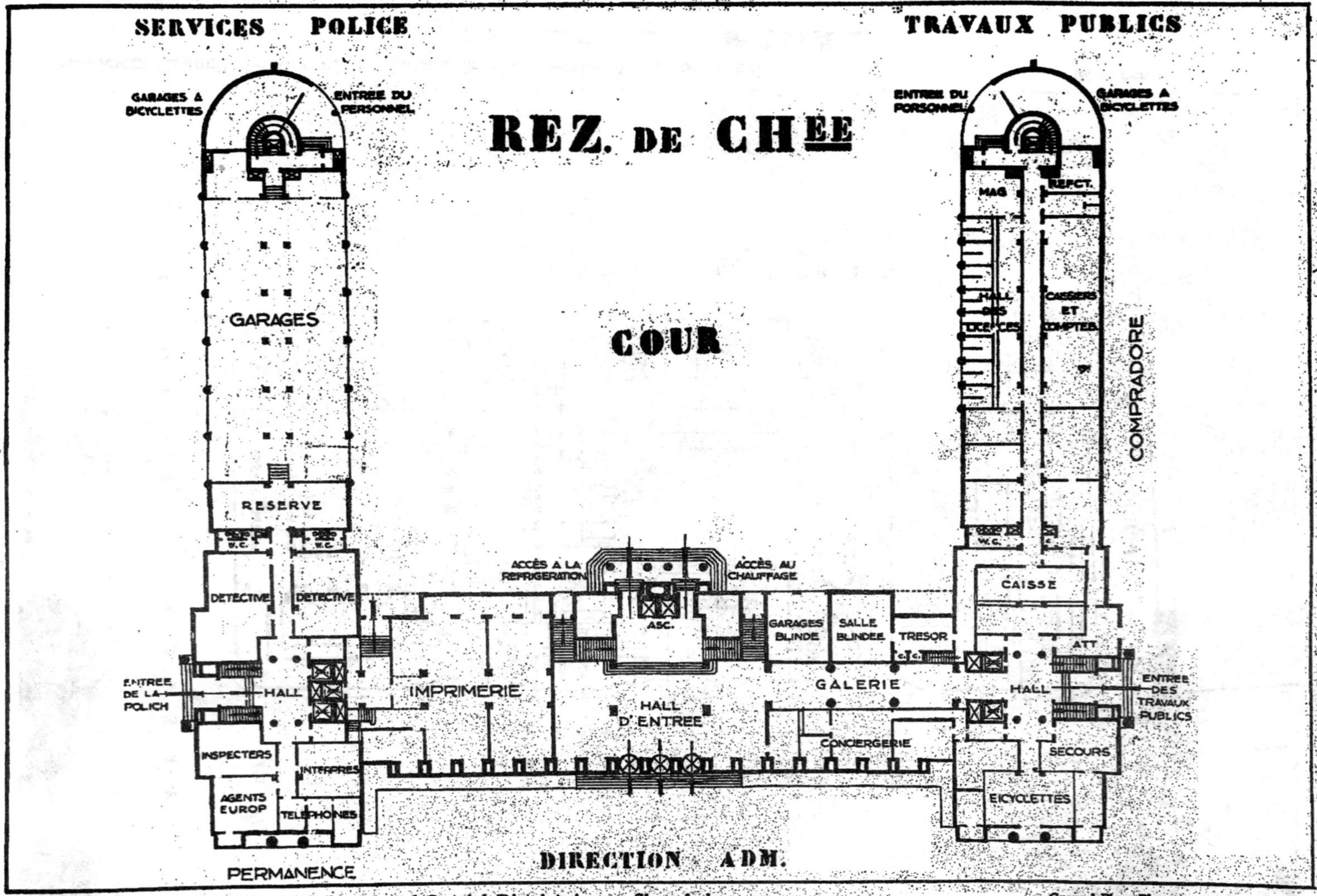

Municipal Council Building of the Second Special District Area, Shanghai. Ground Floor Plan.

上海第二特區工部局新廈下層平面圖

24462

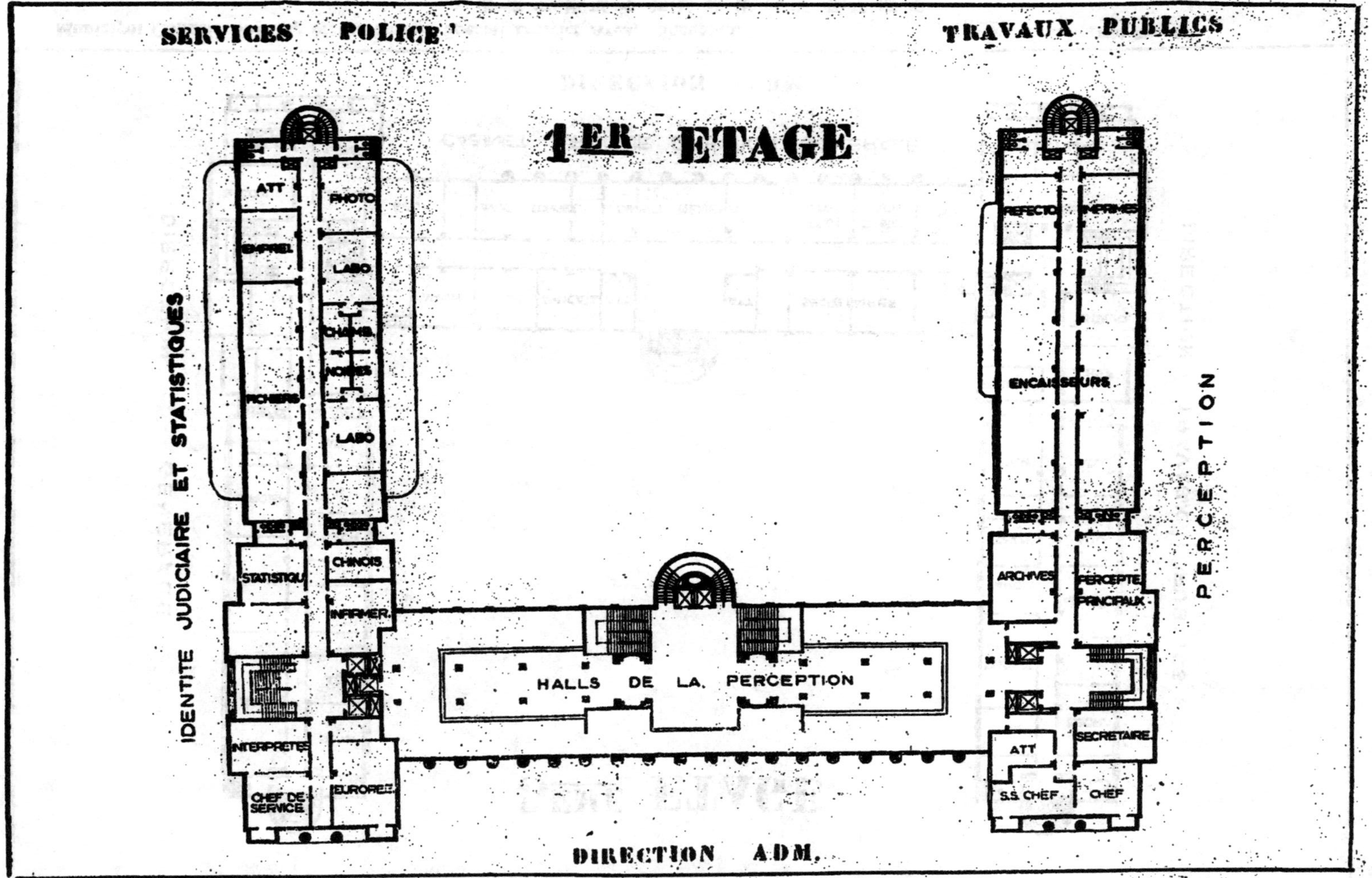

Municipal Council Building of the Second Special District Area, Shanghai. First Floor Plan
上海第二特區工部局新厦第一層平面圖

24463

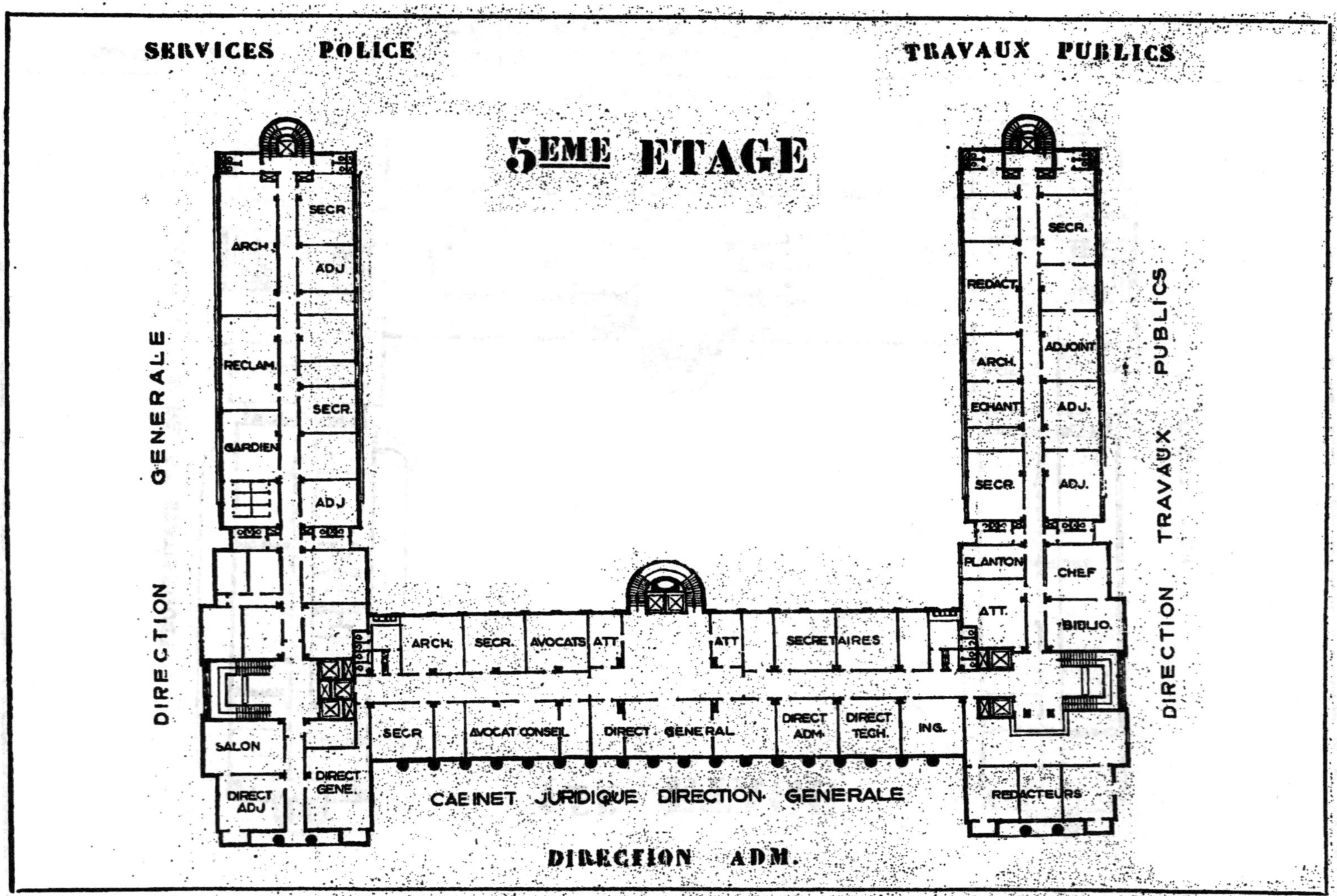

Municipal Council Building of the Second Special District Area, Shanghai. Fifth Floor Plan.

上海第二特區工部局新廈第五層平面圖

24464

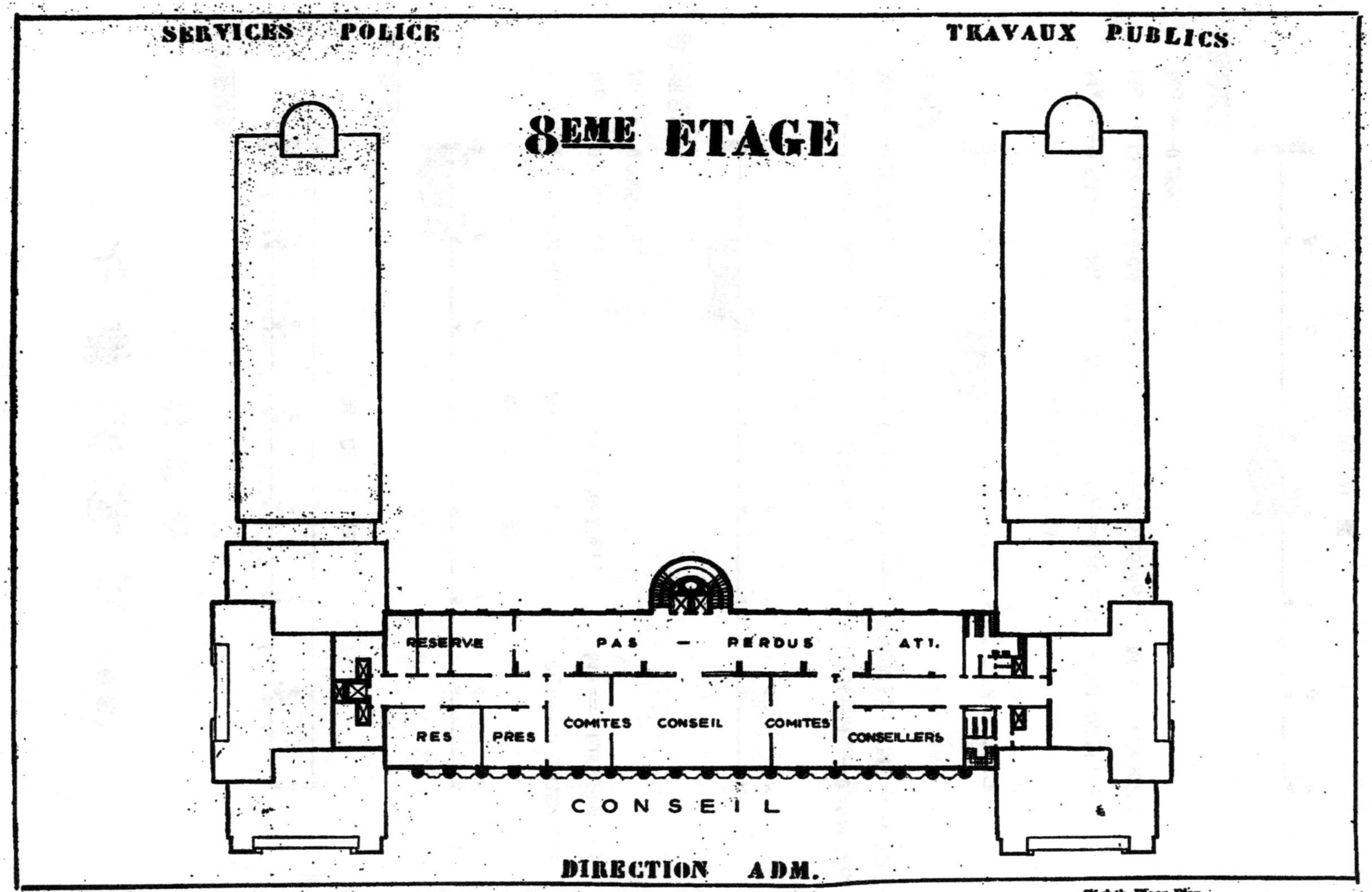

Municipal Council Building of the Second Special District Area, Shanghai.

上海第二特區工部局新廈第八層平面圖

Eighth Floor Plan.

七聯樑算式（續完）

胡宏堯

（三）等硬度

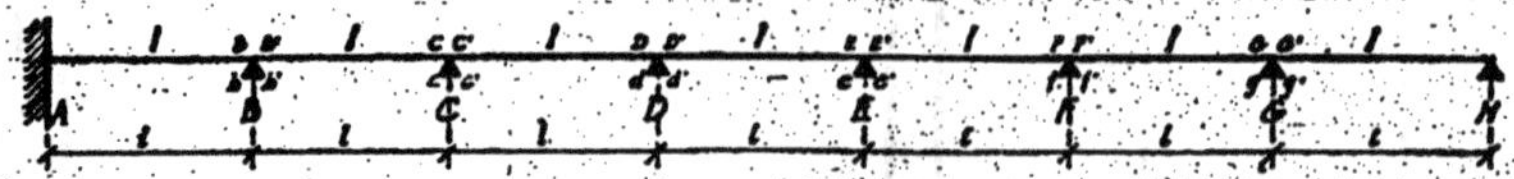

第四十圖

第一節荷重

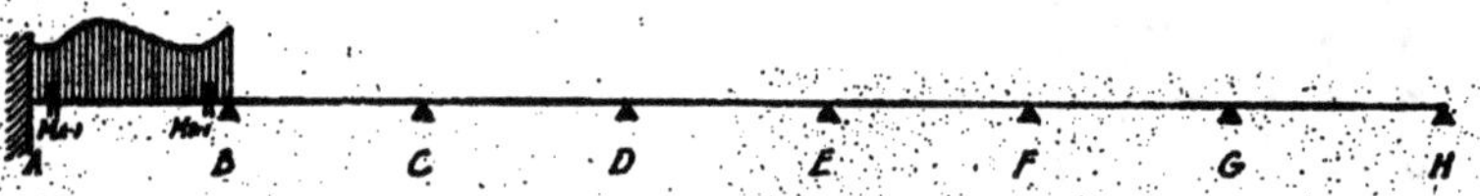

第四一圖

$M_A=M_{A\text{-}1}+0.26795M_{B\text{-}1}$； $M_B=0.46410M_{B\text{-}1}$； $M_C=-0.12435M_{B\text{-}1}$；

$M_D=+0.03332M_{B\text{-}1}$； $M_E=-0.00892_{B\text{-}1}$； $M_F=+0.00238M_{B\text{-}1}$；

$M_G=-0.00059M_{B\text{-}1}$；

第二節荷重

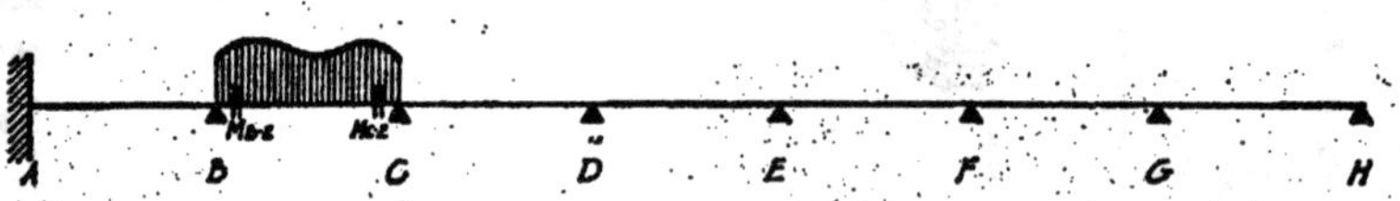

第四二圖

$M_A=-0.5M_B$； $M_B=0\ 53591M_{B\text{-}2}+0.14359M_{C\text{-}2}$； $M_C=0.12435M_{B\text{-}2}+0.49742M_{C\text{-}2}$；

$M_D=-0.26794M_C$； $M_E=-0.26786M_D$； $M_F=-0.26667M_E$； $M_G=-0.25M_F$；

第三節荷重

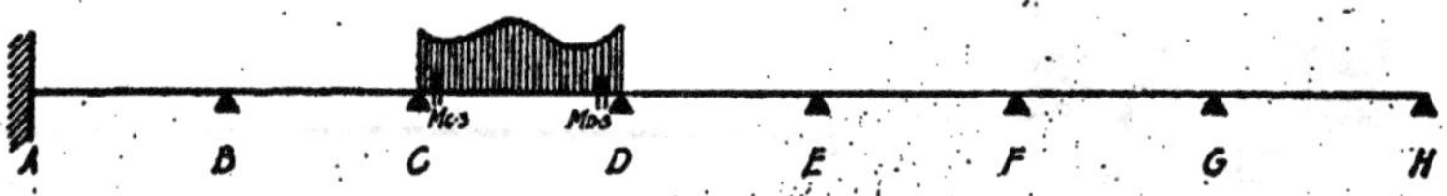

第四三圖

$M_A=-0.5M_B$； $M_B=-0.28571M_C$； $M_C=0.50258M_{C\text{-}3}+0.13467M_{D\text{-}3}$；

$M_D=0.13328M_{C\text{-}3}+0.49980M_{D\text{-}3}$； $M_E=-0.26786M_D$； $M_F=-0.26667M_E$；

$M_G=-0.25M_F$；

第四節荷重

第四四圖

$M_A = -0.5M_B$； $M_B = -0.28571M_C$； $M_C = -0.26923M_D$；

$M_D = 0.50020M_{D\text{-}4} + 0.13407M_{E\text{-}4}$； $M_E = 0.13388M_{D\text{-}4} + 0.49980M_{E\text{-}4}$；

$M_F = -0.26667M_E$； $M_G = -0.25M_F$；

第五節荷重

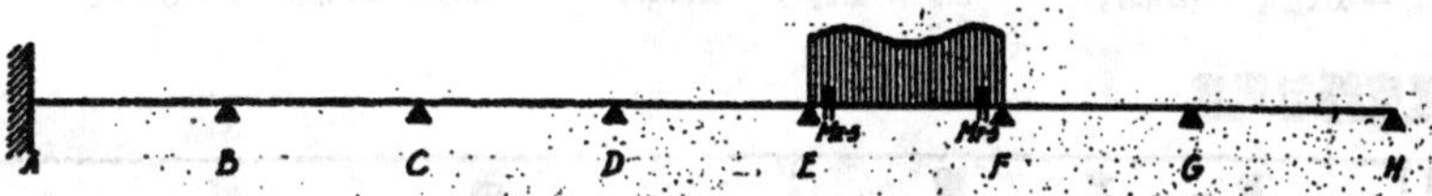

第 四 五 圖

$M_A = -0.5M_3$； $M_B = -0.28571M_C$； $M_C = -0.26923M_D$； $M_D = -0.26804M_E$；

$M_E = 0.50020M_{E\text{-}5} + 0.13467M_{F\text{-}5}$； $M_F = 0.13328M_{E\text{-}5} + 0.49742M_{F\text{-}5}$；

$M_G = -0.25M_F$；

第六節荷重

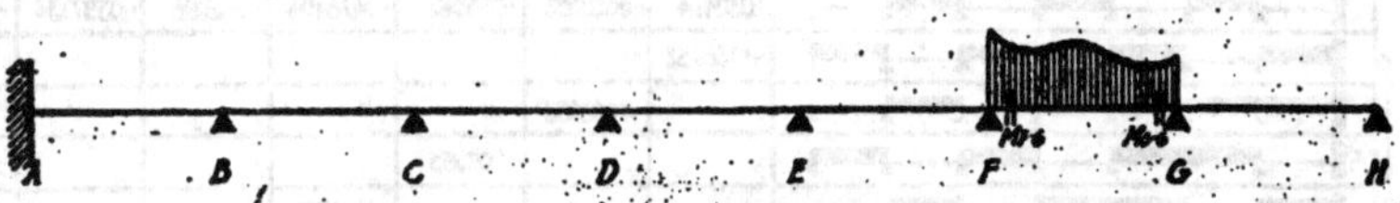

第 四 六 圖

$M_A = -0.5M_B$； $M_B = -0.28571M_C$； $M_C = -0.26923M_D$； $M_D = -0.26804M_E$；

$M_E = -0.26796M_F$； $M_F = 0.50258M_{F\text{-}6} + 0.14259M_{G\text{-}6}$； $M_G = 0.12436_{F\text{-}6} + 0.46411M_{G\text{-}6}$

第七節荷重

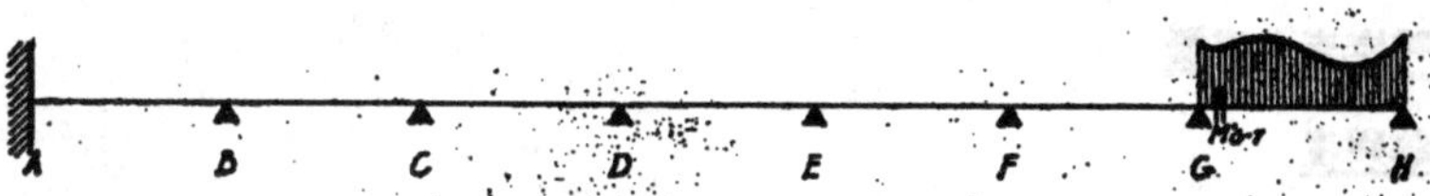

第 四 七 圖

$M_A = -0.5M_B$； $M_B = -0.28571M_C$； $M_C = -0.26923M_D$； $M_D = -0.26804M_E$；

$M_E = -0.26796M_F$； $M_F = -0.26794M_G$； $M_G = 0.53589M_{G\text{-}7}$；

七節全荷重

第 四 八 圖

$M_A = M_{A\text{-}1} + 0.26795d_B - 0.07180d_C + 0.01924d_D - 0.00516d_E + 0.00139d_F - 0.00040d_G$；

$M_B = M_{B\text{-}2} + 0.46410d_B - 0.14359d_C - 0.03848d_D + 0.01031d_E - 0.00278d_F + 0.00079d_G$；

$M_C = M_{C\text{-}3} - 0.12435d_B + 0.49742d_C + 0.13457d_D - 0.03610d_E + 0.00972d_F - 0.00278d_G$；

$M_D = M_{D\text{-}4} + 0.03332d_B - 0.13329d_C + 0.49980d_D + 0.13407d_E - 0.03610d_F + 0.01031d_G$；

$M_E = M_{E\text{-}5} - 0.00892d_B + 0.03570d_C - 0.13388d_D + 0.49960d_E + 0.13467d_F - 0.03847d_G$；

$M_F = M_{F-6} + 0.00238d_B - 0.00952d_C + 0.03579d_D - 0.13328d_E + 0.49742d_F + 0.14359d_G$;

$M_G = M'_{G-7} - 0.00059d_B + 0.00238d_C - 0.00893d_D + 0.03332d_E - 0.12436d_F + 0.46411d_G$;

式中 $d_B = M_{B-1} - M_{B-2}$　　$d_C = M_{C-2} - M_{C-3}$;　　$d_D = M_{D-3} - M_{D-4}$;

$d_E = M_{E-4} - M_{E-5}$;　　$d_F = M_{F-5} - M_{F-6}$;　　$d_G = M_{G-6} - M'_{G-7}$;

(四) 等硬度等勻佈重

類別	荷重圖 A B C D E F G H	函數 C_A	C_B	C_C	C_D	C_E	C_F	C_G
a		-.105662	-.038675	+.0103625	-.0027765	+.0007457	-.0001863	+.00004958
		+.0283125	-.056625	-.051814	+.0138831	-.0037167	+.00099167	-.0002479
		-.00758617	+.01517234	-.0551040	-.0527567	+.0141314	-.0037684	+.0009421
		+.00203288	-.0040658	+.0142304	-.052856	-.0528065	+.0140819	-.0035205
		-.0005454	+.00109081	-.0038179	+.0141808	-.0529055	-.0525586	+.0131397
		+.000148748	-.000297495	+.00104125	-.0038675	+.0144288	-.053847	-.0490587
		-.00004958	+.00009916	-.00034707	+.00128912	-.00480943	+.01794831	-.0669863
b		+.030494	-.0609863	-.036542	-.0428404	-.042096	-.0357734	-.0528071
		-.1138432						
c			-.0986635					
				-.109063				
					-.1122567			
						-.1142401		
							-.1103725	
								-.1197934
d		-.0835492	-.08350099	-.08344885	-.08290566	-.0848362	-.07735042	-.105662

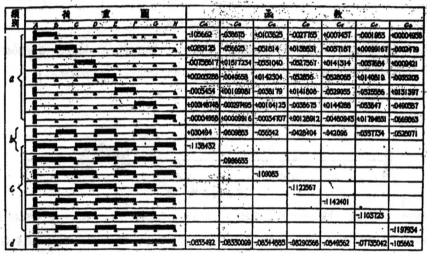

附　表　二

〔丙〕 雙定支七聯樑

(一) 不等硬度

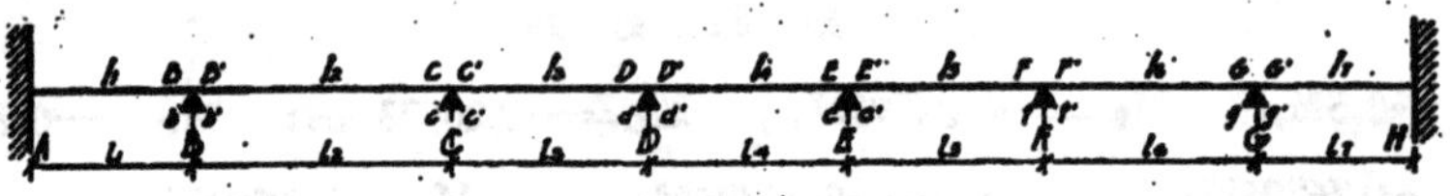

第 四 九 圖

度硬及函數　除 $N'_{BA} = N_1$, $N'_{GH} = N_7$ 及 $b = g' = 0.5$ 以外，其他算式，均與〔甲〕之(一)同。

第一節荷重

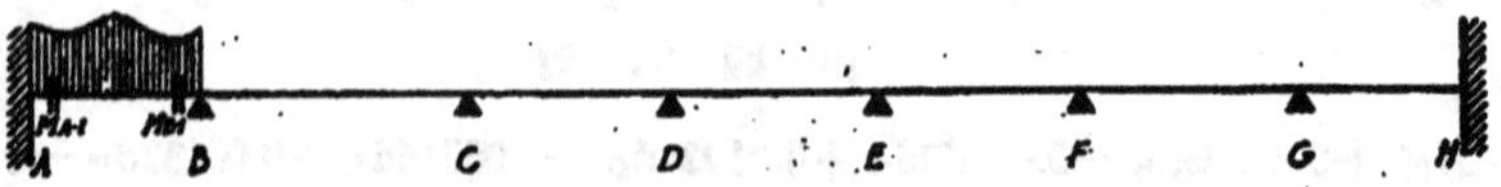

第 五 十 圖

$M_A = M_{A-1} + 0.5BM_{B-1}$;　　$M_B = B'M_{B-1}$;　　$M_H = -0.5M_G$;

算式 $M_C - M_G$ 同〔甲〕之(一)第一節荷重。

第二節荷重

24468

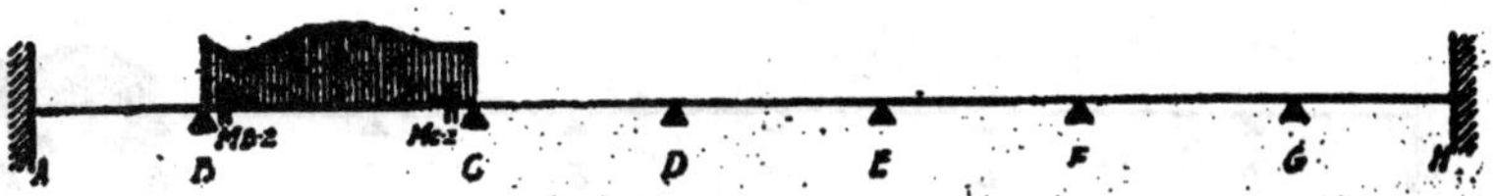

第五一圖

$M_A = -0.5M_B$;　$M_H = -0.5M_G$;

算式M_B—M_G同〔甲〕之(一)第二節荷重。

<u>第三節荷重</u>

第五二圖

$M_A = -0.5M_B$;　$M_H = -0.5M_G$;

算式M_B—M_G同〔甲〕之(一)第三節荷重。

<u>第四節荷重</u>

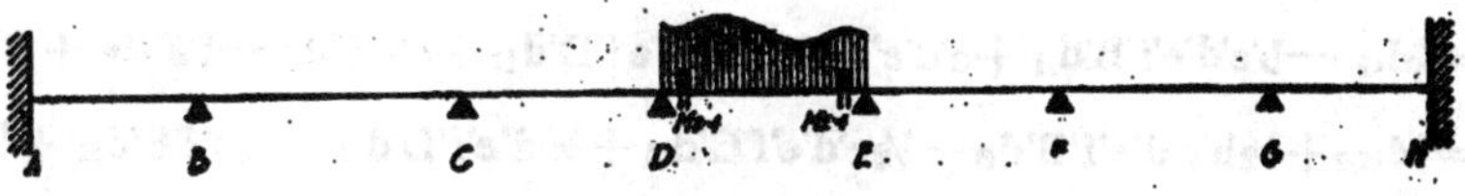

第五三圖

$M_A = -0.5M_B$;　$M_H = -0.5M_G$;

算式M_B—M_G同〔甲〕之(一)第四節荷重。

<u>第五節荷重</u>

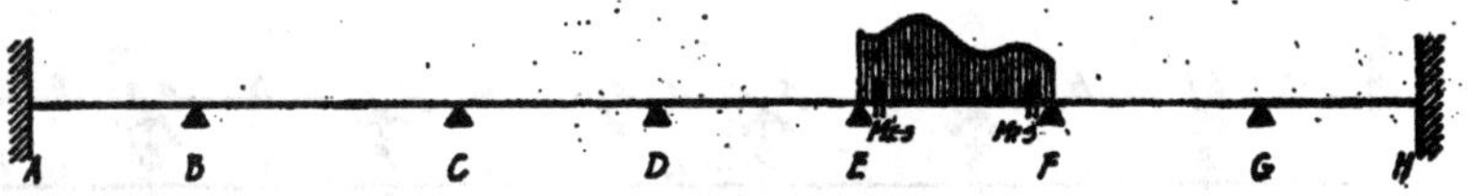

第五四圖

$M_A = -0.5M_B$;　$M_H = -0.5M_G$;

算式M_B—M_G同〔甲〕之(一)第五節荷重。

<u>第六節荷重</u>

第五五圖

$M_A = -0.5M_B$　$M_H = -0.5M_G$;

算式M_B—M_G同〔甲〕之(一)第六節荷重。

<u>第七節荷重</u>

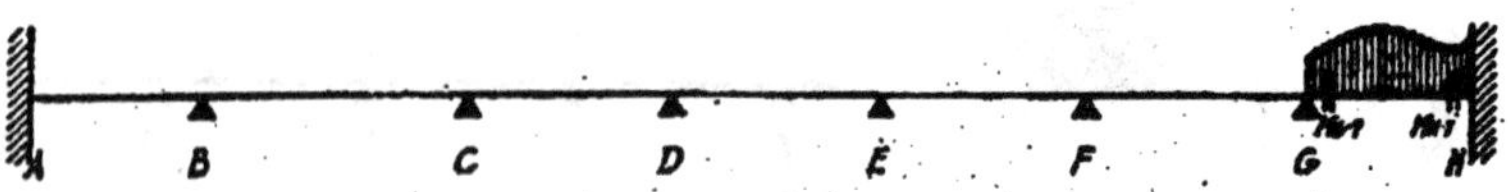

第 五 六 圖

$M_A = -0.5M_B$;　$M_G = GM_{G\text{-}7}$;　$M_H = M_{H\text{-}7} + g'G'M_{G\text{-}7}$;

算式M_B —M_F 同〔甲〕之(一)第七節荷重。

<u>七節全荷重</u>

第 五 七 圖

$M_A = M_{A\text{-}1} + \frac{1}{2}Bd_B - \frac{1}{2}cCd_C + \frac{1}{2}cdDd_D - \frac{1}{2}cdeEd_E + \frac{1}{2}cdefFd_F - \frac{1}{2}cdefgGd_G$;

M_B —M_F 各算式同〔甲〕之(一)七節全荷重。

$M_G = M_{G\text{-}7} - b'c'd'e'f'B'd_B + c'd'e'f'C'd_C - d'e'f'D'd_D + e'f'E'd_E - f'F'd_F + G'd_G$;

$M_H = M_{H\text{-}7} + \frac{1}{2}b'c'd'e'f'B'd_B - \frac{1}{2}c'd'e'f'C'd_C + \frac{1}{2}d'e'f'D'd_D - \frac{1}{2}e'f'E'd_E + \frac{1}{2}f'F'd_F$
$- \frac{1}{2}G'd_G$;

式中 $d_B = M_{B\text{-}1} - M_{B\text{-}2}$;　$d_C = M_{C\text{-}2} - M_{C\text{-}3}$;　$d_D = M_{D\text{-}3} - M_{D\text{-}4}$;

$d_E = M_{E\text{-}4} - M_{E\text{-}5}$;　$d_F = M_{F\text{-}5} - M_{F\text{-}6}$;　$d_G = M_{G\text{-}6} - M_{G\text{-}7}$;

(二) <u>對等硬度</u>

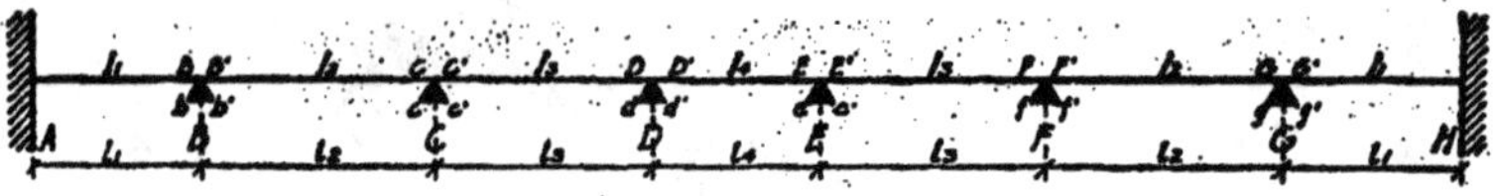

第 五 八 圖

<u>硬度及函數</u> 除$N'_{BA} = N_1$ 及$b = 0.5$外，其他各算式同〔甲〕之(二)。

<u>第一節荷重</u>

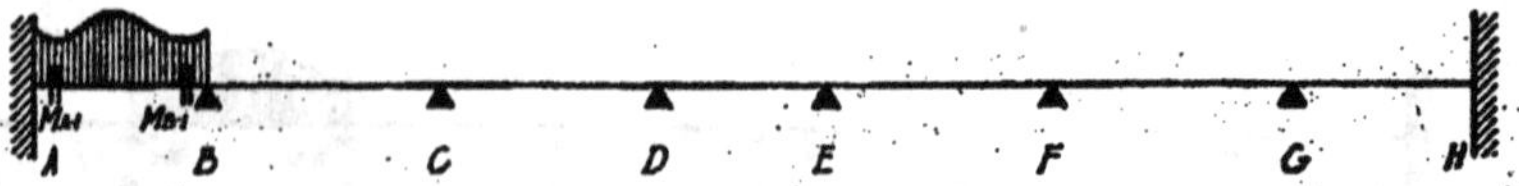

第 五 九 圖

$M_A = M_{A\text{-}1} + 0.5BM_{B\text{-}1}$;　$M_H = -0.5M_G$;

算式 M_B —M_G同〔甲〕之(二)第一節荷重。

<u>第二節荷重</u>

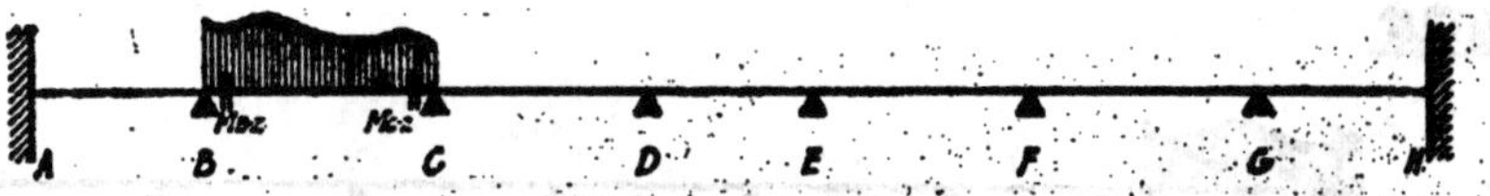

第六十圖

$M_A = -0.5M_B$；　　$M_H = -0.5M_G$；

算式　$M_B - M_G$ 同〔甲〕之(二)第二節荷重。

第三節荷重

第六一圖

$M_A = -0.5M_B$；　　$M_H = -0.5M_G$；

算式　$M_B - M_G$ 同〔甲〕之(二)第三節荷重。

第四節荷重

第六二圖

$M_A = -0.5M_B$；　　$M_H = -0.5M_G$；

算式　$M_B - M_G$ 同〔甲〕之(二)第四節荷重。

七節全荷重

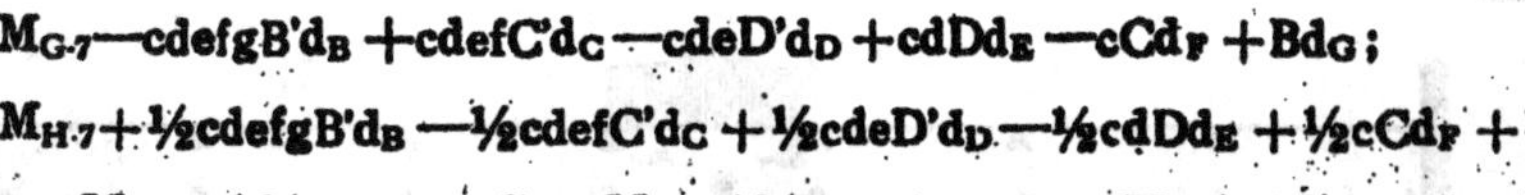

第六三圖

$M_A = M_{A\text{-}1} + \frac{1}{2}Bd_B - \frac{1}{2}cCd_C + \frac{1}{2}cdDd_D - \frac{1}{2}cdeD'd_E + \frac{1}{2}cdefC'd_F - \frac{1}{2}cdefgB'd_G$；

算式　$M_B - M_F$ 同〔甲〕之(二)七節全荷重。

$M_G = M_{G\text{-}7} - cdefgB'd_B + cdefC'd_C - cdeD'd_D + cdDd_E - cCd_F + Bd_G$；

$M_H = M_{H\text{-}7} + \frac{1}{2}cdefgB'd_B - \frac{1}{2}cdefC'd_C + \frac{1}{2}cdeD'd_D - \frac{1}{2}cdDd_E + \frac{1}{2}cCd_F + \frac{1}{2}Bd_G$；

式中　$d_B = M_{B\text{-}1} - M_{B\text{-}2}$；　　$d_C = M_{C\text{-}2} - M_{C\text{-}3}$；　　$d_D = M_{D\text{-}3} - M_{D\text{-}4}$；

$d_E = M_{E\text{-}4} - M_{E\text{-}5}$；　　$d_F = M_{F\text{-}5} - M_{F\text{-}6}$；　　$d_G = M_{G\text{-}6} - M_{G\text{-}7}$；

(三)　**等硬度**

第六四圖

第一節荷重

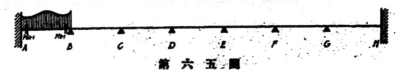

第六五圖

$M_A = -M_{A\text{-}1} + 0.26795 M_{B\text{-}1}$； $M_B = 0.46410 M_{B\text{-}1}$； $M_C = -0.26794 M_B$；

$M_D = -0.26796 M_C$； $M_E = -0.26804 M_D$； $M_F = -0.26923 M_E$；

$M_G = -0.28571 M_F$； $M_H = -0.5 M_G$；

第二節荷重

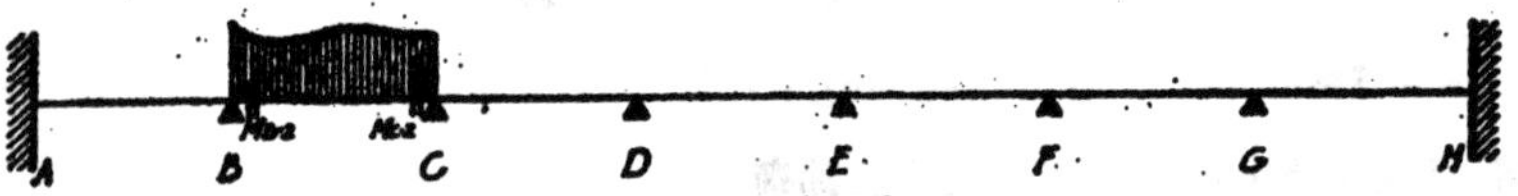

第六六圖

$M_A = -0.5 M_B$； $M_B = 0.53591 M_{B\text{-}2} + 0.14359 M_{C\text{-}2}$； $M_C = 0.12435 M_{B\text{-}2} + 0.49742 M_{C\text{-}2}$；

$M_D = -0.26796 M_C$； $M_E = -0.26804 M_D$； $M_F = -0.26923 M_E$；

$M_G = -0.28571 M_F$； $M_H = -0.5 M_G$；

第三節荷重

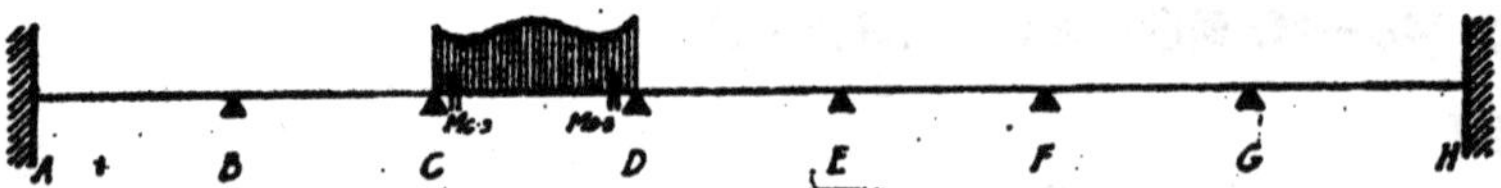

第六七圖

$M_A = -0.5 M_B$； $M_B = -0.28571 M_C$； $M_C = 0.50258 M_{C\text{-}3} + 0.13466 M_{D\text{-}3}$；

$M_D = 0.13329 M_{C\text{-}3} + 0.49983 M_{D\text{-}3}$； $M_E = -0.26804 M_D$； $M_F = -0.26923 M_E$；

$M_G = -0.28571 M_F$； $M_H = -0.5 M_G$；

第四節荷重

第六八圖

$M_A = -0.5 M_B$； $M_B = -0.28571 M_C$； $M_C = -0.26923 M_D$；

$M_D = 0.50017 M_{D\text{-}4} + 0.13397 M_{E\text{-}4}$； $M_E = 0.13397 M_{D\text{-}4} + 0.50017 M_{E\text{-}4}$；

$M_F = -0.26923 M_E$； $M_G = -0.28571 M_F$； $M_H = -0.5 M_G$；

七節全荷重

第六九圖

$$M_A = M_{A\text{-}1} + 0.26795 d_B - 0.07180 d_C + 0.01924 d_D - 0.00515 d_E + 0.00137 d_F - 0.00034 d_G;$$

$$M_B = M_{B\text{-}2} + 0.46410 d_B + 0.14359 d_C - 0.03847 d_D + 0.01031 d_E - 0.00275 d_F + 0.00069 d_G;$$

$$M_C = M_{C\text{-}3} - 0.12435 d_B + 0.49742 d_C - 0.13466 d_D + 0.03607 d_E + 0.00962 d_F - 0.00240 d_G;$$

$$M_D = M_{D\text{-}4} + 0.03332 d_B - 0.13329 d_C + 0.49983 d_D + 0.13397 d_E - 0.03573 d_F + 0.00893 d_G;$$

$$M_E = M_{E\text{-}5} - 0.00893 d_B + 0.03573 d_C - 0.13397 d_D + 0.50017 d_E + 0.13329 d_F - 0.03332 d_G;$$

$$M_F = M_{F\text{-}6} + 0.\ 0240 d_B - 0.00962 d_C + 0.03607 d_D - 0.13466 d_E + 0.50258 d_F + 0.12435 d_G;$$

$$M_G = M_{G\text{-}7} - 0.00069 d_B + 0.00275 d_C - 0.01031 d_D + 0.03547 d_E - 0.14359 d_F + 0.53591 d_G;$$

$$M_H = M_{H\text{-}7} + 0.00034 d_B - 0.00137 d_C + 0.00515 d_D - 0.01924 d_E + 0.07180 d_F + 0.26796 d_G;$$

式中 $d_B = M_{B\text{-}1} - M_{B\text{-}2}$; $d_C = M_{C\text{-}2} - M_{C\text{-}3}$; $d_D = M_{D\text{-}3} - M_{D\text{-}4}$;

$d_E = M_{E\text{-}4} - M_{E\text{-}5}$; $d_F = M_{F\text{-}5} - M_{F\text{-}6}$; $d_G = M_{G\text{-}6} - M_{G\text{-}7}$;

(四) 等硬度及等勻佈重

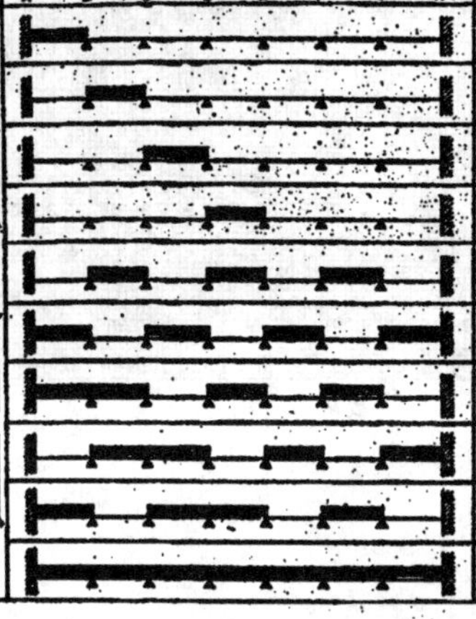

類別	荷重圖 (A B C D E F G H)	函數 C_A	C_B	C_C	C_D	C_E	C_F	C_G	C_H
a		-.1056625	-.0586746	+.01036247	-.00277673	+.00074427	-.00020038	±.00005725	-.00002863
a		+.02831242	-.05662483	-.05181441	+.01388419	-.00372152	+.00100194	-.000286266	+.000143153
a		-.00758606	+.015172115	-.05310520	-.05275958	+.01414168	-.003807364	+.00108780	-.0005439
a		+.002032485	-.004064969	+.01422760	-.05284554	-.05284554	+.01422760	-.00406497	+.002032485
b		+.03048804	-.06097607	-.03658487	-.04268287	-.04268287	-.03658487	-.06097607	+.03048804
b		-.11382109	-.02235743	-.04674847	-.04065036	-.04065036	-.04674847	-.02235743	-.11382109
c			-.09963067						
c				-.1089254					
,					-.1121054				
d		-.08333333	-.083333	-.083333	-.083333	-.083333	-.083333	-.083333	-.083333

附表三

結論 其桿件(member)甲端之改變硬度(N')及改變傳遞因數,(如B端爲b或b',C端爲c或c'等)與乙端之$\overline{N}$發生相當關係,如以上各算式。若桿件之斷面形不變者,其改變硬度及改變傳遞因數,以普通之精密度論,可用下表曲線圖求之,藉免按式推求之舛誤。

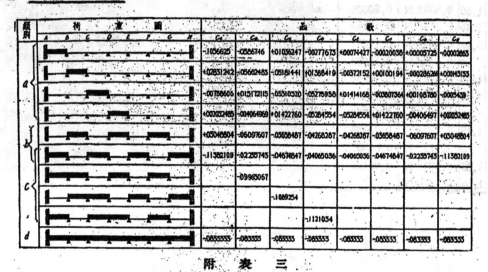

$\bar{N}$	改變硬度(N')	改變傳遞因數
8	1.0000 N	0.5
10	0.9750 N	0.46154
9	0.9722 N	0.45700
8	0.9687 N	0.45161
7	0.9643 N	0.44444
6	0.9583 N	0.43478
5	0.9500 N	0.42105
4	0.9375 N	0.40000
3	0.9167 N	0.36364
2	0.8750 N	0.28571
1.95	0.8718 N	0.27941
1.90	0.8684 N	0.27273
1.85	0.8649 N	0.26563
1.80	0.8611 N	0.25605
1.75	0.8571 N	0.25000
1.70	0.8529 N	0.24138
1.65	0.8485 N	0.23214
1.60	0.8438 N	0.22222
1.55	0.8387 N	0.21154
1.50	0.8333 N	0.20000
1.45	0.8276 N	0.18750
1.40	0.8214 N	0.17391
1.35	0.8148 N	0.15909
1.30	0.8077 N	0.14286
1.25	0.8000 N	0.12500
1.20	0.7917 N	0.10526
1.15	0.7826 N	0.08333
1.10	0.7727 N	0.05882
1.05	0.7619 N	0.03125
1.00	0.7500 N	O

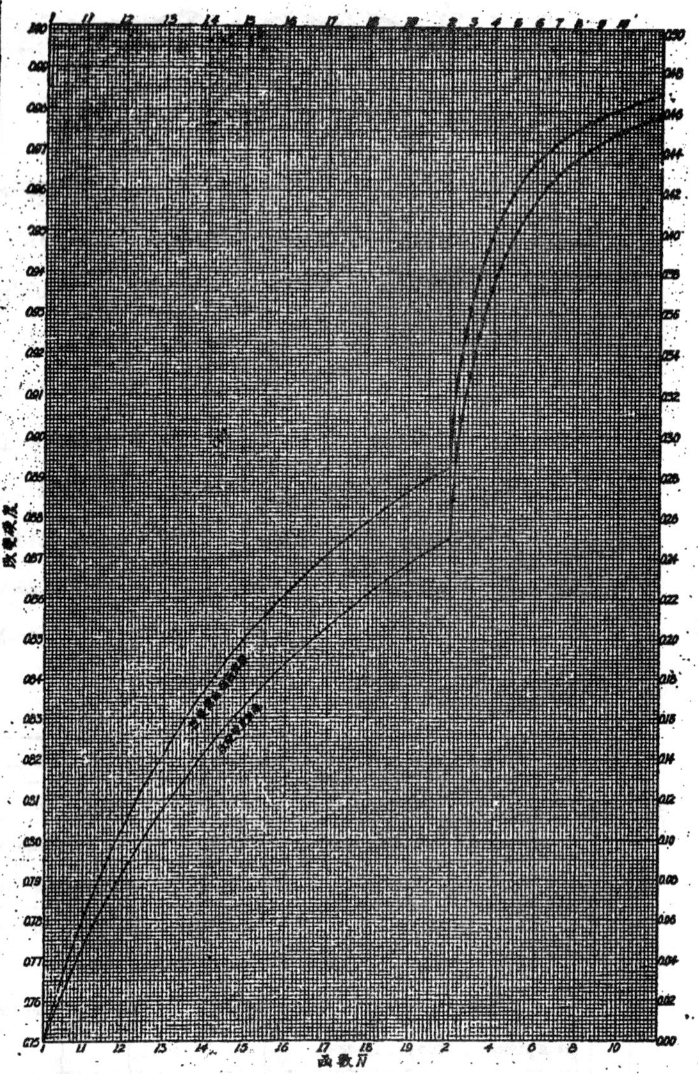

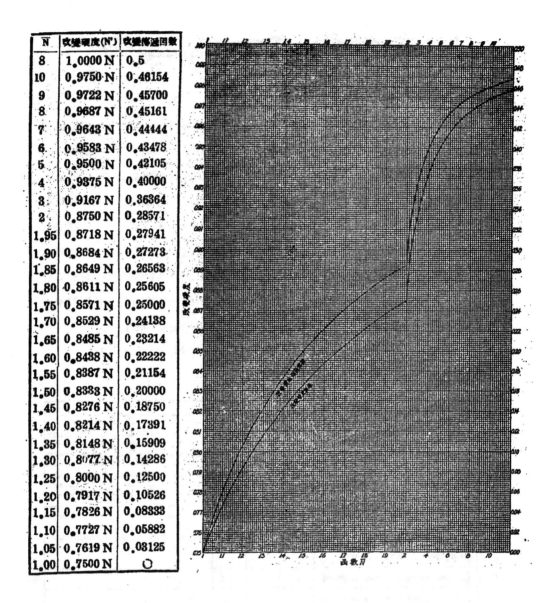

營造學(廿一)

杜彥耿

第六章 樓板(續)

樓板 樓板(見第五八三圖)與地板不同之點頗多，皆根據其各個之構造而異。下列擱柵跨度變化之情形，須視牆垣而定：其一，爲增加應力與硬度起見，普通擱柵須擱置於短跨度處；因應力之增減依照跨度之長短爲準則，其硬度則以跨度自乘三次。如此佈置，所以節用木材也(見第五八二圖)。其二，荷重擱柵之牆垣，不宜多開窗洞。其三，最主要之理由爲支持牆垣之硬度及牽制，並時常利用雙重擱柵擱置樓板，使牆垣有重疊牽制之功。其四，擱柵如遇牆垣或支持處，須聯接伸過，不使間斷，因其中間之承托能增加樓板之硬度也。

擱柵之承托 根據標準規定，木材不能伸過分間牆牆身中心之四吋半，同時亦不宜置長木材於牆身內，如沿油木之類，因恐日後木材腐爛，以致減少牆身斷面之厚度。一切擱柵均須擱置於沿油木或承托墊頭上，使力量能平均分佈於牆垣之上。

(一)爲避免牆垣因磚塊之潮濕侵入木材起見，可先在擱柵之末端——即擱置於牆上之擱柵——塗以柏油，固木油，沙立根油等，以資防腐。在擱柵下實以二吋闊三分厚之鐵墊頭，俾力

五八二圖

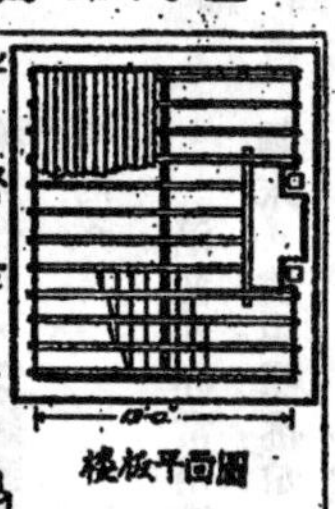

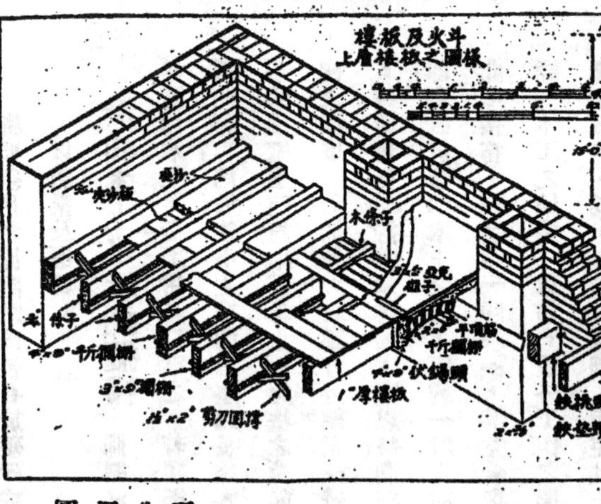

五八三圖

24475

量能平均分佈於牆身，見第五八四圖。

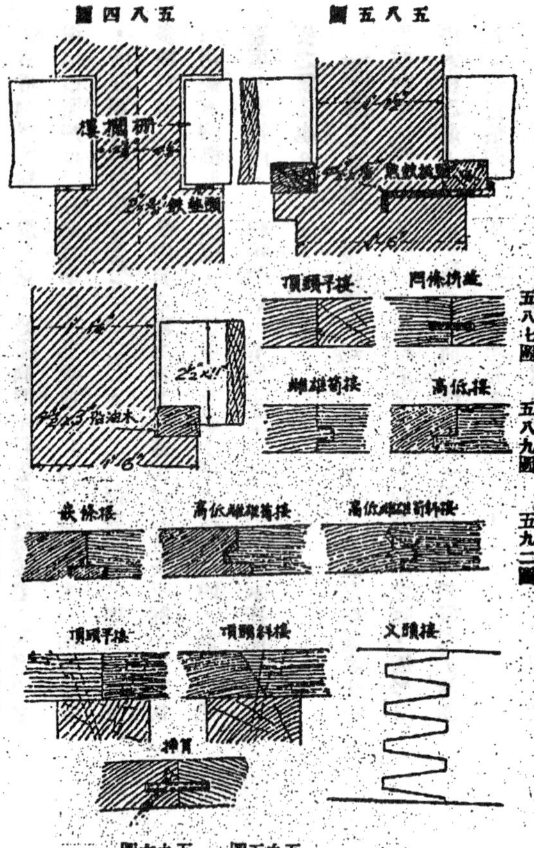

(附圖五八四至五九五圖)

(二)牆之厚度，有時上層較下層為薄，則上層之牆須在某一處收縮。普通收縮均在樓板線擱柵之下，其收進之牆垣置以沿油木，以備擱柵之擱置。通常皆以四吋×三吋之木材，用灰沙窩置其上，見第五八六圖。

(三)樓板線處之牆垣，其厚度無變化者，須在牆身挑出數皮磚塊，用以安置沿油木，見第五八五圖。此法用以擱置擱柵固佳，惟在室之下面平頂處能看到畸形凸出之線脚，見第五八五圖。如欲避免上述情形，可用熟鐵製之鐵挑頭，其闊與厚為四吋×三分，兩端相對彎起，長度則須伸進牆身九吋，及其挑出之闊度，以能容納沿油木為準則，見第五八五圖。此法之優點，在室之下面凸出之線脚，並不顯露。挑頭之中距約三呎，但亦須視樓板傳遞之重量及沿油木之大小而定。鐵桃頭須用水泥窩於或接合於硬磚或石塊之上，以防損及邊口。

沿油木上之承托擱柵

擱柵可單獨擱置於沿油木上，祇須用釘釘牢之。若擱柵之闊度皆須相等，則於狹小之擱柵下墊以長條木塊，務使各個擱柵上面均平衡為止。此法之功能，可使擱柵之深度，對於最大之應力，能充分發揮其效用。彎轉量在支持處為零點，所以將擱柵之末端，即擱置於沿油木上之端，開約一吋左右深之吋，此項接筍，即名曰『開膠』，其意義與效用，已詳「木工之鑲接」章內。額外工作之開膠，其所獲之效能，為迅速安置擱柵；而使其上面自動的平衡。

沿油木亦常用鑲筍接之方法，以鑲接擱柵之端末。倘用鐵挑頭，使擱柵與沿油木之底面均平者，則可用對合接接之。任何擱柵之接合於墊頭或沿油木處，均須妥合緊接；如此可使力量分佈於沿油木而經越接合處，俾減少至零點也。

擱柵之接合

擱柵之須縱長接者，必須越過鐵板，板牆或其他牽制物。若欲使擱柵保守原來位置者，可用斜對合接，俾使其能產生最大之應力也。如其下裝以平頂者，惟與接合無重大關條，可於擱柵之端末相並接合，用釘釘牢。

五九七圖 五九八圖 五九九圖 六〇〇圖 六〇一圖

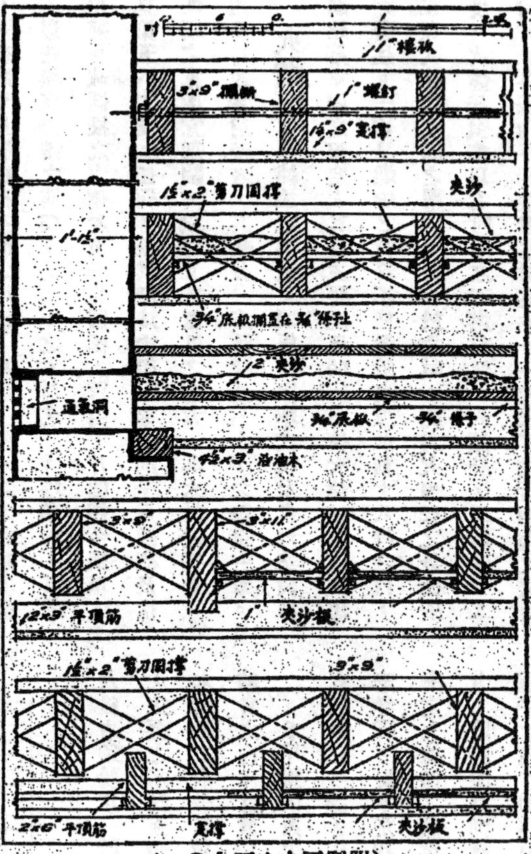

(附圖五九七至六〇一)

斜撐 為避免擱柵發生彎曲或震動，及增進樓板之硬度起見，擱柵須用斜撐支持，其距離不得超過六呎。普通所用之斜撐有兩種式樣如下：卽剪刀固撐及實撐。剪刀固撐之構造，係用兩根二吋×一吋半之木條，相交而成，見第五九七圖及五九八圖。其端末與擱柵之上下各離二分之地位；所主要者，卽斜撐之端末須成正確之斜角。製法用兩根白粉筆線折斷於擱柵之上部，其距離不得小於擱柵深度半吋，將斜撐材料安置於擱柵上白粉筆處，則可獲得正確之斜撐。為避免用釘釘裂斜撐起見，可鋸一斷口，以備釘釘入木材之用。斜撐之支持，須連續不斷，見第五八二圖及五八三圖。

實撐 擱柵檔用一吋至一吋二分厚，其高度與擱柵相等，或較擱柵小一吋之木板，撐於空檔之內，上下用釘釘住。曲折之擱柵，實撐殊難支持；如遇此項情形，宜在擱柵之中間用螺釘將斜接絞緊，俾便排列之斜撐能緊支其地位。此種設置，凡牢固之建築，如工廠，棧房等均有之。見第五九七圖。

隔音設備 為避免上層之音響，由樓板傳播至下層起見，應有下列之設備。

(一)減少貫通木材之數量；能分散連續之傳佈；若於每隔四根或五根用較深之擱柵，如此能減少聲響之傳播。平頂擱柵之釘接，詳第六〇〇圖。

(二)避聲效驗最佳者，莫如雙貫式之擱柵，以其各部均不相連也。設各項材料建造於油毛毡上，及支持擱柵者，見第六〇一圖，如此能減少聲響之傳達至最低程度。

(三)各個大梁，擱柵及樓板下承托處，均舖以油毛毡或其他隔音材料，俾能減少震動與聲響。

(四)各種避聲層之效用，為避免波動之聲浪穿越樓板，其目的能吸收波動之聲響也。倘若單獨應用避聲層，而並不完全支持者；或並不近擱柵之上或下者，則其本身不甚能阻隔聲響；否則空氣為之阻塞，木材常易枯蝕。避聲層之種類，包括粗糙粉刷，煤屑水泥樓板，溶滓之棉毛層或麻絲粉刷，見第五九八至六〇一圖。

有時將麻絲板置於擱柵之上，立卽舖以油毛毯，隨後再舖樓板，俾能阻礙聲響；但此法雖有隔音之效，而於擱柵之下不能避火矣。最佳之方法，將麻絲板置於頂部，越近越佳，見第六〇〇圖，擱柵之上則舖以油毛毯，如此一遇火患，祇能燃燒較小之範圍，因之樓板亦能支持及照常流通也。

千斤擱柵 此項結構，大都用於扶梯井，火爐肚或其他如樓板之有空處，以致阻礙擱柵之連續擱置者。在此情形之下，須需千斤擱柵在空洞之兩邊，再置一短小之木材於其間，以任無支持端之擱柵；此短小之木材名「伏鍚頭」，其效用將荷載擱柵之力傳遞至千斤擱柵，再由千斤擱柵至牆垣，見第五八二圖。任何擱柵其深度均須相等，則千斤擱柵及伏鍚頭之寬度宜加闊，以助支持意外之應力，其木材之接合，用出筍或吞肩接者，其接合之方法詳見「木工之鑲接」章。

火爐壇 火爐壇之構造，須根據標準式樣及當地建設機關建築章程之規定；其最主要之目的，不使火爐壇處有火患之發生。一切易燃燒之材料不能置於火爐肚前十八吋之內，或在火爐壇空間之兩邊不能小於六吋，此爲火爐底之最低限度。火爐底須築以七吋厚之不燃材料。火爐肚接近烟囪十二吋時，外牆內不能擱置木材其中。一切木料貼近烟囪之火爐肚者，其限度須與牆垣有二吋間隔（見第六〇三至六〇五圖）及後者須粉以一吋厚之粉刷。是以在火爐壇處建造樓板者，與火爐肚平行之主要之木材至少有十八吋之距離，及與火爐肚距離有二吋之間隔者，則木材與之成一直角形；後者之木材與烟囪之距離近十二吋時，不能擱置於牆身之內，宜置於鐵挑頭上，見第六〇五圖。

千斤擱柵與伏鍚頭之空間，須墊以材料，以資支持火爐底。普通靠近火爐肚之一邊，砌一發劵，如此劵脚卽可由是而起；另一處用木材做成楔形劵脚，釘牢於伏鍚頭上，則發劵由此而起。劵之闊度與火爐肚相等。在決定火爐壇之闊度後，須於限制濶度之各邊，均置一約三吋方之木材於其中，用灰沙及榫榫緊於伏鍚頭與火爐肚之間，以備將來樓板舖釘至此。在框子之內，墊以良佳之水泥，較樓板爲低，其低下之程度，須視將來火爐底舖何種材料爲定，見第六〇二至六〇七圖。

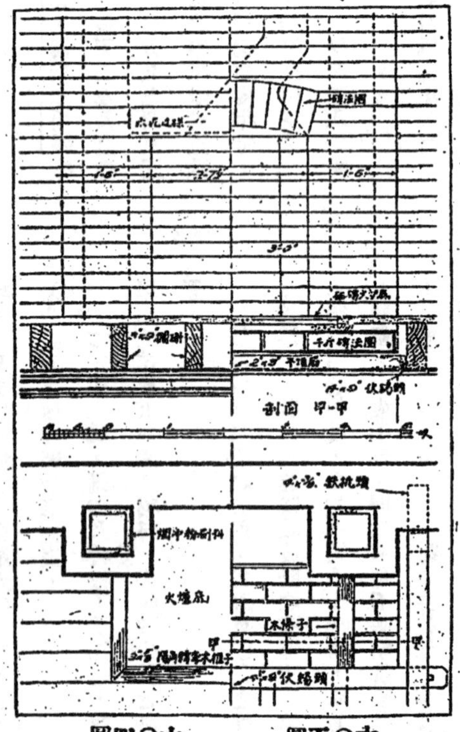

六〇二圖
六〇三圖
六〇四圖
六〇五圖

千斤發券用六吋鋼骨水泥替代，普通用者極廣。將水泥置於火爐肚處，一部份伸進火爐底，另一部份則擱置於釘牢在伏鍚頭之木條子上，見第六〇七圖。

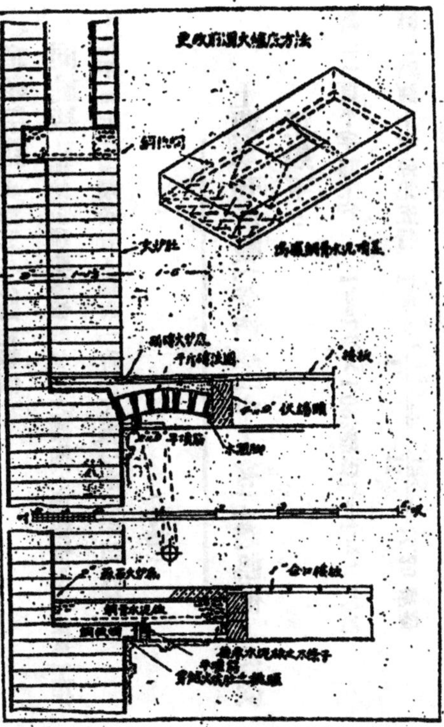

六〇六圖

六〇七圖

樓地板之接合　樓地板縱長之普通接(係用鐵馬排緊)合，可分為二：(甲)用顯著接合之接縫，如頂頭平接縫，鬥條拚縫，高低縫及嵌條接，見第五八七至五九二圖。(乙)其暗接縫者，釘與螺釘皆釘於板之邊緣顯出處，如插筍接，高低雌雄筍接，及高低雌雄筍斜接，均見之於第五九二及五九三圖，其效用在木板收縮時，不使灰塵嵌入樓地板之縫內。

用摺疊法舖置頂頭平接縫　者第五八七圖所示之頂頭平接縫，不用鐵馬，可用下述方法榫緊之：用六根木條子擱放其處；一端釘牢，他端則推緊。其弛鬆之端安置於已釘牢之處約三分之距，再用板橫置於其上，隨後命二三人在上跳躍，因此將樓板排緊，再用釘將樓板釘牢之。

鬥條拚縫　為減少樓地板損害計，在其中心之下挖一雌縫，用木或鐵筍頭插嵌其中，以免樓地板有向上彎曲及灰塵墜落之虞，見第五八八圖。

雌雄筍　第五八九圖示避免灰塵入縫之接合方法。

高低接　用第五九〇圖所示之法搆造，功能免塵入縫，但無其他功效顧答其意外之消費。

嵌條接　此法之利益，為大部份之深度，能在條子表白之先消磨，大都應用於樓地板承受重大之磨擦，如工廠，棧房及類似之房屋。第五九一圖即示此類之接合。

暗　接　主要之樓地板或上泡立水之樓地板，均須用暗接方法舖排，不令有接縫及釘眼之露示。因收縮與漲大而不損及板者，皆得力於樓地板一邊之釘牢也，第五九六圖所示者，乃極有成效之方法，其板用插筍接合及用螺釘絞緊於樓板之一邊。此法在機械未倡行之先，應用極廣；有時亦用於木雕甎樓地板及盧廊紋樓地板。

第五九二圖示高低雌雄縫，用釘或螺旋釘牢其一邊，同時能避塵入縫。此項接合，因其浪費過鉅，不相宜於普通情形。第五九三圖所示與前者略同，所相差者，其凸出之部較前者為甚耳。

頂頭接　樓地板之頂頭相接者，名之曰「頂頭接」；倘有頂

24479

頭平接，頂頭斜接及叉頭接縫之種種接法。

頂頭平接　此法在每端之接縫，用釘釘牢之，見五九四圖。

頂頭斜接　第五九五圖示樓地板之端末，均使成斜角，隨後用釘將一邊釘牢。此種頂頭斜接，其效力能使相接之板堅固，是以常採用之。

叉頭接縫　此項方法，係將其頂頭鋸成狗牙形，互相接合，斜線長度之角度，約為十度，見第五九七圖，因其料價太昂，是以僅應用於極考究之工程。

頂頭接縫　與第五八八圖相類似。

同縫接　樓地板頂頭擱置於相同之擱柵，此種情形為佳良工作，其平面上各頂頭接合，須與「磚作工程」中之率頭相等。

（待續）

上期本刊所載「營造學」中，有二處誤植，茲改正如下：

第三三頁下半部末行　$L=L_{斜}\times1.093$應改$L=L_{斜}\times1.063$

第三四頁上半部第五行　$L_{斜}=\frac{L}{1.146}=\frac{15}{1.146}=14.30$ 應改

$L_{斜}=\frac{L}{1.146}=\frac{13}{1.146}=11.36$

工具介紹

語云：「工欲善其事，必先利其器。」際茲科學倡明，無往而不藉利器以制勝。溯吾國自銳意建設以來，賴助於新式工具者良多。本刊有鑒及此，因特闢「工具介紹」一欄，介紹各種建設方面之新式器械，或亦為讀者所樂許歟！

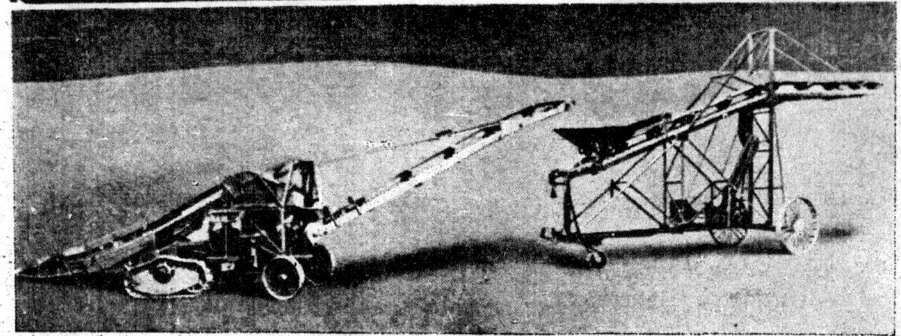

（圖一）

便捷裝卸機

無論煤屑，煤，沙泥，石子及礦石等等，均可利用「便捷裝卸機」，藉個人之管理力量，源源將欲運之物裝上運貨卡車。（見附圖一及二）

圖三係搿集機頭。當便捷裝卸機正在動作之時，此機頭部之兩臂，搿集物料，搬上活動滾道，復由滾道裝載於卡車。此機頭更可憑藉冷氣之力量而離地上昂。

圖四示便捷裝卸機將運到之石子做堆，高十二呎，濶四十呎。若加如第一圖所示之接卸機，則便捷機之地位不動，可將堆做高至二十呎，濶至七十呎。

（圖二）

將欲堆成之貨運出，則便捷裝卸機兼可將細屑篩出，以淨貨送上卡車，如圖五所示。

便捷裝卸機構造說明：

A活動滾道藉三轉轆之轉動輸運物料。

B用便捷裝卸機搬載B處之物料，堆存C處。

C由便捷裝卸機之後節輸道搖轉而將物料堆積之形勢。

D將機調置物料，更可堆放D處。

E越活動滾道而堆放E處。

F捲集機頭伸入堆材灘腳，捲起物料載之入斗。

G斗接受便捷機搬上之物料，轉至活動滾道。

(圖三)

(圖四)

(圖五)

H活動滾道裝載貨物於卡車上或船隻。

J堆貨之越活動滾道，其卸貨出貨一如前述。

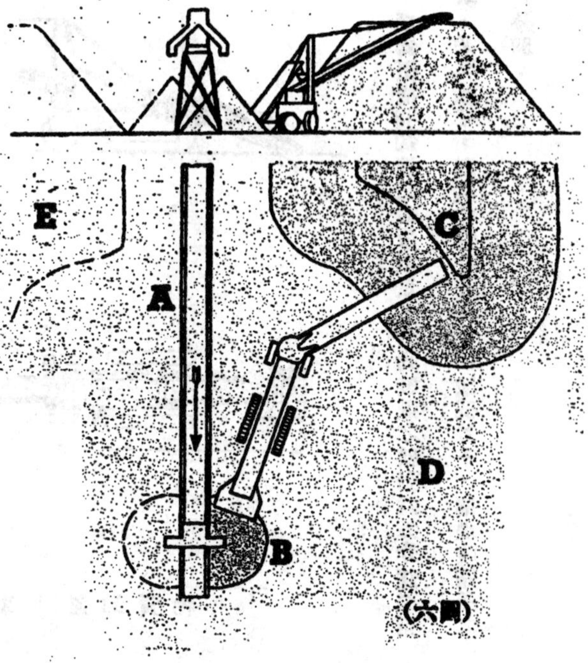

（六圖）

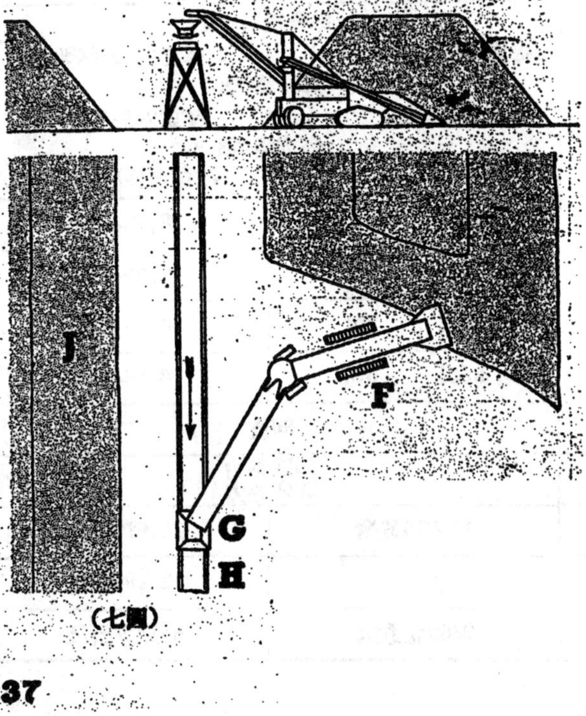

（七圖）

24483

便捷裝卸機

二十六吋濶活動滾道無篩子者

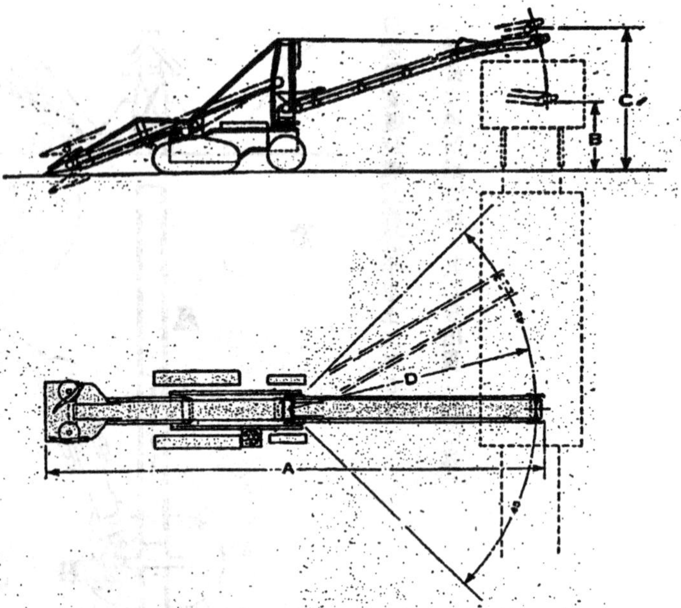

（圖八）自火車上運卸貨物

下表爲便捷裝卸機之載貨數量，活動滾道之轉動爲每分鐘二百七十呎。若裝篩子，則其能力當減少；惟減低若干，則須視篩子之種類而分別。

每分鐘最高量之約數	3½ 立方碼	2.5 立方公尺
煤屑	每分鐘1¼噸 每立方呎30磅	每立方公尺480公斤
煤	每分鐘2噸 每立方呎50磅	每立方公尺800公斤
沙泥	每方鐘4噸 每立方呎95磅	每立方公尺1520公斤
A 總長	45呎	13.72公尺
B 運輸之最低量	7呎 9吋	2.36公尺
C 運輸之最高量	14呎 3吋	4.34公尺
D 運輸之面積	22呎 6吋	6.86公尺
運輸之弧度	90度	
馬達之力量 用柴油 / 用電氣	35匹馬力 30匹馬力	
淨載重	10噸10英擔	10,670公斤
毛載重	12噸	12,190公斤
載運面積	2300立方呎	65立方公尺

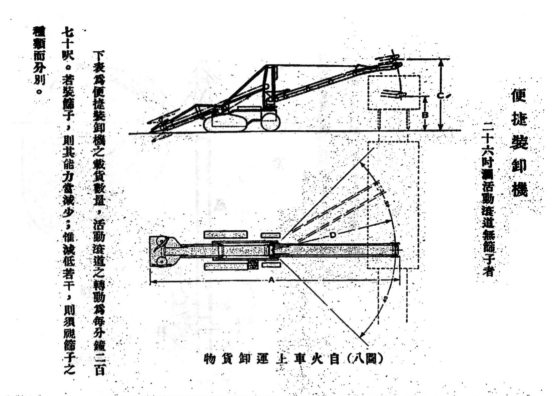

現代之浴室

通一

現代之浴室，合美麗，舒適，便利而為一，幾非前人所能想像。不僅浴室之設備與修飾已達最高峯，即其費用亦大為減省矣。

今日之浴室，實為取決房屋是否合於現代化及需要之標準，亦為估定房屋價值之要素，故實為時代之產物。美國對此貢獻尤多，賜予不少物質幸福。該國平均每六人有一浴室，較之其他各國平均每一千三百人共一浴室，相去奚啻天壤矣！

浴室在住屋中，現時既佔極重要之位置，故今日之營造者，均能提供若干之新式美麗設備，為改良之淋浴器，龍頭，凡而，便所，美麗之藥櫃及其附件，無影之燈光設備，及新式富麗之牆壁與地板等建築材料，吾儕營建新屋，亟欲備置一室，引以為足者也。

雖然吾人新營居屋，亦不必將浴室極盡華奢，務求現代化之能事。即最不合式最為古舊之浴室，一經衛生工程專家改裝，亦可煥易面目，現時美國有多數浴室，均經由專家改裝而成現代化者也。故在設計房屋之初，最宜就商於衛生工程專家，彼可指示何處安置浴室，最為適宜與經濟。樓上之浴室，以處於梳洗室之上，其他則處於廚室之上，最為經濟也。

各種浴室之設備，在選擇時最為重要，亦最感興趣。在往年，浴盆僅為一浴盆而已，人見皆同，甚為平常。但現時則設計不同，色樣各異。盆中坐位，有在一端，有在邊沿，亦有在兩角者。更有浴盆內作波紋形，以策安全，而增美觀。不論在盆內或牆上，均有握手或其他同樣之設備，以保浴者之安全。盥洗處或水盆為浴室中最精緻之處所，故設計務須明顯。關於此點，衛生工程專家當能告知何種式樣及大小，始稱適合也。

浴室及浴室之設計，種類繁多，不勝殫述。可見之設備，及隱藏之水管，凡而，及附件等，最關重要，蓋藉此等設備，始足盡浴室之功能也。次等之浴室，在設計及設備方面，與高等者區別極大。在次等之浴室，其設備既未搪磁，且不合式，管子之口徑甚小，龍頭及放水開關亦未包鍍。甚有水管裝置不良，影響氣壓者。而更須注意者，即此種浴室之承造者，未諳裝置，將水管與排水管交叉一處，致使飲水亦蒙不潔。故僱用工匠，要以專長於此者為宜。此蓋浴室中頗多設備，隱藏於牆內及地板下，非經牆面砌就，開始使用，實不易覺察在裝置時之缺點，一經發覺，拆卸重裝，則所費不貲矣。故惡劣之匠工，未經專家之指導，不但工程未能滿意，即健康亦受其影響也。

建築史（第二編）（六十）

杜彥耿譯

羅馬師刻式建築

建築則例

顯異之點

一〇七、方礅子及啓帷　經僧人努力於建築藝術之研究及實際所下之功夫，與蓄意的培植，然後始有雄偉之教堂建築，如此至第十世紀之末，法國教堂建築之興起，一如雨後春筍，而普通咸與蓄斯脫與與克羅業克(Cistercian and Cluniac)僧院特別關連。羅馬師刻教堂之在法國北部，大概均有高昂之大殿，左右夾以甬道。用方礅子以代柱子，界分大殿與甬道，以及兩邊向外凸出之翼屋。最初此項建築之平面佈局，頗爲簡單，此後聖座漸展，唱詩班席與小會堂等附焉。此種佈局是爲啓帷(Chevet)教堂之頂每係四方或六角形之搭，冠於十字交叉之心。亦即在唱詩班之一邊，或在西立面之中央。

一〇八、捲篷圓頂　古羅馬之捲篷圓頂，爲羅馬師刻著稱之一種藝術，亦最普及全國各部者也。但於法蘭西北部及勃艮第地方早期之教堂建築，大殿之下有用平屋面者，祇唱詩班席與甬道之上用圓頂。迨至後期，則弧稜圓頂冠於大殿之上，以代平屋面，而甬道與唱詩班席之上，是爲捲篷圓頂。頗多圓屋頂之教堂，咸根據法蘭西西南部聖馬克威尼斯(St. Mark's Venice)之法式建築。

第四十七圖

一〇九、參用彫刻及油畫　自從石砌圓頂之替代初時大殿上之平屋面，牆垣因之加厚，窗堂或其他空堂亦隨之減小。故壁畫及彫刻遂應運而生，藉以減少屋內陰沉之氣。最初彫刻祇施之於敬子上之花帽頭，外部則於大門券心卽在方頭門堂之上與發券之下是也。但以後則於房屋之各部自由設置彫刻，漸亦成爲不可避免之習慣矣。

第四十八圖

一一〇、阿爾茲之聖特洛福教堂 在阿爾茲著名之聖特洛福(St. Trophime)教堂，其大門口之外觀(見圖四十七)，實爲法國羅馬師刻藝術之典型。此亦對於古典式建築演變之痕跡，可以尋求者，大門口類如羅馬式之法則，是爲十二世紀早期之物。卑祥丁

第四十九圖

式之風格，突躍紙面者，要以四十八圖走廊一帶花帽頭之彫刻，最爲顯著。

一二一、佩里革之聖夫龍教堂

聖夫龍(St. Front)教堂(見四十九圖)係法蘭西西南部有名圓頂羅馬師刻建築之一，頗多新的成功之作，以替代老式。其地盤圖如五十圖爲梅花形，五個方塊

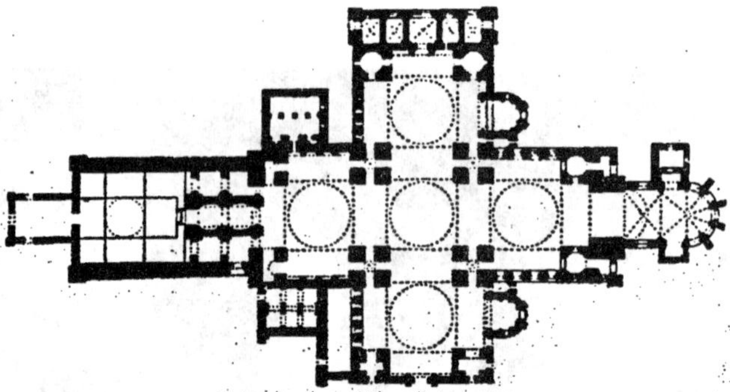

第五十圖

，上蓋圓頂，實亦無疑地脫胎於威尼斯之聖馬克教堂者。其佈局之簡潔整齊，實屬無可疵議；而內部之設置，亦寓莊嚴與紀念之意義。結構謹嚴，悉合建築條件，絕無絲毫苟且。外面圓頂見於四十九圖者，係屬後來添建，故未於五十一圖見之。內部圓頂初本以木構架之屋面。長方形之一帶破子，以之分夾大殿與甬道者，見五十一圖之剖面圖及五十二圖之教堂內部情境。

一二二、聖克啦教堂

聖克啦教堂(Church of St. Croix)在法蘭西西南部之波爾多(Bordeaux)地方，是亦爲羅馬師刻建築中之最著名之一。初建於第七世紀，重建於第十世紀及十三世紀。

第五十一圖

羅馬師刻之一種風格。可見於第五十三圖，是爲該教堂之西立面，其踏步式層層收退之大門發券及一束柱子及彫刻人物等等，是爲十一世紀至十二世紀之作物。基督之像及宣傳福音之記號，置於中央山頭發券之下。塔及叢柱之無使完成之象徵者，是誠最足特別注意之點。

一二三、諾脫爾達摩格龍教堂

第五十四圖示在波亞叠(Poitiers)之諸格脫爾達摩格龍(Notre Dame la Grande)教堂之西面闊，堂建於十二世紀。其連環發券之間，隷以塑像，充分顯示一種美感者，蓋其時頗爲普遍流行，而作爲

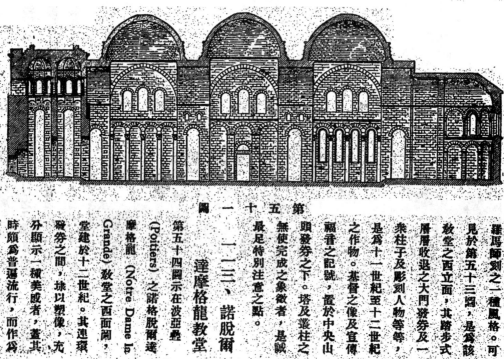

第五十二圖

一種裝飾也。試再審視圖之全部，其表面咸皆盛施裝飾者。中間之窗木作圓形，現已易體矣。

一一四、亞培奧克霍姆斯在喀延(Caen)之亞培奧克霍姆斯，(Abbaye-aux Hommes) 起於威廉得勝者，時年一〇六六年，圖五十五爲自原屋告成後，大爲增加與改建之姿勢。初建時唱詩班席祗自十字架伸出二檔間之席地，而聖座則係半圓形者，此外並無迴廊，及小禮拜堂之附庸。現時之廻廊及旁邊小禮拜堂，均係十二世紀時增建者。(參閱五十六圖(a)及(b)地盤圖及剖面圖。)大殿之圓頂，爲羅馬師刻式制；例如方形檔間之在大殿者，較之甬道者大一倍。

第五十三圖

房屋之詳解

地盤、圓頂、屋面、及裝飾

一一五、地盤法蘭西羅馬師刻教堂之地盤，常基於卑祥丁之型範。例如在佩里革之聖夫龍教堂，仿效威尼斯之聖馬克，並可參閱五十二圖之發券，係半圓形者，而非尖拱。試更另舉一例，如亞培奧克霍姆斯教堂，見五十六圖(a)之地盤圖，係羅馬師刻時代之作品，其風格則襲取中古時代之藝術作風，其盡能事。小禮拜堂有時即就教堂中甬道劃出，大門開設兩邊及用盛飾之發券，坐於叢柱

第五十四圖

第五十五圖

之上等等，是皆為其主要之徵象。

一一六、牆垣 主要之大牆，其外面均用亂石舖砌，裏面則用研光之石。牆外無拋脚礅子，惟有長方形或方形之礅子，突出於牆面，是即牆垣之平面格式。至於立面垂直之線，則恆超橫臥之台口線等過之。試閱第五十四圖，便可覘得一斑矣。十二世紀以前，凡尖塔則罕有與教堂正屋相連貫者，惟鐘樓之屋，每作金字塔形。

一一七、屋頂 圓屋頂畢竟襲取平頂而代之，並以筋肋格成片塊，若該處之有弧稜者，其弧稜亦由筋肋分別之。

一一八、堂子 門或窗堂都以圓形發券冠頂，兩傍則頗多用踏步式收置或畚箕形斜進。門堂或窗堂之兩邊，亦有用柱子疊於兩邊堂子梃者，以為裝飾。

一一九、線脚 線脚均係形式簡單，大多係基於古典式者。挑出台口常用為牆垣頂部，藉作結頂之收句。

一二〇、柱子 礅子常代柱子用作界分教堂大殿與甬道者。此種礅子雖然有時亦作圓形，然常數柱連成一叢。於後期法國羅馬飾刻式之工程中，礅子中之一柱或數柱，上升達於圓頂，而支托圓頂之筋肋。柱子之花帽頭，大多係柯蘭新式或卑祥丁式。

一二一、裝飾 法國南部教堂中之裝飾，

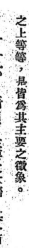

(a) (b)

第五十七圖

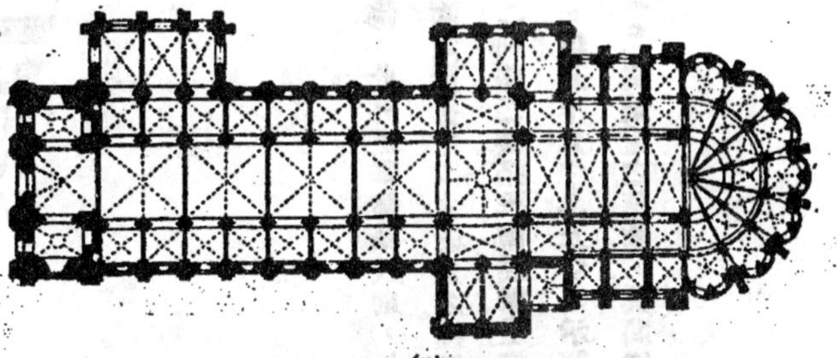

(a)

(b)

第五十六圖

(a) (b)

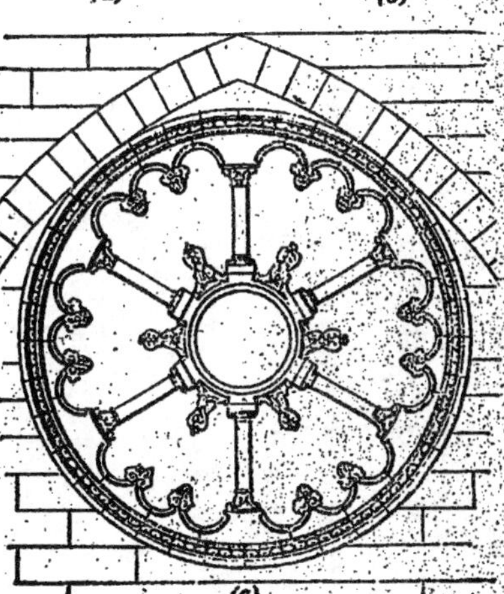

(c)

第五十八圖

成具卑祥丁之色調。若獅頭羊身，龍形，人首魚尾，以及奇怪之魅形等等，塑成巨像，或綴於簾帷，以為裝飾。奧汾涅與勃艮第兩地之羅馬師刻建築中，早有藻飾之製作，並採自然物作為彫刻之藍本。但不幸法國羅馬師刻教堂中之原本璧畫，業幾完全消失無跡。門或窗堂上之發券，普通用曲折，反葉，或其他形狀之藻飾。如圖五十七(a)為十五世紀在皮琴案(Beaugency)地方之諸脫爾達摩教堂之大門口。同圖(b)為在沙龍緒瑪倫(Chalons-Sur-Marne)之諸脫爾達摩教堂之窗堂。此圖中之門窗堂，兩傍度頭均係踏步形收退式，連上半圓形圓頭發券，均施以美觀之線脚及

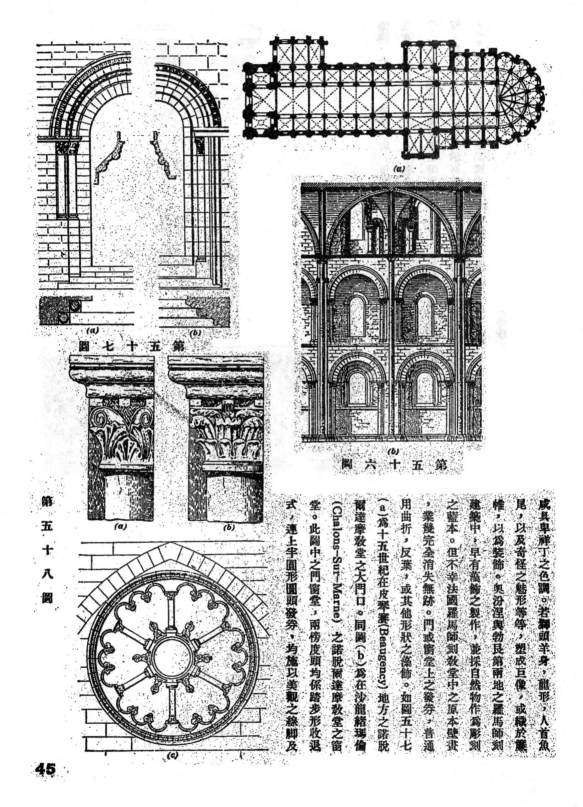

第五十九圖

藻飾。此外更舉飾品數則，如捲渦與葉子之花帽頭，自十五世紀沙脫爾(Chartres)大敎堂之鐘塔者，見五十八圖(a)及(b)。同圖(c)則係巴黎諸脫爾達摩堂聖座後之三戶，是爲後期羅馬師刻圓花窗。圖五十九(a)及(b)示窩牧(Worms)大敎堂之花帽頭與座盤，(c)爲鑲邊之藻飾，其間採用反葉曲變化之者。

(待續)

日光室

餐　　室

休憩室

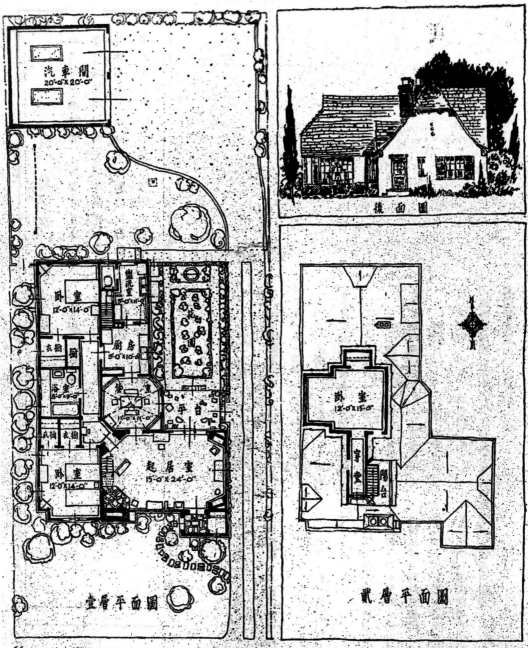

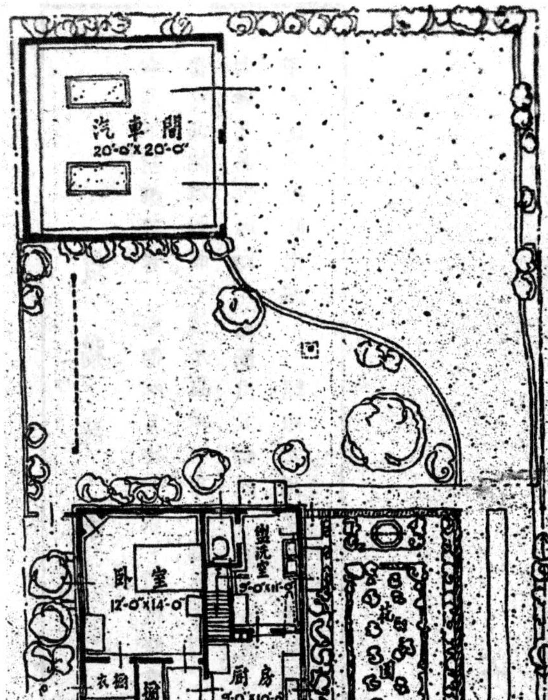

壹層平面圖

後面圖

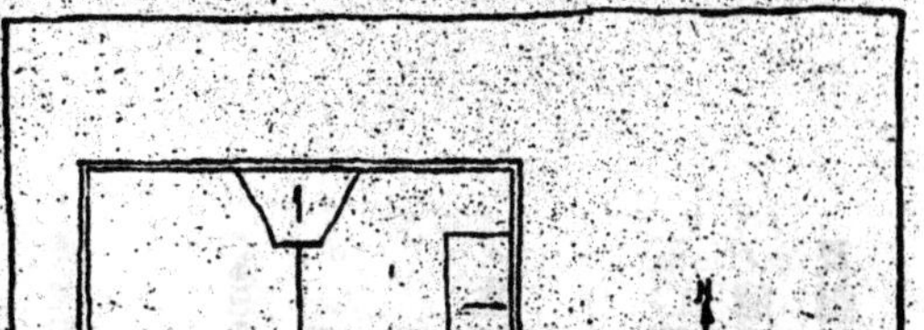

貳層平面圖

"本作貨"

此爲美國某名建築師住宅之設計，地處城市，佔地僅五十尺，而屋內各室，配置井然。庭園廣敞，佳樹成林；由起居室及餐室向外眺望，心曠神怡，八角形之餐室，平頂爲穹窿式，作中世紀之裝飾，尤饒古趣。廚室光線充足，後有廣大挑台，通達甚便。具體而微，於此圖見之。

徵稿啓事

本刊下期第五卷一期循例為特大號，篇幅較常時增加一倍，預計榴花吐紅之時，當可與讀者諸君覿面。惟是質量兼重，既為本刊之編輯方針；文圖並茂，實有賴於大賢之熱忱匡助。如承出其餘緒，發為文章，專著譯述，均所歡迎。圖稿務宜清晰，迻譯請註出處，一經擇尤刊登，當備不腆之酬也。此啓。

介紹「補爐買」優等火泥

新由英國運到之「補爐買(Pyruma)」優等火泥，品質與效用均較市上雜牌火泥為佳，爰將其優點撮述如左：

一、「補爐買」火泥在未將火力燃着以前，其質甚堅，可與「Portland Cement」相等，實為其他雜牌火泥所不及。

二、「補爐買」火泥可經過高强及久長之火力，從不破裂或成碎屑。

三、「補爐買」火泥可以常備，以應不時之需；如不用時，仍可置於桶中，並無散失或浪費之弊。至其效用之大，與定價之廉，更無與倫比。

「補爐買」三號火泥，為專以適應高熱度之用，約可抵禦攝氏寒暑率一六五〇度左右；倘常備該火泥一袋，則不論裝置各項火磚及其他有火力之用具時，隨時可以取用。中國總經理為上海香港路五十一號閩關洋行，如需詢問價目及說明書請向該行接洽可也。

另外一欄

贈閱"聯樑算式"之餘音

(一) 王敬立君來函

自"聯樑算式"贈閱之畢後，拙評於本刊第四卷第五期中發表，胡君之附註則於第六期內發表。筆者以種種關係，未獲寓目。茲偶來滬地，順便至上海市建築協會購得之，展讀一過，彌覺欣慰。

所欲舉答胡君者，即指在"聯樑算式"第87頁第一圖之情形，三力率定理不適用是也。請申其說。

所謂三力率者，即在聯樑內順序三支點之力率也(Moments in a beam at three consecutive supports)。此力率當然具有一條件，即在支點左極短距離之力率與支點右極短距離之力率，必須相等，且爲同號(使樑下彎者爲正，反之爲負)也。請參閱下例：

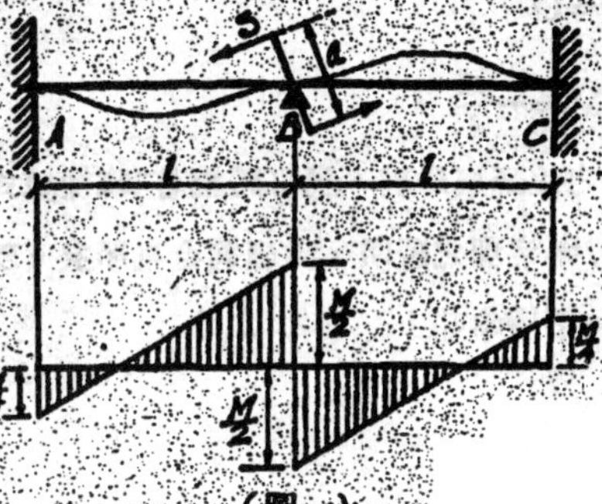

(圖一)

設有一二聯樑如圖1。I爲常數。苟吾人於中支施一力率M＝Sa則樑彎曲如圖。因支點左右兩部分之樑轉同一角度，故所發生Q端力率之絕對值必相等，而兩者之算學和。(Arithmetic sum) 必等於外施力率(Applied moment)M。故 $M_{BC}=-M_{BA}=\frac{M}{2}$。注意在此種情形之下，祗有 M_{BC} 與 M_{BA} 而無 M_B，因 $M_{BC}\neq M_{BA}$ 也。此例不適合於三力率定理明矣。

試再述一例：圖二。B支左邊與右邊之力率之大小與正負號俱不同，故三力率定理亦不能用。若將此例兩端之跨長縮小至O，即胡君之所欲證明者。其結果之不正確，自在意中。

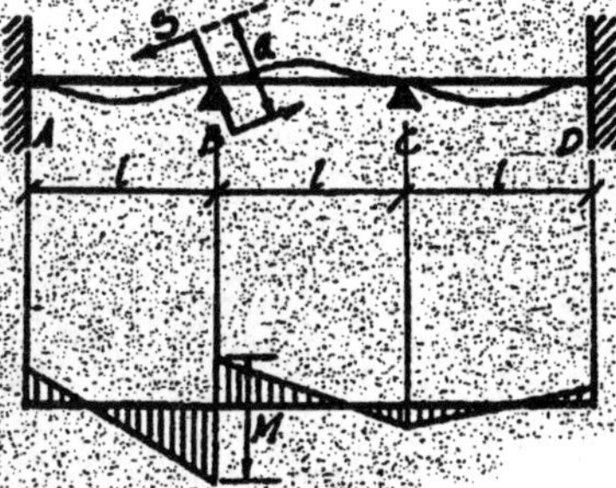

(圖二)

(二) 答王敬立君　　胡宏堯

查三力率定理者，卽一算式中具有三個力率之未知數是也。設如王君覆函所舉之三力率定理，必須具有一條件，卽左右兩極短距離之力率爲相等及同號，則該兩力率之相等，毫無疑義，誠如此說，則三力率定理一名詞，已不能成立。（應改稱兩力率定理矣）

拙著"聯樑算式"第87頁各算式，惜王君但言"頗疑有誤"，而未將更正算式列出；否則更可作進一步之討論。至弟援用三力率定理證明無誤，已見本刊第四卷第六期中，今王君謂爲該定理不能援用，惜又未能證明其差誤之所在。猶幸王君舉出兩例，而第一圖中之各支點力率圖及力率數值，已詳細指明。茲卽以該例援用"聯樑算式"中各算式而推演之如下：

按第87頁之算式，得$M_{A\text{-}1}=0$, $M_{B\text{-}1}=+\frac{M}{2}$, $M_{B\text{-}1'}=-\frac{M}{2}$, $M_{A'\text{-}1'}=0$四雙定支單樑支點力率。

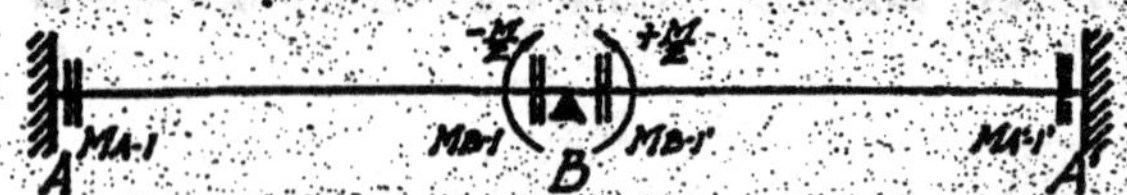

因本題爲雙定支等硬度二聯樑，又B支點之兩邊，卽17_{B1}及$17_{B1}'$，各有一力率，故應按第179頁(b)節之兩節全荷重算式推算之，

$$d_B=M_{B\cdot1}-M_{B\cdot1'}=\frac{M}{2}-\left(-\frac{M}{2}\right)=+M$$

$$M_A=M_{A\cdot1}+\tfrac{1}{4}d_B=0+\tfrac{1}{4}M=+\frac{M}{4}$$

$$M_B=M_{B\cdot1}-\tfrac{1}{2}d_B=+\frac{M}{2}-\frac{M}{2}=0$$

$$M_{A'}=M_{A'\cdot1'}-\tfrac{1}{4}d_B=0-\tfrac{1}{4}M=-\frac{M}{4}$$

以上求出之M_A, M_B, $M_{A'}$三值，既與王君原圖上所示之值毫無分別，應可證拙著"聯樑算式第87頁之算式，尙無不合。及本刊第四卷第六期中援用三力率定理之證明，尙屬適合也明矣。至第二圖因未示明確數，恕不另證。倘荷王君再加詳細討論，不勝幸甚！

本刊所載材料價目，力求正確；惟市價瞬息變動，漲落不一，集稿時與出版時難免出入。讀者如欲知正確之市價者，希隨時來函詢問，本刊當代爲探詢詳告。

磚　瓦

（一）空心磚

十二寸方十寸六孔　每千洋二百三十元
十二寸方八寸六孔　每千洋一百八十元
十二寸方六寸六孔　每千洋一百三十五元
十二寸方四寸四孔　每千洋九十元
十二寸方三寸三孔　每千洋七十元
九寸二分方六寸六孔　每千洋七十五元
九寸二分方四寸半三孔　每千洋六十元
九寸二分方三寸三孔　每千洋四十五元
四寸半方九寸二分四孔　每千洋三十五元
九寸二分四寸半三寸二孔　每千洋二十二元
九寸三分·四寸半·三寸半·三孔　每千洋二十一元
九寸三分·四寸半·三寸·二孔　每千洋二十元

（二）八角式樓板空心磚

十二寸方八寸八角四孔　每千洋二百元
十二寸方六寸八角三孔　每千洋一百五十元
十二寸方四寸八角三孔　每千洋一百元

（三）六角式樓板空心磚

十二寸方十寸六角三孔　每千洋二百五十元
十二寸方八寸六角三孔　每千洋二百元
十二寸方七寸六角三孔　每千洋一百七十五元
十二寸方六寸六角三孔　每千洋一百五十元
十二寸方五寸六角三孔　每千洋一百三十五元
十二寸方四寸六角三孔　每千洋一百元
十二寸八寸十寸六角二孔　每千洋一百六十五元
十二寸八寸八寸六角二孔　每千洋一百三十五元
十二寸八寸七寸六角二孔　每千洋一百十五元
十二寸八寸六寸六角二孔　每千洋一百元
十二寸八寸五寸六角二孔　每千洋八十五元

（四）深淺毛縫空心磚

十二寸方十寸六孔　每千洋二百四十元
十二寸方八寸半六孔　每千洋二百〇五元
十二寸方八寸六孔　每千洋一百九十五元
十二寸方六寸六孔　每千洋一百四十五元
十二寸方四寸四孔　每千洋九十七元
十二寸方三寸三孔　每千洋七十七元
九寸三分方四寸半三孔　每千洋六十四元

（五）實心磚

九寸四寸三分二寸半特等紅磚　每萬洋一百四十元
又　普通紅磚　每萬洋一百三十元
八寸半四寸一分二寸半特等紅磚　每萬洋一百三十四元
又　普通紅磚　每萬洋一百二十四元
十寸·五寸·二寸特等紅磚　每萬洋一百三十元
又　普通紅磚　每萬洋一百二十元
九寸四寸三分二寸特等紅磚　每萬洋一百十元
又　普通紅磚　每萬洋一百元
九寸四寸三分二寸三分特等紅磚　每萬洋一百二十元
又　普通紅磚　每萬洋一百十元
九寸四寸三分二寸三分拉縫紅磚　每萬洋一百六十元
十寸五寸二寸特等青磚　每萬一百四十元
又　普通青磚　每萬洋一百三十元
九寸四寸三分二寸特等青磚　每萬一百二十元
又　普通青磚　每萬洋一百十元
九寸四寸三分二寸三分特等青磚　每萬一百三十元
又　普通青磚　每萬一百二十元
（以上統係外力）

（六）瓦

24499

一號紅平瓦	每千洋六十元
二號紅平瓦	每千洋五十五元
三號紅平瓦	每千洋四十五元
一號青平瓦	每千洋六十五元
二號青平瓦	每千洋六十元
三號青平瓦	每千洋五十元
西班牙式紅瓦	每千洋五十元
西班牙式青瓦	每千洋五十三元
英國式灣瓦	每千洋四十元
一號古式元筒青瓦	每千洋六十元
二號古式元筒青瓦	每千洋五十元
	(以上統保運力)

以上大中磚瓦公司出品

鋼條

四十尺四分普通花色	每噸二百四十元
四十尺五分普通花色	每噸二百三十元
四十尺六分普通花色	每噸二百二十元
四十尺七分普通花色	每噸二百二十元
四十尺一寸普通花色	每噸二百三十元

泥灰

象牌水泥	每桶洋七元一角六分
泰山水泥	每桶洋七元九角
馬牌水泥	每桶洋七元一角五分

木材

洋松八尺至卅二尺再長照加	每千尺一百七十元
一寸洋松	每千尺洋二百三十二元
寸半洋松	每千尺洋二百三十三元
四尺洋松條子	每萬根洋二百六十五元
一寸四寸洋松一號企口板	每千尺洋二百八十五元
一寸四寸洋松副頭號企口板	每千尺洋二百六十元
一寸四寸洋松二號企口板	每千尺洋二百四十元
一寸六寸洋松一號企口板	每千尺洋二百九十元
一寸六寸洋松副頭號企口板	每千尺洋二百六十五元
一寸六寸洋松二號企口板	每千尺洋二百四十五元
一二五四寸洋松一號企口板	無市
一二五四寸洋松二號企口板	無市
一二五六寸洋松一號企口板	無市
一二五六寸洋松二號企口板	無市
柚木(頭號)僧帽牌	每千尺洋六百元
柚木(甲種)龍牌	每千尺洋五百八十元
柚木(乙種)龍牌	每千尺洋五百四十元
柚木(旗牌)	每千尺洋五百三十元
柚木(盾牌)	每千尺洋四百八十元
硬木	無市
硬木(火介方)	每千尺洋三百六十元
柳安	每千尺洋二百二十元
紅板	每千尺洋二百元
抄板	每千尺洋三百二十元
十二尺六三寸八皖松	每千尺洋八十元
十二尺二寸皖松	每千尺洋八十元
一二五四寸柳安企口板	每千尺洋二百四十元
一寸六寸柳安企口板	每千尺洋二百四十元
一二五四寸企口紅板	無市
二寸一寸半建松片	市尺每千尺洋九十元
九尺四分建松板	市尺每丈洋五元四角
九尺八分建松板	市尺每丈洋八元八角
六尺半五分青山板	市尺每丈洋四元五角
本松毛板	市尺每塊洋三角五分
本松企口板	市尺每塊洋三角八分

六尺半二分杭松板	市尺每丈洋二元四角
七尺半二分甌松板	市尺每丈洋一元八角
六尺半八分皖松板	市尺每丈洋五元八角
九尺八分皖松板	市尺每丈洋七元八角
六尺半五分皖松板	市尺每丈洋四元五角
台松板	市尺每丈洋四元五角
台州松	每千尺洋九十元
七尺半四分坦戶板	市尺每丈洋三元二角
七尺半三分坦戶板	市尺每丈洋二元八角
六尺二分機鋸紅柳板	市尺每丈洋二元二角
六尺三分毛邊紅柳板	市尺每丈洋二元
六尺二分俄松板	市尺每丈洋三元
六尺半二分俄松板	市尺每丈洋三元二角
七尺半毛邊二分坦戶板	市尺每丈洋一元九角
六尺半五分機介杭松	市尺每丈洋四元五角
白松方	無市
紅松方	無市
麻栗方	無市
啞克方	無市
俄麻栗板	無市

五　金

(一) 釘

中國貨元釘	每桶洋十三元五角

(二) 避水材料及牛毛毡

雅禮避水漿	每介侖一元九角五分
雅禮避水粉	每八磅一元九角五分
雅禮避水漆	每介侖三元二角五分
雅禮紙筋漆	每介侖三元二角五分
雅禮避潮漆	每介侖三元二角五分
雅禮透明避水漆	每介侖四元二角
雅禮敵水靈	每介侖十元
雅禮膠珞油	每介侖四元
雅禮保地精	每介侖四元
雅禮保木油	每介侖二元二角五分
雅禮快燥精	每介侖二元

(以上出品均須五介侖起碼)

五方紙牛毛毡	每捲洋二元四角
半號牛毛毡 (人頭牌)	每捲洋二元五角
一號牛毛毡 (人頭牌)	每捲洋三元五角
二號牛毛毡 (人頭牌)	每捲洋四元五角
三號牛毛毡 (人頭牌)	每捲洋七元五角

(三) 其他

鋼絲網 (27"×96" 2¼lbs.)	每方洋四元二角
鉛絲布 (闊三尺長百尺)	每捲二十五元
綠鉛紗 (同　上)	每捲洋十五元
銅絲布 (同　上)	每捲三十五元

24501

建設界之新工具

便捷裝卸機

無論煤屑沙泥石子
等均可藉此機裝卸

節省人工　經濟時間

中國總經理

祥興洋行

上海北京路二號　　電話一六二七四號

SOLE AGENTS IN CHINA:

CALDER-MARSHALL & CO., LTD.

2 Peking Road, Shanghai. Tel. 16274

中華郵政特准掛號認為新聞紙類

建築月刊
THE BUILDER

內政部登記證警字第二五五四號

第四卷 第十二號

民國二十六年三月發行

廣告刊例
Advertising Rates Per Issue

地位 Position	全面 Full Page	半面 Half Page	四分之一 One Quarter
底封面外面 Outside back cover.	七十五元 $75.00		
封面及底面之裏面 Inside front & back cover	六十元 $60.00	三十五元 $35.00	
封面裏面及底面裏面之對面 Opposite of inside front & back cover.	五十元 $50.00	三十元 $30.00	
普通地位 Ordinary page	四十五元 $45.00	三十元 $30.00	二十元 $20.00

小廣告 Classified Advertisements 每期每格一寸高洋四元 三寸半闊 $4.00 per column

廣告概用白紙黑墨印刷，倘須彩色，價目另議；鑄版彫刻，費用另加。
Designs, blocks to be charged extra.
Advertisements inserted in two or more colors to be charged extra.

刊務委員 江長庚 陳壽芝 姚長安

主編 杜彥耿

廣告 藍克生 (A. O. Lacson)

發行 上海市建築協會 南京路大陸商場六二〇號 電話 九二〇〇九號

印刷 新光印書館 上海聖母院路聖達里三〇號 電話 七四六三五號

定價

每月一冊 全年十二冊

訂閱辦法	價目	郵費 本埠	郵費 外埠及日本	郵費 香港澳門	郵費 國外
零售	五角	二分	五分	一角八分	三角
預定全年	五元	二角四分	六角	二元一角六分	三元六角

上海
公勤鐵廠出品
鍍鋅鐵絲網籬
最新出品鍍鋅鐵絲
震旦大學校舍內籬
新時代建築材料
請認明
註冊
商標
製造廠
楊樹浦臨青路
電話五○二一四 五○二六七
事務所
南京路哈同大樓 電話一四三○九
質料 貨品 編織 裝置
出類拔萃

24505

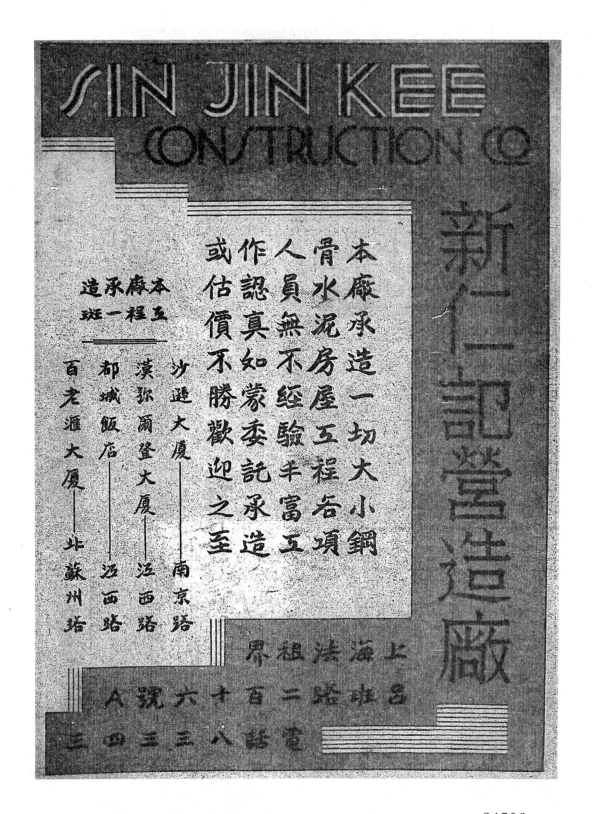

24507

上海市建築協會附設
私立正基建築工業補習學校招生

民國十九年秋創立 ○ 上海市教育局備案

宗旨 本校以利用業餘時間進修工程學識培養專門人才為宗旨（授課時間每晚七時至九時）

編制 普通科一年專修科四年（普通科專為程度較低之入學者而設修習及格免試升入專修科一年級肄業）

招考 本屆招考普通科一年級及專修科一二三年級（專四暫不招考）各級投考程度如左：

普通科一年級　高級小學畢業或具同等學力者（免試）
專修科一年級　初級中學肄業或具同等學力者
專修科二年級　初級中學畢業或具同等學力者
專修科三年級　高級中學工科肄業或具同等學力者

報名 即日起每日上午九時至下午五時親至南京路大陸商場六樓六二〇號上海市建築協會內本校辦事處填寫報名單隨付手續費一元（錄取與否概不發還）領取應考証憑証於規定日期到校應試（如有學歷證明文件應於報名時繳存本校審查）

考科 各級入學試驗之科目　（專一）英文・算術　（專二）英文・幾何　（專三）英文・解析幾何

考期 九月五日（星期日）上午八時起在本校舉行

校址 派克路一三二弄（協和里）

附告 （一）普通科一年級照章得免試入學投考其他各年級者必須經過入學試驗
（二）本校章程可向派克路本校或大陸商場上海市建築協會內本校辦事處函索或面取

中華民國二十六年六月　日　校長　湯景賢

中華郵政特准掛號認為新聞紙類
內政部登記證警字第二五五四號